2024年版

技術士
第一次試験
基礎・適性科目
前田隆文 著
過去問題集

電気書院
DENKISHOIN

はじめに

技術士は，科学技術分野の最高峰の資格といわれています．実務経験に裏打ちされた高度で専門的な指導の業務を行うことができるプロフェッショナルエンジニアです．

技術士には，機械，船舶・海洋，航空・宇世，電気電子，化学，繊維金属，資源工学，建設，上下水道，衛生工学，農業，林業，水産経営工学，情報工学，応用理学，生物工学，環境，原子力・放射線および総合技術監理の21技術部門があります．技術士の称号を使うためには，技術士法に基づいて行われる国家試験技術士第二次試験（以下，第二次試験）に合格し，登録をする必要があります．技術士は，高い職業倫理を備え，十分な知識と経験を有し，責任をもって業務を遂行できる者として国が認定した技術者です．

第二次試験の受験資格は，技術士第一次試験（以下，第一次試験）に合格，あるいはそれと同等の認められる指定された教育課程（文部科学大臣が指定）を修了して「修習技術者」となり，技術士補として登録するなどして定められた実務経験を積んだ者に与えられます．

技術士補は，「技術士となるのに必要な技能を修得するため，登録を受け，技術士補の名称を用いて，技術士の業務について技術士を補助する者」，つまり技術士の見習いです．

第一次試験の受験資格には年齢・学歴・国籍・業務経歴等による制限はありません．また，実務経験年数には第一次試験合格前の経験年数も算入することができますので，第一次試験に合格して「修習技術者」になることが技術士への早道です．

第一次試験は，全技術部門共通の「基礎科目」，「適性科目」，およびあらかじめ選択した技術部門ごとの「専門科目」の3科目について行われます．

本書は，「基礎科目」および「適性科目」の突破を目標としています．「試験案内」，「出題傾向」，「重要ポイント」および「問題と解答」から構成されています．「試験案内」で技術士試験制度を理解した後，「出題傾向」で過去6年間の問題についての出題傾向や頻度分析から，重点的に学習すべき内容をつかみます．その上で，重点ポイントを一読し，過去問題を解いてみる，よくわからないところを重点ポイントで確認する，このルーチンを繰り返すことにより，効率的に知らず知らずのうちに合格レベルに近づくことができます．

読者の皆さんが第一次試験に合格，さらには次の目標である第二次試験に合格し，技術士というプロフェッショナルエンジニアの仲間入りをされることを願っています．

さあ，始めましょう！

2024 年 3 月　前田　隆文

本書の特徴

- 出題傾向で試験の傾向がつかめます．
- 重要ポイントでは，試験の出題傾向を分析し，効率的に学べるよう重要度の高い事項にみを取りあげて解説しています．過去問題を解く前だけでなく，解いた後の復習や理解度を深めるのに役立ちます．
- 過去問題には頻出度を☆で示しています．

  ☆☆☆：最重要で必ず内容を完全に理解しておくべき問題

  ☆☆★：重要で内容を覚えておきたい問題

  ☆★★：時間があるようなら学習しておきたい問題
- 問題の正解・不正解をCheck□に入れることで，理解度を把握できます．
- 解説の**Brushup**では，重要ポイントの項目番号を示しています．復習や学習の向上に役立ちます．

※虚数単位について

本書の虚数単位の記号は，「i」を使用しております．

目　次

1 技術士試験制度

2 出題傾向

3 重要ポイント

4 基礎科目の問題と解答

5 適性科目の問題と解答

1 試験案内

1-1 技術士試験制度

技術士制度は，「科学技術に関する技術的専門知識と高等の専門的応用能力及び豊富な実務経験を有し，公益を確保するため，高い技術者倫理を備えた，優れた技術者の育成」を図るための国による資格認定制度です．

本制度に基づく資格には，“技術士”と“技術士補”の2種類があります．

技術士は，「豊富な実務経験，科学技術に関する高度な応用能力と高い技術者倫理を備えている最も権威のある国家資格を有する技術者」です．技術士には，21技術部門(1. 機械，2. 船舶・海洋，3. 航空・宇宙，4. 電気電子，5. 化学，6. 繊維，7. 金属，8. 資源工学，9. 建設，10. 上下水道，11. 衛生工学，12. 農業，13. 森林，14. 水産，15. 経営工学，16. 情報工学，17. 応用理学，18. 生物工学，19. 環境，20. 原子力・放射線，21. 総合技術監理)があります．1957年に技術士制度が発足して以降，2022年3月現在までの技術士登録者数の合計は約9.7万名です．このうち，約79％が一般企業等（コンサルタント会社含む)，約12％が官公庁・法人等，約0.5％が教育機関，約8％が自営のコンサルタントとして活躍しています．

技術士補は，将来技術士となるための技能を修得する目的で技術士の業務を補助する人をいいます．技術士補の登録者数は2022年3月末現在で約4.1万名です．

技術士試験は技術士法に基づき実施される国家試験です．第一次試験と第二次試験があり，第一次試験に合格し登録を受けることにより技術士補，第二次試験に合格し登録を受けることにより技術士の名称を用いることができます．

第1図に技術士試験合格までの流れを示します．技術士試験は，技術士第一次試験，技術士第二次試験（以下，「第一次試験」，「第二次試験」という）に分けて技術部門ごとに実施されます．第一次試験の合格者または指定された教育課程（文部科学大臣が指定）の修了者（「修習技術者」）は技術士補，第二次試験の合格者は技術士となる資格を有し，登録により技術士補，技術士になることができます．

総合技術監理部門を除く技術部門の第二次試験を受験するためには，修習技術者になった後に，次のいずれかの経路で実務経験を積むことが必要です．

経路①：技術士補（要登録）として指導技術士の下での4年を超える実務経験

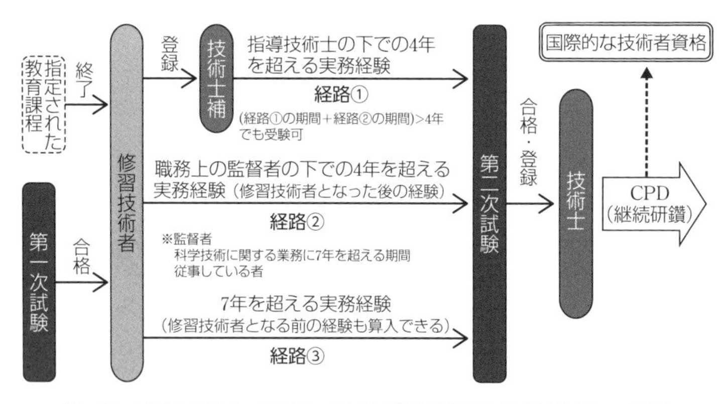

第１図　技術士合格までの流れ（総合技術監理部門を除く技術部門の場合）

経路②：職務上の監督者 (科学技術に関する業務に 7 年を超える期間従事している者) の下での 4 年を超える実務経験

経路③：7 年を超える実務経験

大学院における研究経歴の期間があれば，経路①～経路③の実務経験の期間を，2 年間を限度に減じることができます．経路①と経路②の実務経験の期間は合算することができ，通算 4 年を超えれば第二次試験を受験することができます．また，経路③の 7 年には修了技術者になる前の経験年数も算入できます．修習技術者になった後に指導技術士または職務上の監督者の下での実務経験を積むことができれば 4 年で第二次試験を受験することができますが，それが難しい場合でも，実務経験を積むのと並行して，第一次試験を受験して合格すれば通算 7 年で第二次試験を受験できることになります．

総合技術監理部門の第二次試験を受験する場合は，必要とする実務経験年数が 3 年長くなり，経路①，経路②は 7 年に，経路③は 10 年（総合技術監理部門以外の技術部門の二次試験合格者は 7 年）になります．

1 2　技術士一次試験の概要

第一次試験は，『技術士となるのに必要な科学技術全般にわたる基礎的学識および技術士法第 4 章（技術士等の義務）の規定の遵守に関する適性，ならびに技術士補となるのに必要な技術部門についての専門的学識を有するかどうかを判定する』ための試験です．

第一次試験の内容は，4 年制大学の自然科学系学部（工学，農学，理学等）の専門教育課程終了程度です．

(1)　受験資格

年齢・学歴・国籍・業務経歴等による制限はありません．

(2) 試験の内容

試験は，基礎科目，適性科目および専門科目の 3 科目について行われ，全科目択一式です．各科目の試験の内容（問題の種類，試験方法，解答時間）は第 1 表のとおりです．専門科目の範囲は，技術部門ごとに第 2 表のとおりです．

なお，21 の技術部門のうち，21. 総合技術監理部門の専門科目については当分の間実施されません．総合技術監理部門の第二次試験は，総合技術監理部門を除く 20 技術部門の第一次試験のいずれかに合格すれば受験することができます．

第 1 表　試験の内容

基礎科目	問題の種類	科学技術全般にわたる基礎知識を問う問題 ①設計・計画に関するもの（設計理論，システム設計，品質管理等） ②情報・論理に関するもの（アルゴリズム，情報ネットワーク等） ③解析に関するもの（力学，電磁気等） ④材料･化学･バイオに関するもの（材料特性, バイオテクノロジー等） ⑤環境･エネルギー･技術に関するもの（環境, エネルギー, 技術史等）
	試験方法	①～⑤の各分野から 6 問ずつ出題．各分野から 3 問ずつを選択して解答（出題数：30 問，解答数：15 問）
	解答時間	1 時間
	配点，合否判定基準	15 点満点、50 % 以上の得点
適性科目	問題の種類	技術士法第 4 章（技術士等の義務）の規定の遵守に関する適性を問う問題
	試験方法	15 問出題されて全問解答
	解答時間	1 時間
	配点，合否判定基準	15 点満点、50 % 以上の得点
専門科目	問題の種類	20 技術部門のうち，あらかじめ選択する 1 技術部門に係る基礎知識および専門知識（第 2 表）を問う問題
	試験方法	35 問出題されて 25 問を選択解答
	解答時間	2 時間
	配点，合否判定基準	50 点満点，50 % 以上の得点

第2表　専門科目の範囲

技術部門	専門科目の範囲
1. 機　　械	材料力学／機械力学・制御／熱工学／流体工学
2. 船舶・海洋	材料・構造力学／浮体の力学／計測・制御／機械およびシステム
3. 航空・宇宙	機体システム／航行援助施設／宇宙環境利用
4. 電気電子	発送配変電／電気応用／電子応用／情報通信／電気設備
5. 化　　学	セラミックスおよび無機化学製品／有機化学製品／燃料および潤滑油／高分子製品／化学装置および設備
6. 繊　　維	繊維製品の製造および評価
7. 金　　属	鉄鋼生産システム／非鉄生産システム／金属材料／表面技術／金属加工
8. 資源工学	資源の開発および生産／資源循環及び環境
9. 建　　設	土質および基礎／鋼構造及びコンクリート／都市および地方計画／河川，砂防および海岸・海洋／港湾および空港／電力土木／道路／鉄道／トンネル／ 施工計画，施工設備および積算／建設環境
10. 上下水道	上水道および工業用水道／下水道／水道環境
11. 衛生工学	大気管理／水質管理／環境衛生工学（廃棄物管理を含む.）／ 建築衛生工学（空気調和施設および建築環境施設を含む.）
12. 農　　業	畜産／農芸化学／農業土木／農業および蚕糸／農村地域計画／農村環境／植物保護
13. 森　　林	林業／森林土木／林産／森林環境
14. 水　　産	漁業及び増養殖／水産加工／水産土木／水産水域環境
15. 経営工学	経営管理／数理・情報
16. 情報工学	コンピュータ科学／コンピュータ工学／ソフトウェア工学／情報システム・データ工学／情報ネットワーク
17. 応用理学	物理および化学／地球物理および地球化学／地質
18. 生物工学	細胞遺伝子工学／生物化学工学／生物環境工学
19. 環　　境	大気，水，土壌等の環境の保全／地球環境の保全／廃棄物等の物質循環の管理／ 環境の状況の測定分析及び監視／自然生態系および風景の保全／自然環境の再生・修復および自然とのふれあい推進
20. 原子力・放射線	原子力／放射線／エネルギー

(3) 試験地

北海道，宮城県，東京都，神奈川県，新潟県，石川県，愛知県，大阪府，広島県，香川県，福岡県，沖縄県

(4) 試験科目の一部免除

(a) 旧法で第一次試験合格を経ずに第二次試験に合格している場合

旧法ですでにいずれかの技術部門の第二次試験に合格していても，これから他の技術部門の第二次試験を受験しようとするときは第一次試験の合格が必要になります.

ただし，すでに第二次試験に合格している場合は基礎知識，当該技術部門に係わる専門知識は保有していることから，受験する技術部門により，次の試験科目が一部免除されます．

・合格している技術部門と同一の技術部門で受験：適性科目のみ受験（基礎科目と専門科目は免除）
・合格している技術部門と別の技術部門で受験：適性科目と専門科目を受験（基礎科目は免除）

第二次試験は，どの技術部門の一次試験合格でも，21のすべての技術部門を受験することができます．通常は試験科目の免除により負担の軽いすでに合格している技術部門と同一の技術部門で受験することになります．

(b)　情報処理技術者試験の高度試験合格者または情報処理安全確保支援士試験合格者が情報工学部門で受験する場合

基礎科目と適性科目を受験（専門科目は免除）

(c)　中小企業診断士第二次試験合格者等が経営工学部門で受験

基礎科目と適性科目を受験（専門科目は免除）

(5)　試験の日程（令和６年度の例）

第３表に令和６年(2024)年度における第一次試験実施の公告から合格発表までの日程を示します．受験申込用紙の配布開始から受験申込書受付最終日まで20日間しかありませんので，手続きを忘れないようにしましょう．最新の情報は，公益社団法人日本技術士会ホームページ『試験・登録情報』(URL：https://www.engineer.or.jp/sub02/) から確認できます．

第３表　試験の日程

受験申込用紙の配布期間	2024年6月7日～6月26日
受験申込書受付期間	2024年6月12日～6月26日
試験日	2024年11月24日
正答の公表	試験終了後速やかに公表
合格発表	2025年2月

(6)　受験申込書類

・技術士第一次試験受験申込書（6か月以内に撮った半身脱帽の縦4.5 cm，横3.5 cmの写真１枚貼付）
・技術士法施行規則第６条に該当する者（旧法で第二次試験に合格，あるいは技術士に登録している者）については，免除事由に該当することを証する証明書または書面を提出すること．

(7) 申込書類提出先および提出方法

〒105－0011　東京都港区芝公園3丁目5番8号　機械振興会館4階

公益社団法人　日本技術士会宛て

電話番号　03－6432－4585

書留郵便（受付最終日の消印は有効）で提出すること．

(8) 受験手数料

11,000円（非課税）

(9) 合格者数等の推移

2014年度～2023年度の第1次試験の毎年の受験者数，合格者数および合格率の推移を第2図に示します．受験者数は約1.3万人～1.8万人，合格者数は約5千人～1万人，合格率でみると約30％～60％です．おおむね受験した人の半分くらいが合格しています．

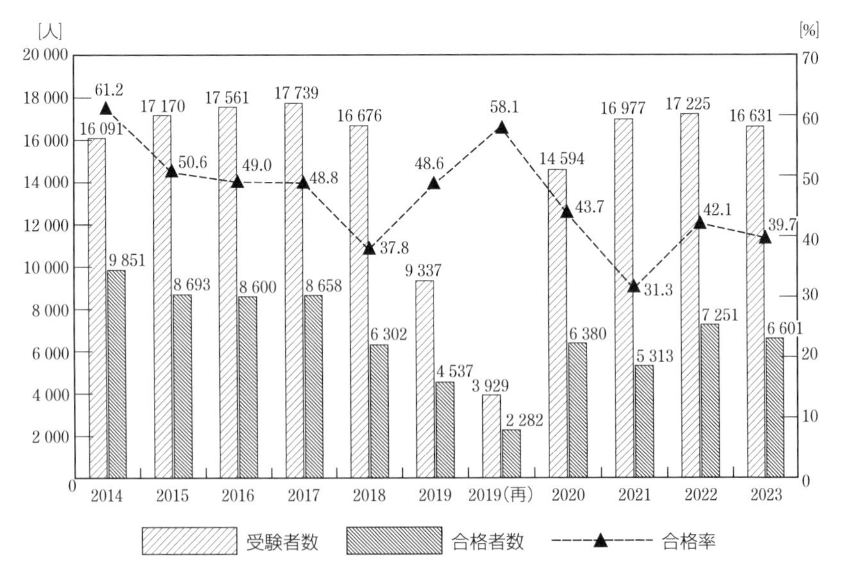

第2図　受験者数，合格者数，合格率の推移

2　出題傾向

2-1 基礎科目

基礎科目は科学技術全般にわたる基礎的学識に関する試験で，「1群　設計・計画に関するもの」,「2群　情報･論理に関するもの」,「3群　解析に関するもの」,「4群　材料・化学・バイオに関するもの」および「5群　環境・エネルギー・技術に関するもの」の5群に分けて出題されます.

(1)　1群　設計・計画に関するもの

設計・計画に関するものは，設計理論，システム設計，最適化問題および品質管理に分類することができます．第1表に2018～2023年度の出題一覧，第1図に分野別の出題比率を示します．

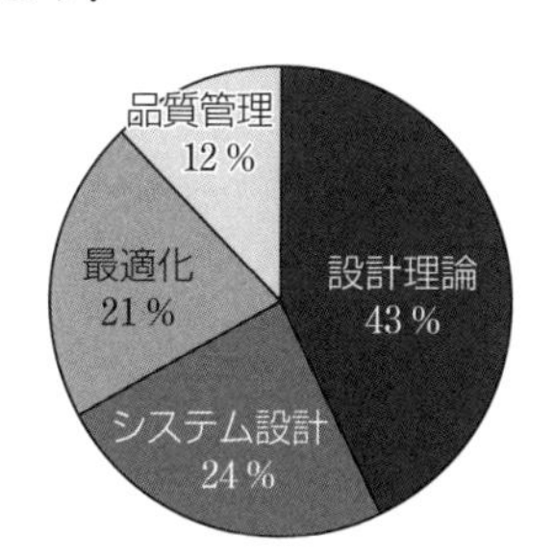

第1図　1群「設計・計画」の出題比率

(a)　**設計理論**：設計・計画を行う際に必要となる定理，公式，確率・統計，解析手法などの基礎知識，材料の機械的性質や構造設計法，製図法の基礎知識に関する問題が多く出題されています．また，安全工学や，バリアフリー，ユニバーサルデザインと七つの原則など，生活環境や労働環境を考慮した設計を行うために必要な概念の問題も出題されます．出題比率が43％を占めており，6問中約3問が出題されています．

(b)　**システム設計**：出題パターンが少なく絞りやすいので，学習しておけば得点しやすい分野です．複数要素による直並列システムの信頼度，システムのアベイラビリティ，ポアソン分布に従う利用客の平均待ち時間（銀行ATM，コンビニなど）の計算が繰り返し出題されています．また，FTAによる事象の発現確率の解析やデシジョンツリーによる設備対策の意思決定なども出題されています．出題比率は24％で，6問中1～2問が出題されています．

第1表　1群「設計・計画」の出題一覧

分　類	設計理論（基礎知識，確率・統計，材料の機械的性質）	システム設計（システム計画の手順，システム計画技法，システム分析，信頼度）	最適化問題	品質管理（品質管理手法，保全）
2023（令和5）年度	1-1-1 鉄鋼とCFRPの材料選定(★) 1-1-2 座屈(★) 1-1-3 材料の機械的特性(★★)	1-1-4 2/3 多数決冗長系の信頼度(★★★) 1-1-5 システムの信頼性・安全設計(★)	1-1-6 ピアソンの積率相関係数(★)	
2022（令和4）年度	1-1-1 金属材料の一般的性質(★★★) 1-1-3 棒部材の合力の引張力が特定値以上となる確率(★★) 1-1-5　片持ばりの最大曲げ応力(★★★)	1-1-2 確率分布(★) 1-1-6 計画案の施設の建設に基づく期待される価値(★★★)	1-1-4 ある工業製品の製造にかかる総コストを最小にする安全率(★★★)	
2021（令和3）年度	1-1-1 ユニバーサルデザインの特性を備えた製品(★★★) 1-1-5　構造設計(★★) 1-1-6 製図法(★★★)	1-1-2 三つの要素が直並列接続されたシステムの信頼度(★★★) 1-1-4 装置の定常アベイラビリティ(稼働率)の式(★★)		1-1-3 PDCAサイクル(★★)
2020（令和2）年度	1-1-1 ユニバーサルデザインの考え方と七つの原則(★★★) 1-1-2 応力 S, 強度 R が正規分布に従う材料による $S<R$ となる確率(★) 1-1-3 建物, 棒に荷重を加えるときの用語と発生する事象(★★) 1-1-5 図面の種類と用途，投影法(★★★)	1-1-6 直並列システムの信頼度(★★★)	1-1-4 線形計画法による工場（原料使用量の上限有り）の販売利益を最大とする生産量の決定と，許容される製品の販売利益の変化範囲(★★★)	
2019（令和元）年度再試験	1-1-1 数式の基本的な関係(相乗平均と相加平均，$\sin\theta/\theta$，連続関数と2階微分）(★)	1-1-3 FTA図を用いた事象の発現確率解析(★★)	1-1-2 最適化手法と，多目的最適化のパレート解(★★) 1-1-5 ある工業製品の製造にかかる総コスト（期待損失額と製造コストの合計）を最小にする安全率(★★★)	1-1-4 アローダイヤグラムと工程管理(★★★) 1-1-6 保全の分類(★★)
2019（令和元）年度	1-1-3 設計者が製作図を作成する際の基本事項(★★★) 1-1-4 材料の強度と座屈(★★★) 1-1-6 解析に用いる定理，公式(★)	1-1-5 銀行ATMで利用者が並んでから処理が終了するまでの平均時間(★★★)	1-1-1 最適化問題の分類と解法(★★) 1-1-2 ある問屋の製品の年間総費用（年間総発注費用＋年間在庫維持費用）を最小にする1回当たりの発注量(★★★)	
2018（平成30）年度	1-1-3 人にやさしい設計（バリアフリー，ユニバーサルデザイン）(★★★)	1-1-1 直並列システムと直列システムの信頼度が同等になる要素の信頼度(★★★)	1-1-4 材料の使用量，生産ラインの稼働時間に上限がある工場で2種類の製品を生産・販売するときの，1日当たりの最大利益(★★★) 1-1-5 ある製品1台の製造にかかる総費用（不具合発生による損害額と検査費用の合計）を最小にする検査回数(★★★)	1-1-2 アローダイアグラムを用いたプロジェクトの工程遅延を防ぐために特に重点管理すべき要素作業群の抽出(★★) 1-1-6 製造物責任法（PL法）(★★★)
2017（平成29）年度	1-1-2 安全係数の大きさ(★) 1-1-4 材料の機械的特性(★★★) 1-1-5 設計者が製作図を作成する際の基本事項(★★★) 1-1-6 構造物の破壊確率(★)	1-1-1 銀行ATMで利用者が並んでから処理が終了するまでの平均時間(★★★) 1-1-3 デシジョンツリーを用いた恒久対策／状況対応的対策の選択(★★)		

(c) **最適化問題**：制約条件のもとに目的関数を最大化あるいは最小化する線形計画問題です．制約条件式（一次不等式）や目的関数（一次式）の定式化方法，最適化手順が出題されています．変数が2個の場合は，二次元のグラフを描いて最適点を視覚的に考えるとわかりやすくなります．出題比率は21％で，6問中1～2問が出題されています．

(d) **品質管理**：アローダイヤグラム，デシジョンツリー，FTA図など品質管理手法に関する問題が多く出題されています．QC七つ道具，新QC七つ道具やその他の品質管理手法の種類と使い方を学習しておく必要があります．出題比率は12％で，6問中約1問が出題されています．

(2) 2群　情報・論理に関するもの

情報･論理に関するものは，情報理論，数値表現･アルゴリズムおよび情報ネットワークに分類することができます．第2表に2018～2023年度の出題一覧，第2図に分野別の出題比率を示します．

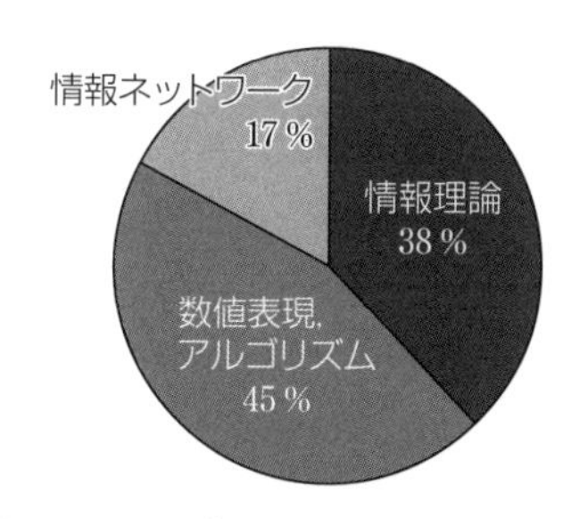

第2図　2群「情報・論理」の出題比率

(a) **情報理論**：部分集合，和集合，積集合とそれに含まれる要素の数，論理式の簡単化，真理値表⇄と論理式の関係，情報量の圧縮，伝送時間の計算，うるう年かどうかの判定を行う決定表が出題されています．出題比率が38％で，6問中2～3問が出題されています．

(b) **数値表現･アルゴリズム**：数値表現では2進数･10進数･n進数の基数変換や補数，浮動小数点表現について多く出題されています．コンピュータの形式言語，バッカス記法などのソフトウェア，データ構造，CPU実行時間やメモリの実効アクセス時間などハードウェアの動作に関する基礎知識を問う問題も出題されています．基本的なアルゴリズムとフローチャートとの対応，アルゴリズムの計算量を大まかに掴む漸近的記法（オーダ記法）についても出題されています．出題比率は45％で6問中約3問と最も高く，パターンは少なく絞りやすい分野なので，確実に得点できるようにしっかり学習しておきましょう．

(c) **情報ネットワーク**：情報セキュリティ対策や暗号化技術に関する出題がほと

第2表　2群「情報・論理」の出題一覧

分　類	情報理論（集合，真理値表と論理式，情報量と圧縮，符号理論）	数値表現，アルゴリズム（数値表現と演算の精度・時間，基数変換，各種アルゴリズム）	情報ネットワーク（情報セキュリティ対策，セキュリティ関連プロトコル）
2023（令和5）年度	1-2-4 情報圧縮（データ圧縮）(★★★) 1-2-5 ビット列の論理演算(★) 1-2-6 部分集合・積集合(★★★)	1-2-2 最大公約数（ユークリッドの互除法）(★★★) 1-2-3 ISBN−13(★)	1-2-1 情報セキュリティ対策(★★★)
2022（令和4）年度	1-2-2 積集合の要素数(★★★)	1-2-3 LRUのアクセス時間(★) 1-2-5 2進数を10進数に変換するアルゴリズム(★★★) 1-2-6 IPv6とIPv4とのアドレス数の比較(★)	1-2-1 情報セキュリティ対策(★★★) 1-2-4 ハミング距離の計算(★★)
2021（令和3）年度	1-2-2 等価な論理式への変換(★★★) 1-2-3 通信回線を用いてデータ伝送する場合の伝送時間の計算(★) 1-2-4 うるう年か否かの判定を表現する決定表(★★)	1-2-5 中置記法で表記された式の逆ポーランド表記法への変換(★★★) 1-2-6 アルゴリズムの計算量の漸近的記法（オーダ表記）(★)	1-2-1 情報セキュリティと暗号技術(★★★)
2020（令和2）年度	1-2-1 情報の圧縮方式(★★) 1-2-2 真理値表の演算結果と一致する論理式(★★★)	1-2-4 n進数の数のnの補数，$n-1$の補数(★★) 1-2-5 2進数を10進数に変換するアルゴリズム(★) 1-2-6 キャッシュメモリと主記憶からなる計算機システムの実効アクセス時間(★★)	1-2-3 標的型攻撃に対する有効な対策(★★★)
2019（令和元）年度再試験	1-2-1 情報セキュリティ対策(★) 1-2-5 全件数,「情報」を含む件数と,「情報」と「論理」を含む件数から「論理」を含まない件数の範囲を計算(★★★) 1-2-6 集合Aと集合Bの直積集合から集合Cへの写像の総数(★★★)	1-2-2 ユークリッド互除法と行列の計算による最大公約数を求めるアルゴリズム(★) 1-2-3 ハードディスク容量の10進数を基礎とした記法から2進数を基礎とした記法への変換(★★) 1-2-4 実数の単精度浮動小数点表現(★★)	
2019（令和元）年度	1-2-3 ある文書と最も距離が小さい文書(★)	1-2-1 基数変換（10進数→2進数，16進数）(★★) 1-2-2 同じ二分探索木を与えるキーの順番(★) 1-2-4 定義された表現形式で表現できる数値(★★★) 1-2-6 スタック操作により最後に取り出される整数データ(★)	1-2-5 ハミング距離の計算(★)
2018（平成30）年度	1-2-4 与えられた論理式と等価な論理式(★★★) 1-2-6 全体集合Uおよびそれに含まれる集合A，B，C等の元の個数に基づく集合$A \cup B \cup C$の補集合の元の個数の計算(★★★)	1-2-2 エレベータの状態遷移図(★) 1-2-3 n進数の数のnの補数，$n-1$の補数(★★) 1-2-5 中間記法で書かれた式$a \times b + c \div d$の後置記法への変換(★★★)	1-2-1 情報セキュリティ対策(★★★)
2017（平成29）年度	1-2-4 西暦年号がうるう年か否かを判定する決定表(★★)	1-2-2 計算機内部での実数の単精度浮動小数表現(★★) 1-2-3 4以上の自然数の素数か否かを判定する流れ図(★) 1-2-5 BNF（バッカス・ナウア）記法による数値列の表現(★★★) 1-2-6 プログラムのCPU実行時間(★★)	1-2-1 情報セキュリティの確保(★★★)

んどです．出題比率は17％で6問中約1～2問が出題されています．

⑶ 3群 解析に関するもの

解析に関するものは，微分・積分，ベクトル解析，数値解析，力学および電磁

第3表 3群「解析」の出題一覧

分類	微分・積分	ベクトル解析（ベクトル解析，行列）	数値解析（数値解析手法，精度）	力学（一般力学，固体力学，熱流体力学）	電磁気学
2023（令和5）年度	1-3-2 重積分の計算(★★)	1-3-1 逆行列の計算(★)	1-3-3 数値解析の誤差等(★★★)	1-3-4 上端が固定された線形弾性体の棒の伸び(★★★) 1-3-5 モータ出力軸のトルク(★★★)	1-3-6 合成抵抗の大きさ(★)
2022（令和4）年度	1-3-1 導関数の差分表現(★★★)	1-3-2 三次元直交座標系表示のベクトル(★★)	1-3-3 数値解析の精度向上方法(★★★)	1-3-4 両端にヒンジを有する2つの棒部材の軸方向力の比(★★★) 1-3-5 モータの出力軸のトルク(★★★) 1-3-6 厚さが一定，張られた糸に物体が取り付けられた2つの系の固有振動(★)	
2021（令和3）年度	1-3-2 三次関数の定積分(★★)	1-3-1 三次元直交座標系表示のベクトルの回転（rot）(★★★)	1-3-3 線形弾性体の二次元有限要素解析用ひずみ一定要素(★★★)	1-3-4 両端が固定壁に固定された線形弾性体の棒に生じる応力(★★★) 1-3-5 上端が固定されたばね一質点系のばねに蓄えられるエネルギー(★★★) 1-3-6 厚さが一定，面密度が一様な四分円の板の重心座標(★)	
2020（令和2）年度		1-3-1 三次元直交座標系表示のベクトルの発散（div）(★★★) 1-3-2 二次元スカラー関数の勾配（grad）(★★★)	1-3-3 数値解析の誤差(★★) 1-3-4 有限要素法における三角形要素の内心，外心の面積座標(★★★)	1-3-5 一つの質点がばねで固定端に固定されたばね質点系の固有振動数(★★★) 1-3-6 断面積の異なる円管を流れる水の流速(★)	
2019（令和元）年度再試験	1-3-1 関数 $f(x)$ と導関数 $f'(x)$ の関係が与えられた関数の2階，3階導関数の値(★★)	1-3-2 三次元直交座標系で与えられた点を通り平面に垂直な直線が平面と交わる点の座標(★★)	1-3-3 数値解析の精度を向上する方法(★★) 1-3-4 シンプソンの1/3数値積分公式による定積分の近似計算(★)	1-3-5 ばね一質点系の固有振動数，固有振動モード(★★★) 1-3-6 遠方で y 方向に応力を受け，軸の長さ a と b の楕円孔を有する無限平板の楕円孔の縁の応力状態(★)	
2019（令和元）年度		1-3-1 三次元直交座標系で表されたベクトルの発散（div）(★★★) 1-3-2 ヤコビ行例[J]の行列式(★)		1-3-3 物体が粘性のある流体中を低速で落下するときの速度(★) 1-3-4 いかなる組合せの垂直応力が働いても体積が変化しない等方性線形弾性体のポアソン比(★★★) 1-3-5 一端を固定し他端に荷重を受ける棒に蓄えられるひずみエネルギー(★★★) 1-3-6 長さ l，質量 M の剛体振り子の周期(★★★)	
2018（平成30）年度	1-3-1 一次関数の定積分(★★)	1-3-2 x-y 座標で表された二次元ベクトルの発散（div），回転（rot）(★★★) 1-3-3 逆行列の計算(★)	1-3-4 ニュートン・ラフソン法で非線形方程式の近似解を得るためのフローチャート(★)	1-3-5 重力場中でばねにつり下げられた質点系の運動方程式，エネルギー(★★★) 1-3-6 弾性体からなる棒の上端を固定し，下端を下方に引っ張ったときの伸び(★★★)	
2017（平成29）年度		1-3-2 ベクトルの基準ベクトルと垂直成分(★★)	1-3-1 二次導関数の差分表現(★) 1-3-3 材料が線形弾性体である構造物の有限要素法による応力解析(★★★)	1-3-5 両端にヒンジを有する二つの棒部材の接続点に荷重を受けたときの伸びの比(★★★) 1-3-6 長さ，断面積が同一で断面形状が異なる単純支持ばりの曲げ振動に関する一次固有振動数(★★★)	1-3-4 複数本の導線を接続した回路の合成抵抗(★)

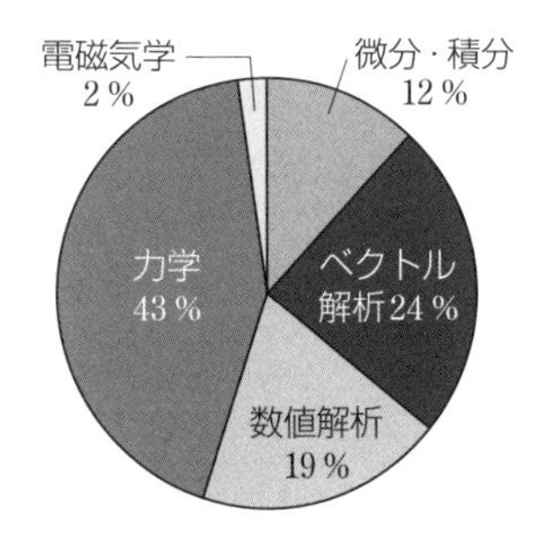

第 3 図　3 群「解析」」の出題比率

気学に分類することができます．第 3 表に 2018 ～ 2023 年度の出題一覧，第 3 図に分野別の出題比率を示します．

(a)　**微分・積分**：一次関数や三次関数の定積分，二重積分，関数と一次導関数の関係が与えられたときの高次導関数を求める問題が出題されています．出題比率が 12 % と小さく，隔年で 1 問が出題される程度です．

(b)　**ベクトル解析**：三次元直交座標系で表されたベクトルの勾配，発散，回転が頻繁に出題されています．また，ベクトルの内積を利用して直交成分を求める問題，行列や行列式の基本計算が出題されています．出題比率が 24 % なので，6 問中 1 ～ 2 問出題されています．

(c)　**数値解析**：数値解析で生じる誤差の種類と影響，微分・積分を数値計算するための近似式，および有限要素法や境界要素法の要素モデル，非線形微分方程式を解くニュートン・ラフソン法の原理が出題されています．出題比率が 19 %，6 問中 1 ～ 2 問が出題されています．

(d)　**力学**：運動方程式に基づくばね–質点系，単振り子の固有振動数とエネルギー，落下運動では粘性のある流体中の物体の運動，固体力学では重心座標，無限平板にある楕円孔の応力分布，片端固定，両端固定，単純支持の弾性体の応力とひずみの計算などが出題されています．流体力学では 1 問だけ非圧縮性流体である水が円管中を流れるときの流速（連続の式）が出題されています．出題比率が 43 %，6 問中 2 ～ 3 問が出題されています．

(e)　**電磁気学**：直流回路の合成抵抗を求める問題が 2023 年に出題されています．

(4)　4 群 材料・化学・バイオに関するもの

材料・化学・バイオに関するものは，材料特性，化学およびバイオテクノロジーに分類することができます．第 4 表に 2018 ～ 2023 年度の出題一覧，第 4 図に分野別の出題比率を示します．

(a)　**材料特性**：地殻中に存在し利用の対象である元素の存在比，各種部品・材料

第4表　4群「材料・化学・バイオ」の出題一覧

分　類	材料特性（金属，セラミックス，高分子材料）	化学（原子構造，化学熱力学，化学平衡と反応速度論，無機化学・有機化学）	バイオテクノロジー（DNA・RNAとタンパク質，細胞の分類・構成，エネルギー代謝，バイオテクノロジー）
2023（令和5）年度	1-4-3 鉄の結晶構造，性質(★★) 1-4-4 金属材料の腐食(★)	1-4-1 原子の構成，同位体，同素体(★★) 1-4-2 コロイドの特性等(★)	1-4-5 タンパク質の構造と性質(★★★) 1-4-6PCR（ポリメラーゼ連鎖反応）法(★★★)
2022（令和4）年度	1-4-1 酸や塩基の強さ，酸塩基反応(★★) 1-4-3 金属材料の種類，質量，質量百分率(★★) 1-4-4 材料の引張試験(★)	1-4-2 原子の酸化数(★)	1-4-5 酵素の種類と特性(★★★) 1-4-6DNA の塩基組成(★★)
2021（令和3）年度	1-4-1 同位体と性質，用途(★★) 1-4-3 金属の変形(★★) 1-4-4 地殻中に存在する鉄の存在比と精錬(★)	1-4-2 酸化還元反応ではない化学反応の選定(★)	1-4-5 アミノ酸の種類と構造(★★★) 1-4-6 遺伝子突然変異(★★)
2020（令和2）年度	1-4-3 鉄，銅，アルミニウムの密度，電気抵抗率，融点の大小関係(★)	1-4-1 同じ質量の有機化合物を完全燃焼させたときの二酸化炭素の発生量(★★) 1-4-2 有機化合物の置換反応(★) 1-4-4 アルミニウムの結晶構造(★★) 1-4-5 アルコール酵母菌に基質としてグルコースを与えた時の二酸化炭素発生量(★★)	1-4-6PCR（ポリメラーゼ連鎖反応）法(★★★)
2019（令和元）年度再試験	1-4-4 部品（リチウムイオン二次電池正極材，光ファイバ，ジュラルミン，永久磁石）と材料の組合せ(★★)	1-4-1 極性のある化合物(★) 1-4-2 フェノール，酢酸，塩酸の酸性度の強い順番(★★) 1-4-3 標準反応ギブスエネルギーの式(★)	1-4-5 アミノ酸の種類と可能なコドンの数との関係(★★★) 1-4-6 組換え DNA 技術(★★★)
2019（令和元）年度	1-4-2 同位体の定義と性質(★★) 1-4-4 無機質材料の性質と用途(★)	1-4-1 ハロゲン化水素水溶液，ハロゲン原子，ハロゲン化分子の化学的性質(★) 1-4-3 質量分率が与えられたアルミニウムと銅の合金の物質量分率(★★)	1-4-5DNA の構造と変性(★★★) 1-4-6 タンパク質を構成するアミノ酸の種類・構造とタンパク質の電荷(★★★)
2018（平成30）年度	1-4-3 金属材料の腐食(★) 1-4-4 金属の変形や破壊(★★)	1-4-1 物質量[mol]最小の物質の選択(★★) 1-4-2 化合物の酸と塩基の強さ，Ph（水酸化イオン指数）(★★)	1-4-5 細胞の元素組成(★) 1-4-6 タンパク質の性質(★★★)
2017（平成29）年度	1-4-4 各種部品，材料とそれらに含まれる主な元素(★★)	1-4-1 水酸化ナトリウム水溶液を添加すると沈殿物を生じ，さらに水酸化ナトリウム水溶液を添加すると溶解する金属イオン種(★) 1-4-2NaCl，$C_6H_{12}O_6$，CaCl 水溶液のモル沸点上昇の比較(★) 1-4-3 各種材料の結晶構造と単位構造の中に属している原子の数(★★)	1-4-5 アミノ酸の種類と構造、性質(★★★) 1-4-6 遺伝子組換え技術(★★★)

の構成元素の種類と性質，特に金属材料に関しては合成金属の成分や変形・破壊などの機械的特性，腐食特性，同素体や同位体が存在する元素の種類と特性について出題されています．出題比率は33％，6問中2～3問が出題されています．

(b)　**化学**：物質量と燃焼や発酵に伴う二酸化炭素発生量の計算，元素の周期表上での分類と原子構造，イオン化エネルギーや電子親和力・電子陰性度，分子やイオンの極性との関係，化合物の酸性・塩基性の強さと酸化還元反応の判別，

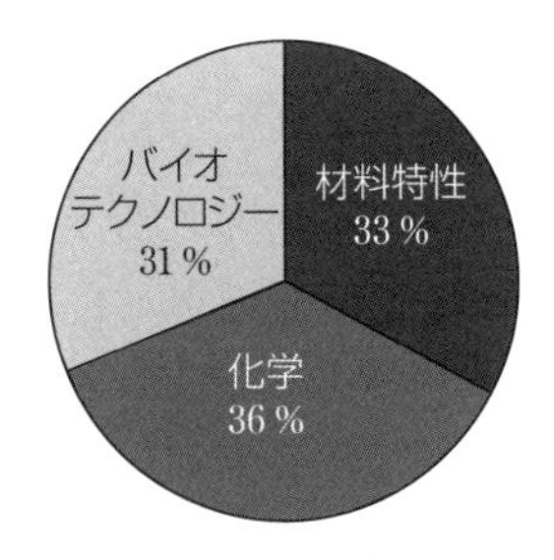

第 4 図　4 群「材料・化学・バイオ」の出題比率

化学熱力学ではエントロピーやギブスエネルギー，化学平衡，有機化合反応などさまざまな基本的な知識を問う問題が出題されています．出題比率が 36 % と最も高く，6 問中 2 ～ 3 問，多いときには 4 問が出題されています．

(c)　**バイオテクノロジー**：タンパク質を構成するアミノ酸の種類と構造，タンパク質の性質，細胞の構造と元素，DNA の構造と特性，遺伝子組換え技術，突然変異，PCR 法などが出題されています．出題比率が 31 %，6 問中 2 ～ 3 問が出題されています．

(5)　5 群 環境・エネルギー・技術に関するもの

環境・エネルギー・技術に関するものは，環境，エネルギー，技術史などに分類することができます．第 5 表に 2018 ～ 2023 年度の出題一覧，第 5 図に分野別の出題比率を示します．

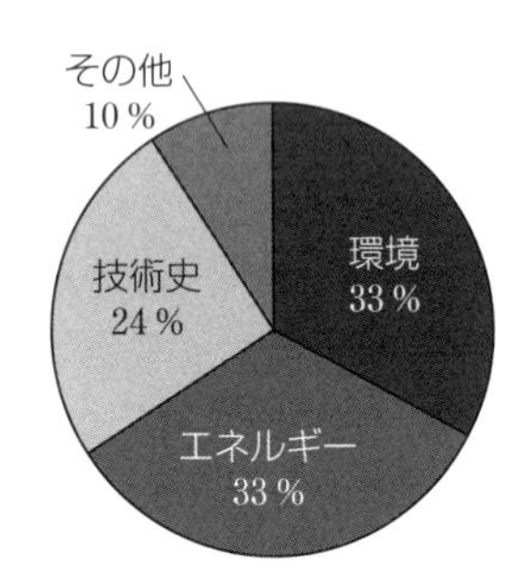

第 5 図　5 群「環境・エネルギー・技術」の出題比率

(a)　**環境**：環境保全・環境管理に関する用語，持続的可能な開発目標 (SDGs)，気候変動枠組条約締約国会議（COP），ウィーン条約（オゾン層の保護），生物多様性，大気汚染防止対策，循環型社会の形成に関しては，廃棄物処理，リサイクル，土壌汚染対策，特定有害廃棄物やプラスチックごみに関しては国際的な取組みなどについて出題されています．環境に関しては世界的にも活発な活動が続いており，話題も豊富なので，知識を整理して理解しておく必要があ

第5表　5群「環境・エネルギー・技術」の出題一覧

分　類	環境（地球環境問題，生物多様性，循環型社会の形成促進，環境マネジメントシステム）	エネルギー（エネルギー資源，エネルギー供給，エネルギー技術（火力発電，再生可能エネルギー，バイオマス，燃料電池，コージェネレーション，ヒートポンプ）	技術史	その他
2023（令和5）年度	1-5-1 生物多様性国家戦略 2023－2030 の概要(★) 1-5-2 大気汚染物質の種類と特徴(★)	1-5-3 日本のエネルギー情勢(★★★) 1-5-4 液化天然ガスの体積(★★★)	1-5-6 社会に大きな影響を与えた科学技術の成果の年代(★★★)	1-5-5 労働者・消費者の安全(★)
2022（令和4）年度	1-5-1 気候変動に関する政府間パネルの概要(★★★) 1-5-2 廃棄物処理，リサイクルに関する法律等(★★)	1-5-3 エネルギー白書(★★★) 1-5-4 水素の性質等(★★)	1-5-5 科学技術とリスクの関わり(★★) 1-5-6 社会に大きな影響を与えた科学技術の成果の年代(★★★)	
2021（令和3）年度	1-5-1 気候変動に対するさまざまな主体の取組(★★★) 1-5-2 環境保全対策技術(★★)	1-5-3 日本のエネルギー情勢(★★★) 1-5-4 2018 年の一次エネルギー供給量（IEA 資料）(★★)	1-5-5 社会に大きな影響を与えた科学技術の成果の年代(★★★)	1-5-6 科学技術基本計画（第1～5期）の特徴的施策(★)
2020（令和2）年度	1-5-1 プラスチックごみおよびその資源循環(★) 1-5-2 生物多様性の保全(★)	1-5-3 日本のエネルギー消費（エネルギー白書 2020）(★★★) 1-5-4 日本の電源別発電電力量の構成比率の動向とシェールガス革命(★★)	1-5-5 日本の産業技術の発展（明治維新～第二次世界大戦）(★★) 1-5-6 科学史・技術史上の著名な業績の年代(★★★)	
2019（令和元）年度再試験	1-5-1 気候変動の影響への対処方法（緩和，適応）と生態系の活用(★) 1-5-2 廃棄物処理，リサイクルに関するわが国の法律，国際条約(★)	1-5-3 単位質量当たりの標準発熱量（原油，輸入一般炭，輸入 LNG，廃材(★) 1-5-4 わが国の一次エネルギー供給量に占める再生可能エネルギーの比率(★★)	1-5-5 科学史・技術史上の著名な業績の年代(★★★) 1-5-6 科学技術とリスクの関わり(★★)	
2019（令和元）年度	1-5-1 わが国の大気汚染の発生と対策の歴史，現状(★) 1-5-2 環境保全，環境管理に関する用語(★★)	1-5-3「長期エネルギー需給見通し」の概要(★★★) 1-5-4 2017 年度のわが国のエネルギー起源二酸化炭素排出量(★★)	1-5-5 科学と技術の関わり(★★)	1-5-6 特許法，知的財産基本法(★★)
2018（平成30）年度	1-5-1 持続可能な開発目標（SDGs）の概要(★★★) 1-5-2 事業者が行う環境に関連する活動(★)	1-5-3　わが国の石油情勢(★★) 1-5-4 わが国のこれからのエネルギー利用に関する用語(★)	1-5-5 社会に大きな影響を与えた科学技術の成果の年代(★★★)	1-5-6 プロフェッションやプロフェッショナルの倫理や責任(★★)
2017（平成29）年度	1-5-1 環境管理に関する用語，考え方(★★) 1-5-2 COP 21 で採択されたパリ協定の内容(★★★)	1-5-3 液化天然ガスの体積(★) 1-5-4 わが国の近年の家庭のエネルギー消費(★★)	1-5-5 産業革命の原動力となり現代工業化社会の基盤を形成した新技術の発展(★★) 1-5-6 科学史・技術史上の著名な業績(★★★)	

ります．出題比率は 33 %，6 問中 2 問が出題されています．

(b) **エネルギー**：毎年公表されている「エネルギー白書」から，世界および日本のエネルギー情勢について出題されています．また，「エネルギー基本計画」と「長期エネルギー需給見通し」についても出題が多い．最新の情勢と数値を把握しておく必要がある．出題比率が 33 %，6 問中 2 問が出題されています．

(c) **技術史**：社会に大きな影響を与えた発明や技術成果の年代と人物，内容と，産業革命，日本の明治維新など社会が大きく変化したときの技術と社会の関連を問う問題が出題されています．出題比率が 24 %，6 問中ほぼ 1 〜 2 問が出題されています．

(d) **その他**：科学技術基本計画，知的財産制度，プロフェッションの倫理や責務など，他の分野にまたがる問題が出題されています．出題比率が 10 %，ほぼ隔年のペースで 1 問が出題されています．

2-2 適性科目

適性科目は，技術士法第 4 章（技術士等の義務）の規定の遵守に関する適性に関する試験です．技術者倫理に関する基礎知識，技術士法第 4 条（技術士等の義務），倫理規程・綱領と行動規範，情報倫理，環境倫理，その他法令・規格に分類することができます．第 6 表に 2018 〜 2023 年度の出題一覧，第 6 図に分野別の出題比率を示します．環境倫理については，さらに地球環境，生活環境および労働環境に細分化して分類しています．

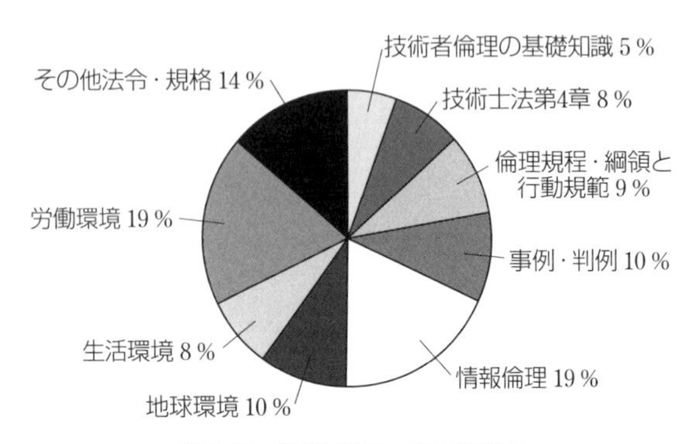

第 6 図 「適性科目」の出題比率

(1) 技術者倫理に関する知識

倫理と法，専門的職業人（プロフェッショナル）と公衆，功利主義と個人尊重主義，黄金律，利益の相反，エシックス・テストなど，倫理に関する基本的な用語や考え方について出題されています．出題比率は 6 % なので，15 問中隔年 1

問が出題されています．

⑵　技術士法第４章（技術士等の義務）

技術士の三大義務（信用失墜行為の禁止，秘密保持義務，名称表示の義務）および二大責務（公益確保の責務，資質向上の責務）に関して，条文の穴埋め問題として出題されています．技術士法およびその施行規則を熟読して，三大義務，二大責務をまるごと覚えておきましょう．出題比率は８％，15 問中隔年１問が出題されています．

第６表　「適性科目」の出題一覧

分　類	技術者倫理に関する知識	技術士法第４章（技術士等の義務）	倫理規程・綱領と行動規範	事例・判例
2023（令和５）年度	Ⅱ-2 情報漏洩対策(★) Ⅱ-11 エシックス・テスト(★)	Ⅱ-1 技術士法第４章(★★★)	Ⅱ-5「技術士に求められる資質能力（コンピテンシー）」で挙げられているキーワード(★) Ⅱ-7 科学者の行動規範(★)	Ⅱ-9 技術者の失敗事例(★★) Ⅱ-13「国土交通省インフラ長寿命化計画（行動計画）」の具体的な取組み(★)
2022（令和４）年度	Ⅱ-7 功利主義と個人尊重主義(★★★) Ⅱ-15 技術士 CPD の基本 (★)	Ⅱ-1 技術士法第４章(★★★)	Ⅱ-2 PDCA サイクル(★)	
2021（令和３）年度	Ⅱ-2 技術者倫理における「公衆」(★)	Ⅱ-1 技術士法第４章(★★★)		Ⅱ-3 説明責任の解釈と技術者が取るべき行動(★★★)
2020（令和２）年度		Ⅱ-1 技術士法第４章(★★★)		Ⅱ-2 理工学系学協会の倫理規程等に対して技術者としてふさわしくない行動(★★★) Ⅱ-3 研究者および所属機関の利益相反（COI）に関する適正な判断(★★)
2019（令和元）年度再試験		Ⅱ-1 適正科目試験の目的(★) Ⅱ-2 技術士法第４章 (★★★)	Ⅱ-3 倫理規程，行動規範等の制定の狙い(★★) Ⅱ-6 科学者の行動規範(★★)	Ⅱ-4 技術士としてふさわしい行動，ふさわしくない行動(★★★) Ⅱ-10 研究活動における不正行為（捏造，改ざん，盗用）(★★)
2019（令和元）年度		Ⅱ-1 技術士法第４章(★★★)	Ⅱ-2「技術士に求められる資質能力」で挙げられているキーワード(★)	Ⅱ-7 品質不正問題と状況(★) Ⅱ-8「国土交通省インフラ長寿命化計画（行動計画）」の具体的取組みの方向性(★)
2018（平成30）年度	Ⅱ-3 技術士 CPD の基本 (★)	Ⅱ-1 技術士法第４章(★★★)	Ⅱ-5 工学系学会が制定する行動規範(★★) Ⅱ-15 公務員倫理規程（行為者を鼓舞し，動機付けるための倫理の取組み）(★)	Ⅱ-2「技術士等の義務」の規定に対してふさわしくない行動(★★★) Ⅱ-4 倫理綱領，倫理規程等を踏まえてふさわしくない行動(★★★) Ⅱ-14 事故後に技術者等の責任が刑事裁判で問われた事例(★)
2017（平成29）年度	Ⅱ-13 功利主義と個人尊重主義が対立するときの対応(★) Ⅱ-15 倫理的意思決定に関る促進要因と阻害要因の対比(★)	Ⅱ-1 技術士法第４章(★★★)		Ⅱ-2「技術士等の義務」の規定に対してふさわしくない行動(★★★) Ⅱ-3 材料不足に伴う製品の納期遅延に対し，工場の材料発注責任者が材料納入業者との交渉に当たって考慮すべき重要事項の優先順位(★) Ⅱ-7 公共性の高い施設等に新技術・新工法を適用する場合の関係者の対応方法(★) Ⅱ-14 研究や研究発表・投稿に関する倫理(★★)

分　類	情報倫理 (知的財産法，特許法，個人情報保護法，不正競争防止法など)	環境倫理	
		地球環境	生活環境
2023 (令和 5) 年度	Ⅱ-4 知的財産権のうち産業財産権に含まれないもの(★★★)	Ⅱ-15 環境基本法の典型 7 公害(★★★)	Ⅱ-10 事業継続計画(BCP)，事業継続マネジメント(BCM)(★★★)
2022 (令和 4) 年度	Ⅱ-4 Society 5.0(★★★) Ⅱ-8 安全保障貿易管理(★★★) Ⅱ-9 知的財産権のうち知的創作物に含まれるもの(★★★)	Ⅱ-10 循環型社会形成推進基本法(★★★) Ⅱ-14 続可能な開発目標(SDGs)の概要(★★★)	
2021 (令和 3) 年度	Ⅱ-6 AI の利活用者が留意すべき原則(★★★) Ⅱ-7 営業秘密か否かの判断(★★★) Ⅱ-13 知的財産権のうち産業財産権に含まれないもの(★★★) Ⅱ-14 個人情報保護法に基づく個人情報の取扱い(★★)	Ⅱ-5 国連で定める SDGs(★★★) Ⅱ-11 再生可能エネルギー(★★)	
2020 (令和 2) 年度	Ⅱ-4『営業秘密』の範囲と要件(★★★) Ⅱ-5 知的財産権のうち産業財産権に含まれないもの(★★★)	Ⅱ-10 環境にかかわるエネルギー源に関する用語(★★)	Ⅱ-9　事業継続計画(BCP)(★★★) Ⅱ-11 ユニバーサルデザインの 7 原則(★★★) Ⅱ-14 遺伝子組換え技術(★)
2019 (令和元) 年度 再試験	Ⅱ-8 特許法における特許の要件(★★★) Ⅱ-9 著作物に表現された思想または感情の享受を目的としない利用の具体的事例(★) Ⅱ-15 人工知能(AI)利活用に際し，人工知能と人間社会について検討すべき論点(★)	Ⅱ-11 温室効果ガスに関する用語(★★) Ⅱ-14 持続可能な開発目標(SDGs)実施方針の概要(★★★)	Ⅱ-13 水害・土砂災害から身を守るための情報，備え，行動(★)
2019 (令和元) 年度	Ⅱ-4 個人情報保護法上の個人識別符号に含まれないもの(★★) Ⅱ-5 知的財産権のうち，産業財産権に含まれないもの(★★★) Ⅱ-10 技術者の情報発信や情報管理のあり方(★) Ⅱ-9 企業における秘密情報漏えい対策(★)	Ⅱ-15 持続可能な開発目標(SDGs)の概要(★★★)	Ⅱ-6 安全，事故・災害に関する用語(★) Ⅱ-13 企業のリスクに関する事業継続計画(BCP)(★★★)
2018 (平成30) 年度	Ⅱ-6 知的財産権に含まれないもの(★★★) Ⅱ-7 営業秘密の該当条件と情報漏えいの動向(★★★)	Ⅱ-13 環境保全に関する用語(★★)	Ⅱ-10 消費生活用製品安全法の目的，事故報告制度，重大事故の公表，安全性の範囲(★★★)
2017 (平成29) 年度	Ⅱ-6 標的型攻撃メールに対する適切な対応(★) Ⅱ-10 知的財産権に含まれるもの，含まれないもの(★★★)		Ⅱ-9 消費生活用製品安全法の目的，事故報告制度，重大事故の公表(★★★)

(3) 倫理規程・綱領と行動規範

各団体や協会で制定している倫理規程，倫理要綱，倫理綱領など，日本技術士会では「技術士倫理要綱」「技術士プロフェッション宣言」について，制定目的，制定内容などについて出題されています．出題比率は 9 %，15 問中隔年 1 ～ 2 問が出題されています．

(4) 事例・判例

専門技術者である技術士は，技術士法，倫理要綱などを十二分に理解し，実際の場面において「技術者倫理」に照らし合わせ，適切に判断し，行動することが求められます．技術士が三大義務および二大責務を果たそうとするとき，どちら

労働環境	その他法令・規格 （A51 ＋ A43L 法，情報公開法，国際規格・JIS など）
Ⅱ-3 公益通報者保護法の目的，保護対象およびその内容(★★★) Ⅱ-8 リスクマネジメントプロセス(★★)	Ⅱ-6 製造物責任法（PL 法）(★★) Ⅱ-12 安全保障貿易(★★★) Ⅱ-14 ISO/IEC Guide51 による「安全」(★★★)
Ⅱ-5 職場のハラスメント(★★★) Ⅱ-6 リスクアセスメントおよびリスク低減反復プロセス(★★★) Ⅱ-13 テレワーク等における情報セキュリティ(★★★)	Ⅱ-3 ISO 26000 社会的責任の 7 つの原則(★) Ⅱ-11 PL 法にの損害賠償責任の対象(★★★) Ⅱ-12 独占禁止法による公正な取引(★)
Ⅱ-9「多様な人材」の記述として明らかに不適切なもの(★★) Ⅱ-10「規格に安全側面（安全に関する規定）を導入するためのガイドライン」が推奨する行動(★★★) Ⅱ-12 労働安全衛生法，安全と衛生(★★★) Ⅱ-15 リスクアセスメント導入による効果(★★)	Ⅱ-4 輸出管理に関して適切なもの(★) Ⅱ-8 PL 法における製造物責任の対象(★★★)
Ⅱ-8 JIS Z 8115 ヒューマンエラーの定義(★★) Ⅱ-7 ISO/IEC Guide51（JIS Z 8051）におけるリスクアセスメント及びリスク低減の反復プロセス(★★★) Ⅱ-13 テレワークにおける労働基準法の適用に関する留意点(★★★) Ⅱ-15 内部告発に考慮すべき事項(★★★)	Ⅱ-6 製造物責任法（PL 法(★★★) Ⅱ-12 ISO 26000（社会的責任に関する手引き）に基づく製品安全に関する取組み(★★)
Ⅱ-5 公益通報が許される条件(★★★) Ⅱ-12 国際安全規格における安全の定義とリスクアセスメント(★★★)	Ⅱ-7 製造物責任法（PL 法）(★★★)
Ⅱ-11 事業者による危険性又は有害性等の調査及びその結果に基づく措置に関する指針(★★) Ⅱ-12 男女雇用機会均等法，育児・介護休業法，セクハラ(★★)	Ⅱ-3 製造物責任法（PL 法）上の損害賠償責任(★★★) Ⅱ-14 ISO 26000 社会的責任の 7 原則 (★★)
Ⅱ-8 公益通報者保護法の目的，公益通報の定義，保護の対象，保護の要件(★★★) Ⅱ-11 労働安全衛生法における安全，リスクアセスメント(★★★) Ⅱ-12 仕事と生活の調和（ワーク・ライフ・バランス）の実現に向けて職場で実践すべき事項(★★★)	Ⅱ-9 製造物責任法 (PL 法) における製造物，欠陥，製造業者等の定義，免責事由，期間の制限(★★★)
Ⅱ-4 職場のハラスメント(★★) Ⅱ-12 労働安全衛生法における安全，リスクアセスメント(★★★) Ⅱ-5 労働時間，働き方に関する用語と，働き方改革の進め方(★★★)	Ⅱ-8 製造物責任法（PL 法）における製造物，欠陥，製造業者等の定義、免責事由(★★★) Ⅱ-11ISO 26000 組織の社会的責任の原則(★★)

を選択すべきかという判断を迫られる場面がでてきますので，その際に技術士としてふさわしい行動を選択できるかどうかの判断能力を問う問題です．また，それでも判断が難しい場面の一般的な判断基準として過去の事例や判例が出題されています．過去問をケーススタディとして判断力を養っておくようにしましょう．出題比率 10 %，15 問中 1 ～ 3 問，平均で約 2 問が出題されています．

⑸ 情報倫理

知的財産制度については知的財産権，産業財産権に含まれるかどうかを判断させる問題，特許法については特許の要件，個人情報保護法については個人情報としての取扱いが必要になる要件と取扱方法，不正競争防止法については営業秘密の範囲と要件と漏洩対策の問題が出題されています．また，人工知能（AI）の利活用者が留意すべき原則，著作権法第30条の4「著作物に表現された思想又は感情の享受を目的としない利用」に関する基本的考え方など，デジタル化・ネットワーク化に対応した柔軟な権利制限規定に関する対応などの問題を出題されるようになっています．出題比率は19％，15問中2～4問が出題されています．

(6) 環境倫理

(a) **地球環境**：地球温暖化，環境保全に関する用語，気候変動枠組条約締約国会議（COP）と再生可能エネルギー，持続可能な開発目標（SDGs）に関する問題が出題されています．基礎科目の5群「環境・エネルギー・技術」と重複するものも多く，両方の出題傾向をみながら備えておくことが必要です．出題比率は10％，15問中1～2問が出題されています．

(b) **生活環境**：ユニバーサルデザイン，遺伝子組換え技術に関する出題のほか，大規模広域地震災害や台風による洪水・土砂災害など自然災害の激甚化を反映した災害発生時の対策や企業の事業継続計画（BCP）に関する問題も多く出題されています．出題比率は8％，15問中1～3問が出題されています．

(c) **労働環境**：労働安全衛生法とリスクアセスメント，職場のハラスメント対策，働き方改革，テレワーク，多様な人材活用，公益通報保護の対象と要件，内部告発するときに考慮すべき事項など，幅広く出題されています．出題比率は19％，15問中2～4問が出題されています．

(7) その他法令・規格

製造物責任法（PL法）は毎年1問出題され，製造物，欠陥，製造業者等用語の定義，製造物責任の範囲や免責など，いろいろなパターンで出題されています．輸出管理に関する国際的枠組み，ISO 26000による組織の社会的責任の7原則，製品安全性に関する国際安全規格ガイドISO/IEC Guide51（JIS Z 8051）などが出題されている．出題比率は14％，15問中1～3問である．

3. 重要ポイント

3.1 基礎科目の重要ポイント

3 1 1 設計・計画

(1) 設計理論

(a) 数学の定理，公式

(i) 相加平均と相乗平均の関係

$$\sqrt[n]{a_1 a_1 \cdots a_n} \leqq \frac{a_1 + a_2 + \cdots + a_n}{n} \quad (a_1, a_2, \cdots, a_n \geqq 0)$$

(ii) 不定形の極限

$$\lim_{\theta \to 0} \frac{\sin \theta}{\theta} = 1$$

$$\lim_{x \to a} \frac{f(x)}{g(x)} = \lim_{x \to a} \frac{f'(x)}{g'(x)} \quad \text{(ロピタルの定理)}$$

(iii) ロールの定理：関数 $f(x)$ が閉区間 $[a, b]$ で連続で，開区間 (a, b) で微分可能であるとき，$f(a) = f(b)$ ならば，a と b の間に $f'(c) = 0$ であるような数 c が存在する．

(iv) 平均値の定理：関数 $f(x)$ がある区間で微分可能ならば，その区間では

$$f(a + h) = f(a) + f'(a + \theta h) \cdot h \quad (0 < \theta < 1)$$

(v) テイラーの定理：関数 $f(x)$ がある区間で n 回微分可能であるとき，その区間では

$$f(a + h) = f(a) + f'(a) \cdot h + \cdots + \frac{1}{r!} f^{(r)}(a) \cdot h^r + \cdots$$

$$+ \frac{1}{(n-1)!} f^{(n-1)}(a) \cdot h^{n-1} + \frac{1}{n!} f^{(n)}(a + \theta h) \cdot h^n \quad (0 < \theta < 1)$$

ここで，関数 $f(x)$ について

$$\lim_{n \to \infty} \left| \frac{1}{n!} f^{(n)}(\theta x) \cdot x^n \right| = 0 \quad (0 < \theta < 1)$$

ならば，マクローリン展開式が成り立つ．

$$f(x)=f(0)+f'(0)\cdot x+\cdots+\frac{1}{n!}f^{(n)}(0)\cdot h^n+\cdots$$

(vi) **オイラーの公式**：$e^{i\theta}=\cos\theta+i\sin\theta$

(b) 製図

(i) **図面の種類**

・計画図：製品の核心となる重要な機構や仕組みなどを記載した図面

・詳細図：計画図を元に具体的に細かな形状を決定して図面化したもので，製品のすべての形状が表現された図面

・組立図：詳細図を元に製品を組み立てた状態を表現し，どの部品がどこに組み込まれているかを示す図面

・製作図：加工者が加工の際に参照する図面で，製作図のみで加工できるように配慮した図面．加工者が計算しなくてもわかるように寸法記入．形状の幾何学的な公差の指示を記載（限界ゲージで検査）．

・断面図：対象物内部の見えない形を図示するために，対象物を切断したと仮定して切断面の手前を取り除き，その切り口の形状を外形線によって図示した図面

(ii) **投影法**

対象物を図面に表現するため，投影面の前に対象物を置き，これに光を当て，その**投影面に映る物体の影で表す方法**を投影法という．

・第一角法：第一角ゾーンに対象物をおいて，直交する平面に投影する方法．ヨーロッパ，中国で使用．対象物の最も代表的な面を正面図とし，平面図を正面図の下，左側面図を正面図の右に配置．

・第三角法：第一角ゾーンに対象物をおいて，直交する平面に投影する方法．日本（JIS）やアメリカで使用．対象物の最も代表的な面を正面図とし，平面図を正面図の上，右側面図を平面図の右に配置．

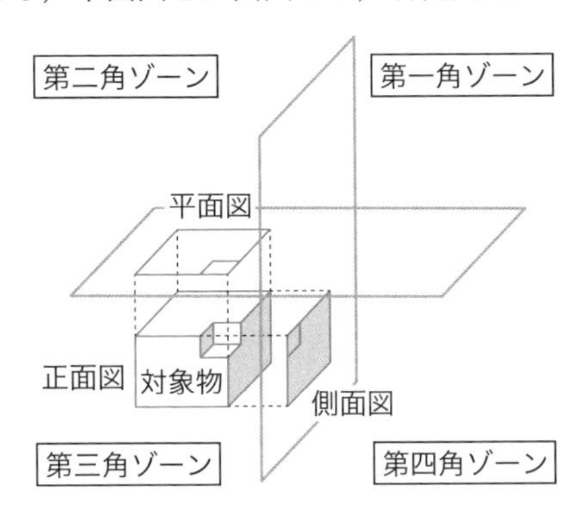

(c) 材料の機械的性質

(i) **荷重，応力**：材料に荷重 P を加えると，材料内部には荷重に対する抵抗力が生じる．材料の断面積を A とするとき，単位断面積当たりの抵抗力を応力 σ と呼ぶ．

$$\sigma = \frac{P}{A}$$

(ii) **弾性と塑性**：材料に荷重を加えると変形する．荷重を取り除いたときに，完全に復元する性質を弾性という．それを超える荷重を加えると，荷重を取り去っても復元しない塑性を示す．

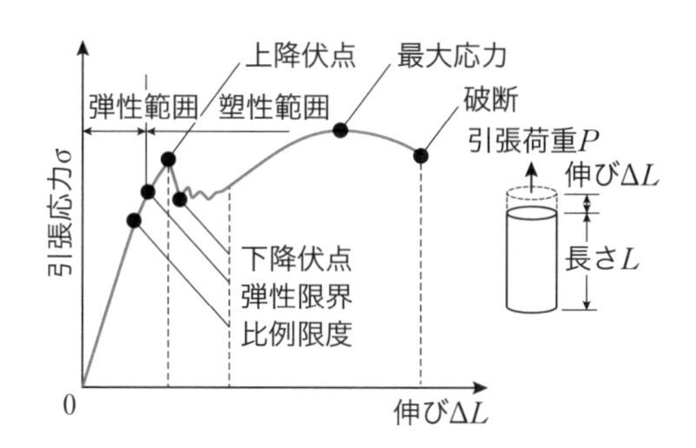

(iii) **材料の変形特性**

・**弾性限界，弾性荷重**：材料が弾性を示す限界を弾性限界，そのときの荷重を弾性荷重という．

・**フックの法則**：材料に加えた荷重と変形の比例関係をフックの法則と呼ぶ．フックの法則は弾性限界のやや手前の比例限度まで成り立つ．

・**降　伏**：弾性限界を超える荷重を加えると，ある点で材料に亀裂が入りいったん荷重が低下し，平衡状態になる．この変形過程を降伏といい，降伏の始点を上降伏点，平衡状態の点を下降伏点と呼ぶ．

・**破断，引張強さ**：下降伏点を超えてさらに荷重を増大させたとき，あるところで材料にくびれが生じて断面積が急激に縮小して二つ以上の部分に分離すること．このくびれを生じる直前の状態の最大応力が材料の引張強さである．

・**座　屈**：構造物の圧縮荷重を増加していったとき，急に変形の模様が変化して大きなたわみを生じる不安定現象．

・**圧　壊**：地盤やコンクリートが圧縮力により壊れること．

(iv) **安全係数（安全率）**

構造設計において，構成材など使用材料の基準強度と許容応力の比をいう．構造物は設計段階の想定と実際の環境，使用方法，経年劣化等の差異があっても所要の機能を発揮できるようにするための余裕分.

・航空機，ロケット：1.15〜1.25（低め．徹底した品質管理と整備で対処）
・クレーンの玉掛け用ワイヤロープ：6（「クレーン等安全規則」第213条）
・薬品：100等特に厳しい値（種差が10倍，弱者と健康体間の個体差による感受性の差10倍）

(d) ユニバーサルデザイン

文化・言語・国籍や年齢・性別・能力などの違いにかかわらず，できるだけ多くの人が利用できることを目指した製品や環境などの設計（ロナルド・メイスが提唱）.

(i) よく似た用語

ノーマライゼーション：障害者と健常者が一緒に生活し活動できる社会を目指す理念.

バリアフリー：高齢者や障害者が生活をするうえで障壁となるものを排除.

(ii) ユニバーサルデザインの七つの原則

・誰でもが公平に利用できる（Equitable use）
・柔軟性がある（Flexibility in use）
・シンプルかつ直感的な利用が可能（Simple and intuitive）
・必要な情報がすぐにわかる（Perceptible information）
・ミスしても危険が起こらない（Tolerance for error）
・小さな力でも利用できる（Low physical effort）
・十分な大きさや広さが確保されている（Size and space for approach and use）

(2) システム設計

(a) システム分析

ATM等利用者の処理率ρ，平均処理時間T_a（待ち行列の計算）

・処理率（ATM等の利用率）　$\rho = \frac{\lambda}{\mu}$

・平均処理時間（待ち時間＋処理時間）　$T_a = \frac{1}{1-\rho} \cdot \frac{1}{\mu}$

ただし，μ：単位時間当たりの平均処理人数（サービス率），λ：単位時間当たりの平均到着者数（到着率．ポアソン分布）

(b) システムの信頼度

(i) 直並列接続システムの信頼度p（要素1，2の信頼度p_1，p_2）

・直列接続システム：$p = p_1 p_2$（要素1，2が正常なときに正常）
・並列接続システム：$p = p_1(1-p_2) + p_2(1-p_1) + p_1 p_2$

（要素 1 または要素 2 が正常，あるいは要素 1，2 が正常なときに正常）

(ii) **2/3 冗長系（2 out of 3）システムの信頼度 p（要素 1, 2, 3 の信頼度 p_0）**

$$p = 1 - \{(1 - p_0)^3 + 3p_0(1 - p_0)^2\}$$

（全体 1 から，“3 個とも異常”，“1 個正常かつ 2 個異常”を引く）

(c) **アベイラビリティ（可用性）**

要求された外部資源が用意されたと仮定したとき，アイテムが与えられた条件で，与えられた時点，または期間中，要求機能を実行できる状態にある能力

(i) **定常アベイラビリティ（稼働率）**：$\dfrac{\text{MTBF}}{\text{MTBF} + \text{MTTR}}$

ただし，平均故障間隔（MTBF），平均修復時間（MTTR）は，十分長い期間を考えたときの故障間隔，修復時間の平均値

(ii) **固有アベイラビリティ**：修復時間を事後保全時間のみとしたアベイラビリティ

(iii) **達成アベイラビリティ**：修復時間を事故保全時間と予防保全時間の合計としたアベイラビリティ

(iv) **動作アベイラビリティ**：修復時間をすべての動作不能時間としたアベイラビリティ

(v) **運用アベイラビリティ**：故障間隔を動作可能時間，修復時間を動作不能時間としたアベイラビリティ

(d) **FTA（故障の木解析）**

予防すべき事象を要因事象に展開し，末端の要因事象の頻度・確率データから事象の発現確率を論理記号に従って解析する手法.

図の場合の発現確率は,

$$p_s = p_5 \cdot p_6 = (p_1 + p_2) \cdot (p_3 \cdot p_4)$$

(e) **決定木（デシジョンツリー）分析**

決定木分析は，木構造の決定木により想定しうるすべての選択肢に細分化した結果を可視化しデータ分析する機械学習手法の一つ.

決定ノード（意思決定者が判断できる事柄）を□，機会ノード（確率的に分岐）を○，端末ノード（結果）を△で表し，決定ノードが始点，端末ノードが終点になり，その右に結果（損失額等）を記載する．図の例からは，恒久対策，複数の代替案による状況対応的対策のそれぞれの期待損失額を求めることができ，それを最小化するような選択が可能になる.

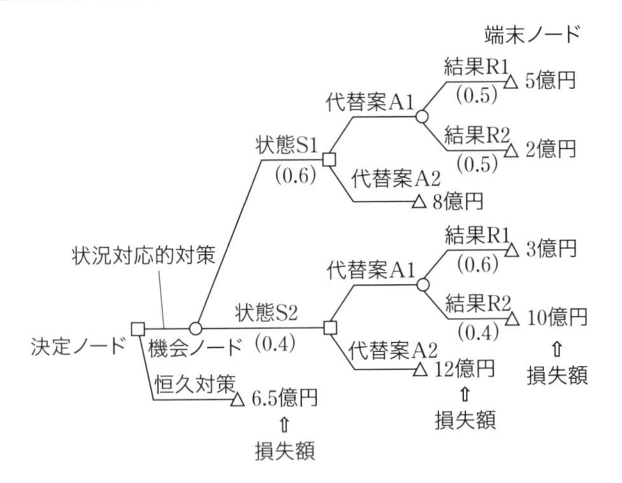

(f) 状態遷移図

対象がどのような状態をもち，条件によりそれらの間をどのように遷移するかを表した図をいう．条件は，出来事（イベント）発生の有無や確率などが入る．状態 1 にあるとき，条件 A を満たせば状態 2 に遷移，条件 E を満たせば状態 3 に遷移する．状態 2 にいるときに，条件 B を満たせば状態 2 に遷移する（言い換えれば状態は遷移しない）．

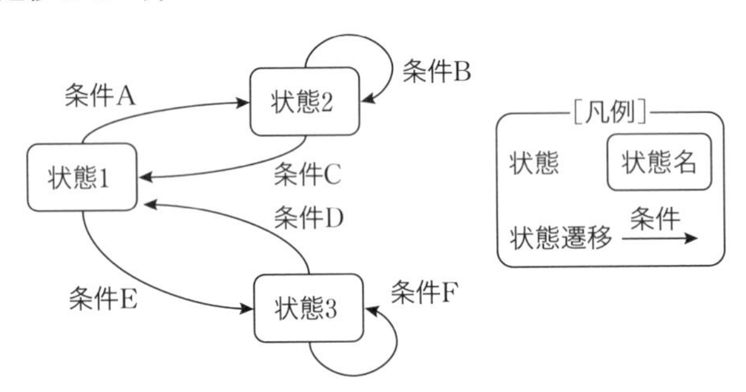

(3) 最適化問題

(a) 最適化問題の分類

最適化問題は，与えられた制約条件の下に目的関数の最小値あるいは最大値と，その最小値あるいは最大値を与える変数を求める問題である．

(i) **線形計画問題**：目的関数が線形関数（一次関数）で，制約条件が線形関数の等式あるいは不等式で記述できる問題

(ii) **整数計画問題**：線形計画問題のうち，各変数のとる値が整数に制限されている問題

(iii) **非線形計画問題**：目的関数や制約条件に非線形式が含まれる問題．二次計画

問題など．

(iv) **凸計画問題**：目的関数が凸関数で制約条件も凸集合である問題

(v) **多目的最適化問題**：目的関数が複数存在する最適化問題．ある目的関数を改良しようとするとき，ほかの目的関数が悪化する対立関係をトレードオフ，この状況下にある解集合をパレート解と呼ぶ．パレート解の内最も最適と思われるものがパレート最適解である．

(b) 線形計画問題の定式化と双対問題

$m \times n$ 行列 A，m 次元ベクトル $\boldsymbol{b}$ および n 次元ベクトル $\boldsymbol{c}$（$\boldsymbol{c}^T$ は $\boldsymbol{c}$ の転置ベクトル）が与えられるとき，n 次元変数ベクトル $\boldsymbol{x}$ に関する線形計画問題は次のように表現できる．

目的関数：$\boldsymbol{c}^T\boldsymbol{x} \rightarrow$ 最小

制約条件：$A\boldsymbol{x} = \boldsymbol{b}$（等式），　$\boldsymbol{x} \geqq \boldsymbol{0}$（不等式）

この問題を主問題とするとき，

目的関数：$\boldsymbol{b}^T\boldsymbol{y} \rightarrow$ 最大

制約条件：$A^T\boldsymbol{y} \leqq \boldsymbol{c}$（不等式）

を双対問題と呼ぶ．主問題と双対問題の間には，双対定理「主問題と双対問題のいずれか一方が最適解をもつならば，もう一方も最適解をもち，主問題の最小値と双対問題の最大値は一致する」が成り立つ．線形計画問題の解法には，シンプレックス法（単体法），カーマーカー法などがある．

(4) 品質管理

(a) 品質管理手法

(i) QC 七つ道具

① **特性要因図（フィッシュボーン図）**：結果（特性）と要因との関係を魚の大骨，小骨のように系統的に表した図．要因を網羅的に洗い出して因果関係を整理し，原因を追究するのに利用．

② **パレート図**：データを項目別に分類して降順に並べた棒グラフと，その累積構成比を表す折れ線グラフを組み合わせた複合グラフ．

③ **ヒストグラム（度数分布図）**：対象データを区間ごとに区切り，横軸を区間，縦軸を各区間の度数とする棒グラフに似た形の図により，データの分布状況を視覚的にわかりやすく表現したグラフ．

④ **管理図**：連続した観測値または群にある統計量の値を，通常は時間順またはサンプル番号順に打点した，上側管理限界線，下側管理限界線をもつ図．品質のばらつき分析・管理，工程の異常発見，層別による改善点の明確化，改善効果の確認に使用．

⑤ **散布図**：2 項目のデータを縦軸と横軸の値に対応させた点をプロットした図．

点の散布状況から二つの項目の相関関係を判断.

⑥ **チェックシート**：データを漏れなく容易に収集し，その内容を簡単にチェックできるように，点検項目や確認項目，記録や調査の内容を決めて設計されたシート.

⑦ **グラフ**：棒グラフ，折れ線グラフ，円グラフ，帯グラフ，レーダチャート，ワイブル確率プロットなど.

(ii) **新 QC 七つ道具**

言語情報や文字情報により問題の方向性を見出す手法である.

① **親和図法（KJ 法）**：問題・課題に関するバラバラな言語データを相互の親和性（関連性）で結合し，混沌とした状態から問題の全体像・構造・特徴を把握して問題点を見出す手法.

② **連関図法**：問題が複雑に絡み合い，解決の糸口が見つけにくい場合に，「原因と結果」や「目的と手段」など要因の相関関係を整理・明確化し，主要な要因を導き出す課題分析手法.

③ **系統図法**：目的達成のための手段を「目的」とし，その「手段」を繰り返し検討して何段階ものツリー状に配置することで，問題解決の最適手段を導き出す手法.

④ **マトリックス図法**：検討する二つの要素を行と列に配置し，要素間の関係を整理し，全体を俯瞰して問題解決を進める手法.

⑤ **アローダイヤグラム（PERT 図）法**：作業順序を矢印と結合点で結んだアローダイヤグラムにより各工程の進捗管理や期間短縮の検討に用いる手法. PERT 図は，Program Evaluation and Review Technique 図の略.

⑥ **PDPC（Process Decision Program Chart）法**：目的達成までに考えられる障害を予測し対策を図示して，途中で問題が発生しても目的を達成するための手法.

⑦ **マトリックスデータ解析法**：多変量分析の一つである主成分分析.

(b) PDCA サイクル

Plan（計画）→ Do（実行）→ Check（評価）→ Action（または Act，改善）を繰り返すことによって，生産管理や品質管理などの管理業務を継続的に改善していく手法.

(c) 保　全

アイテム（対象となる部品・構成品・デバイス・装置・機能ユニット・サブシステム・システム）を使用および運用可能状態に維持し，または故障・欠点などを回復するためのすべての処置および活動.

保全の分類

① **保全予防**：設備設計の段階から保全性のよい設備を設計・製作し，設備の保全コストを少なくすること．

② **改良保全**：同種の故障が再発することを防止するための設備の改良．

③ **予防保全**：アイテムの劣化の影響を緩和し，かつ，故障の発生確率を低減するために行う保全．

・**時間計画保全**（Time-Based Maintenance, TBM）：規定した時間計画に従って実行される保全．予定の時間間隔で行う定期保全とアイテムが予定の累積動作時間に達したときに行う経時保全がある．

・**状態基準保全**（Condition-Based Maintenance, CBM）：物理的状態の評価に基づく予防保全．

④ **事後保全**：故障，トラブル検出後，アイテムを要求機能遂行状態に修復させるために行う保全．機器や部品等の性能低下に対処する通常事後保全と，突発的故障に対して緊急処置を行う緊急保全がある．

3 1 2 情報・論理

(1) 情報理論

(a) 集合の呼び方と関係

あるものの集まりを「**集合**」，構成するものを「**要素**」と呼ぶ．$a \in A$ は，a が集合 A の要素であることを表す．

(i) **部分集合** $A \subset B$：集合 B に含まれる集合（要素 x が $x \in A$ ならば必ず $x \in B$ でもある）．

(ii) **和集合** $A \cup B$：集合 A, B の少なくとも一方に属している要素の集合．

(iii) **積集合（直積集合）** $A \cap B$：集合 A, B の両方に属している要素の集合．

(iv) **補集合** $\overline{A}$：全体集合 U の要素のうち部分集合 $A \subset U$ に属さない要素全体からなる集合．

$A \cup \overline{A} = U$，$A \cap \overline{A} = \varnothing$（空集合：要素をもたない集合），$\overline{(\overline{A})} = A$

(b) 論理演算と集合

(i) **論理と論理式**

論理の真を1，偽を0に対応させ，1と0だけを取り扱う代数をブール代数（あ

基本的な論理	論理式	意味
論理和（OR）	$p + q$	p または q
論理積（AND）	$p \cdot q$	p かつ q
否定（NOT）	$\overline{\mathrm{p}}$	p ではない
排他的論理和（XOR）	$p \oplus q$	p，q のいずれかが真

るいは論理代数）と呼ぶ．

(ii) **命題**：真か偽かを明確に客観的に決められる文，式

命題を『p（仮定）ならばq（結論）である)』の形で表現すると，p（仮定）を要素とする集合Pは，q（結論）を要素とする集合Qの部分集合になる．

論理和$p+q$を要素とする集合；$P \cup Q$

論理積$p \cdot q$を要素とする集合；$P \cap Q$

否定$\overline{p}$を要素とする集合；$\overline{P}$

(iii) **ブール代数の公式**

交換則	$p+q=q+p$，$p \cdot q=q \cdot p$
結合則	$p+(q+r)=(p+q)+r$，$p \cdot (q \cdot r)=(p \cdot q) \cdot r$
分配則	$p \cdot (q+r)=p \cdot q+p \cdot r$
恒等則	$p+1=1$，$p \cdot 1=p$，$p+0=p$，$p \cdot 0=0$
同一則	$p+p=p \cdot p=p$
補元則	$p+\overline{p}=1$，$p \cdot \overline{p}=0$
吸収則	$p+p \cdot q=p$，$p \cdot (p+q)=p$
ド・モルガンの法則	$\overline{p+q}=\overline{p} \cdot \overline{q}$，$\overline{p \cdot q}=\overline{p}+\overline{q}$

(iv) **主加法標準形**：真理値表は要素と論理式を関係付ける表である．一つの真理値表を表す論理式$f(x, y, z)$は無数にあるが，（要素の論理積）の論理和の形で表した論理式が主加法標準形である．表を例にとると，$f(x, y, z)=1$となる要素x, y, zの組合せは4とおりある．論理式$f(0, 0, 1)=1$なので，論理積$f_1=\overline{x}\overline{y}z$でこの関係を表現できる．同様に，$f(1, 0, 1)$は$f_2=x\overline{y}z$，$f(1, 1, 0)$は$f_3=xy\overline{z}$，$f(1, 1, 1)$は$f_4=xyz$とすればよいので，主加法標準形は

真理値表

x	y	z	$f(x, y, z)$
0	0	0	0
0	0	1	1
0	1	0	0
0	1	1	0
1	0	0	0
1	0	1	1
1	1	0	1
1	1	1	1

$$f(x, y, z)=f_1+f_2+f_3+f_4$$
$$=\overline{x}\overline{y}z+x\overline{y}z+xy\overline{z}+xyz$$

(v) **カルノー図**：主加法標準形で表された論理式の簡略化に用いる図である．図は真理値表に対応したカルノー図である．どの隣り合ったセルの2ビットを見ても，一方が同じで他方が異なるようにするため，行方向のx, yの並びは00，01，11，10の順番とする．上端の00と，下端の10もyが同じでxが異なるようになっている．合計8とおりの組合せがあり，x, yとzの組合せに応じて真理値表の$f(x, y, z)$の値を記入する．

次に，表中のすべての1のセルだけを囲むように，できるだけ数の少ない複

数の長方形（セルの数は偶数，正方形も含む）のループで囲む．同じセルを二つ以上のループで共有してもよいし，カルノー図の上下の端および左右の端は連続とみなし，上と下の行，左と右の列はつながっているものとみなしてよい．

カルノー図

xy \ z	0	1
0 0	0	② 1
0 1	0	0
1 1	① 1	1
1 0	0	1

このカルノー図の場合は①と②の二つのループで四つの1をすべて囲むことができる．①は $xy\bar{z}$ と xyz のセルを囲むループである．囲まれたセルの論理和は

$$xy\bar{z} + xyz = xy(\bar{z} + z) = xy$$

なので，この二つの論理和を z を省略した xy に簡略化できる．②のループについても，$\bar{x}\bar{y}z$ と $x\bar{y}z$ のセルを囲むので，$\bar{x}\bar{y}z + x\bar{y}z = (\bar{x} + x)\bar{y}z = \bar{y}z$ とし，$\bar{y}z$ に簡略化することができ，$f(x, y, z) = xy + \bar{y}z$ になる．

(c) 決定表

問題の記述において起こり得るすべての条件と，それに対して実行すべき動作とを組み合わせた表．複数の条件と，その条件から求められる期待値を整理し，意思決定に活用するための表である．

条件部（問題を処理するための条件） Y：条件が“真” N：条件が“偽”	条件1	Y	Y	N	N
	条件2	Y	N	Y	N
動作部（条件によって取り得る動作） X：その行で指定した動作を実行 —：動作を実行しない	動作1	X	—	—	X
	動作2	—	X	X	—

(d) 情報量と圧縮

(i) 情報量の定義

① **情報量（または自己情報量）I**：確率 p で起こる事象を観測したときに得られる情報量

$$I = -\log_2 p \ [\mathrm{bit}]$$

② 平均情報量（情報エントロピー，エントロピー）$\bar{I}$：M 個の互いに排反な事象 $a_1, a_2, \cdots a_M$ が起こる確率を $p_1, p_2, \cdots, p_M \left(\sum_{i=1}^{M} p_i = 1\right)$ とするとき，M 個の事象が起こったことを知ったときに得られる情報量を平均した期待値．

$$\bar{I} = \sum_{i=1}^{M} p_i(-\log_2 p_i) = -\sum_{i=1}^{M} (p_i \log_2 p_i) \ [\mathrm{bit}]$$

(ii) データの圧縮，伸長

情報量をできる限り保ちつつデータ量の少ない別のデータに変換することを圧

縮，圧縮されたデータを再度使用することを伸長（解凍）という．

① **可逆圧縮と非可逆圧縮**：圧縮したデータを伸長するとき，完全に元の状態に戻せる圧縮を可逆圧縮，完全には元の状態に戻せない圧縮を非可逆圧縮という．

② **可逆圧縮技術**

・ランレングス（連長）法：例えば符号 s が「ss…s」と n 回連続して現れる符号を「sn」と表記して圧縮する最も基本的な圧縮方法である．画像情報で隣り合ったピクセルの色の変化が少ない場合など，同じ色の符号が連続するので圧縮効果が高い．

・ハフマン符号化法：すべての情報源に同じ長さの固定長符号を割り当てるのではなく，情報源の戻列を一定ビットごとに区切って統計処理し，「符号の木」を用いて生起確率が高いパターンほど短い符号を割り当てる方法である．「符号の木」は，図のように，各線分を枝，枝の両端を節点，一番上の節点を根，上下に枝がついている節点を内部節点，下に枝がついていない節点を葉とする木構造とするものである．一つの節点から下に伸びる枝は最大 2 本でビット 0，ビット 1 を対応させる．

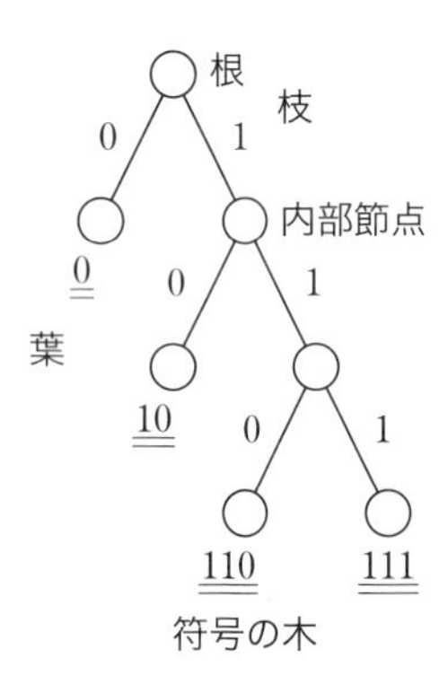

符号の木

それぞれの葉には，根からその葉まで木構造を辿ったときに，枝に割り付けられたビットを順番に並べたものが符号とすれば，根に近い葉ほど符号は短くなる．そのうえで，生起確率の高いパターンほど根に近い葉の符号を割り当てれば，平均符号長は固定長の場合より短くなる．

(e) データ伝送時間

$$\text{データ伝送時間 } T_{\mathrm{s}}\,[\mathrm{s}] = \frac{\text{データ量}\,[\mathrm{bit}]}{\text{実効回線速度}\,[\mathrm{bit/s}]} = \frac{\text{データ量}\,[\mathrm{bit}]}{\text{回線速度}\,[\mathrm{bit/s}] \times \text{回線利用率}}$$

(f) データの誤り検出・訂正

(i) **パリティチェック**：N [bit] の情報ビット列に対してパリティビットを 1 bit 追加して $N+1$ [bit] のビット列とし，パリティビットはこのビット列の “1” の数が奇数または偶数になるように “1” または “0” とすることで，受信側で “1” の数が奇数か偶数かにより誤りを検出する方式．どのビットの誤りかは検出できないので，誤り訂正はできない．

(ii) **定マーク符号**：N [bit] で構成される 2^N とおりの情報ビット列の内から，“1” が k 個のものを選んで送信信号に使用する方式．同じ個数の “0”，“1” が同時に誤らない限り検出できるので多ビット誤りの検出が可能.

(iii) **ハミング符号**：N[bit] の情報に対して，$N \leqq 2M-1$ を満足するようなビット数Mのチェックビットを付加する方式．パリティチェックや定マーク符号と比べて，格段に高い誤り検出性能がある．また，パリティチェック方式では情報ビット数に比例したチェックビットが必要になるが，ハミング符号ではそれほど増えない．

(iv) **CRC（Cyclic Redundancy Check），巡回冗長検査**：N[bit] の情報ビット列に対する符号多項式を $F(x)$，m 次の生成多項式を $G(x)$ とするとき，商 $F(x)/G(x)$ の余り $R(x)$ を $F(x)$ に付加した巡回信号を送信し，受信側で受信した信号を生成多項式で割り切れるかどうかで誤りを検出する方式．誤りビットの位置も検出できるので，誤り訂正も可能な方式．

(2) 数値表現とアルゴリズム

(a) n 進数表示と基数変換

(i) n 進数

n 進数（$n = 2, 10, 16$ など）は，各桁を 0 から $(n-1)$ までの n 個の数字（$n = 16$ の場合は，9 の後が A, B, C, D, E, F）を使い次式のように表す．一つ上の桁は n 倍の重みをもつ．

$$(H_pH_{p-1}\cdots H_1H_0 \cdot h_1\cdots h_{q-1}h_q)_n = H_p \times n^p + H_{p-1} \times n^{p-1} + \cdots H_1 \times n^1 + H_0 \times n^0 + h_1 \times n^{-1} + h_2 \times n^{-2} + \cdots h_{q-1} \times n^{-(q-1)} + h_q \times n^{-q}$$

2 進化 10 進数（Binary Coded Decimal，BCD）は，10 進数の 1 桁（0〜9）を 2 進数の 4 桁 $(0000)_2$〜$(1001)_2$ で表現する方法である．

（例） $(96)_{10} = (1001\ 0110)_{BCD}$

(ii) 基数変換

① **10 進法から 2 進法への変換**：2 進数 $(B_pB_{p-1}\cdots B_1B_0 \cdot b_1\cdots b_{q-1}b_q)_2$ の整数部 $(B_pB_{p-1}\cdots B_1B_0)_2$ を 10 進数で表し，2 で括っていくと，

$$\begin{aligned}(B_pB_{p-1}\cdots B_1B_0)_2 &= B_p \times 2^p + B_{p-1} \times 2^{p-1} + \cdots + B_1 \times 2^1 + B_0 \times 2^0\\ &= (B_p \times 2^{p-1} + B_{p-1} \times 2^{p-2} + \cdots + B_2 \times 2 + B_1) \times 2 + B_0\\ &= [\{(B_p \times 2^{p-3} + B_{p-1} \times 2^{p-4} + \cdots B_4 \times 2 + B_3) \times 2 + B_2\} \times 2\\ &\quad + B_1] \times 2 + B_0\\ &\cdots\cdots\end{aligned}$$

のように変形できる．つまり，10 進数表示の整数部を 2 で割る操作を繰り返すときの余り（0 または 1）は B_0，B_1，B_3，…になる．よって，10 進数の整数部は，2 で割る操作を 1 になるまで繰り返し，そのつど余りを最下位から順に並べれば 2 進数表示になる．

小数点以下 $(b_1 \cdots b_{q-1} b_q)_2$ は 10 進数で表した式を 2^{-1} で括っていくと,

$$
\begin{aligned}
(b_1 \cdots b_{q-1} b_q)_2 &= b_1 \times 2^{-1} + b_2 \times 2^{-2} + \cdots + b_{q-1} \times 2^{-(q-1)} \\
&\quad + b_q \times 2^{-q} \\
&= (b_1 + b_2 \times 2^{-1} + \cdots + b_{q-1} \times 2^{-(q-2)} + b_q \times 2^{-(q-1)}) \\
&\quad \times 2^{-1} \\
&= \{b_1 + (b_2 + b_3 \times 2^{-1} + \cdots + b_{q-1} \times 2^{-(q-3)} \\
&\quad + b_q \times 2^{-(q-2)}) \times 2^{-1}\} \times 2^{-1} \\
&\quad \cdots\cdots
\end{aligned}
$$

のように変形できる．つまり，10 進数表示の小数点以下の数に 2 を掛ける操作を繰り返すときに出てきた数の整数部（0 または 1）は b_1, b_2, $b_3, \cdots$ になる．よって，10 進数の小数点以下の数は，2 を掛ける操作を整数になるまで繰り返し，そのつど整数部を小数点以下の最上位から順に並べれば2進数表示になる．

② **2 進数から 16 進数への変換**：$2^4 = 16$ なので，2 進数の数を 4 桁ごとに区切って 10 進数に変換すると，$(0000)_2$〜$(1111)_2$ が 0〜15 に対応する．16 進数表示では，0〜9 はそのまま 0〜9，10〜15 は A〜F になる．

(iii) **補数**

① **n の補数，$(n-1)$ の補数**：k 桁の n 進数 X の n の補数 $X_{C,n}$ は，次の桁に桁上がりした n^k になるために補う数をいう．

$$X_{C,n} = n^k - X$$

したがって，

$$Y - X = Y + (-X) = Y + X_{C,n} - n^k$$

の関係があるので，n 進数 X の減算を行う代わりに，n の補数 $X_{C,n}$ を加算し，桁上がりした最上位の 1 を無視した値に等しい．

また，$(n-1)$ の補数 $X_{C,n-1}$ は，$X_{C,n}$ から 1 を引いた数をいう．

$$X_{C,n-1} = (n^k - 1) - X$$

② **2進数の2の補数，1の補数**：$k = 4$ の例で考えると，n^k は $2^4 = 16 = (10000)_2$ である．

2 進数 $X = (0110)_2$ とすると，

・2 の補数　$X_{C,2} = 2^4 - X = (10000)_2 - (0110)_2 = (1010)_2$

・1 の補数　$X_{C,1} = X_{C,2} - 1 = (1010)_2 - (0001)_2 = (1001)_2$

となる．$X = (0110)_2$ と $X_{C,1} = (1001)_2$ を比べると，各桁の1と0が反転している．

一般的に，2 進数 X と補数との間には次の関係がある．

・2 進数 X の 1 の補数 $X_{C,1}$ は，各桁の 1 と 0 を反転させるだけで求まる．

・2 の補数 $X_{C,2}$ は，1 の補数 $X_{C,1}$ に 1 を足せば求まる．

・2 進数 X の減算は，2 の補数 $X_{C,2}$ を加算し，桁上がりした 1 を無視すればよい.

(b) 小数点の表現

(i) **固定小数点**：数値の一定の位置に小数点を固定して取り扱う表現方法．右端に小数点を置き，整数として扱うことが多い．乗算でオーバフローが発生しやすく，除算の結果が1より小さいと0になる．

(ii) **浮動小数点**：数値Nを仮数a，基数r（2，10，16），指数e（整数）により，$N=ar^e$の形式で表現する方法．指数表現であるため，数の表現範囲が広い．

IEEE 754-2008	仮数部a	指数部e
Binary32（単精度32 bit）	24 bit	8 bit
Binary64（倍精度64 bit）	53 bit	11 bit

(c) 言語，アルゴリズム

(i) **形式言語**

① **バッカス・ナウア記法（Backus-Naur form，BNF記法）**

文脈自由文法を定義するのに用いられるメタ言語（言語を記述するための言語）.

<A>::= <B>　<A>は<B>である（<A>を<B>と定義する）
<A>|<B>　<A>または<B>
<A><B>　<A>と<B>をつなげたもの

② **中置記法**：演算子（+，−，×，÷）を演算数（数字，文字など）の間に置く書き方

③ **逆ポーランド記法（後置記法）**：演算子（+，−，×，÷）を演算数（数字，文字）の後ろに置く書き方

(ii) **コンピュータ**

① **CPUの処理性能・実行時間**

・**クロックサイクル時間**$t_{\text{cycle}}=\dfrac{1}{\text{クロック周波数}\ f_{\text{clock}}\,[\text{Hz}]}\,[\text{s}]$

・**MIPS（Million Instruction Per Second）**：CPUが1秒間に何百万回の命令を実行できるかを表す単位．1 MIPS = 100万回/s

・**CPI（Cycle Per Instruction）**：CPUの1命令当たりの平均クロックサイクル数.

・**FLOPS（FLoating point number Operations Per Second）**：CPUが1秒間に実行できる浮動小数点数演算の回数．10^9 FLOPS = 1 GFLOPS，10^{12} FLOPS = 1 TFLOPS

・平均命令実行時間 T_I：CPU が 1 命令を実行するのにかかる平均時間.

$$T_\mathrm{I} = \frac{1}{\mathrm{MIPS}\,[100\text{万回/s}]} = \frac{1}{\mathrm{MIPS}}\,[\mathrm{ns}]$$

・プログラムの命令実行時間 $T_\mathrm{P} = \Sigma_i(\mathrm{CPI})_i$

ただし，$(\mathrm{CPI})_i$：命令 i の CPI，プログラムを構成する命令の番号

② メモリの実効アクセス時間

$$T = pT_\mathrm{c} + (1-p)T_\mathrm{M}\,[\mathrm{s}]$$

ただし，T_c：キャッシュメモリのアクセス時間 [s]，T_M：主記憶装置のアクセス時間 [s]，p：ヒット率

③ スタック，キュー

・スタック：データを後入れ先出し方式（LIFO：Last In First Out）で保持するコンピュータのデータ構造.「push」はデータの格納,「pop」はデータの取出しを意味し,「push」を指示すると，順番にデータを格納していき,「pop」を指示すると，最後に格納したデータから順番に取り出される（行き止まりのトンネルのイメージ）.

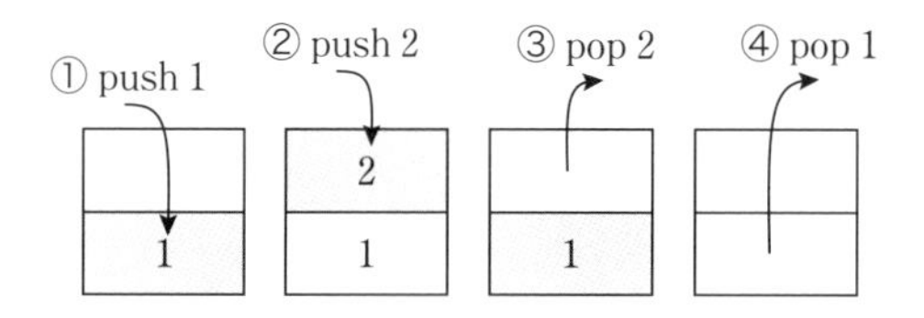

・キュー：データを先入れ後出し方式（FILO：First In Last Out）で保持するコンピュータのデータ構造. 両端が開いているトンネルのイメージで，最も先に格納されたデータを頭（head）に，順番にデータを格納していき，最後の格納データが最も尾（tail）になる.「enqueue」はデータの格納,「dequeue」はデーの取出しを意味し，データ A の「enqueue」（格納）を指示すると，tail の後にデータが追加され，tail が入れ替わる.「dequeue」は取出しの指示であり，先に格納した head のデータが取り出され，次のデータが head になる.

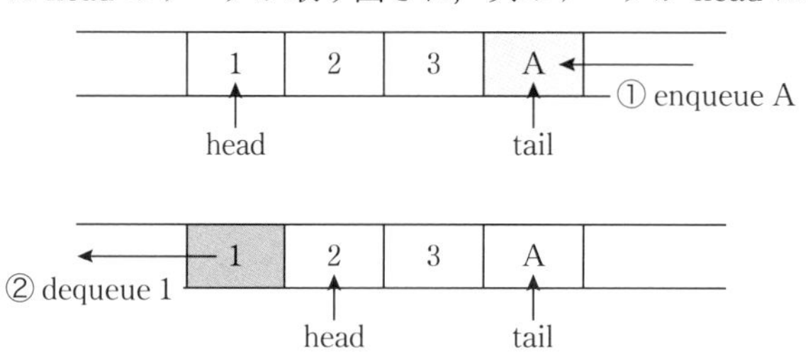

ⅲ　アルゴリズム

①　オーダー記法

アルゴリズムで使われる関数の時間計算量（処理時間で評価した計算量）をオーダーといい，関数の値の発散の速さを漸近的に大雑把に評価する方法をオーダー記法と呼ぶ.

・オーダー記法の種類

1）　O 記法（ビックオー）：関数 $f(n)$ の上界が関数 $g(n)$ と同じくらい

$f(n) \in O(g(n))$　⇔　ある二つの正の定数 n_0, c が存在し，すべての整数 $n \geqq n_0$ に対して，$0 \leqq f(n) \leqq cg(n)$

2）　Ω 記法（ビックオメガ）：関数 $f(n)$ の下界が関数 $g(n)$ と同じくらい

$f(n) \in \Omega(g(n))$　⇔　ある二つの正の定数 n_0, c が存在し，すべての整数 $n \geqq n_0$ に対して，$0 \leqq cg(n) \leqq f(n)$

3）　Θ 記法（ビックシータ）：関数 $f(n)$ の上・下界が関数 $g(n)$ と一致

$f(n) \in \Theta(g(n))$　⇔　$f(n) \in O(g(n))$　かつ　$f(n) \in \Omega(g(n))$

・代表的関数の O 記法によるオーダー表記の関係

$O(1) < O(\log n) < O(\sqrt{n}) < O(n) < O(n \log n)$

$< O(n^2) < O(n^3) < \cdots < O(n^a) < O(2^n) < O(3^n) < \cdots < O(a^n) < O(n!)$

ただし，a は大きな正の整数

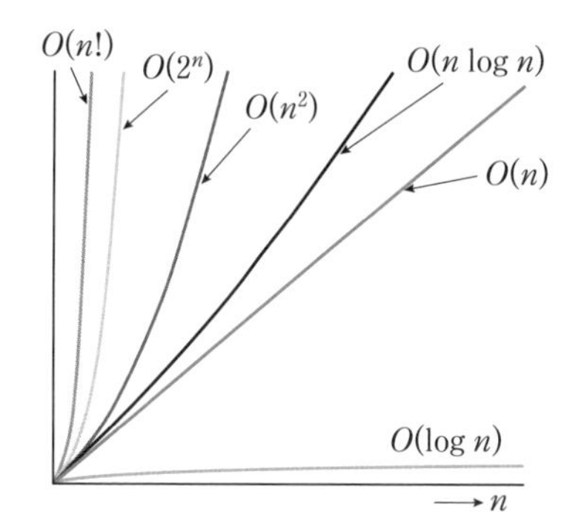

②　アルゴリズム

・フローチャート（流れ図）

プログラムの処理の流れを整理し，図的に順序立てて描いたもの.

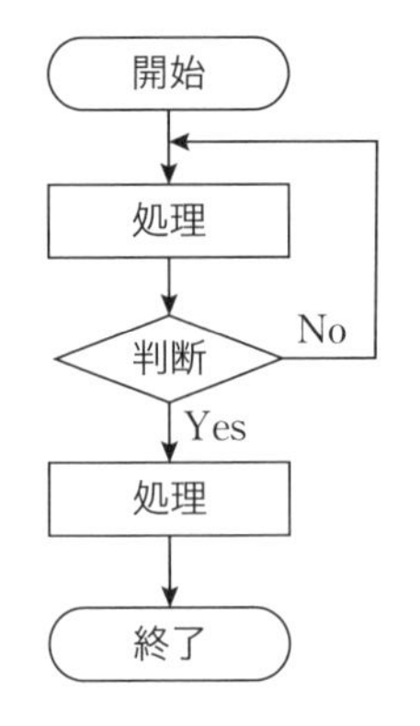

・端子：円，楕円，丸角長方形などで表現．その中に「開始」，「終了」と書くと，プロセスの開始と終了を示す．

・処理：長方形で表現し，中には具体的な処理を記述．

・判断：菱形で表現．一般に「Yes/No」あるいは「真/偽」が答えとなる判断を表す．

・素数か否かを判定するアルゴリズム

素数：1より大きい自然数のうち，1とその数でしか割り切れないもの（**自然数**；正の整数，**整数**；0および0に1を次々と足したり引いたりして得られる数）

自然数Nが素数でなければ，必ず$\sqrt{N}$より小さい素因数（自然数の約数になる素数）をもつ．

自然数Nが素数かどうかの判定法には次の方法がある．

方法1：自然数Nを整数2から$N-1$まで順番に割っていき，最後まで割り切れなかったら，自然数Nは素数，途中で割り切れたら自然数Nは素数ではないと判定．

方法2（処理回数を減らすアルゴリズム）：自然数Nを整数2から，$\sqrt{N}$以下の最大の整数まで順番に割っていき，最後まで割り切れなかったら，自然数Nは素数，途中で割り切れたら自然数Nは素数ではないと判定．

・最大公約数を求めるアルゴリズム（ユークリッドの互除法）

二つの正の整数$a, b(a \geqq b)$があるとき，「aをbで割った余りをrとするとき，aとbの最大公約数は，bとrの最大公約数と等しい」

この関係を利用すると，例えば，$a = 3\,355$と$b = 2\,379$の最大公約数をGCDとすると，

$3\,355(a) \div 2\,379(b) = 1$　余り$976(r)$ →2 379と976の最大公約数はGCD
→$2\,379(a) \div 976(b) = 2$　余り$427(r)$ →976と427の最大公約数はGCD
→$976(a) \div 427(b) = 2$　余り$122(r)$ →427と122の最大公約数はGCD
→$427(a) \div 122(b) = 3$　余り$61(r)$ →122と61の最大公約数はGCD
→$122(a) \div 61(b) = 2$

となるので，GCD = 61であることがわかる．このように，大きい数（割られる数）を小さい数（割る数）で割る→余りで割る数を割る→この手順を余りが0に

なるまで繰り返す→余りが0になったときの割る数を最大公約数（GCD）とする方法をユークリッドの互除法という．

・二分探索木によるデータ検索アルゴリズム

1）　二分木

あるデータが，木の根から幹，枝が伸びてその先に葉があるように放射状に関係づけられるとき，木構造と呼ぶ．木構造は，節（○）を枝（直線）で結んで図示することができ，一番上の節を根，枝分かれした一番先の節を葉と呼ぶ．それぞれの節（データの全体集合の要素）には何らかの意味あるデータが数値として定義されている．根から一番遠い葉までに辿（たど）る枝の数を“高さ”という．木構造は家系図と同じ構造であることから，上から親，子，孫などと親子関係で呼ぶこともある．木構造のうちで，葉以外のすべての節が二つ以下の枝をもつものを二分木という．節で枝分かれした木を部分木と呼び，二分木では部分木の数はそれぞれ二つ以下である．

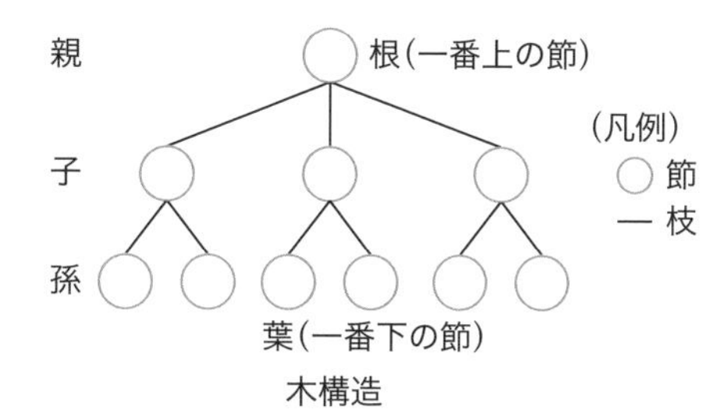

木構造

2）　二分探索木によるデータ検索

二分木において，すべての節点の値が，「左の子の大きさ≦親の大きさ＜右の子の大きさ」という大小関係を満たすものを二分探索木と呼ぶ．二分探索木を用いれば，根から出発して左右の部分木の大小関係を比較し，条件を満たす部分木に進み，それを繰り返して葉まで到達すれば，目的とする条件を満たすデータを検索することができる．このアルゴリズムによると，探索の計算量は木の高さに比例する．平衡状態（二分探索木の左右のバランスがとれている状態）であれば，データがN個のとき，木の高さは$\log_2 N$になるので，計算量はオーダー表記によれば$O(\log_2 N)$となる．

⑶　情報ネットワーク

⒜　情報セキュリティ

(i)　**情報セキュリティ**：コンピュータやネットワークを安全に安心して使うための対策で，情報にアクセスできる人の制限，情報の欠損の防止，情報が必要なときに問題なく使える状況の維持がある．

(ii)　**コンピュータセキュリティ**：コンピュータを破損や破壊（盗難など悪意のある行為の防止を含む），間違った操作，不正アクセス（データ改ざん，ウイルスによるコンピュータ機能不全，メールを介した架空請求詐欺など．コンピュータが使える場所へのアクセス制限や周辺機材の安全確保を含む）から守ること．

(iii) **ネットワークセキュリティ**：コンピュータやローカルネットワークと，インターネットからアクセスできる外部との境界線を守ること．組織内部からの不正アクセスや誤操作防止も含む．

(b) **情報セキュリティの7要素**

① **機密性**（Confidentiality）：認められた者だけが情報にアクセスし，操作できるようにすること．

② **完全性**（Integrity）：情報が正確で改ざんや削除などが行われていない完全な状態であること．

③ **可用性**（Availability）：情報へのアクセスを許可された者が必要なときに問題なく情報を見たり操作したりできること．

④ **真正性**（authenticity）：正当な権限において作成された記録に対し，虚偽入力，書き換え，消去および混同が防止されており，かつ第三者からみて作成の責任の所在が明確であること．

⑤ **責任追及性**（Accountability）：ある行為が誰によって行われたかを明確にすること．

⑥ **信頼性**（Reliability）：情報システムの処理が欠陥や不具合なく確実に行われ，システムを安心して使用できるための特性．

⑦ **否認防止**（Non-repudiation）：情報の制作や操作をした者があとでそれらを否定できないようにすること．

(iii) **情報セキュリティ対策上の脅威**

① **人的脅威**：人のミスや悪意のある行動によって，被害や影響が発生すること（メール誤送信，データの削除，パソコンやメモリの紛失，システムの脆弱性見落とし，情報漏えい，データ改ざんなど）．

② **技術的脅威**：不正プログラムなど，技術的につくり出されたものによる脅威（ウイルス，ワーム，トロイの木馬，スパイウェア，フィッシング，DoS攻撃，標的型攻撃など）．

特定の組織内の情報を狙って行われるサイバー攻撃の一種で，その組織ごとにさまざまな手立てで侵入を試みるので完全な防御は困難である．フィルタリングサービスやウイルス対策ソフトによるウイルス付メールの侵入阻止（入口対策），ウイルス感染による外部への不審な通信の遮断．

③ **物理的脅威**：情報システムやコンピュータに物理的に発生する脅威（機材の老朽化・故障，自然災害や事故による機材破損，機材の意図的な破壊・盗難など）．

(d) **情報セキュリティ対策**

・情報持出しルールの徹底（不要データの削除，持出し機器・メモリ等のデータ

暗号化等)
・社内ネットワークへの機器接続ルール（接続機器の脆弱性対策やウイルスチェックなど）の徹底
・修正プログラムの適用と最新バージョンへの更新・維持
・セキュリティソフトの導入および定義ファイルの最新化
・フリーソフトウェアをインストールする際のシステム管理者への事前許可
・定期的なデータバックアップの実施
・パスワードの適切な設定と管理
・不審メールへの注意喚起とシステム管理者への連絡の徹底
・パソコン等の画面ロック機能の設定

(e) 暗号化技術

(i) **共通鍵暗号方式**：暗号化と復号化に同じ鍵を用いる暗号方式．共通鍵を当事者間で共有し，送信者は共通鍵でデータを暗号化，受信者は受け取ったデータを同じ共通鍵で復号化する．暗号化・復号化の処理は高速であるが，鍵の管理が煩雑で，共通鍵を盗まれると簡単にデータが漏えいする．

(ii) **公開鍵暗号方式**：暗号化に公開鍵，復号化に秘密鍵を用いる暗号方式．受信者は秘密鍵を使って公開鍵を作成し発信者と共有化する．発信者は受信者の公開鍵を使ってデータを暗号化，受信者は秘密鍵で受け取ったデータを復号化する．公開鍵で暗号化されたデータは秘密鍵でないと復号化できない．必要な鍵は公開鍵と秘密鍵だけなので少人数から大人数まで対応可能で，異なる鍵を用いているので鍵が盗まれてもデータが漏えいするリスクは小さいが，暗号化・復号化速度は遅い．

(f) ディジタル署名

書面上の手書き署名と同等のセキュリティ性を担保するために用いられる公開鍵暗号技術の一種．なりすまし，改ざんがないことを確認できる．(電子署名法では，電子データの作成者を特定でき，電子データが改変されていないことが確認できるものをいう)．

・送信者は公開鍵と秘密鍵を生成（事前に認証機関に登録，電子証明書の発行）し，受信者に公開鍵を送付
・送信者はハッシュ関数を使用して文書データのハッシュ値を算出
・送信者は秘密鍵でハッシュ値を暗号化し，署名として付けて送信
・受信者は公開鍵で暗号化されたハッシュ値を復号化
・同じハッシュ関数を使用して文書データのハッシュ値を算出
・復号化されたハッシュ値と，算出された文書データのハッシュ値を比較し，一致することを確認

3.1.3 解析

(1) 微分・積分

(a) 微 分

(i) 基本関数の微分

$$(x^n)' = nx^{n-1},\ (\sin x)' = \cos x,\ (\cos x)' = -\sin x,$$

$$(\mathrm{e}^x)' = \mathrm{e}^x,\ (\ln x)' = \frac{1}{x},\ (ku)' = ku' \quad (k\text{ は定数})$$

(ii) 和差，積，商の微分

$$(u \pm v)' = u' \pm v',\ (uv)' = u'v + uv',\ \left(\frac{v}{u}\right)' = \frac{uv' - u'v}{u^2}$$

(iii) 合成関数の微分

$$y = f(u),\ u = g(x)\text{ のとき，}\ \frac{\mathrm{d}y}{\mathrm{d}x} = \frac{\mathrm{d}y}{\mathrm{d}u}\cdot\frac{\mathrm{d}u}{\mathrm{d}x}$$

(iv) 媒介変数の微分

$$x = \varphi(t),\ y = \psi(t)\text{ のとき，}\ \frac{\mathrm{d}y}{\mathrm{d}x} = \frac{\dfrac{\mathrm{d}y}{\mathrm{d}t}}{\dfrac{\mathrm{d}x}{\mathrm{d}t}}$$

(v) 逆関数の微分

$$x = f(y)\text{ のとき，}\ \frac{\mathrm{d}y}{\mathrm{d}x} = \frac{1}{\dfrac{\mathrm{d}x}{\mathrm{d}y}}$$

(vi) 全微分

$$z = f(x, y)\text{ のとき，}\ \mathrm{d}z = \frac{\partial z}{\partial x}\mathrm{d}x + \frac{\partial z}{\partial y}\mathrm{d}y$$

(vii) 偏微分

$$z = f(x, y),\ x = p(r, s),\ y = q(r, s)\text{ のとき，}$$

$$\frac{\partial z}{\partial r} = \frac{\partial z}{\partial x}\frac{\partial x}{\partial r} + \frac{\partial z}{\partial y}\frac{\partial y}{\partial r},\ \frac{\partial z}{\partial s} = \frac{\partial z}{\partial x}\frac{\partial x}{\partial s} + \frac{\partial z}{\partial y}\frac{\partial y}{\partial s}$$

(b) 積分

(i) 基本関数の積分

$$\int x^n\mathrm{d}x = \frac{x^{n+1}}{n+1},\ \int \sin x\,\mathrm{d}x = -\cos x,\ \int \cos x\,\mathrm{d}x = \sin x,$$

$$\int e^x dx = e^x,\ \int \frac{1}{x} dx = \ln x$$

$$\int \frac{1}{\sqrt{a^2 - x^2}} dx = \sin^{-1} \frac{x}{a} \quad (a > 0)$$

$$\int ku(x) dx = k \int u(x) dx \quad (k\text{は定数})$$

(ii) **和差の積分**

$$\int (u \pm v) dx = \int u dx \pm \int v dx,$$

(iii) **置換積分**

$x = \varphi(t)$ のとき，$dx = \dfrac{d\varphi(t)}{dt} dt$ なので，

$$\int f(x) dx = \int f\{\varphi(t)\} \frac{d\varphi(t)}{dt} dt$$

(iv) **部分積分**

$$\int uv' dx = uv - \int u'v dx \quad [uv' = (uv)' - u'v\ \text{の積分形}]$$

(v) **分母の微分が分子になる場合の積分**

$$\int \frac{u'}{u} dx = \ln |u|$$

(vi) **定積分**

$\displaystyle\int f(x) dx = F(x)$ のとき，

$$\int_a^b f(x) dx = [F(x)]_a^b = F(b) - F(a)$$

$$\int_a^b f(x) dx = -\int_b^a f(x) dx$$

$$\int_a^b f(x) dx = \int_a^c f(x) dx + \int_c^b f(x) dx \quad (a < c < b)$$

(vii) **定積分の置換積分，部分積分**

$$\int_a^b f(x) dx = \int_{t_a}^{t_b} f\{\varphi(t)\} \frac{d\varphi(t)}{dt} dt \quad (\text{ただし，}\varphi(t_a) = a,\ \varphi(t_b) = b)$$

$$\int_a^b uv' dx = [uv]_a^b - \int_a^b u'v dx$$

⑵ ベクトル解析

⒜ 行列式の展開

$$
\text{行列式}\,|A| = \begin{vmatrix} a_{11} & a_{12} & \cdots & a_{1n} \\ a_{21} & a_{22} & \cdots & a_{2n} \\ \vdots & \vdots & \ddots & \vdots \\ a_{n1} & a_{n2} & \cdots & a_{nn} \end{vmatrix}
$$

$$
= \begin{cases} \qquad\qquad\text{第}\,j\,\text{列についての展開} \\ a_{1j}A_{1j} + a_{2j}A_{2j} + \cdots + a_{nj}A_{nj} \quad (j = 1, 2, 3, \cdots, n) \\ \qquad\qquad\text{第}\,i\,\text{行についての展開} \\ a_{i1}A_{i1} + a_{i2}A_{i2} + \cdots + a_{in}A_{in} \quad (i = 1, 2, 3, \cdots, n) \end{cases}
$$

ただし，$A_{ij} = (-1)^{i+j}\Delta_{ij}$：行列 A の成分 a_{ij} に対応する余因子，Δ_{ij}：行列式 $|A|$ から第 i 行と第 j 列を取り去った行列式（第 (i, j) 小行列式）

⒝ 逆行列

n 次正方行列 A が正則ならば，行に関する基本変形だけで単位行列 E に直すことができる．

つまり，正則な n 次正方行列 P を適当に取れば，$PA = E$ とすることができる．この行列 P を行列 A の逆行列と呼び，A^{-1} と表す．

(i) 行に関する基本変形により逆行列を求める方法

行列 P と行列 A を並べた $(n, 2n)$ 行列 $(A|E)$ を考え，左から $PA = E$ となるような行列 P を掛ければ，

$$
P(A|E) = (PA|PE) = (E|P) = (E|A^{-1})
$$

となる．よって，行列 A が単位行列 E になるような行に関する基本変形を，単位行列 E に施せば逆行列 A^{-1} を求めることができる．

・行に関する基本変形

① 一つの行を k（$\neq 0$）倍する．

② 一つの行に他の一つの行の k（$\neq 0$）倍を加える．

③ 一つの行と他の行を交換する．

(ii) 余因子を用いて逆行列を求める方法

$$
A^{-1} = \frac{1}{|A|}\begin{pmatrix} A_{11} & A_{21} & \cdots & A_{n1} \\ A_{12} & A_{22} & \cdots & A_{n2} \\ \vdots & \vdots & \ddots & \vdots \\ A_{1n} & A_{2n} & \cdots & A_{nn} \end{pmatrix}
$$

ただし，$A_{ij} = (-1)^{i+j}\Delta_{ij}$：行列 A の成分 a_{ij} に対応する余因子，右辺の行列は (A_{ij}) の転置行列 (A_{ji}) である点に注意．

(c) 内積，外積

$\boldsymbol{A} = \boldsymbol{i}A_x + \boldsymbol{j}A_y + \boldsymbol{k}A_z$，$\boldsymbol{B} = \boldsymbol{i}B_x + \boldsymbol{j}B_y + \boldsymbol{k}B_z$ のとき，

・内　積

$$\boldsymbol{A} \cdot \boldsymbol{B} = (\boldsymbol{i}A_x + \boldsymbol{j}A_y + \boldsymbol{k}A_z) \cdot (\boldsymbol{i}B_x + \boldsymbol{j}B_y + \boldsymbol{k}B_z) = A_xB_x + A_yB_y + A_zB_z$$

あるいは，$\boldsymbol{A} \cdot \boldsymbol{B} = |\boldsymbol{A}||\boldsymbol{B}| \cos\theta$（$\boldsymbol{A}$ と $\boldsymbol{B}$ が直交する場合は $\boldsymbol{A} \cdot \boldsymbol{B} = 0$）

ただし，$|\boldsymbol{A}| = \sqrt{A_x^2 + A_y^2 + A_z^2}$，$|\boldsymbol{B}| = \sqrt{B_x^2 + B_y^2 + B_z^2}$，$\theta$：$\boldsymbol{A}, \boldsymbol{B}$ の交角

・外　積

$$\boldsymbol{A} \times \boldsymbol{B} = \begin{vmatrix} \boldsymbol{i} & \boldsymbol{j} & \boldsymbol{k} \\ A_x & A_y & A_z \\ B_x & B_y & B_z \end{vmatrix} = \boldsymbol{i}\begin{vmatrix} A_y & A_z \\ B_y & B_z \end{vmatrix} - \boldsymbol{j}\begin{vmatrix} A_x & A_z \\ B_x & B_z \end{vmatrix} + \boldsymbol{k}\begin{vmatrix} A_x & A_y \\ B_x & B_y \end{vmatrix}$$

あるいは，$\boldsymbol{A} \times \boldsymbol{B} = (|\boldsymbol{A}||\boldsymbol{B}| \sin\theta)\boldsymbol{e}$

ただし，$|\boldsymbol{A}||\boldsymbol{B}| \sin\theta$：$\boldsymbol{A}$，$\boldsymbol{B}$ を 2 辺とする平行四辺形の面積，$\boldsymbol{e}$：$\boldsymbol{A}$ を 180° 以内回転させて $\boldsymbol{B}$ に重ねる回転を右ねじに与えるとき，ねじの進む向きの単位ベクトル

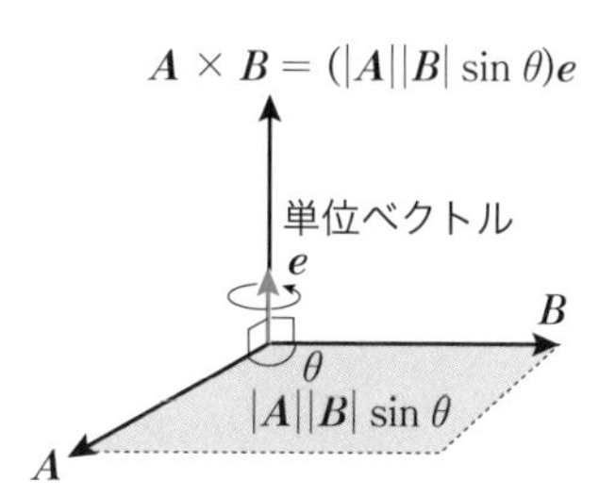

(d) スカラの勾配

$$\mathrm{grad}\,\varphi = \nabla\varphi = \left(\boldsymbol{i}\frac{\partial}{\partial x} + \boldsymbol{j}\frac{\partial}{\partial y} + \boldsymbol{k}\frac{\partial}{\partial z}\right)\varphi = \boldsymbol{i}\frac{\partial\varphi}{\partial x} + \boldsymbol{j}\frac{\partial\varphi}{\partial y} + \boldsymbol{k}\frac{\partial\varphi}{\partial z}$$

(e) ベクトルの発散

$$\mathrm{div}\,\boldsymbol{A} = \nabla \cdot \boldsymbol{A} = \left(\boldsymbol{i}\frac{\partial}{\partial x} + \boldsymbol{j}\frac{\partial}{\partial y} + \boldsymbol{k}\frac{\partial}{\partial z}\right) \cdot (\boldsymbol{i}A_x + \boldsymbol{j}A_y + \boldsymbol{k}A_z)$$

$$= \frac{\partial A_x}{\partial x} + \frac{\partial A_y}{\partial y} + \frac{\partial A_z}{\partial z}$$

(f) ベクトルの回転

$$\mathrm{rot}\,\boldsymbol{A} = \nabla \times \boldsymbol{A} = \begin{vmatrix} \boldsymbol{i} & \boldsymbol{j} & \boldsymbol{k} \\ \frac{\partial}{\partial x} & \frac{\partial}{\partial y} & \frac{\partial}{\partial z} \\ A_x & A_y & A_z \end{vmatrix}$$

$$= \boldsymbol{i}\begin{vmatrix} \frac{\partial}{\partial y} & \frac{\partial}{\partial z} \\ A_y & A_z \end{vmatrix} - \boldsymbol{j}\begin{vmatrix} \frac{\partial}{\partial x} & \frac{\partial}{\partial z} \\ A_x & A_z \end{vmatrix} + \boldsymbol{k}\begin{vmatrix} \frac{\partial}{\partial x} & \frac{\partial}{\partial y} \\ A_x & A_y \end{vmatrix}$$

$$= \boldsymbol{i}\left(\frac{\partial A_z}{\partial y} - \frac{\partial A_y}{\partial z}\right) + \boldsymbol{j}\left(\frac{\partial A_x}{\partial z} - \frac{\partial A_z}{\partial x}\right) + \boldsymbol{k}\left(\frac{\partial A_y}{\partial x} - \frac{\partial A_x}{\partial y}\right)$$

(3) 数値解析

(a) 数値解析の誤差

(i) 数値計算による誤差

・入力データの誤差：π のような無限数の有限桁数での入力，入力データの基数変換（10 進数→2 進数）による誤差.

・打ち切り誤差：無限級数で表現される数値を有限項の計算で打ち切った場合に生じる誤差．関数のテイラー展開近似.

・丸め誤差：有限桁で表すために有効桁未満の桁の値を切捨て，切上げ，四捨五入などにより削除することにより生じる誤差.

・情報落ち誤差：絶対値の大きい数と絶対値の小さい数の加減算の結果，絶対値の小さい数の情報が無視されてしまうことによる誤差.

・桁落ち誤差：値がほぼ等しくかつ丸め誤差をもつ数値同士の減算を行った結果，有効桁数が減少する誤差.

・桁あふれ誤差：計算結果の桁数がコンピュータの扱える値を超えてしまうことにより生じる誤差．オーバーフロー（最大値を上回る），アンダーフロー（最小値を下回る）.

(ii) 離散化による誤差

・要素の離散定式化誤差：連続方程式を仮想仕事の原理などによって有限個の節点や要素で表現することによる誤差.

・要素分割誤差：要素分割の粗密，分割パターンによる誤差の違い.

・荷重振り分け誤差：分布荷重や物体力などを，仮想仕事の原理などにより等価節点荷重として節点に振り分けることによる誤差.

(iii) モデル化による誤差

実際の事象を厳密に解析することは一般に困難であることから，解析目的に影響のない事象は省略し，定式化可能なシンプルなモデルに置き換えて解析することによる誤差.

(b) 数値微分，数値積分

(i) 前進差分近似，後退差分近似

テイラー展開で h の 2 乗以上の項を無視すると，

$$f(x+h) \fallingdotseq f(x) + hf'(x), \quad f(x-h) \fallingdotseq f(x) - hf'(x)$$

前進差分近似：$\dfrac{\mathrm{d}f(x)}{\mathrm{d}x} = f'(x) \fallingdotseq \dfrac{f(x+h) - f(x)}{h}$

後退差分近似：$\dfrac{\mathrm{d}f(x)}{\mathrm{d}x} = f'(x) \fallingdotseq \dfrac{f(x) - f(x-h)}{h}$

(ii) 中心差分近似

テイラー展開で h の3乗以上の項を無視すると,

$$f(x+h) \fallingdotseq f(x) + hf'(x) + \frac{h^2}{2}f''(x),$$

$$f(x-h) \fallingdotseq f(x) - hf'(x) + \frac{h^2}{2}f''(x)$$

一次微分の中心差分近似：$\dfrac{\mathrm{d}f(x)}{\mathrm{d}x} = f'(x) \fallingdotseq \dfrac{f(x+h) - f(x-h)}{2h}$

二次微分の中心差分近似：$\dfrac{\mathrm{d}^2f(x)}{\mathrm{d}x^2} = f''(x) \fallingdotseq \dfrac{f(x+h) - 2f(x) + f(x-h)}{h^2}$

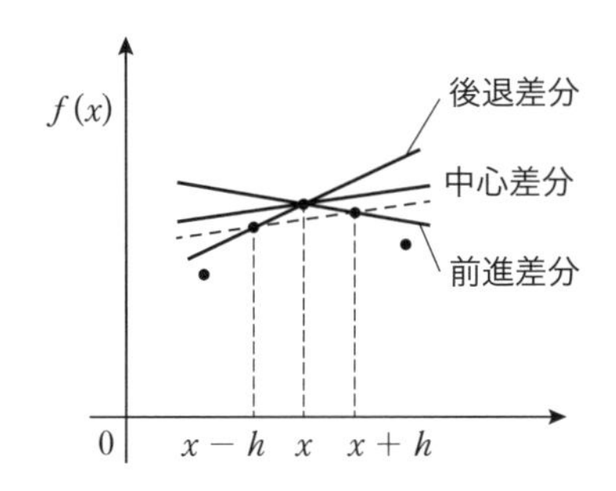

(iii) 積分近似

① 台形近似

関数 $f(x)$ を閉区間 $[x_0, x_n]$ について，間隔 h で $(n+1)$ 個の区間に分割し，それぞれの点の値を $f(x_0)$，$f(x_1)$，$f(x_2)$，…，$f(x_{n-1})$，$f(x_n)$ とする．区間 $[x_i, x_{i+1}]$ の $f(x_i)$ と $f(x_{i+1})$ の間を直線近似すると，この区間は台形になるので簡単に面積が求まる．

$$\int_{x_0}^{x_n} f(x)\mathrm{d}x \fallingdotseq \frac{h}{2}\{f(x_0) + f(x_1)\} + \frac{h}{2}\{f(x_1) + f(x_2)\}$$

$$+ \cdots + \frac{h}{2}\{f(x_{n-1}) + f(x_n)\}$$

$$= \frac{h}{2}\left\{f(x_0) + 2\sum_{i=1}^{n-1} f(x_i) + f(x_n)\right\}$$

② シンプソン近似（シンプソンの 1/3 積分数値積分）

関数 $f(x_{i-1})$，$f(x_i)$，$f(x_{i+1})$ の3点を二次関数で結んで近似すると，この区間の面積は，次式で近似計算できる．

$$K_i \fallingdotseq \int_{x_{i-1}}^{x_{i+1}} f(x)\mathrm{d}x \fallingdotseq \frac{h}{3}\{f(x_{i-1}) + 4f(x_i) + f(x_{i+1})\}$$

閉区間 $[x_0, x_n]$ にシンプソン近似を適用するために，偶数個 n に分割し，それぞれ奇数番目を x_i，その前後を x_{i-1}，x_{i+1} とする3点の組合せを $n/2$ 組つくる．

$$\int_{x_0}^{x_n} f(x)\mathrm{d}x \fallingdotseq \sum_{j=0}^{\frac{n}{2}-1} K_{2j+1}$$

$$= \frac{h}{3}\left\{ f(x_0) + 4\sum_{k=1}^{\frac{n}{2}} f(x_{2k-1}) + 4\sum_{k=1}^{\frac{n}{2}-1} f(x_{2k}) + f(x_n) \right\}$$

(iv) ニュートン・ラフソン法

ニュートン・ラフソン法は，非線形方程式 $y = f(x) = 0$ の解 $x = x_t$ を反復計算で求める方法である．初期値 $x = x_0$ を与えると，その点での接線の傾きは $f'(x_0) = \dfrac{\mathrm{d}f(x_0)}{\mathrm{d}x}$ である．この接線の x 軸との交点の x 座標を $x = x_1$ とすると，

$$f(x_0) = f'(x_0) \cdot (x_0 - x_1)$$

$$\therefore \quad \boldsymbol{x_1 = x_0 - \frac{f(x_0)}{f'(x_0)}}$$

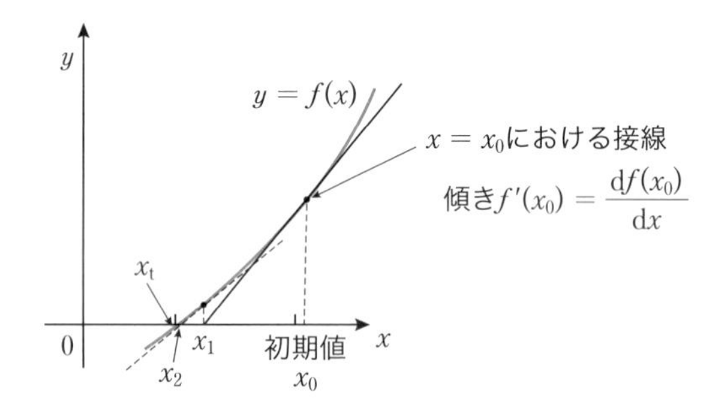

となり，初期値よりも解 x_t に近い x_1 が得られる．

したがって，

$$漸化式\ x_{i+1} = x_i - \frac{f(x_i)}{f'(x_i)}$$

を反復計算を行えば，解 x_t に収束する．

(c) 有限要素法（Finite Element Method, FEM）

線形偏微分方程式の近似解を，領域を要素（小領域）に分割して方程式を比較的簡単な関数で近似し解を求める方法である．近似方程式の繰り方や形状の自由度が高いため，線形・非線形，静的・動的を問わずさまざまな事象の解析に適用される．

(i) 二次元（平面）要素分割の方法

- 3節点三角形要素：要素内の変位 (u, v) を位置 (x, y) の一次式で近似
- 6節点三角形要素：三角形の頂点の中間に3節点を追加し，変位 (u, v) を二次式で近似
- 4節点四辺形要素：変位 (u, v) を xy の項を追加した二次式で近似

3節点三角形要素

$$u(x, y) = \alpha_0 + \alpha_1 x + \alpha_2 y$$
$$v(x, y) = \beta_0 + \beta_1 x + \beta_2 y$$

6節点三角形要素

$$u(x, y) = \alpha_0 + \alpha_1 x + \alpha_2 y + \alpha_3 x^2 + \alpha_4 xy + \alpha_6 y^2$$
$$v(x, y) = \beta_0 + \beta_1 x + \beta_2 y + \beta_3 x^2 + \beta_4 xy + \beta_6 y^2$$

4節点四辺形要素

$$u(x, y) = \alpha_0 + \alpha_1 x + \alpha_2 y + \alpha_3 xy$$
$$v(x, y) = \beta_0 + \beta_1 x + \beta_2 y + \beta_3 xy$$

(ii) アイソパラメトリック要素

任意の形状の三角形や四辺形を，形状関数を用いて局所座標系に変換し，正三角形，正方形として取り扱う要素．

(d) 境界要素法

線形偏微分方程式を与えられた境界条件を満たす積分方程式（境界積分方程式）として定式化し，境界上の未知量を補間関数で近似（有限要素法と同じ三角形要素，四辺形要素などが利用できる）して離散積分方程式にする．離散化により生じる積分方程式の残差が0になるような代数方程式を導入し，境界形状の近似，境界上の積分計算を行って境界値を求める．境界値が求まれば，再度境界積分方程式を使用して領域内部の任意の点で直接解を数値的に求めることができる．流体力学，音響，電磁気，破壊力学などに用いられる．

(4) 力学

(a) 一般力学

(i) 速度 $\boldsymbol{v}$，加速度 $\boldsymbol{a}$

位置（ベクトル）が $\boldsymbol{x}$ [m]，時刻が t [s] であるとき，

速度（ベクトル） $\boldsymbol{v} = \dfrac{\mathrm{d}\boldsymbol{x}}{\mathrm{d}t}$ [m/s]

加速度（ベクトル） $\boldsymbol{a} = \dfrac{\mathrm{d}\boldsymbol{v}}{\mathrm{d}t} = \dfrac{\mathrm{d}^2\boldsymbol{x}}{\mathrm{d}t^2}$ [m/s²]

(ii) 運動の法則

・第1法則（慣性の法則）：物体は，外力を受けない限りそのまま静止の状態あるいは一様な直線運動の状態を続ける．

・第2法則：物体に外力$\boldsymbol{F}$[N]が働くと加速度$\boldsymbol{a}$ [m/s^2]を生じ，その大きさ$|\boldsymbol{a}|$は外力の大きさ$|\boldsymbol{F}|$に比例し，方向は外力の方向に一致する．

比例定数を質量m [kg]と呼び，次の運動方程式で表すことができる．

$$\text{運動方程式}\ \boldsymbol{F} = m\boldsymbol{a} = m\frac{\mathrm{d}\boldsymbol{v}}{\mathrm{d}t} = m\frac{\mathrm{d}^2\boldsymbol{x}}{\mathrm{d}t^2}\ [\mathrm{N}]$$

・第3法則（作用反作用の法則）：物体相互の作用（作用と反作用）は常に大きさは等しく，方向は反対である．

$$F = m\boldsymbol{a} = m\frac{\mathrm{d}\boldsymbol{v}}{\mathrm{d}t} = m\frac{\mathrm{d}^2\boldsymbol{x}}{\mathrm{d}t^2}\ [\mathrm{N}]$$

(iii) エネルギー，仕事，仕事率

ある物体に力1Nを加え，1mの距離を移動させるときのエネルギーは1Jと定義されるので，ある物体に力$\boldsymbol{F}$[N]を加え，微小距離d$\boldsymbol{x}$ [m]を移動させるときのエネルギーdWは，$\mathrm{d}W = \boldsymbol{F}\cdot\mathrm{d}\boldsymbol{x}$ [J]なので，時刻t_1〜t_2 [s]の間に位置$\boldsymbol{x}_1$〜$\boldsymbol{x}_2$ [m]に移動させたときのエネルギーWは，m [kg]と呼び

$$W = \int_{x_1}^{x_2} \boldsymbol{F}\cdot\mathrm{d}\boldsymbol{x} = \int_{t_1}^{t_2} \boldsymbol{F}\cdot\boldsymbol{v}\mathrm{d}t\ [\mathrm{J}]$$

て求めることができる．

また，単位時間当たりの仕事は仕事率（電気エネルギーの場合は電力）Pである．

$$P = \frac{\mathrm{d}W}{\mathrm{d}t}\ [\mathrm{W}]$$

(iv) 単振動

等速円運動をその直径上に投影したのと同じように動く最も基本的な物体の往復運動をいい，ばね振り子，糸でつり下げた単振り子の運動などである．m [kg]と呼び，なめらかな水平面（損失0）に置いたばねの一端を固定，もう一端に質量m [kg]の質点を結び，水平方向にx軸をとって，自然長のときの質点の位置を$x(t) = 0$ mとする．ばね定数をkとすると，質点にはばねの弾性力$kx(t)$だけが外力として抗力として作用するので，次の微分方程式が成り立つ．

$$\text{運動方程式}\ m\frac{\mathrm{d}^2x(t)}{\mathrm{d}t^2} - kx(t) = 0$$

・位置　$x(t) = X_0\cos(\omega t + \alpha)$　（X_0，αは初期条件で決まる任意の定数）

・固有角振動数　$\omega = \sqrt{\dfrac{k}{m}}$ [rad/s]，周期 $T = \dfrac{1}{\omega/2\pi} = 2\pi\sqrt{\dfrac{m}{k}}$ [s]

・損失 0 なので，ばねの位置エネルギー $E_p(x)$ と質点の運動エネルギー $E_k(x)$ の和は一定.

$$E_p(x) + E_k(x) = \frac{1}{2}kx(t)^2 + \frac{1}{2}mv(t)^2 = E_{p,\max} = \frac{1}{2}kX_0{}^2 = \text{const.}$$

・ばねでつり下げた質点の単振動

$$m\frac{d^2x(t)}{dt^2} - (kx(t) - mg) = 0$$

$\rightarrow x'^{(t)} = x(t) + \dfrac{m}{k}g$ とすれば，$m\dfrac{d^2x'(t)}{dt^2} - kx'(t) = 0$

・糸でつり下げた質点の単振動

糸の長さ l [m]，糸と鉛直線とのなす角を $\theta(t)$ [rad]，重力の加速度を g [m/s^2] とすると，この運動は円弧方向の往復振動なので，角 $\theta(t)$ が小さい範囲では

$dx(t) = d\{l\theta(t)\} = ld\theta(t)$，重力の円周方向成分 $mg\sin\theta(t)$ [N]

$$m\frac{d^2x(t)}{dt^2} - mg\sin\theta(t) = ml\frac{d^2\theta(t)}{dt^2} - mg\sin\theta(t) = 0$$

$$\therefore\ \frac{d^2\theta(t)}{dt^2} - \frac{g}{l}\sin\theta(t) \fallingdotseq \frac{d^2\theta(t)}{dt^2} - \frac{g}{l}\theta(t) = 0 \quad (\because\ \sin\theta(t) \fallingdotseq \sin\theta)$$

(b) 固体力学

(i) 重心座標

ある物体の重心は，その物体の質量がその点に集中したときに，質量が分布した実際の物体と同じモーメントを生じる点である.

n 個の質点 i の質量を m_i [kg]，位置ベクトルを $\boldsymbol{r}_i$ [m] とするとき，重心の位置 $\boldsymbol{r}_0$ [m] は，

$$\boldsymbol{r}_0 = \frac{\sum_1^n m_i\boldsymbol{r}_i}{M}\ [\text{m}],\quad M = \sum_1^n m_i\ [\text{kg}]$$

あるいは，直角座標表示で，$\boldsymbol{r}_i = (x_i, y_i, z_i)$ [m]，$\boldsymbol{r}_0 = (x_0, y_0, z_0)$ [m] とすると，

$$x_0 = \frac{\sum_1^n m_ix_i}{M}\ [\text{m}],\quad y_0 = \frac{\sum_1^n m_iy_i}{M}\ [\text{m}],\quad z_0 = \frac{\sum_1^n m_iz_i}{M}\ [\text{m}]$$

(ii) 引張荷重（圧縮荷重）による応力

長さ L [m]，断面積 A [m^2] の弾性体に引張荷重（圧縮荷重）P [N] を加えたときの伸び（縮み）を δ [m] とするとき，

応力 $\sigma = \dfrac{P}{A}$ [Pa]，ひずみ $\varepsilon = \dfrac{\delta}{L}$

弾性限界内では，フックの法則に従い，応力 σ はひずみ ε に比例し，比例係数をヤング率（縦弾性係数）E と呼ぶ．

$\sigma = E\varepsilon$

(iii) 引張荷重（圧縮荷重）により蓄えられるひずみエネルギー

引張荷重（圧縮荷重）P [N] 一定で長さが $\mathrm{d}\delta$ [m] 伸びた（縮んだ）とすると，

$P = \sigma A = EA\varepsilon = \dfrac{EA}{L}\delta$ なので，荷重 P が弾性体にする仕事 $\mathrm{d}W$ は

$$\mathrm{d}W = P\mathrm{d}\delta = \frac{EA}{L}\delta\mathrm{d}\delta \text{ [J]}$$

この仕事が弾性体内にひずみエネルギーとして蓄えられるので，長さが δ [m] 伸びた（縮んだ）ときのひずみエネルギー W は，

$$W = \int_0^\delta \mathrm{d}W = \int_0^\delta P\mathrm{d}\delta = \int_0^\delta \frac{EA}{L}\delta\mathrm{d}\delta = \frac{EA}{2L}\delta^2 = \frac{EA}{2L}\left(\frac{PL}{EA}\right)^2 = \frac{P^2L}{2EA} \text{ [J]}$$

(iv) 両端が固定された弾性体はりの軸方向荷重による応力と変位

長さ l [m]，断面積 A [m^2] の両端が固定された弾性体の梁の中間点 B の左側，右側のヤング率が E_1，E_2 である．この梁に，軸方向の荷重 P [N] が加わったときに点 B が δ [m] だけ右側に変位したとすると，はり全体の長さ l [m] は変化しないので，AB 間の長さは $\dfrac{l}{2} + \delta$ [m]，BC 間の長さは $\dfrac{l}{2} - \delta$ [m] になる．また，AB 間，BC 間にそれぞれ引張荷重 P_1 [N]，BC 間には圧縮荷重 P_2 [N] が加わったとすると，$P = P_1 - P_2$ [N] でなければならない．

したがって，フックの法則により，

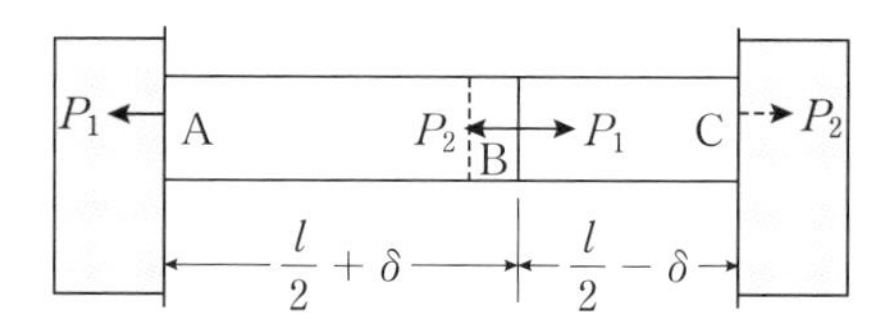

$$\text{AB 間のはり：} \frac{\delta}{\dfrac{l}{2}} = \frac{\dfrac{P_1}{A}}{E_1}$$

$$\text{BC 間のはり：}\frac{\delta}{\frac{l}{2}}=\frac{\frac{P_2}{A}}{E_2}$$

$$P=P_1-P_2=\frac{2E_1A\delta}{l}-\frac{2E_2A\delta}{l}=\frac{2A\delta}{l}(E_1-E_2)$$

$$\therefore\ \delta=\frac{Pl}{2A(E_1-E_2)}\,[\mathrm{m}]$$

(v) 両端が固定された弾性体はりの温度が上昇したときの応力と変位

長さ l [m]，断面積 A [m^2] の両端が固定された弾性体の温度が上昇した場合，弾性体は伸びようとするが長さは変化することができないので，伸び分と同じ長さを縮めるための熱応力が発生する．弾性体の線膨張率を α [K^{-1}]，温度上昇を ΔT [K] とすると，

温度上昇による伸び $\Delta l=\alpha l\Delta T$ [m]

この分を相殺するための熱圧縮応力を σ とすると，

$$\text{熱ひずみ }\varepsilon=\frac{\Delta l}{l}=\frac{\sigma}{E}$$

$$\therefore\ \sigma=\frac{E\Delta l}{l}=\frac{E\alpha l\Delta T}{l}=\alpha\Delta TE$$

(vi) はりの固有振動数

$$f=\frac{1}{2\pi}\sqrt{\frac{g}{\delta}}\,[\mathrm{Hz}]$$

ただし，m：重力の加速度 [m/s^2]，P：荷重 [kg]，δ：荷重点における最大たわみ [m] $\left(\text{単純支持はり（両端支持はり）}\frac{PL^3}{48EI}\text{，片持ちはり}\frac{PL^3}{3EI}\right)$，$P$：荷重 [kg]，$L$：荷重 [kg]，$E$：ヤング率 [N/m]，$I$：断面二次モーメント [kg・m^2] $\left(\text{幅 } b\text{ [m]，高さ } h\text{ [m] の長方形断面の場合，} I=\frac{bh^3}{12}\right)$

(c) 流体力学

(i) 連続の式：質量保存の法則より，流体中の微小立方体部分に流入する流体の質量と，微小立方体部分から流出する流体の質量は常に等しいので，流体の密度を ρ [kg/m^3]，流体速度ベクトルを $\boldsymbol{v}$ [m/s] とすると，次の連続の式が成り立つ．

$$\frac{\mathrm{d}\rho}{\mathrm{d}t}+\nabla\cdot(\rho v)=0$$

水のような非圧縮性流体の場合は，$\rho=\text{const.}$ なので

$$\nabla\cdot v=0$$

連続の式 $\nabla\cdot\boldsymbol{v}=0$ を任意の閉曲面について積分すれば，閉曲面全体で流入する流体の質量と流出する流体の質量も等しくなる．

したがって，非圧縮性流体が管という閉曲面に流入し，流出するとき，流入面 a と流出面 b における水の流速 v_a, v_b [m/s]，管の断面積 A_a, A_b [m^2] の間は次式が成り立つ．

$$A_a v_a=A_b v_b$$

(ii) **ベルヌーイの定理**：管路に粘性のない理想流体である密度 ρ [kg/m^3] の完全流体が流れるとき，断面 1，断面 2 における流体の流速，圧力，高さをそれぞれ v_1，v_2 [m/s]，p_1，p_2 [Pa]，h_1，h_2 [m]，重力の加速度を g [m/s^2] とすると，次式が成り立つ．

$$h_1+\frac{{v_1}^2}{2g}+\frac{p_1}{\rho g}=h_2+\frac{{v_2}^2}{2g}+\frac{p_2}{\rho g}$$

第 1 項を位置水頭，第 2 項を速度水頭，第 3 項を圧力水頭といい，流水の位置水頭，速度水頭および圧力水頭の和は一定である．これをベルヌーイの定理と呼び，エネルギー保存の法則を水頭（各エネルギーを等価な水柱の高さで表現）[m] の和で表したものである．

(d) 熱伝達

(i) **熱伝導**：厚さ L [m]，断面積 A [m^2]，熱伝導率 λ [W/(m・K)] の均一な平板の高温面温度が T_1 [K]，低温側面温度が T_2 [K] であるとき，高温面から低温面に単位時間当たりに流れる熱量を熱流 Φ [W] といい，次式で表される．

$$\Phi=\lambda\frac{A(T_1-T_2)}{L}\ \text{[W]}$$

(ii) **対流熱伝達**：気体や液体などの流体がそれより高温または低温の固体の表面に沿って流れるときに，流体と固体表面との間で熱が伝わる現象である．固体の表面積を [m^2]，熱伝達率 h [W/(m^2・K)]，固体の表面温度を T_w [K]，流体の温度 T_f [K] をとするとき，

$$\Phi=hA(T_w-T_f)\ \text{[W]}$$

(iii) **放射熱伝達**：物質を介さずに熱放射により，熱で伝達される現象である．

3.1.4 材料・化学・バイオ

(1) 材料特性

(a) 鉄，銅，アルミニウムの性質

金属材料の種類	密度 [g/cm^3]	電気抵抗率 [nΩ・m]	融点 [℃]
鉄	7.87	96.1	1 538
銅	8.94	16.8	1 085
アルミニウム	2.70	28.2	660

(b) 金属の腐食

化学的作用によって金属イオンが酸化物に置き換わり表面が逐次減量する現象．局所的に発生し，使用環境温度により腐食の速度は変化する．

(i) **不働態**：金属表面に腐食作用に抵抗する酸化皮膜を生じた状態．不働態化しやすい金属はアルミニウム Al，鉄 Fe，ニッケル Ni，クロム Cr，コバルト Co など．

(ii) **ステンレス鋼**：鉄に一定量以上のクロムを含ませた合金鋼（規格では，質量パーセント濃度でクロム含有量 ≧ 10.5 %，炭素含有量 ≦ 1.2 % の鋼）．耐腐食性をもつ．

(c) 金属材料の機械的性質

自由電子の存在で，変形しやすく原子間の結合は切れないので塑性を示す．

多結晶材料であるため，結晶粒径が小さくなるほど密度が高く降伏応力は大きくなる．

(i) **加工硬化**：金属を一度塑性変形させ，その後に同じ向きの力を加えると，降伏点が上昇し，次の塑性変形を起こすのに必要な力が増すことをいう．加工硬化は，多くの金属で室温下でも生じる．

(ii) **加工軟化**：塑性変形に要する応力が塑性ひずみとともに低下することをいう．焼なましされた金属材料のほとんどは室温で加工硬化特性を示すが，高温では変形中に生じる回復や再結晶により加工軟化特性を示すことがある．

(iii) **疲労破壊**：小さい応力であっても繰返し負荷がかかると，亀裂が徐々に進展し，負荷能力を失う現象である．負荷条件および金属材料の種類に依存する．

(iv) **ヤング率**：変形しにくさの指標．温度が上昇すると小さくなり，合金にすると変化する．

鉛 ＜ マグネシウム(常温 45 GPa) ＜ アルミニウム ＜ 銅 ＜ 鉄
＜ タングステン(常温 407 GPa) ＜ ダイヤモンド

(d) 地殻中の元素の存在比（質量 [%]）

酸素(約 47 %) ＞ けい素(約 27 %) ＞ アルミニウム(約 8 %) ＞ 鉄(約 6 %)

＞カルシウム(4 %)＞…

(e) 同素体

同一かつ単一の元素から構成される物質のうちで物理的，化学的性質が異なるもの．硫黄，炭素，酸素，りんなどに同素体が存在する．

(i) **り ん**：赤りん，紫りん，黒りん，白りん（赤りんを含むものが黄りん）など．赤りん，紫りん，黒りんは無毒で安定．白りん（黄りん）は強い毒性をもち空気中では発火しやすい．

(ii) **炭 素**：グラファイト（黒鉛），ダイヤモンド，フラーレン，カーボンナノチューブなど．

・**グラファイト**：六角形平面積層構造．光沢のある黒色で柔らかく薄く剝れる．電気伝導性があり，鉛筆の芯やブラシ用．

・**ダイヤモンド**：正 4 面体の立体網目構造．無色透明で非常に硬く非電気伝導性．宝石や研磨剤用．

・**フラーレン**：炭素原子60個からなるサッカーボール状構造(C_{60}フラーレン)．高い抗酸化性をもち化粧品用．

・**カーボンナノチューブ**：一様な平面のグラファイトが単層あるいは多層の円筒状になった構造．バンド構造の変化活用によるシリコンに代わる半導体材料，高い導電性・広い表面積を生かした燃料電池への応用，軽量かつ高強度を生かした構造材料としての応用が期待される．

(f) 原子番号，質量数，同位体

(i) 原子は，陽子・中性子から成る原子核と電子から構成される．原子内の陽子の数を P，中性子の数を N とするとき，P を原子番号，$P+N$ を質量数という．原子は電気的に中性なので，陽子の数と電子の数は等しい．

(ii) P が同じで N が異なる原子を同位体という．

原子番号は等しいが質量数は異なる．

化学的性質は類似している．

原子核が不安定なため，α 線（ヘリウムの原子核），β 線（電子），γ 線（電磁波）などの放射線を出しながら原子核が崩壊して別の原子になる同位体を放射性同位体といい，^{3}H，^{14}C，^{40}K，^{131}I，U，^{239}Pu などがある．γ 線を利用したがん治療，^{14}C を用いた遺跡などの年代測定に利用されている．

(g) 合 金

(i) **ステンレス鋼**：強度が高くて熱に強く，さびないが，粘性が高いので加工が難しい．

(ii) **アルミニウム合金**：軽量で柔らかく加工性がよい．

・純アルミニウム系：展延性がよく溶接性に優れるが，強度が低く，切削性が悪い．

・ジュラルミン：アルミニウム Al と銅 Cu，マグネシウム Mg などの合金．強度が高い．

(iii) **銅合金**：銅 Cu に特定の元素を添加することで機械的特性を改善した合金．丹銅（+Zn，4〜12 %），黄銅（+Zn，20 % <），青銅（+Sn），りん青銅（+Sn，P），白銅（+Ni）など．

(h) 酸化チタン

二酸化チタン（TiO_2）とも呼ばれ，主に顔料として用いられる．光触媒としての作用をもつので抗菌剤や防汚剤としても用いられる．

(i) プラスチック材料

(i) **熱硬化性プラスチック**：加熱すると固くなる立体的な網目構造をもち，いったん硬化すると溶媒に溶けにくく，加熱しても溶解しないプラスチック．耐熱性，耐薬品性に優れる．

(ii) **熱可塑性プラスチック**：鎖状高分子の集合体で加熱すると外力により変形・流動する可塑性（外力により変形・流動する性質）を示すプラスチック．

(iii) **プラスチック材料の一般的特徴**

・金属，ガラス，陶器などと比較して軽量

・熱可塑性の場合は加熱により軟化するので加工性に優れ大量生産が可能で安価

・摩耗しにくい

・金属材料と比べ水や薬品に強く，腐食しにくい

・他の材料と比較して熱に弱く燃えやすい

・紫外線に弱く，屋外では劣化が早い

・金属材料のような展性はなく，割れやすい

・親油性をもつが，異なるプラスチック同士は混ざりにくい

(j) 電池の構成材料

電池の種類	正極 活物質	負極 活物質	電解液 電解質	起電力 （公称電圧）
マンガン乾電池	MnO_2	Zn	$ZnCl_2$	1.5 V
アルカリマンガン電池	MnO_2	Zn	KOH NaOH	1.5 V
鉛蓄電池	PbO_2	Pb	H_2SO_4	2.0 V/Cell
ニッケル一水素蓄電池	NiO(OH)	MH （水素吸収合金）	KOH	1.2 V/Cell
リチウムイオン二次電池	$LiCoO_2$ $LiMn_2O_4$	LiC_6 $Li_4Ti_5O_{12}$	有機電解液	3.6〜3.7 V/Cell

(k) 光ファイバの材料と用途

(i) **石英ファイバ**：二酸化けい素（SiO_2）の結晶である石英ガラスを使用．遠距離通信用．

(ii) **プラスチックファイバ**：コア材料には透明性の高いメタクリル樹脂，クラッド材料にはふっ素系樹脂を使用．近距離伝送用で安価．

(iii) **ふっ化物ファイバ**：ふっ化物ガラスを素材とした多成分ガラスを使用．透過波長域が広く，2 000 nm 以上の波長帯でも使用可能．

(iv) **フォトニック結晶ファイバ**：光ファイバ断面に空孔や高屈折率ガラスを規則的・周期的に配列した構造のファイバ．

(l) 永久磁石材料

アルニコ磁石，フェライト磁石，ネオジム磁石などがあり，鉄 Fe，コバルト Co，ニッケル Ni が主成分として用いられる．フェライトは酸化鉄を主成分とするセラミックスである．

(m) 各種材料の製造法

- 炭酸ナトリウム（Na_2CO_3）：ソルベー法（アンモニアソーダ法）
- アンモニア（NH_3）：ハーバー・ボッシュ法
- アルミニウム：バイヤー法，ホール・エルー法

(2) 化　学

(a) 原子量，物質量

(i) **原子量**：天然同位体の相対質量にそれぞれの存在比を掛けて足した値．相対質量は，原子番号 12 の炭素原子 ^{12}C 1 個の質量を正確に 12 と定め，これを基準にほかの原子の質量を相対的に表したものである．

- 主な元素の原子量：H(1.0)，C(12.0)，N(14.0)，O(16.0)，Na(23.0)，Mg(24.3)，Al(27.0)，Si(28.1)，S(32.1)，Cl(35.4)，K(39.1)，Fe(55.8)，Cu(63.5)

(ii) **物質量**：物質の量を表す物理量の一つで，物質を構成する要素粒子の個数をアボガドロ定数（$6.022\,140\,76 \times 10^{23}$）で割った値．単位は [mol]．

要素粒子は物質の化学式で表され，単原子金属では原子，分子性物質では分子，イオン結晶では組成式で書かれるもの．

言い換えると，物質 1 mol の中には，$6.022\,140\,76 \times 10^{23}$ 個の要素粒子がある．

(b) モル質量

物質 1 mol の質量をモル質量という．

^{12}C 原子 1 mol の質量は 12 g なので，要素粒子として原子，分子，イオン結晶のモル質量は，それぞれ原子量，分子量，組成式の式量に単位 [g/mol] を付けた

ものになる．

(c) **理想気体の体積**

標準状態※（273.15 K，101.325 kPa）における理想気体の体積は，22.4 L/mol.

※この標準状態の定義は歴史的に用いられてきた 0 ℃，1 気圧である．標準温度を 298.15 K（25 ℃），標準圧力を 100 kPa とする定義による体積は 22.8 L/mol になる．

(d) **周期律，周期表**

元素を原子番号順に配列すると元素の物理的，化学的性質が一定の周期性で変化することを周期律，周期律に従い元素を配列した表が周期表である．

(i) **族**：周期表の（縦の）列をいい，1 族〜18 族まである．族が同じ元素を同族元素といい，化学的性質が似ていることから，次のような固有の呼称がある．

- **アルカリ金属**：1 族の元素のうち，金属ではない水素 H を除いた残りの元素．
- **アルカリ土類金属**：2 族元素のうち，ベリリウム Be とマグネシウム Mg を除いた残りの元素（Be と Mg は，炎色反応を示さない，常温の水と反応しない，水酸化物が水に溶けにくい難溶性を示すというほかの 2 族元素とは異なる性質をもつため除外）
- **ハロゲン元素**：17 族の元素．ふっ素 F，塩素 Cl，臭素 Br，よう素 I，アスタチン At，テネシン Ts.
- **希ガス元素**：18 族の元素．ヘリウム He，ネオン Ne，アルゴン Ar，クリプトン Kr，キセノン Xe，ラドン Rn.
- **遷移金属**：第 4 周期以降の 3 族から 11 族の元素．
  （特徴）価電子数が 1 か 2．同族元素・同周期（特に隣）の元素と似た化学的性質．高融点，高密度．安定な錯イオンをつくりやすく色を示す．触媒になるものが多い．
- **典型元素**；1 族，2 族，12 族〜18 族の元素．

(ii) **周　期**：周期表の（横の）行をいい，第 1 周期から第 7 周期まである．周期の番号は電子殻の数に等しい．

(iii) **沸　点**：分子量が大きいほど分子間力が強く，沸点は高い．ハロゲン化水素は例外で，HF(19.4 ℃) > HI(−35.4 ℃) > HBr(−66.72 ℃) > HCl(−85.05 ℃) である．

(e) **原子構造**

(i) **結晶の種類**

原子，分子，イオンなどの粒子が規則正しく配列した状態の固体を結晶，規則正しく配列していない固体を非晶質（アモルファス）という．

- **分子結晶**：非金属元素の分子間力で結合した結晶．柔らかくてもろく，融点が低く，電気伝導性はない（ドライアイス，よう素など）．

- **共有結合結晶**：非金属元素の原子の共有結合で結合した結晶．非常に硬く，融点は極めて高く，水には溶けない．電気伝導性は黒鉛を除きほとんどない（ダイヤモンド，黒鉛など）．
- **イオン結晶**：金属，非金属のどちらも構成元素となってイオン結合で結合した結晶．硬いがもろく，融点は高くて水に溶け，イオン化すると電気伝導性がある（塩化ナトリウム，塩化カリウム）．
- **金属結晶**：金属元素の原子が金属結合（原子の価電子が別のエネルギー準位に移った自由電子が結晶内を自由に移動）で結合した結晶．延性や展性があり，融点は低いものから高いものまであって水には溶けない．電気伝導性は他の結晶より高い（銅，鉄，アルミニウムなど）．

(ii) 金属結晶の構造

結晶を構成する単位構造を単位格子，単位格子が規則正しく繰り返し配列されたものを結晶格子という．

- **配位数**：結晶中で一つの粒子を取り囲むほかの粒子の数
- **充填（てん）率**：単位格子中で粒子が占める体積の割合

分類	体心立方格子	面心立方格子	六方最密充填格子
配列	太線は単位格子 立体的配置模型	太線は単位格子 立体的配置模型	太線は単位格子 立体的配置模型 $\frac{1}{3}$ 個分 $\frac{1}{6}$ 個分 60° 120° 単位格子を上から見た図
配位数	8	12	12
単位格子中の原子の数	$\frac{1}{8}\times 8+1=2$ 個	$\frac{1}{8}\times 8+\frac{1}{2}\times 6=4$ 個	$\left(\frac{1}{2}\times 2+\frac{1}{6}\times 12+3\right)\times\frac{1}{3}$ $=2$ 個
充填率	68 %	74 %	74 %
例	Na，Ba，Cr，Fe	Al，Cu，Ag，Au	Ti，Mg，Zn，Cd

(f) 電子親和力，電気陰性度，極性

(i) 電子親和力

原子が電子を一つ得て 1 価の陰イオンになるときに放出されるエネルギー．

- 原子はエネルギーが小さくなるほど安定なので，電子親和力が大きい原子ほど，電子を得て陰イオンになりやすい（酸化作用大）．

周期表における傾向

傾　向	同一族の上から下へ（原子番号が増大）	同一周期の右から左へ（陽子数増大）
原子半径	増大	減少
イオン化エネルギー	減少	増大
電子親和力	減少	増大 希ガス（一番左）は0 ハロゲンガス（一番右）は最大

(ii)　共有結合

二つの原子がお互いの不対電子を出し合い共有電子対をつくる結合.

(iii)　電気陰性度

共有結合する原子が共有電子対を引っ張る力の尺度．電気陰性度の異なる原子が共有結合すると，共有電子対は電気陰性度の大きい原子のほうに偏り，電気陰性度の大きな原子は負，小さな原子は正の電荷を帯びる.

・ポーリングの電気陰性では，最も陰性度が強いふっ素を4.0として数値を定める.

・二つの元素間に電気陰性度の差が2.0以上のときは主としてイオン結合，2.0より小さいときは主として共有結合により結合.

・電気陰性度の大小は，周期表上イオン化エネルギーや電子親和力と同じ傾向.

(iv)　極性分子，無極性分子

共有結合した分子のうち，内部の電荷分布に偏りのある分子が極性分子，偏りのない分子が無極性分子.

・極性分子の例

①　水 H_2O：1個の酸素原子Oを中心に2個の水素原子Hが共有結合した折れ線状構造をしている．Oの電気陰性度がHに比べて大きいので，共有結合の電子がO側に引き寄せられて存在する．その結果，水分子のO側は負，H側は正に帯電するので極性がある.

```
   O
 ／ ＼
H     H
```

②　ジエチルエーテル $C_4H_{10}O$：二つのエチル基 C_2H_5 が酸素原子Oを中心に結合した分子である．エチル基はエタンから水素を1個除去した構造であり，エーテル結合C―O―Cの部分は直線ではなく，結合角110°の折れ線型構造になるので，電荷の偏りを左右で完全に打ち消すことができず，わずかに極性がある.

```
  H  H     H  H
  |  |     |  |
H-C--C--O--C--C-H
  |  |     |  |
  H  H     H  H
```

・無極性分子の例

①　二酸化炭素 CO_2：Cの左右対称な位置にOが配置され二重結合したO＝C＝Oの直線型.

② **三ふっ化ほう素 BF_3**：正三角形の中心にB，頂点にF 3個が配置された平面構造なので，分子全体での偏りはない．

③ **メタン CH_4，四塩化炭素 CCl_4**：正4面体の中心にC，頂点にHまたはCl 4個が配置された構造．CとH，Clの電気陰性度は異なるので共有電子対はC側に偏るが，分子全体での偏りはない．

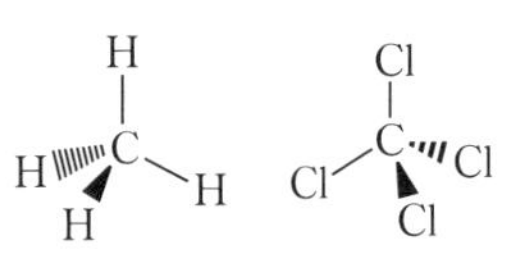

(g) 化学熱力学

(i) エンタルピー，エントロピー

・**エンタルピーH**：系の内部エネルギーUと圧力のエネルギーPVの和

$$H = U + PV$$

・**エントロピーS**：系の分子の乱雑さ．系に加えた熱量を$\mathrm{d}Q$，温度をTとするとき，

$$S = \int \mathrm{d}S = \int \frac{\mathrm{d}Q}{T}$$

(ii) 熱力学の基本法則

・**第1法則（エネルギー保存則）**

系の内部エネルギーの増加$\mathrm{d}U$は，系に加えられた仕事$\mathrm{d}W$と系に加えられた$\mathrm{d}Q$に等しい．

$$\mathrm{d}U = \mathrm{d}W + \mathrm{d}Q$$

・**第2法則**

熱は高温から低温に移動し，その逆は起こらない（不可逆変化．経験則）．

断熱系における第2法則は次のようにもいわれる．外部との熱の授受がない断熱系では，状態変化が起こるとその系のエントロピーは増大する（エントロピー増大の法則）．

(iii) 自由エネルギー

・**ヘルムホルツのエネルギーA**：等温条件の下で系から仕事として取り出し可能なエネルギー

$$A = U - TS$$

U：内部エネルギー，S：エントロピー，T：絶対温度

・**ギブスの自由エネルギー（標準反応ギブスエネルギー）G**：等温等圧条件の下で非膨張の仕事として取り出し可能なエネルギー

$$G = H - TS$$

H：エンタルピー

(iv) 混合物の熱力学

成分Aがn_A [mol]，成分Bがn_B [mol]である理想気体の混合物の圧力（全圧

力）を P とするとき，気体Aのモル分率 x_A，気体Bのモル分率 x_B，気体Aの分圧 P_A，気体Bの分圧 P_B は，

$$x_A = \frac{n_A}{n_A + n_B}$$

$$x_B = \frac{n_B}{n_A + n_B}$$

$$P_A = x_A P$$

$$P_B = x_B P$$

(v) 化学反応とエンタルピー変化

化学反応には熱の出入りを伴う．例えば，水素が燃焼して水になる反応は発熱を伴い，エンタルピーが減少する．この反応をエンタルピー変化による表記では，化学反応の進む方向を→で表し，化学反応式の右または下にエンタルピーの変化量を記載する．

$$H_2 + \frac{1}{2}O_2 \rightarrow H_2O\ ;\ \Delta H = -286\ kJ$$

従来は，左辺と右辺がエネルギー的に等しいことを表すために等号“＝”でつなぎ，発熱反応の場合は ＋，吸熱反応の場合は － とした熱化学方程式 $H_2 + \frac{1}{2}O_2 = H_2O + 286\ kJ$ と記載していたが，現在はエンタルピー変化による表記が標準．発熱反応は －，吸熱反応は ＋ になるので注意する．

(h) 化学平衡と反応速度論

(i) 化学反応と触媒

化学反応は，反応物分子が外部からエネルギーを取り込んで，エネルギー障壁を乗り越えて反応が起きるのに必要な最小エネルギー（活性化エネルギー）以上のエネルギーをもつ活性化状態（エネルギーの高い不安定な状態）になると，分

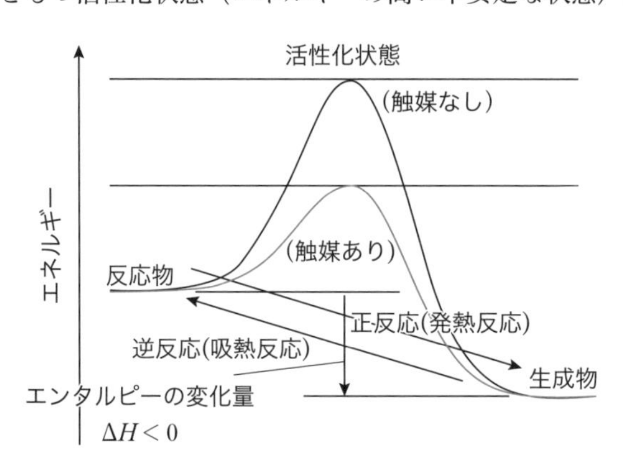

子同士が衝突したときに結び付いて活性複合体になり，それが壊れるときに反応生成物をつくることができる．

触媒は活性化エネルギーの小さい別の経路をつくり，反応速度を大きくする働きをするが，触媒自身は化学変化せず，反応熱の発生・吸収もない．

反応物 X が一定の確率で生成物 P に変化する化学反応 $X \xrightarrow{k} P$ の場合，$[X]$ を反応物 X のモル濃度（単位体積当たりのモル数）とすると，

・反応速度 V（モル濃度 $[X]$ の時間的変化率）

$$V = -\frac{\mathrm{d}[X]}{\mathrm{d}t} = k \times \text{モル濃度}[X]$$

ただし，$k = A\mathrm{e}^{-\frac{E}{RT}}$（アレニウスの式）：反応比例定数，$A$：頻度因子，

E：活性化エネルギー，R：気体定数，T：絶対温度

・反応物 X，生成物 P のモル濃度の時間的変化

反応方程式　$-\frac{\mathrm{d}[X]}{\mathrm{d}t} = k[X]$ より，

$$[X] = [X]_0\mathrm{e}^{-kt},\ [P] = [A]_0(1 - \mathrm{e}^{-kt})$$

・一般的な可逆反応式　$xX + yY \rightleftarrows \alpha P + \beta Q$（$x$，$y$，$\alpha$，$\beta$ は物質が X，Y，P，Q のモル数）の反応速度 V と反応速度定数 k の関係

$$V = k[X]^x[Y]^y$$

(ii) 化学平衡

・可逆反応：正反応と逆反応のいずれの方向にも進む反応

・不可逆反応：一方向にしか進まない反応（燃焼反応，中和反応）

・化学平衡状態：正反応と逆反応の反応速度が等しくなり，反応が止まっているかのように見える状態

(iii) 化学平衡の法則

液体の可逆反応式　$xX + yY \rightleftarrows \alpha P + \beta Q$ が平衡状態にあるとき，

$$\text{濃度平衡定数}\ K_\mathrm{c} = \frac{[P]^\alpha[Q]^\beta}{[X]^x[Y]^y}$$

理想気体の場合は，モル濃度の代わりに，各物質の分圧 P_X，P_Y，P_P，P_Q を用いて，

$$\text{圧平衡定数}\ K_\mathrm{p} = \frac{[P_\mathrm{P}]^\alpha[P_\mathrm{Q}]^\beta}{[P_\mathrm{X}]^x[P_\mathrm{Y}]^y}$$

温度が一定ならば，濃度平衡定数 K_c は濃度に関わらず一定，圧平衡定数 K_p は圧力に関わらず一定である．

ⅳ　濃度平衡定数 K_c と圧平衡定数 K_p の関係

理想気体の状態方程式 $PV = nRT$ より，モル濃度 $[\ \ ] = \dfrac{n}{V} = \dfrac{P}{RT}$ なので，

$$K_c = \frac{\left[\dfrac{P_P}{RT}\right]^{\alpha}\left[\dfrac{P_Q}{RT}\right]^{\beta}}{\left(\dfrac{P_X}{RT}\right)^{x}\left[\dfrac{P_Y}{RT}\right]^{y}} = K_p(RT)^{x+y-(\alpha+\beta)}$$

(i)　無機化学，有機化学

(i)　無機化合物，有機化合物の分類

・**有機化合物**：炭素を含む化合物の総称．ただし，「簡単な炭素化合物」※を除く．

・**無機化合物**：有機化合物以外の化合物で，「簡単な炭素化合物」※と，炭素以外の元素で構成される化合物．

※「簡単な炭素化合物」：グラファイトやダイヤモンドなど炭素の同素体，一酸化炭素や二酸化炭素，二硫化炭素など陰性の元素とつくる化合物，あるいは炭酸カルシウムなどの金属炭酸塩，青酸と金属青酸塩，金属シアン酸塩，金属チオシアン酸塩，金属炭化物などの塩

(ii)　イオン化傾向

溶液中で金属が陽イオン化しやすい傾向（陽イオンになるとき電子を放出するので，還元剤としての強さ）．

Li > K > Ca > Na > Mg > Al > Zn > Fe > Ni
> Sn > Pb > H_2 > Cu > Hg > Ag > Pt > Au

ⅲ　酸，塩基

①　酸，塩基の定義

・**アレニウスの定義**

酸　：水溶液中で水素イオン H^+ を生じる物質

塩基：水溶液中で水酸化物イオン OH^- を生じる物質

・**ブレンステッドの定義**

酸　：他の物質に水素イオン H^+ を与えることができる分子・イオン

塩基：他の物質から水素イオン H^+ を受け取ることができる分子・イオン

②　酸・塩基の電離度と強さ

$$\text{電離度}\ \alpha = \frac{\text{電離している酸・塩基の物質量 [mol]}}{\text{溶解している酸・塩基の物質量 [mol]}}$$

電離度 α	種類	名称（化学式）
≒ 1	強酸	硫酸（H_2SO_4），硝酸（HNO_3），塩酸（HCl），臭化水素酸（HBr），よう化水素酸（HI）
	強塩基	水酸化ナトリウム（$NaOH$），水酸化カリウム（KOH），水酸化カルシウム（$Ca(OH)_2$），水酸化バリウム（$Ba(OH)_2$）
1より非常に小さい	弱酸	酢酸（CH_3COOH），ふっ化水素（HF），炭酸（H_2CO_3），硫化水素（H_2S），しゅう酸（$H_2C_2O_4$），りん酸（H_2PO_4）フェノール（石炭酸）（C_6H_5OH）
	弱塩基	アンモニア（NH_3），水酸化マグネシウム（$Mg(OH)_2$），水酸化アルミニウム（$Al(OH)_3$），水酸化鉄（Ⅲ）（$Fe(OH)_3$）

③　水素イオン指数　pH

$$pH = -\log_{10}[H^+] = 14 + \log_{10}[OH^-] \quad (\because \quad [H^+][OH^-] = 10^{-14})$$

ただし，$[H^+]$, $[OH^-]$：溶液の水素イオン，水酸化イオンのモル濃度 [mol/L]

酸性，塩基性	pH
塩基性	> 7 弱塩基性：$8.0 < pH \leqq 11.0$ 強塩基性：$11.0 < pH$
中性 （純水　$[H^+] = 10^{-7}$）	完全な中性　$pH = 7$ 中性：$6.0 \leqq pH \leqq 8.0$
酸性	< 7 弱酸性：$3.0 \leqq pH < 6.0$ 強酸性：$pH < 3.0$

(iv)　酸化還元反応

①　酸化，還元の定義

種別	電子に関する定義	酸素，水素に関する定義	
酸化	物質が電子を失うこと（酸化数が増加）	物質が酸素原子を得ること	物質が水素原子を失うこと
還元	物質が電子を得ること（酸化数が減少）	物質が水素原子を失うこと	物質が酸素原子を失うこと

※酸化数：物質のもつ電子が基準よりも多いか少ないかを表した値（酸化すると正に帯電するので +，還元すると負に帯電するので −）

②　酸化数の決め方

規則 1：単体原子および化合物全体の酸化数は0．単原子イオン，多原子イオンの酸化数は電荷に等しい（例えば，H^+ は +1，O^{2-} は −2，SO_4^{2-} は −2）．

規則 2：化合物，多原子イオン中の元素の酸化数は，①→④の順番で決めていく．残った元素の酸化数は，規則 1 で決まっている化合物あるいは多原子イオン全体の酸化数をもとに決める．

①　アルカリ金属 +1，2 族元素　+2

② 水素Hは +1

③ 酸素Oは −2

④ ハロゲン（ハロゲン化合物中）は −1，硫黄S（硫化物中）は −2

③ 酸化還元反応

反応前と反応後で酸化数が変化する反応.

・酸化と還元は同時に起こる.

・相手の物質から電子を奪って酸化させる物質を酸化剤（自身は還元），相手の物質に電子を与えて還元させる物質を還元剤（自身は酸化）という.

④ 両性金属（元素）

酸とも塩基とも反応する金属をいい，アルミニウムAl，亜鉛Zn，すずSn，鉛Pb，クロムCrである.

・両性金属イオン水溶液にアルカリ水溶液を加えると沈殿物を生じるが，さらにアルカリ水溶液を加えると，ヒドロキシ基（水の分子H_2Oから水素原子1個が解離して生じた極めて弱い酸性の有機官能基）と錯イオン（金属イオンに分子や陰イオンが配位結合することによってできたイオン）を形成し，沈殿物が再び溶解する.

・アルミニウムは，濃硝酸や濃硫酸中では不動態（Al表面に緻密な酸化被膜（Al_2O_3）が生じ，耐腐食性をもった状態）となるため，溶けない.

(v) 溶液の性質

① 溶液，電解質

・**溶解**：ある物質に他の物質を混ぜたとき，他の物質が沈殿物や凝集物をつくらず拡散すること

・**溶質，溶媒，溶液**：ほかの物を溶解する物体を溶媒，溶けた側の物質を溶質，溶媒が液体の場合は溶解した混合液体を溶液，溶媒が水のときは水溶液と呼ぶ.

・**解離**：物質がその成分原子，イオン，原子団などに可逆的に分解する反応.

・**電離（イオン化）**：水溶液中などで溶質がイオンに解離すること（解離したときにできる物質が電荷をもっている場合）.

・**電解質，非電解質**：溶媒中に溶解した際に電離する物質が電解質（電離しやすい物質は強電解質，電離はするが弱い物質は弱電解質），電離しない物質が非電解質.

② 水和，親水性，疎水性

・**水和**：水溶液中で極性分子である水分子が電離した溶質の分子またはイオンの周りを取り囲み，結合するか強い相互作用下にあり，全体として集団的性質を示す状態．水和しているイオンを水和イオンという.

・**親水性**：水和されやすい性質．分子中で親水性を示す基を親水基といい，一般的に極性の高いまたは電荷を有する化合物は親水性であるが，例外として塩化銀（AgCl）のような不溶性塩（常温では水に溶けない塩）が挙げられる．スルホン酸基（$—SO_3H$），硫酸エステル基（$—OSO_3$），アンモニウム基（$—NH_4$）などは親水性が高く，ヒドロキシ基（—OH），アミノ基（$—NH_2$）なども親水性を示す．

・**疎水性**：水和されにくい性質．親水性をもたない原子団を疎水基といい，一般に電気的に中性の非極性物質は疎水性であり水に溶けない．フェニル基（$—C_6H_5$），メチル基（$—CH_3$）は疎水性物質である．無極性分子の物質は無極性分子の液体に溶けやすいので，疎水性物質の多くは，脂質や非極性有機溶媒との親和性を示す「親油性」が高いが，シリコンやフルオロアルキル鎖をもつ化合物などは例外である．

・**両親媒性**：分子内に親水性基と疎水性基の両方をもち，親水性と疎水性を示すこと．両親媒性物質としては界面活性剤や極性脂質が代表的であり，極性溶媒と非極性溶媒の両方に溶解する．

・**コロイド溶液**：コロイド粒子（直径がおよそ 10^{-3}～10^{-1} μm の粒子）が液体中に均一に分散している液．

・**親水コロイド**（デンプンやタンパク質などのコロイド）：水和しているコロイド．沈殿させるためには，多量の電解質を加え，溶液全体のイオンにおける水の影響を薄めて吸着をなくさなければならない（塩析）．

③ 溶解度

ある溶質が一定の量の溶媒に溶ける限界量（飽和溶液の濃度）．通常，一定温度で，溶媒または飽和溶液 100 g に溶ける溶質の質量 [g] で表す．

溶解度は溶媒の温度によって変化し，水溶液の場合，水温が高いほど大きくなる溶質がほとんどであるが，水酸化カルシウム（CaOH）などでは逆に小さくなる．

④ 沸点上昇

溶媒に溶質を加えて溶液を作製したときに，溶液の蒸気圧降下が起こって沸点が上昇する現象．溶液中の水が蒸気になるためには，溶質を追い出すために蒸気にエネルギーを与えなければならないので，溶質がなかった場合より高い温度にしないと沸騰しない．

沸点上昇度　$\Delta T = K_b \cdot n$ [K]

n：溶質の質量モル濃度（溶媒 1 kg 当たりの溶質のモル数．溶質が解離する場合は解離した状態におけるモル数．溶質の種類には依存しない）

ただし，K_b：モル沸点上昇と呼ばれる比例定数

(vi) 有機化合物の特徴

構成元素は主に C, H, O, N なので種類は少ないが，炭素の原子価が 4 でさまざまな構造を取れるため，多種類の有機化合物が存在する．

無極性分子が多いので水に溶けにくく，溶ける場合でも電離するものは少ない．逆に有機溶媒は無極性で溶けやすいものが多い．

融点や沸点は比較的に低く，加熱すると分解して炭素と水になるものもある．

空気中で燃焼すると，水と二酸化炭素などを発生する．

(vii) 有機化合物の分類

炭素原子の結合の仕方により，すべて単結合であるものを飽和化合物，二重結合や三重結合を一つ以上もつものを不飽和化合物という．また，炭素原子の骨格の形状により，炭素原子が直線状または枝分かれ状に結合している鎖式，環状に結合しているものを環式という．

環式は，炭素原子の単結合と二重結合が交互に配列された芳香族化合物と，それ以外の脂環式化合物に分類される．脂環式は脂肪族化合物と似た性質をもっており，脂肪族環式を略して脂環式と呼ばれる．芳香族化合物は単結合と二重結合をもつので不飽和化合物である．

鎖式の飽和化合物をアルカン，鎖式の不飽和化合物をアルケン（二重結合が 1 個），アルキン（三重結合が 1 個）と総称される．環式の場合は，シクロを付け，シクロアルカン，シクロアルケン，シクロアルキンと総称される．

具体的な有機化合物の例は次表のとおり．

有機化合物の分類	具体例
飽和	アルカン（すべて単結合） 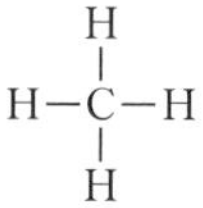 メタンCH_4 (CH_3-H) 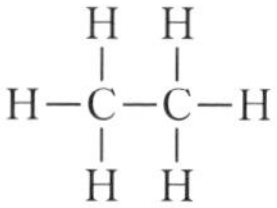 エタンC_2H_6 (CH_3-CH_3) 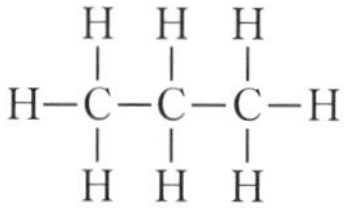 プロパンC_3H_8 $(CH_3-CH_2-CH_3)$
不飽和	アルケン（二重結合 1 個），アルキン（三重結合 1 個） 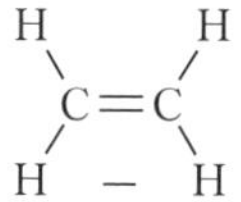 $H_2C=CH_2$ エチレンC_2H_4  $H-C\equiv C-H$ アセチレンC_2H_2

芳香族 （単結合と二重結合が交互に配列）	不飽和	ベンゼン，トルエン，キレシン CH_3 $(CH_3)_2$ H H H H H H C C C C C C ベンゼン（C_6H_6） トルエン（$C_6H_5-CH_3$） キレシン（$C_6H_4-(CH_3)_2$）
脂環式 （芳香族以外の総称） （脂肪族と性質が似ている）	飽和	シクロアルカン（環式ですべて単結合）
	不飽和	シクロアルケン（環式で二重結合 1 個） シクロアルキン（環式で三重結合 1 個）

ⅷ　炭化水素基，官能基

基は，化合物を構成するひとまとまりの原子または原子団である．有機化合物は，炭化水素から水素原子を1個または2個以上取り除いてできる炭化水素基と，その有機化合物に特有の化学的性質を決める原子または原子団である官能基が結合したものである．

①　炭化水素基

名称		示性式
アルキル基 （アルカンから H を 1 個取ったもの）	メチル基	CH_3-
	エチル基	C_2H_5-
	ノルマルプロピル基	$CH_3CH_2CH_2-$
	イソプロピル基	$(CH_3)_2CH-$
ビニル基（エチレンから H を 1 個取ったもの）		$CH_2=CH-$
アリール基 （芳香族化合物から H を 1 個取ったもの）	フェニル基	C_6H_5-
	ナフチル基	$C_{10}H_7-$

②　官能基

官能基の名称		有機化合物の例
ヒドロキシ基	$-OH$	アルコール（メタノール CH_3-OH，エタノール C_2H_3-OH），フェノール類（フェノール C_6H_5-OH）
アルデヒド基	$-CHO$	アルデヒド（アセトアルデヒド CH_3-CHO）
カルボキシ基	$-COOH$	カルボン酸（酢酸 CH_3-COOH）
カルボニル基（ケトン基）	$-CO-$	ケトン（アセトン $CH_3-CO-CH_3$）
エーテル結合	$-O-$	エーテル（ジエチルエーテル $C_2H_5-O-C_2H_5$）
エステル結合	$-COO-$	エステル（酢酸エチル $CH_3-COO-C_2H_5$）
アミノ基	$-NH_2$	アミン（アニリン $C_6H_5-NH_2$）
ニトロ基	$-NO_2$	ニトロ化合物（ニトロベンゼン $C_6H_5-NO_2$）
スルホ基	$-SO_3H$	スルホン酸（ベンゼンスルホン酸 $C_6H_5-SO_3H$）

(ix) **有機化学反応**

① **付加反応**：有機化合物の二重結合や三重結合のうちの一つの結合が切れて，新たにその部分にほかの原子または原子団が結合する反応

② **置換反応**：有機化合物の一部の原子や原子団が他の原子や原子団に置き換わる反応

③ **脱離反応**：有機化合物から簡単な分子がとれて他の有機化合物に変化する反応

(3) バイオテクノロジー

(a) アミノ酸

(i) **アミノ酸の構造と種類**

アミノ酸は，官能基であるアミノ基（$-NH_2$），カルボキシ基（$-COOH$）の両方と結合し，

一般式　$R-CH(NH_2)-COOH$

で表される有機化合物をいう．R—はR基（置換基の総称）を指し，アミノ酸の側鎖と呼ばれる．側鎖はアミノ酸の種類により異なる．官能基と隣接する炭素原子を α—炭素原子と呼ぶ．

- **α アミノ酸**：1個の α—炭素原子にアミノ基とカルボキ基が結合しているアミノ酸．
- **必須アミノ酸**：ヒトの体内で十分な量を剛性できず栄養分として摂取しなければならないアミノ酸．

$$NH_2-\overset{\displaystyle H}{\underset{\displaystyle R}{\overset{|}{\underset{|}{C}}}}-COOH$$

分類		名称（略号）	側鎖
親水性	極性無電荷	グリシン（Gly）	H—
		セリン（Ser）	OH—
		システイン（Sys）	SH—
	酸性	アスパラギン酸（Asp）	NH_2-
		グルタミン酸（Glu）	NH_2-
	塩基性	リシン（Lys）	$NH_2-CH_2-CH_2-CH_2-CH_2-$
		アルギニン（Arg）	$NH_2-\underset{\underset{\displaystyle NH}{\Vert}}{C}-NH-CH_2-CH_2-CH_2-$
疎水性	—	アラニン（Ala），イソロイシン（Ile） ロイシン（Leu），メチオニン（Met） バリン（Val）	脂肪族炭化水素鎖
		フェニルアラニン（Phe） トリプトファン（Trp） チロシン（Tyr）	芳香族炭化水素鎖

合成できないバリン，ロイシン，イソロイシン，トレオニン，メチオニン，フェニルアラニン，トリプトファン，リシンに合成されにくいヒスチジンを加えた 9 種類.

(ii) **等電点**

アミノ酸水溶液中で分子中の正味の電荷（側鎖がイオン化する場合はその電荷も含む）が 0 となる pH. アミノ酸の側鎖の荷電状態で決まるのでアミノ酸の種類に固有の値をもち，グリシンやアラニンは 6.0，酸性アミノ酸のアスパラギン酸は 2.8，グルタミン酸は 3.2，塩基性アミノ酸のリシンは 9.7 である.

(iii) **光学異性体**

① **α アミノ酸の α-炭素原子**：四つの異なる水素原子，官能基，R 基と結合する不斉炭素原子

② **光学（鏡像）異性体**：構造式は同じであるが，分子中の原子配列が左右の手のひらのように，鏡で映したような対称な関係にある異性体. 一方を L 体（左型），もう一方を D 体（右型）と呼び，このような鏡像と重ねられない性質をキラリティ（対掌性），その化合物をエナンチオマー，キラリティを生じる中心の原子をキラリティ中心または不斉中心ともいう.

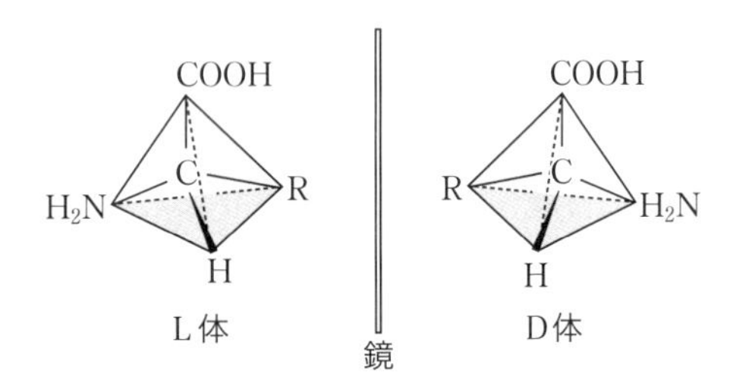

光学異性体は，右旋性をもつグリセルアルデヒドの立体配置を基準に，立体配置を崩さずにできる化合物を D 体，その光学異性体を L 体と表記.

③ **アミノ酸の光学異性体**：グリシン以外はすべて光学異性体が存在. 天然のアミノ酸はほとんど L 体.

(b) **タンパク質**

(i) **ペプチド結合，ペプチド**

2 個の α アミノ酸分子の一方のアミノ基（$-NH_2$）と他方のカルボキシ基（$-COOH$）が脱水縮合した結合をペプチド結合という. ペプチド結合により生成する化合物をペプチドといい，生体のタンパク質は多数の α アミノ酸分子（約 20 種類）が多数のペプチド結合で縮合重合した高分子（ポリペプチド）である.

(ii) **一次構造と高次構造**

① **一次構造**：すべてのタンパク質を構成する基本単位. アミノ酸の配列順序を含んだ線状のポリペプチド鎖を形成し，順序は遺伝子によって決定.

② **二次構造**：一次構造のポリペプチド鎖がアミノ酸同士の水素結合により結合した平面構造.

・αヘリックス：隣接するアミノ酸間でアミノ基（—NH_2）のHとカルボキシ基（—COOH）のOが水素結合し，ポリペプチド全体で時計回りのらせん構造になったもの．らせん1巻当たりのアミノ酸は平均3.6個．

・βシート：並行な2本のポリペプチドが水素結合によりジグザグ型に折りたたまれた構造になったもの．折りたたみの際に，親水性側鎖は水和できるように外側を向き，疎水性側鎖が水に触れないよう内側を向く性質があるので，疎水性アミノ酸はタンパク質の中心，親水性アミノ酸はタンパク質の表面に分布していることが多い．

③　**三次構造**：二次構造のαヘリックスまたはβシートがつながった三次元的な空間配置まで含めた分子鎖全体の立体構造．一つの一次構造から生じる安定した三次構造は，ペプチド鎖の各部位における一次構造がそれぞれの部分でできる二次構造を決め，さらにその二次構造における側鎖の分布をも決定するため，1種類しかない．

三次構造を安定化させている結合は，次の四つ．

・ジスルフィド結合（S—S結合）：最も強い結合．タンパク質に含まれるシステインの側鎖SH—基が酸化して硫黄原子同士の共有結合となること．

・イオン結合：ポリペプチド鎖の末端や構成アミノ酸の側鎖の一部はペプチド結合に使われないアミノ基やカルボキシル基であるため，pHによって—COO^-や—NH_3^+に変化し，ポリペプチド鎖に含まれる他の官能基とイオン結合で結びつくことができる．

・水素結合：ペプチド結合にあるC＝OやN—H，側鎖にある—OHや—COOHなどの間では水素結合が形成されることがある．

・疎水結合：側鎖にある無極性で疎水性の炭化水素基やベンゼン環などは，水との接触ができる限り少なくなるように疎水結合する．

④　**四次構造**

三次構造のポリペプチド鎖が複数個集まって集合体をなした構造．

(iii)　**タンパク質の特徴**

①　**変性**：加熱したり塩や塩基を加えたりすると凝固すること．変性では一次構造の配列順序は不変であるが，二次以上の構造は破壊されて変化．

②　**溶液**：タンパク質は水に溶けると親水コロイド溶液になる．これに，多量の電解質を加えると，水和している水分子が取り除かれて沈殿する（塩析）．

(iv)　**検出反応**

①　**ニンヒドリン反応**：αアミノ酸やタンパク質にニンヒドリン試薬を加えて加

熱すると，アミノ基と反応し赤紫～青紫色になる．

② **ビウレット反応**：ペプチド結合を二つ以上もつペプチドに水酸化ナトリウム水溶液，硫酸銅（II）水溶液を順に加えると赤紫色になる．

③ **キサントプロテイン反応**：チロシンやフェニルアラニンなどの芳香環をもつアミノ酸水溶液に濃硝酸を加えると，ベンゼン環がニトロ化されて黄色になる．それを冷却し，アンモニア水を加えて塩基性にすると橙色になる．

④ **硫黄の検出反応**：システイン（ほとんどのタンパク質に含有）のような側鎖に硫黄原子を含むアミノ酸に水酸化ナトリウム水溶液を加えて加熱し，酢酸鉛（II）水溶液を加えると，硫化鉛（II）の黒色沈殿が生じる．

(c) バイオテクノロジー

(i) 細胞の構造

細胞は，内部に核と細胞質があり，それらが細胞膜（形質膜）で覆われた構造である．

① **細胞膜**

脂質二重層で細胞内の環境を細胞外の環境と区別し，細胞内外の物質の流れの調節，細胞と細胞との伝達，細胞と細胞外環境との連絡を行う．りん脂質，膜タンパク質，および少量のコレステロールと糖脂質を含む．

② **細胞質**

細胞膜と核との間にあるサイトゾルと細胞小器官からなる．

i) **サイトゾル**：細胞小器官を取り巻く溶液部分．イオン類，グルコース，アミノ酸類，脂肪酸類，タンパク質類，脂質類，ATP，老廃物などが含まれ，全細胞容積の 55 %を占める．

ii) **細胞小器官**：ミトコンドリア，リボソーム，小胞体，ゴルジ体，リソソーム，中心体などの細胞小器官が含まれている．

- **ミトコンドリア**：細胞の活動に必要なエネルギー源 ATP（アデノシン三りん酸）をつくる．
- **リボソーム**：RNA（リボ核酸）から読み取った遺伝情報をもとに，アミノ酸からタンパク質を合成．
- **小胞体**：細胞の工場，物質の輸送・貯蔵．
- **ゴルジ体**：物質の濃縮・分泌．
- **リソソーム**：細胞内に進入した異物や細胞内の代謝物や不要物を消化処理．
- **中心体**：核の近くに位置し，細胞分裂時に紡錘糸を形成．

③ **核**：核膜という二重膜で覆われ，その内部の核液に染色体（DNA（デオキシリボ核酸）とタンパク質の複合体）と核小体（RNA やリボソームが使うタンパク質をつくる）が浮かんでいる．

・**染色体**：DNAが巻き付いて束になった糸状の遺伝子集合体（数百～数千個/本）．ヒトの場合は，一つの細胞内に，同じ形・大きさの常染色体44本（22対）と性染色体2本（男性X染色体1本＋Y染色体1本，女性X染色体2本）で合計46本．

・**DNA**：遺伝情報の長期保存用，RNAは遺伝情報の一時的保存用．

(ii) 生物を構成する物質

① 生物を構成する物質の元素

物質名	構成元素
タンパク質	C，H，O，N，S
脂質	C，H，O，P
炭水化物（糖質）	C，H，O
核酸	C，H，O，N，P
無機物	Na，Cl，K，Ca，Feなど

② ヒトのからだの元素の割合（主要4元素：酸素，炭素，水素，窒素）

元素名	比率
酸素	63％
炭素	20％
水素	10％
窒素	3％
その他	4％

③ 細胞の構成物質の割合

物質名	原核細胞（大腸菌）	動物細胞（ヒト）	植物細胞（トウモロコシ）
水	70％	66％	69.5％
タンパク質	15％	16％	3.8％
炭水化物	4％	0.4％	23.8％
脂質	3％	13％	2.1％
無機物	1％	4.4％	0.7％
核酸	7％	微量	0.01％

(iii) メンデルの遺伝の法則

形質とは，生物の特徴，対立形質とは，個体にみられる遺伝形質のなかで，互いに相容れない形質のこと．

① **優性の法則**：二つの純系を交雑させた雑種第一代では対立形質のうちいずれか一方のみが現れる（優性形質が現れ，潜性（劣性）形質は隠れる）．

② **分離の法則**：配偶子が形成されるとき，対立遺伝子が互いに分かれて別々の細胞に入る．

③　**独立の法則**：二つ以上の対立遺伝子を有する場合，それぞれの遺伝子は互いに影響し合うことなく独立して分配される.

(iv)　**DNA，RNA と遺伝情報**

DNA，RNA は，ヌクレオチドから構成された高分子化合物である.

①　**ヌクレオチド**：糖 + りん酸（1 個）+ 塩基（4 種類のうちのいずれか）からなる化合物の総称. ヌクレオチド間はホスホジエステル結合（炭素原子間がりん酸を介した二つのエステル結合によって強く共有結合している結合様式）で結合している.

・DNA ヌクレオチドと RNA ヌクレオチドは糖の種類と，塩基の四つの選択肢のうちの一つ（チミン（T）かウラシル（U））が異なる（下表）.

・デオキシリボースは安定性重視の DNA 用，リボースは反応性重視の RNA 用；リボースは地球上に広く存在し体内でつくられる活性糖で反応性が高いが，デオキシリボースはリボースを構成するヒドロキシル基（—OH）が水素（H）に置き換えられ酸素（O）が一つ少なくなったもので，リボースを介して存在でき，DNA 内に組み込まれることで安定である.

・チミン（T）はシトシン（C）からウラシル（U）への変化の検出・修復用；RNA ヌクレオチドの四つの塩基のうちのシトシン（C）は，比較的高頻度でウラシル（U）に変化する現象が起こる. DNA ヌクレオチドではウラシル（U）の代わりにチミン（T）を使用することにより，ウラシル（U）が検出されればシトシン（C）が変化したものと判断し，シトシン（C）に修復することができる.

種類	糖	りん酸	塩基
DNA ヌクレオチド	デオキシリボース（dR）	1 個	アデニン（A），チミン（T），シトシン（C），グアニン（G）のいずれか
RNA ヌクレオチド	リボース（R）	1 個	アデニン（A），ウラシル（U），シトシン（C），グアニン（G）のいずれか

②　**二重らせん構造**

・DNA は，ヌクレオチドが 2 列に並んだ二重らせん構造.

・遺伝子は遺伝情報をもつ DNA：たくさんのヌクレオチドのデオキシリボース（dR），りん酸（P）が交互に鎖状に接合. 各 dR に結合する塩基の配列が遺伝情報.

・2 本の鎖は塩基で水素結合：A—T（2 個の水素結合），G—C（3 個の水素結合）の組合せでのみ相補的接合.

・二重らせんはヌクレオチド 10 組ごとに 1 回転.

・RNA も DNA の糖と塩基の種類が変わるだけで二重らせん構造は同じ.

・二重らせん構造は，熱処理や強アルカリ処理で変性して１本鎖になる（ヌクレオチド間のホスホジエステル結合は強固で壊れず１本鎖は残る）．

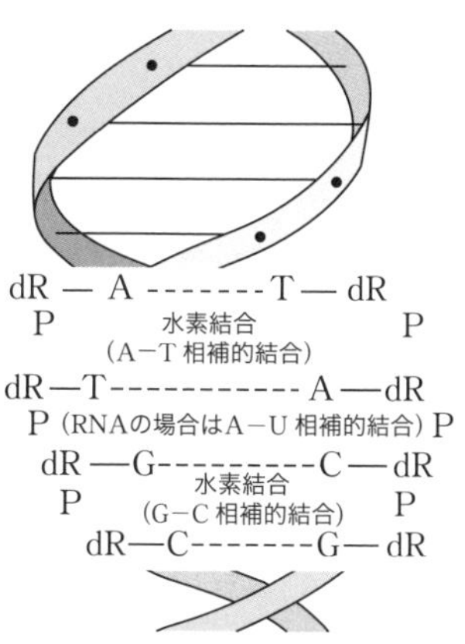

DNAの二重らせん構造

（凡例）
［糖］
dR：デオキシリボース
（RNAの場合は，R：リボース）

P：りん酸

［塩基］
A：アデニン
T：チミン
（RNAの場合は，U：ウラシル）
C：シトシン
G：グアニン

③　タンパク質の合成過程

タンパク質の複製は，基となるタンパク質のDNA情報を読み取って直接的に新しいタンパク質をつくるのではなく，ゲノム（遺伝子，染色体）DNAの転写，アミノ酸を集める，アミノ酸の合成という過程を経てたんぱく質を合成する．

i）**メッセンジャーRNA（mRNA）**：DNAの遺伝情報を転写し，リボソームに届ける．

ゲノムDNA（二本鎖．各鎖にタンパク質の設計図である配列情報が入っている）

→転写→RNA（一本鎖）
→スプライシング（遺伝情報ではないイントロン部分を削除）→mRNA
→リボソームへ

ii）**トランスファーRNA（tRNA）**：mRNAのコドンに対応した正しいアミノ酸を識別し，mRNAの所定の位置に届ける．tRNAは一本鎖であるが，折りたたまれ分子内で塩基対を形成する三次元構造．一方に必要なアミノ酸と結合するためのコドン，他方にmRNAのコドンと結合するためのアンチコドンの部位が形成される．tRNAはmRNAのコドンの数だけある．

・**コドン**：mRNAの塩基三つの並び１組をいい，アミノ酸をつくるための暗号文．塩基は４種類なので暗号文は $4^3 = 64$ とおり．タンパク質を構成するアミノ酸は20種類なので，一つのアミノ酸が複数のコドンに対応し，そのうちの一つ“AUG”（メチオニン）は「開始コドン」（読み始め）．“UAA，UAG，UGA”は対応するアミノ酸がなく，「終止コドン」（最終産物であるタンパク質の生合成停止コドン）．

・アンチコドン：コドンに対して相補的な配列をもった三つの塩基配列．A，U，C，G の四つの塩基は A と U，G と C が相補的なので，例えばコドン“AUG”のアンチコドンは“UAC”．

iii) リボソーム：mRNA の遺伝情報を読み取りタンパク質に変換する機構（翻訳）．大サブユニット，小サブユニットからなるリボソームタンパク質とリボソーム RNA（rRNA）の複合体．

・小サブユニット：復号センター．mRNA のコドンを一つ一つ解読し，tRNA と結合させる．

・大サブユニット：ペプチジル転移酵素中心があり，rRNA は，tRNA が運んできたアミノ酸をペプチド鎖で連結させる反応の触媒作用の中心．リボソームタンパク質は rRNA コアの安定化．

(v) 突然変異

突然変異は，生物やウイルスの遺伝物質の質的・量的変化である．

① **中立突然変異**：自然選択に有利でも不利でもなく，中立的な変異．

② **非表現突然変異**：遺伝的レベル（DNA，RNA）では変異が起きているが，表現型（形質をことばで表したもの）ではわからない変異．

③ **復帰突然変異**：突然変異遺伝子が再び元に戻る変異．

④ **サプレッサ突然変異**：1 か所の突然変異の効果が第 2 の突然変異により遮へいされる変異．

⑤ **遺伝子突然変異**：DNA，RNA 上の塩基配列に物理的変化が生じる変異．

i) 誘発要因

DNA の複製ミス，薬品による刺激，放射線照射やイオンビームなど高エネルギー粒子線の照射による遺伝子の損傷，トランスポゾン（細胞内においてゲノム上の位置を転移できる塩基配列）の転移による遺伝子破壊など．

ii) 種類

・点突然変異：1 個のヌクレオチドの置換または欠損または挿入の変異．

・ミスセンス突然変異：コドン内の塩基の変化または置換で違うアミノ酸が合成されて異常タンパク質が生じる変異．

・ナンセンス突然変異：アミノ酸のはずのコドンが終止コドンに変化して，タンパク質の合成が停止される変異．

・フレームシフト突然変異：塩基の挿入・欠失によってオープンリーディングフレーム（開始コドン～終止コドンまでの連続し

た一続き）がずれてしまう変異.

⑥ **染色体突然変異**：染色体の構造変化，数の変化やそれに伴う障害が起こる変異.

・**染色体構造の変化**：染色体の一部の欠失，逆位，重複，転座（一部が切れてほかと結合）

・**染色体数の変化**：整数倍に増加，1本または数本の増減.

(vi) **クローン，クローニング**

① **クローン**：分子・DNA・細胞・生体などを複製したもの.

・**分子クローン**：DNA など生体分子を複製して得られる分子

・**遺伝子クローン**：一つの DNA から DNA クローニングで得られた遺伝子.染色体 DNA.

・**細胞クローン**：単一細胞から細胞培養により複製された細胞集団

・**生物クローン**：未受精卵の核移植，受精卵の胚分割で複製された同じ遺伝情報をもつ生物

② **遺伝子クローニング**：遺伝子クローンを作成すること.

・**ゲノム DNA クローニング**：ゲノム DNA を取り出して制限酵素により切断してプラスミドベクターに組込み複製．簡単であるが，一般に真核生物の遺伝子はゲノム DNA 上で分断されているため，タンパク質の合成には遺伝情報をもたない部分（イントロン）を切り離してつなぎ合わせる必要がある.

制限酵素：特定の短い DNA 配列を認識して切断し DNA フラグメントを生成.

（タイプⅠ） 認識サイトから離れたサイトでへき開する.

（タイプⅡ） 認識部位内または認識部位から特定の短い距離で切断する. EcoRI は 6 塩基配列を認識，G と A の間を切り，切口に付着末端を生成.

（タイプⅢ） 認識サイトから少し離れたサイトでへき開する.

プラスミドベクター：プラスミド（大腸菌などがもつプロウイルスゲノムと独立して自律複製する小さい環状二本鎖 DNA）に DNA 配列を挿入することで大腸菌内に形質転換し，大腸菌の培養により目的の遺伝子が大量に複製するもの.

・**cDNA（相補的 DNA）クローニング**：mRNA の逆転写で一本鎖 cDNA をつくり，それを DNA ポリメラーゼで二本鎖 cDNA にしてから大腸菌で複製.

逆転写：mRNA の配列情報から，逆転写酵素による触媒により逆転写し，cDNA を生成する反応．逆転写には RNA（一本鎖）から mRNA に

なる過程のものも使用できる.

③ **遺伝子ライブラリー**：遺伝子クローニングで得られたDNAを断片化しベクターに組み込み，増殖させた遺伝子クローンのコレクション．遺伝子クローニングを行う際に，その都度，組織や細胞から取得するのではなく，図書館の蔵書を借り出すようにして利用することにより時間と労力を省くことができる.

(vii) 遺伝子組換え技術

遺伝子組換えは，生物のゲノム（遺伝子，染色体）の一部をなくしたり，別の生物の遺伝子をゲノムに入れたりすること.

① 遺伝子組換えの方法

・**相同組換え**：同じDNA配列をもった領域（相同な領域）で起こる組換えを利用する方法.
2本の染色体上の遺伝情報が入れ換わる“交差”と，2本の染色体上の遺伝情報のどちらかが増減する“遺伝子変換”がある.

・**アグロバクテリウム法**：細菌であるアグロバクテリウムの性質を使って植物に自分が選んだ遺伝子を入れる方法．植物で広く使われる遺伝子組換え技術の一つ.

(viii) ポリメラーゼ連鎖反応（Polymerase Chain Reaction, PCR）

DNAポリメラーゼと呼ばれる酵素の働きを利用して，一連の温度変化のサイクルを経て，DNAサンプルの任意の遺伝子領域やゲノム領域を数百万～数十億倍に増幅させる技術.

① PCRサイクル

i) **熱変性**：溶液を95 ℃程度に加熱し，2本鎖DNAを1本鎖DNAに分離（2本鎖をつなぐ塩基間の水素結合が高温で切断．各鎖のホスホジエステル結合はそのまま維持されDNA塩基配列は無変化）．温泉などに生息する細菌由来の耐熱性DNAポリメラーゼを使用.

ii) **アニーリング**：プライマリーを溶液に入れてから徐々に温度（通常55 ℃～65 ℃，プライマーの長さや配列による）を下げていき，1本鎖DNAとプライマリーを結合させる.

・**プライマリー**：増幅したい領域の両端に相補的な配列をもつ15～30塩基程度の長さの一本鎖の短い合成DNA断片．Forwardプライマーと Reverseプライマーがあり，熱変性で分離した相補的な1本鎖DNAの両端で結合し，それぞれの下流方向に向けての伸長反応の起点となる.

・**アニーリング**：適切な温度に加熱した後，室温に戻ったときに，平衡に近い組織状態になるような条件で冷却する熱処理．焼きなまし.

温度が低かったり時間が長すぎると，完全に相補的ではない配列と結合する非特異的なアニーリングになる．温度を上げすぎてもアニーリングの効率が低下する．

iii) **伸長**：プライマーの分離が起きずにDNAポリメラーゼの活性に至適な温度帯まで加熱することにより，プライマリーを起点として，下流方向に向けてそれぞれの鎖を鋳型に対となる鎖を合成する．

・DNAポリメラーゼ：鋳型DNAをもとに対応する相補的DNAを合成する酵素．反応の速度は一定なので，増幅したい配列が長いほど伸長反応時間も長くなる．

iv) この①～③の手順を繰り返し，特定のDNA断片を増幅する．PCRの1サイクルで特定の塩基配列の二本鎖DNAが2倍に増幅されるので，nサイクル繰り返すと，2^n倍になる．

② **逆転写ポリメラーゼ連鎖反応**（Reverse-transcripttase Polymerase Chain Reaction，RT-PCR）

感染症分野，特にウイルス感染症の診断に関しては，ウイルスがDNAだけ，あるいはRNAだけしかもたないため，RNAウイルスに関してはRNAを検出することが必要である．

そのために開発された方法が，RNAを鋳型として逆転写によりつくられた相補的DNA（cDNA）を鋳型としてPCRを行うRT-PCRである．

③ **ゲル電気泳動**：ゲルを電場の印加による熱対流の抑制，または分子の通過を妨げるための媒質として使用する電気泳動をいう．PCRでDNAを増幅した後の分析等に利用される．

3 1 5 環境・エネルギー・技術

(1) 環境

(a) 地球環境問題

(i) 環境用語

① **温室効果ガス**：大気圏にあって，地表から放射された赤外線の一部を吸収することにより，温室効果をもたらす気体をいう．二酸化炭素（CO_2），メタン（CH_4），亜酸化窒素（一酸化窒素/N_2O）のほかに，ハイドロフルオロカーボン類（HFCs），パーフルオロカーボン類（PFCs），六ふっ化硫黄（SF_6）の6種類である．

② **気候変動の対策の分類**

・**適応**：すでに影響がでている，あるいは中長期的に避けられない気候変動に対し，自然や人間活動の在り方を調整し，気候変動による被害に備え

ること

災害に備えた街づくり，生態系を活用した防災・減災（Eco-DRR），熱中症対策，感染症対策，気候変動に適応した農作物の開発・栽培など

・**緩和**：地球温暖化の原因である温室効果ガスの排出を減らし，気候変動による影響を抑えること

節電・省エネ，森林を守る・増やす，再生可能エネルギーの利用など

③ **ライフサイクルアセスメント**：製品システムのライフサイクルの全体を通したインプット，アウトプットおよび潜在的な環境影響のまとめならびに評価（JIS Q 14040：2010「環境マネジメント-ライフサイクルアセスメント-原則及び枠組み」）.

④ **Eco-ERR**（**Ecosystem-based disaster risk**）：気象災害への対処法の一つ．生態系と生態系サービスを維持することで，危険な自然現象に対する緩衝帯・緩衝材として用い，また，食糧や水の供給などの機能により，人間や地域社会の自然災害への対応を支える考え方.

⑤ **環境アセスメント**：環境評価，環境影響評価と，それを基に最良の案を選択し，さらにその実施段階で予測・評価どおりかどうかを監視し，必要により見直し，是正する一連の手続.

⑥ **環境基準**：環境基本法第16条に基づき政府が定める．人の健康を保護し，および生活環境を保全するうえで維持されることが望ましい大気の汚染，水質の汚濁，土壌の汚染および騒音に係る環境上の基準.

⑦ **拡大生産者責任**：製品に対する物理的および，または経済的な生産者の責任を，製品のライフサイクルの使用済み段階にまで拡大する環境政策のアプローチ.

⑧ **環境監査**：環境に関する経営管理上のコントロールを促進し，会社が定めた環境に関する方針の遵守状況を評価することにより，環境保護に資する目的の組織・管理・整備がいかによく機能しているかを組織的・実証的・定期的・客観的に評価するもの.

⑨ **IPCC**（**気候変動に関する政府間パネル**）：人為起源による気候変化，影響，適応および緩和方策に関し，科学的，技術的，社会経済学的な見地から包括的な評価を行うことを目的として，1988年に国連環境計画（UNEP）と世界気象機関（WMO）により設立された組織.

⑩ **再生可能エネルギー**：太陽光，風力その他非化石エネルギー源のうち，エネルギー源として永続的に利用することができると認められるもの.（「エネル

ギー供給構造高度化法」では，太陽光・風力・水力・地熱・太陽熱・大気中の熱その他の自然界に存する熱・バイオマス）

⑪ **コージェネレーションシステム（熱併給システム）**：天然ガス・石油・LPガス等を燃料としてエンジン，タービン，燃料電池等で発電し，その際に生じる廃熱を回収し蒸気や温水として工場や地域の熱源，冷暖房・給湯などに利用するシステム.

⑫ **RE100（Renewable Energy 100 %）**：企業活動に必要な電力を100 %再生可能エネルギーで調達することを目標に掲げる企業が加盟するイニシアチブ.

⑬ **地域エネルギー管理システム（CEMS）**：家庭内のHEMS，ビル内のBEMS，工場内のFEMS，ビル群のアグリゲータサービスをまとめて地域全体で管理するシステム

⑭ **カーボンフットプリント（CFP：Carbon Footprint of Products）**：原料調達から製造・流通・販売・使用・廃棄のライフサイクル全過程を通じて排出される温室効果ガス量を二酸化炭素に換算して「見える化」する環境改善ツール

⑮ **ゼロカーボンシティ**：2050年までに温室効果ガスまたは二酸化炭素の排出量を実質ゼロにすることを目指す旨を表明した地方自治体（環境省が推進）.

⑯ **ZEH（ゼッチ．Net Zero Energy House）**，ZEH-M（ゼッチ・マンション．Net Zero Energy House Manshon）：建物外皮の断熱性能等を大幅向上，高効率な設備システム導入による室内環境の質の維持と大幅な省エネの実現，再生可能エネルギー導入により一次エネルギー消費量収支ゼロを目指した戸建住宅やマンション等の集合住宅

⑰ **浮遊粒子状物質（SPM：Suspended Particulate Matter）**：大気中に浮遊する粒子状物質であって，その粒径が10 μm以下のもの．PM2.5はSPMの中でも粒径が2.5 μm以下の微小粒子をいい，肺の深部に侵入，沈着しやすく，発がん性などを有する有害成分が多い.

⑱ **下水処理の工程と技術**：一次処理（前処理，ふん尿が混合した汚水中の固形物を沈殿分離，浮上分離，ふるいやスクリーンなどの固液分離機により除去）→二次処理（本処理，一次処理で取り除けなかった汚水中の有機物を，酸素を利用して好気性微生物の働きにより除去する活性汚泥法や，酸素を利用しない嫌気性微生物を利用したメタン発酵処理等などによって除去）→三次処理（高度処理，後処理，二次処理水中に残っている窒素，りん，難分解性物質を化学的，物理的あるいは生物学的方法で除去）.

(ii) **気候変動枠組条約締約国会議（COP）**：「気候変動枠組み条約」に批准した各国の代表が集まって交渉・議論を行う最高決定機関会議.

1992年　地球サミットで「気候変動枠組み条約」を採択，1994年発効

(地球温暖化に対する具体的取組みは1995年から年1回開催のCOPで決定)

1995年　COP1　条約では問題解決に不十分と結論付け．議定書交渉の実施を決定．

1996年　COP2　ジュネーブ宣言（議定書に法的拘束力をもたせることを承認）

1997年　COP3　京都議定書（2020年までの目標を設定）採択．
先進国の温室効果ガス排出量を1990年比5％削減（目標達成が義務），京都メカニズム（共同実施・クリーン開発メカニズム・排出量取引）を採用．

1998年　COP4　ブエノスアイレス行動計画（京都メカニズムの実行計画）合意

2009年　COP15　「産業革命以前からの気温上昇を2℃以内に抑える」ことを合意．

2015年　COP21　パリ協定（2020年以降の目標を設定）採択．
- すべての参加国が削減目標・行動をもって参加
- 世界共通の長期目標：産業革命前からの平均気温上昇を2℃より十分下方に保持．1.5℃に抑える努力を追求(今世紀後半に温室効果ガスの人為的な排出・吸収バランスを達成)．
- すべての参加国が長期の温室効果ガス低排出開発戦略を策定・提出（努力義務）
- 各国は約束（削減目標）を作成・提出・維持，5年ごとに更新
- 5年ごとに進捗確認・情報提供（グローバル・ストックテイク）

(iii)　**ウィーン条約**：オゾン層の変化により生じるおそれのある悪影響から人の健康および環境を保護するために適当な措置をとることを定めたオゾン層の保護のための条約．1985年採択．

- 1987年　モントリオール議定書採択．
　オゾン層を破壊する物質の廃絶に向けた規制措置（クロロフルオロカーボンCFC，ハイドロクロロフルオロカーボンHCFCを代替フロンに転換）を実施する国際的な取り決め．以後，7回改正・調整．
- 2016年　キガリ改正

代替フロンの温暖化係数は二酸化炭素の数百～数万倍なので，さらに地球温暖化への影響が低い物質に転換．

(b) 大気汚染問題

(i) 大気汚染物質の種類

① **ばい煙**：硫黄酸化物 SO_x，ばいじん（すす），有害物質（窒素酸化物 NO_x，カドミウムなど）

② **粉じん**：一般粉じん（セメント粉，石灰粉，鉄粉など），石綿（アスベスト）

③ **自動車排出ガス**：一酸化炭素 CO，炭化水素 HC，鉛化合物，NO_x，粒子状物質 PM（SPM，PM2.5）

④ **特定物質**：化学合成・分解その他の科学的処理に伴い発生する物質のうち人の健康または生活環境に被害を生じるおそれのある物質 28 種類（フェノール，ピリジンなど）

⑤ **揮発性有機化合物 VOC**：大気中に排出され，または飛散したときに気体である有機化合物

(ii) 大気汚染問題と対応状況

① **固定発生源による大気汚染対策**：1960 年代～1980 年代に工場や火力発電所から大量の SO_x，NO_x が排出され，工場地帯で大気汚染問題が発生．大気汚染防止法の制定，大気環境基準の設定，大気汚染物質の排出規制とそれに対応する低硫黄・低窒素燃料・燃焼の改善，集じん装置，排煙脱硫装置，排煙脱硝装置など低減対策の実施，モニタリングなど総括的対策により大幅に改善．

② **移動発生源による大気汚染対策**：1970 年代後半から大都市を中心に自動車特にディーゼル車から排出される NO_x，SPM（ディーゼル車では予混合燃焼期間中の高温燃焼により大気中の窒素と燃料の窒素が結合するサーマル NO_x，酸素量が少ない拡散燃焼期間中や後燃え期間中の燃え残りで発生する SPM が問題）による大気汚染問題が発生した．対策としては，自動車排出ガス規制，低公害車（電気自動車，天然ガス自動車，メタノール自動車，ハイブリッド自動車）等の普及促進，自動車の効率的な利用や公共交通への利用転換などによる交通需要マネジメント（TDM），交差点等の局地汚染対策等が推進されている．

③ **光化学オキシダント**：NO_x や HC が太陽からの紫外線を受けることで光化学反応を起こして生成される酸化力の強いオゾン，パーオキシアセチルナイトレートの総称である．人の健康を保護するうえで維持することが望ましい環境基準として，1 時間値が 0.06 ppm 以下であることと定められているが，ほとんど達成されていない．

④ **酸性雨**：大気中の SO_2 や NO_x など酸性物質が雨・雪・霧などに溶け込み，通常より強い酸性を示す現象であり，河川や湖沼，土壌を酸性化して生態系に

悪影響を与え，コンクリートを溶かしたり金属に錆を発生させたりして建造物や文化財に被害を与える．日本の酸性雨の原因は中国の工業地帯で排出される硫黄酸化物による亜硫酸ガスによるものが主なので日本海側での酸性の度合いが強い．

(c) ダイオキシン類対策特別措置法（2000年施行）

(i) **目的**：ダイオキシン類が人の生命および健康に重大な影響を与えるおそれがある物質であることに鑑み，ダイオキシン類による環境の汚染の防止およびその除去等をするため，ダイオキシン類に関する施策の基本とすべき基準を定めるとともに，必要な規制，汚染土壌に係る措置等を定めることにより，国民の健康の保護を図る．

(ii) **ダイオキシン類の定義**：ポリ塩化ジベンゾフラン，ポリ塩化ジベンゾ-パラ-ジオキシン，コプラナ-ポリ塩化ビフェニル

(iii) **規制値**

① **耐容1日摂取量（人が生涯にわたって継続的に摂取したとしても健康に影響を及ぼすおそれがないダイオキシン類の摂取量）**：1日当たり体重1kg当たり4pg（ピコグラム）

② **環境基準**：人の健康を保護するうえで維持されることが望ましい基準
大気：0.6 pg/m^3 以下，水質：1 pg/L 以下，土壌：1 000 pg/g 以下

(iv) **ダイオキシン類の排出が規制される特定施設または特定施設を設置する工場・事業場の事業者**

・**特定施設**：工場又は事業場に設置される施設のうち，製鋼の用に供する電気炉，廃棄物焼却炉その他の施設であって，ダイオキシン類を発生しおよび大気中に排出し，またはこれを含む汚水もしくは廃液を排出する施設で政令で定めるもの
（大気は別表第1号，水質は別表第2号に規定）

(v) **焼却炉からのダイオキシンの発生抑制技術**

・炉内の温度管理や滞留時間確保による完全燃焼
・排ガスの後流での再合成抑制
フライアッシュのキャリーオーバーや熱回収・ガス冷却過程でのダクト堆積の回避，燃焼排ガスの急冷，排ガス処理系の低温化など

(d) 環境基本法（1993年）─循環型社会形成推進基本法，生物多様性基本法の上位法

(i) **基本理念**：環境の恵沢の享受と継承等（第3条），環境への負荷の少ない持続的発展が可能な社会の構築等（第4条），国際的協調による地球環境保全の積極的推進（第5条）

(ii) **基本的施策**：環境政策を総合的に推進する/持続可能な社会の構築，公平な役割分担のもと，人々が自主的積極的に取り組めるようにする，科学的知見の充実のもとでの環境保全上の支障の未然防止，基礎となる基準（環境基準）と計画（環境基本計画）の策定，国際的協調のもとに地球環境保全に取り組む，公害防止計画の策定

(e) 廃棄物問題と循環型社会の形成促進

(i) 循環型社会形成推進基本法

① 循環型社会の定義

製品等が廃棄物等となることが抑制され，ならびに製品等が循環資源となった場合においてはこれについて適正に循環的な利用が行われることが促進され，および循環的な利用が行われない循環資源については適正な処分が確保され，もって天然資源の消費を抑制し，環境への負荷ができる限り低減される社会

② 廃棄物等の抑制

・第5条（原材料，製品等が廃棄物等となることの抑制）：「発生抑制」（リデュース）

③ 循環資源の循環的な利用および処分

・第6条（循環資源の循環的な利用及び処分）：できるだけ循環的に利用，利用・処分時は環境の保全上の支障を生じさせない．

・第7条（循環資源の循環的な利用及び処分の基本原則）：優先順位の順に並べると
「再使用」（リユース）→「再生利用」（リサイクル）→「熱回収」→「処分」

(ii) 各種リサイクル法

① 容器包装リサイクル法

・容器包装の定義：容器，包装のうち商品の消費や商品との分離で不要となるもの

・対象：

再商品化義務あり	ガラスびん，PETボトル，紙製容器包装，プラスチック製容器包装，
再商品化義務なし	アルミ缶，スチール缶，紙パック，段ボール

・仕組み：消費者が分別排出，市町村が分別収集，事業者が再製品化（リサイクル）

② 家電リサイクル法

・目的：使用済み廃特定家電機器の製造業者等および小売業者に収集，運搬，再商品化の義務を課すことによる廃棄物の減量および再生資源の十分

な利用

・対象：特定家電機器（家庭用エアコン，テレビ（ブラウン管式・液晶式・プラズマ式），電気冷蔵庫・電気冷凍庫および電気洗濯機・衣類乾燥機の4品目）

③ **小型家電リサイクル法**

・目的：ディジタルカメラやゲーム機等の使用済み小型電子機器等の再資源化を促進

・対象品目：電話機，携帯電話，PC，ハードディスク，プリンタ，モニタ，ヘアドライヤー，ディジタルカメラ等96品目

④ **建設リサイクル法**

・目的：特定建設資材の分別解体等および再資源化等の促進，解体工事業者登録制度の実施等による再生資源の十分な利用および廃棄物の減量

・対象工事：特定建設資材（コンクリート，コンクリートと鉄から成る建設資材，木材，アスファルト・コンクリート）が使われている構造物であって，建築物の解体工事（床面積80 m^2 以上），新築・増築工事（床面積500 m^2 以上），修繕・模様替等工事（請負代金が1億円以上），土木工事等（請負代金が500万円以上）の工事

⑤ **食品リサイクル法**

・目的：食品循環資源（食品廃棄物のうち肥料や飼料などの原料となる有用なもの）の再生利用等を総合的かつ計画的に推進するため，食品関連事業者（食品の製造・加工事業者，販売事業者および飲食店・ホテル・旅館等の食品の提供を行う事業者）の再生利用等を実施すべき量に関する目標や再生利用等の実施量，再生利用を促進するための措置等を規定．

・事業者および消費者の責務：食品の購入・調理方法の改善により食品廃棄物等の発生の抑制，食品循環資源の再生利用により得られた製品の利用に努める．

⑥ **廃棄物処理法（廃棄物の処理及び清掃に関する法律）**

・目的：廃棄物の排出を抑制し，および廃棄物の適正な分別，保管，収集，運搬，再生，処分等の処理をし，ならびに生活環境を清潔にすることにより，生活環境の保全および公衆衛生の向上を図る．

・最終処分場の分類と構造基準，維持管理基準

最終処分場の種類	構造基準	維持管理基準
遮断型最終処分場	・貯留構造物（外周・内部仕切り設備）の仕様（鉄筋コンクリート製等）を設定 ・一区画の規模（埋立面積 50 m² 以下，埋立容量 250 m³ 以下）を設定 ・地表水の埋立地への流入を防止できる開きょ等を設置	・埋立処分終了後は外周仕切設備と同等の覆いにより閉鎖
安定型最終処分場	・浸透水採取設備を設置	・浸透水の水質検査の実施 ・搬入物の展開検査の実施 ・埋立処分終了後に埋立処分以外に利用する場合は約 50 cm 以上の土砂等の覆いにより開口部を閉鎖
管理型最終処分場	・浸出液処理設備を設置 ・二重の遮水層を設置（地盤の透水性が条件） ・地表水の埋立地への流入を防止できる開きょ等を設置	・放流水の排出基準の遵守 ・発生ガスの対策と管理 ・埋立処分終了後は約 50 cm 以上の土砂等の覆いにより開口部を閉鎖

⑦　土壌汚染対策法

・目的：土壌の特定有害物質による汚染の状況の把握に関する措置およびその汚染による人の健康被害の防止に関する措置を定めること等により，土壌汚染対策の実施を図り，もって国民の健康を保護する．

特定有害物質：鉛，ひ素，トリクロロエチレンその他の物質（放射性物質を除く．）であって，それが土壌に含まれることに起因して人の健康に係る被害を生じるおそれがあるもの（施行令で規定された 26 物質）

・対策の仕組み

調査（有害物質使用特定施設の使用を廃止したとき，一定規模以上の土地の形質の変更の届出の際に，土壌汚染のおそれがあると都道府県知事等が認めるとき，自主調査で土壌汚染が判明した場合に調査．指定調査機関に調査を委託し，結果を都道府県知事等に報告）

要措置区域，形質変更時要届出区域の指定と公示

要措置区域の所有者等による汚染の除去等の措置の実施（汚染除去等計画作成・確認を受けた計画に従った対策実施・報告）

・汚染土壌の汚染物質除去技術

区域外処理：土壌を掘削して区域外の汚染土壌処理施設で処理

区域内措置：区域内で浄化などの処理や封じ込めなどの措置を実施

オンサイト措置（土壌の掘削を行うが汚染土壌処理施設への搬出を行わない）と原位置措置（掘削を行わず原位置で

汚染の除去などを行う）に分類

重金属類は掘削除去，揮発性有機化合物（VOC）は掘削除去と原位置浄化が多く採用されている．

(iii) **バーゼル条約（1989 年採択，1992 年発効）**

・**目的**：有害廃棄物および他の廃棄物の国境を越える移動およびその処分の規制について，国際的な枠組みを定め，これらの廃棄物によってもたらされる危険から人の健康および環境を保護．

・**規制の概要**

① 有害廃棄物等を輸出する際の輸入国・通過国への事前通告，同意取得の義務付け，非締約国との有害廃棄物の輸出入の禁止

② 不法取引が行われた場合等の輸出者による再輸入義務

③ 規制対象となる廃棄物の移動に対する移動書類の携帯義務等

・バーゼル法（特定有害廃棄物等の輸出入等の規制に関する法律．日本．1992 年施行）

特定有害廃棄物の外為法による輸出入承認，条約に基づく移動書類の携帯，環境大臣および経済産業大臣による回収・処分等の措置命令等を規定．

・2019 年バーゼル条約附属書改正（廃プラスチックを条約の規制対象に網羅的に追加）

（先進国からリサイクル資源として発展途上国に輸出された廃プラスチックが，輸入国でのリサイクル過程の不適切処理で海洋汚染など環境汚染問題が顕在化したことへの対応）

(iv) **プラスチックごみ問題**

① **マイクロプラスチック（5 mm 以下の微細なプラスチック）による海洋生態系への影響**

分解されず，小さく軽いため，海流に乗って世界中の海に拡散．海洋生物が捕食して炎症反応や摂食障害を引き起こし，人体にも悪影響．

② **プラスチックごみの排出量**

・陸上から海洋への流出量（2010 年推計）

1 位 中国 132～353 万 t/年，2 位 インドネシア 48～129 万 t/年，
3 位 フィリピン 28～75 万 t/年，4 位 ベトナム 28～73 万 t/年

「海洋ごみをめぐる最近の動向」（2018 年，環境省）より

・日本国内の廃プラスチック排出量 903 万 t のうち，再生利用は 211 万 t（23 %），再生利用の利用先は輸出が 129 万 t（211 万 t の 61.1 %）

「2017 年プラスチック製品の生産・廃棄・再資源化・処理処分の状況」（2018 年 12 月，一般社団法人 プラスチック循環利用協会）より

③　**「プラスチック資源循環戦略」**（2019 年　環境省）

・基本原則：3R + Renewable（持続可能な資源）とする．

・重点戦略

プラスチックの資源循環：リデュース等の徹底，効果的・効率的で持続可能なリサイクル，再生材・バイオプラスチックの利用促進

海洋プラスチック対策：海洋プラスチックゼロエミッションを目指し，ポイ捨て・不法投棄撲滅，清掃活動の推進，プラスチックの海洋流出防止，海洋ごみの実態把握と海岸漂着物等の適切な回収

国際展開：各国の発展段階や実情に応じてソフト・ハードの経験・技術・ノウハウをパッケージで輸出

(f)　**生物多様性**

(i)　**生物多様性の定義**：すべての生物（陸上生態系，海洋その他の水界生態系，これらが複合した生態系その他生息または生育の場のいかんを問わない）の間の変異性を指すもの（種内の多様性，種間の多様性および生態系間の多様性を含む）．

生態系の多様性，種の多様性，遺伝子の多様性という分類もできる．

(ii)　**生物の多様性に関する条約（生物多様性条約）**：1992 年制定．

①　**条約の目的**：生物多様性の保全，生物多様性の構成要素の持続可能な利用，遺伝資源の利用から生じる利益の公正かつ衡平な配分

②　**内容**：ワシントン条約（1973 年制定，絶滅危惧種の国際取引に関する条約）やラムサール条約（1971 年制定，湿地の保全）の野生生物保護の枠組みを広げ，地球上の生物の多様性の包括的な保全と持続可能な利用を明記．

1995 年　「生物多様性国家戦略」策定（日本）．以後，4 度の見直しを実施．
最新の見直しは 2012 年の「生物多様性国家戦略 2012-2020」．
名古屋議定書の目標達成に向けたロードマップを提示
国家基本戦略四つから五つに-
生物多様性を社会に浸透させる，地域における人と自然の関係を見直し・再構築する，森・里・川・海のつながりを確保する，地球規模の視野をもって行動する，科学的基盤を強化し，政策に結びつける（新規追加）
生物多様性の危機の構造を四つに分類
・開発など人間活動による危機
・自然に対する働きかけの縮小による危機

・外来種など人間により持ち込まれたものによる危機
・地球温暖化や海洋酸性化など地球環境の変化による危機

2000 年　カルタヘナ議定書（バイオセーフティ．遺伝子組換え生物輸出入時の情報提供，事前同意などの義務付け）採択．

2004 年　「遺伝子組換え生物等規制法」施行（日本）

2004 年　「特定外来生物被害防止法」施行（日本）
特定外来生物の飼養等，輸入その他の取扱いの規制，国等による特定外来生物の防除等の措置により，特定外来生物による生態系等による被害を防止．
・第 11 条（主務大臣等による防除）第 1 項で，特定外来生物による被害がすでに生じている場合又は生じるおそれがある場合で，必要であると判断された場合は，特定外来生物の防除を行うとしている．
「鳥獣保護法」の適用外．動物の殺処分の場合は方法に配慮する．

2008 年　「生物多様性基本法」施行（日本）

2010 年　名古屋議定書（遺伝資源の取得の機会とその利用から生ずる利益の公正かつ衡平な配分）採択

(2) エネルギー

(a) エネルギー資源

(i) 各国の 1 人当たりの一次エネルギー供給量（石炭換算トン）の概数

国際エネルギー機関（IEA）「World Energy Balances」より，
カナダ：8.0 t，アメリカ：6.8 t，韓国：5.5 t，ロシア：5.3 t
ドイツ：3.6 t，日本：3.4 t，中国：1.9 t，世界平均：1.9 t

(ii) エネルギー源別標準発熱量

「資源エネルギー庁エネルギー源別標準発熱量表」（2020 年 1 月改訂）

2018 年度標準発熱量（総発熱量）

原　油	38.26 MJ/L （比重 0.85 として 45.01 MJ/kg）
輸入一般炭	26.08 MJ/kg
輸入 LNG（液化天然ガス）	54.70 MJ/kg
廃材（絶乾）	17.06 MJ/kg

(iii) エネルギー白書

第 1 部エネルギーをめぐる状況と主な対策，第 2 部エネルギー動向，第 3 部 前年度においてエネルギー需給に関して講じた施策の状況の 3 部構成で，毎年 6 月頃公表される．前年度までの最新の世界および日本におけるエネルギー情勢と施策がまとまっている．過去の白書との比較も含めて頻繁に出題されるので，概数と社会の情勢に留意して必ず読んで確認しておく．

2021 年度出題：「エネルギー白書 2021」より，日本の総発電電力量に占める再生可能エネルギー（水力を除く）の割合と，システム費用の動向

2020 年度出題：「エネルギー白書 2020」より，2000 年代のエネルギー消費（全体，部門別）の国内動向（概数と要因）と海外との比較
「エネルギー白書 2010」日本の電源別発電電力量の構成比率見込み→「エネルギー白書 2015」コンバインドサイクル発電技術の進歩とシェールガス革命

ⅳ 総合エネルギー統計

各種エネルギー関係統計等を基に，毎年度資源エネルギー庁が作成するエネルギー需給の実績値．

エネルギー源別 一次エネルギー国内供給	2010 年	2015 年度	2017 年度	2020 年度 （速報値）
石油	40.3 %	40.6 %	39.0 %	36.41 %
石炭	22.7 %	25.7 %	25.1 %	24.6 %
天然ガス・都市ガス	18.2 %	23.3 %	23.4 %	23.8 %
原子力	11.2 %	0.4 %	1.4 %	1.8 %
水力	3.3 %	3.6 %	3.6 %	3.7 %
再生可能エネルギー （水力を除く）	2.0 %	3.6 %	4.7 %	6.7 %
未活用エネルギー	2.4 %	2.7 %	2.9 %	3.0 %
再生可能エネルギー （水力，未活用エネルギーを含む）	7.7 %	9.9 %	11.2 %	13.4 %

⒝ エネルギー供給

ⅰ エネルギー基本計画，長期エネルギー需給見通し

「エネルギー基本計画」は，エネルギー政策計画法に基づき，政府がエネルギーの需給に関する施策の長期的，総合的かつ計画的な推進を図るために策定するエネルギーの需給に関する基本的計画．「長期エネルギー需給見通し」は，その施策を講じたときに実現される将来のエネルギー需給構造の見通し．

ⅱ エネルギー基本計画の変遷

第 1 次計画が 2003 年に作成されてから以降 3～4 年に一度見直しが行われており，現在は第 6 次計画である．

・**第 4 次計画（2016 年改定）**

2011 年に東日本大震災・福島第一原発事故を始めとする国内外のエネルギー

環境の大きな変化に対応すべく，わが国の新たなエネルギー政策の方向性として 3E＋S を示し，原発依存度の低減，化石資源依存度の低減，再エネ電源の拡大方針と 2030 年の長期エネルギー需給見通しが示された．東日本大震災以降，わずか 6 %程度まで落ち込んだわが国のエネルギー自給率を，震災以前をさらに上回る水準（おおむね 25 %程度）まで改善することを目標．

・第 5 次計画（2018 年改定）

2030 年の長期エネルギー需給見通しの実現と，パリ協定の発効を受け 2050 年を見据えたシナリオが示された．

・第 6 次計画（2021 年）

2050 年カーボンニュートラルの実現，2030 年度の温室効果ガス排出を 2013 年度比 46 %削減（さらには 50 %の高みを目指す）という新たな削減目標実現に向けたエネルギー政策の道筋と，日本のエネルギー需給構造が抱える課題を克服するため，安全性の確保を大前提に，気候変動対策を進めるなかでも，安定供給の確保やエネルギーコストの低減（S＋3E）に向けた取組みを進める方針が示された．

・2030 年に向けた主な政策対応

① 産業，業務・家庭，運輸全部門での徹底した省エネの追及
② 需要サイドにおけるエネルギー転換（非化石エネルギーへの転換比率，デマンドレスポンスなど）を評価し後押しするための制度的対応の検討
③ 再エネの主力電源化：地域と共生する再エネ適地の確保，再エネコスト低減・市場への統合（FIP 制度），系統制約の克服（基幹系統のプッシュ型増強，ノンファーム接続の拡大など），
④ 火力発電：次世代化・高効率化と，脱炭素型火力発電（アンモニア・水素等の脱炭素燃料混焼，CCUS/カーボンリサイクル）開発の推進
⑤ 脱炭素化のなかで安定供給を実現する電力システムの構築：容量市場の着実な運用，責任・役割の在り方を改めて検討，系統用蓄電池による柔軟性向上，災害時の安定供給確保（地域間連系線の増強・災害時連携計画に基づく倒木対策の強化，新規参入事業者に拡大したサイバー攻撃に備えたサイバーセキュリティ対策の確保）
⑥ 分散型エネルギーリソースを活用したアグリゲーションビジネスの推進，マイクログリッドの構築による地産地消による効率的なエネルギー利用，レジリエンス強化，地域活性化を促進

(c) これからのエネルギー利用技術

(i) スマートグリッド

情報通信技術（ICT）を活用し，電力の流れを供給・需要の両側から制御し，

最適化できる次世代電力ネットワーク．スマートは賢い（smart）を表し，賢い電力網」と呼ばれる．

(ii) **スマートコミュニティ（スマートシティ）**

ICT（Information and Communication Tecknology，情報通信技術）や蓄電池などの技術を活用したエネルギーマネジメントシステムを通じて，分散型エネルギーシステムにおけるエネルギー需給を総合的に管理・制御する社会システム．

(iii) **スマートハウス**

住宅内のエネルギー機器や家電などをネットワーク化し，エネルギー使用を管理・最適化するホームエネルギーマネジメントシステム HEMS（Home Energy Management System）を適用した住居．

(iv) **スマートメータ（Smart Meter）**

電力使用量をディジタルで電力量（kW·h）を測定しデータの遠隔地への送信，短時間ごとのデータ蓄積・送信などが可能になるため，利用傾向の分析，多様な料金制度構築などに応用できる．

(3) 技術史

(a) 技術史，科学史上の著名な業績

年　代	発見者，発明者等	業績の内容
1610	ガリレオ・ガリレイ	望遠鏡を用いて土星の環を観測
1656	クリスティアーン・ホイヘンス	振り子時計の発明
1758	エドモンド・ハレー	ハレー彗星の発見（再接近を予測．観測はドイツ人）
1769	リチャード・アークライト	水力紡績機を発明
1769	ジェームス・ワット	ニューコメンの蒸気機関（18 世紀初頭）を改良 （1776年業務用に実働する動力機関が完成）
1796	エドワード・ジェンナー	種痘法の開発（ウイルスの発見は 1982 年）
1800	アレッサンドロ・ボルタ	ボルタの電堆の発明
1812	チャールズ・バベジ	階差機関（コンピュータの原型）の考案
1838	マイケル・ファラデー	陰極線の発見
1859	グスタフ・キルヒホフ	黒体放射問題の提起
1859	チャールズ・ダーウィン アルフレッド・ラッセル・ウォレス	進化の自然選択説の提唱
1865	グレゴール・メンデル	メンデルの法則を発表
1869	ドミトリ・メンデレーエフ	元素の周期律表を発表
1876	アレクサンダー・グラハム・ベル	電話の発明
1877	ルートヴィッヒ・ボルツマン	エネルギー準位は離散的とする仮説発表
1880	ジョージ・イーストマン	写真用フィルム乾板を発明
1887	ハインリヒ・ヘルツ	光電効果の発見

1888	ハインリッヒ・ヘルツ	電磁波の存在を実験的に実証（レーダ開発は1930年代）
1892	ドミトリー・イワノフスキー	ウイルスの発見
1895	ヴィルヘルム・レントゲン	X線の発見
1896	アントワーヌ・ベクレル	放射性元素ラジウムを発見
1897	チャールズ・ウィルソン	霧箱の発明
1898	キュリー夫妻	ラジウム，ポロニウムを発見
1900	マックス・プランク	量子仮説を提案
1903	ライト兄弟	人類初の動力飛行に成功
1905	アルベルト・アインシュタイン	「光の量子論」発表（特殊相対性理論）
1906	フリッツ・ハーバー	アンモニアの工業的合成法（ハーバー法）を開発
1906	リード・ド・フォレスト	三極真空管の発明
1915～16	アルベルト・アインシュタイン	一般相対性理論を発表
1919	アレクサンダー・フレミング	殺菌作用をもつ酵素リゾチームを発見
1928	アレクサンダー・フレミング	抗生物質ペニシリンを発見
1932	アーネスト・ローレンス	イオン加速器（サイクロトロン）を考案
1935	ウォーレス・カロザース	ナイロンの発明
1938	オットー・ハーン	原子核分裂を発見（原子力発電所利用は1951年ソビエト連邦が初）
1942	エンリコ・フェルミ	実験原子炉で，原子核分裂連鎖の実現に成功
1947	ジョン・バーディーン，ウォルター・ブラッテン（ベル研究所）	トランジスタの原理となる増幅現象を発見．1948年にはショックレーほかが固体による増幅素子（トランジスタ）の論文発表
1952	福井謙一	フロンティア軌道理論を提唱
1979	ウルリッヒ	大腸菌によるヒトインスリンの合成（遺伝子組換え技術）

※1　産業革命（18世紀半ば～19世紀）をけん引した技術と影響
- 既存技術の改良・転用を重ねて発展
- 大学研究者ではなく，産業資本家と結びついて発展
- 手工業→工場制機械工業
- 産業資本家層と労働者層の分化
- 労働者の長時間労働・低賃金・児童労働などの問題が深刻化

※2　明治維新と日本の産業技術の発展
- 江戸時代にすでに成熟していた手工業的産業を基盤に，新しい市場で西洋技術を導入して発展
- 手工業→西洋技術の移入・国産化による工業生産，安い労働力により価格競争力のある製品を創出
- テイラーの科学的管理法（労働者の経験や技能に頼った作業を客観的・科学的に管理）の導入により労働能率が向上
- 「工政会」（官界，民間，学界の指導的技術者の集まり）や「日本工人倶楽部」（次世代に属する土木系青年技術者の集まり）を相次いで設立

(b) 科学技術・イノベーション基本計画

(i) 科学技術基本法の改正（2021年4月1日）

AIやIoTなど科学技術・イノベーションの急速な進展により，人間や社会の在り方と科学技術・イノベーションとの関係が密接不可分となっている現状を踏まえ，人文科学を含む科学技術の振興とイノベーション創出の振興を一体的に図っていくために改正された．

・改正の内容

① 法律名：科学技術基本法→科学技術・イノベーション基本法に変更

② 法の対象：「人文科学のみに係る科学技術」，「イノベーションの創出」を追加

※「イノベーションの創出」の定義：科学的な発見または発明，新商品または新役務の開発その他の創造的活動を通じて新たな価値を生み出し，これを普及することにより，経済社会の大きな変化を創出すること

③ 科学技術・イノベーション創出の振興方針に以下を追加

分野特性への配慮，学際的・総合的な研究開発，学術研究とそれ以外の研究の均衡のとれた推進，国内外にわたる関係機関の有機的連携，科学技術の多様な意義と公正性の確保，イノベーション創出の振興と科学技術の振興との有機的連携，すべての国民への恩恵，あらゆる分野の知見を用いた社会課題への対応など

④ 「研究開発法人・大学等」，「民間事業者」の責務規定（努力義務）を追加

⑤ 科学技術・イノベーション基本計画の策定事項に研究者等や新たな事業の創出を行う人材等の確保・養成等についての施策を追加

(ii) 「科学技術・イノベーション基本計画」（第5期までは「科学技術基本計画」）の特徴的な施策

・第1期：「ポストドクター等1万人支援計画」を推進．

・第2期：「社会のための，社会の中の科学技術」という観点から，科学技術と社会との双方向のコミュニケーションを図るための条件整備などを掲げ，研究者，技術者，ジャーナリストに加えて，人文・社会科学の専門家も，双方向のコミュニケーションを図るため，重要な役割を分担．

・第3期：科学技術の急速な発展により，科学技術が法や倫理を含む社会的な側面に大きな影響を与えるようになっていることから，科学技術が及ぼす倫理的・法的・社会的課題への責任ある取組みの推進を明示．

・第4期：基本方針として，東日本大震災からの復興，再生を遂げ，将来にわたる持続的な成長と社会の発展を図るため科学技術イノベーション

を戦略的に推進.

- **第 5 期**：自ら大きな変化を起こし，大変革時代を先導していくため，非連続なイノベーションを生み出す研究開発と，新しい価値やサービスが次々と創出される「超スマート社会」を世界に先駆けて実現するための仕組み「Society 5.0」を推進.
- **第 6 期**：Society 5.0 の実現のためには，サイバー空間とフィジカル空間の融合による持続可能で強靭な社会への変革，新たな社会を設計し，価値創造の源泉となる「知」の創造，および新たな社会を支える人材の育成による「総合知による社会変革」と「知・人への投資」の好循環が必要であることから，国民の安全と安心を確保する持続可能で強靭な社会への変革，知のフロンティアを開拓し価値創造の源泉となる研究力の強化，一人ひとりの多様な幸せ（well-being）と課題への挑戦を実現する教育・人材育成を推進.

3.2 適正科目の重要ポイント

3.2.1 技術者倫理に関する基礎知識

(1) 規範倫理学の三つの立場

① **功利主義（帰結主義的倫理学）**：関係者の最大多数の最大幸福を実現させるような選択が道徳的に正しい行為と判断する倫理学

② **義務倫理学**：行為が特定の「義務」に適合している場合，その行為は道徳的に正しいと判断する倫理学

③ **徳倫理学**：行為の結果ではなく，行為者の性格・徳に焦点を当てて判断される倫理学

(2) 人間尊重の判断基準

① **黄金律**：自分がされて嫌なことは他人にもするな！

② **自滅基準**：自分がやることと同じことをみんながやれば，自分自身の自滅にならないか？

③ **人権**：我々は有するすべての権利に対して，他者はそれに対応する不干渉の義務を負っている（生命，身体・精神の健康，自由，所有，宗教，差別，プライバシーなど）

(3) 技術者倫理の用語

(a) 公衆

技術業のサービスによる結果について自由なまたはよく知らされたうえでの同意を与える立場になく影響される人々．専門家に比べてある程度の無知，無力などの特性を有する．

(b) 利益の相反

一方が利益を得るときに，もう一方は不利益を得ること．

解決法①　複数の解決法があるときに，費用対便益を定量的に求めて功利主義（福利主義）により選択．

解決法②　創造的中道法．二つの倫理的要求を同時に満足できないときに，二つの要求を入れて解決できるような「第3の道」をつくる方法．

(c) 功利主義と個人尊重主義

功利主義には，根底に個々人の権利をできる限り尊重すべきと考える個人尊重主義と，社会全体の幸福の最大化という二つの原理がある．この二つの原理が丁度よく合わさることによりはじめて適切な善悪の判断がなされるが，個人尊重主義の側面が強く押し出されすぎると，少数者を犠牲にする形で社会全体の幸福の

最大化を図る考え方になる.

功利主義にも個人尊重主義にも共通する倫理的に普遍的な判断基準である「黄金律」,「自滅基準」,「人権」に照らし合わせて，判断が妥当であるかどうかを確認することが重要である.

(d) 倫理的意思決定における促進要因，阻害要因

促進要因	阻害要因
利他主義	利己私欲（私利主義）
希望・勇気	失望・おそれ
正直・誠実	自己ぎまん（自分の良心に反して行動）
知識・専門能力	無知
公共的志向（自己相対化）	自己中心的志向
権威（指示・命令）に対する批判精神	権威（指示・命令）への無批判な受入れ
自律的思考	依存的思考（集団思考）

(e) 予防倫理と志向倫理

(i) **予防倫理（消極的倫理）**：倫理的問題に直面したときに誤った行動をとらないように予防しようとする倫理．行為者の委縮につながる懸念.

(ii) **志向倫理（積極的倫理）**：あるべき姿とは何か，より良い意思決定と実践を目指す知的営為で，予防倫理を包括する巨大な概念．行為者を鼓舞し動機付けするような倫理.

(iii) **予防倫理と志向倫理の例**

・「狭義の公務員倫理」（予防倫理）
（やってはいけないことの最低限の基準．「国家公務員倫理規程」第3条（禁止行為））
⇔「広義の公務員倫理」（やったほうが望ましい基準．志向倫理）

・予防倫理を守るだけでは不十分，志向倫理を高めることが重要.

3・2・2 技術士法第4章（技術士等の義務）

技術士等の3義務2責務である（色文字は穴埋め問題となるキーワード）.

（信用失墜行為の禁止）

第44条　技術士又は技術士補は，技術士若しくは技術士補の信用を傷つけ，又は技術士及び技術士補全体の不名誉となるような行為をしてはならない.

（技術士等の秘密保持義務）

第45条　技術士又は技術士補は，正当の理由がなく，その業務に関して知り得た秘密を漏らし，又は盗用してはならない．技術士又は技術士補でなくなった後においても，同様とする.

（技術士等の公益確保の責務）

第45条の2　技術士又は技術士補は，その業務を行うに当たっては，公共の安全，環境の保全その他の公益を害することのないよう努めなければならない．

（技術士の名称表示の場合の義務）

第46条　技術士は，その業務に関して技術士の名称を表示するときは，その登録を受けた技術部門を明示してするものとし，登録を受けていない技術部門を表示してはならない．

（技術士補の業務の制限等）

第47条　技術士補は，第2条第1項に規定する業務について技術士を補助する場合を除くほか，技術士補の名称を表示して当該業務を行ってはならない．

2　前条の規定は，技術士補がその補助する技術士の業務に関してする技術士補の名称の表示について準用する．

（技術士の資質向上の責務）

第47条の2　技術士は，常に，その業務に関して有する知識及び技能の水準を向上させ，その他その資質の向上を図るよう努めなければならない．

3-2-3 倫理規程，倫理綱領等

(1) 倫理規程，行動規範

(a) 倫理規程と行動規範の違い

(i) **倫理規程**：企業や組織の一員としての行動を規律する規程．コンプライアンスは法令遵守であるが，倫理規程ではそれに加えて社会的常識を踏まえた自己規範を含み，環境，公害，会社資産管理，差別待遇，外部組織との関係を律するもの．行動規範の基盤になる．

(ii) **行動規範**：企業や組織のあるべき姿，価値観を示し，その一員としての取るべき行動を示したもの．制定により評価の基準が明確になるので，企業や組織の従業員の行動が主体的になる．

(b) 制定の効果

・企業や組織の教育ツールとしての利用

・企業や組織のあるべき姿や価値観を共有

(2) 技術士倫理綱領

【前文】　技術士は，科学技術が社会や環境に重大な影響を与えることを十分に認識し，業務の履行を通して持続可能な社会の実現に貢献する．

技術士は，その使命を全うするため，技術士としての品位の向上に努め，技術の研鑽に励み，国際的な視野に立ってこの倫理綱領を遵守し，公正・誠実に行動する．

【基本綱領】

（公衆の利益の優先）

1. 技術士は，公衆の安全，健康及び福利を最優先に考慮する．

（持続可能性の確保）

2. 技術士は，地球環境の保全等，将来世代にわたる社会の持続可能性の確保に努める．

（有能性の重視）

3. 技術士は，自分の力量が及ぶ範囲の業務を行い，確信のない業務には携わらない．

（真実性の確保）

4. 技術士は，報告，説明又は発表を，客観的でかつ事実に基づいた情報を用いて行う．

（公正かつ誠実な履行）

5. 技術士は，公正な分析と判断に基づき，託された業務を誠実に履行する．

（秘密の保持）

6. 技術士は，業務上知り得た秘密を，正当な理由がなく他に漏らしたり，転用したりしない．

（信用の保持）

7. 技術士は，品位を保持し，欺瞞（ぎまん）的な行為，不当な報酬の授受等，信用を失うような行為をしない．

（相互の協力）

8. 技術士は，相互に信頼し，相手の立場を尊重して協力するように努める．

（法規の遵守等）

9. 技術士は，業務の対象となる地域の法規を遵守し，文化的価値を尊重する．

（継続研鑽（さん））

10. 技術士は，常に専門技術の力量並びに技術と社会が接する領域の知識を高めるとともに，人材育成に努める．

(3) 技術士プロフェッション宣言

われわれ技術士は，国家資格を有するプロフェッションにふさわしい者として，一人ひとりがここに定めた行動原則を守るとともに，社団法人日本技術士会に所属し，互いに協力して資質の保持・向上を図り，自律的な規範に従う．これにより，社会からの信頼を高め，産業の健全な発展ならびに人々の幸せな生活の実現のために，貢献することを宣言する．

【技術士の行動原則】

1. 高度な専門技術者にふさわしい知識と能力を持ち，技術進歩に応じてたえずこれを向上させ，自らの技術に対して責任を持つ.

2. 顧客の業務内容，品質などに関する要求内容について，課せられた守秘義務を順守しつつ，業務に誠実に取り組み，顧客に対して責任を持つ.
3. 業務履行にあたりそれが社会や環境に与える影響を十分に考慮し，これに適切に対処し，人々の安全，福祉などの公益をそこなうことのないよう，社会に対して責任を持つ.

(3)「技術士 CPD（継続研鑽）ガイドライン」

(a) 技術士 CPD の目的

技術士は，専門職技術者として，「技術者倫理の徹底」，「科学技術の進歩への関与」，「社会環境変化への対応」および「技術者としての判断力の向上」の四つの視点を重視して，継続研鑽に努めることが求められる.

(b) 技術士 CPD の基本

(i) 何が継続研鑽となるか

技術業務は，新たな知見や技術を取り入れ，常に高い水準とすべきである．また，継続的に技術能力を開発し，これが証明されることは，技術者の能力証明としても意義があることである．継続研鑽は，技術士個人の専門家としての業務に関して有する知識及び技術の水準を向上させ，資質の向上に資するものである.

したがって，何が継続研鑽となるかは，個人の現在の能力レベルや置かれている立場によって異なる.

(ii) 継続研鑽の実施の記録

自己の責任において，資質の向上に寄与したと判断できるものを継続研鑽の対象とし，その実施結果を記録し，その証しとなるものを保存しておく必要がある.

また，実施した継続研鑽の内容の問い合わせに対しては，記録とともに証拠となるものを提示し，技術士本人の責任において説明ができるようにしておくことが重要である．記録・整理の観点から日本技術士会の CPD 登録データベースに登録し，手元には証拠となる書類等を整理して，5 年間保管しておくことが求められている.

(iii) 継続研鑽になる範囲

技術士が日頃従事している業務，教職や資格指導としての講義など，それ自体は継続研鑽とはいえない．しかし，業務に関連して実施した「専門家としての能力の向上」に資する調査研究活動等は，継続研鑽活動であるといえる.

(c) 自主的な選択による実施

技術士には，継続研鑽の目的に最も適したものを自主的に選択して CPD を実行することが求められる．どのような CPD を実施すべきかは，個人のニーズにより異なるため，継続研鑽が実施される場所や形態も，日本技術士会主催の研修会等のほか，組織内や学協会の講習，自宅での成果が明確な自己学習等多様である．

(d) 計画的な実施

個人の現在の能力レベルや置かれている立場・業務を踏まえて，専門家としての能力向上に向けた明確な目標を定め，計画的に実施することが望まれる．

(e) CPD の記録および登録

技術士 CPD 登録証明書の発行を望む技術士は，本ガイドラインの「5. 技術士 CPD の実施形態」に基づく実績登録が必要であり，継続研鑽の実施後，その都度実績を記録するとともに，実施を証明することができるエビデンス（受講証や発表資料等）等を整理し，5 年間保管しておく必要がある．また，CPD 実績は登録することが望まれる．

(f) 継続研鑽活動の場（提供機関）

日本技術士会では，技術士の CPD となる場を多く提供しているが，専門的分野の課題については学協会等の継続研鑽活動も積極的に活用することを推奨する．

(g) 目標とする CPD 時間

技術士は，3 年を 1 サイクルとして CPD を行い，3 年間に 150CPD 時間（実際に費やした時間に「時間重み係数」を乗じた時間），即ち，年平均 50CPD 時間を目標に CPD を行うことが望まれる．また，APEC エンジニアの登録申請には申請前 2 年間に 100CPD 時間，更新期間の 5 年間に 250CPD 時間が必要である

(4) 「声明 科学者の行動規範-改訂版-」（2013 年 1 月　日本学術会議）

(a) 科学者

所属する機関に関わらず，人文・社会科学から自然科学までを包含するすべての学術分野において，新たな知識を生み出す活動，あるいは科学的な知識の利活用に従事する研究者，専門職業者．

(b) 16 項目の行動規範を規定

(i) **科学者の責務**：1 科学者の基本的責任，2 科学者の姿勢，3 社会の中の科学者，4 社会的期待に応える研究，5 説明と公開，6 科学研究の利用の両義性

(ii) **公正な研究**：7 研究活動，8 研究環境の整備及び教育啓発の徹底，9 研究対象などへの配慮，10 他者との関係

(iii) **社会の中の科学**：11 社会との対話，12 科学的助言，13 政策立案・決定者に対する科学的助言

(iv) **法令の遵守など**：14 法令の遵守，15 差別の排除，16 利益相反

1 科学者は，自らが生み出す専門知識や技術の質を担保する責任を有し，さらに自らの専門知識，技術，経験を活かして，人類の健康と福祉，社会の安全と

安寧，そして地球環境の持続性に貢献するという責任を有する．

2　科学者は，常に正直，誠実に判断，行動し，自らの専門知識・能力・技芸の維持向上に努め，科学研究によって生み出される知の正確さや正当性を科学的に示す最善の努力を払う．

3　科学者は，科学の自律性が社会からの信頼と負託の上に成り立つことを自覚し，科学・技術と社会・自然環境の関係を広い視野から理解し，適切に行動する．

4　科学者は，社会が抱く真理の解明や様々な課題の達成へ向けた期待に応える責務を有する．研究環境の整備や研究の実施に供される研究資金の使用にあたっては，そうした広く社会的な期待が存在することを常に自覚する．

5　科学者は，自らが携わる研究の意義と役割を公開して積極的に説明し，その研究が人間，社会，環境に及ぼし得る影響や起こし得る変化を評価し，その結果を中立性・客観性をもって公表すると共に，社会との建設的な対話を築くように努める．

6　科学者は，自らの研究の成果が，科学者自身の意図に反して，破壊的行為に悪用される可能性もあることを認識し，研究の実施，成果の公表にあたっては，社会に許容される適切な手段と方法を選択する．

7　科学者は，自らの研究の立案・計画・申請・実施・報告などの過程において，本規範の趣旨に沿って誠実に行動する．科学者は研究成果を論文などで公表することで，各自が果たした役割に応じて功績の認知を得るとともに責任を負わなければならない．研究・調査データの記録保存や厳正な取扱いを徹底し，ねつ造，改ざん，盗用などの不正行為を為さず，また加担しない．

8　科学者は，責任ある研究の実施と不正行為の防止を可能にする公正な環境の確立・維持も自らの重要な責務であることを自覚し，科学者コミュニティ及び自らの所属組織の研究環境の質的向上，ならびに不正行為抑止の教育啓発に継続的に取り組む．また，これを達成するために社会の理解と協力が得られるよう努める．

9　科学者は，研究への協力者の人格，人権を尊重し，福利に配慮する．動物などに対しては，真摯な態度でこれを扱う．

10　科学者は，他者の成果を適切に批判すると同時に，自らの研究に対する批判には謙虚に耳を傾け，誠実な態度で意見を交える．他者の知的成果などの業績を正当に評価し，名誉や知的財産権を尊重する．また，科学者コミュニティ，特に自らの専門領域における科学者相互の評価に積極的に参加する．

11　科学者は，社会と科学者コミュニティとのより良い相互理解のために，市民との対話と交流に積極的に参加する．また，……，政策立案・決定者に対して政策形成に有効な科学的助言の提供に努める．その際，科学者の合意に基づく助言を目指し，意見の相違が存在するときはこれを解り易く説明する．

12　科学者は，公共の福祉に資することを目的として研究活動を行い，客観的で科学的な根拠に基づく公正な助言を行う．その際，……，権威を濫用しない．また，科学的助言の質の確保に最大限努め，同時に科学的知見に係る不確実性及び見解の多様性について明確に説明する．

13　科学者は，……，科学的知見が政策形成の過程において十分に尊重されるべきものであるが，政策決定の唯一の判断根拠ではないことを認識する．科学者コミュニティの助言とは異なる政策決定が為された場合，必要に応じて政策立案・決定者に社会への説明を要請する．

14　科学者は，……，法令や関係規則を遵守する．

15　科学者は，……，人種，ジェンダー，地位，思想・信条，宗教などによって個人を差別せず，科学的方法に基づき公平に対応して，個人の自由と人格を尊重する．

16　科学者は，……，個人と組織，あるいは異なる組織間の利益の衝突に十分に注意を払い，公共性に配慮しつつ適切に対応する．

⑸　技術士に求められる資質能力（コンピテンシー）についてのキーワード

⒜　専門的学識

技術士が専門とする技術分野（技術部門）の業務に必要な，技術部門全般にわたる専門知識および選択科目に関する専門知識を理解し応用すること．

技術士の業務に必要な，わが国固有の法令等の制度および社会・自然条件等に関する専門知識を理解し応用すること．

⒝　問題解決

業務遂行上直面する複合的な問題に対して，これらの内容を明確にし，調査し，これらの背景に潜在する問題発生要因や制約要因を抽出し分析すること．

複合的な問題に関して，相反する要求事項（必要性，機能性，技術的実現性，安全性，経済性等），それらによって及ぼされる影響の重要度を考慮したうえで，複数の選択肢を提起し，これらを踏まえた解決策を合理的に提案し，または改善すること．

⒞　マネジメント

業務の計画・実行・検証・是正（変更）等の過程において，品質，コスト，納期および生産性とリスク対応に関する要求事項，または成果物（製品，システム，施設，プロジェクト，サービス等）に係る要求事項の特性（必要性，機能性，技術的実現性，安全性，経済性等）を満たすことを目的として，人員・設備・金銭・情報等の資源を配分すること．

(d) 評価

業務遂行上の各段階における結果，最終的に得られる成果やその波及効果を評価し，次段階や別の業務の改善に資すること．

(e) コミュニケーション

業務履行上，口頭や文書等の方法を通じて，雇用者，上司や同僚，クライアントやユーザー等多様な関係者との間で，明確かつ効果的な意思疎通を行うこと．

海外における業務に携わる際は，一定の語学力による業務上必要な意思疎通に加え，現地の社会的文化的多様性を理解し関係者との間で可能な限り協調すること．

(f) リーダーシップ

業務遂行にあたり，明確なデザインと現場感覚をもち，多様な関係者の利害等を調整し取りまとめることに努めること．

海外における業務に携わる際は，多様な価値観や能力を有する現地関係者とともに，プロジェクト等の事業や業務の遂行に努めること．

(g) 技術者倫理

業務遂行にあたり，公衆の安全，健康および福利を最優先に考慮したうえで，社会，文化および環境に対する影響を予見し，地球環境の保全等，次世代に渡る社会の持続性の確保に努め，技術士としての使命，社会的地位および職責を自覚し，倫理的に行動すること．

業務履行上，関係法令等の制度が求めている事項を遵守すること．業務履行上行う決定に際して，自らの業務および責任の範囲を明確にし，これらの責任を負うこと．

(6) 研究活動における利益相反の管理，不正行為への対応

(a) 「厚生労働科学研究における利益相反（Conflict of Interest：COI）の管理に関する指針」（厚生労働省）

(i) **目的**：公的研究である厚生労働科学研究の公正性，信頼性を確保するため，利害関係が想定される企業等との関わり（利益相反）に関する透明性確保，適正管理．

(ii) **指針の対象範囲**

① **対象となる利益相反**：「狭義の利益相反」の中の「個人としての利益相反」．
具体的には，外部との経済的な利益関係等によって，公的研究で必要とされる公正かつ適正な判断が損なわれる状態，または損なわれるのではないかと第三者から懸念が表明されかねない事態．

広義の利益相反	狭義の利益相反	個人としての利益相反（対象範囲）
		組織としての利益相反
	責任相反（兼業活動により複数の職務遂行責任が存在することにより，本務における判断が損なわれたり，本務を怠った状態になっている，あるいはそのような状態にあると第三者から懸念を表明されかねない事態）	

・経済的な利益関係：研究者が，自分が所属し研究を実施する機関以外の機関との間で給与等を受け取るなどの関係

・必要とされる公正かつ適正な判断が損なわれる状態：データの改ざん，特定企業の優遇研究を中止すべきであるのに継続する等の状態

・利益相反には，実際に弊害が生じていなくとも，弊害が生じているかのごとく見られる状況が含まれるので，このような状況であるとの指摘がなされても的確に説明できるよう，研究者および所属機関は潜在的な可能性を適切に管理し，説明責任を果たす必要がある．

② **対象となる機関および研究者**：厚生労働科学研究を実施しようとする研究者および研究者が所属する機関．なお，研究者と生計を一にする配偶者および第一親等の者（両親および子ども）についても，厚生労働科学研究におけるCOIが想定される経済的な利益関係がある場合には，COI委員会等における検討の対象．

(iii) **所属機関の長の責務，研究者の責務**

・**所属機関の長および研究者**：COIの管理に関する措置について，指針および臨床研究法等の規定を遵守．

・**所属機関の長**：COIの管理に関する規定の策定・研究者への周知．

・**研究者**：所属機関のCOIの管理に誠実に協力．

・**研究代表者**：研究分担者に指針を遵守するよう求める．

・**COI委員会**：所属機関の長は，原則として，当該機関における研究者のCOIを審査し，適当な管理措置について検討するためのCOI委員会等を設置しなければならない．COI委員会等には，当該機関の外部の者が委員として参加していなければならない．

(b) 「研究活動における不正行為への対応等に関するガイドライン」（文部科学省）

(i) **ガイドラインの目的**：競争的資金に係る研究活動の不正行為に，文部科学省および文部科学省所管の独立行政法人である資金配分機関や大学等の研究機関が適切に対応するために整備すべき事項等についての指針．各機関には本ガイドラインに沿って，研究活動の不正行為に対応する適切な仕組みを整えること，資金配分機関には競争的資金の公募要領や委託契約書等に本ガイドラインの内容を反映させることが求められる．

なお，このガイドラインは文部科学省所管の競争的資金を活用している研究活動に関するものであるが，そうではない研究における不正行為についても同様であるため，この本ガイドラインを踏まえて適切に対応することが望ましい.

(ii) ガイドラインの対象とする不正行為等の定義

① **対象とする不正行為（特定不正行為）**：故意または研究者としてわきまえるべき基本的な注意義務を著しく怠ったことによる，投稿論文など発表された研究成果の中に示されたデータや調査結果等の捏造（ねつ），改ざんおよび盗用.

- 捏　造：存在しないデータ，研究結果等を作成すること.
- 改ざん：研究資料・機器・過程を変更する操作を行い，データ，研究活動によって得られた結果等を真正でないものに加工すること.
- 盗　用：他の研究者のアイディア，分析・解析方法，データ，研究結果，論文または用語を当該研究者の了解または適切な表示なく流用すること.

② **対象となる競争的資金**：文部科学省の競争的資金（科学研究費補助金，科学技術振興調整費，21 世紀 COE プログラム，戦略的創造研究推進事業等 13 制度）および私立大学学術研究高度化推進事業.

③ **対象となる研究者および研究機関**：対象となる競争的資金の配分を受けて研究活動を行っている研究者，およびそれらの研究者が所属する機関，または対象となる競争的資金を受けている機関.

④ **対象となる資金配分機関**：文部科学省，独立行政法人科学技術振興機構および独立行政法人日本学術振興会.

(c) 不正行為に対する基本的考え方

(i) **研究活動の本質**：研究活動とは，先人達の研究の諸業績を踏まえたうえで，新たな知見を創造し，知の体系を構築していく行為.

(ii) **研究成果の発表**：研究活動によって得られた成果を，研究者コミュニティに向かって公開し，その内容について吟味・批判を受けること.

(iii) **不正行為とは何か**：研究者倫理に背馳し，研究活動の本質ないし本来の趣旨を歪め，研究者コミュニティの正常な科学的コミュニケーションを妨げる行為であり捏造，改ざん，盗用などがこれに当たる．なお，科学的に適切な方法により正当に得られた研究成果が結果的に誤りであったとしても，それは不正行為には当たらない.

(iv) **不正行為に対する基本姿勢**：不正行為は，科学そのものに対する背信行為．研究費の多寡や出所の如何を問わず絶対に許されない．研究者の科学者としての存在意義を自ら否定するものであり，自己破壊につながるもの．研究者および研究者コミュニティは，不正行為に対して厳しい姿勢で臨むべき.

不正行為の問題は，知の生産活動である研究活動における「知の品質管理」の問題.

(v) **研究者・研究者コミュニティ等の自律・自己規律**：不正行為に対する対応は，研究者の倫理と社会的責任の問題として，その防止とあわせ，まずは研究者自らの規律，ならびに研究者コミュニティ，大学・研究機関の自律に基づく自浄作用としてなされるべき.

3 2 4 事例・判例

(a) JCO 臨界事故

1999 年 JCO 東海事業所の核燃料加工施設内で核燃料の加工中に，ウラン溶液が臨界に達して核分裂連鎖反応が約 20 時間持続し，至近距離で中性子線を浴びた作業員 3 名中 2 名が死亡，1 名が重症，667 名の被曝者を出した事故. 日本国内で初めて事故被ばくによる死亡者が発生した事故.

(b) JR 福知山線脱線事故

2005 年，JR 福知山線において，電車が半径 304 m のカーブに制限速度を超えるスピードで進入して脱線し，乗客と運転士合わせて 107 名が死亡，562 名が負傷した事故. 直接的原因は運転手のブレーキ使用が遅れたことであるが，当該箇所に自動列車停止装置（ATS）が設置されていれば事故にはならなかったと考えられている.

(c) 六本木ヒルズ回転ドア事故

東京都港区六本木の大型複合施設「六本木ヒルズ」内の森タワー二階正面入口で，母親と観光に訪れていた 6 歳男児が三和タジマ製の大型自動回転ドアに挟まれて死亡した事故. 回転ドアの重量が重く，停止動作開始後に停止するまでに時間がかかること，および男児がセンサの死角に入り緊急停止が働かなかったことが主な原因とされている.

(d) シンドラー社製エレベータ事故

2006 年，エレベータ事故で男子高校生がエレベータに挟まれて死亡した事故. この事故はメンテナンスの不備に起因するもので，裁判では，事故機の点検業務を受託していたシンドラー社元社員（当時の点検責任者）の刑事責任が問われたが，裁判長は「異常摩耗が発生したのは，事故とある程度近接した日時だとうかがわれる」と指摘し，「事故発生は 2006 年，同社が事故機を最後に点検したのは 2004 年 11 月なので，その時点で異常摩耗が発生していたとは認められない」と認定して，刑事責任は問われなかった.

(e) 構造計算偽造（姉葉事件）

2005 年，分譲マンションである『グランドステージ北千住』で発覚した一級建築士が行なった構造計算書（マンション20棟，ホテル1棟）の偽造を行政および民間の確認検査機関が見抜けずに承認したもので，地震多発国日本において耐震基準を満たさない建物が多数建設されたことで問題になった．

(f) 三菱リコール隠し

2000年，運輸省の監査で発覚した三菱自工の乗用車部門および三菱ふそうによる大規模なリコール隠し事件．2004年には三菱ふそうでさらなるリコール隠しが発覚し乗用車部門も再調査したところ，国土交通省によると2000年時点の調査が不十分だったことが判明し，三菱自工・三菱ふそうは信頼を失って販売台数が激減，倒産の危機に見舞われた．

(g) 雪印集団食中毒事件

2000年，大阪で低脂肪乳を飲んだ集団食中毒事件が起き，被害者数は13 000人超．事故原因は，停電事故が起きた際に，脱脂粉乳の原料となる生乳をプラント中に高温のまま放置し，その間に黄色ブドウ球菌が増殖しエンテロトキシンAに汚染された脱脂粉乳を製造したためとされている．社長と専務は事件の予見不可能として不起訴処分となったが，工場関係者の刑事責任は業務上過失傷害と食品衛生法違反で執行猶予付きの禁固刑が言い渡された．

(h) パロマ湯沸かし器事故

パロマ工業が製造した屋内設置型の強制排気式瞬間湯沸器の動作不良を原因とする一酸化炭素中毒による死亡事故．

(i) 美浜原発死傷事故

2004年，美浜発電所3号機のタービン建屋において，復水配管（2次系配管）が破損し，定期検査の準備作業をしていた作業員5名が死亡，6名が重傷を負った事故．復水配管の流量計オリフィス下流部が中を流れる水の作用により徐々に薄くなって破損し，約140℃の熱水と蒸気が噴出したもの．破損した配管の箇所は点検リストから欠落し，事故に至るまで保修されていなかった．

(j) 福島第一原発事故

2011年に発生した東北地方太平洋沖地震とそれに伴う津波により，東京電力の福島第一原子力発電所では1〜3号機が自動停止したものの，原子炉冷却用電源の全喪失，冷却用海水ポンプの冠水による停止で炉心が溶融，原子炉を覆う格納容器のシール材高温劣化によって水素が原子炉建屋内に蓄積して水素爆発に至り，原子炉建屋が大きく破損して大気中に多くの放射性物質が放出された事故．

(k) 中央自動車道笹子トンネルの天井板崩落事故

2012年，中央自動車道笹子トンネルの天井板崩落事故が起こり，9名が死亡した．事故前の点検で設備の劣化を見抜けなかったことについて「中日本高速道路」と保守点検を行っていた会社の社長らの刑事責任が問われたが，「天井板の構造や点検結果を認識しておらず，事故を予見できなかった」として刑事責任はなしとされた．（国土交通省では2012年11月に「インフラ長寿命化基本計画」を策定していたが，このような事故の発生を受け，2013年を「社会基本メンテナンス元年」と位置づけ，2014年5月には「国土交通省インフラ長寿命化基本計画（行動計画）」を策定し，国土交通省が管理・所轄する道路・鉄道・河川・ダム・港湾等のあらゆるインフラの維持管理・更新を着実に推進するための中長期的な取組みを明らかにしている．）

3 2 5 情報倫理

(1) 知的財産権制度（知的財産基本法）

知的創造活動によって生み出されたものを，創作した人の財産として保護するための制度

(a) 産業財産権制度

新しい技術，新しいデザイン，ネーミングなどについて独占権を与え，模倣防止のために保護し，研究開発へのインセンティブを付与したり，取引上の信用を維持したりすることによって，産業の発展を図る．

・産業財産権：知的財産権のうち，**特許権**，**実用新案権**，**意匠権**および**商標権**の四つ
・所管：特許庁
・産業財産権は，特許庁に出願し登録されることによって，一定期間，独占的に実施（使用）できる権利になる．

(b) 知的財産権の分類と関係法令

目的による分類	知的財産基本法第2条第1項の分類	知的財産権の分類と関係法令 ☆は産業財産権
創作意欲を促進するための知的創造物についての権利	発明，考案，植物の新品種，意匠，著作物その他の人間の創造的活動により生み出されるもの（発見又は解明がされた自然の法則又は現象であって，産業上の利用可能性があるものを含む．）	☆特許権（特許権法）
		☆実用新案権（実用新案法）
		☆意匠権（意匠法）
		著作権（著作権法）
		回路配置利用権 （半導体集積回路の回路配線に関する法律）
		育成者権（種苗法）
	営業秘密その他の事業活動に有用な技術上又は営業上の情報	営業秘密（不正競争防止法）
信用の維持のための営業上の標識についての権利	商標，商号その他事業活動に用いられる商品又は役務を表示するもの	☆商標権（商標法）
		商号（商法）
		商品等表示（不正競争防止法）
		地理的表示 （特定農林水産物の名称の保護に関する法律，酒税の保全及び酒類業組合等に関する法律）

(c) 発明と特許

(i) **定義**（特許法第 2 条第 1 項）：この法律で「発明」とは，自然法則を利用した技術的思想の創作のうち高度のものをいう．

(ii) **特許の要件**

① **特許を受けることができる要件**（第 29 条）

1) 産業上利用することができる発明であること

2) 次のいずれかにも該当しない発明（公知となる前の先願であることが必要）

・特許出願前に日本国内又は外国において公然知られた発明

・特許出願前に日本国内又は外国において公然実施をされた発明

・特許出願前に日本国内又は外国において，頒布された刊行物に記載された発明又は電気通信回線を通じて公衆に利用可能となった発明

3) ②の発明であっても，特許出願前にその発明の属する技術の分野における通常の知識を有する者が②の発明に基いて容易に発明をすることができたときは除く．

② **特許を受けることができない発明**（第 32 条）

公の秩序，善良の風俗又は公衆の衛生を害するおそれがある発明

(d) 著作権法の改正

(i) **2019 年改正の要点**

・**デジタル化・ネットワーク化の進展に対応した柔軟な権利制限規定整備**

第 30 条の 4（著作物に表現された思想又は感情の享受を目的としない利用）

第 47 条の 4（電子計算機における著作物の利用に付随する利用等）

第 47 条の 5（電子計算機による情報処理及びその結果の提供に付随する軽微利用等）

・**教育の情報化に対応した権利制限規定等の整備**

第 35 条（学校その他の教育機関における複製等）

・**障害者の情報アクセス機会の充実に係る権利制限規定の整備**

第 37 条（視覚障害者等のための複製等）

・**アーカイブの利活用促進に関する権利制限規定の整備等**

第 31 条（図書館等における複製等）

第 47 条（美術の著作物等の展示に伴う複製等）

第 67 条（著作権者不明等の場合における著作物の利用）

(ii) **「デジタル化・ネットワーク化に対応した柔軟な権利制限規定に関する基本的考え方（著作権法第 30 条の 4，第 47 条の 4 および第 47 条の 5 関係）」**（2019 年改正関係の疑問の解明）

第 1 部　一問一答（43 問），第 2 部　解説（概要解説，逐条解説）（76 ページ）

(iii) **2020 年改正の要点**

① **インターネット上の海賊版対策強化**：リーチサイト対策，侵害コンテンツのダウンロード違法化

② **著作物の円滑な利用**：写り込みに係る権利制限規定の対象範囲拡大，行政手続に係る権利制限規定整備（地理的表示法・種苗法関係），著作物を利用する権利に関する対抗制度導入

③ **著作権の適切な保護**：著作権侵害訴訟における証拠収集手続強化，アクセスコントロールに関する保護強化

(iv) **2022 年改正の要点**

① **図書館関係の権利制限規定見直し**：国立国会図書館による絶版等資料のインターネット送信，図書館等による図書館資料のメール送信等

② **放送番組のインターネット同時配信等に係る権利処理の円滑化**：権利制限規定の拡充，許諾推定規定の創設，レコード・レコード実演の利用円滑化，映像実演の利用円滑化，協議不調の場合の裁定制度の拡充

(2) 個人情報の保護法（個人情報の保護に関する法律）

(a) 個人情報の定義（個人情報保護法第 2 条）

個人情報とは，生存する個人に関する情報であって，次の各号のいずれかに該当するものをいう．

一　当該情報に含まれる氏名，生年月日その他の記述等により特定の個人を識別することができるもの（他の情報と容易に照合することができ，それにより特定の個人を識別することができることとなるものを含む．）

記述等：文書，図画若しくは電磁的記録に記載され，若しくは記録され，又は音声，動作その他の方法を用いて表された一切の事項（個人識別符号を除く．）

電磁的記録：電磁的方式（電子的方式，磁気的方式その他人の知覚によっては認識することができない方式をいう．）で作られる記録

二　個人識別符号が含まれるもの

2　個人識別符号とは，次の各号のいずれかに該当する文字，番号，記号その他の符号のうち，政令で定めるものをいう．

一　特定の個人の身体の一部の特徴を電子計算機の用に供するために変換した文字，番号，記号その他の符号であって，当該特定の個人を識別することができるもの

二　個人に提供される役務の利用若しくは個人に販売される商品の購入に関し割り当てられ，又は個人に発行されるカードその他の書類に記載され，若しくは電磁的方式により記録された文字，番号，記号その他の符号であって，

その利用者若しくは購入者又は発行を受ける者ごとに異なるものとなるように割り当てられ，又は記載され，若しくは記録されることにより，特定の利用者若しくは購入者又は発行を受ける者を識別することができるもの

施行令第1条では，具体的に次のように定めている．

一　次に掲げる身体の特徴のいずれかを電子計算機の用に供するために変換した文字，番号，記号その他の符号であって，特定の個人を識別するに足りるものとして個人情報保護委員会規則で定める基準に適合するもの

DNAを構成する塩基の配列，顔の骨格及び皮膚の色並びに目・鼻・口その他の顔の部位の位置及び形状によって定まる容貌，虹彩の表面の起伏により形成される線状の模様，発声の際の声帯の振動・声門の開閉並びに声道の形状及びその変化，歩行の際の姿勢及び両腕の動作・歩幅その他の歩行の態様，手のひら又は手の甲若しくは指の皮下の静脈の分岐及び端点によって定まるその静脈の形状，指紋又は掌紋

二　旅券の番号　　三　基礎年金番号　　四　免許証の番号

五　住民票コード　　六　個人番号

七　個人番号，国民健康保険・高齢者医療保険，介護保険の被保険者証

八　その他個人情報保護委員会規則で定める文字，番号，記号その他の符号

(b) 個人情報取扱事業者の義務

(i) 利用目的の特定（第17条）

・個人情報取扱事業者は，個人情報を取り扱うに当たっては，その利用の目的をできる限り特定しなければならない．

・個人情報取扱事業者は，利用目的を変更する場合には，変更前の利用目的と関連性を有すると合理的に認められる範囲を超えて行ってはならない．

(ii) 利用目的による制限（第18条）

・個人情報取扱事業者は，あらかじめ本人の同意を得ないで，特定された利用目的の達成に必要な範囲を超えて，個人情報を取り扱ってはならない．

・個人情報取扱事業者は，合併その他の事由により他の個人情報取扱事業者から事業を承継することに伴って個人情報を取得した場合は，あらかじめ本人の同意を得ないで，承継前における当該個人情報の利用目的の達成に必要な範囲を超えて，当該個人情報を取り扱ってはならない．

・例外規定

一　法令に基づく場合

二　人の生命，身体又は財産の保護のために必要がある場合であって，本人の同意を得ることが困難であるとき．

三　公衆衛生の向上又は児童の健全な育成の推進のために特に必要がある場

合であって，本人の同意を得ることが困難であるとき．

四　国の機関若しくは地方公共団体又はその委託を受けた者が法令の定める事務を遂行することに対して協力する必要がある場合であって，本人の同意を得ることにより当該事務の遂行に支障を及ぼすおそれがあるとき．

⑶　営業秘密の範囲（不正競争防止法）

「営業秘密」とは，秘密として管理されている生産方法，販売方法その他の事業活動に有用な技術上または営業上の情報であって，公然と知られていないもの．（秘密管理性，有用性，非公知性の3要件をすべて満足するものが該当）

⑷　AI利用者が留意すべき10の原則（「AI利活用ガイドライン」より）

ⅰ　**適正利用の原則**：利用者は，人間とAIシステムとの間および利用者間における適切な役割分担のもと，適正な範囲および方法でAIシステムまたはAIサービスを利用するよう努める．

ⅱ　**適正学習の原則**：利用者およびデータ提供者は，AIシステムの学習等に用いるデータの質に留意する．

ⅲ　**連携の原則**：AIサービスプロバイダ，ビジネス利用者およびデータ提供者は，AIシステムまたはAIサービス相互間の連携に留意する．また，利用者は，AIシステムがネットワーク化することによってリスクが惹起・増幅される可能性があることに留意する．

ⅳ　**安全の原則**：利用者は，AIシステムまたはAIサービスの利活用により，アクチュエータ等を通じて，利用者および第三者の生命・身体・財産に危害を及ぼすことがないよう配慮する．

ⅴ　**セキュリティの原則**：利用者およびデータ提供者は，AIシステムまたはAIサービスのセキュリティに留意する．

ⅵ　**プライバシーの原則**：利用者およびデータ提供者は，AIシステムまたはAIサービスの利活用において，他者または自己のプライバシーが侵害されないよう配慮する．

ⅶ　**尊厳・自律の原則**：利用者は，AIシステムまたはAIサービスの利活用において，人間の尊厳と個人の自律を尊重する．

ⅷ　**公平性の原則**：AIサービスプロバイダ，ビジネス利用者およびデータ提供者は，AIシステムまたはAIサービスの判断にバイアスが含まれる可能性があることに留意し，また，AIシステムまたはAIサービスの判断によって個人および集団が不当に差別されないよう配慮する．

ⅸ　**透明性の原則**：AIサービスプロバイダおよびビジネス利用者は，AIシステムまたはAIサービスの入出力等の検証可能性および判断結果の説明可能性に留意する．

(x) **アカウンタビリティの原則**：利用者は，ステークホルダーに対しアカウンタビリティを果たすよう努める．

(5) **人工知能技術と人間社会について検討すべき六つの論点**（「人工知能と人間社会に関する懇談会」報告書抜粋　平成 29 年 3 月 24 日）

(i) **倫理的論点**：AI 技術に基づく判断と人の判断のバランスを取ることが大切であり，そのバランスと関係は今後変化していくことが予想され，それに伴い倫理観も変化していくだろう．AI 技術がもたらすサービスによって，利用者が知らぬ間に感情や信条，行動が操作されたり，順位づけ・選別されたりすることが生じうる場合には倫理的検討が必要である．AI 技術によって人の認知や行動が拡張されることで人間観がどう変わるかを見ていく必要がある．AI 技術と協働した創作の価値の受容やその変化，人によって異なるビジョン（AI 技術との関わり方）や価値観について認識する必要がある．

(ii) **法的論点**：AI 技術を使うリスク，使わないリスクを考慮した利活用を推進するために，その利用に伴う法的課題の抽出，例えば事故等によって生じる責任分配の検討や保険の整備が必要である．ビッグデータを活用した AI 技術の利便性確保と個人情報・プライバシー保護の両立について法的整備・対応が必要である．アルゴリズム開発者やデータ提供者，利用者などの多様なステークホルダーが関与する AI 技術を利用した創作物等の権利についての検討が必要である．責任概念などの現行法上の基本的な概念について，AI 知能技術と社会の相互発展に即した検討と基礎研究が求められるだろう．

(iii) **経済的論点**：個人にとっては創造的労働が増えるなど業務内容の変化や働き方の変化が生じる可能性があり，それに対応できる能力を身に着けることが望ましい．企業としてはそのような雇用や働き方の変化に迅速に対応することが必要である．政府としては，労働者が業務を変えることを可能とする教育や環境の整備，課題先進国である日本の持続発展可能性のためにも経済格差をなくし，AI 技術の利活用を促進するための政策が必要である．

(iv) **教育的論点**：現状の AI 技術の限界を把握し，協働して創造的活動ができるための能力を身に着けることが望ましい．人の能力を AI 技術と最大限に差異化し，人にしかできない能力を伸張する教育カリキュラム，従来どおり行うべき教育内容の検討などの政策が必要である．

(v) **社会的論点**：AI 技術との関わりの自由について対話する場をつくり，多様性や共通性について検討することが大切である．AI 技術デバイドや AI 技術に関連する社会的コストの不均衡，AI 技術によるプロファイリングなど推定結果による差別が生じないような対処が必要である．AI 技術に対する依存や過信・過剰な拒絶など新たな社会問題や社会的病理が生じる可能性を検討すべきである．

(vi) **研究開発的論点**：科学者や研究開発者には，倫理観をもちガイドラインや倫理規定に沿った行動が求められる．セキュリティ確保，プライバシー保護技術などの開発が必要であり，AI 技術が制御不可能とならないような配慮やその計算過程や論理を説明できる透明性に関する研究が必要である．また，機械学習による確率的な動作に対する社会的受容性を見ていくこと，AI 技術の多様性の推進，オープンサイエンスの促進，未来社会を設計する人文社会科学研究や融合研究の推進などを通じて，社会に貢献する AI 技術の研究開発を促すことが重要である．

(6) 安全保障貿易管理（輸出管理）

輸出管理は，国際的な平和と安全の維持を妨げるおそれがある場合などに，貨物の輸出・技術の提供に際して，経済産業大臣の許可を要求することをいう．このうち，日本の安全保障と国際的な平和および安全の維持に関わる大量破壊兵器や通常兵器の開発・製造等に関連する資機材ならびに関連汎用品の輸出やこれらの関連技術の非居住者への提供について管理するのが安全保障貿易管理である．

(a) 管理の根拠となる条文

(i) 外国為替及び外国貿易法 第 48 条第 1 項（輸出の許可等）

国際的な平和及び安全の維持を妨げることとなると認められるものとして政令で定める特定の地域を仕向地とする特定の種類の貨物の輸出をしようとする者は，政令で定めるところにより，経済産業大臣の許可を受けなければならない．

(ii) **リスト規制の対象技術**：輸出貿易管理令（施行令）別表第 1 の 1 から 15 の項に該当する特定の種類の貨物・技術の大枠を規定．

1. 武器	2. 原子力	3. 化学兵器	3 の 2. 生物兵器
4. ミサイル	5. 先端素材	6. 材料加工	7. エレクトロニクス
8. 電子計算機	9. 通信	10. センサ	11. 航法装置
12. 海洋関連	13. 推進装置	14. その他	15. 機微品目

注意点 1　技術資料またはソフトウェアの提供，技術者の受入れまたは派遣を通じた技術支援等も含まれる．

注意点 2　リスト規制に該当する技術は，リスト規制該当貨物に関する技術だけではなく，リスト規制に該当しない貨物の技術も一部規制される．

(iii) **リスト規制対象地域**：大量破壊兵器等の拡散防止および通常兵器の過剰な蓄積防止を目的とするため，全地域を対象．特に国際的な懸念がある地域として，イラン，イラク，北朝鮮を規定．

3 2 6 環境倫理

(1) 地球環境

(a) 環境用語

(i) **IPCC（気候変動に関する政府間パネル）**：人為起源による気候変化，影響，適応および緩和方策に関し，科学的，技術的，社会経済学的な見地から包括的な評価を行うことを目的として，1988年に国連環境計画（UNEP）と世界気象機関（WMO）により設立された組織．

(ii) **二国間クレジット制度（JCM：Joint Crediting Mechanism）**：日本の優れた省エネ・環境保護技術を途上国に提供し，途上国と協力して温室効果ガスの削減に取り組み，それによる削減成果を両国で分け合う制度．

(iii) **TCFD（気候関連財務情報開示タスクフォース）**：各国の中央銀行総裁，財務大臣からなる金融安定理事会の作業部会の一つ．2017年の最終報告書で投資家等に適切な投資判断を促すため，企業等に対し，気候変動関連リスク，および機会に関して，ガバナンス，戦略，リスク管理，指標と目標について開示することを推奨．

(iv) **ゼロ・エミッション（Zero emission）**：あらゆる廃棄物を原材料などとして有効活用することにより，廃棄物を一切出さない資源循環型の社会システム

(v) **カーボン・オフセット**：人間の経済活動や生活などを通して「ある場所」で排出された二酸化炭素などの温室効果ガスを，植林・森林保護・クリーンエネルギー事業（排出権購入）による削減活動によって「他の場所」で直接的，間接的に吸収しようとする考え方や活動．

(vi) **カーボン・ニュートラル**：植物や植物由来の燃料は，燃焼してCO_2が発生しても，その植物は成長過程でCO_2を吸収して，ライフサイクル全体（始めから終わりまで）でみると大気中のCO_2を増加させず，CO_2排出量の収支は実質ゼロになる．これと同じように，温室効果ガスの排出量を削減し，削減困難な部分の排出量について，ほかの場所で実現した排出削減・吸収量を購入またはほかの場所で排出削減・吸収を実現するプロジェクトや活動を実現すること等により，その排出量の全部または一部を埋め合わせる取組み．

(vii) **持続可能な開発**：「環境と開発に関する世界委員会」{委員長：ブルントラント・ノルウェー首相（当時）} が1987年に公表した報告書「Our Common Future」の中心的な考え方として取り上げた概念で，「将来の世代の欲求を満たしつつ，現在の世代の欲求も満足させるような開発」のこと．

(viii) **生物凝縮**：生物が，外界から取り込んだ物質を環境中におけるよりも高い濃度に生体内に蓄積する現象．

⒝ 持続可能な開発目標（SDGs）

2015年に国連サミットで採択された「持続可能な開発のための2030アジェンダ」記載の2030年までに持続可能でよりよい世界を目指す国際目標.

「ミレニアム開発目標（MDGSs）」（2001年策定）の後継となる開発目標

MDGs　発展途上国の目標，2001～2015年，8ゴール（①貧困・飢餓，②初等教育，③女性，④乳幼児，⑤妊産婦，⑥疾病，⑦環境，⑧連帯）・21ターゲット，国連の専門家主導

SDGs　すべての国の目標，2016～2030年，17ゴール・21ターゲット，全国連加盟国で交渉，人間中心・誰一人取り残されないなどの人間の安全保障の理念を反映，グローバル・パートナーシップ強化.

17ゴール

①　貧困をなくそう
②　飢餓をゼロに
③　すべての人に健康と福祉を
④　質の高い教育をみんなに
⑤　ジェンダー平等を実現しよう
⑥　安全な水とトイレを世界中に
⑦　エネルギーをみんなに そしてクリーンに
⑧　働きがいも経済成長も
⑨　産業と技術革新の基盤をつくろう
⑩　人や国の不平等をなくそう
⑪　住み続けられるまちづくりを
⑫　つくる責任　つかう責任
⑬　気候変動に具体的な対策を
⑭　海の豊かさを守ろう
⑮　陸の豊かさも守ろう
⑯　平和と公平をすべての人に
⑰　パートナーシップで目標を達成しよう

⑵ 生活環境

⒜ 生活環境用語

(i)　**システム安全**：あるシステムが完全に作動し，システムの使命が支障なく達成されること．システム安全は，環境要因，物的要因および人的要因の総合的対策によって達成される.

(ii)　**機能安全**：安全のために，主として付加的に導入された，コンピュータ等の電子機器を含んだ装置が，正しく働くことにより実現される安全.「機械は故障する，人はミスをする，絶対安全は存在しない」ので，機械の安全確保は，故障しても安全が確保される仕組みを設計・製造等を行う者によって十分に行われることが原則である.

(iii)　**安全工学**：工業，医学，社会生活等において，システムや教育，工具や機械装置類等による事故や災害を起こりにくいようにする，安全性を追求・改善する工学.

(iv)　**レジリエンス**：完全な失敗によって苦しめられることなく，損傷を吸収または回避する能力および損傷から回復する能力．強靭化，復元力，回復力，弾力

性ともいわれるしなやかな強さである.

(b) **消費生活用製品安全法（消安法）**

(i) **目的**：消費生活用製品によって起きるやけど等のけが，死亡などの人身事故の発生を防ぎ，消費者の安全と利益を保護すること.

・消費生活用製品とは，消費者の生活の用に供する製品のうち，ほかの法律（例えば消防法の消火器など）により安全性が担保されている製品のみを除いたすべての製品. 対象製品を限定していない.

・消安法における安全性は「消費安全性」{「消費者安全法の解釈に関する考え方」(消費者庁 消費者安全課)}

「消費安全性」とは，商品等または役務の特性，それらの通常予見される使用等の形態その他の商品等または役務に係る事情を考慮して，それらの消費者による使用等が行われるときにおいてそれらの「通常」有すべき安全性（絶対的な安全性ではない）.

(ii) **制度の概要**

1) **PSC マーク制度**

① **製品流通前措置**

・一般消費者の生命または身体に対して特に危害を及ぼすおそれが多いと認められる消費生活用製品を「特定製品」に指定. さらに，品質確保が十分でない製品は「特別特定製品」（◇囲みの PSC マーク）に指定.

・○囲みの PSC マークの付いた特定製品，◇囲みの PSC マークの付いた特別特定製品以外は，販売または販売の目的の陳列を禁止.

② **製品流通後措置**

・**改善命令**：主務大臣は，届出事業者に対し，技術適合義務違反・損害賠償措置不適合の改善，PSC マークの表示禁止（1 年以内），特定製品の回収・特定製品以外の危害発生・拡大防止に必要な措置を命じることができる.

・**報告の徴収および立入検査**：主務大臣は，法律の施行に必要があると認めるときには，消費生活用製品の製造事業者，輸入事業者もしくは販売事業者または特定保守製品取引事業者ならびに登録検査機関に対し，その業務の状況に関し報告をさせ，またその職員等に，立ち入り検査をさせることができる.

・**主務大臣に対する申出**：何人も，消費生活用製品による一般消費者の生命または身体に対する危害の発生を防止するために必要な措置がとられていないため一般消費者の生命または身体について危害が発生するおそれがあると認めるときは，主務大臣に対し，その旨を申し出て，適当な措置を求めることができる. 主務大臣は必要な調査を行い，申出内容が事実であると認めるときは，この法律に基づく措置その他適当な措置.

・罰則：命令の違反者等は1年以下の懲役もしくは百万円以下の罰金等.

2)　製品事故情報報告・公表制度（2006年改正で任意制度→義務化）

①　**重大製品事故**：製品事故のうち，死亡事故，治療に要する期間が30日以上の重傷病事故，後遺傷害事故，一酸化炭素中毒事故や火災等，発生し，または発生するおそれがある危害が重大であるもの.

②　**報告および公表**

報告　消費生活用製品の製造事業者または輸入事業者は，その製造または輸入に係る当該消費生活用製品について，重大製品事故が生じたことを知ったときは，事故発生を知った日から10日以内に，当該消費生活用製品の名称および型式，事故の内容ならびに当該消費生活用製品を製造し，または輸入した数量および販売した数量を内閣総理大臣に報告しなければならない．重大事故の範ちゅうかどうかが不明確な場合でも報告期限を厳守．報告後も被害の実態調査や原因究明等を行い，新たな事実が判明した場合には可及的速やかに追加報告する.

公表　内閣総理大臣は，重大製品事故が生じたことを知った場合において，当該製品事故に係る消費生活用製品による一般消費者の生命または身体に対する重大な危害の発生および拡大を防止するため必要があると認めるときは，当該重大製品事故に係る消費生活用製品の名称および型式，事故の内容その他当該消費生活用製品の使用に伴う危険の回避に資する事項を公表する.

③　**体制整備命令**：内閣総理大臣は，消費生活用製品の製造事業者または輸入事業者が報告を怠り，または虚偽の報告をした場合において，その製造または輸入に係る消費生活用製品の安全性を確保するため必要があると認めるときは，その重大製品事故に関する情報を収集し，かつ，これを適切に管理し，および提供するために必要な体制の整備を命じることができる.

3)　長期使用製品安全点検・表示制度（2007年改正で創設）

①　**長期使用製品安全点検制度**

・特定保守製品：消費生活用製品のうち，長期間の使用に伴い生じる劣化により安全上支障が生じ，一般消費者の生命または身体に対して特に重大な危害を及ぼすおそれが多いと認められる製品で，使用状況等からみてその適切な保守を促進することが適当なもの.
特定保守製品は石油給湯機と石油ふろがま（2021年改正で9品目→2品目に削減）.

・特定製造事業者等は，特定保守製品の点検その他の保守に関する情報の提供，特定保守製品の点検その他の保守の体制の整備を行わなければならない.
設計標準使用期間および点検期間の設定（法第32条の3）

・特定保守製品取引事業者は，引渡時の説明および所有者情報提供への協力を行わなければならない．
・関連事業者は，特定保守製品の所有者に対して法第32条の5第1項各号の事項に係る情報が円滑に提供されるよう努めなければならない．
・特定保守製品の所有者等は，特定保守製品の保守に関する情報を収集するとともに，点検期間に点検を行う等その保守に努める．
・主務大臣は，特定製造事業者等がその事業の全部を廃止したことその他の事情により特定保守製品の点検の実施に支障が生じているときは，当該特定保守製品について，点検を行う技術的能力を有する事業者に関する情報を収集し，これを公表しなければならない．

② 長期使用製品安全表示制度

経年変化による重大事故の発生率は高くないものの，事故件数が多い製品について，設計上の標準使用期間と経年変化についての注意喚起等の表示を行わなければならない．

(c) 事業継続計画

事業継続計画（Business Continuity Planning, BCM）は，災害時に特定された重要業務が中断しないこと，また万一事業活動が中断した場合に目標復旧時間内に重要な機能を再開させ，業務中断に伴う顧客取引の競合他社への流出，マーケットシェアの低下，企業評価の低下などから企業を守るための経営戦略である．被災後に，重要業務の目標復旧時間，目標復旧レベルを実現するために実施する戦略・対策，あるいはその選択肢，対応体制，対応手順等が含まれる．

(i) **緊急時の体制**：経営者を責任者とし，関係者の役割・責任，指揮命令系統を明確に定めた緊急的な体制を定める．緊急時には非日常的なさまざまな業務が発生するため，全社の各部門を横断した，事業継続のための特別な体制をつくってもよい．初動対応体制，重要な役割を担う者との連絡手段の多重化，権限委譲や代行者・代行順位も定める．

(ii) **緊急時の対応手順**：重要業務を目標復旧時間内に実施可能とするために定めるものである．事象発生後，時間の経過とともに必要とされる内容が変化するので，それぞれの局面ごとに，実施する業務の優先順位を見定めて対応できるようにする．備蓄品の品目および数量等備蓄方法については，企業特性に応じて検討する．

初動段階で実施すべき事項について手順や実施体制を定め，時系列に管理できるように全体手順表を用意する．リスク分析・評価の結果，自らが被害を受ける可能性がある事象のうち，風水害等の事前に被害を受ける可能性が推察できる事象については，被害発生前の予防的な行動や基準についても全体手順表などに盛り込む．安否確認は，事業継続のために稼動できる要員を把握する意味においても重要である．

初動対応が落ち着いた後の事業継続対応への移行についても，実施すべき具体的事項，手順，実施体制を定め，全体手順表なども用意する．情報・通信システムについては，現在の企業活動に欠かせないものであるため，平常時から事業継続に必要な情報のバックアップを取得し，同時に被災しないようにするとともに，復帰の手順を準備し，訓練しておく．

(iii) **教育・訓練の実施計画**：教育・訓練の体系的かつ着実な実施のため，教育・訓練の実施体制，年間の教育・訓練の目的，対象者，実施方法，実施時期等を含む計画を策定する．なお，BCM の実効性を維持するためには，体制変更，人事異動，新規採用等による新しい責任者や担当者に対する教育が特に重要であり，これらへの対応も計画に織り込んでおく．

(iv) **見直し・改善の実施計画**：BCM の点検，経営者による見直し，継続的改善等を確実に行っていくため，体制，スケジュール，手順を定めた計画を策定し，それに基づき実施する．この計画は，経営者が了承した企業・組織全体の経営計画に含める．

(d) 遺伝子組換え技術

(i) **遺伝子組換え技術**：ある生物がもつ遺伝子 DNA（デオキシリボ核酸）の一部を，ほかの生物の細胞に導入して，その遺伝子を発現（遺伝子の情報をもとにしてタンパク質が合成されること）させる技術．

(ii) **遺伝子組換え作物の安全の確保**

規　制　項　目	関係法令	担当省庁
遺伝子組換え食品・食品添加物の安全性確保	食品衛生法第 13 条 食品安全基本法	厚生労働省 食品安全委員会
遺伝子組換え飼料の安全性確保	飼料安全法	農林水産省
遺伝子組換え食品の表示	食品表示法	消費者庁
（参考）遺伝子組換え生物による生物多様性への影響防止（4.1.5 参照）	カルタヘナ法	環境省 農林水産

① **食品衛生法の規制**

第 13 条　厚生労働大臣は，公衆衛生の見地から，薬事・食品衛生審議会の意見を聴いて，販売の用に供する食品若しくは添加物の製造，加工，使用，調理若しくは保存の方法につき基準を定め，又は販売の用に供する食品若しくは添加物の成分につき規格を定めることができる．

「食品，添加物等の規格基準　第 1 食品，第 2 添加物」の成分規格は安全性審査の手続きを経た旨の公表がなされたもの，製造，加工および調理基準は基準に適合する旨の確認がなされたものでなければならない.

2　前項の規定により基準又は規格が定められたときは，その基準に合わない方法により食品若しくは添加物を製造し，加工し，使用し，調理し，若しくは保存し，その基準に合わない方法による食品若しくは添加物を販売し，若しくは輸入し，又はその規格に合わない食品若しくは添加物を製造し，輸入し，加工し，使用し，調理し，保存し，若しくは販売してはならない.

②　飼料安全法の規制

第3条　農林水産大臣は，飼料の使用又は飼料添加物を含む飼料の使用が原因となって，有害畜産物が生産され，又は家畜等に被害が生ずることにより畜産物の生産が阻害されることを防止する見地から，農林水産省令で，飼料若しくは飼料添加物の製造，使用若しくは保存の方法若しくは表示につき基準を定め，又は飼料若しくは飼料添加物の成分につき規格を定めることができる.

2　農林水産大臣は，前項の規定により基準又は規格を設定し，改正し，又は廃止しようとするときは，農業資材審議会の意見を聴かなければならない.

第4条　前条第一項の規定により基準又は規格が定められたときは，何人も，次に掲げる行為をしてはならない.

一　当該基準に合わない方法により，飼料又は飼料添加物を販売の用に供するために製造し，若しくは保存し，又は使用すること.

二　当該基準に合わない方法により製造され，又は保存された飼料又は飼料添加物を販売し，又は販売の用に供するために輸入すること.

三　当該基準に合う表示がない飼料又は飼料添加物を販売すること.

四　当該規格に合わない飼料又は飼料添加物を販売し，販売の用に供するために製造し，若しくは輸入し，又は使用すること.

(e)「水害・土砂災害から家族と地域を守るには」

内閣府防災担当が公表した水害・土砂災害への「備え」と「対処」に必要なノウハウをまとめたパンフレット.

(i)「雨」を知ろう

・気象災害をもたらす雨は必ずしも事前に正確に予測できない→予測できた段階では避難行動をとるまでの時間的余裕がほとんどない，避難を決断したときにはすでに避難が困難.

・集中豪雨が発生→川の水かさが急増し氾濫，床下・床上浸水や道路の冠水，排水溝や下水で処理しきれずに地下街や地下室に流入．地盤がゆるんで土石流やがけ崩れが発生.

⇒災害から身を守るためには，日頃からの理解と備えが大切.

(ii) 「危険」を知ろう

・ハザードマップは，水害・土砂災害等の自然災害による被害を予測し，災害の発生が予測される範囲や被害程度，さらには避難経路，避難場所などの情報を地図上に図示したもの．

・土砂災害のおそれがある区域では，都道府県が土砂災害警戒区域等を設定．
　土砂災害警戒区域（イエローゾーン），土砂災害特別警戒区域（レッドゾーン）

・「前兆現象」を感じないままに現象自体が発生している場合も多く，避難するための猶予はほとんどない．「様子がおかしいな」と感じたら直ちに避難行動開始．

(iii) 「情報」を知ろう

・気象庁は，防災関係機関の活動や住民の安全確保行動の判断を支援して大雨や暴風などによって発生する災害を防止・軽減するため，気象警報・注意報や気象情報などの防災気象情報を発表．大雨警報等は，警報の危険度分布とセットで，両者を一体的での利用が大切．

警報：重大な災害が発生するような警報級の現象がおおむね3～6時間先に予想されるとき

記録的短時間大雨情報：土砂災害や浸水害，中小河川の洪水害の発生につながるような，まれにしか観測しない雨量

・川の防災情報（主要河川の水位情報），指定河川洪水予報

洪水警報の危険度分布：5段階色分け表示．

「極めて危険」はすでに氾濫した水により道路冠水等が発生し避難が困難なおそれ．

「非常に危険」は水位計・監視カメラ等で河川の現況も確認・速やかに避難開始の判断．

・**土砂災害警戒警報**

・**土砂災害警戒判定メッシュ情報（大雨警報（土砂災害）の危険度分布）**

最大の「極めて危険」は土砂災害危険箇所・土砂災害警戒区域等では，過去の重大な土砂災害発生時に匹敵する極めて危険な状況．高齢者等の方は遅くとも「警戒」，一般の方は遅くとも「非常に危険」で速やかに避難開始，「極めて危険」に変わるまでに避難完了．

(iv) 「避難の方法」を知ろう

・避難準備・高齢者等避難開始，避難勧告，避難指示（緊急）が発令されたら速やかに避難行動を開始．突発的な災害発生時は，避難勧告等がなくても「自分で判断」して行動開始．

・立退き避難を行う場合は，「指定緊急避難場所」，「近隣の安全な場所」，「屋内安全確保」の優先順位で早めに行動．災害・避難カードをあらかじめ作成．

(v) **備えよう（省略）**

(vi) **「地域の計画」をつくろう（省略）**

(3) 労働環境

(a) 労働環境に関する基礎知識

(i) **労働衛生の 3 管理**：作業環境管理，作業管理および健康管理をいう．

(ii) **労働災害発生の原因**

・労働者の不安全行動：防護・安全装置を無効にする，安全措置の不履行，不安全な状態を放置，危険な状態をつくる，機械・装置等の指定外の使用，運転中の機械・装置等の掃除・注油・修理・点検等，保護具・服装の欠陥，危険場所への接近，その他の不安全な行為，運転の失敗（乗物），誤った動作

・機械や物の不安全状態：物自体の欠陥，防護措置・安全装置の欠陥，物の置き方・作業場所の欠陥，保護具・服装等の欠陥，作業環境の欠陥，部外的・自然的不安全な状態，作業方法の欠陥

(iii) **ヒューマンエラーの 12 要因**：意図しない結果を生じる人間の行為（JIS Z 8115 「ディペンダビリティ（総合信頼性）用語」）．

無知・未経験・不慣れ，危険軽視・慣れ，不注意，連絡不足，集団欠陥，近道・省略行動本能，場面行動本能，パニック，錯覚，中高年の機能低下，疲労，単調作業による意識低下．

(iv) **ハインリッヒの法則**：アメリカのハインリッヒ氏が提唱した重大事故に関する法則．「1 件の重大事故が起こった背景には，軽微で済んだ 29 件の事故，そして事故寸前の 300 件の異常が隠れている」という法則．「1：29：300 の法則」とも呼ばれる．

(v) **ヒヤリハット活動**：作業中に「ヒヤリとした」「ハッとした」事例を集め，その原因をみんなで究明し共有することで，重大災害の発生を防止する活動である．

(vi) **安全の 4S 活動**：職場の安全と労働者の健康を守り，生産性の向上を目指す整理（Seiri），整頓（Seiton），清掃（Seisou），しつけ（Shitsuke）の頭文字を取った活動である．

(vii) **安全データシート（SDS, Safety Data Sheet）**：化学物質の危険有害性情報を記載した文書

(viii) **ダイバシティ経営**：多様な人材を活かし，その能力が最大限発揮できる機会を提供することで，イノベーションを生み出し，価値創造につなげていく経営．ここで，「多様な人材」は，性別，年齢，人種や国籍，障がいの有無，性的

指向，宗教・心情，価値観等の多様性だけでなく，キャリアや経験，働き方等に関する多様性も含む人材である.

(b) 労働安全衛生法

(i) 目的

労働基準法と相まって，労働災害の防止のための危害防止基準の確立，責任体制の明確化及び自主的活動の促進の措置を講ずる等その防止に関する総合的計画的な対策を推進することにより職場における労働者の安全と健康を確保するとともに，快適な職場環境の形成を促進する.

(ii) 労働災害防止計画（第2章）

厚生労働大臣は，労働災害を減少させるために国が重点的に取り組む事項を定めた中期計画を策定.

(iii) 労働者の危険又は健康障害を防止するための措置（第4章，第6章〜第8章）

・**危害防止基準**：機械，作業，環境等による危険に対する措置の実施
・**安全衛生教育**：雇入れ時，危険有害業務就業時に実施
・**就業制限**：クレーンの運転等特定の危険業務は有資格者の配置が必要
・**作業環境測定**：有害業務を行う屋内作業場等において実施
・**健康診断**：一般健康診断，有害業務従事者に対する特殊健康診断等を定期的に実施
・**快適な職場環境の形成のための措置**

(iv) 危険物及び有害物に関する規制（第5章）

・**機械等に関する規制**：特定機械等の製造許可，検査等，検査証の交付等，使用等の制限，譲渡等の制限，機械等の個別検定・型式検定，ボイラーその他の機械等の定期自主検査など
・**危険物及び有害物に関する規制**：製造等の禁止，製造の許可，表示等，化学物質の有害性の調査など

(v) 安全衛生管理体制（第3章）

・総括安全衛生管理者，安全管理者，衛生管理者，安全衛生推進者等，産業医等，作業主任者，統括安全衛生責任者，元方安全衛生管理者，店社安全衛生管理者，安全衛生責任者の選任
・安全委員会，衛生委員会等の設置

(vi) 労働安全衛生法改正のポイント

① 2016年

・化学物質に関するリスクアセスメント実施義務化（第57条の3）
・一定の危険性・有害性が確認されている化学物質を製造し，または取り扱うすべての事業者に，危険性または有害性等の調査（リスクアセスメント）の

義務

・リスクアセスメントの結果に基づいた労働安全衛生法令の措置の義務

・労働者の危険または健康障害を防止するために必要な措置の努力義務

② 2019年

・労働者の労働時間の状況の把握義務（第66条の8の3）

・医師による面接指導の義務（第66条の8の4）

・産業医・産業保健機能の強化（第13条）

・法令等の周知の方法（第101条）

・心身の状態に関する情報の取扱い（第104条）

「労働者の心身の状態に関する情報の適正な取扱いのために事業者が講ずるべき措置に関する指針」（2018年）

(c) 労働安全衛生法におけるリスクアセスメント

(i) リスクアセスメントでよく出てくる用語

① **安全**：受容できないリスクがないこと．

② **危害**：人の受ける身体的傷害もしくは健康傷害，または財産もしくは環境の受ける害

③ **ハザード**：危害の潜在的な源．危険状態（人，財産，環境がハザードにさらされる状況），危険事象（危険状態から結果として危害に至るできごと）が含まれる．

④ **意図される使用**：供給者が提供する情報に基づいた製品，プロセスまたはサービスの使用

⑤ **合理的に予見可能な誤使用**：意図される使用以外の使用方法であっても，乳幼児，高齢者，障がい者などの特性に基づく行動や発生頻度の高い使用形態により発生する誤使用

⑥ **リスク**：危害の発生確率およびその危害の程度の組合せ

⑦ **保護方策**：リスクを低減するための手段（本質安全設計，保護装置，保護具，使用上および据付け上の情報ならびに訓練によるリスクの低減策を含む）

⑧ **残留リスク**：保護方策を講じた後にも残るリスク

⑨ **許容可能なリスク**：社会における現時点での評価に基づいた状況下で受け入れられるリスク

⑩ **受け入れ可能なリスク**：リスクが顕在化して災害に至っても軽微で広く受け入れられるリスク

(ii) リスクアセスメント

リスクアセスメントは，リスク分析およびリスクの評価からなるすべてのプロセスをいう．労働安全の観点からは，事業者自らが職場にある危険性または有害

性を特定し，災害の重篤度（危害のひどさ）と災害の発生確率に基づいて，リスクの大きさを見積もり，受け入れ可否を評価するプロセスである.

① **リスクアセスメントの目的**：職場のみんなが参加して，職場にある危険の芽（リスク）とそれに対する対策の実情を知って，災害に至るおそれのあるリスクを事前にできるだけ取り除いて，労働災害が生じないような快適な職場にする.

② **リスクアセスメントの効果**

・職場のリスクが明確になる.

・職場のリスクに対する認識を，管理者を含め職場全体で共有できる.

・安全衛生対策について，合理的な方法で優先順位を決めることができる.

・残留リスクについて「守るべき決め事」の理由が明確になる.

③ **リスクアセスメントの手順**

リスクアセスメントは，「ISO/IEC Guide 51（JIS Z 8051）安全側面―規格への導入指針」に沿って，次図のフローチャートに基づき実施する.

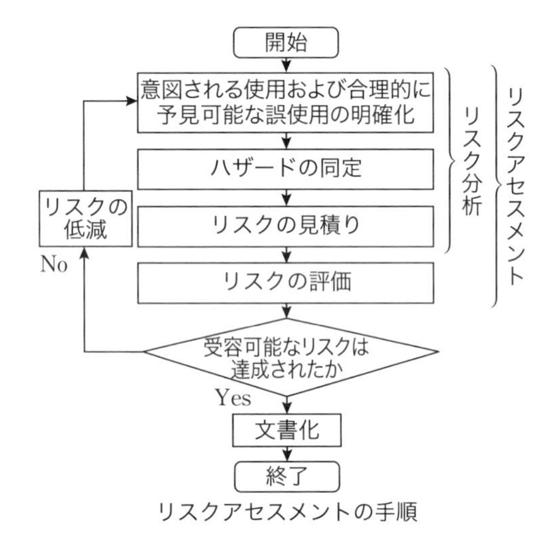

リスクアセスメントの手順

・**リスク分析**：利用可能な情報を基に，「意図される使用および合理的に予見可能な誤使用の明確化」，製品の使用（据付，保全，修理，解体，廃棄を含む）の全段階・全条件で発生する「ハザードの特定」，ハザードから発生する「リスクの見積り」を行う.

・**リスクの評価**：リスク分析に基づき，許容可能なリスクに到達したかどうかを判定する.

（リスク分析，リスク評価の一連の過程をリスクアセスメントという）

「ALARPの原則」

合理的に実行可能なリスク低減措置を講じてリスクを低減することで，リスク低減措置を講じることによって得られるメリットに比較して，リスク低減費用が著しく大きく合理性を欠く場合はそれ以上の低減対策を講じなくてもよい．

・**リスクの低減の反復プロセス**：リスクが許容可能ではない場合は，保護方策を検討し，再度リスクアセスメントを実施する．

リスク低減の優先順位（安全原則，3 step method）

ⅰ．**本質安全設計**：可能な限りリスクを除去するか軽減すること．

ⅱ．**ガードおよび保護装置**：本質的安全設計方策が合理的にハザードを除去することも，十分に低減できない場合には，常にガードおよび保護装置を使用すること．

ⅲ．**最終使用者のための使用上の情報**：採用した保護手段の欠点による残余のリスクをユーザーに知らせ，なんらかの特別なトレーニングを必要とするか否かを示し，かつ，身体保護具を必要とするか否か明記すること．本質的安全設計方策，ガードまたは付加的保護方策を適確に実施せずに，使用上の情報を提供するだけですませないこと．

（使用上の情報）

・製品またはシステムの関係者が意図する使用を行うために必要なすべての情報を特定し，製品・梱包に表示，販売の時点ではっきりと見えるように表示，取扱説明書に記載する．

・情報が“警告”である場合は，明白で，読みやすく，容易に消えなく，かつ理解しやすいもの，製品またはシステムが使われる国／国々の公用語，簡潔で明確にわかりやすい文章とすることが望ましい．

・警告は，警告を無視した場合の，製品のハザード，ハザードによってもたらされる危害，およびその結果について記載することが望ましい．

・**文書化**：有効性，（例えば，試験方法），リスクアセスメントの手順など妥当性を確認した後に，その結果を文書化しなければならない．製品およびシステムの場合，安全に関係するどんな情報が必要かを，規格で次のように明確に示すことが望ましい．

④　リスクアセスメントの実施時期

・建築物を設置し，移転し，変更し，または解体するとき

・設備，原材料等を新規に採用し，または変更するとき

・作業方法または作業手順を新規に採用し，または変更するとき

・その他危険性または有害性等について変化が生じ，または生じるおそれがあ

るとき

(c) 男女雇用機会均等法

(i) **目的**：雇用の分野における男女の均等な機会および待遇の確保を図るとともに，女性労働者の就業に関して妊娠中および出産後の健康の確保を図る等の措置を推進すること．

(ii) **基本的理念**：労働者が性別により差別されることなく，また，女性労働者にあっては母性を尊重されつつ，充実した職業生活を営むことができるようにすること．

(iii) **主な規制内容**

① **性別を理由とする差別の禁止**

・雇用管理の各ステージにおける性別を理由とする差別の禁止（第5条，第6条）

募集・採用，配置（業務の配分および権限の付与を含む）・昇進・降格・教育訓練，一定範囲の福利厚生，職種・雇用形態の変更，退職の勧奨・定年・解雇・労働契約の更新．

・間接差別の禁止（第7条）

募集または採用時の身長，体重または体力要件，募集もしくは採用・昇進または職種の変更時の転居を伴う転勤可要件，昇進時の転勤の経験あり要件など．

・女性労働者に係る措置に関する特例（第8条）

雇用の場で男女労働者間に事実上生じている格差を解消することを目的として行う，女性のみを対象とした取扱いや女性を優遇する取扱い．

・婚姻，妊娠・出産等を理由とする不利益取扱いの禁止等（第9条）

婚姻・妊娠・出産を退職理由として予定する定め，婚姻理由の解雇，妊娠・出産・産休取得等の理由による解雇，その他不利益取扱いの禁止．妊娠中・出産後1年以内の解雇は，事業主が，妊娠等が理由でないことを証明しない限り無効．

② **セクシュアルハラスメントおよび妊娠・出産等に関するハラスメント対策**

・セクシュアルハラスメント防止措置義務（事業主．第11条）

・妊娠・出産等に関するハラスメント防止措置義務（事業主．第11条の3）

・職場におけるセクシュアルハラスメント，妊娠・出産等に関するハラスメント防止に関する責務（事業主と労働者．第11条の2，第11条の4）

③ **母性健康管理措置（第12条・第13条）**

妊娠中・出産後の女性労働者が保健指導・健康診査を受けるための時間の確保，当該指導または診査に基づく指導事項を守ることができるようにするため必要な措置の実施.

④ **派遣先に対する男女雇用機会均等法の適用（労働者派遣法第47条の2）**
派遣先事業主にも同様の規定を適用

⑤ **深夜業に従事する女性労働者に対する措置（均等則第13条）**
事業主は，女性労働者の職業生活の充実を図るため，当分の間，女性労働者を深夜業に従事させる場合には，通勤および業務の遂行の際における当該女性労働者の安全の確保に必要な措置を講じるように努めるものとする.

(d) 労働基準法（妊産婦等）

労働者：職業の種類を問わず，事業に使用される者で賃金を支払われる者．正規社員か非正規社員かの区別はない

(i) **男女同一賃金の原則（第4条）**：女性であることを理由とした男性との差別的取扱いを禁止.

(ii) **産前産後休業その他の母性保護措置**

① **妊産婦等に係る危険有害業務の就業制限（第64条の3）**：妊産婦を妊娠，出産，哺育などに有害な一定の業務に就かせることを制限.

② **産前産後休業等（第65条）**：産前6週間（多胎妊娠の場合は14週間）以内の休業について女性が請求した場合および産後8週間については原則として就業を制限．また妊娠中の女性が請求した場合には軽易な業務への転換が必要.

③ **妊産婦に対する変形労働時間制の適用および時間外・休日労働，深夜業の制限（第66条）**：妊産婦が請求した場合には，変形労働時間制の適用ならびに時間外労働，休日労働および深夜業を制限.

④ **育児時間（第67条）**：生後満1年に達しない生児を育てる女性は，1日2回おのおの少なくとも30分の育児時間を請求できる.

(iii) **坑内労働の就業制限等女性労働者に対する措置**

① **坑内業務の就業制限（第64条の2）**：妊婦および産婦（申し出た者に限る）はすべての坑内業務，妊産婦以外の女性は一定の坑内業務について就業を制限.

② **生理日の就業が困難な女性に対する措置（第68条）**：生理日の就業が著しく困難な女性が休暇を請求した場合には，生理日の就業を制限.

(e) 改正労働基準法（働き方改革関連法 2019年4月施行）

「仕事と生活の調和（ワーク・ライフ・バランス）が実現した社会の姿とは，「国民一人ひとりがやりがいや充実感を感じながら働き，仕事上の責任を果たすとともに，家庭や地域生活などにおいても子育て期，中高年期といった人生の各段階に応じて多様な生き方が選択・実現できる社会」（仕事と生活の調和（ワーク・ライフ・バランス）憲章）である.

(i) **フレックスタイム制の拡充（第32条の3）**：清算期間の上限を1か月→3か

月に延長.

(ii) **時間外労働の上限規制（第36条，第139～142条）**：罰則付きの労働時間規制を導入.

(iii) **年5日の年次有給休暇の確実な取得（第39条）**：年10日以上年次有給休暇を付与する労働者に対して，年5日については使用者が時季を指定して取得させる義務.

(iv) **高度プロフェッショナル制度の創設（第41条の2）**：高度プロフェッショナルを対象として，労使委員会の決議および労働者本人の同意を前提に，健康・福祉確保措置等を講じることにより，労働時間，休憩，休日などの規定を適用しない制度の導入.

(v) **月60時間超の時間外労働に対する割増賃金率引上げ（第138条）**：大企業・中小企業ともに50％.

(vi) **関連法令改正**：労働時間等設定改善法

① **勤務間インターバル制度の導入**：事業主は，1日の勤務終了後，翌日の出社までの間に，労働者の健康および福祉を確保するために必要な一定時間以上の休息時間（インターバル時間）を確保する仕組みを導入（努力義務）.

② **取引上の必要な配慮**：事業主は，他の事業主との取引を行う場合において，短納期発注や発注内容の頻繁な変更を行わないなど，取引上必要な配慮を実施（努力義務）.

③ **労働時間等設定改善企業委員会**：代替休暇，年次有給休暇の時間単位取得および計画的付与制度に関する事項に関する委員の5分の4以上の多数による決議を事業場ごとの労使協定と同等扱い.

(f) テレワークガイドライン（テレワークの適切な導入及び実施の推進のためのガイドライン，2021年3月改定）

(i) **形態**：在宅勤務，サテライトオフィス勤務，モバイル勤務（労働者が自由に働く場所を選択）.

(ii) **導入に際しての留意点**

① **対象業務の選定**：テレワークに向かないと安易に結論付けるのではなく，管理職側の意識を変え，業務遂行の方法の見直しを検討する.

② **対象者等の選定**：雇用形態の違いのみを理由として対象者から外すことがないようにし，労働者本人の納得のうえで対応を図る．新入社員や中途採用や異動直後の社員は，コミュニケーションの円滑化に特段の配慮をする.

(iii) **ルールの策定と周知**

① **労働基準関係法令の適用**：テレワークを行う場合も同じ.

② **就業規則の整備**：「使用者が許可する場所」においてテレワークが可能であ

る旨を規定.

③ **労働条件の明示**：労働者に対し就労の開始日からテレワークを行わせようとする場合は場所を明示，労働者が就労の開始後にテレワークを予定している場合は使用者が可能な場所を明示，専らモバイル勤務の場合は「使用者が許可する場所」と許可基準を明示する.

④ **労働条件の変更**：労働協約や就業規則に定められた範囲を超えたテレワークを行わせる場合は，労働者本人の合意を得たうえでの労働協約の変更が必要.

⑷ **労働時間管理の工夫**

① **労働時間の把握**：次の方法が考えられる.

・パソコンの使用時間の記録等の客観的な記録を基礎として，始業および終業の時刻を確認する（テレワークに使用する情報通信機器の使用時間の記録等や，サテライトオフィスへの入退場の記録等により労働時間を把握）.

・労働者の自己申告により把握する（終業時に始業時刻，終業時刻をメール等で報告など）.

② **テレワークに特有の事象の取り扱い**

・**中抜け時間（一定程度労働者が業務から離れる時間）**：使用者が把握する場合には，休憩時間として取り扱い終業時刻の繰下げ，時間単位の年次有給休暇とする．把握しない場合には，始業時刻～終業時刻の間の時間から休憩時間を除いて労働時間.

・**勤務時間の一部についてテレワークを行う際の移動時間**：労働者による自由利用が保障されている時間は休憩時間．使用者が労働者に対し業務に従事するために必要な就業場所間の移動を命じ，その間の自由利用が保障されていない場合は労働時間.

・**休憩時間の取り扱い**：労使協定により，休憩時間の一斉付与の原則を適用除外可能.

・**長時間労働対策**：メール送付の抑制等やシステムへのアクセス制限等，時間外・休日・所定外深夜労働についての手続き，長時間労働等を行う労働者への注意喚起など.

(f) **公益通報者保護法**

(i) **目的**：公益通報をしたことを理由とする公益通報者の解雇の無効等ならびに公益通報に関し事業者および行政機関がとるべき措置を定めて公益通報者の保護を図る.

(ii) 公益通報の要件（第3条により，事業者が公益通報を理由に行った解雇を無効にするための要件）

① 通報する人（通報の主体）は労働者

正社員，派遣労働者，アルバイト，パートタイマーなど．第7条（一般職の国家公務員等に対する取扱い）により公務員も含まれる．

② 通報の内容は一定の法令違反行為

「労務提供先」（勤務先・派遣元・取引先の事業者）において，「通報対象事実」が生じ，またはまさに生じようとしていること．

「通報対象事実」とは，「個人の生命又は身体の保護，消費者の利益の擁護，環境の保全，公正な競争の確保その他の国民の生命，身体，財産その他の利益の保護にかかわる法律として法の別表に掲げるもの（これらの法律に基づく命令を含む）に規定する罪の犯罪行為の事実」．刑法，食品衛生法，金融商品取引法，日本農林規格等に関する法律，大気汚染防止法，廃棄物処理法，個人情報保護法など．

③ 不正の利益を得る目的，他人に損害を加える目的その他の不正の目的の通報ではない．

④ 通報先は，事業者内部，権限のある行政機関あるいはその他の事業者外部のいずれか．

・権限を有する行政機関への通報は，「通報対象事実が生じ，又はまさに生じようとしていると信ずるに足りる相当の理由がある」ことを示す必要あり．

・その他の事業者外部（マスコミなど）に通報を行うためには，さらに，次のいずれかの条件を満たすことが必要．

✓事業者内部，権限のある行政機関への通報では解雇その他の不利益な取扱いを受けると信ずるに足りる理由がある場合

✓権限のある行政機関に通報すると証拠の隠滅，偽造，変造のおそれがあると信ずるに足りる相当の理由がある場合

✓労務提供先から事業者内部，権限を有する行政機関への公益通報をしないことを正当な理由がなくて要求された場合

✓書面により事業者内部に公益通報をした日から20日を経過しても，当該通報対象事実について，当該労務提供先等から調査を行う旨の通知がない場合または当該労務提供先等が正当な理由がなくて調査を行わない場合

✓個人の生命または身体に危害が発生し，または発生する急迫した危険があると信ずるに足りる相当の理由がある場合

(g) 職場におけるハラスメント

(i) 職場におけるパワーハラスメント（パワハラ）：同じ職場で働く者に対して，職務上の地位や人間関係などの職場内での優位性を背景に，業務の適正な範囲

を超えて，精神的・身体的苦痛を与えるまたは職場環境を悪化させる行為.

・**職場**：出張先や職務の延長と考えられるような宴会も含む.

・**労働者**：正規・不正規・派遣すべてを含む.

・**職務上の地位**：同僚または部下であっても業務上必要な専門知識や豊富な経験を有する者の言動でその協力を得なければ業務の円滑な遂行を行うことが困難であるもの．同僚または部下からの集団による行為でこれに抵抗または拒絶することが困難であるものも含まれる.

・**「業務の適正な範囲を超える」とは**：職場で不満を感じたりする指示や注意・指導であっても，「労働者を育成するために現状よりも少し高いレベルの業務を任せる」，「業務の繁忙期に業務上の必要性から当該業務の担当者に通常時よりも一定程度多い業務の処理を任せる」，「労働者の能力に応じて一定程度業務内容や業務量を軽減する」などは該当しないと考えられる.

要　　素	意　　味
1　優越的な関係に基づいて（優位性を背景に）行われること	当該行為を受ける労働者が行為者に対して抵抗または拒絶することができない蓋然性が高い関係に基づいて行われること
2　業務の適正な範囲を超えて行われること	社会通念に照らし，当該行為が明らかに業務上の必要性がない，またはその態様が相当でないものであること
3　身体的もしくは精神的な苦痛を与えること，または就業環境を害すること	・当該行為を受けた者が身体的若しくは精神的に圧力を加えられ負担と感じること，または当該行為により当該行為を受けた者の職場環境が不快なものとなったため，能力の発揮に重大な悪影響が生じる等，当該労働者が就業するうえで看過できない程度の支障が生じること ・「身体的若しくは精神的な苦痛を与える」または「就業環境を害する」の判断に当たっては，「平均的な労働者の感じ方」を基準とする ・暴力により傷害を負わせる行為
「職場におけるパワーハラスメント（要素 1〜3 をすべて満足）」の 6 類型 身体的な攻撃，精神的な攻撃，人間関係からの切り離し，過大な要求，過小な要求，個の侵害	

(ii)　**職場におけるセクシュアルハラスメント（セクハラ）**：職場において行われる労働者の意に反する性的な言動により，労働者が労働条件について不利益を受けること（対価型），および就業環境が害されること（環境型）をいう.

・**性的な言動**：性的な内容の発言や性的な行動.

・**行為者**：取引先，顧客，患者，生徒などもなり得る．女性や同性間でもなり得る.

①　**その他のハラスメント**

・**モラルハラスメント**：モラル（道徳や倫理）に反するいじめや嫌がらせ．相手を言動や文書などにより尊厳を傷つけたり精神的攻撃によってダメージを与えたりして職場環境を害する行為．パワハラの一種.

・マタニティハラスメント（マタハラ）：妊娠・出産・育児休暇を理由とする不当な扱いや嫌がらせ．男性の育児休暇取得に対する嫌がらせも含まれる．

(iii) **事業主の義務**

① **職場におけるパワーハラスメント対策**（大企業2020年6月～，中小企業2022年4月～）

「労働施策総合推進法」第30条の2（雇用管理上の措置等）

第1項　事業主は，職場において行われる優越的な関係を背景とした言動であって，業務上必要かつ相当な範囲を超えたものによりその雇用する労働者の就業環境が害されることのないよう，当該労働者からの相談に応じ，適切に対応するために必要な体制の整備その他の雇用管理上必要な措置を講じなければならない．

第2項　事業主は，労働者が前項の相談を行ったこと又は事業主による当該相談への対応に協力した際に事実を述べたことを理由として，当該労働者に対して解雇その他不利益な取扱いをしてはならない．

② **職場におけるセクシュアルハラスメントおよび妊娠・出産等に関するハラスメント対策**

「男女雇用機会均等法」第11条・第11条の3

「育児・介護休業法」（2021年6月改正，2022年4月～段階的に施行）

・男性の育児休業取得促進のための子の出生直後の時期における柔軟な育児休業の枠組みの創設
・育児休業を取得しやすい雇用環境整備および妊娠・出産の申出をした労働者に対する個別の周知・意向確認の措置の義務付け
・育児休業の分割取得
・育児休業の取得の状況の公表の義務付け
・有期雇用労働者の育児・介護休業取得要件の緩和

3 2 7 その他法令・規格

(1) 製造物責任法（PL法）

(a) 目的（第1条）

製造物の欠陥により人の生命，身体又は財産に係る被害が生じた場合における製造業者等の損害賠償の責任について定めることにより，被害者の保護を図り，もって国民生活の安定向上と国民経済の健全な発展に寄与すること．

(b) 用語の定義

(i) **製造物**：製造または加工された動産．

動産とは不動産（土地およびその定着物（建物））以外の物（民法第86条）．

現金・商品・家財などの財産，土地に付着していても定着物でない物（仮植中の樹木や庭石など），建物の構成部分とされない物（障子，ふすまなど）も動産.

“物”とは有体物（物理的に空間の一部を占めて有形的存在をもつもの）なので，電気・電磁波等のような無形エネルギー，コンピュータのソフトウェア，情報等は製造物ではない．ソフトウェアを組み込んで機能を実現している物は製造物である.

未加工の自然産物である農畜産物，水産物，狩猟物等は製造物ではないが，飲食店で加工したものは製造物.

(ii) **欠陥**：当該製造物の特性，その通常予見される使用形態，その製造業者等が当該製造物を引き渡した時期その他の当該製造物に係る事情を考慮して，当該製造物が通常有すべき安全性を欠いていること.

(iii) **製造業者等**：「製造業者」（当該製造物を業として製造，加工または輸入した者)，自ら当該製造物の製造業者として当該製造物にその氏名等の表示をした者または当該製造物にその製造業者と誤認させるような氏名等の表示をした者など.

(c) 製造物責任の範囲と免責事由

(i) 製造物責任の範囲（第3条）

製造，加工，輸入等をした製造物[*1]であって，その引き渡したものの欠陥により他人の生命，身体又は財産を侵害したとき[*2]は，これによって生じた損害を賠償する責めに任ずる．ただし，その損害が当該製造物についてのみ生じたときは，この限りでない.

[*1] 「修理」，「修繕」，「整備」は動産の本来存在する性質の回復や維持を目的としたもの.「製造」と「加工」は製造物責任の対象になるが，「修理」，「修繕」，「整備」は製造物責任の対象とはならない．再生品は劣化・破損等で修理等では使用困難になった製造物の一部を利用して形成された物なので製造物である．再生品は，最後に再生に利用した一部の性能，劣化状況も考慮して設計，製造または加工した者が製造物責任を負うことになるが，利用した一部に欠陥が存在し，それが原因で損害が発生した場合については元の製造者の責任になる場合がある.

[*2] 部品製造者の場合，引き渡しの相手は最終製品の製造業者等も含まれる．最終製品の製造業者等が使用した部品の製造者に賠償責任を負わせるためには，部品製造者から部品の引き渡しを受けたときの欠陥の存在を証明する必要がある.

民法第709条（不法行為による損害賠償）によれば，「故意又は過失によって他人の権利又は法律上保護される利益を侵害した者は，これによって生じた損害を賠償する責任を負う.」という損害賠償請求のため，消費者は損害と加害の故意または過失との因果関係の立証が必要．PL 法施行後は，加害の故意または過失の有無とは関係なく，損害が製品の欠陥によることを立証すればよい．なお，PL 法に特段の規定がない場合は，第 6 条により民法の規定が適用される．また，PL 法は国内法なので，製造物を輸出する場合は輸出先の法令にも従わなければならない．

(ii) 免責事由（第 4 条）

第 3 条の場合において，製造業者等は，次の各号に掲げる事項を証明したときは，同条に規定する賠償の責めに任じない．

一　当該製造物をその製造業者等が引き渡した時における科学又は技術に関する知見によっては，当該製造物にその欠陥があることを認識することができなかったこと．

二　当該製造物が他の製造物の部品又は原材料として使用された場合において，その欠陥が専ら当該他の製造物の製造業者が行った設計に関する指示に従ったことにより生じ，かつ，その欠陥が生じたことにつき過失がないこと．

(iii) 損害賠償の請求権の消滅時効（第 5 条）

一　被害者又はその法定代理人が損害及び賠償義務者を知った時から 3 年間行使しないとき．

二　その製造業者等が当該製造物を引き渡した時から 10 年を経過したとき．

(2) 組織の社会的責任の七つの原則（「ISO 26000（JIS Z 26000（社会的責任に関する手引き））

(a) **説明責任**：組織の活動が社会や環境に対して与える影響を説明する．

(b) **透明性**：組織の方針や決定，活動などについて原因や結果の透明性を保つ．

(c) **倫理的な行動**：いかなる状況においても公平性，誠実さを意識し，倫理的に行動する．

(d) **ステークホルダーの利害の尊重**：消費者をはじめとする従業員，株主・投資家など，さまざまなステークホルダーの収益だけではなく，人権も尊重する．

(e) **法の支配の尊重**：コンプライアンスはもとより，法律を尊重すべきであるとの意識を組織全体に行き渡らす．

(f) **国際行動規範の尊重**：条約に限らず国際間で決定したことや合意したことなど，国際行動規範を尊重する．

(g) **人権の尊重**：人権は欠くことのできない権利であり普遍性をもつものであると認識し，すべての行動において人権を尊重する．

4. 基礎科目の問題と解答

2023 年度

I　次の1群～5群の全ての問題群からそれぞれ3問題，計15問題を選び解答せよ．（解答欄に1つだけマークすること．）

1群　設計・計画に関するもの（全6問題から3問題を選択解答）

I-1-1　頻出度★☆☆　Check □□□

鉄鋼とCFRP（Carbon Fiber Reinforced Plastics）の材料選定に関する次の記述の，［　］に入る語句又は数値の組合せとして，最も適切なものはどれか．

一定の強度を保持しつつ軽量化を促進できれば，エネルギー消費あるいは輸送コストが改善される．このパラメータとして，［ア］で割った値で表す比強度がある．鉄鋼とCFRPを比較すると比強度が高いのは［イ］である．また，［イ］の比強度当たりの価格は，もう一方の材料の比強度当たりの価格の約［ウ］倍である．ただし，鉄鋼では，価格は60［円/kg］，密度は7 900［kg/m^3］，強度は400［MPa］であり，CFRPでは，価格は16 000［円/kg］，密度は1 600［kg/m^3］，強度は2 000［MPa］とする．

	ア	イ	ウ
①	強度を密度	CFRP	2
②	密度を強度	CFRP	10
③	密度を強度	鉄鋼	2
④	強度を密度	鉄鋼	2
⑤	強度を密度	CFRP	10

解説　材料の比強度は，**強度を密度**で割った値をいう．強度としては引張強度を用いることが多く，引張強度÷密度が比強度になる．比強度が大きいほど，軽くて強い材料である．

鉄鋼の比強度は，

$$\frac{400\times10^6\ \mathrm{Pa}}{7\,900\ \mathrm{kg/m^3}}=\frac{400\times10^6\ \mathrm{N/m^2}}{7\,900\ \mathrm{kg/m^3}}=\frac{4}{79}\times10^6\ (\mathrm{N\cdot m})/\mathrm{kg}$$

鉄鋼の比強度当たりの価格は，

$$\frac{60\text{円/kg}}{\dfrac{4}{79}\times 10^6\ \mathrm{N\cdot m/kg}} = 1.185\times 10^{-3}\text{円/(N·m)}$$

CFRPの比強度は，

$$\frac{2\,000\times 10^6\ \mathrm{Pa}}{1\,600\ \mathrm{kg/m^3}} = \frac{2\,000\times 10^6\ \mathrm{N/m^2}}{1\,600\ \mathrm{kg/m^3}} = \frac{5}{4}\times 10^6\ \mathrm{(N\cdot m)/kg}$$

CFRPの比強度当たりの価格は，

$$\frac{16\,000\text{円/kg}}{\dfrac{5}{4}\times 10^6\ \mathrm{N\cdot m/kg}} = 12.8\times 10^{-3}\text{円/(N·m)}$$

比強度が高いのは，

$$\text{鉄鋼}：\frac{4}{79}\times 10^6\ \mathrm{(N\cdot m)/kg} < \mathrm{CFRP}：\frac{5}{4}\times 10^6\ \mathrm{(N\cdot m)/kg}$$

なので**CFRP**である．

また，CFRPの比強度当たりの価格は，もう一方の材料である鉄鋼の

$$\frac{\mathrm{CFRP}}{\text{鉄鋼}} = \frac{12.8\times 10^{-3}\text{円/(N·m)}}{1.185\times 10^{-3}\text{円/(N·m)}} \fallingdotseq 10.8 \rightarrow \mathbf{10}\text{倍}$$

よって，組合せとして最も適切なものは⑤である．

解答　⑤

I 1 2　頻出度★☆☆　Check □□□

次の記述の，[　　]に入る語句の組合せとして，最も適切なものはどれか．

下図に示すように，真直ぐな細い針金を水平面に垂直に固定し，上端に圧縮荷重が加えられた場合を考える．荷重がきわめて[ア]ならば針金は真直ぐな形のまま純圧縮を受けるが，荷重がある限界値を[イ]と真直ぐな変形様式は不安定となり，[ウ]形式の変形を生じ，横にたわみはじめる．このような現象は[エ]と呼ばれる．

	ア	イ	ウ	エ
①	大	下回る	ねじれ	共振
②	小	越す	ねじれ	座屈
③	大	越す	曲げ	共振
④	小	越す	曲げ	座屈
⑤	小	下回る	曲げ	共振

図　上端に圧縮荷重を加えた場合の水平面に垂直に固定した細い針金

解説　座屈は，構造物に加える圧縮荷重を次第に増加していったとき，ある荷重

で急に変形の模様が変化し，大きなたわみを生じる現象をいう．座屈現象の発生は構造の剛性および形状に依存し，材料の強度以下で起こることもある．材料，断面形状，圧縮荷重の条件が同じであっても，短柱では座屈を起こさず，長柱では発生する．座屈現象を引き起こす圧縮荷重をその構造の座屈荷重という．

座屈は構造の不安定現象の一つであり，圧縮荷重が座屈荷重を上回って座屈が発生すると，構造物の倒壊などの安定な状態に移り，元には戻らない．

したがって，本問の問題文の空白(ア)～(エ)に入る適切な語句は次のとおりである．

真っ直ぐな細い針金を水平面に垂直に固定し，上端に圧縮荷重が加えられた場合を考えると，荷重がきわめて，**小**ならば針金は真っ直ぐな形のまま純圧縮を受けるが，荷重がある限界値を**越す**と真っ直ぐな変形様式は不安定となり，**曲げ**形式の変形を生じ，横にたわみはじめる．この種の現象は，**座屈**と呼ばれる．

よって，組合せとして最も適切なものは④である．

解答　④

Brushup　3.1.1(1)設計理論(c)

I 1 3　頻出度★★☆　Check □□□

材料の機械的特性に関する次の記述の，［　　］に入る語句の組合せとして，最も適切なものはどれか．

材料の機械的特性を調べるために引張試験を行う．特性を荷重と［ア］の線図で示す．材料に加える荷重を増加させると［ア］は一般的に増加する． 荷重を取り除いたとき，完全に復元する性質を［イ］といい，き裂を生じたり分離はしないが，復元しない性質を［ウ］という．さらに荷重を増加させると，荷重は最大値をとり，材料はやがて破断する．この荷重の最大値は材料の強さを示す重要な値である．このときの公称応力を［エ］と呼ぶ．

	ア	イ	ウ	エ
①	ひずみ	弾性	延性	疲労限度
②	伸び	塑性	弾性	引張強さ
③	伸び	弾性	塑性	引張強さ
④	伸び	弾性	延性	疲労限度
⑤	ひずみ	延性	塑性	引張強さ

解説　材料の弾性変形，塑性変形，破断に関する特性についての基本問題である．

材料の特性を荷重と**伸び**の線図で表すとき，材料に加える荷重を増加させると伸びは一般的に増加する．この関係がフックの法則である．荷重を取り除いたときに，完全に復元する性質を**弾性**といい，弾性変形の限界が弾性限界，そのときの荷重を弾性荷重と呼ぶ．弾性限度を超えても，き裂を生じたり分離したりはしないが，その後に荷重を取り去っても変形したまま復元しない．この性質を**塑性**という．

さらに荷重を増加させると，弾性限度を超える点でいったん応力は低下し，平衡状態になる．この変形過程を降伏といい，降伏が始まる点が上降伏点，平衡状態の点が下降伏点である．荷重は上降伏点で最大値をとる．下降伏点を超えて荷重を増大していくと，あるところで材料にくびれが生じて断面積が急激に縮小し破断する．この荷重の最大値は材料の強さを示す重要な値である．これを応力で示したものが**引張強さ**である．

よって，組合せとして最も適切なものは③である．

解答　③

Brushup　3.1.1(1)設計理論(c)

I 14　頻出度★★★　Check □□□

3個の同じ機能の構成要素中2個以上が正常に動作している場合に，系が正常に動作するように構成されているものを2/3多数決冗長系という．各構成要素の信頼度が0.7である場合に系の信頼度の含まれる範囲として，適切なものはどれか．ただし，各要素の故障は互いに独立とする．

① **0.9以上1.0以下**

② **0.85以上0.9未満**

③ **0.8以上0.85未満**

④ **0.75以上0.8未満**

⑤ **0.7以上0.75未満**

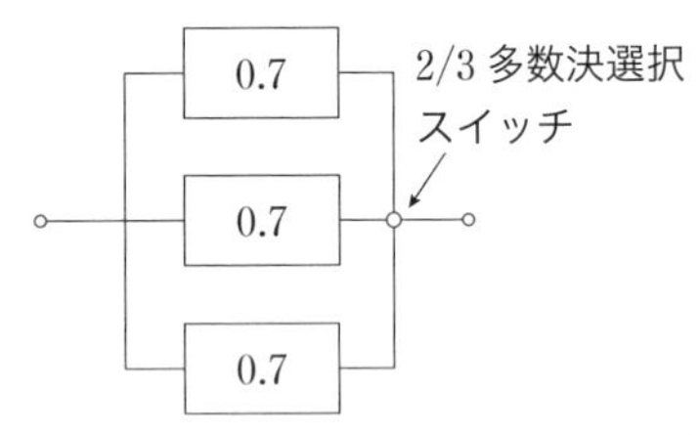

図　システム構成図と各要素の信頼度

解説　2/3多数決冗長系は，「3個の構成要素がすべて正常に動作」，あるいは「2個の構成要素が正常に動作かつ1個の構成要素が異常」のときに正常に動作することができ，「3個の構成要素がすべて異常」，あるいは「1個の構成要素が正常に動作かつ2個の構成要素が異常」のときは動作できない系である．正常に動作するときは，少なくとも2個の正常な構成要素の動作に基づいた動作になる．

各構成要素の信頼度 $p = 0.7$ なので，異常になる確率 $q = 1 - p = 1 - 0.7 = 0.3$ である．

・3個の構成要素がすべて正常に動作する確率 p_3

$$p_3 = p^3 = 0.7^3 = 0.343$$

・2個の構成要素が正常に動作かつ1個の構成要素が異常である確率 p_2

異常となる構成要素により3通りあるので，p^2q を3倍しなければならない．

$$p_2 = p^2q \times 3 = 0.7^2 \times 0.3 \times 3 = 0.441$$

$\therefore$ 系の信頼度 $p_{\text{total}} = p_3 + p_2 = 0.343 + 0.441 = 0.784$

よって，系の信頼度が含まれる適切な範囲は④の **0.75 以上 0.8 未満**である．

なお，並列接続系であれば，いずれか1個の構成要素が正常であれば系は正常に動作できるので，「すべての構成要素が異常」のときには系は正常に動作できない．

系の信頼度 $p_{\text{total}} = 1 - q^3 = 1 - 0.3^3 = 0.973$

解答　④

Brushup　3.1.1(2)システム設計(b)

I 1 5　頻出度★☆☆　Check ■■■

次の(ア)～(エ)の記述と，それが説明する用語の組合せとして，最も適切なものはどれか．

(ア)　故障時に，安全を保つことができるシステムの性質

(イ)　故障状態にあるか，又は故障が差し迫る場合に，その影響を受ける機能を，優先順位を付けて徐々に終了することができるシステムの性質

(ウ)　人為的に不適切な行為，過失などが起こっても，システムの信頼性及び安全性を保持する性質

(エ)　幾つかのフォールトが存在しても，機能し続けることができるシステムの能力

	ア	イ	ウ	エ
①	フェールセーフ	フェールソフト	フールプルーフ	フォールトトレランス
②	フェールセーフ	フェールソフト	フールプルーフ	フォールトマスキング
③	フェールソフト	フォールトトレランス	フールプルーフ	フォールトマスキング
④	フールプルーフ	フォールトトレランス	フェールソフト	フォールトマスキング
⑤	フールプルーフ	フェールセーフ	フェールソフト	フォールトトレランス

解説

(ア)　フェールセーフ：部品の故障や破損，操作ミス，誤作動などが発生したときに，なるべく安全な状態に移行するようにしたシステムの性質である．故障やミスは必ず発生するものなので，その場合に安全な方向に導くシステムである．

(イ)　フェールソフト：システムが故障状態にあるか，故障が差し迫る場合に，システム全体を直ちに停止するのではなく，その影響を受ける機能について優先順位を付けて徐々に故障箇所の切離しあるいは停止などにより縮退運転等でシステムの継続を図るなど，被害を最小限に抑えることができるシステムの性質である．

(ウ)　フールプルーフ：システムの誤操作や誤設定など人為的に不適切な行為・過失などが起こった場合，少なくとも使用者や周囲にとって危険な動作をしないよう，あるいはそもそも間違った使い方ができないように配慮し，システムの信頼性および安全性を保持する性質である．フールプルーフは人為ミスを発生させない予防防護思想の設計である．

(エ)　フォールトトレランス：いくつかの故障が発生しても，機能を縮小せずに，今までどおりの機能を継続できるシステムの能力である．

フェールセーフとフェールソフト，フールプルーフとフォールトトレランスを対応させて覚えるとよい．

よって，説明する用語の組合せとして，最も適切なものは①である．

解答　①

I 16　頻出度★☆☆　Check □□□

2つのデータの関係を調べるとき，相関係数 r（ピアソンの積率相関係数）を計算することが多い．次の記述のうち，最も適切なものはどれか．

① 相関係数は，つねに $-1 < r < 1$ の範囲にある．

② 相関係数が0から1に近づくほど，散布図上において2つのデータは直線関係になる．

③ 相関係数が0であれば，2つのデータは互いに独立である．

④ 回帰分析における決定係数は，相関係数の絶対値である．

⑤ 相関係数の絶対値の大きさに応じて，2つのデータの間の因果関係は変わる．

解説　二つのデータ x，y について，一方のデータ x が増えるにつれて，もう一方のデータ y も増える，または減る関係を相関関係といい，横軸をデータ x，縦軸をデータ y とする散布図を描いたときに直線上に並ぶことを完全な相関関係があるという．

相関係数 r は，二つの変数がどの程度直線的関係（散布図上で1本の直線上に並ぶ関係）にあるかを定量的に表す指標であり，次式で定義される．

$$r = \frac{\frac{1}{n}\sum_{i=1}^{n}(x_i - \bar{x})(y_i - \bar{y})}{\sqrt{\frac{1}{n}\sum_{i=1}^{n}(x_i - \bar{x})^2} \times \sqrt{\frac{1}{n}\sum_{i=1}^{n}(y_i - \bar{y})^2}}$$

ここで，$\bar{x}$，$\bar{y}$：平均値，$\sqrt{\frac{1}{n}\sum_{i=1}^{n}(x_i - \bar{x})^2}$，：$x$ の標準偏差，$\sqrt{\frac{1}{n}\sum_{i=1}^{n}(y_i - \bar{y})^2}$：$y$ の標準偏差，

$$\frac{1}{n}\sum_{i=1}^{n}(x_i - \bar{x})(y_i - \bar{y})$$：x と y の共分散

① 不適切．相関係数 r は $-1 \leqq r \leqq 1$ の範囲である．-1 と 1 も含まれる．

② 適切．相関関数 r が 0 から 1 に近づくほど相関が強くなる．$r = +1$ となるためには正の傾きの直線上に分布，$r = -1$ となるためには負の傾きの直線上に分布する場合に限られる．

③ 不適切．対象とする二つのデータが互いに独立ならば相関係数は 0 になるが，相関係数が 0 であっても互いに独立であるかどうかは決まらない．

④ 不適切．決定係数は，データの予測式の精度を表す値である．回帰分析で最小 2 乗法により直線近似（予測式として一次式で近似）するとき，決定係数は相関係数の 2 乗に等しくなるが，絶対値ではない．

⑤ 不適切．データの因果関係とはデータ同士が原因と結果の関係（時間的順序性）にあり，あるデータが原因となって，もう一方のデータに影響を与えている関係をいう．因果関係があるためには，相関関係のほかに時間的順序性があり，対象とする 2 データと関連が深い第 3 因子が存在しないことが条件になる．相関係数の絶対値の大きさが変化しても，時間的順序性関係が変わるとは限らないので，因果関係が変わるとはいえない．

よって，最も適切なものは②である．

解答　②

❷群　情報・論理に関するもの（全 6 問題から 3 問題を選択解答）

I 2 1　頻出度★★★　Check■■■

次の記述のうち，最も適切なものはどれか．

① 利用サービスによってはパスワードの定期的な変更を求められることがあるが，十分に複雑で使い回しのないパスワードを設定したうえで，パスワードの流出などの明らかに危険な事案がなければ，基本的にパスワードを変更する必要はない．

② PIN コードとは 4～6 桁の数字からなるパスワードの一種であるが，総当たり攻撃で破られやすいので使うべきではない．

③ 指紋，虹彩，静脈などの本人の生体の一部を用いた生体認証は，個人に固有の情報が用いられているので，認証時に本人がいなければ，認証は成功しない．

④ 二段階認証であって一要素認証である場合と，一段階認証で二要素認証である場合，前者の方が後者より安全である．

⑤ 接続する古い無線LANアクセスルータであってもWEPをサポートしているのであれば，買い換えるまではそれを使えば安全である．

解説

① 適切．パスワードは，同じメールアドレスで登録しているパスワードなどいろいろな情報の解析や何度もログインを試みることで突破されることがある．しかし，十分に複雑で使い回しのないパスワードを設定したうえで，パスワードの流出などの明らかに危険な事案がなければ，基本的にパスワードを定期的に変更する必要はない．また，パスワードの漏えいにはパスワード管理・運営会社の不手際やサイトへのハッキングによるものもあるが，定期的に変更しても悪用される可能性を低くするのみである．

② 不適切．PIN（Personal Identification Number，個人識別番号）コードは，スマホやパソコンなどの端末内もしくはICカードに格納されている暗証番号である．この認証情報の取り出しには，PINの“知識”と端末・ICカード等の所有が必要な二要素認証になるので，4～6桁の数字だけであってもセキュリティが高い．

③ 不適切．生体認証は，指紋などの生体情報があれば本人でなくても認証される．また，DNA認証を除き，生体情報が体調や怪我によって変化し，照明や騒音等の外部環境の影響を受ける場合もあるので，ID，パスワードのように，認証精度を100％にすることはできない．

④ 不適切．二段階認証を一要素認証で行う場合は一種類の認証方式を二度行うのに対して，一段階認証を二要素認証で行う場合は異なる認証方式を二つ組み合わせた認証を一度行う．前者は，例えばIDとパスワードを使った知識認証を突破されたとすると，それを二度行っても容易に突破される可能性が高いのでそれほど安全性は高まらない．これに対して，後者は，例えば知識認証のIDとパスワードと，所有物認証（ICカード，トークンなど）あるいは生体認証（指紋，網膜，顔，音声など）を組み合わせることにより，安全性を高めることができる．

⑤ 不適切．WEPは無線通信における暗号化技術の一つで，送信されるパケットを暗号化して傍受者に内容を知られないようにすることで有線通信と同様の安全性をもたせようとするものであるが，これまでにさまざまな脆弱性が見つかって対策を講じているので，古い無線LANアクセスルータの場合は，対策が講じられているかどうかを確認し，買い換えも検討する．

よって，最も適切なものは①である．

解答 ①

Brushup 3.1.2(3)情報ネットワーク(d)

I22 頻出度★★★ Check ■■■

自然数 A，B に対して，A を B で割った商を Q，余りを R とすると，A と B の公約数が B と R の公約数でもあり，逆に B と R の公約数は A と B の公約数である．ユークリッドの互除法は，このことを余りが0になるまで繰り返すことによって，A と B の最大公約数を求める手法である．このアルゴリズムを次のような流れ図で表した．流れ図中の，(ア)～(ウ)に入る式又は記号の組合せとして，最も適切なものはどれか．

	ア	イ	ウ
①	$R=0$	$R\neq 0$	A
②	$R\neq 0$	$R=0$	A
③	$R=0$	$R\neq 0$	B
④	$R\neq 0$	$R=0$	B
⑤	$R\neq 0$	$R=0$	R

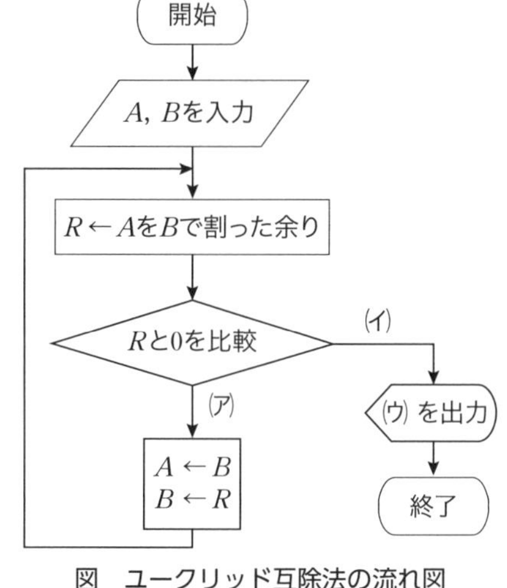

図　ユークリッド互除法の流れ図

解説　二つの自然数の最大公約数については，次の関係が成り立つ．

「二つの自然数 a, b $(a>b)$ について a を b で割ったときの商を q，余りを r とすると，a と b の最大公約数は，b と r の最大公約数に等しい」

この関係を利用して，次の割り算を余りが0になるまで繰り返して行う．

- a を b で割ったときの商を q_1，余りを r_1 とする．
- b を r_1 で割ったときの商を q_2，余りを r_2 とする．
- r_1 を r_2 で割ったときの商を q_3，余りを r_3 とする．
- ⋮

n 回目で余りが0になったとすると，q_n が a と b の最大公約数 $\gcd(a, b)$ になる．これがユークリッドの互除法である．

問題図は，自然数 A, B の最大公約数をユークリッドの互除法で求める流れ図である．A を B で割ったときの余りを R に格納し，R と0を比較したとき，

- $R\neq 0$ ならば，$A\leftarrow B$，$B\leftarrow R$ に格納した後，次の割り算を行う．
- $R=0$ ならば，B が最大公約数なので，B を出力して終了する．

よって，適切な組合せは④である．

解答　④

Brushup　3.1.2(1)情報理論(c)

I 2 3 頻出度★☆☆ Check □□□

国際書籍番号 ISBN-13 は 13 個の 0 から 9 の数字 $a_{13}, a_{12}, a_{11}, a_{10}, a_9, a_8, a_7, a_6, a_5, a_4, a_3, a_2, a_1$ を用いて $a_{13}a_{12}a_{11}$-a_{10}-$a_9a_8a_7$-$a_6a_5a_4a_3a_2$-a_1 のように表され，次の規則に従っている.

$$a_{13} + 3a_{12} + a_{11} + 3a_{10} + a_9 + 3a_8 + a_7 + 3a_6 + a_5 + 3a_4 + a_3 + 3a_2 + a_1 \equiv 0 \pmod{10}$$

ここに，ある書籍の ISBN-13 の番号が「978-4-103-34194-X」となっており，X と記された箇所が読めなくなっている. この X の値として，適切なものはどれか.

① 1　② 3　③ 5　④ 7　⑤ 9

解説 国際書籍番号 ISBN-13 の規則より，

$$a_{13} + 3a_{12} + a_{11} + 3a_{10} + a_9 + 3a_8 + a_7 + 3a_6 + a_5 + 3a_4 + a_3 + 3a_2 + a_1$$
$$= 9 + 3 \times 7 + 8 + 3 \times 4 + 1 + 3 \times 0 + 3 + 3 \times 3 + 4 + 3 \times 1 + 9 + 3 \times 4 + X$$
$$= 91 + X \equiv 0 \pmod{10}$$

したがって，$91 + X$ を 10 で割って余り 0 となるためには，

$$91 + X = 100$$
$$\therefore \quad X = 9$$

解答 ⑤

Brushup 3.1.2(2)数値表現とアルゴリズム(c)

I 2 4 頻出度★★★ Check □□□

情報圧縮(データ圧縮)に関する次の記述のうち，最も不適切なものはどれか.

① データ圧縮では，情報源に関する知識（記号の生起確率など）が必要であり，情報源の知識がない場合はデータ圧縮することはできない.

② 可逆圧縮には限界があり，どのような方式であっても，その限界を超えて圧縮することはできない.

③ 復号化によって元の情報に完全には戻らず，情報の欠落を伴う圧縮は非可逆圧縮と呼ばれ，音声や映像等の圧縮に使われることが多い.

④ 復号化によって元の情報を完全に復号でき，情報の欠落がない圧縮は可逆圧縮と呼ばれテキストデータ等の圧縮に使われることが多い.

⑤ 静止画に対する代表的な圧縮方式として JPEG があり，動画に対する代表的な圧縮方式として MPEG がある.

解説

① 不適切．可逆圧縮の場合は記号の生起確率の偏りなど情報源の知識を用い，圧縮効率と可逆性を考慮して適切な圧縮方式を選定するため情報源の知識は必須であるが，情報の質の低下はあまり気にせず，データ量圧縮のための非可逆圧縮を行う場合は必ずしも情報源の知識は必要ではない．

② 適切．ある情報源の情報量は，それを理想的な符号化を行ったときの2元シンボル数（平均符号長）に等しい．これをシャノンの符号化定理（第1定理）という．この定理より，情報源がもつ情報量にはそれ以上符号長を小さくできない限度がある．

③ 適切．非可逆圧縮に関する記述である．音声や映像等のデータは圧縮の過程で一部のデータが欠落しても音質や画質への影響が少なく許容できる場合が多く，またデータ量が多いので，圧縮効率が高い非可逆圧縮が適用される．

④ 適切．可逆圧縮に関する記述である．圧縮効率は低いが，完全に復元できないと使えないテキストデータ，文書データ，プログラム，数値データなどの圧縮に利用される．

⑤ 適切．JPEG（Joint Photographic Experts Group）は静止画像，MPEG（Moving Picture Experts Group）は動画の代表的な圧縮方式である．静止画の圧縮にはGIF（Graphic Interchange Format），動画にはAVI（Audio Video Interleave）やWMV9（Windows Media Video 9）も用いられる．

よって，最も不適切なものは①である．

解答　①

Brushup　3.1.2(3)情報理論(d)

I 2 5　頻出度★☆☆　Check □□□

2つの単一ビット a，b に対する排他的論理和演算 $a \oplus b$ 及び論理積演算 $a \cdot b$ に対して，2つの n ビット列 $A = a_1a_2\ldots a_n$，$B = b_1b_2\ldots b_n$ の排他的論理和演算 $A \oplus B$ 及び論理積演算 $A \cdot B$ は下記で定義される．

$$A \oplus B = (a_1 \oplus b_1)(a_2 \oplus b_2)\ldots(a_n \oplus b_n)$$

$$A \cdot B = (a_1 \cdot b_1)(a_2 \cdot b_2)\ldots(a_n \cdot b_n)$$

例えば

$$1010 \oplus 0110 = 1100$$

$$1010 \cdot 0110 = 0010$$

である．ここで2つの8ビット列

$$A = 01011101$$

$$B = 10101101$$

に対して，下記演算によって得られるビット列Cとして，適切なものはどれか．

$$C = (((A \oplus B) \oplus B) \oplus A) \cdot A$$

① 00000000　② 11111111　③ 10101101
④ 01011101　⑤ 11110000

解説　$A = 01011101$，$B = 10101101$ なので，

$A \oplus B = 01011101 \oplus 10101101 = 11110000$

$(A \oplus B) \oplus B = 11110000 \oplus 10101101 = 01011101$

$((A \oplus B) \oplus B) \oplus A = 01011101 \oplus 01011101 = 00000000$

$(((A \oplus B) \oplus B) \oplus A) \cdot A = 00000000 \cdot 01011101 = \mathbf{00000000}$

よって，適切なものは①である．

解答　①

Brushup　3.1.2(1)情報理論(b)

I 26　頻出度★★★　Check ■■■

全体集合Vと，その部分集合A，B，Cがある．部分集合A，B，C及びその積集合の元の個数は以下のとおりである．

Aの元：300個
Bの元：180個
Cの元：120個
$A \cap B$の元：60個
$A \cap C$の元：40個
$B \cap C$の元：20個
$A \cap B \cap C$の元：10個

$\overline{A \cup B \cup C}$の元の個数が400のとき，全体集合$V$の元の個数として，適切なものはどれか．ただし，$X \cap Y$は$X$と$Y$の積集合，$X \cup Y$は$X$と$Y$の和集合，$\bar{X}$は$X$の補集合とする．

① 600　② 720　③ 730　④ 890　⑤ 1 000

解説　集合$A \cup B \cup C$は，集合A，集合Bおよび集合Cの和集合である．集合$\overline{A \cup B \cup C}$は集合$A \cup B \cup C$の補集合なので，全体集合$V$のうちで集合$A \cup B \cup C$以外の部分の集合である．

集合A，集合B，集合Cの元の個数は，それぞれ300個，180個，120個なので，集合A，集合B，集合Cの元の個数の和N_{A+B+C}は，

$$N_{A+B+C} = 300 + 180 + 120 = 600 \text{個}$$

この個数から，集合A，集合B，集合Cの間で重複する部分集合$A \cap B$，集合$A \cap C$および集合$B \cap C$の元の個数の和$(60 + 40 + 20)$個を引くと，集合

$A \cap B \cap C$の部分の元の個数10個は引き過ぎなので，集合$A \cup B \cup C$の元の個数は，

$$600 - (60 + 40 + 20 - 10)$$
$$= 490 \text{ 個}$$

題意より，集合$\overline{A \cup B \cup C}$の元の個数は400個なので，全体集合$V$の元の個数は，

$$490 + 400 = 890 \text{ 個}$$

よって，適切なものは④である．

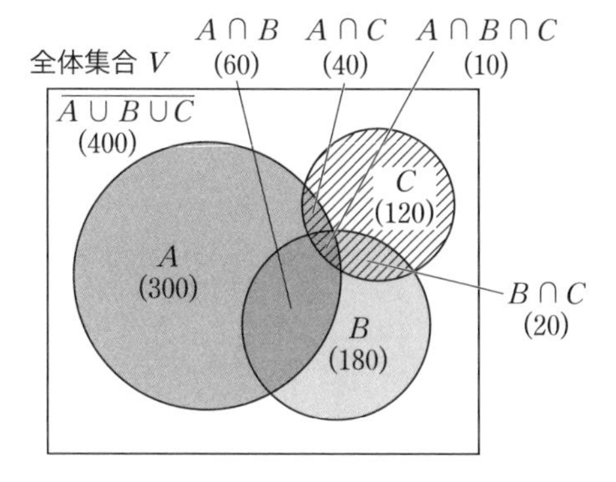

解答　④

Brushup　3.1.2(1)情報理論(a)

3群　解析に関するもの（全6問題から3問題を選択解答）

I 3 1　頻出度★☆☆　Check □□□

行列$\boldsymbol{A} = \begin{pmatrix} 1 & 0 & 0 \\ a & 1 & 0 \\ b & c & 1 \end{pmatrix}$の逆行列として，適切なものはどれか．

① $\begin{pmatrix} 1 & 0 & 0 \\ -a & 1 & 0 \\ ac+b & -c & 1 \end{pmatrix}$　② $\begin{pmatrix} 1 & 0 & 0 \\ a & 1 & 0 \\ ac-b & c & 1 \end{pmatrix}$　③ $\begin{pmatrix} 1 & c & b \\ 0 & 1 & a \\ 0 & 0 & 1 \end{pmatrix}$

④ $\begin{pmatrix} 1 & 0 & 0 \\ -a & 1 & 0 \\ ac-b & -c & 1 \end{pmatrix}$　⑤ $\begin{pmatrix} 1 & 0 & 0 \\ a & 1 & 0 \\ ac+b & c & 1 \end{pmatrix}$

解説

行列$A = \begin{pmatrix} 1 & 0 & 0 \\ a & 1 & 0 \\ b & c & 1 \end{pmatrix}$の余因子$A_{ij}(i, j = 1, 2, 3)$は，行列式$|A| = \begin{vmatrix} 1 & 0 & 0 \\ a & 1 & 0 \\ b & c & 1 \end{vmatrix}$の$i$行，$j$列の要素を取り去った小行列式$\Delta_{ij}$に$(-1)^{i+j}$を乗じた

$$A_{ij} = (-1)^{i+j}\Delta_{ij}$$

で定義される．

$$A_{11} = (-1)^{1+1}\begin{vmatrix} 1 & 0 \\ c & 1 \end{vmatrix} = 1,\ A_{12} = (-1)^{1+2}\begin{vmatrix} a & 0 \\ b & 1 \end{vmatrix} = -a,$$

$$A_{13} = (-1)^{1+3}\begin{vmatrix} a & 1 \\ b & c \end{vmatrix} = ac - b$$

$$A_{21} = (-1)^{2+1}\begin{vmatrix} 0 & 0 \\ c & 1 \end{vmatrix} = 0,\ \ A_{22} = (-1)^{2+2}\begin{vmatrix} 1 & 0 \\ b & 1 \end{vmatrix} = 1,$$

$$A_{23} = (-1)^{2+3}\begin{vmatrix} 1 & 0 \\ b & c \end{vmatrix} = -c$$

$$A_{31} = (-1)^{3+1}\begin{vmatrix} 0 & 0 \\ 1 & 0 \end{vmatrix} = 0,\ \ A_{32} = (-1)^{3+2}\begin{vmatrix} 1 & 0 \\ a & 0 \end{vmatrix} = 0,$$

$$A_{33} = (-1)^{3+3}\begin{vmatrix} 1 & 0 \\ a & 1 \end{vmatrix} = 1$$

余因子を用いると，逆行列は次式で求めることができる．

$$\therefore \begin{pmatrix} 1 & 0 & 0 \\ a & 1 & 0 \\ b & c & 1 \end{pmatrix}^{-1} = \frac{1}{\begin{vmatrix} 1 & 0 & 0 \\ a & 1 & 0 \\ b & c & 1 \end{vmatrix}}\begin{pmatrix} A_{11} & A_{21} & A_{31} \\ A_{12} & A_{22} & A_{32} \\ A_{13} & A_{23} & A_{33} \end{pmatrix}$$

$$= \frac{1}{1}\begin{pmatrix} 1 & 0 & 0 \\ -a & 1 & 0 \\ ac-b & -c & 1 \end{pmatrix} = \begin{pmatrix} \mathbf{1} & \mathbf{0} & \mathbf{0} \\ \mathbf{-a} & \mathbf{1} & \mathbf{0} \\ \mathbf{ac-b} & \mathbf{-c} & \mathbf{1} \end{pmatrix}$$

また，行列の次元が大きい場合は，掃き出し法によるのが便利である．逆行列 A^{-1} の定義より，単位行列を E とすると，行列 A に左からその逆行列 A^{-1} を乗じると単位行列 E になる．

$$A^{-1}A = E$$

この式から，行列 A に左から何らかの行列を乗じて単位行列 E に変形できたとすると，左から乗じた行列が逆行列 A^{-1} そのものである．$A^{-1}E = A^{-1}$ なので，行列 A に乗じるのと同じ計算を単位行列 E にも施せば，自動的に逆行列を求めることができる．

『行列 A に左から何らかの行列を乗じて単位行列 E に変形する』操作は，①第 i 行を k 倍する，②第 j 行に第 i 行を足すという基本変形を複数回繰り返し，対角項を 1，非対角項を 0 にしていく操作である．対角項が $\alpha \neq 1$ の場合は，$k = 1/\alpha$ 倍すれば 1 にできる．非対角項を 0 にするには，①と②を組み合わせて，第 j 行に第 i 行を k 倍して足す（k を $-k$ にすれば，第 j 行から第 i 行の k 倍を引く）操作により，ちょうど 0 になるように k の値を選ぶ．

行列 A の右に同じ次元の単位行列 E を配置した行列を $(A\,E)$ とする．

$$(A\,E)=\begin{pmatrix}1&0&0&1&0&0\\a&1&0&0&1&0\\b&c&1&0&0&1\end{pmatrix}$$

1行目はすでに対角項が1，非対角項が0なので，そのまま単位行列の要素になっており，変形の必要はないので第2行目から始める．

第2行から第1行の a 倍を引き，第3行から第1行の b 倍を引く．

$$\begin{pmatrix}1&0&0&1&0&0\\a-a&1-0&0-0&0-a&1-0&0-0\\b-b&c-0&1-0&0-b&0-0&1-0\end{pmatrix}$$

$$=\begin{pmatrix}1&0&0&1&0&0\\0&1&0&-a&1&0\\0&c&1&-b&0&1\end{pmatrix}$$

第3行から第2行の c 倍を引く．

$$\begin{pmatrix}1&0&0&1&0&0\\0&1&0&-a&1&0\\0&c-c&1-0&-b-c\times(-a)&0-c\times 1&1-0\end{pmatrix}$$

$$=\begin{pmatrix}1&0&0&1&0&0\\0&1&0&-a&1&0\\0&0&1&ac-b&-c&1\end{pmatrix}$$

以上の操作により，左の行列 A は単位行列 E に，右の単位行列 E は逆行列 A^{-1} に変形でき，余因子により求めた結果と一致した．

よって，行列 A の逆行列 A^{-1} として，最も適切なものは④である．

解答　④

Brushup　3.1.3(2)ベクトル解析(b)

I 3 2　頻出度★★☆　Check ■■■

重積分

$$\iint_R x\,\mathrm{d}x\mathrm{d}y$$

の値は，次のどれか．ただし，領域 R を $0 \leqq x \leqq 1$，$0 \leqq y \leqq \sqrt{1-x^2}$ とする．

① $\dfrac{\pi}{3}$　② $\dfrac{1}{3}$　③ $\dfrac{\pi}{2}$　④ $\dfrac{\pi}{4}$　⑤ $\dfrac{1}{4}$

解説　問題で与えられた領域 R：$0 \leqq x \leqq 1$，$0 \leqq y \leqq \sqrt{1-x^2}$ は，xy 平面上の第一象限において，原点を中心とする半径1の円の円周と，x 軸，y 軸に囲まれた領域である．この領域は，$0 \leqq x \leqq \sqrt{1-y^2}$，$0 \leqq y \leqq 1$ と考えても同じ領域なので，

$$\iint_R x\mathrm{d}x\mathrm{d}y = \int_0^1 \left(\int_0^{\sqrt{1-y^2}} x\mathrm{d}x \right) \mathrm{d}y = \int_0^1 \left[\frac{1}{2} x^2 \right]_0^{\sqrt{1-y^2}} \mathrm{d}y$$

$$= \frac{1}{2} \int_0^1 (1-y^2)\mathrm{d}y = \frac{1}{2} \left[y - \frac{1}{3} y^3 \right]_0^1 = \frac{1}{3}$$

解答　②

Brushup　3.1.3(1)微分・積分(b)

I 33　頻出度★★★　Check ■■■

数値解析に関する次の記述のうち，最も不適切なものはどれか．

① 複数の式が数学的に等価である場合は，どの式を用いて計算しても結果は等しくなる．

② 絶対値が近い 2 数の加減算では有効桁数が失われる桁落ち誤差を生じることがある．

③ 絶対値の極端に離れる 2 数の加減算では情報が失われる情報落ちが生じることがある．

④ 連立方程式の解は，係数行列の逆行列を必ずしも計算しなくても求めることができる．

⑤ 有限要素法において要素分割を細かくすると一般的に近似誤差は小さくなる．

解説

① 不適切．解析的に解くのであれば，複数の式が数学的に等価であるときはどの式を用いて計算しても結果は同じになるが，数値解析で得られる結果は近似解なので，一般的には用いる式によって誤差の生じ方が異なるので結果にも差異がある．

② 適切．浮動小数点演算では小数点以下の数を有効桁数の 2 進数で表現するため，絶対値が近い 2 数の加減算を行うと有効桁数が失われる桁落ち誤差が生じることがある．

③ 適切．絶対値の大きい数と絶対値の小さい数の加減算を行うと，絶対値の小さい数の情報が無視される情報落ち誤差が生じる場合がある．

④ 適切．連立方程式の解は，係数行列の逆行列を計算しなくても，係数行列が単位行列になるような行に関する基本変形を，単位行列に施すことにより求めることができる．

⑤ 適切．有限要素法では分割した要素の領域内での方程式を比較的単純で共

通な補間関数で近似するため，要素分割を細かくすると一般的に近似誤差は小さくなる．

よって，最も不適切なものは①である．

解答　①

Brushup　3.1.3(3)数値解析(a)〜(c)

I 3 4　頻出度★★★　Check □□□

長さ 2.4 m，断面積 1.2×10^2 mm^2 の線形弾性体からなる棒の上端を固定し，下端を 2.0 kN の力で軸方向下向きに引っ張ったとき，この棒に生じる伸びの値はどれか．ただし，この線形弾性体のヤング率は 2.0×10^2 GPa とする．なお，自重による影響は考慮しないものとする．

① 0.010 mm　② 0.020 mm　③ 0.050 mm
④ 0.10 mm　⑤ 0.20 mm

解説　ヤング率 E，断面積 A，長さ L の弾性体からなる棒の上端を固定し，下端を力 F で引っ張ったときの伸びを δ とすると，ひずみ ε および応力 σ は，

$$\varepsilon = \frac{\delta}{L} \qquad \boxed{1}$$

$$\sigma = \frac{F}{A} \qquad \boxed{2}$$

弾性体ではフックの法則が成り立つので，

$$\varepsilon = \frac{\sigma}{E} \qquad \boxed{3}$$

$\boxed{1}$式と$\boxed{3}$式より，

$$\delta = \varepsilon L = \frac{\sigma}{E} L \qquad \boxed{4}$$

$\boxed{4}$式に$\boxed{2}$式を代入すると，

$$\delta = \frac{F/A}{E} L = \frac{FL}{EA} = \frac{2.0 \times 10^3 \times 2.4}{2.0 \times 10^{11} \times 1.2 \times 10^{-4}} = 2.0 \times 10^{-4}\ \mathrm{m} = \mathbf{0.20\ mm}$$

よって，伸びの値として正しいのは⑤である．

解答　⑤

Brushup　3.1.3(4)力学(b)

I 3 5　頻出度★★★　Check □□□

モータと動力伝達効率が1の（トルク損失のない）変速機から構成される理想的な回転軸系を考える．変速機の出力軸に慣性モーメント I [kg·m^2] の円盤

が取り付けられている．この円盤を時間 T [s] の間に角速度 ω_1 [rad/s] から ω_2 [rad/s] ($\omega_2 > \omega_1$) に一定の角加速度 $(\omega_2 - \omega_1)/T$ で増速するために必要なモータ出力軸のトルク τ [N·m] として，適切なものはどれか．ただし，モータ出力軸と変速機の慣性モーメントは無視できるものとし，変速機の入力軸の回転速度と出力軸の回転速度の比を 1：1/n（$n > 1$）とする．

① $\tau = (1/n^2) \times I \times (\omega_2 - \omega_1)/T$

② $\tau = (1/n) \times I \times (\omega_2 - \omega_1)/T$

③ $\tau = I \times (\omega_2 - \omega_1)/T$

④ $\tau = n \times I \times (\omega_2 - \omega_1)/T$

⑤ $\tau = n^2 \times I \times (\omega_2 - \omega_1)/T$

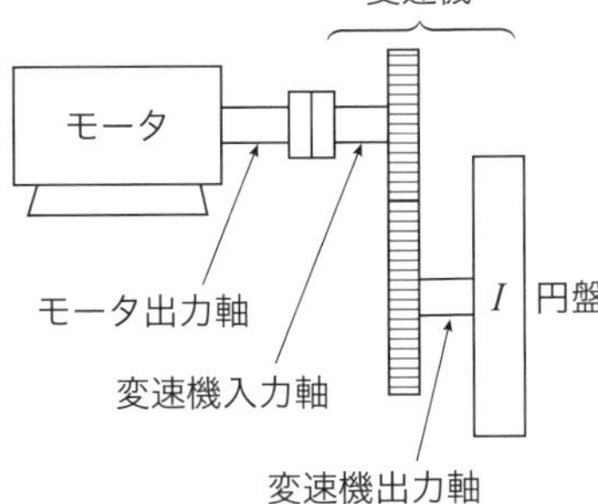

図　モータ，変速機，円盤から構成される回転軸系

解説　円盤は多数の質点が一体となって回転する回転体である．質点が n 個あり，各質点の質量を m_i [kg]，回転半径を r_i [m]（$i = 1, 2, \cdots, n$），角速度は円盤のどの質点についても共通なので ω [rad/s] とすると，各質点の速度 v_i [m/s] は $v_i = r_i\omega$ [m/s] である．

円盤の回転エネルギー

$$W = \sum_{i=1}^{n}\left(\frac{1}{2}m_i v_i^2\right) = \sum_{i=1}^{n}\left(\frac{1}{2}m_i r_i^2\omega^2\right) = \frac{1}{2}\left(\sum_{i=1}^{n} m_i r_i^2\right)\omega^2 \text{ [J]} \qquad \boxed{1}$$

慣性モーメント I は，$I = \sum_{i=1}^{n} m_i r_i^2$ [kg·m²] で定義される量である．これらの質点を質量が全質量 $M = \sum_{i=1}^{n} m_i$ [kg] の質点を半径 R [m] の点に置き，

$$I = \sum_{i=1}^{n} m_i r_i^2 = MR^2 \qquad \boxed{2}$$

$$\therefore \quad R = \sqrt{\frac{I}{M}} = \sqrt{\frac{\sum_{i=1}^{n} m_i r_i^2}{\sum_{i=1}^{n} m_i}} \qquad \boxed{3}$$

慣性モーメント I を用いると，$\boxed{1}$式は次の簡単な式で表現することができる．

$$W = \frac{1}{2}I\omega^2 \text{ [J]} \qquad \boxed{4}$$

仕事率（電力）P [W] は，

$$P = \frac{\mathrm{d}W}{\mathrm{d}t} = I\omega\frac{\mathrm{d}\omega}{\mathrm{d}t} \text{ [W]} \qquad \boxed{5}$$

一方，モータ出力軸のトルクを τ [N・m]，角速度を ω_{m} [rad/s] とすると，電力 P [W] との間には，次式の関係がある．

$$P = \tau\omega_{\mathrm{m}} \,[\mathrm{W}] \qquad \boxed{6}$$

また，題意より，変速機の入力軸（モータ側）の回転速度と出力軸（円盤側）の回転速度の比は $1 : 1/n$（$n > 1$）なので，

$$\omega_{\mathrm{m}} = n\omega \,[\mathrm{rad/s}] \qquad \boxed{7}$$

$\boxed{5}$式，$\boxed{6}$式，$\boxed{7}$式より

$$\tau = \frac{P}{\omega_m} = \frac{P}{n\omega} = \frac{1}{n} \times I \times \frac{\mathrm{d}\omega}{\mathrm{d}t} \,[\mathrm{N \cdot m}] \qquad \boxed{8}$$

題意より，円盤の角速度 ω を，ω_1 から ω_2 まで一定の角加速度 $\dfrac{\mathrm{d}\omega}{\mathrm{d}t} = \dfrac{\omega_2 - \omega_1}{T}$ で増速するために必要なトルク τ は，

$$\boldsymbol{\tau = \frac{1}{n} \times I \times \frac{\omega_2 - \omega_1}{T}} \,[\mathrm{N \cdot m}]$$

よって，適切なものは②である．

解答　②

Brushup　3.1.3(4)力学(a)

I 3 6　頻出度★☆☆　Check □□□

長さが L，抵抗が r の導線を複数本接続して，下図に示すような3種類の回路(a)，(b)，(c)を作製した．(a)，(b)，(c)の各回路における AB 間の合成抵抗の大きさをそれぞれ R_a，R_b，R_c とするとき，R_a，R_b，R_c の大小関係として，適切なものはどれか．ただし，導線の接続部分で付加的な抵抗は存在しないものとする．

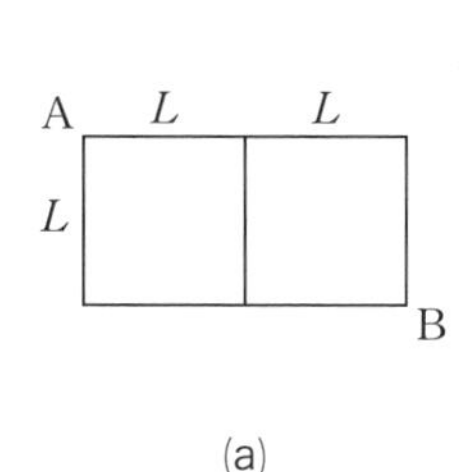

A L L
L
L
B
(b)

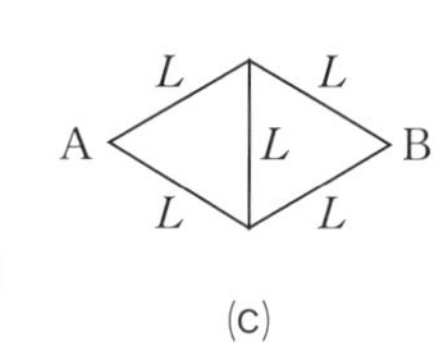

図　回路図

① $R_a < R_b < R_c$　　② $R_a < R_c < R_b$

③ $R_c < R_a < R_b$　　④ $R_c < R_b < R_a$

⑤ $R_b < R_a < R_c$

解説

(a) 回路の対称性に着目して電流 I_1 と I_2 を仮定し，閉回路にキルヒホッフの電圧則を適用すると，

$$rI_1 + r(I_1 - I_2) - 2rI_2 = 0$$

$$I_1 = \frac{3}{2} I_2$$

また，$I = I_1 + I_2$ なので，

$$I_1 = \frac{3}{5} I,\ I_2 = \frac{2}{5} I$$

$$V = rI_1 + 2rI_2 = \frac{3}{5} rI + \frac{4}{5} rI = \frac{7}{5} rI$$

$$\therefore\ R_a = \frac{V}{I} = \frac{7}{5} r = 1.4r$$

(b) 端子 AB 間に電圧 V を印加したときに，端子 A から流入する電流を I とすると，回路の対称性から各部の電流分布は右図のようになる．

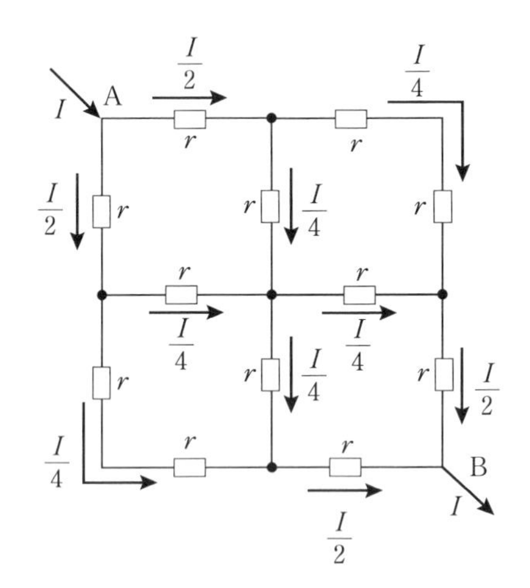

$$V = r \times \frac{I}{2} + r \times \frac{I}{4} + r \times \frac{I}{4} + r \times \frac{I}{2} = \frac{3rI}{2}$$

$$\therefore\ R_b = \frac{V}{I} = \frac{\frac{3rI}{2}}{I} = 1.5r$$

(c) ブリッジの平衡条件を満足しており中央の導線には電流は流れないので，取り去っても AB 間の合成抵抗は変わらない．

したがって，AB 間は 2 本の抵抗 r の直列回路 2 組が並列接続された回路と考えることができる．直列回路の合成抵抗は $r + r$，それを 2 組並列接続すると合成抵抗は 1/2 倍になるので，

$$R_c = \frac{r + r}{2} = r$$

よって，$R_c(= r) < R_a(= 1.4r) < R_b(= 1.5r)$ の関係になるので，最も適切なものは③である．

解答　③

4群　材料・化学・バイオに関するもの（全6問題から3問題を選択解答）

I 4 1　頻出度★★☆　Check □□□

原子に関する次の記述のうち，適切なものはどれか．ただし，いずれの元素も電荷がない状態とする．

① ${}^{40}_{20}\mathrm{Ca}$ と ${}^{40}_{18}\mathrm{Ar}$ の中性子の数は等しい．
② ${}^{35}_{17}\mathrm{Cl}$ と ${}^{37}_{17}\mathrm{Cl}$ の中性子の数は等しい．
③ ${}^{35}_{17}\mathrm{Cl}$ と ${}^{37}_{17}\mathrm{Cl}$ の電子の数は等しい．
④ ${}^{40}_{20}\mathrm{Ca}$ と ${}^{40}_{18}\mathrm{Ar}$ は互いに同位体である．
⑤ ${}^{35}_{17}\mathrm{Cl}$ と ${}^{37}_{17}\mathrm{Cl}$ は互いに同素体である．

解説

① 不適切．${}^{40}_{20}\mathrm{Ca}$ は原子番号（＝陽子の数＝電子の数）20，質量数（＝陽子の数＋中性子の数）40 なので，中性子の数は 20 である．${}^{40}_{18}\mathrm{Ar}$ は原子番号 18，質量数 40 なので，中性子の数は 22 である．中性子の数は異なる．

② 不適切．${}^{35}_{17}\mathrm{Cl}$ は原子番号 17，質量数 35 なので，中性子の数は 18 である．${}^{37}_{17}\mathrm{Cl}$ は原子番号 17，質量数 37 なので，中性子の数は 20 である．中性子の数は異なる．

③ 適切．${}^{35}_{17}\mathrm{Cl}$，${}^{37}_{17}\mathrm{Cl}$ の原子番号が同じ 17 なので，電子の数は等しい．

④ 不適切．同位体は，陽子の数（原子番号）が同じで中性子の数（質量数－原子番号）が異なるものをいう．${}^{40}_{20}\mathrm{Ca}$ と ${}^{40}_{18}\mathrm{Ar}$ は原子番号が異なるので互いに同位体ではない．

⑤ 不適切．同素体は，同一かつ単一の元素から構成される物質のうちで物理的，化学的性質が異なるものをいう．${}^{35}_{17}\mathrm{Cl}$ と ${}^{37}_{17}\mathrm{Cl}$ は原子番号が 17 で同じ，中性子の数が異なるので同位体であるが，同素体ではない．硫黄，炭素，酸素，りんなどに同素体が存在する．

よって，適切な記述は③である．

解答　③

Brushup　3.1.4(1)材料特性(e)，(f)

I 4 2　頻出度★☆☆　Check □□□

コロイドに関する次の記述のうち，最も不適切なものはどれか．

① コロイド溶液に少量の電解質を加えると，疎水コロイドの粒子が集合して沈殿する現象を凝析という．
② 半透膜を用いてコロイド粒子と小さい分子を分離する操作を透析という．

③　コロイド溶液に強い光線をあてたとき，光の通路が明るく見える現象をチンダル現象という．

④　コロイド溶液に直流電圧をかけたとき，電荷をもったコロイド粒子が移動する現象を電気泳動という．

⑤　流動性のない固体状態のコロイドをゾルという．

解説　コロイド粒子は，直径が $10^{-3} \sim 10^{-1}$ nm 程度の微粒子である．コロイド粒子として分散している物質を分散質，コロイド粒子を分散させている物質を分散媒といい，分散媒である固体，液体と気体の組合せによっていろいろなコロイドがあり，分散媒が液体のとき，コロイド溶液と呼ぶ．分散質がコロイド粒子より小さく 10^{-3} nm 以下のものを真の溶液，10^{-1} nm 以上のものを懸濁液と呼んでいる．

①　適切．疎水コロイドには無機物質の分散コロイドが多く，水との親和性が弱くて同じ電荷同士の反発力で分散している．コロイド溶液に少量の電解質を加えると，負電荷をもつイオンが正電荷のコロイド粒子を引き寄せ合って巨大な粒子となり溶液中に沈殿物を形成する．この現象を凝析という．親水コロイドは水との親和性が強く，分散媒の分子を表面に吸着（水和）することにより分散しているので，少量の電解質を加えただけでは水和した分散媒の分子を奪い取るだけで凝集沈殿せず，多量の電解質や脱水剤を加えて沈殿させる．この現象を塩析と呼び，凝析と区別している．

②　適切．小さな分子やイオンは半透膜を通過できるが，大きな粒子は通過できないことを利用して，コロイド粒子と小さい分子を分離する操作を透析と呼ぶ．透析は，コロイド溶液中の小さな不純物を取り除く精製に利用できる．

③　適切．コロイド溶液に強い光線を横から当てると，溶液中の粒子が大きいため光が散乱されて光の通り道が明るく光って見える．この現象をチンダル現象という．真の溶液では粒子が小さく光がすんなり通れるので，光は散乱せず，輝いて見えることはない．

④　適切．コロイド粒子は正か負のどちらかに帯電しているので，コロイド溶液に電極を浸して直流電圧をかけると帯電している反対側の電極へ向かって移動する．この現象を電気泳動という．

⑤　不適切．ゾルは流動性があるコロイド溶液である．流動性がない固体状のコロイドはゲルと呼ばれる．

よって，最も不適切なのは⑤である．

解答　⑤

Brushup　3.1.4(2)化学(i)

I 4 3 頻出度★★☆ Check □□□

金属材料に関する次の記述の，[　　]に入る語句の組合せとして，最も適切なものはどれか．

常温での固体の純鉄（Fe）の結晶構造は[ア]構造であり，*α*-Fe と呼ばれ，磁性は[イ]を示す．その他，常温で[イ]を示す金属として[ウ]がある．

純鉄をある温度まで加熱すると，*γ*-Fe へ相変態し，それに伴い[エ]する．

	ア	イ	ウ	エ
①	体心立方	強磁性	コバルト	膨張
②	面心立方	強磁性	クロム	膨張
③	体心立方	強磁性	コバルト	収縮
④	面心立方	常磁性	クロム	収縮
⑤	体心立方	常磁性	コバルト	膨張

解説　変態とは，化学組成は同一であるが，物理的性質や原子配列が異なる物質のそれぞれの状態である．特に，鋼や合金を熱処理することにより起こる同一元素の集合体が変態することを相変態と呼ぶ．

純鉄は，温度によって*α*-Fe（アルファ鉄），*γ*-Fe（ガンマ鉄），*δ*-Fe（デルタ鉄）に相変態する．常温で固体の純鉄（Fe）の結晶が*α*-Fe である．低温から 910 ℃までの範囲で存在する．構造は右図のように原子が立方体の頂点とその中心に配列される**体心立方**構造である．磁性は**強磁性**を示し，770 ℃で強磁性が完全に消失し，常磁性に変化するキュリー点がある．*γ*-Fe は，910〜1 400 ℃の範囲で存在し，面心立方格子構造をもち，高温で安定している．*δ*-Fe は 1 400 ℃以上の範囲で存在し，再び体心立方構造に戻る．

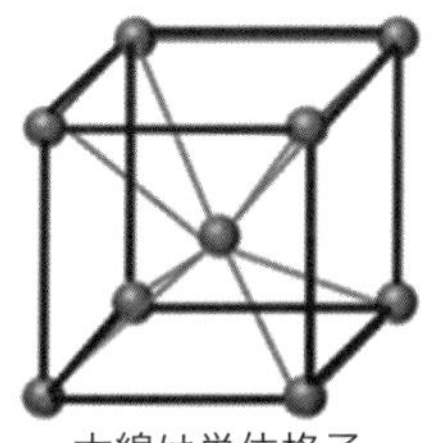
太線は単位格子

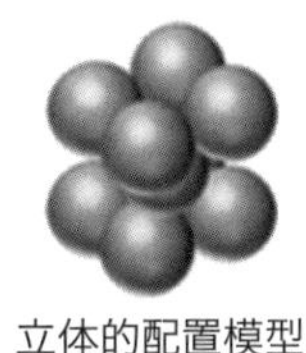
立体的配置模型

体心立方構造の充てん率は 68 %，面心立方格子構造の充てん率は 74 %なので，純鉄を 910 ℃まで加熱して，*α*-Fe から*γ*-Fe に相変態すると，**収縮**する．

純鉄以外に常温で強磁性を示す金属としては，**コバルト**，ニッケル，ガドリニウムのみである．化合物ではネオジム磁石など多数存在する．

したがって，最も適切な組合せは③である．

解答　③

Brushup　3.1.4(1)材料特性(l)，(2)化学(e)

I 4 4　頻出度★☆☆　Check ■■■

金属材料の腐食に関する次の記述のうち，適切なものはどれか．

① アルミニウムは表面に酸化物皮膜を形成することで不働態化する．

② 耐食性のよいステンレス鋼は，鉄に銅を5％以上含有させた合金鋼と定義される．

③ 腐食の速度は，材料の使用環境温度には依存しない．

④ 腐食は，局所的に生じることはなく，全体で均一に生じる．

⑤ 腐食とは，力学的作用によって表面が逐次減量する現象である．

解説

① 適切．不働態とは金属表面の腐食作用に抵抗する酸化皮膜を生じた状態である．アルミニウム Al のほかにも，鉄 Fe，ニッケル Ni，クロム Cr，コバルト Co などが不働態化しやすい．

② 不適切．耐食性のよいステンレス鋼は，鉄に一定量以上のクロムを含ませた腐食に対する耐性をもつ合金鋼である．銅ではない．規格は，クロム含有量が 10.5％（質量パーセント濃度）以上，炭素含有量が 1.2％以下の鋼をステンレス鋼と定義されている．

③ 不適切．腐食の速度は材料の使用環境温度により変化する．

④ 不適切．腐食は化学反応の起こりやすいところから進むので，全体で均一ではなく，局所的である．

⑤ 不適切．腐食とは，化学的作用によって金属イオンが酸化物に置き換わり表面が逐次減量する現象であり，力学的作用によるものではない．

よって，適切な記述は①である．

解答　①

Brushup　3.1.4(1)材料特性(b)

I 4 5　頻出度★★★　Check ■■■

タンパク質に関する次の記述の，［　　］に入る語句の組合せとして，最も適切なものはどれか．

タンパク質は［ア］が［イ］結合によって連結した高分子化合物であり，生体内で様々な働きをしている．タンパク質を主成分とする［ウ］は，生体内の化学反応を促進させる生体触媒であり，アミラーゼは［エ］を加水分解する．

	ア	イ	ウ	エ
①	グルコース	イオン	酵素	デンプン
②	グルコース	ペプチド	抗体	セルロース

③	アミノ酸	ペプチド	酵素	デンプン
④	アミノ酸	ペプチド	抗体	セルロース
⑤	アミノ酸	イオン	酵素	デンプン

解説 アミノ酸は，官能基であるアミノ基（$-NH_2$），カルボキシル基（$-COOH$）の両方と結合し，

一般式 $R-CH(NH_2)-COOH$

で表される有機化合物である．R－ はR基（置換基の総称）を指し，アミノ酸の側鎖と呼ぶ．側鎖はアミノ酸の種類により異なる．官能基と隣接する炭素原子を α－ 炭素原子と呼ぶ．

ペプチド結合は，2個の α アミノ酸分子の一方のアミノ基（$-NH_2$）と他方のカルボキシル基（$-COOH$）が脱水縮合した結合である．タンパク質は多数の**アミノ酸**（α アミノ酸）が多数の**ペプチド**結合で縮合重合した高分子化合物（ポリペプチド）である．

タンパク質を主成分とする**酵素**は，生体内の化学反応の活性化エネルギーを下げる生体触媒の働きをもち，反応の速さを数百万～数億倍に上昇させる．

アミラーゼはジアスターゼとも呼ばれ，すい液や唾液に含まれる消化酵素である．アミラーゼは，**デンプン**のグリコシド結合（炭水化物分子とほかの有機化合物が脱水縮合して形成する共有結合）を加水分解することにより，グルコース，マルトース（麦芽糖），オリゴ糖に変換する．

よって，組合せとして最も適切なものは③である．

解答 ③

Brushup 3.1.4(3)バイオテクノロジー(a)

I 4 6 頻出度★★★ Check □□□

PCR（ポリメラーゼ連鎖反応）法は，細胞や血液サンプルから DNA を高感度で増幅することができるため，遺伝子診断や微生物検査，動物や植物の系統調査等に用いられている．PCR 法は通常，(1) DNA の熱変性，(2)プライマーのアニーリング，(3)伸長反応の 3 段階からなっている．PCR 法に関する記述のうち，最も適切なものはどれか．

① アニーリング温度を上げすぎると，1 本鎖 DNA に対するプライマーの非特異的なアニーリングが起こりやすくなる．

② 伸長反応の時間は増幅したい配列の長さによって変える必要があり，増幅したい配列が長くなるにつれて伸長反応時間は短くする．

③ PCR法により増幅したDNAには，プライマーの塩基配列は含まれない．

④ 耐熱性の低い DNA ポリメラーゼが，PCR 法に適している．

⑤ **DNA の熱変性では，2 本鎖 DNA の水素結合を切断して 1 本鎖 DNA に解離させるために加熱を行う．**

解説 PCR（Polymerase Chain Reaction，ポリメラーゼ連鎖反応）法は，熱変性，アニーリングおよび伸長反応の三つのステップにより DNA 配列上の特定領域のみを迅速かつ簡便に増幅できる方法である．1 サイクルで特定領域の DNA が 2 倍に増幅できる．PCR 法は新型コロナウイルス感染症（COVID-19）の検査法として一般に知られるようになった．

① 不適切．プライマーは増幅したい領域の両端に相補的な配列をもつ 1 本鎖の短い合成 DNA である．あらかじめプライマーを入れておいた反応液の中に，熱変性で 1 本鎖にした DNA を入れ，徐々に温度を下げていくと，短くて濃度の濃いプライマーが元の DNA 同士で再結合するよりも早く結合する．この操作をアニーリング（annealing，焼きなまし）という．プライマーには Forward プライマーと Reverse プライマーがあり，熱変性で分離した相補的な 1 本鎖 DNA と結合し，それぞれの下流方向に向けての伸長反応の起点となる．アニーリングは温度が低くなると，完全に相補的ではない配列と結合する非特異的なアニーリングになり，標的とした DNA 配列以外の配列も増幅されてしまう．一方，温度を上げるとアニーリングの効率が低下するので，特異性と効率の両方を考慮して，増幅したい配列ごとに，最適な温度とする必要がある．

② 不適切．DNA ポリメラーゼは DNA を複製させるための酵素である．アニーリング後に再び温度を上げると，2 本の DNA 鎖に DNA ポリメラーゼが作用し，プライマーを起点として，それぞれの下流方向に DNA 鎖が 1 塩基ずつ伸びていく．これが伸長反応である．DNA ポリメラーゼによる合成反応の速度は一定である．増幅したい配列が長くなるにつれて伸長反応時間も長くなるので，記述は逆である．

③ 不適切．プライマーは伸長反応の起点となるものなので，プライマーの塩基配列は含まれている．

④ 不適切．通常，熱変性では 95 °C 程度，アニーリングでは 55～65 °C 程度，伸長では 72 °C 程度である．熱変性のときは 90 °C を超える高温になるので，耐熱性の低い DNA ポリメラーゼは PCR 法には適さない．このため，PCR 法には，温泉などに生息する細菌由来の耐熱性 DNA ポリメラーゼが使用されている．

⑤ 適切．2 本鎖 DNA は，相補的な配列をもつ 2 本のポリヌクレオチド鎖（1 本鎖 DNA）から突き出した A−T（A はアデニン，T はチミン），G−C（G はグアニン，C はシトシン）という 2 種類の塩基が水素結合（−NH と N ま

たは −NH と O の間の結合）により特異的な塩基対を形成したものである．水素結合は静電接合によるものなので，熱エネルギーを加えて，熱変性により水素結合を解き，1本鎖DNAにする．

よって，最も適切な記述は⑤である．

解答　⑤

Brushup　3.1.4(3)バイオテクノロジー(c)

5群　環境・エネルギー・技術に関するもの（全6問題から3問題を選択解答）

I 5 1　頻出度★☆☆　Check □□□

生物多様性国家戦略 2023-2030 に記載された，日本における生物多様性に関する次の記述のうち，最も不適切なものはどれか．

① 我が国に生息・生育する生物種は固有種の比率が高いことが特徴で，爬虫類の約6割，両生類の約8割が固有種となっている．

② 高度経済成長期以降，急速で規模の大きな開発・改変によって，自然性の高い森林，草原，農地，湿原，干潟等の規模や質が著しく縮小したが，近年では大規模な開発・改変による生物多様性への圧力は低下している．

③ 里地里山は，奥山自然地域と都市地域との中間に位置し，生物多様性保全上重要な地域であるが，農地，水路・ため池，農用林などの利用拡大等により，里地里山を構成する野生生物の生息・生育地が減少した．

④ 国外や国内の他の地域から導入された生物が，地域固有の生物相や生態系を改変し，在来種に大きな影響を与えている．

⑤ 温暖な気候に生育するタケ類の分布の北上や，南方系チョウ類の個体数増加及び分布域の北上が確認されている．

解説　生物多様性国家戦略 2023-2030〜ネイチャーポジティブ実現に向けたロードマップ〜（令和5年3月31日）によれば，「第2節　我が国の現状と動向」において，次のように評価されている．

① 適切．わが国は，ユーラシア大陸に隣接して南北に長い国土を有すること，海岸から山岳までの標高差を有すること，モンスーンの影響を受け明瞭な四季の変化のある気候条件，火山の噴火，急しゅんな河川の氾濫，台風等のさまざまなかく乱があること，海洋域は深海に至るまでさまざまな環境を有し，世界第6位の広さの排他的経済水域（EEZ）に大小さまざまな数千の島嶼（しょ）を有すること等を背景に，多様な生物の生息・生育環境が広がっている．また，農林業などを通じて人の手が加えられた二次的自然が，明るい環

境を好む動植物等の生息・生育地を提供してきた．これにより，わが国の生物多様性は，生息・生育する生物種は固有種の比率が高いことが特徴で，陸生哺乳類，維管束植物の約4割，爬虫類の約6割，両生類の約8割が固有種であると評価している．

② 適切．生物多様性が直面する四つの危機のうちの第1の危機（開発など人間活動による危機）として，開発を含む土地と海の利用の変化や乱獲といった生物の直接採取など，人が引き起こす生物多様性への負の影響である．高度経済成長期以降，急速で規模の大きな開発・改変によって，自然性の高い森林，草原，農地，湿原，干潟等の規模や質が著しく縮小し，近年では，大規模な開発・改変による生物多様性への圧力は低下していることを挙げている．

過去の開発・改変により失われた生物多様性は容易に取り戻すことはできず，加えて，相対的に規模の小さい開発・改変によっても生物多様性は影響を受けている．また，気候変動緩和策は第4の危機（地球環境の変化による危機）への対策としては重要だが，再生可能エネルギー発電設備の不適正な導入に伴い生物多様性の損失が生じている場合があるとも指摘されている．さらに，鑑賞用や商業的利用による個体の乱獲，盗掘なども動植物の個体数の減少をもたらした．環境省レッドリストにおいて絶滅危惧種に選定されている種の減少要因においても，開発や捕獲・採取による影響が大きい．

③ 不適切．生物多様性・生態系の現状としては，「生物多様性及び生態系サービスの総合評価2021（JBO3）」によれば，わが国の生物多様性は，過去50年間損失し続けている．生態系の種類によっては損失の速度は弱まりつつあるが，全体としては現在も損失の傾向が継続している状況にある．

里地里山は，奥山自然地域と都市地域との中間に位置し，地域集落とそれを取り巻く二次林，それらと混在する農地，ため池，草原などで構成される地域で，わが国の生物多様性保全上重要な地域であるが，農地，水路・ため池，農用林などの利用縮小等により，里地里山を構成する野生生物の生息・生育地が減少した．農地，水路・ため池，農用林などの利用は拡大ではなく縮小である．

④ 適切．第3の危機（人間によりもち込まれたものによる危機）として，外来種の侵入や化学物質による汚染など，人間が近代的な生活を送るようになったことによりもち込まれたものによる生物多様性への負の影響が挙げられている．外来種については，本来の移動能力を超えて人為により意図的・非意図的に国外や国内の他の地域から導入された生物が，地域固有の生物相や生態系を改変し，絶滅危惧種を含む在来種に大きな影響を与えている．ひとたび国内に定着した外来種の分布拡大を抑えることは容易ではなく，例え

ば，生態系被害などを引き起こして問題となっているアライグマの分布は2006年から2017年で生息確認メッシュが約3倍に拡大し，ほぼ全国に広がっており，ヌートリアの分布は2002年から2017年で生息確認メッシュが約5倍に拡大している．また，近年では輸入された物品等に付着してヒアリが国内に侵入する事例が増加するなど，人の生活環境への影響の懸念も増大している．さらに，例えば緑化における輸入種子由来のヨモギやコマツナギの使用など，在来種の自然分布域内に遺伝的形質の異なる集団に由来する同種個体が人為により導入されることによる遺伝的かく乱も懸念されている．また，ペットとして飼養されていた動物の遺棄，または災害時などに逸走することで自然界に定着し，当該地域の生態系や生物多様性に影響を及ぼすことが懸念される．

⑤ 適切．第4の危機（地球環境の変化による危機）としては，地球温暖化や降水量の変化などの気候変動，海洋の酸性化など地球環境の変化による生物多様性への負の影響である．IPCCの第6次評価報告書第2作業部会報告書では，人為起源の気候変動により，自然の気候変動の範囲を超えて，自然や人間に対して広範囲にわたる悪影響とそれに関連した損失と損害を引き起こしていると評価されている．わが国においてもすでに，温暖な気候に生育するタケ類（モウソウチク，マダケ）の分布の北上や，南方系チョウ類の個体数増加および分布域の北上，海水温の上昇によるものとみられるサンゴの白化等が確認されている．今後，高山性のライチョウの生息適域の減少および消失，ニホンジカ等の多雪地域・高標高域への分布拡大，森林構成樹種の分布や成長量の変化等，さまざまな生態系においてさらに負の影響が拡大することが予測されており，島嶼(しょ)，沿岸，亜高山・高山地帯など，環境の変化に対して弱い地域を中心に，わが国の生物多様性に深刻な負の影響が生じることは避けられないと考えられている．

よって，最も不適切な記述は③である．

解答 ③

Brushup 3.1.5(1)環境(f)

I 5 2 頻出度★☆☆ Check □□□

大気汚染物質に関する次の記述のうち，最も不適切なものはどれか．

① 二酸化硫黄は，硫黄分を含む石炭や石油などの燃焼によって生じ，呼吸器疾患や酸性雨の原因となる．

② 二酸化窒素は，物質の燃焼時に発生する一酸化窒素が，大気中で酸化されて生成される物質で，呼吸器疾患の原因となる．

③ 一酸化炭素は，有機物の不完全燃焼によって発生し，血液中のヘモグロビンと結合することで酸素運搬機能を阻害する．

④ 光化学オキシダントは，工場や自動車から排出される窒素酸化物や揮発性有機化合物などが，太陽光により光化学反応を起こして生成される酸化性物質の総称である．

⑤ **PM2.5** は，粒径 **10 μm** 以下の浮遊粒子状物質のうち，肺胞に最も付着しやすい粒径 **2.5 μm** 付近の大きさを有するものである．

解説

① 適切．二酸化硫黄は，化石燃料の燃焼などで大量に排出される硫黄酸化物の一種であり，火山活動によっても排出される．二酸化硫黄は，目，喉，気道に刺激を与え，さらされ過ぎると短期的には炎症や痛みを引き起こし，目が赤くなる，せきが出る，呼吸がしづらい，胸が苦しいなど呼吸疾患の原因となる．また，二酸化硫黄は二酸化窒素などの存在下で酸化されて硫酸となり，酸性雨の原因となる．

② 適切．物質の燃焼過程などで発生する窒素酸化物は，大部分が一酸化窒素であるが，大気中での光反応などにより酸化されると，二酸化窒素になる．二酸化窒素は中性で肺から吸収されやすい赤褐色の気体である．細胞内に入ると強い酸化作用を示して細胞を傷害し，粘膜の刺激，気管支炎，肺水腫など呼吸器疾患の原因となる．

③ 適切．一酸化炭素は，炭素の不完全燃焼によって発生する．一般に，有機物は炭素を含む物質であるが，炭素は無機物に分類される．血液中のヘモグロビンは酸素と結びつくことで酸素を全身に運搬する役割を果たしているが，一酸化炭素は酸素に比べて200倍以上もヘモグロビンと結びつきやすい性質をもっているため，ヘモグロビンが酸素と結びつくことを阻害し，酸素不足で一酸化炭素中毒になるおそれがある．

④ 適切．光化学オキシダントは，工場の煙や自動車の排気ガスなどに含まれている窒素酸化物や揮発性有機化合物が，太陽からの紫外線を受けて光化学反応を起こして生成されるオゾン，パーオキシアセチルナイトレートなどの酸化性物質の総称である．また，光化学オキシダントからできたスモッグを光化学スモッグという．人の健康を保護するうえで維持することが望ましい光化学オキシダントの基準は，1時間値が 0.06 ppm 以下である．

⑤ 不適切．粒径 10 μm 以下の浮遊粒子状物質（SPM：Suspended Particulate Matter）のうち，粒径 2.5 μm 以下の大きさを有するものを PM2.5 と呼んでいる．粒径 2.5 μm 付近ではないので誤りである．PM2.5 は髪の毛の太さの1/30程度以下と非常に小さい粒子なので肺の奥深くまで入りやすく，呼吸器

系や循環器系への影響が懸念されている．
よって，最も不適切なものは⑤である．

解答 ⑤

Brushup 3.1.5(1)環境(a)，(b)，(c)，(e)

I 5 3 頻出度★★★ Check □□□

日本のエネルギーに関する次の記述のうち，最も不適切なものはどれか．

① 日本の太陽光発電導入量，太陽電池の国内出荷量に占める国内生産品の割合は，いずれも2009年度以降2020年度まで毎年拡大している．

② 2020年度の日本の原油輸入の中東依存度は90％を上回り，諸外国と比べて高い水準にあり，特に輸入量が多い上位2か国はサウジアラビアとアラブ首長国連邦である．

③ 2020年度の日本に対するLNGの輸入供給源は，中東以外の地域が80％以上を占めており，特に2012年度から豪州が最大のLNG輸入先となっている．

④ 2020年末時点での日本の風力発電の導入量は4百万kWを上回り，再エネの中でも相対的にコストの低い風力発電の導入を推進するため，電力会社の系統受入容量の拡大などの対策が行われている．

⑤ 環境適合性に優れ，安定的な発電が可能なベースロード電源である地熱発電は，日本が世界第3位の資源量を有する電源として注目を集めている．

解説 令和3年度エネルギーに関する年次報告（エネルギー白書2022）によると，①から⑤の記述内容の適切，不適切は次のとおりである．

① 不適切．日本における太陽光発電導入量は，2009年度の太陽光発電の余剰電力買取制度の開始，補助制度の再度導入などによる設置費用の低減を受けて，2009年度から大幅な増加基調となり2020年度末累積で6 476万kWに達した．

太陽電池の生産量は，2007年まで日本が世界一であったが，2013年をピークに減少傾向に転じ，中国を始めとするアジア企業の台頭により，2020年時点では0.3％にまで落ち込む一方，中国（70％）の寡占化が進んだ．その結果，太陽電池の国内出荷量に占める国内生産品の割合は2008年度まではほぼ100％であったが，2009年度から低下し始め，2020年度は16％である．

② 適切．日本の原油自給率は，1970年頃から2020年度に至るまで継続して0.5％未満である．日本は中東地域のサウジアラビア，アラブ首長国連邦，

カタール，クウェート，イラク，オマーン等から輸入しており，2020年度の中東依存度は92.0 %である．特に輸入量が多いのはサウジアラビア（42.5 %）とアラブ首長国連邦（29.9 %）である．

③　適切．日本に対するLNGの輸入供給源は，2020年度において，豪州，マレーシア等のアジア大洋州地域とロシア，米国等の中東以外の地域が83.6 %を占めており，中東依存度は16.4 %と石油と比べて低い．特に，2012年度から豪州が最大のLNG輸入先となっている．

④　適切．2020年末時点での日本の風力発電の導入量は，2 554基，出力約444万kW（一般社団法人日本風力発電協会（JWPA）調べ）であった．風力発電は未稼動分を含めた固定価格買取制度による認定量は1 558万kW，そのうち約3割は東北に集中している．これらが順次稼動すれば，太陽光同様に出力変動の問題となるので，出力変動に応じた調整力の確保や系統の強化が課題となる．他方，日本は諸外国に比べて平地が少なく地形も複雑であること，電力会社の系統に余裕がない場合があること等から風力発電の設置が進みにくく，日本の風力発電導入量は2020年末時点で世界第21位にとどまっている．そこで，このような課題に直面しつつも再エネの中でも相対的にコストの低い風力発電の導入を推進するため，電力会社の系統受入容量の拡大，広域的な運用による調整力の確保，環境アセスメントの審査期間の短縮・前倒環境調査による開発期間の短縮などの対策が進められている．

⑤　適切．地熱発電は，二酸化炭素（CO_2）の排出量がほぼゼロで環境適合性に優れ，長期に安定的な発電が可能なベースロード電源である．日本の地熱資源量は，米国（3 000万kW），インドネシア（2 779万kW）に次いで世界第3位の2 347万kWである．

よって，最も不適切なものは①である．

解答　①

Brushup　3.1.5(2)エネルギー(a)，(b)

I 54　頻出度★★★　Check■■■

天然ガスは，日本まで輸送する際に容積を小さくするため，液化天然ガス（LNG, Liquefied Natural Gas）の形で運ばれている．0°C，1気圧の天然ガスを液化すると体積は何分の1になるか，次のうち最も近い値はどれか．

なお，天然ガスは全てメタン（CH_4）で構成される理想気体とし，LNGの密度は温度によらず425 kg/m^{3}で一定とする．

①　1/400　②　1/600　③　1/800　④　1/1 000　⑤　1/1 200

解説　標準状態（0 °C，1気圧）における気体の1 kmol当たりの体積は，

$$22.4\ \mathrm{kL/kmol} = 22.4\ \mathrm{m^3/kmol}$$

題意より，天然ガスはすべてメタン（CH_4）で構成される理想気体とするので，

$$12 + 4 \times 1 = 16\ \mathrm{kg/kmol}$$

したがって，気体のときの天然ガスの密度は，

$$\frac{16\ \mathrm{kg/kmol}}{22.4\ \mathrm{m^3/kmol}} = \frac{1}{1.4}\ \mathrm{kg/m^3}$$

一方，液化天然ガスの密度は，温度によらず425 kg/m³一定なので，

$$\frac{1/1.4}{425} = \frac{1}{595} \to \mathbf{\frac{1}{600}}$$

解答　②

Brushup　3.1.5(2)エネルギー

I 5 5　頻出度★☆☆　Check □□□

労働者や消費者の安全に関連する次の(ア)～(オ)の日本の出来事を年代の古い順から並べたものとして，適切なものはどれか．

(ア)　職場における労働者の安全と健康の確保などを図るために，労働安全衛生法が制定された．

(イ)　製造物の欠陥による被害者の保護を図るために，製造物責任法が制定された．

(ウ)　年少者や女子の労働時間制限などを図るために，工場法が制定された．

(エ)　健全なる産業の振興と労働者の幸福増進などを図るために，第1回の全国安全週間が実施された．

(オ)　工業標準化法（現在の産業標準化法）が制定され，日本工業規格（JIS，現在の日本産業規格）が定められることになった．

①　ウ―エ―オ―ア―イ
②　ウ―オ―エ―ア―イ
③　エ―ウ―オ―イ―ア
④　エ―オ―ウ―イ―ア
⑤　オ―ウ―ア―エ―イ

解説

(ア)　労働安全衛生法の制定：1972年（昭和47年）
(イ)　製造物責任法の制定：1994年（平成6年）
(ウ)　工場法の制定：1911年（明治44年）
(エ)　第1回全国安全週間の実施：1928年（昭和3年）
(オ)　工業標準化法（現在の産業標準化法）の制定：1949年（昭和24年）．2019

年（令和元年）に産業標準化法に改題.

したがって，年代の古い順に並べたものとして適切なものは①である.

解答　①

Brushup　3.2.6(3)労働環境(c)，3.2.7(1)製造物責任法

I 5 6　頻出度★★★　Check ■■■

科学と技術の関わりは多様であり，科学的な発見の刺激により技術的な応用がもたらされることもあれば，革新的な技術が科学的な発見を可能にすることもある．こうした関係についての次の記述のうち，不適切なものはどれか.

① 望遠鏡が発明されたのちに土星の環が確認された.

② 量子力学が誕生したのちにトランジスターが発明された.

③ 電磁波の存在が確認されたのちにレーダーが開発された.

④ 原子核分裂が発見されたのちに原子力発電の利用が始まった.

⑤ ウイルスが発見されたのちにワクチン接種が始まった.

解説

① 適切．1608年に，オランダのリッペルスハイが屈折式望遠鏡を発明した．ガリレオ・ガリレイが，望遠鏡を用いて土星の環を観測したのは1610年である.

② 適切．量子力学は1900年にマックス・プランクにより提唱され，ハイゼンベルク，ボルン，ヨルダンらによって行列力学という形で量子力学の定式化に成功した．その後，ベル研究所にてショックレーをリーダーとする研究チームが半導体のゲルマニウムに微量の不純物を加えたものを組み合わせると電流の増幅作用があることを発見し，1947年の点接触型トランジスタの発明につながった.

③ 適切．1888年にハインリッヒ・ヘルツが電磁波の存在を実験的に実証した．レーダの開発は1930年代である.

④ 適切．1938年に，オットー・ハーンが原子核分裂を発見した．原子力発電の利用は1951年のソビエト連邦が最初である.

⑤ 不適切．ワクチン接種は，1796年にエドワード・ジェンナーが種痘法を考案し，天然痘の流行抑制に効果を発揮した．ウイルスは1892年にドミトリー・イワノフスキーにより発見された.

解答　⑤

Brushup　3.1.5(3)技術史(a)

4. 基礎科目の問題と解答

2022 年度

1群 設計・計画に関するもの（全6問題から3問題を選択解答）

I-1-1 頻出度★★★ Check □□□

金属材料の一般的性質に関する次の(A)～(D)の記述の，［　］に入る語句の組合せとして，適切なものはどれか．

(A) 疲労限度線図では，規則的な繰り返し応力における平均応力を［ア］方向に変更すれば，少ない繰り返し回数で疲労破壊する傾向が示されている．

(B) 材料に長時間一定荷重を加えるとひずみが時間とともに増加する．これをクリープという．［イ］ではこのクリープが顕著になる傾向がある．

(C) 弾性変形下では，縦弾性係数の値が［ウ］と少しの荷重でも変形しやすい．

(D) 部材の形状が急に変化する部分では，局所的に von Mises 相当応力（相当応力）が［エ］なる．

	ア	イ	ウ	エ
①	引張	材料の温度が高い状態	小さい	大きく
②	引張	材料の温度が高い状態	大きい	小さく
③	圧縮	材料の温度が高い状態	小さい	小さく
④	圧縮	引張強さが大きい材料	小さい	大きく
⑤	引張	引張強さが大きい材料	大きい	大きく

解説

(A) 疲労限度線図は，横軸に繰り返し応力における平均応力，縦軸に応力振幅をとり，降伏限界線と疲労限度線を一緒に描き表した図である．平均応力は正が引張側，負が圧縮側を示し，降伏限界線は左右対称であるのに対して，疲労限度線は左右非対称である．平均応力が**引張**方向のほうが圧縮方向より限度が小さく，少ない繰返し回数で疲労破壊する傾向がある．

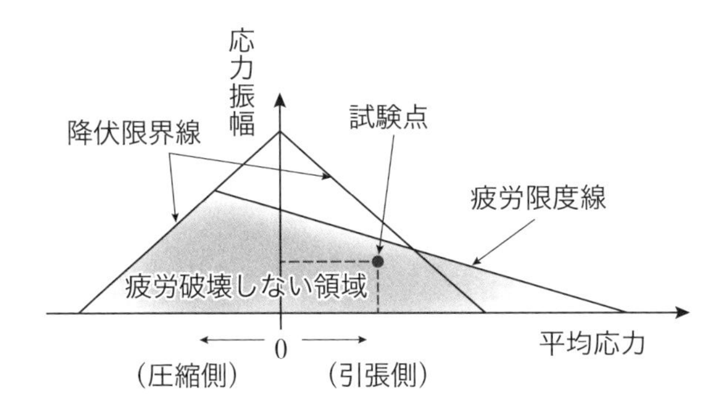

(B) クリープ（creep）は，材料に長時間一定荷重を加えることで，ひずみが時間とともに増加していく現象をいう．通常，一定の荷重を加えた場合，それ以上変形しないところで物体の変形が止まるが，**材料の温度が高い状態**ではじわじわとひずみが増加し，クリープが顕著になり破断に至ることがある．なお，プラスチックでは常温でもクリープが発生し，コールドフローと呼んでいる．

(C) 縦弾性係数 E はヤング率とも呼ばれる．弾性変形下で材料に引張荷重を加えたときの引張応力を σ，ひずみを ε とするとき，

$$E = \frac{\sigma}{\varepsilon}$$

で定義され，縦弾性係数の値が**小さい**と，少しの荷重でも変形しやすい．横弾性係数はせん断力に対するひずみの程度を表す係数であるが，縦弾性係数と比例関係にあるので，せん断力を加えたときも，縦弾性係数の値が小さいと，少しの荷重でも変形しやすい．

(D) 部材に加わる応力を徐々に上げていくと，弾性変形から塑性変形に変わる点で形状が急に変化する．この点が上降伏点である．von Mises 相当応力（フォン・ミーゼス応力またはミーゼス応力）は，せん断ひずみエネルギー説（部材はせん断ひずみエネルギーが材料強度に達したときに破損が発生するという強度理論）に基づいて算出されるスカラ値である．局所的にこの応力が**大きく**なり，材料の単軸降伏応力以上になると塑性変形する．弾性・塑性変形域をもつ鉄やアルミなどの延性材料，非金属材料でも引張と圧縮で挙動が大きく異なるコンクリートのような材料を除く材料の強度評価に広く用いられる．

解答　①

Brushup　3.1.1(1)設計理論(c)

I 1 2 頻出度★☆☆ Check □□□

確率分布に関する次の記述のうち，不適切なものはどれか．

① 1個のサイコロを振ったときに，1から6までのそれぞれの目が出る確率は，一様分布に従う．

② 大量生産される工業製品のなかで，不良品が発生する個数は，ポアソン分布に従うと近似できる．

③ 災害が起こってから次に起こるまでの期間は，指数分布に従うと近似できる．

④ ある交差点における5年間の交通事故発生回数は，正規分布に従うと近似できる．

⑤ 1枚のコインを5回投げたときに，表が出る回数は，二項分布に従う．

解説 確率分布には，正規分布，二項分布，ポアソン分布，指数分布，一様分布などがある．

① 適切．一様分布は，ある試行のすべての事象が起こる確率が一定の値域の間に均等に存在する分布である．サイコロは1から6までの6面があり，それぞれが出る確率は均等なので離散一様分布に従う．

② 適切．ポアソン分布は，事故数など，一定期間のうちにあるまれな事象が発生する回数が従う分布である．大量生産される工業製品の製造においては，不良品が発生するのはまれなのでポアソン分布で近似できる．

③ 適切．指数分布は，ポアソン過程のある事象が次に起こるまでの期間の分布である．災害が起こるのはまれな事象と考えられるので，次の災害が起こるまでの期間は指数分布に従うと近似できる．

④ 不適切．正規分布は連続的な変数に関する最も一般的で自然現象や社会現象によくあてはまる確率分布である．平均値と最頻値，中央値が一致し，平均値の付近にデータが左右対称に存在する．ある交差点における5年間の交通事故発生回数は，交通事故はまれにしか発生しないので，正規分布よりもポアソン分布として近似するほうが妥当である．

⑤ 適切．二項分布は，ある事象が起こるか起きないかといった場合に，その起こる確率の試行を独立に N 回繰り返したときに起こる回数が従う分布である．1枚のコインを5回投げたときに出る事象は表か裏かの2択なので，表が出る回数は二項分布に従う．

解答 ④

Brushup 3.1.1(2)システム設計(a)

I 1 3　頻出度★★☆　Check□□□

次の記述の，［　　］に入る語句として，適切なものはどれか．

ある棒部材に，互いに独立な引張力 F_a と圧縮力 F_b が同時に作用する．引張力 F_a は平均 300 N，標準偏差 30 N の正規分布に従い，圧縮力 F_b は平均 200 N，標準偏差 40 N の正規分布に従う．棒部材の合力が 200 N 以上の引張力となる確率は［　　］となる．ただし，平均 0，標準偏差 1 の正規分布で値が z 以上となる確率は以下の表により表される．

表　標準正規分布に従う確率変数 z と上側確率

z	1.0	1.5	2.0	2.5	3.0
確率 [%]	15.9	6.68	2.28	0.62	0.13

① 0.2 %未満
② 0.2 %以上 1 %未満
③ 1 %以上 5 %未満
④ 5 %以上 10 %未満
⑤ 10 %以上

解説　題意より，ある棒部材に作用する引張力 F_a は平均値 $\mu_a = 300$ N，標準偏差 $\sigma_a = 30$ N の正規分布，圧縮力 F_b は平均値 $\mu_b = 200$ N，標準偏差 $\sigma_b = 40$ N の正規分布であり，互いに独立である．この引張力と圧縮力の差の分布も正規分布になり，平均値 μ_{ab}，標準偏差 σ_{ab} は次式で表される．

$$\mu_{ab} = \mu_a - \mu_b = 300 - 200 = 100 \text{ N}$$
$$\sigma_{ab} = \sqrt{{\sigma_a}^2 + {\sigma_b}^2} = \sqrt{30^2 + 40^2} = 50 \text{ N}$$

よって，棒部材の合力 $F_a - F_b$ が 200 N 以上になる確率変数 z の値は，

$$z \geqq \frac{(F_a - F_b) - \mu_{ab}}{\sigma_{ab}} = \frac{200 - 100}{50} = 2.0$$

問題表より，$z = 2.0$ のときの上側確率が 2.28 %なので，選択肢③が適当である．

解答　③

Brushup　3.1.1(1)設計理論(c)，3.1.3(4)力学(b)

I 1 4　頻出度★★★　Check□□□

ある工業製品の安全率を x とする（$x > 1$）．この製品の期待損失額は，製品に損傷が生じる確率とその際の経済的な損失額の積として求められ，損傷が生じる確率は $1/(1 + x)$，経済的な損失額は 9 億円である．一方，この製品を造る

ための材料費やその調達を含む製造コストが x 億円であるとした場合に，製造にかかる総コスト（期待損失額と製造コストの合計）を最小にする安全率 x の値はどれか．

① 2.0　② 2.5　③ 3.0　④ 3.5　⑤ 4.0

解説 ある工業製品の安全率を x とすると，期待損失額 L，製造コスト P，総コスト C は，

$$L = \frac{1}{1+x} \times 9\ \text{億円}$$

$$P = x\ \text{億円}$$

$$C = L + P = \frac{1}{1+x} \times 9 + x\ \text{億円}$$

よって，安全率 x は，

$$\frac{\mathrm{d}C}{\mathrm{d}x} = -\frac{9}{(1+x)^2} + 1 = 0$$

$$\therefore\quad x = \sqrt{\frac{9}{1}} - 1 = 2.0$$

解答 ①

Brushup 3.1.1(3)最適化問題(b)

I 1 5 頻出度★★★ Check □□□

次の記述の，[　　]に入る語句の組合せとして，適切なものはどれか．

断面が円形の等分布荷重を受ける片持ばりにおいて，最大曲げ応力は断面の円の直径の[ア]に[イ]し，最大たわみは断面の円の直径の[ウ]に[イ]する．また，この断面を円から長方形に変更すると，最大曲げ応力は断面の長方形の高さの[エ]に[イ]する．ただし，断面形状ははりの長さ方向に対して一様である．また，はりの長方形断面の高さ方向は荷重方向に一致する．

	ア	イ	ウ	エ
①	3乗	比例	4乗	3乗
②	4乗	比例	3乗	2乗
③	3乗	反比例	4乗	2乗
④	4乗	反比例	3乗	3乗
⑤	3乗	反比例	4乗	3乗

解説 等分布荷重を受ける円形断面の片持ばりの断面係数 Z，断面二次モーメント I は，円の直径を d とすると，

$$Z=\frac{\pi d^3}{32},\qquad I=\frac{\pi d^4}{64}$$

はりの長さをl，単位長さ当たりの荷重をw，ヤング率をEとすると，最大曲げモーメント（固定端）$M_{\max}$，最大曲げ応力（固定端）$\sigma_{\max}$，最大たわみ（先端）$\delta_{\max}$は，

$$M_{\max}=\frac{wl^2}{2}$$

$$\sigma_{\max}=\frac{M_{\max}}{Z}=\frac{\dfrac{wl^2}{2}}{\dfrac{\pi d^3}{32}}=\frac{16wl^2}{\pi d^3}\propto\frac{\mathbf{1}}{\boldsymbol{d}^3}$$

$$\delta_{\max}=\frac{wl^4}{8EI}=\frac{wl^4}{8E\times\dfrac{\pi d^4}{64}}=\frac{8wl^4}{\pi d^4 E}\propto\frac{\mathbf{1}}{\boldsymbol{d}^4}$$

はりの断面形状を高さh，幅bの長方形に変更すると，

$$Z=\frac{bh^2}{6},\qquad I=\frac{bh^3}{12}$$

になるので，最大曲げ応力（固定端）$\sigma_{\max}$は，

$$\sigma_{\max}=\frac{M_{\max}}{Z}=\frac{\dfrac{wl^2}{2}}{\dfrac{bh^2}{6}}=\frac{3wl^2}{bh^2}\propto\frac{\mathbf{1}}{\boldsymbol{h}^2}$$

よって，最も適切な組合せは③である．

解答　③

Brushup　3.1.1(1)設計理論(c)，3.1.3(4)力学(b)

I 1 6　頻出度★★★　Check □□□

ある施設の計画案(ア)～(オ)がある．これらの計画案による施設の建設によって得られる便益が，将来の社会条件a，b，cにより表1のように変化するものとする．また，それぞれの計画案に要する建設費用が表2に示されるとおりとする．将来の社会条件の発生確率が，それぞれa = 70 %，b = 20 %，c = 10 %と予測される場合，期待される価値（= 便益 − 費用）が最も大きくなる計画案はどれか．

表1　社会条件によって変化する便益（単位：億円）

社会条件＼計画案	ア	イ	ウ	エ	オ
a	5	5	3	6	7
b	4	4	6	5	4
c	4	7	7	3	5

表2　計画案に要する建設費用（単位：億円）

計画案	ア	イ	ウ	エ	オ
建設費用	3	3	3	4	6

①　ア　　②　イ　　③　ウ　　④　エ　　⑤　オ

解説

・計画案ア

便益 $5 \times 0.7 + 4 \times 0.2 + 4 \times 0.1 = 4.7$ 億円

費用 3 億円

期待される価値 $4.7 - 3 = 1.7$ 億円

・計画案イ

便益 $5 \times 0.7 + 4 \times 0.2 + 7 \times 0.1 = 5.0$ 億円

費用 3 億円

期待される価値 $5.0 - 3 = 2.0$ 億円

・計画案ウ

便益 $3 \times 0.7 + 6 \times 0.2 + 7 \times 0.1 = 4.0$ 億円

費用 3 億円

期待される価値 $4.0 - 3 = 1.0$ 億円

・計画案エ

便益 $6 \times 0.7 + 5 \times 0.2 + 3 \times 0.1 = 5.5$ 億円

費用 4 億円

期待される価値 $5.5 - 4 = 1.5$ 億円

・計画案オ

便益 $7 \times 0.7 + 4 \times 0.2 + 5 \times 0.1 = 6.2$ 億円

費用 6 億円

期待される価値 $6.2 - 6 = 0.2$ 億円

期待される価値が最も大きくなるのは計画案イなので②が適切である．

解答　②

Brushup　3.1.1(2)システム設計(e)

②群　情報・論理に関するもの（全6問題から3問題を選択解答）

Ⅰ21　頻出度★★★　Check■■■

テレワーク環境における問題に関する次の記述のうち，最も不適切なものはどれか．

① Web 会議サービスを利用する場合，意図しない参加者を会議へ参加させないためには，会議参加用の URL を参加者に対し安全な通信路を用いて送付すればよい．

② 各組織のネットワーク管理者は，テレワークで用いる VPN 製品等の通信機器の脆弱性について，常に情報を収集することが求められている．

③ テレワーク環境では，オフィス勤務の場合と比較してフィッシング等の被害が発生する危険性が高まっている．

④ ソーシャルハッキングへの対策のため，第三者の出入りが多いカフェやレストラン等でのテレワーク業務は避ける．

⑤ テレワーク業務におけるインシデント発生時において，適切な連絡先が確認できない場合，被害の拡大につながるリスクがある．

解説　情報セキュリティ対策の基本事項を抑えておけば解答できる問題であるが，「テレワークセキュリティガイドライン（第5版）」（令和3年5月総務省）が参考になる．

① 不適切．会議参加用の URL の送付だけを安全な通信路で行えばいいというものではない．厳格な認証情報の管理と認証手法の強化のように，適切な利用者のみがアクセスできる設定を実施していたとしても，正規の利用者のアカウント情報（認証情報等）を窃取して，クラウドサービスへ不正アクセスを試みる攻撃が増えている．各利用者が用いるパスワードを厳格に管理するとともに，パスワード漏えい時に備え，多要素認証等の強力な認証手法の活用を検討する．

② 適切．ネットワーク管理者は，テレワーク勤務者が使用するテレワーク端末，オフィスネットワークに設置するテレワーク設備，テレワークで利用するソフトウェア・サービス等の一覧を作成し，資産管理を徹底する．また，これらについて最新のセキュリティ状態を保つようアップデートを行うとともに，設定漏れ・設定ミスがないか確認するなど，適切に管理する必要がある．

③，④ 適切．テレワーク環境では，オフィス勤務と比べてフィッシング等の被害が発生する危険性は高い．第三者からののぞき見（ショルダーハッキン

グ）や大声でのオンライン会議による情報漏えい，機器の盗難等が起きないよう，テレワークに適した環境で作業する．

⑤　適切．テレワーク勤務者がセキュリティインシデントだけでなく，予兆情報（不審情報）を含めて速やかに報告連絡ができるよう，テレワーク時も利用可能な連絡窓口を設け広く周知する．なお，テレワーク勤務者は周囲と気軽に相談しづらい状況も考えられるため，不審な状況があれば幅広く連絡するよう併せて周知する．テレワーク勤務者は，セキュリティインシデントが発生した際に，どこに対してどのような内容を報告し，自身はどのような行動を取ればよいのか，あらかじめ確認する．特に，連絡先についてはテレワーク実施中であっても確実に連絡が取れるよう確認・記録しておく．

よって，最も不適切なものは①である．

解答　①

Brushup　3.1.2(3)情報ネットワーク(d)

I-2-2　頻出度★★★　Check □□□

4つの集合A，B，C，Dが以下の4つの条件を満たしているとき，集合A，B，C，Dすべての積集合の要素数の値はどれか．

条件1　A，B，C，Dの要素数はそれぞれ11である．

条件2　A，B，C，Dの任意の2つの集合の積集合の要素数はいずれも7である．

条件3　A，B，C，Dの任意の3つの集合の積集合の要素数はいずれも4である．

条件4　A，B，C，Dすべての和集合の要素数は16である．

①　8　　②　4　　③　2　　④　1　　⑤　0

解説　集合Xの個数を$n(X)$と表すと，題意より，それぞれの集合の要素数は，

$$n(A) = n(B) = n(C) = n(D) = 11$$

二つの集合の積集合（6とおり）の要素数は，

$$n(A \cap B) = n(B \cap C) = n(C \cap D) = n(D \cap A) = n(A \cap C) = n(B \cap D) = 7$$

三つの集合の積集合（4とおり）の要素数は，

$$n(A \cap B \cap C) = n(B \cap C \cap D) = n(C \cap D \cap A) = n(D \cap A \cap B) = 4$$

四つの集合の和集合の要素数は，

$$n(A \cup B \cup C \cup D) = 16$$

ここで，

$$n(A \cup B) = n(A) + n(B) - n(A \cap B)$$

$$n(A \cup B \cup C) = n(A) + n(B) + n(C) - n(A \cap B) - n(B \cap C) - n(C \cap A) + n(A \cap B \cap C)$$

なので，4個の集合の和集合の要素数に拡張すると，

$$\begin{aligned} n(A \cup B \cup C \cup D) = & n(A) + n(B) + n(C) + n(D) - n(A \cap B) \\ & - n(B \cap C) - n(C \cap D) - n(D \cap A) \\ & - n(A \cap C) - n(B \cap D) + n(A \cap B \cap C) \\ & + n(B \cap C \cap D) + n(C \cap D \cap A) \\ & + n(D \cap A \cap B) - n(A \cap B \cap C \cap D) \end{aligned}$$

$$\begin{aligned} \therefore \quad n(A \cap B \cap C \cap D) = & n(A) + n(B) + n(C) + n(D) - n(A \cap B) \\ & - n(B \cap C) - n(C \cap D) - n(D \cap A) \\ & - n(A \cap C) - n(B \cap D) + n(A \cap B \cap C) \\ & + n(B \cap C \cap D) + n(C \cap D \cap A) \\ & + n(D \cap A \cap B) - n(A \cup B \cup C \cup D) \\ = & 11 \times 4 - 7 \times 6 + 4 \times 4 - 16 = 2 \end{aligned}$$

解答　③

Brushup　3.1.2(1)情報理論(a)

I 2 3　頻出度★☆☆　Check □□□

仮想記憶のページ置換手法としてLRU（Least Recently Used）が使われており，主記憶に格納できるページ数が3，ページの主記憶からのアクセス時間がH[秒]，外部記憶からのアクセス時間がM[秒]であるとする（HはMよりはるかに小さいものとする）．ここでLRUとは最も長くアクセスされなかったページを置換対象とする方式である．仮想記憶にページが何も格納されていない状態から開始し，プログラムが次の順番でページ番号を参照する場合の総アクセス時間として，適切なものはどれか．

$$2 \Rightarrow 1 \Rightarrow 1 \Rightarrow 2 \Rightarrow 3 \Rightarrow 4 \Rightarrow 1 \Rightarrow 3 \Rightarrow 4$$

なお，主記憶のページ数が1であり，$2 \Rightarrow 2 \Rightarrow 1 \Rightarrow 2$の順番でページ番号を参照する場合，最初のページ2へのアクセスは外部記憶からのアクセスとなり，同時に主記憶にページ2が格納される．以降のページ2，ページ1，ページ2への参照はそれぞれ主記憶，外部記憶，外部記憶からのアクセスとなるので，総アクセス時間は3M＋1H[秒]となる．

①　7M＋2H[秒]　　②　6M＋3H[秒]　　③　5M＋4H[秒]
④　4M＋5H[秒]　　⑤　3M＋6H[秒]

解説　プログラムが次表の順番でページ番号を参照する場合，外部記憶からのア

クセスが5回，主記憶からのアクセスが4回になる．

総アクセス時間は，5M + 4H [s] なので，③が適切である．

参照ページ番号	アクセス先	主記憶1	主記憶2	主記憶3
2	外部記憶	2	—	—
1	外部記憶	1	2	—
1	主記憶	1	2	—
2	主記憶	2	1	—
3	外部記憶	3	2	1
4	外部記憶	4	3	2
1	外部記憶	1	4	3
3	主記憶	3	1	4
4	主記憶	4	3	1

ページアウト 1 2 3

解答 ③

Brushup 3.1.2(2)数値表現とアルゴリズム(c)

I24 頻出度★★☆ Check □□□

次の記述の，[ ]に入る値の組合せとして，適切なものはどれか．

同じ長さの2つのビット列に対して，対応する位置のビットが異なっている箇所の数をそれらのハミング距離と呼ぶ．ビット列「0101011」と「0110000」のハミング距離は，表1のように考えると4であり，ビット列「1110101」と「1001111」のハミング距離は[ア]である．4ビットの情報ビット列「X1　X2　X3　X4」に対して，「X5　X6　X7」を X5 = X2 + X3 + X4（mod 2），X6 = X1 + X3 + X4（mod 2），X7 = X1 + X2 + X4（mod 2）（mod 2は整数を2で割った余りを表す）とおき，これらを付加したビット列「X1　X2　X3　X4　X5　X6　X7」を考えると，任意の2つのビット列のハミング距離が3以上であることが知られている．このビット列「X1　X2　X3　X4　X5　X6　X7」を送信し通信を行ったときに，通信過程で高々1ビットしか通信の誤りが起こらないという仮定の下で，受信ビット列が「0100110」であったとき，表2のように考えると「1100110」が送信ビット列であることがわかる．同じ仮定の下で，受信ビット列が「1000010」であったとき，送信ビット列は[イ]であることがわかる．

表1　ハミング距離の計算

1つめのビット列	0	1	0	1	0	1	1
2つめのビット列	0	1	1	0	0	0	0
異なるビット位置と個数計算			1	2		3	4

表2　受信ビット列が「0100110」の場合

受信ビット列の正誤	送信ビット列								X1，X2，X3，X4 に対応する付加ビット列		
	X1	X2	X3	X4	X5	X6	X7	⇒	X2 + X3 +X4 (mod 2)	X1 + X3 +X4 (mod 2)	X1 + X2 +X4 (mod 2)
全て正しい	0	1	0	0	1	1	0		1	0	1
X1 のみ誤り	1	1	0	0	同上			一致	1	1	0
X2 のみ誤り	0	0	0	0	同上				0	0	0
X3 のみ誤り	0	1	1	0	同上				0	1	1
X4 のみ誤り	0	1	0	1	同上				0	1	0
X5 のみ誤り	0	1	0	0	0	1	0		1	0	1
X6 のみ誤り	同上				1	0	0		同上		
X7 のみ誤り	同上				1	1	1		同上		

	ア	イ
①	4	「0000010」
②	5	「1100010」
③	4	「1001010」
④	5	「1000110」
⑤	4	「1000011」

解説

(ア)　表1と同じ手順により，二つのビット列「1110101」，「1001111」のハミング距離の計算を行うと第1表のようになる．4ビットが異なるので，ハミング距離は4である．

第1表　ハミング距離の計算

一つめのビット列	1	1	1	0	1	0	1
二つめのビット列	1	0	0	1	1	1	1
異なるビット位置と個数計算		1	2	3		4	

(イ)「通信過程における通信の誤りは高々1ビットしか起こらない」という仮定に基づいた表2と同じ手順で受信ビット列が「1000010」であったときの送信ビットを求めると，第2表のようになる．7ビットの送信ビット列のうちの網掛けした送信ビットが誤りと仮定している．X7のみが誤りと仮定すると，受信したビット列内の付加ビットX5，X6，X7と，X1，X2，X3，X4に対する付加ビット列が一致しているので，送信ビット列は誤りビットX7を0から1に訂正した「1000011」であることがわかる．

第2表　受信ビット列が「1000010」の場合

受信ビット列の正誤（仮定）	送信ビット列（仮定した誤りビットを訂正）								X1, X2, X3, X4に対する付加ビット列		
	X1	X2	X3	X4	X5	X6	X7	⇒	X2 + X3 + X4 (mod2)	X1 + X3 + X4 (mod2)	X1 + X2 + X4 (mod2)
すべて正しい	1	0	0	0	0	1	0		0	1	1
X1のみ誤り	0	0	0	0	同上				0	0	0
X2のみ誤り	1	1	0	0	同上				1	1	0
X3のみ誤り	1	0	1	0	同上				1	0	1
X4のみ誤り	1	0	0	1	同上				1	0	0
X5のみ誤り	1	0	0	0	1	1	0		0	1	1
X6のみ誤り	1	0	0	0	0	0	0		0	1	1
X7のみ誤り	1	0	0	0	0	1	1	一致	0	1	1

解答　⑤

Brushup　3.1.2(3)情報ネットワーク(g)

I25　頻出度★★★　Check □□□

次の記述の，[　　]に入る値の組合せとして，適切なものはどれか．

n を0又は正の整数，$a_i \in \{0, 1\}$（$i = 0, 1, \cdots, n$）とする．図は2進数 $(a_n a_{n-1} \cdots a_1 a_0)_2$ を10進数 s に変換するアルゴリズムの流れ図である．

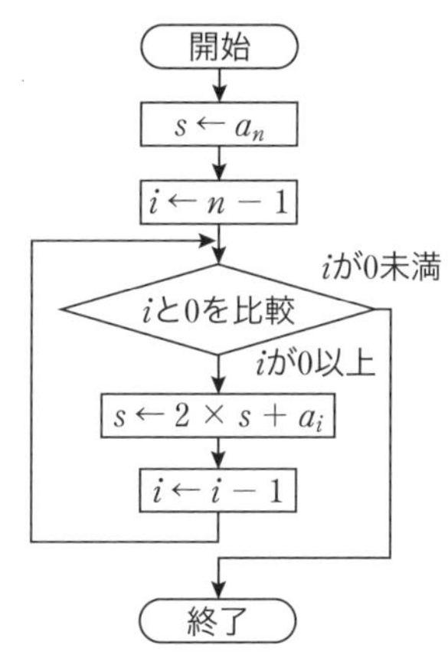

図　10進数 s を求めるアルゴリズムの流れ図

このアルゴリズムを用いて2進数 $(1011)_2$ を10進数 s に変換すると，s には初めに1が代入され，その後，順に2，5と更新され，最後に11となり終了する．このように s が更新される過程を，

1 → 2 → 5 → 11

と表す．同様に，2 進数 $(11001011)_2$ を 10 進数 s に変換すると，s は次のように更新される．

1 → 3 → 6 → **ア** → **イ** → **ウ** → **エ** → 203

	ア	イ	ウ	エ
①	12	25	51	102
②	13	26	50	102
③	13	26	52	101
④	13	25	50	101
⑤	12	25	50	101

解説 図のアルゴリズムを 2 進数 $(a_7a_6a_5a_4a_3a_2a_1a_0)_2 = (11001011)_2$ について，逐次計算する．

- $s \leftarrow a_7 = 1$, $i \leftarrow 7 - 1 = 6$
- $s \leftarrow s \times 2 + a_6 = 1 \times 2 + 1 = 3$, $i \leftarrow 6 - 1 = 5 > 0$
- $s \leftarrow s \times 2 + a_5 = 3 \times 2 + 0 = 6$, $i \leftarrow 5 - 1 = 4 > 0$
- $s \leftarrow s \times 2 + a_4 = 6 \times 2 + 0 = \mathbf{12}$, $i \leftarrow 4 - 1 = 3 > 0$
- $s \leftarrow s \times 2 + a_3 = 12 \times 2 + 1 = \mathbf{25}$, $i \leftarrow 3 - 1 = 2 > 0$
- $s \leftarrow s \times 2 + a_2 = 25 \times 2 + 0 = \mathbf{50}$, $i \leftarrow 2 - 1 = 1 > 0$
- $s \leftarrow s \times 2 + a_1 = 50 \times 2 + 1 = \mathbf{101}$, $i \leftarrow 1 - 1 = 0 = 0$
- $s \leftarrow s \times 2 + a_0 = 101 \times 2 + 1 = 203$, $i = 0 - 1 = -1 < 0$：終了

したがって，アからエに入る値としては 12，25，50，101 になるので，⑤が適切である．

解答 ⑤

Brushup 3.1.2(2)数値表現とアルゴリズム(c)

I 26 頻出度★☆☆ Check □□□

IPv4 アドレスは 32 ビットを 8 ビットごとにピリオド（.）で区切り 4 つのフィールドに分けて，各フィールドの 8 ビットを 10 進数で表記する．一方 IPv6 アドレスは 128 ビットを 16 ビットごとにコロン（:）で区切り，8 つのフィールドに分けて各フィールドの 16 ビットを 16 進数で表記する．IPv6 アドレスで表現できるアドレス数は IPv4 アドレスで表現できるアドレス数の何倍の値となるかを考えた場合，適切なものはどれか．

① 2^4 倍　② 2^{16} 倍　③ 2^{32} 倍

④ 2^{96} 倍　⑤ 2^{128} 倍

解説 IPv4 アドレスは 32 ビットなので，表現できるアドレス数は 2^{32} 個である．これに対して，IPv6 アドレスは 128 ビットなので，表現できるアドレス数は 2^{128} 個である．

$$\therefore \quad \frac{2^{128}}{2^{32}} = 2^{96}\ \textbf{倍}$$

なお，IPv4 アドレスの「32 ビットを 8 ビットごとにピリオド（.）で区切り，4 つのフィールドに分け 10 進数で表記」とは，各フィールドを，

$$(0000\ 0000)_2 = (0)_{10} \sim (1111\ 1111)_2 = (255)_{10}$$

で表記し，

..***.***　（*** は 10 進数）

とすることである．IPv6 アドレスの「128 ビットを 16 ビットごとにコロン（:）で区切り，8 つのフィールドに分け 16 進数で表記」とは，各フィールドを，

$$(0000\ 0000\ 0000\ 0000)_2 = (0)_{16} \sim (1111\ 1111\ 1111\ 1111)_2 = (\mathrm{FFFF})_{16}$$

で表記し，

####: ####: ####: ####: ####: ####: ####: ####（#### は 16 進数）

とすることである．表現できるアドレス数には 10 進数，16 進数は関係ない．

解答　④

Brushup　3.1.2(2)数値表現とアルゴリズム(a)

3群　解析に関するもの（全 6 問題から 3 問題を選択解答）

I 3 1　頻出度★★★　Check □□□

$x = x_i$ における導関数 $\dfrac{df}{dx}$ の差分表現として，誤っているものはどれか．ただし，添え字 i は格子点を表すインデックス，格子幅を Δ とする．

① $\dfrac{f_{i+1} - f_i}{\Delta}$　② $\dfrac{3f_i - 4f_{i-1} + f_{i-2}}{2\Delta}$　③ $\dfrac{f_{i+1} - f_{i-1}}{2\Delta}$

④ $\dfrac{f_{i+1} - 2f_i + f_{i-1}}{\Delta^2}$　⑤ $\dfrac{f_i - f_{i-1}}{\Delta}$

解説

① 正しい．前進差分の式である．

$$f_{i+1} = f(x + \Delta) \fallingdotseq f(x) + \Delta \cdot \frac{df(x)}{dx} = f_i + \Delta \cdot \frac{df(x)}{dx} \qquad \boxed{1}$$

$$\therefore \quad \frac{\mathrm{d}f(x)}{\mathrm{d}x} \fallingdotseq \frac{f_{i+1} - f_i}{\Delta}$$

③, ⑤　正しい．⑤は後進差分の式である．

$$f_{i-1} = f(x - \Delta) \fallingdotseq f(x) - \Delta \cdot \frac{\mathrm{d}f(x)}{\mathrm{d}x} = f_i - \Delta \cdot \frac{\mathrm{d}f(x)}{\mathrm{d}x} \qquad \boxed{2}$$

$$\therefore \quad \frac{\mathrm{d}f(x)}{\mathrm{d}x} \fallingdotseq \frac{f_i - f_{i-1}}{\Delta}$$

③は中心差分の式である．$\boxed{1}$式 − $\boxed{2}$式より，

$$f_{i+1} - f_{i-1} \fallingdotseq 2\Delta \cdot \frac{\mathrm{d}f(x)}{\mathrm{d}x}$$

$$\therefore \quad \frac{\mathrm{d}f(x)}{\mathrm{d}x} \fallingdotseq \frac{f_{i+1} - f_{i-1}}{2\Delta}$$

②　正しい．$\boxed{2}$式より，

$$f_i - f_{i-1} \fallingdotseq \Delta \cdot \frac{\mathrm{d}f(x)}{\mathrm{d}x} \qquad \boxed{3}$$

中心差分の式において，$t + 1 \to i$ とすると，

$$f_i - f_{i-2} = 2\Delta \cdot \frac{\mathrm{d}f(x)}{\mathrm{d}x} \qquad \boxed{4}$$

$\boxed{3}$式 × 3 − $\boxed{4}$式より，

$$4 \times (f_i - f_{i-1}) - (f_i - f_{i-2}) = 3f_i - 4f_{i-1} + f_{i-2} \fallingdotseq 2\Delta \cdot \frac{\mathrm{d}f(x)}{\mathrm{d}x}$$

$$\therefore \quad \frac{\mathrm{d}f(x)}{\mathrm{d}x} \fallingdotseq \frac{3f_i - 4f_{i-1} + f_{i-2}}{2\Delta}$$

④　誤り．テイラー展開で 3 次以上の項を省略すると，

$$f_{i+1} = f(x + \Delta) \fallingdotseq f_i + \Delta \cdot \frac{\mathrm{d}f(x)}{\mathrm{d}x} + \frac{\Delta^2}{2} \cdot \frac{\mathrm{d}^2 f(x)}{\mathrm{d}x^2} \qquad \boxed{5}$$

$$f_{i-1} = f(x - \Delta) \fallingdotseq f_i - \Delta \cdot \frac{\mathrm{d}f(x)}{\mathrm{d}x} + \frac{\Delta^2}{2} \cdot \frac{\mathrm{d}^2 f(x)}{\mathrm{d}x^2} \qquad \boxed{6}$$

$\boxed{5}$式 + $\boxed{6}$式とすると，

$$f_{i+1} + f_{i-1} \fallingdotseq 2f_i + \Delta^2 \cdot \frac{\mathrm{d}^2 f(x)}{\mathrm{d}x^2}$$

$$\therefore \quad \frac{\mathrm{d}^2 f(x)}{\mathrm{d}x^2} \fallingdotseq \frac{f_{i+1} - 2f_i + f_{i-1}}{\Delta^2}$$

したがって，二次微分 $\dfrac{\mathrm{d}^2 f(x)}{\mathrm{d}x^2}$ を求める式となるので誤りである．

解答　④

Brushup　3.1.3(3)数値解析(b)

I 3 2　頻出度★★☆　Check □□□

3次元直交座標系における任意のベクトル $\boldsymbol{a} = (a_1, a_2, a_3)$ と $\boldsymbol{b} = (b_1, b_2, b_3)$ に対して必ずしも成立しない式はどれか．ただし $\boldsymbol{a} \cdot \boldsymbol{b}$ 及び $\boldsymbol{a} \times \boldsymbol{b}$ はそれぞれベクトル $\boldsymbol{a}$ と $\boldsymbol{b}$ の内積及び外積を表す．

① $(\boldsymbol{a} \times \boldsymbol{b}) \cdot \boldsymbol{a} = 0$

② $\boldsymbol{a} \times \boldsymbol{b} = \boldsymbol{b} \times \boldsymbol{a}$

③ $\boldsymbol{a} \cdot \boldsymbol{b} = \boldsymbol{b} \cdot \boldsymbol{a}$

④ $\boldsymbol{b} \cdot (\boldsymbol{a} \times \boldsymbol{b}) = 0$

⑤ $\boldsymbol{a} \times \boldsymbol{a} = 0$

解説

①, ④　正しい．$\boldsymbol{a} \times \boldsymbol{b}$ は $\boldsymbol{a}$ にも $\boldsymbol{b}$ にも直交するベクトルなので，$\boldsymbol{a}$ との内積，$\boldsymbol{b}$ との内積はいずれも0になる．

②　誤り．

$$\boldsymbol{a} \times \boldsymbol{b} = -\boldsymbol{b} \times \boldsymbol{a}$$

③　正しい．

$$\boldsymbol{a} \cdot \boldsymbol{b} = a_1b_1 + a_2b_2 + a_3b_3 = b_1a_1 + b_2a_2 + b_3a_3 = \boldsymbol{b} \cdot \boldsymbol{a}$$

⑤　正しい．$\boldsymbol{a} \times \boldsymbol{a}$ の大きさは $|\boldsymbol{a}||\boldsymbol{a}|\sin\theta$ であるが，$\theta = 0$ なので，

$$\boldsymbol{a} \times \boldsymbol{a} = 0$$

解答　②

Brushup　3.1.3(2)ベクトル解析(c)

I 3 3　頻出度★★★　Check □□□

数値解析の精度を向上する方法として次のうち，最も不適切なものはどれか．

① 丸め誤差を小さくするために，計算機の浮動小数点演算を単精度から倍精度に変更した．

② 有限要素解析において，高次要素を用いて要素分割を行った．

③ 有限要素解析において，できるだけゆがんだ要素ができないように要素分割を行った．

④ **Newton** 法などの反復計算において，反復回数が多いので収束判定条件を緩和した．

⑤ 有限要素解析において，解の変化が大きい領域の要素分割を細かくした．

解説

① 適切．計算機の浮動小数点演算を単精度から倍精度に変更すれば丸め誤差は小さくなる．

② 適切．有限要素法において，高次要素とは節点と節点の間に中間節点を入れることをいう．一次要素よりも中間節点を入れた二次要素のほうが解析精度は高くなる．

③ 適切．有限要素法では，要素分割する場合に，三角形や四辺形の形状がつぶれていると解析精度が低下するので，部分的に分割方法を修正したり分割を細かくしたりしてできるだけゆがんだ要素ができないようにする．

④ 不適切．Newton 法などの反復計算において，収束判定条件を緩和すると誤差が残ったまま解とすることになる．反復回数が多いのには原因があるので，計算刻みを小さくするなどの対策を検討する．

⑤ 適切．有限要素法では分割した要素の領域内での方程式を比較的単純で共通な補間関数で近似するため，解の変化が大きい領域では要素分割を細かくして解析精度が低下しないようにする必要がある．

解答　④

Brushup 3.1.3(3)数値解析(c)

I 3 4　頻出度★★★　Check ■■■

両端にヒンジを有する 2 つの棒部材 AC と BC があり，点 C において鉛直下向きの荷重 P を受けている．棒部材 AC と BC に生じる軸方向力をそれぞれ N_1 と N_2 とするとき，その比 $\frac{N_1}{N_2}$ として，適切なものはどれか．なお，棒部材の伸びは微小とみなしてよい．

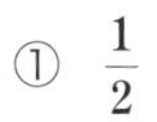

① $\frac{1}{2}$

② $\frac{1}{\sqrt{3}}$

③ 1

④ $\sqrt{3}$

⑤ 2

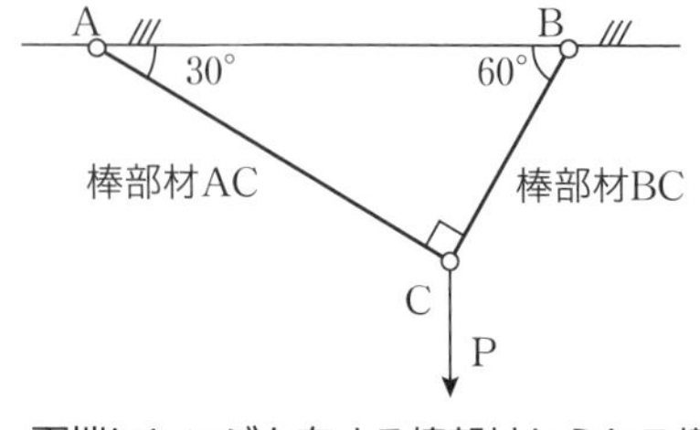

図　両端にヒンジを有する棒部材からなる構造

解説 棒部材 AC，BC に生じる軸方向力 N_1，N_2 は，

$$N_1 = P\cos 60°,\ N_2 = P\sin 60°$$

$$\therefore \frac{N_1}{N_2} = \frac{P\cos 60°}{P\sin 60°} = \cot 60° = \frac{1}{\sqrt{3}}$$

解答 ②

Brushup 3.1.3(4)力学(b)

I 3 5 頻出度★★★ Check ■■■

モータの出力軸に慣性モーメント I [kg・m²] の円盤が取り付けられている．この円盤を時間 T [s] の間に角速度 ω_1 [rad/s] から ω_2 [rad/s]（$\omega_2 > \omega_1$）に一定の角加速度 $(\omega_2 - \omega_1)/T$ で増速するために必要なモータ出力軸のトルク τ [N・m] として適切なものはどれか．ただし，モータ出力軸の慣性モーメントは無視できるものとする．

① $\tau = I(\omega_2 - \omega_1)$
② $\tau = I(\omega_2 - \omega_1) \cdot T$
③ $\tau = I(\omega_2 - \omega_1)/T$
④ $\tau = I(\omega_2{}^2 - \omega_1{}^2)/2$
⑤ $\tau = I(\omega_2{}^2 - \omega_1{}^2) \cdot T$

解説 円盤は多数の質点が一体となって回転する回転体である．質点が n 個あり，各質点の質量を m_i [kg]，回転半径を r_i [m]（$i = 1, 2, \cdots, n$），角速度は共通なので ω [rad/s] とすると，各質点の速度 v_i [m/s] は $v_i = r_i\omega$ [m/s] である．

円盤の回転エネルギー W は，

$$W = \sum_{i=1}^{n}\left(\frac{1}{2}m_i v_i^2\right) = \sum_{i=1}^{n}\left(\frac{1}{2}m_i r_i^2 \omega^2\right) = \frac{1}{2}\left(\sum_{i=1}^{n} m_i r_i^2\right)\omega^2 \text{ [J]} \quad \boxed{1}$$

慣性モーメント I は，$I = \sum_{i=1}^{n} m_i r_i^2$ [kg・m²] で定義される量である．これらの質点を質量が全質量 $M = \sum_{i=1}^{n} m_i$ [kg] の質点を半径 R [m] の点に置き，

$$I = \sum_{i=1}^{n} m_i r_i^2 = MR^2$$

$$\therefore \quad R = \sqrt{\frac{I}{M}} = \sqrt{\frac{\sum_{i=1}^{n} m_i r_i^2}{\sum_{i=1}^{n} m_i}}$$

慣性モーメント I を用いると，$\boxed{1}$式は次の簡単な式で表現することができる．

$$W = \frac{1}{2}I\omega^2 \text{ [J]}$$

仕事率（電力）P は，

$$P = \frac{\mathrm{d}W}{\mathrm{d}t} = I\omega\frac{\mathrm{d}\omega}{\mathrm{d}t} = I\omega\frac{\mathrm{d}\omega}{\mathrm{d}t}\,[\mathrm{W}]$$

また，モータ出力軸のトルク τ [N･m] と電力 P [W] との間には，

$$P = \tau\omega\,[\mathrm{W}]$$

の関係があるので，

$$\tau = \frac{P}{\omega} = I\frac{\mathrm{d}\omega}{\mathrm{d}t}\,[\mathrm{N\cdot m}]$$

題意より，一定の角加速度 $\frac{\mathrm{d}\omega}{\mathrm{d}t}$ を一定の $\frac{\omega_2 - \omega_1}{T}$ とするためには，

$$\tau = I\frac{\omega_2 - \omega_1}{T} = \frac{\boldsymbol{I(\omega_2 - \omega_1)}}{\boldsymbol{T}}\,[\mathrm{N\cdot m}]$$

よって，最も適切なものは③である．

解答　③

Brushup　3.1.3(4)力学(a)

I 3 6　頻出度★☆☆　Check □□□

図(a)に示すような上下に張力 T で張られた糸の中央に物体が取り付けられた系の振動を考える．糸の長さは $2L$，物体の質量は m である．図(a)の拡大図に示すように，物体の横方向の変位を x とし，そのときの糸の傾きを θ とすると，復元力は $2T\sin\theta$ と表され，運動方程式よりこの系の固有振動数 f_a を求めることができる．同様に，図(b)に示すような上下に張力 T で張られた長さ $4L$ の糸の中央に質量 $2m$ の物体が取り付けられた系があり，この系の固有振動数を f_b とする．f_a と f_b の比として適切なものはどれか．ただし，どちらの系でも，糸の質量，及び物体の大きさは無視できるものとする．また，物体の鉛直

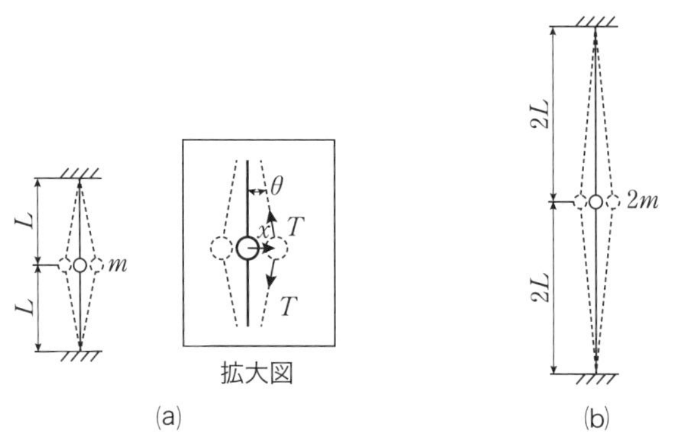

図　張られた糸に物体が取り付けられた 2 つの系

方向の変位はなく，振動している際の張力変動は無視することができ，変位 x と傾き θ は微小なものとみなしてよい．

① $f_a : f_b = 1 : 1$
② $f_a : f_b = 1 : \sqrt{2}$
③ $f_a : f_b = 1 : 2$
④ $f_a : f_b = \sqrt{2} : 1$
⑤ $f_a : f_b = 2 : 1$

解説 題意より，どちらの系でも糸の質量および物体の大きさは無視できる．また，物体の鉛直方向の変位はなく，振動している際の張力変動は無視することができるので，この系の振動に影響するのは糸の張力によって物体に働く復元力 $2T\sin\theta$ のみである．変位 $x>0$ のとき，この復元力は左向きに働くので，速度 v，加速度 a の向きを右向きが正と考えると，負の力になる．

運動方程式より，図(a)において，

$$ma = m\frac{\mathrm{d}v}{\mathrm{d}t} = -2T\sin\theta$$

ここで，変位 x と傾き θ は微小なものとみなせるので，$\sin\theta \fallingdotseq x/L$ で近似すると，

$$a \fallingdotseq -\frac{2T}{m} \times \frac{x}{L} = -\frac{2T}{mL}\cdot x$$

この振動の角振動数を ω とすれば，

$$a \fallingdotseq -\omega^2 x$$

と表されるので，

$$f = \frac{\omega}{2\pi} = \frac{1}{\sqrt{2}\pi}\sqrt{\frac{T}{mL}}\ [\mathrm{Hz}] \propto \frac{1}{\sqrt{mL}}$$

$$\therefore\ f_a : f_b = \frac{1}{\sqrt{mL}} : \frac{1}{\sqrt{2m \times 2L}} = 2 : 1$$

解答 ⑤

Brushup 3.1.3(4)力学(a)

4群 材料・化学・バイオに関するもの（全6問題から3問題を選択解答）

I 4 1 頻出度★★☆ Check□□□

次の記述のうち，最も不適切なものはどれか．ただし，いずれも常温・常圧下であるものとする．

① 酢酸は弱酸であり，炭酸の酸性度は酢酸より弱く，フェノールの酸性

度は炭酸よりさらに弱い.

② 塩酸及び酢酸の **0.1 mol/L** 水溶液は同一の **pH** を示す.

③ 水酸化ナトリウム, 水酸化カリウム, 水酸化カルシウム, 水酸化バリウムは水に溶けて強塩基性を示す.

④ 炭酸カルシウムに希塩酸を加えると, 二酸化炭素を発生する.

⑤ 塩化アンモニウムと水酸化カルシウムの混合物を加熱すると, アンモニアを発生する.

解説

① 適切. 強酸は完全にイオン化する酸, 弱酸は完全にはイオン化せず一部が分子の状態で残る酸である. 酢酸, 炭酸, フェノールは, いずれも弱酸である. pH は, 酢酸 > 炭酸 > フェノールの順である.

② 不適切. 酸の溶液の pH は, リットル当たりのモル数 [mol/L] で表した水素イオン濃度 H^+ [mol/L] の対数を取り, それに負の符号を付けた値で定義される.

$$pH = -\log H^+$$

塩酸水溶液, 酢酸水溶液はいずれも 0.1 mol/L の水溶液なので, 含まれる塩酸, 酢酸のモル数は等しいが, 塩酸は強酸, 酢酸は弱酸なので水素イオン濃度は異なり, pH は同じ値ではない. 塩酸の pH 値は 0.1, 酢酸の pH 値は 2.8 である.

③ 適切. 水溶液中において最も著しい強塩基性を示すのはアルカリ金属およびテトラアルキルアンモニウムの水酸化物であり, 水酸化リチウム, 水酸化ナトリウム, 水酸化カリウムなどがある. 次に強塩基性を示す化合物としてアルカリ土類金属などの水酸化物があり, 水酸化バリウムが該当するので, いずれも水に溶けて強塩基性を示す.

④ 適切. 炭酸カルシウム $CaCO_3$ に希塩酸 HCl を加えると, 塩化カルシウム $CaCl_2$ と水 H_2O と二酸化炭素 CO_2 が発生する. 化学反応式は次のとおりである.

$$CaCO_3 + 2HCl \rightarrow CaCl_2 + H_2O + CO_2$$

⑤ 適切. 塩化アンモニウム NH_4Cl (固体) と水酸化カルシウム $Ca(OH)_2$ (固体) の混合物を加熱すると, 塩化カルシウム $CaCl_2$ と水 H_2O とアンモニア NH_3 が発生する. 化学反応式は次のとおりである.

$$2NH_4Cl + Ca(OH)_2 \rightarrow CaCl_2 + 2NH_3 + 2H_2O$$

解答 ②

Brushup 3.1.4(1)材料特性(e)

I 4 2　頻出度★☆☆　Check □□□

次の物質のうち，下線を付けた原子の酸化数が最小なものはどれか．

① $H_2\underline{S}$　② $\underline{Mn}$　③ $\underline{Mn}O_4{}^-$

④ $\underline{N}H_3$　⑤ $H\underline{N}O_3$

解説

① $H_2\underline{S}$ 分子全体の酸化数は 0，水素 H の酸化数は +1 なので，硫黄 S の酸化数を X とおくと，

$$2 \times (+1) + X = 0$$

$$\therefore \quad X = -2$$

② $\underline{Mn}$ は単体原子なので，酸化数 $X = 0$ となる．

③ $\underline{Mn}O_4{}^-$ イオン全体の酸化数は −1，酸素 O の酸化数は −2 なので，マンガン Mn の酸化数を X とおくと，

$$X + 4 \times (-2) = -1$$

$$\therefore \quad X = +7$$

④ $\underline{N}H_3$ 分子全体の酸化数は 0，水素 H の酸化数は +1 なので，窒素 N の酸化数を X とおくと，

$$X + 3 \times (+1) = 0$$

$$\therefore \quad X = -3$$

⑤ $H\underline{N}O_3$ 分子全体の酸化数は 0，水素 H の酸化数は +1，酸素 O の酸化数は −2 なので，窒素 N の酸化数を X とおくと，

$$+1 + X + 3 \times (-2) = 0$$

$$\therefore \quad X = +5$$

したがって，下線を付けた原子の酸化数が最小なものは④の $\underline{N}H_3$ の窒素 N である．

解答　④

Brushup　3.1.4(2)化学(i)

I 4 3　頻出度★★☆　Check □□□

金属材料に関する次の記述の，[　　] に入る語句及び数値の組合せとして，適切なものはどれか．

ニッケルは，[ア] に分類される金属であり，ニッケル合金やニッケルめっき鋼板などの製造に使われている．

幅 **0.50 m**，長さ **1.0 m**，厚さ **0.60 mm** の鋼板に，ニッケルで厚さ **10 μm** の片面めっきを施すには，[イ] kg のニッケルが必要である．このニッケルめっき

鋼板におけるニッケルの質量百分率は，[ウ]%である．ただし，鋼板，ニッケルの密度は，それぞれ，7.9×10^3 kg/m^3，8.9×10^3 kg/m^{3}とする．

	ア	イ	ウ
①	レアメタル	4.5×10^{-2}	1.8
②	ベースメタル	4.5×10^{-2}	0.18
③	レアメタル	4.5×10^{-2}	0.18
④	ベースメタル	8.9×10^{-2}	0.18
⑤	レアメタル	8.9×10^{-2}	1.8

解説　金属は，ベースメタル（鉄や銅，亜鉛，鉛，アルミニウムなど，生産量が多くさまざまな材料に大量に使用されてきた金属），貴金属（金，銀，白金，パラジウムなどの8元素．希少で耐腐食性がある），およびレアメタル（地球上の存在量がまれであるか，技術的・経済的な理由で抽出困難な金属のうち，安定供給の確保が重要な金属）に分類される．ニッケルは**レアメタル**に分類される金属である．

幅0.5 m，長さ1 mの鋼板の片面に厚さ10 μm = 10^{-5} mのめっきを施すためのニッケルの体積vは，

$$v = 0.5 \times 1 \times 10^{-5} = 5.0 \times 10^{-6}\,\mathrm{m^3}$$

題意より，ニッケルの密度は，$\rho_n = 8.9 \times 10^3\,\mathrm{kg/m^3}$なので

$$\rho_n v = 8.9 \times 10^3\,\mathrm{kg/m^3} \times 5.0 \times 10^{-6}\,\mathrm{m^3}$$
$$= 4.45 \times 10^{-2}\,\mathrm{kg} \fallingdotseq \mathbf{4.5 \times 10^{-2}}\,\mathrm{kg}$$

また，ニッケルめっき鋼板の鋼板部分の質量は，

$$7.9 \times 10^3\,\mathrm{kg/m^3} \times (0.5 \times 1 \times 0.60 \times 10^{-3})\mathrm{m^3} = 2.37\,\mathrm{kg}$$

ニッケルの質量百分率は，

$$\frac{4.45 \times 10^{-2}}{2.37 + 4.45 \times 10^{-2}} \times 100 \fallingdotseq 1.843 \to \mathbf{1.8}\ \%$$

解答　①

Brushup　3.1.1(1)設計理論(c)，3.1.4(1)材料特性(a)

I 44　頻出度★☆☆　Check □□□

材料の力学特性試験に関する次の記述の，[　　]に入る語句の組合せとして，適切なものはどれか．

材料の弾塑性挙動を，試験片の両端を均一に引っ張る一軸引張試験機を用いて測定したとき，試験機から一次的に計測できるものは荷重と変位である．荷重を[ア]の試験片の断面積で除すことで[イ]が得られ，変位を[ア]の試験片の長さで除すことで[ウ]が得られる．

[イ]—[ウ]曲線において，試験開始の初期に現れる直線領域を[エ]変形領域と呼ぶ.

	ア	イ	ウ	エ
①	変形前	公称応力	公称ひずみ	弾性
②	変形後	真応力	公称ひずみ	弾性
③	変形前	公称応力	真ひずみ	塑性
④	変形後	真応力	真ひずみ	塑性
⑤	変形前	公称応力	公称ひずみ	塑性

解説 材料の弾塑性挙動を試験片の両端を均等に引っ張る一軸引張試験機を用いて測定したとき，計測できるのは荷重と変位である．**公称応力**は，JIS Z 2241「金属材料引張試験方法」では，「試験中の任意の時点での試験力を試験片の原断面積で除した値」と定義されている．原断面積は**変形前**の試験片の断面積である．また，変位を変形前の試験片の長さで除した値が**公称ひずみ**である.

これに対して，真応力や真ひずみは主として解析等で用いられるものである．試験片を一軸引張試験機で引っ張っていくと，試験片の断面積は徐々に減少し，長さは長くなる．変形前の試験片の断面積を S_0，長さを l_0 とし，荷重 F を加えていったときの途中の断面積を S，長さを l とすると，そのときの断面積に対する応力が真応力，そのときの長さに対する長さの変化の比を足し合わせていったものが真ひずみである.

$$公称応力：\frac{F}{S_0},\ 真応力：\frac{F}{S},\ 公称ひずみ：\frac{l-l_0}{l_0},\ 真ひずみ：\int_{l_0}^{l}\frac{dl}{l}=\ln\frac{l}{l_0}$$

試験で得られる**公称応力—公称ひずみ**曲線が機械的特性の指標として用いられ，試験開始の初期に現れる直線領域を**弾性**変形領域と呼んでいる.

したがって，①の組合せが適切である.

解答 ①

Brushup 3.1.1(1)設計理論(c)

I 4 5 頻出度★★★ Check□□□

酵素に関する次の記述のうち，最も適切なものはどれか.

① 酵素を構成するフェニルアラニン，ロイシン，バリン，トリプトファンなどの非極性アミノ酸の側鎖は，酵素の外表面に存在する傾向がある.

② 至適温度が 20 ℃以下，あるいは 100 ℃以上の酵素は存在しない.

③ 酵素は，アミノ酸がペプチド結合によって結合したタンパク質を主成分とする無機触媒である.

④ 酵素は，活性化エネルギーを増加させる触媒の働きを持っている.

⑤　リパーゼは，高級脂肪酸トリグリセリドのエステル結合を加水分解する酵素である．

解説

①　不適切．極性アミノ酸はタンパク質の表面，非極性の疎水性の高いアミノ酸は中心付近に存在する傾向がある．

②　不適切．酵素の至適温度は，酵素が作用を発揮する最適の温度である．一般的には，反応速度は温度とともに上昇するが，酵素はタンパク質であるから高温では変性するため，活性が逆に低下する．至適温度は，動物の酵素で35〜50 ℃，植物の酵素で40〜60 ℃，好熱性細菌で80〜100 ℃であるが，超高熱菌には100 ℃以上のものもある．20 ℃以下のものはない．

③　不適切．酵素は，アミノ酸がペプチド結合によって結合したタンパク質を主成分とする生物的触媒で無機触媒ではない．酵素の活性部分には金属などの無機触媒が含まれるが，この場合の触媒効率は何百万倍にも増加する．

④　不適切．酵素は活性化エネルギーの反応を下げる触媒の働きをもち，反応の速さを数百万〜数億倍に上昇させる．

⑤　適切．リパーゼは，脂質のエステル結合を加水分解する酵素の総称で，脂肪酸とグリセリンからなるトリグリセリドを基質として，加水分解，合成，または転移反応を行う酵素である．タンパク質や糖には作用しない．

解答　⑤

Brushup　3.1.4(3)バイオテクノロジー(a)

I 4 6　頻出度★★☆　Check □□□

ある二本鎖DNAの一方のポリヌクレオチド鎖の塩基組成を調べたところ，グアニン（G）が25 %，アデニン（A）が15 %であった．このとき，同じ側の鎖，又は相補鎖に関する次の記述のうち，最も適切なものはどれか．

①　同じ側の鎖では，シトシン（C）とチミン（T）の和が40 %である．

②　同じ側の鎖では，グアニン（G）とシトシン（C）の和が90 %である．

③　相補鎖では，チミン（T）が25 %である．

④　相補鎖では，シトシン（C）とチミン（T）の和が50 %である．

⑤　相補鎖では，グアニン（G）とアデニン（A）の和が60 %である．

解説

①　不適切．グアニンとアデニンの合計が40 %なので，残りの60 %はシトシンとチミンの和にならなければならない．

②　不適切．グアニンとアデニンの和が40 %である．残りの60 %はシトシンとチミン（またはウラシル）の和になる．グアニンとシトシンの和が90 %の

場合，グアニンが25 %なのでシトシンは65 %になってしまい，矛盾する．

③　不適切．相補鎖のチミンはアデニンとのみ結合できる．アデニンが15 %なので，チミンも15 %でなければならず矛盾する．

④　不適切．相補鎖では，グアニン（25 %）と相補的に結合するシトシンが25 %，アデニン（15 %）と相補的に結合するチミンが15 %になる．合計すると40 %なので矛盾する．

⑤　適切．④と同じ理由でシトシンとチミンの和が40 %である．残りはグアニンとアデニンなので和が60 %になる．

よって，DNAの塩基組成に関する技記述のうち，最も適切なものは⑤である．

解答　⑤

Brushup　3.1.4(3)バイオテクノロジー(c)

5群　環境・エネルギー・技術に関するもの（全6問題から3問題を選択解答）

I 5 1　頻出度★★★　Check □□□

気候変動に関する政府間パネル（IPCC）第6次評価報告書第1～3作業部会報告書政策決定者向け要約の内容に関する次の記述のうち，不適切なものはどれか．

①　人間の影響が大気，海洋及び陸域を温暖化させてきたことには疑う余地がない．

②　2011～2020年における世界平均気温は，工業化以前の状態の近似値とされる1850～1900年の値よりも約3 ℃高かった．

③　気候変動による影響として，気象や気候の極端現象の増加，生物多様性の喪失，土地・森林の劣化，海洋の酸性化，海面水位上昇などが挙げられる．

④　気候変動に対する生態系及び人間の脆弱性は，社会経済的開発の形態などによって，地域間及び地域内で大幅に異なる．

⑤　世界全体の正味の人為的な温室効果ガス排出量について，2010～2019年の期間の年間平均値は過去のどの10年の値よりも高かった．

解説

①　適切．人間の影響が大気，海洋および陸域を温暖化させてきたことには疑う余地がない．大気，海洋，雪氷圏および生物圏において，広範囲かつ急速な変化が現れている．（第1作業部会報告書A.1）

②　不適切．最近40年間のうちどの10年間も，それに先立つ1850年以降のどの10年間よりも高温であった．21世紀最初の20年間（2001～2020年）にお

ける世界平均気温は，1850～1900 年よりも 0.99 ℃高かった．2011～2020 年の世界平均気温は，1850～1900 年よりも 1.09 ℃高く，また，海上（0.88 ℃）よりも陸域（1.59 ℃）の昇温のほうが大きかった．（第 1 作業部会報告書 A.1.2）

③ 適切．人為起源の気候変動は，世界中のすべての地域で，多くの気象や気候の極端現象にすでに影響を及ぼしている．熱波，大雨，干ばつ，熱帯低気圧のような極端現象の観測された変化，特にそれらの変化を人間の影響によるとする要因特定などが進んでいる．（第 1 作業部会報告書 A.3）

④ 適切．気候変動に対する生態系および人間の脆弱性は，地域間および地域内で大幅に異なる．これは，互いに交わる社会経済的開発の形態，持続可能ではない海洋および土地の利用，不衡平，周縁化，植民地化等の歴史的および現在進行中の不衡平の形態，ならびにガバナンスによって引き起こされる．約 33～36 億人が気候変動に対して非常に脆弱な状況下で生活している．種の大部分が気候変動に対して脆弱である．人間および生態系の脆弱性は相互に依存する．現在の持続可能ではない開発の形態によって，生態系および人々の気候ハザードに対する曝露が増大している．（第 2 作業部会報告書 SPM B.2）

⑤ 適切．人為的な温室効果ガス（GHG）の正味の総排出量は，1850 年以降の正味の累積 CO_2 排出量と同様に，2010～2019 年の間，増加し続けた．2010～2019 年の期間の年間平均 GHG 排出量は過去のどの 10 年よりも高かった．ただし，2010～2019 年の増加率は 2000～2009 年の増加率よりも低かったとしている．（第 3 作業部会報告書 B.1）

よって，最も不適切な記述は②である．

解答 ②

Brushup 3.1.5(1)環境(a)，3.2.6(1)地球環境(a)

I 5 2 頻出度★★☆ Check □□□

廃棄物に関する次の記述のうち，不適切なものはどれか．

① 一般廃棄物と産業廃棄物の近年の総排出量を比較すると，一般廃棄物の方が多くなっている．

② 特別管理産業廃棄物とは，産業廃棄物のうち，爆発性，毒性，感染性その他の人の健康又は生活環境に係る被害を生ずるおそれがあるものである．

③ バイオマスとは，生物由来の有機性資源のうち化石資源を除いたもので，廃棄物系バイオマスには，建設発生木材や食品廃棄物，下水汚泥な

どが含まれる.

④ RPFとは，廃棄物由来の紙，プラスチックなどを主原料とした固形燃料のことである.

⑤ 2020年東京オリンピック競技大会・東京パラリンピック競技大会のメダルは，使用済小型家電由来の金属を用いて製作された.

解説

① 不適切. 2020年「環境・循環型社会・生物多様性白書」によると，2018年度の一般廃棄物の総排出量は4 272万トン，2017年度の産業廃棄物の総排出量は3.86億トンであり，産業廃棄物が多い.

② 適切. 廃棄物処理法では，「爆発性，毒性，感染性その他の人の健康又は生活環境に係る被害を生ずるおそれがある性状を有する廃棄物」を特別管理一般廃棄物および特別管理産業廃棄物として規定し，必要な処理基準を設け，通常の廃棄物よりも厳しい規制を行っている.

③ 適切. バイオマスは「再生可能な生物由来の有機性資源で化石資源を除いたもの」と定義されている. バイオマスは，廃棄物系バイオマス，未利用バイオマスおよび資源作物に分類される. 廃棄物系バイオマスは，家畜の排せつ物，食品廃棄物，廃棄紙，黒液（パルプ工場廃液），下水汚泥，し尿汚泥，建設発生木材，製材工場等残材などが含まれる. 未利用バイオマスは，稲わら，麦わら，もみがら，林地残材などが含まれる. 資源作物は，製品やエネルギーを製造することを目的として栽培される植物をいい，さとうきび，とうもろこし，なたねなどが含まれる.

④ 適切. RPF（Refuse Paper & Plastic Fuel）は，産業廃棄物として分別収集された古紙およびプラスチックを主原料とする固形燃料である. 可燃性の一般廃棄物を主原料とするRDF（Refuse Derived Fuel）よりも原料性質が安定しているため，製造工程はRDFより単純で，製造コストも低く，低位発熱量もRDFより高い.

⑤ 適切. 「都市鉱山からつくる！　みんなのメダルプロジェクト」で，携帯電話や小形家電から回収した金属で製作された.

よって，最も不適切なものは①である.

解答　①

Brushup　3.1.5(1)環境(e)

I 5 3　頻出度★★★　Check □□□

石油情勢に関する次の記述の，[　　　]に入る数値及び語句の組合せとして，適切なものはどれか.

日本で消費されている原油はそのほとんどを輸入に頼っているが，エネルギー白書 2021 によれば輸入原油の中東地域への依存度（数量ベース）は 2019 年度で約［ア］%と高く，その大半は同地域における地政学的リスクが大きい［イ］海峡を経由して運ばれている．また，同年における最大の輸入相手国は［ウ］である．石油及び石油製品の輸入金額が，日本の総輸入金額に占める割合は，2019 年度には約［エ］%である．

	ア	イ	ウ	エ
①	90	ホルムズ	サウジアラビア	10
②	90	マラッカ	クウェート	32
③	90	ホルムズ	クウェート	10
④	67	マラッカ	クウェート	10
⑤	67	ホルムズ	サウジアラビア	32

解説 日本で消費されている原油はそのほとんどを輸入に頼っている．

「エネルギー白書 2021」によれば，輸入原油の中東地域（サウジアラビア，アラブ首長国連邦，カタール，クウェート，イラク，オマーンなど）への依存度（数量ベース）は 2019 年度で約 90 %と高く，その大半は同地域における地政学的リスクが大きい**ホルムズ**海峡を経由して運ばれている．

また，2019 年における最大の輸入相手国は**サウジアラビア**（34.1 %），次いでアラブ首長国連邦（32.7 %）である．石油および石油製品の輸入金額が日本の総輸入金額に占める割合は，2019 年度には約 10 %である．

よって，組合せとして，最も適切なものは①である．

解答 ①

Brushup 3.1.5(2)エネルギー(b)

I 5 4 頻出度★★☆ Check □□□

水素に関する次の記述の，［　］に入る数値及び語句の組合せとして，適切なものはどれか．

水素は燃焼後に水になるため，クリーンな二次エネルギーとして注目されている．水素の性質として，常温では気体であるが，1 気圧の下で，［ア］℃まで冷やすと液体になる．液体水素になると，常温の水素ガスに比べてその体積は約［イ］になる．また，水素と酸素が反応すると熱が発生するが，その発熱量は［ウ］当たりの発熱量でみるとガソリンの発熱量よりも大きい．そして，水素を利用することで，鉄鉱石を還元して鉄に変えることもできる．コークスを使って鉄鉱石を還元する場合は二酸化炭素（CO_2）が発生するが，水素を使って鉄鉱石を還元する場合は，コークスを使う場合と比較して CO_2 発生量の削減が可能である．なお，水素と鉄鉱石の反応は［ エ ］反応となる．

	ア	イ	ウ	エ
①	−162	1/600	重量	吸熱
②	−162	1/800	重量	発熱
③	−253	1/600	体積	発熱
④	−253	1/800	体積	発熱
⑤	−253	1/800	重量	吸熱

解説 水素は，常温では気体であるが，1気圧の下で，−253 ℃（沸点）まで冷やすと液体水素になる．液体水素は，常温の水素ガスに比べてその体積は約 $\frac{1}{800}$ になる．

また，水素とガソリンの**重量**当たりの発熱量（LHV：低位発熱量基準．燃料により生成された水分の凝縮熱を含まない発熱量）を比較すると，

水素：120 MJ/kg，ガソリン：44.9 MJ/kg

なので，ガソリンよりも水素のほうが発熱量は大きい．

また，コークスを使い高炉で鉄鉱石（Fe_2O_3）を還元する場合の反応式は，

$$Fe_2O_3 + 3CO \rightarrow 2Fe + 3CO_2$$

$$\Delta H_r = -0.221\ \mathrm{MJ/kg} - \mathrm{Fe}$$

なので，二酸化炭素 CO_2 が発生し，発熱反応である．

これに対して，水素直接還元法による場合の反応式は

$$Fe_2O_3 + 3H_2 \rightarrow 2Fe + 3H_2O$$

$$\Delta H_r = +0.880\ \mathrm{MJ/kg} - \mathrm{Fe}$$

なので，二酸化炭素 CO_2 は発生せず，**吸熱**反応になるので外部から熱を供給する必要がある．

したがって，⑤の組合せが適切である．

解答 ⑤

Brushup 3.1.5(2)エネルギー(b)

I 5 5 頻出度★★★ Check □□□

科学技術とリスクの関わりについての次の記述のうち，不適切なものはどれか．

① リスク評価は，リスクの大きさを科学的に評価する作業であり，その結果とともに技術的可能性や費用対効果などを考慮してリスク管理が行われる．

② レギュラトリーサイエンスは，リスク管理に関わる法や規制の社会的

合意の形成を支援することを目的としており，科学技術と社会との調和を実現する上で重要である.

③ リスクコミュニケーションとは，リスクに関する，個人，機関，集団間での情報及び意見の相互交換である.

④ リスクコミュニケーションでは，科学的に評価されたリスクと人が認識するリスクの間に往々にして隔たりがあることを前提としている.

⑤ リスクコミュニケーションに当たっては，リスク情報の受信者を混乱させないために，リスク評価に至った過程の開示を避けることが重要である.

解説

① 適切. リスク評価はリスクアセスメントを構成する三つのプロセスの一つで，リスクを洗い出すリスク特定，リスクの大きさを算定するリスク分析の後に，リスク分析によって得られたリスクの発生可能性や影響度などのデータを基に，どのリスクにより優先的に対応の検討をすべきかの判断材料を提供するのがリスク評価である.

② 適切. レギュラトリーサイエンスは「科学技術を人と社会に役立てることを目的に，根拠に基づく的確な予測・評価・判断を行い，科学技術の成果を人と社会との調和のうえで最も望ましい姿に調整するための科学」である.

③ 適切. リスクコミュニケーションは，リスクに関する正確な情報を，市民などの個人，行政・団体などの機関，専門家，企業など，ステークホルダーである関係主体間で共有し，意見交換などを行って相互に意思疎通を図る合意形成の一つの方法である.

④ 適切. 専門家や企業等が考えるリスクは，市民等直接の当事者が考えるリスクとは違うことが多い. リスクコミュニケーションの際は，隔たりがあることを前提に意見交換して合意形成できる方向性を目指す必要がある.

⑤ 不適切. リスク評価に至った過程の開示を避けるのではなく，リスク情報の受信者を混乱させないようなわかりやすい情報提供の方法を考えるべきである.

解答 ⑤

Brushup 3.2.6(3)労働環境(c)

I 5 6 頻出度★★★ Check □□□

次の(ア)～(オ)の科学史・技術史上の著名な業績を，年代の古い順から並べたものとして，適切なものはどれか.

(ア) ヘンリー・ベッセマーによる転炉法の開発

⑷ 本多光太郎による強力磁石鋼 KS 鋼の開発

⑸ ウォーレス・カロザースによるナイロンの開発

⑹ フリードリヒ・ヴェーラーによる尿素の人工的合成

⑺ 志賀潔による赤痢菌の発見

① アーエーイーオーウ

② アーエーオーイーウ

③ エーアーオーイーウ

④ エーオーアーウーイ

⑤ オーエーアーウーイ

解説 ⑶〜⑺のそれぞれの年は,

⑶ 1855 年

⑷ 1918 年

⑸ 1935 年

⑹ 1828 年

⑺ 1897 年

よって,年代の古い順から並べると,⑹—⑶—⑺—⑷—⑸なので,最も適切なものは③である.

解答 ③

Brushup 3.1.5(3)技術史(a)

2021年度

1群　設計・計画に関するもの（全6問題から3問題を選択解答）

I-1-1　頻出度★★★　Check ■■■

次のうち，ユニバーサルデザインの特性を備えた製品に関する記述として，最も不適切なものはどれか.

① 小売店の入り口のドアを，ショッピングカートやベビーカーを押していて手がふさがっている人でも通りやすいよう，自動ドアにした.

② 録音再生機器（オーディオプレーヤーなど）に，利用者がゆっくり聴きたい場合や速度を速めて聴きたい場合に対応できるよう，再生速度が変えられる機能を付けた.

③ 駅構内の施設を案内する表示に，視覚的な複雑さを軽減し素早く効果的に情報が伝えられるよう，ピクトグラム（図記号）を付けた.

④ 冷蔵庫の扉の取っ手を，子どもがいたずらしないよう，扉の上の方に付けた.

⑤ 電子機器の取扱説明書を，個々の利用者の能力や好みに合うよう，大きな文字で印刷したり，点字や音声・映像で提供したりした.

解説　ユニバーサルデザインは，ロナルド・メイスが提唱した文化・言語・国籍や年齢・性別・能力などの違いにかかわらず，できるだけ多くの人が利用できることを目指した製品や環境などの設計を意味する考え方である.

「ユニバーサルデザインの七つの原則」より，適切，不適切は次のように判断できる.

① 適切. 自動ドアにすることにより，手がふさがっていても，小さな力でも利用できるようになる.

② 適切. 録音再生機器の再生速度が変えられる機能を付けることにより，利用者が聴きたい速度で聴ける柔軟性がある.

③ 適切. ピクトグラムはシンプルかつ直感的な利用を可能とし，必要な情報がすぐにわかる.

④ 不適切. 取っ手を扉の上に付けると，子どもが利用しづらくなる. いたずらを防止するのは別の方法によるべきである.

⑤ 適切. 電子機器の取扱説明書の文字を大きく印刷したり，点字や音声・映像で提供できるようにすれば，高齢者や障がい者でも公平に利用でき，必要

な情報がすぐにわかるようになる．

解答　④

Brushup　3.1.1(1)設計理論(d)

I 1 2　頻出度★★★　Check □□□

下図に示した，互いに独立な3個の要素が接続されたシステムA～Eを考える．3個の要素の信頼度はそれぞれ0.9，0.8，0.7である．各システムを信頼度が高い順に並べたものとして，最も適切なものはどれか．

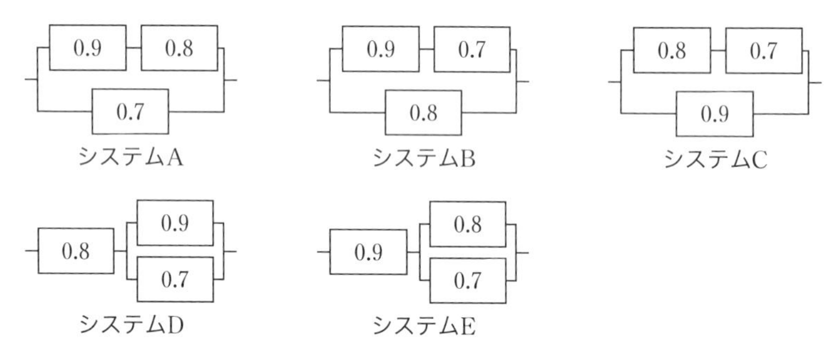

図　システム構成図と各要素の信頼度

① **C > B > E > A > D**
② **C > B > A > E > D**
③ **C > E > B > D > A**
④ **E > D > A > B > C**
⑤ **E > D > C > B > A**

解説　二つの要素の信頼度がそれぞれp_1，p_2であるとき，その要素を直列接続したシステムの信頼度p_s，並列接続したシステムの信頼度p_pは次式で求められる．

$$p_s = p_1 p_2$$

$$p_p = p_1(1 - p_2) + p_2(1 - p_1) + p_1 p_2 = p_1 + p_2 - p_1 p_2$$

システムAの信頼度：$(0.9 \times 0.8) + 0.7 - (0.9 \times 0.8) \times 0.7 = 0.916$

システムBの信頼度：$(0.9 \times 0.7) + 0.8 - (0.9 \times 0.7) \times 0.8 = 0.926$

システムCの信頼度：$(0.8 \times 0.7) + 0.9 - (0.8 \times 0.7) \times 0.9 = 0.956$

システムDの信頼度：$0.8 \times (0.9 + 0.7 - 0.9 \times 0.7) = 0.776$

システムEの信頼度：$0.9 \times (0.8 + 0.7 - 0.8 \times 0.7) = 0.846$

したがって，各システムを信頼度が高い順に並べると

C > B > A > E > D

となり，②が最も適切である.

解答　②

Brushup　3.1.1(1)設計理論(b)

Ⅰ 1 3　頻出度★★☆　Check □□□

設計や計画のプロジェクトを管理する方法として知られる，PDCAサイクルに関する次の(ア)～(エ)の記述について，それぞれの正誤の組合せとして，最も適切なものはどれか.

(ア)　Pは，Planの頭文字を取ったもので，プロジェクトの目標とそれを達成するためのプロセスを計画することである.

(イ)　Dは，Doの頭文字を取ったもので，プロジェクトを実施することである.

(ウ)　Cは，Changeの頭文字を取ったもので，プロジェクトで変更される事項を列挙することである.

(エ)　Aは，Adjustの頭文字を取ったもので，プロジェクトを調整することである.

	ア	イ	ウ	エ
①	正	誤	正	正
②	正	正	誤	誤
③	正	正	正	誤
④	誤	正	誤	正
⑤	誤	誤	正	正

解説

(ア)　正しい．PはPlanの頭文字をとったもので，プロジェクトの目標を設定し，解決したい問題を洗い出し，その情報を収集して解決するためのプロセスを計画することである.

(イ)　正しい．DはDoの頭文字をとったもので，Pで立てた計画を実施することである．少しずつ確認しながら実施し，その方法が有効か無効かも記録する.

(ウ)　誤り．CはChange（変更）ではなくCheck（評価）の頭文字をとったものである．Pの段階で立てた予想と比較して差異を分析し，計画の妥当性を評価する．Pを変更することを前提とするものではない.

(エ)　誤り．AはAdjust（調整）ではなく，Act（改善）の頭文字をとったものである．評価の結果を踏まえて計画を改善することである.

(ア)と(イ)が正しく，(ウ)と(エ)が誤りなので，正誤の組合せとして最も適切なものは②である.

解答　②

Brushup　3.1.1(4)品質管理(b)

I 1 4　頻出度★★☆　Check □□□

ある装置において，平均故障間隔（MTBF：Mean Time Between Failures）がA時間，平均修復時間（MTTR：Mean Time To Repair）がB時間のとき，この装置の定常アベイラビリティ（稼働率）の式として，最も適切なものはどれか.

① A/(A − B)
② B/(A − B)
③ A/(A + B)
④ B/(A + B)
⑤ A/B

解説　アベイラビリティは可用性であり，システムの故障し難さ，故障してもすぐに直して使用できるようになるかを示す指標として用いられる．JIS Z 8115：2000「デイペンダビリティ（信頼性）用語」では，“要求された外部資源が用意されたと仮定したとき，アイテムが与えられた条件で，与えられた時点，又は期間中，要求機能を実行できる状態にある能力”と定義されている.

平均故障間隔（MTBF），平均修復時間（MTTR）は，十分長い期間を考えたときの故障間隔，修復時間の平均値である.

ある装置のMTBFがA時間，MTTRがB時間であるとき，定常アベイラビリティは次式で求められる.

$$\text{定常アベイラビリティ} = \frac{\text{MTBF}}{\text{MTBF} + \text{MTTR}} = \frac{\mathbf{A}}{\mathbf{A} + \mathbf{B}}$$

解答　③

Brushup　3.1.1(2)システム設計(c)

I 1 5　頻出度★★★　Check □□□

構造設計に関する次の(ア)～(エ)の記述について，それぞれの正誤の組合せとして，最も適切なものはどれか．ただし，応力とは単位面積当たりの力を示す.

(ア)　両端がヒンジで圧縮力を受ける細長い棒部材について，オイラー座屈に対する安全性を向上させるためには部材長を長くすることが有効である.

(イ)　引張強度の異なる，2つの細長い棒部材を考える．幾何学的形状と縦弾性係数，境界条件が同一とすると，2つの棒部材の，オイラーの座屈荷重は等しい．

(ウ) 許容応力とは，応力で表した基準強度に安全率を掛けたものである．

(エ) 構造物は，設定された限界状態に対して設計される．考慮すべき限界状態は1つの構造物につき必ず1つである．

	ア	イ	ウ	エ
①	正	誤	正	正
②	正	正	誤	正
③	誤	誤	誤	正
④	誤	正	正	誤
⑤	誤	正	誤	誤

解説

(ア) 誤り．オイラー座屈は，細長い部材が圧縮力により横に飛び出して急激な耐力低下を起こす現象である．縦弾性係数（ヤング率）を E，断面二次モーメントを I，支点間距離（部材長）を L，座屈長さを L_k，境界上限による係数を α とすると，オイラー座屈の座屈荷重 P_{cr} は次式で与えられる．

$$P_{cr} = \frac{\pi^2 EI}{{L_k}^2} = \frac{\pi^2 EI}{(\alpha L)^2} = \frac{\pi^2 EI}{\alpha^2 L^2}$$

したがって，座屈荷重は部材長 L の2乗に反比例するので，L を長くするとオイラー座屈に対する安全性は低下する．

(イ) 正しい．棒部材の幾何学的形状が同じならば断面二次モーメント I は同じである．引張強度の異なる棒部材であっても，断面二次モーメント I，縦弾性係数 E，境界条件が同一ならば，上式により，二つの棒部材のオイラー座屈荷重は等しい．

(ウ) 誤り．基準強度はその材料の破損の限界を表す応力なので，許容応力は，応力で表した基準強度を安全率で割ったものである．

(エ) 誤り．限界状態は，構造物あるいは構造部材が，設計において意図された機能または条件に適さなくなる状態をいう．「土木・建築にかかる設計の基本(2002)」では，限界状態が終局限界状態，使用限界状態，さらには修復限界状態に区別して定義されており，これらを考慮して設計しなければならない．

よって，正誤の組合せとして，最も適切なものは⑤である．

解答 ⑤

Brushup 3.1.1(1)設計理論(c)，3.1.3(4)力学(b)

I 16 頻出度★★★ Check□□□

製図法に関する次の(ア)～(オ)の記述について，それぞれの正誤の組合せとして，最も適切なものはどれか.

(ア) 対象物の投影法には，第一角法，第二角法，第三角法，第四角法，第五角法がある.

(イ) 第三角法の場合は，平面図は正面図の上に，右側面図は正面図の右にというように，見る側と同じ側に描かれる.

(ウ) 第一角法の場合は，平面図は正面図の上に，左側面図は正面図の右にというように，見る側とは反対の側に描かれる.

(エ) 図面の描き方が，各会社や工場ごとに相違していては，いろいろ混乱が生じるため，日本では製図方式について国家規格を制定し，改訂を加えてきた.

(オ) ISO は，イタリアの規格である.

	ア	イ	ウ	エ	オ
①	誤	正	正	正	誤
②	正	誤	正	誤	正
③	誤	正	誤	正	誤
④	誤	誤	正	誤	正
⑤	正	誤	誤	正	誤

解説

(ア) 誤り. 対象物の投影法は，第一角法と第三角法の 2 種類である. JIS B 0001：2019「機械製図」では，投影図は第三角法によることとし，紙面の都合などで投影図を第三角法による正しい配置に描けない場合，または図の一部を第三角法による位置に描くとかえって図形が理解しにくくなる場合には，第一角法または相互の関係に矢示法を用いてもよいことになっている.

(イ) 正しい. 第三角法は対象物の最も代表的な面を正面図とし，上から見た平面図を正面図の上，右側面図を平面図の右に配置する方法なので記述は正しい. 対象物の各面を展開したときと同じ配置に描き，見る側と同じになるので，感覚的にもわかりやすい方法である. アメリカ，日本，韓国などで使われている.

(ウ) 誤り. 第一角法は，対象物の平面図を正面図の**上ではなく下に**，左側面図を正面図の右に配置する方法なので記述は誤りである. 第三角法に対して上下左右が逆になる. 第一角法はヨーロッパや中国などで使われている.

(エ) 正しい. 日本では，製図方式を JIS B 0001：2019「機械製図」によることとしている.

(オ) 誤り. ISO 規格は国際標準化機構が制定した国際的に通用する規格である. イタリアの国家規格ではない.

よって，正誤の組合せとして最も適切なのは③である.

解答　③

Brushup　3.1.1(1)設計理論(b)

②群　情報・論理に関するもの（全6問題から3問題を選択解答）

I 2 1　頻出度★★★　Check ■■■

情報セキュリティと暗号技術に関する次の記述のうち，最も適切なものはどれか.

① 公開鍵暗号方式では，暗号化に公開鍵を使用し，復号に秘密鍵を使用する.

② 公開鍵基盤の仕組みでは，ユーザとその秘密鍵の結びつきを証明するため，第三者機関である認証局がそれらデータに対するディジタル署名を発行する.

③ スマートフォンがウイルスに感染したという報告はないため，スマートフォンにおけるウイルス対策は考えなくてもよい.

④ ディジタル署名方式では，ディジタル署名の生成には公開鍵を使用し，その検証には秘密鍵を使用する.

⑤ 現在，無線LANの利用においては，WEP（Wired Equivalent Privacy）方式を利用することが推奨されている.

解説

① 適切．公開鍵暗号方式は，受信者が秘密鍵と公開鍵（秘密鍵を使って作成）を作成し，送信者は受信者の公開鍵を取得して平文を暗号化して送付，受信者が受け取った暗号文を秘密鍵で平文に復号化するものである.

② 不適切．ディジタル署名は，文書やメッセージなどのデータの作成者を証明し，改ざんやすり替えが行われていないことを保証するものである．ユーザとその秘密鍵の結び付けを証明するものではない.

③ 不適切．スマートフォンもウイルス感染の事例は多数報告されている．インターネット接続して使用する機器である以上，ウイルス対策は必要である.

④ 不適切．ディジタル署名では，ディジタル署名の生成には公開鍵ではなく秘密鍵を使用し，その検証には秘密鍵ではなく公開鍵を使用する.

⑤ 不適切．WEPはアクセスポイントと機器の間でWEPキーを使って認証する方式であるが，鍵生成に問題があり容易に解読されるという脆弱性があるので，その問題を解決するため，より高度な暗号化方式が採用されたWPA，WPA2が推奨されている.

よって，最も適切なものは①である．

解答　①

Brushup　3.1.2(3)情報ネットワーク(a)

I 22　頻出度★★★　Check □□□

次の論理式と等価な論理式はどれか．

$$\overline{\overline{A}\cdot\overline{B}+A\cdot B}$$

ただし，論理式中の + は論理和，・は論理積を表し，論理変数 X に対して $\overline{X}$ は X の否定を表す．2 変数の論理和の否定は各変数の否定の論理積に等しく，2 変数の論理積の否定は各変数の否定の論理和に等しい．また，論理変数 X の否定の否定は論理変数 X に等しい．

① $(A+B)\cdot\overline{(A+B)}$
② $(A+B)\cdot(\overline{A}+\overline{B})$
③ $(A\cdot B)\cdot(\overline{A}\cdot\overline{B})$
④ $(A\cdot B)\cdot\overline{(A\cdot B)}$
⑤ $(A+B)+(\overline{A}+\overline{B})$

解説　ド・モルガンの定理を用いると

$$\overline{\overline{A}\cdot\overline{B}+A\cdot B}=(\overline{\overline{A}\cdot\overline{B}})\cdot(\overline{A\cdot B})=(A+B)\cdot(\overline{A}+\overline{B})$$

解答　②

Brushup　3.1.2(1)情報理論(b)

I 23　頻出度★☆☆　Check □□□

通信回線を用いてデータを伝送する際に必要となる時間を伝送時間と呼び，伝送時間を求めるには，次の計算式を用いる．

$$伝送時間=\frac{データ量}{回線速度\times回線利用率}$$

ここで，回線速度は通信回線が 1 秒間に送ることができるデータ量で，回線利用率は回線容量のうちの実際のデータが伝送できる割合を表す．

データ量 5 G バイトのデータを 2 分の 1 に圧縮し，回線速度が 200 Mbps，回線利用率が 70 % である通信回線を用いて伝送する場合の伝送時間に最も近い値はどれか．ただし，1 G バイト = 10^9 バイトとし，bps は回線速度の単位で，1 Mbps は 1 秒間に伝送できるデータ量が 10^6 ビットであることを表す．

①　286 秒　②　143 秒　③　100 秒　④　18 秒　⑤　13 秒

解説　データ量 5 G バイトのデータを 1/2 に圧縮すると，

$$5\,\text{G バイト} \times \frac{1}{2} = 2.5\,\text{G バイト} = 2.5 \times 10^9\,\text{バイト}$$

$$= 2.5 \times 8 \times 10^9\,\text{ビット}$$

$$\text{伝送時間} = \frac{\text{データ量}}{\text{回線速度} \times \text{回線利用率}} = \frac{2.5 \times 8 \times 10^9\,\text{ビット}}{200 \times 10^6\,\text{ビット/s} \times 0.70}$$

$$\fallingdotseq \mathbf{143\,s}$$

解答　②

Brushup　3.1.2(1)情報理論(d)

I 2 4　頻出度★★☆　Check □□□

西暦年号は次の(ア)若しくは(イ)のいずれかの条件を満たすときにうるう年として判定し，いずれにも当てはまらない場合はうるう年でないと判定する.

(ア)　西暦年号が 4 で割り切れるが 100 で割り切れない.

(イ)　西暦年号が 400 で割り切れる.

うるう年か否かの判定を表現している決定表として，最も適切なものはどれか.

なお，決定表の条件部での“Y”は条件が真，“N”は条件が偽であることを表し，“—”は条件の真偽に関係ない又は論理的に起こりえないことを表す.動作部での“X”は条件が全て満たされたときその行で指定した動作の実行を表し，“—”は動作を実行しないことを表す.

①

条件部	西暦年号が 4 で割り切れる	N	Y	Y	Y
	西暦年号が 100 で割り切れる	—	N	Y	Y
	西暦年号が 400 で割り切れる	—	—	N	Y
動作部	うるう年と判定する	—	X	X	X
	うるう年でないと判定する	X	—	—	—

②

条件部	西暦年号が 4 で割り切れる	N	Y	Y	Y
	西暦年号が 100 で割り切れる	—	N	Y	Y
	西暦年号が 400 で割り切れる	—	—	N	Y
動作部	うるう年と判定する	—	X	—	X
	うるう年でないと判定する	X	—	X	—

③

条件部	西暦年号が 4 で割り切れる	N	Y	Y	Y
	西暦年号が 100 で割り切れる	—	N	Y	Y
	西暦年号が 400 で割り切れる	—	—	N	Y
動作部	うるう年と判定する	—	—	X	X
	うるう年でないと判定する	X	X	—	—

④

条件部	西暦年号が 4 で割り切れる	N	Y	Y	Y
	西暦年号が 100 で割り切れる	—	N	Y	Y
	西暦年号が 400 で割り切れる	—	—	N	Y
動作部	うるう年と判定する	—	X	—	—
	うるう年でないと判定する	X	—	X	X

⑤

条件部	西暦年号が 4 で割り切れる	N	Y	Y	Y
	西暦年号が 100 で割り切れる	—	N	Y	Y
	西暦年号が 400 で割り切れる	—	—	N	Y
動作部	うるう年と判定する	—	—	—	X
	うるう年でないと判定する	X	X	X	—

解説 「(ア)西暦年号が 4 で割り切れるが 100 で割り切れない」の条件を満足するときは「西暦年号が 400 で割り切れる」の条件は満足しないので，下表の b 列になり，“うるう年と判定する”欄が“X”，“うるう年でないと判定する”欄が“—”になる．

		a	b	c	d
条件部	西暦年号が 4 で割り切れる	N	Y	Y	Y
	西暦年号が 100 で割り切れる	—	N	Y	Y
	西暦年号が 400 で割り切れる	—	—	N	Y
動作部	うるう年と判定する	—	X	—	X
	うるう年でないと判定する	X	—	X	—

「(イ)西暦年号が 400 で割り切れる」の条件を満足するときは，“4 で割り切れる”の条件も“100 で割り切れる”の条件も満足するので，下表の d 列になり，“うるう年と判定する”欄は“X”，“うるう年でないと判定する”欄は“—”になる．

a 列の「西暦年号が 4 で割り切れる」の条件を満足しないときは，“100 で割り切れる”の条件も“400 で割り切れる”の条件も満足することはないので，両方とも“—”になり，“うるう年と判定する”欄が“—”，“うるう年でないと判定する”欄が“X”になる．

c 列は西暦年号が 4 でも 100 でも割り切れるので(ア)の条件は満足せず，400 でも割り切れないので(イ)の条件も満足しない．a 列と同様に，うるう年と判定する”欄が“—”，“うるう年でないと判定する”欄が“X”になる．

よって，決定表として，最も適切なものは②である．

解答 ②

Brushup 3.1.2(1)情報理論(c)

I 2 5 頻出度★★★ Check □□□

演算式において，+，−，×，÷などの演算子を，演算の対象であるAやBなどの演算数の間に書く「A + B」のような記法を中置記法と呼ぶ．また，「AB +」のように演算数の後に演算子を書く記法を逆ポーランド表記法と呼ぶ．中置記法で書かれる式「(A + B) × (C − D)」を下図のような構文木で表し，これを深さ優先順で，「左部分木，右部分木，節」の順に走査すると得られる「AB + CD − ×」は，この式の逆ポーランド表記法となっている．

中置記法で「(A + B ÷ C) × (D − F)」と書かれた式を逆ポーランド表記法で表したとき，最も適切なものはどれか．

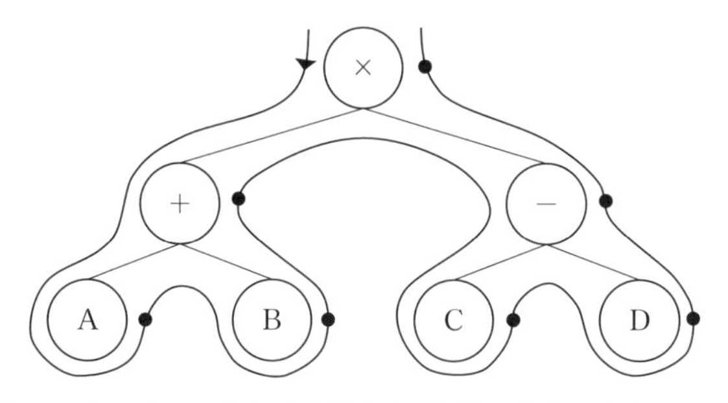

図 (A + B) × (C − D)を表す構文木．矢印の方向に走査し，ノードを上位に向かって走査するとき（●で示す）に記号を書き出す．

① ABC ÷ + DF − ×　　② AB + C ÷ DF − ×

③ ABC ÷ + D × F −　　④ × + A ÷ BC − DF

⑤ AB + C ÷ D × F −

解説 中置記法で $(A+B\div C)\times(D-F)$ と書かれた式の計算では，

・加減算よりも乗除算を先

・( )内を先

という規則に基づき実施されるので，

(a) 左の( )内：$B\div C$ の除算を実施してから，A と $B\div C$ の加算 $A+(B\div C)$ を行う．

(b) 右の( )内：D から F の減算を行う．

(c) 左の( )内と右の( )内の積算を行う．

したがって，逆ポーランド表記法で表すと，

$$ABC\div +DF-\times$$

であり，最も適切なものは①である．

解答 ①

Brushup 3.1.2(2)数値表現，アルゴリズム(c)

I 2 6 頻出度★☆☆ Check□□□

アルゴリズムの計算量は漸近的記法（オーダ表記）により表される場合が多い．漸近的記法に関する次の(ア)～(エ)の正誤の組合せとして，最も適切なものはどれか．ただし，正の整数全体からなる集合を定義域とし，非負実数全体からなる集合を値域とする関数 f，g に対して，$f(n) = O(g(n))$ とは，すべての整数 $n \geqq n_0$ に対して $f(n) \leqq c \cdot g(n)$ であるような正の整数 c と n_0 が存在するときをいう．

(ア) $5n^3 + 1 = O(n^3)$

(イ) $n \log_2 n = O(n^{1.5})$

(ウ) $n^3 3^n = O(4^n)$

(エ) $2^{2^n} = O(10^{n^{100}})$

	ア	イ	ウ	エ
①	正	誤	誤	誤
②	正	正	誤	正
③	正	正	正	誤
④	正	誤	正	誤
⑤	誤	誤	誤	正

解説

(ア) 正しい．$f(n) = 5n^3 + 1$，$g(n) = n^3$ とすれば，n は正の整数なので

$$\frac{f(n)}{g(n)} = \frac{5n^3 + 1}{n^3} = 5 + \frac{1}{n^3} \leqq 6 = c$$

$f(n) \leqq 6g(n)$ なので，$f(n) = 5n^3 + 1 = O(n^3)$ と表記することができる．

【別解】 $f(n)$ は $5n^3$ と $1 = n^0$ の和なので，一番大きい $5n^3$ 以外は無視し，$5n^3$ の定数倍の5は無視できるので，

$$f(n) = 5n^3 + 1 = O(5n^3) = O(n^3)$$

(イ) 正しい．$f(n) = n \log_2 n$，$g(n) = n^{1.5}$ とすれば，

$$\frac{f(n)}{g(n)} = \frac{n \log_2 n}{n^{1.5}} = \frac{\log_2 n}{n^{0.5}} = \frac{1}{\log_e 2} \frac{\log_e n}{n^{0.5}}$$

ここで，n は正の整数なので

$$\frac{\log_e 1}{1^{0.5}} = 0,\ \lim_{n \to \infty} \frac{\log_e n}{n^{0.5}} = \lim_{n \to \infty} \frac{1/n}{0.5n^{-0.5}} = 2 \times \lim_{n \to \infty} \frac{1}{n^{0.5}} = 0$$

$$\left(\because \lim_{n \to \infty} \left\{ \frac{r(n)}{q(n)} \right\} = \lim_{n \to \infty} \left\{ \frac{r'(n)}{q'(n)} \right\} \right)$$

であり，ロールの定理によって，次式を満足する正の整数 c が存在する．

$$\frac{f(n)}{g(n)} = \frac{1}{\log_e 2}\frac{\log_e n}{n^{0.5}} \leqq c$$

$f(n) \leqq cg(n)$ なので，$f(n) = n\log_2 n = O(n^{1.5})$ と表記することができる．

$f(n) = n\log_2 n$ の漸近的記法は $O(n\log n)$ とすることが多いが，$O(n\log n)$ は，$O(n)$ と $O(n^2)$ の間の大きさであり，上記 $O(n^{1.5})$ と表記することもできる．

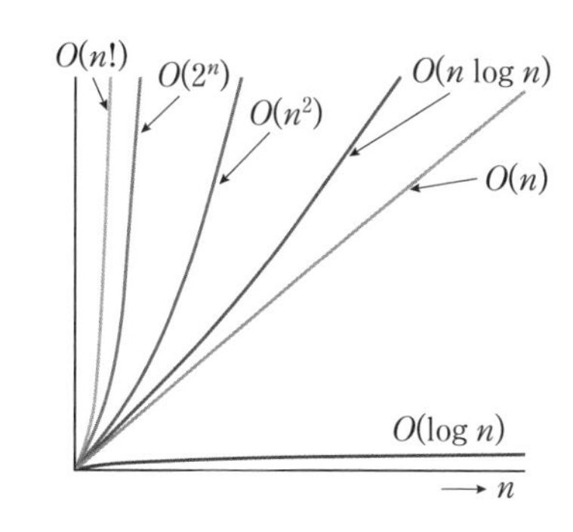

(ウ) 正しい．$f(n) = n^3 3^n$，$g(n) = 4^n$ とすれば，n は正の整数なので

$$\frac{f(n)}{g(n)} = \frac{n^3 3^n}{4^n} = n^3\left(\frac{3}{4}\right)^n \leqq n^3 1^n = n^3$$

$f(n) \leqq n^3 g(n)$ なので，$f(n) = n^3 3^n = O(4^n)$ と表記することができる．

(エ) 誤り．$f(n) = 2^{2^n}$，$g(n) = 10^{n^{100}}$ とすれば，$n = 1$ とすると，

$$f(1) = 2^{2^1} = 4,\ g(1) = 10^{1^{100}} = 10$$

なので，$f(1) \leqq cg(1)$ となるような正の整数 c は存在しない．

$$f(n) = 2^{2^n} \neq Q(10^{n^{100}})$$

一般的に，a を大きな正の整数とすると，漸近的記法の間には次の関係がある．

$$O(1) < O(\log n) < O(\sqrt{n}) < O(n) < O(n\log n)$$
$$< O(n^2) < O(n^3) < \cdots < O(n^a) < O(2^n)$$
$$< O(3^n) < \cdots < O(a^n) < O(n!)$$

よって，正誤の組合せとして，最も適切なものは③である．

解答　③

Brushup 3.1.2(2)数値表現，アルゴリズム(d)

3群　解析に関するもの（全6問題から3問題を選択解答）

I 3 1　頻出度★★★　Check □□□

3次元直交座標系 (x, y, z) におけるベクトル $\boldsymbol{V} = (V_x, V_y, V_z) = (y + z, x^2 + y^2 + z^2, z + 2y)$ の点 $(2, 3, 1)$ での回転 $\mathrm{rot}\,\boldsymbol{V} = \left(\dfrac{\partial V_z}{\partial y} - \dfrac{\partial V_y}{\partial z}\right)\boldsymbol{i} + \left(\dfrac{\partial V_x}{\partial z} - \dfrac{\partial V_z}{\partial x}\right)\boldsymbol{j} + \left(\dfrac{\partial V_y}{\partial x} - \dfrac{\partial V_x}{\partial y}\right)\boldsymbol{k}$ として，最も適切なものはどれか．ただし，$\boldsymbol{i}, \boldsymbol{j}, \boldsymbol{k}$ はそれぞれ x, y, z 軸方向の単位ベクトルである．

①　7　　②　(0, 6, 1)　　③　4　　④　(0, 1, 3)　　⑤　(4, 14, 7)

解説　ベクトル $V = (V_x, V_y, V_z) = (y + z, x^2 + y^2 + z^2, z + 2y)$ なので，

$$\mathrm{rot}\,V = \begin{bmatrix} \boldsymbol{i} & \boldsymbol{j} & \boldsymbol{k} \\ \dfrac{\partial}{\partial x} & \dfrac{\partial}{\partial y} & \dfrac{\partial}{\partial z} \\ V_x & V_y & V_z \end{bmatrix}$$

$$= \boldsymbol{i}\left(\frac{\partial V_z}{\partial y} - \frac{\partial V_y}{\partial z}\right) + \boldsymbol{j}\left(\frac{\partial V_x}{\partial z} - \frac{\partial V_z}{\partial x}\right) + \boldsymbol{k}\left(\frac{\partial V_y}{\partial x} - \frac{\partial V_x}{\partial y}\right)$$

$$= \boldsymbol{i}(2 - 2z) + \boldsymbol{j}(1 - 0) + \boldsymbol{k}(2x - 1)$$

$$= \boldsymbol{i}(2 - 2z) + \boldsymbol{j} + \boldsymbol{k}(2x - 1)$$

点 (2, 3, 1) での回転 rot V は

$$\mathrm{rot}\,V|_{x=2,\,y=3,\,z=1} = \boldsymbol{i}(2 - 2 \times 1) + \boldsymbol{j} + \boldsymbol{k}(2 \times 2 - 1) = (0, 1, 3)$$

よって，最も適切なものは④である．

解答　④

Brushup　3.1.3(2)ベクトル解析(f)

I 3 2　頻出度★★☆　Check □□□

3次関数 $f(x) = ax^3 + bx^2 + cx + d$ があり，a, b, c, d は任意の実数とする．積分 $\int_{-1}^{1} f(x)\mathrm{d}x$ として恒等的に正しいものはどれか．

①　$2f(0)$

②　$f\left(-\sqrt{\dfrac{1}{3}}\right) + f\left(\sqrt{\dfrac{1}{3}}\right)$

③ $f(-1)+f(1)$

④ $\dfrac{f\left(-\sqrt{\dfrac{3}{5}}\right)}{2}+\dfrac{8f(0)}{9}+\dfrac{f\left(\sqrt{\dfrac{3}{5}}\right)}{2}$

⑤ $\dfrac{f(-1)}{2}+f(0)+\dfrac{f(1)}{2}$

解説 3次関数$f(x)=ax^3+bx^2+cx+d$で，a，b，c，dは任意の実数なので，積分

$$\int_{-1}^{1} f(x)\mathrm{d}x=\int_{-1}^{1}(ax^3+bx^2+cx+d)\mathrm{d}x$$
$$=\left[\frac{1}{4}ax^4+\frac{1}{3}bx^3+\frac{1}{2}cx^2+dx\right]_{-1}^{1}$$
$$=2\times\left(\frac{1}{3}b+d\right)$$

① 誤り.

$$2f(0)=2\times(0+0+0+d)=2d\neq\int_{-1}^{1} f(x)\mathrm{d}x$$

② 正しい.

$$f\left(-\sqrt{\frac{1}{3}}\right)+f\left(\sqrt{\frac{1}{3}}\right)=2\times\left\{b\left(\sqrt{\frac{1}{3}}\right)^2+d\right\}=2\times\left(\frac{1}{3}b+d\right)$$
$$=\int_{-1}^{1} f(x)\mathrm{d}x$$

③ 誤り.

$$f(-1)+f(1)=2\times\{b\times1^2+d\}=2(b+d)\neq\int_{-1}^{1} f(x)\mathrm{d}x$$

④ 誤り.

$$\frac{f\left(-\sqrt{\frac{3}{5}}\right)}{2}+\frac{8f(0)}{9}+\frac{f\left(\sqrt{\frac{3}{5}}\right)}{2}=\frac{f\left(-\sqrt{\frac{3}{5}}\right)+f\left(\sqrt{\frac{3}{5}}\right)}{2}+\frac{8f(0)}{9}$$
$$=\frac{2\times\left\{b\left(\sqrt{\frac{3}{5}}\right)^2+d\right\}}{2}+\frac{8}{9}d$$
$$=\frac{3}{5}b+\frac{17}{9}d\neq\int_{-1}^{1} f(x)\mathrm{d}x$$

⑤ 誤り．

$$\frac{f(-1)}{2}+f(0)+\frac{f(1)}{2}=\frac{f(-1)+f(1)}{2}+f(0)$$

$$=\frac{2\times(b+d)}{2}+d=b+2d\neq\int_{-1}^{1}f(x)\mathrm{d}x$$

よって，積分 $\int_{-1}^{1}f(x)\mathrm{d}x$ として，恒等的に正しいのは②である．

解答　②

Brushup　3.1.3(1)微分・積分(b)

I 3 3　頻出度★★★　Check □□□

線形弾性体の2次元有限要素解析に利用される(ア)～(ウ)の要素のうち，要素内でひずみが一定であるものはどれか．

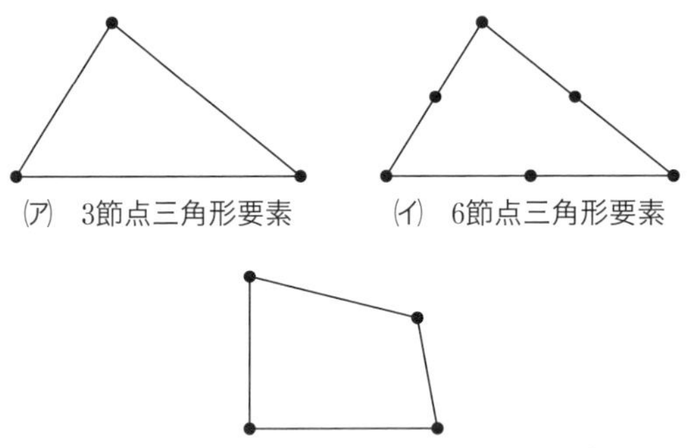

図　2次元解析に利用される有限要素

①　(ア)　　②　(イ)　　③　(ウ)　　④　(ア)と(イ)　　⑤　(ア)と(ウ)

解説　二次元有限要素解析において，有限要素内の任意の位置 (x, y) の変位 (u, v) が (x, y) の一次式で表されれば，要素内のひずみは一定になる．

(ア)　3節点三角形要素では，変位 (u, v) を次の一次式で表す．係数 $\alpha_0, \alpha_1, \alpha_2, \beta_0, \beta_1, \beta_2$ が決まれば，節点位置により一次式で変位を再現できひずみは一定になる．

$$u(x, y)=\alpha_0+\alpha_1 x+\alpha_2 y$$
$$v(x, y)=\beta_0+\beta_1 x+\beta_2 y \quad \boxed{1}$$

(イ)　6節点三角形要素は，3節点三角形要素の三つの節点の中間点に三つの節点を追加した要素である．変位 (u, v) を $\boxed{1}$ 式に x^2, xy, y^2 の項を追加した次の二次式で表すので曲線を表現できるがひずみは一定にはならない．

$$u(x, y) = \alpha_0 + \alpha_1 x + \alpha_2 y + \alpha_3 x^2 + \alpha_4 xy + \alpha_5 y^2$$
$$v(x, y) = \beta_0 + \beta_1 x + \beta_2 y + \beta_3 x^2 + \beta_4 xy + \beta_5 y^2 \quad \boxed{2}$$

(ウ) 4節点四辺形要素は，3節点三角形要素の$\boxed{1}$式にxyの項を追加し$\boxed{3}$式としたもので四角形双一次要素とも呼ばれる．$\boxed{3}$式は二次式なので，ひずみは一定にならない．

$$u(x, y) = \alpha_0 + \alpha_1 x + \alpha_2 y + \alpha_3 xy$$
$$v(x, y) = \beta_0 + \beta_1 x + \beta_2 y + \beta_3 xy \quad \boxed{3}$$

アイソパラメトリック要素は，-1〜$+1$の局所座標系(s, t)で定義される形状関数を用いて，要素内の任意の点の変位(u, v)と位置(x, y)の関係を表すことにより，(x, y)座標系で定義された任意の形状の四角形を(s, t)座標系で正方形として表すようにしたものである．アイソパラメトリック要素では，有限要素内の位置を表す形状関数と有限要素内の変位を表す変位関数$\boxed{3}$式に同じものを用いるが，(s, t)座標系で表しても二次式であることには変わりない．

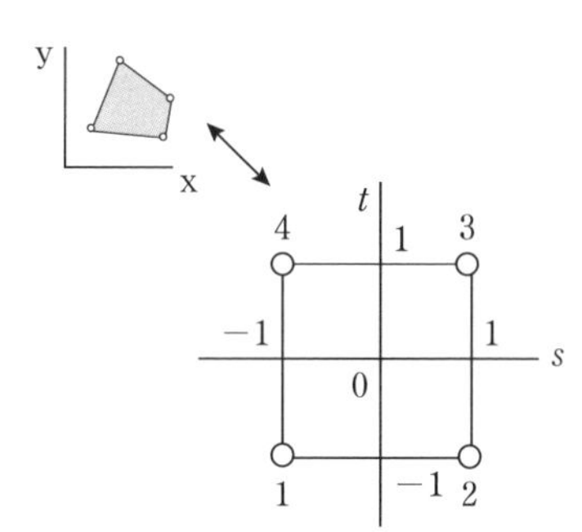

よって，要素内でひずみが一定なのは(ア)の3節点三角形要素だけなので，最も適切なものは①である．

解答　①

Brushup　3.1.3(3)数値解析(a)

I 3 4　頻出度★★★　Check □□□

下図に示すように断面積 **0.1 m²**，長さ **2.0 m** の線形弾性体の棒の両端が固定壁に固定されている．この線形弾性体の縦弾性係数を **2.0×10^3 MPa**，線膨張率を **1.0×10^{-4} K^{-1}** とする．最初に棒の温度は一様に **10 °C** で棒の応力はゼロ

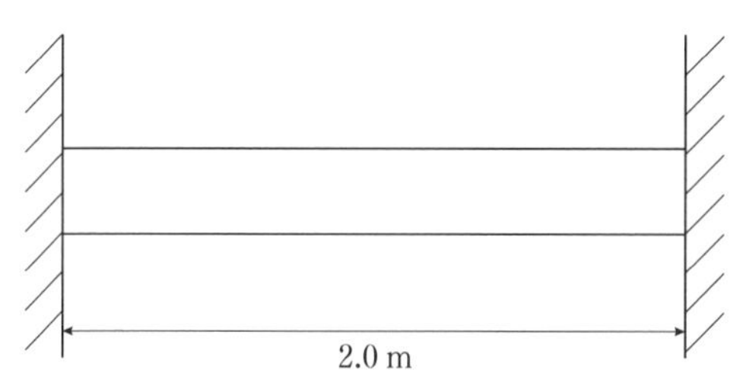

図　両端を固定された線形弾性体の棒

であった．その後，棒の温度が一様に 30 ℃となったときに棒に生じる応力として，最も適切なものはどれか．

① **2.0 MPa** の引張応力　② **4.0 MPa** の引張応力
③ **4.0 MPa** の圧縮応力　④ **8.0 MPa** の引張応力
⑤ **8.0 MPa** の圧縮応力

解説　両端が固定された線形弾性体の棒の縦弾性係数（ヤング率）を E [Pa]，応力を $\sigma = \dfrac{P\,[\mathrm{N}]}{A\,[\mathrm{m}^2]}$ [Pa]，線膨張率を α [K^{-1}]，温度上昇を ΔT [K] とする．

棒は温度上昇により伸びようとするが，両端が固定されているため膨張することができず，その分，棒内部に熱応力 σ が発生する．

題意より，棒の温度が一様に 0 ℃のときに応力は 0 なので，温度上昇による熱ひずみ ε（正）と弾性ひずみ ε_0（熱応力 σ による負のひずみ）の和が零になる．

$$\varepsilon = \alpha\Delta T, \quad \varepsilon_0 = \frac{\sigma}{E}$$

$$\varepsilon + \varepsilon_0 = \alpha\Delta T + \frac{\sigma}{E} = 0$$

$$\therefore \quad \sigma = -\alpha\Delta TE = -1.0\times10^{-4}\times(30-10)\times2.0\times10^{3}$$

$$= -4.0\ \mathrm{MPa}$$ （**4.0 MPa の圧縮応力**）

解答　③

Brushup　3.1.3(4)力学(b)

I 3 5　頻出度★★★　Check □□□

上端が固定されてつり下げられたばね定数 $\boldsymbol{k}$ のばねがある．このばねの下端に質量 $\boldsymbol{m}$ の質点がつり下げられ，平衡位置（つり下げられた質点が静止してい

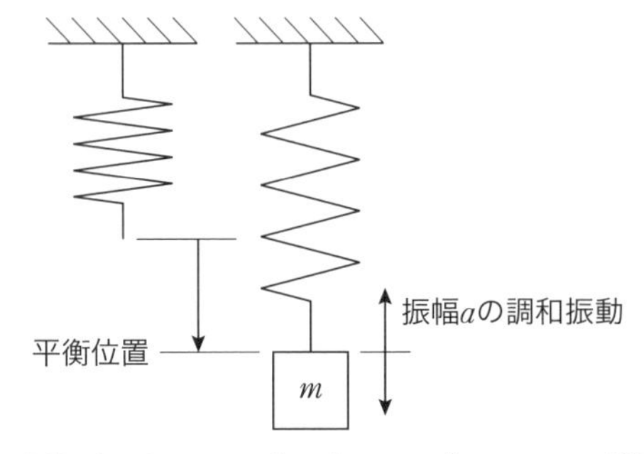

図　上端が固定されたばねがつり下げられている状態と
そのばねに質量 $\boldsymbol{m}$ の質点がつり下げられた状態

るときの位置，すなわち，つり合い位置）を中心に振幅 $\boldsymbol{a}$ で調和振動（単振動）している．質点が最も下の位置にきたとき，ばねに蓄えられているエネルギーとして，最も適切なものはどれか．ただし，重力加速度を $\boldsymbol{g}$ とする．

① 0　② $\frac{1}{2}ka^2$　③ $\frac{1}{2}ka^2 - mga$

④ $\frac{1}{2}k\left(\frac{mg}{k}+a\right)^2$　⑤ $\frac{1}{2}ka^2 + mga$

解説　質量 m の質点の平衡位置におけるばねの変位を x_0 とすると，この位置では質点に働く下向きの重力 mg と上向きのばねの張力 kx_0 が釣り合った状態なので，

$$mg - kx_0 = 0$$

$$\therefore \quad x_0 = \frac{mg}{k}$$

質点が振幅 a で調和振動（単振動）するとき，質点が最も下の位置になったときの変位は $x_0 + a$ になるので，このときに，ばねに蓄えられているエネルギー W は，ばねを変位 0 から $x_0 + a$ まで引き延ばすのに必要なエネルギーに等しいので

$$W = -\int_0^{x_0+a} kx\,\mathrm{d}x = \left[\frac{1}{2}kx^2\right]_0^{x_0+a} = \frac{1}{2}k(x_0+a)^2 = \frac{1}{2}k\left(\frac{mg}{k}+a\right)^2$$

よって，最も適切なものは④である．

解答　④

Brushup　3.1.3(4)力学(a)

I 36　頻出度★☆☆　Check □□□

下図に示すように，厚さが一定で半径 $\boldsymbol{a}$，面密度 $\boldsymbol{\rho}$ の一様な四分円の板がある．重心の座標として，最も適切なものはどれか．

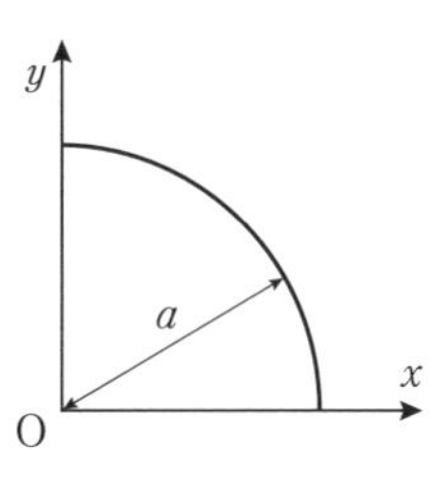

図　四分円の板

① $\left(\frac{\sqrt{3}a}{4}, \frac{\sqrt{3}a}{4}\right)$　② $\left(\frac{a}{2}, \frac{a}{2}\right)$　③ $\left(\frac{a}{\sqrt{2}}, \frac{a}{\sqrt{2}}\right)$

④ $\left(\dfrac{3a}{4\pi}, \dfrac{3a}{4\pi}\right)$　　⑤ $\left(\dfrac{4a}{3\pi}, \dfrac{4a}{3\pi}\right)$

解説 半径 a の四分円の板について，高さ $\sqrt{a^2 - x^2}$，幅 $\mathrm{d}x$ の微小な長方形部分を考えると，厚さが一定で面密度が ρ の一様な四分円なので，この微小部分の質量 $\mathrm{d}M$，y 軸周りのモーメント $\mathrm{d}I_y$ は次式で表される．

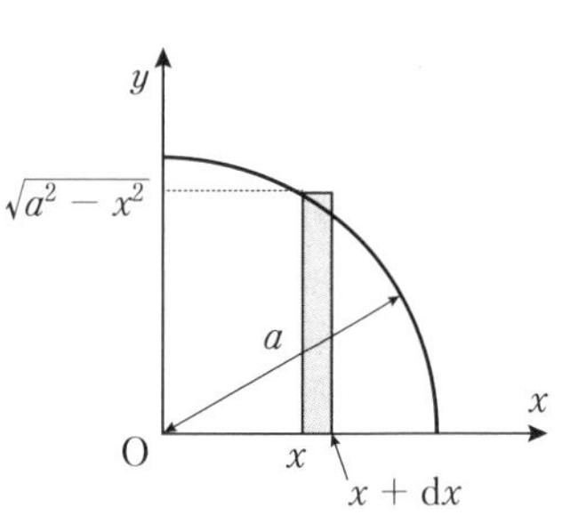

$$\mathrm{d}M = \rho\sqrt{a^2 - x^2} \cdot \mathrm{d}x$$

$$\mathrm{d}I_y = \mathrm{d}Mgx = \rho g\sqrt{a^2 - x^2} \cdot x\mathrm{d}x$$

ただし，g：重力の加速度

したがって，四分円の y 軸周りのモーメント I_y は

$$I_y = \int_0^a \mathrm{d}I_y = \int_0^a \rho g\sqrt{a^2 - x^2} \cdot x\mathrm{d}x$$

$$= \rho g \int_0^a \sqrt{a^2 - x^2} \cdot x\mathrm{d}x \qquad \boxed{1}$$

ここで，$s = a^2 - x^2$ とおくと，$\dfrac{\mathrm{d}s}{\mathrm{d}x} = -2x$ なので，

$$x\mathrm{d}x = -\frac{1}{2}\mathrm{d}s \qquad \boxed{2}$$

$\boxed{2}$式を$\boxed{1}$式に代入すると

$$I_y = -\frac{\rho g}{2}\int_{a^2}^0 \sqrt{s}\,\mathrm{d}s = \frac{\rho g}{2}\int_0^{a^2} \sqrt{s}\,\mathrm{d}s = \frac{\rho g}{2}\left[\frac{2}{3}s^{\frac{3}{2}}\right]_0^{a^2} = \frac{\rho g a^3}{3}$$

また，四分円の質量 M は，$M = \rho\dfrac{\pi a^2}{4}$ なので，重心の x 座標を x_G とすると

$$Mgx_G - I_y = 0$$

$$\therefore \quad x_G = \frac{I_y}{Mg} = \frac{\dfrac{\rho g a^3}{3}}{\rho\dfrac{\pi a^2}{4}g} = \frac{4a}{3\pi}$$

重心の y 座標 y_G についても，同様に x 軸周りのモーメント I_x を求めて，$y_G = 4a/3\pi$ になる．

よって，重心の座標として最も適切なものは⑤の$\left(\dfrac{4a}{3\pi}, \dfrac{4a}{3\pi}\right)$である．

解答 ⑤

Brushup 3.1.3(4)力学(b)

4群　材料・化学・バイオに関するもの（全6問題から3問題を選択解答）

I 4 1　頻出度★★☆　Check ■■■

同位体に関する次の(ア)～(オ)の記述について，それぞれの正誤の組合せとして，最も適切なものはどれか．

(ア)　質量数が異なるので，化学的性質も異なる．

(イ)　陽子の数は等しいが，電子の数は異なる．

(ウ)　原子核中に含まれる中性子の数が異なる．

(エ)　放射線を出す同位体の中には，放射線を出して別の元素に変化するものがある．

(オ)　放射線を出す同位体は，年代測定などに利用されている．

	ア	イ	ウ	エ	オ
①	正	正	誤	誤	誤
②	正	正	正	正	誤
③	誤	誤	正	正	正
④	誤	正	誤	正	正
⑤	誤	誤	正	誤	誤

解説

(ア)　誤り．同位体は，原子番号 Z が同じで質量数 A が異なる核種である．質量数は異なるが，化学的性質は電子の数，すなわち陽子の数により決まるので似た性質をもつ．

(イ)　誤り．原子番号は陽子の数であり，電子の数もそれに等しい．

(ウ)　正しい．中性子の数は質量数-陽子の数 $A-Z$ なので，同位体の中性子の数は異なる．

(エ)　正しい．同位体の中には原子核が不安定で放射線を出しながら崩壊していく放射性同位体がある．

(オ)　正しい．炭素の放射性同位体 ^{14}C は，光合成によって植物に取り込まれ，食物連鎖で動物にも取り込まれる．^{14}C の地球自然の生物圏内および生存中の動植物内部における存在比率はほぼ一定であるが，死後は新しい炭素の補給が止まるため存在比率が下がり始める．この性質と ^{14}C の半減期が5730年であることを利用し年代測定が行われている．

よって，正誤の組合せとして最も適切なものは③である．

解答　③

Brushup　3.1.4(1)材料特性(e)

I 4 2　頻出度★☆☆　Check □□□

次の化学反応のうち，酸化還元反応でないものはどれか．

① $2Na + 2H_2O \rightarrow 2NaOH + H_2$

② $NaClO + 2HCl \rightarrow NaCl + H_2O + Cl_2$

③ $3H_2 + N_2 \rightarrow 2NH_3$

④ $2NaCl + CaCO_3 \rightarrow Na_2CO_3 + CaCl_2$

⑤ $NH_3 + 2O_2 \rightarrow HNO_3 + H_2O$

解説

① 酸化還元反応である：単体原子は中性なので酸化数は0である．Naの酸化数は反応前は0であるが，反応後は化合物NaOHになるので+1に変化する．

② 酸化還元反応である：3個あるClの酸化数は，反応前にはすべて−1であるが，その内の2個は反応後には単体原子になるので0に変化する．

③ 酸化還元反応である：反応前のH，Nの酸化数は単体原子なので両方0であるが，反応後はNH_3になって，Nは−3，Hは+1に変化する．

④ 酸化還元反応でない：「アンモニアソーダ法（ソルベー法）」というアンモニアNH_3の力を借りて炭酸ナトリウム（炭酸ソーダ（Na_2CO_3）をつくるための工業的製法の反応式である．酸化数は，反応前後でいずれもNaが+1，Clが−1，Caが+2，CO_3が−2であり変化しない．

⑤ 酸化還元反応である：反応前においては，NH_3のHの酸化数が+1で3個と結合するのでNの酸化数は−3である．反応後はHNO_3になり，Hの酸化数が+1，Oの酸化数が−2で3個と結合するので，Nの酸化数は+5に変化する．

よって，酸化還元反応でないものは④である．

解答　④

Brushup　3.1.4(2)化学(i)

I 4 3　頻出度★★☆　Check □□□

金属の変形に関する次の記述について，［　　］に入る語句及び数値の組合せとして，最も適切なものはどれか．

金属が比較的小さい引張応力を受ける場合，応力（σ）とひずみ（ε）は次の式で表される比例関係にある．

$$\sigma = E\varepsilon$$

これは［ア］の法則として知られており，比例定数Eを［イ］という．常温での［イ］は，マグネシウムでは［ウ］GPa，タングステンでは［エ］GPa である．温度が高くなると［イ］は，［オ］なる．

※応力とは単位面積当たりの力を示す．

	ア	イ	ウ	エ	オ
①	フック	ヤング率	45	407	大きく
②	フック	ヤング率	45	407	小さく
③	フック	ポアソン比	407	45	小さく
④	ブラッグ	ポアソン比	407	45	大きく
⑤	ブラッグ	ヤング率	407	45	小さく

解説 金属が比較的小さい引張応力，圧縮力等の力を受ける弾性限度内では，応力 σ とそれに伴うひずみ ε は次式で表される比例関係にある．

$$\sigma = E\varepsilon$$

これを**フック**の法則といい，比例定数 E を**ヤング率**と呼ぶ．

応力 σ は，力を F，金属の断面積を A とすると，

$$\sigma = \frac{F}{A}$$

また，ひずみ ε は，元の長さを l，変形量を Δl とすると，

$$\varepsilon = \frac{\Delta l}{l}$$

なので，

$$E = \frac{\sigma}{\varepsilon} = \frac{F/A}{\Delta l/l} = \frac{F\Delta l}{Al}$$

である．常温でのヤング率は，マグネシウムでは 45 GPa，タングステンでは 407 GPa である．温度が高くなると，ヤング率は，**小さく**なる．

よって，語句および数値の組合せとして，最も適切なものは②である．

解答 ②

Brushup 3.1.1(1)設計理論(c)，3.1.4(1)材料特性(b)

I 4 4 頻出度★☆☆ Check □□□

鉄の製錬に関する次の記述の，［　　］に入る語句及び数値の組合せとして，最も適切なものはどれか．

地殻中に存在する元素を存在比（wt%）の大きい順に並べると，鉄は，酸素，ケイ素，［ア］についで 4 番目となる．鉄の製錬は，鉄鉱石（Fe_2O_3），石灰石，コークスを主要な原料として［イ］で行われる．

［イ］において，鉄鉱石をコークスで［ウ］することにより銑鉄（Fe）を得

ることができる．この方法で銑鉄を 1 000 kg 製造するのに必要な鉄鉱石は，最低［ エ ］kg である．ただし，酸素及び鉄の原子量は 16 及び 56 とし，鉄鉱石及び銑鉄中に不純物を含まないものとして計算すること．

	ア	イ	ウ	エ
①	アルミニウム	高炉	還元	1 429
②	アルミニウム	電炉	還元	2 857
③	アルミニウム	高炉	酸化	2 857
④	銅	電炉	酸化	2 857
⑤	銅	高炉	還元	1 429

解説 地殻中に存在する元素の存在比（wt%）は，大きい順に，酸素，けい素，アルミニウム，鉄，カルシウム，ナトリウムとなり，鉄は**アルミニウム**に次いで 4 番目となる．

鉄の精錬は，鉄鉱石（Fe_2O_3），石灰石（$CaCO_3$），コークス（C）を主な原料として，**高炉**（溶鉱炉）で行われ，鉄鉱石を銑鉄（Fe）にする過程と銑鉄を鋼にする過程の 2 段階がある．銑鉄は不純物として炭素（C）を含んだもろくて柔らかい鉄の単体である．鋼は銑（せん）鉄から不純物の炭素を取り除いた純度の高い粘り気がある硬い鉄である．

高炉において，鉄鉱石をコークスで**還元**すると銑鉄が得られる．高炉内で石灰石とコークスを加熱すると，コークスの燃焼および石灰石の熱分解でいずれも二酸化炭素が生成され，さらに，二酸化炭素が未反応のコークスと一緒に加熱されると還元性の強い一酸化炭素が生成されるので，鉄鉱石から酸素を奪い，銑鉄にすることができる．溶解した銑鉄に酸素を送り込み，不純物である炭素を燃焼させれば気体の二酸化炭素になって取り除くことができる．

題意より，鉄鉱石，銑鉄には不純物が含まれないので，

鉄鉱石（Fe_2O_3）：$56 \times 2 + 16 \times 3 = 160$ kg/kmol

銑鉄（Fe）：56 kg/kmol

鉄鉱石 1 kmol からは銑鉄 2 kmol が生成されるので，1 000 kg の銑鉄を製造するのに必要な鉄鉱石は

$$1\,000 \times \frac{160}{56 \times 2} \fallingdotseq \mathbf{1\,429}\ \text{kg}$$

よって，語句および数値の組合せとして，最も適切なものは①である．

解答 ①

Brushup 3.1.4(1)材料特性(d)

I 4 5 頻出度★★★ Check ■■■

アミノ酸に関する次の記述の，[　　]に入る語句の組合せとして，最も適切なものはどれか．

一部の特殊なものを除き，天然のタンパク質を加水分解して得られるアミノ酸は20種類である．アミノ酸のα-炭素原子には，アミノ基と[ア]，そしてアミノ酸の種類によって異なる側鎖（R基）が結合している．R基に脂肪族炭化水素鎖や芳香族炭化水素鎖を持つイソロイシンやフェニルアラニンは[イ]性アミノ酸である．システインやメチオニンのR基には[ウ]が含まれており，そのためタンパク質中では2個のシステイン側鎖の間に共有結合ができることがある．

	ア	イ	ウ
①	カルボキシ基	疎水	硫黄（S）
②	ヒドロキシ基	疎水	硫黄（S）
③	カルボキシ基	親水	硫黄（S）
④	カルボキシ基	親水	窒素（N）
⑤	ヒドロキシ基	親水	窒素（N）

解説 アミノ酸はアミノ基（$-NH_2$）とカルボキシ基（$-COOH$）の両方をもつ有機化合物である．タンパク質を構成するアミノ酸をαアミノ酸と呼び，一部の特殊なものを除き20種類がある．

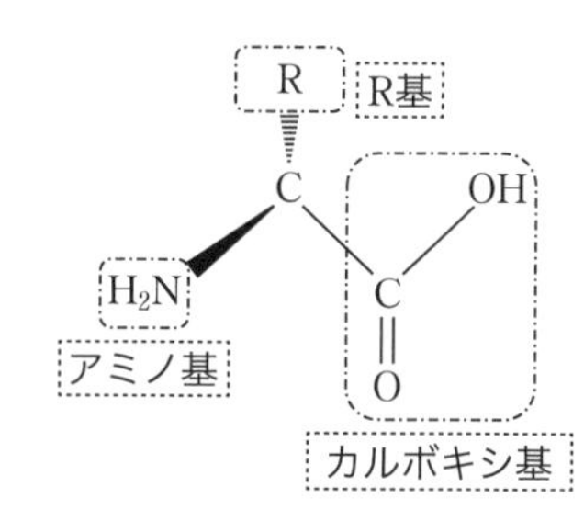

αアミノ酸は，炭素原子（α-炭素原子）にアミノ基と**カルボキシ基**およびアミノ酸の種類により異なる側鎖と呼ばれるR基が結合したものである．

アミノ酸は，結合するR基によって化学的性質が異なり，親水性と疎水性に分類される．親水性とは水（H_2O）との水素結合をつくることで水に溶解したり混ざったりしやすく，水との親和性が高い性質である．極性をもち水以外では極性溶媒にも可溶である．疎水性とは水に対する親和性が低い性質をいい，電気的には中性で非極性である．分子内に炭化水素基をもつ物質がその代表である．シリコーンやフルオロアルキル鎖をもつ化合物などを除き，疎水性をもつ物質の多くは脂質や非極性有機溶媒との親和性を示す．疎水性アミノ酸には，脂肪族炭化水素鎖と結合したアラニン，イソロイシン，ロイシン，メチオニン，バリンと，芳香族炭化水素鎖と結合したフェニルアラニン，トリプトファン，チロシンがある．イに入る語句は**疎水**である．

また，システインやメチオニンのR基には**硫黄**（S）が含まれており，タンパク質中ではシステイン側鎖中に存在するスルフヒドリル基（−SH）の共有結合を介し，タンパク質の二次構造や三次構造の一部になっている．

よって，語句の組合せとして，最も適切なものは①である．

解答　①

Brushup　3.1.4(3)バイオテクノロジー(a)

I46　頻出度★★☆　Check □□□

DNAの構造的な変化によって生じる突然変異を遺伝子突然変異という．遺伝子突然変異では，1つの塩基の変化でも形質発現に影響を及ぼすことが多く，置換，挿入，欠失などの種類がある．遺伝子突然変異に関する次の記述のうち，最も適切なものはどれか．

① 1塩基の置換により遺伝子の途中のコドンが終止コドンに変わると，タンパク質の合成がそこで終了するため，正常なタンパク質の合成ができなくなる．この遺伝子突然変異を中立突然変異という．

② 遺伝子に1塩基の挿入が起こると，その後のコドンの読み枠がずれるフレームシフトが起こるので，アミノ酸配列が大きく変わる可能性が高い．

③ 鎌状赤血球貧血症は，1塩基の欠失により赤血球中のヘモグロビンの1つのアミノ酸がグルタミン酸からバリンに置換されたために生じた遺伝子突然変異である．

④ 高等動植物において突然変異による形質が潜性（劣性）であった場合，突然変異による形質が発現するためには，2本の相同染色体上の特定遺伝子の片方に変異が起こればよい．

⑤ 遺伝子突然変異はX線や紫外線，あるいは化学物質などの外界からの影響では起こりにくい．

解説 遺伝子突然変異は，DNAの構造的な変化によって生じる突然変異をいい，DNAの置換，挿入，欠失などの種類がある．

① 不適切．1塩基の置換により遺伝子の途中のコドンが終止コドンに変わる変異はナンセンス突然変異である．中立突然変異は，自然選択に有利でも不利でもなく，中立的な突然変異をいう．

② 適切．遺伝子に1塩基の挿入が起こると，フレームシフトが起こり，アミノ酸配列が大きく変わって破壊的な影響を及ぼす．フレームシフトにより新たな終止コドンが形成され，ナンセンス突然変異になる可能性もある．

③ 不適切．鎌状赤血球貧血症は慢性溶血性貧血の1種である．1塩基の欠失

ではなく置換により赤血球中のヘモグロビンの6番目のアミノ酸であるグルタミン酸がバリンに置換され異常なヘモグロビン（ヘモグロビンS）ができることが原因とされている．

④　不適切．染色体には常染色体と性染色体があり，常染色体は2本ずつ同じ種類の染色体が存する．この対を相同染色体といい，同じ遺伝子をもっている．高等動植物において突然変異による形質が潜性（劣性）であった場合，2本の相同染色体上の特定遺伝子の両方が変異し，潜性（劣性）になる場合以外は発現しない．

⑤　不適切．遺伝子突然変異は，薬品など化学物質による刺激，X線や紫外線，イオンビームなど高エネルギー粒子が遺伝子を傷つけることで誘発される．

よって，遺伝子突然変異に関する技術のうち，最も適切なものは②である．

解答　②

Brushup　3.1.4(3)バイオテクノロジー(c)

5群　環境・エネルギー・技術に関するもの（全6問題から3問題を選択解答）

I 5 1　頻出度★★★　Check □□□

気候変動に対する様々な主体における取組に関する次の記述のうち，最も不適切なものはどれか．

①　RE100は，企業が自らの事業の使用電力を100％再生可能エネルギーで賄うことを目指す国際的なイニシアティブであり，2020年時点で日本を含めて各国の企業が参加している．

②　温室効果ガスであるフロン類については，オゾン層保護の観点から特定フロンから代替フロンへの転換が進められてきており，地球温暖化対策としても十分な効果を発揮している．

③　各国の中央銀行総裁及び財務大臣からなる金融安定理事会の作業部会である気候関連財務情報開示タスクフォース（TCFD）は，投資家等に適切な投資判断を促すため気候関連財務情報の開示を企業等へ促すことを目的としており，2020年時点において日本国内でも200以上の機関が賛同を表明している．

④　2050年までに温室効果ガス又は二酸化炭素の排出量を実質ゼロにすることを目指す旨を表明した地方自治体が増えており，これらの自治体を日本政府は「ゼロカーボンシティ」と位置付けている．

⑤　ZEH（ゼッチ）及びZEH-M（ゼッチ・マンション）とは，建物外皮

の断熱性能等を大幅に向上させるとともに，高効率な設備システムの導入により，室内環境の質を維持しつつ大幅な省エネルギーを実現したうえで，再生可能エネルギーを導入することにより，一次エネルギー消費量の収支をゼロとすることを目指した戸建住宅やマンション等の集合住宅のことであり，政府はこれらの新築・改修を支援している．

解説

① 適切．RE100は「Renewable Energy 100 %」の略称で，企業自らが事業活動で消費する（使用電力だけではなく）エネルギーを100 %再生可能エネルギーで調達することを目標とする国際的イニシアチブである．

② 不適切．フロンは，二酸化炭素，メタン，一酸化炭素とともに温室効果ガスである．フロンのうちの特定フロン（クロロフルオロカーボンCFC，ハイドロクロロフルオロカーボンHCFC）はオゾン層を破壊することが判明したため，1987年にモントリオール議定書が採択され，代替フロンへの転換が進められ，オゾン層破壊対策としては十分な効果を発揮している．しかし，代替フロンでも温室効果ガスであることに変わりはなく，二酸化炭素を1とした温暖化係数は数百～数万もあるので，2016年にモントリオール議定書改正（キガリ改正）により，さらに地球温暖化への影響が低い物質への転換が進められている．

③ 適切．TCFDは，2017年6月に最終報告書を公表し，投資家等に適切な投資判断を促すため，企業等に対し，気候変動関連リスク，および機会に関して，ガバナンス（どのような体制で検討し，それを企業経営に反映しているか），戦略（短期・中期・長期にわたり，企業経営にどのように影響を与えるか．またそれについてどう考えたか），リスク管理（気候変動のリスクについて，どのように特定，評価し，またそれを低減しようとしているか），指標と目標（リスクと機会の評価について，どのような指標を用いて判断し，目標への進捗度を評価しているか）について開示することを推奨している．

④ 適切．ゼロカーボンシティは環境省が推進する温室効果ガス削減に向けた取組みの一つである．2019年はわずか4自治体であったが，2021年8月には444自治体に増加している．

⑤ 適切．ZEHはNet Zero Energy House（ネット・ゼロ・エネルギー・ハウス），ZEH-MはNet Zero Energy House Manshon（ネット・ゼロ・エネルギー・ハウス・マンション）の略で定義は記述のとおりである．

よって，最も不適切な記述は②である．

解答　②

Brushup 3.1.5(1)環境(a)，3.2.6(1)地球環境(a)

I 5 2 頻出度★★☆ Check □□□

環境保全のための対策技術に関する次の記述のうち，最も不適切なものはどれか．

① ごみ焼却施設におけるダイオキシン類対策においては，炉内の温度管理や滞留時間確保等による完全燃焼，及びダイオキシン類の再合成を防ぐために排ガスを 200 ℃ 以下に急冷するなどが有効である．

② 屋上緑化や壁面緑化は，建物表面温度の上昇を抑えることで気温上昇を抑制するとともに，居室内への熱の侵入を低減し，空調エネルギー消費を削減することができる．

③ 産業廃棄物の管理型処分場では，環境保全対策として遮水工や浸出水処理設備を設けることなどが義務付けられている．

④ 掘削せずに土壌の汚染物質を除去する「原位置浄化」技術には化学的作用や生物学的作用等を用いた様々な技術があるが，実際に土壌汚染対策法に基づいて実施された対策措置においては掘削除去の実績が多い状況である．

⑤ 下水処理の工程は一次処理から三次処理に分類できるが，活性汚泥法などによる生物処理は一般的に一次処理に分類される．

解説

① 適切．ダイオキシン類は未燃分の一種なので炉内の温度管理や滞留時間を確保して完全燃焼させることにより発生を抑制する．また，排ガスの後流にいくほど再合成によりダイオキシン類は増加するので，フライアッシュのキャリーオーバや熱回収・ガス冷却過程でのダクト堆積の回避，燃焼排ガスの急冷，排ガス処理系の低温化などの対策が有効である．

② 適切．屋上緑化や壁面緑化は，また，植物からの蒸発・蒸散により建物表面温度の上昇を抑えることで周囲の気温上昇を抑制する効果と，一定程度の太陽光を反射し居室内への伝導熱を低減できるので空調エネルギー消費を削減することができる．

③ 適切．管理型産業廃棄物処分場は，埋め立てられた廃棄物の中を通った雨水などの浸出水が周辺の土壌や地下水に影響を与えないよう対策された最終処分場のことをいい，遮水工や浸出水処理設備を設ける義務がある．

④ 適切．汚染土壌の汚染物質除去技術には，土壌を掘削して区域外の汚染土壌処理施設で処理する区域外処理と，区域内で浄化などの処理や封じ込めなどの措置を行う区域内措置がある．区域内措置は，さらに，土壌の掘削を行うが汚染土壌処理施設への搬出を行わないオンサイト浄化技術と，掘削を行

わず原位置で汚染の除去などを行う原位置浄化技術がある．実際の対策措置の実施状況をみると，重金属類は土壌に吸着しやすく，原位置での浄化が難しいことなどから掘削除去が多く，揮発性有機化合物では掘削除去と原位置浄化の両方が実施されているが，全体的には掘削除去のほうが多い．

⑤ 不適切．下水処理の工程し，一次処理（前処理），二次処理（本処理）および三次処理（高度処理，後処理）に分けられる．一次処理では，ふん尿が混合した汚水中の固形物を沈殿分離，浮上分離，ふるいやスクリーンなどの固液分離機により除去する．二次処理では，一次処理で取り除けなかった汚水中の有機物を，酸素を利用して好気性微生物の働きにより除去する活性汚泥法や，酸素を利用しない嫌気性微生物を利用したメタン発酵処理等などによって除去する．三次処理では，二次処理水中に残っている窒素，りん，難分解性物質を化学的，物理的あるいは生物学的方法で除去する．活性汚泥法は，一般的に一次処理ではなく二次処理に分類される．

よって，最も不適切なものは⑤である．

解答 ⑤

Brushup 3.1.5(1)環境(a)，(c)，(e)

I 5 3 頻出度★★★ Check □□□

エネルギー情勢に関する次の記述の，[　　]に入る数値の組合せとして，最も適切なものはどれか．

日本の総発電電力量のうち，水力を除く再生可能エネルギーの占める割合は年々増加し，2018 年度時点で約[ア]%である．特に，太陽光発電の導入量が近年着実に増加しているが，その理由の 1 つとして，そのシステム費用の低下が挙げられる．実際，国内に設置された事業用太陽光発電のシステム費用はすべての規模で毎年低下傾向にあり，10 kW 以上の平均値（単純平均）は，2012 年の約 42 万円/kW から 2020 年には約[イ]万円/kW まで低下している．一方，太陽光発電や風力発電の出力は，天候等の気象環境に依存する．例えば，風力発電で利用する風のエネルギーは，風速の[ウ]乗に比例する．

	ア	イ	ウ
①	9	25	3
②	14	25	3
③	14	15	3
④	9	25	2
⑤	14	15	2

解説 「エネルギー白書 2021」より，日本の総発電電力量のうち，水力を除く再

生可能エネルギーの占める割合は年々増加し 2018 年度時点で 9.2 %なので，約 **9 %**である．

特に太陽光発電の導入量が近年着実に増加しているが，その理由の一つとして，そのシステム費用の低下が挙げられる．実際，国内に設置された事業用太陽光発電のシステム費用はすべての規模で毎年低下傾向にある．第 63 回調達価格等算定委員会資料 1「太陽光発電について」(2020 年 11 月 資源エネルギー庁）によると，10 kW 以上の平均値（単純平均）は，2012 年の約 42 万円/kW から 2020 年には約 **25** 万円/kW まで低下している．平均値の内訳は，太陽光パネルが約 45 %，工事費が約 28 %を占めている．

一方，太陽光発電や風力発電の出力は，天候等の気象環境に依存し，風力発電で利用する風のエネルギーは風速の **3** 乗に比例する．

よって，数値の組合せとして，最も適切なものは①である．

解答　①

Brushup　3.1.5(2)エネルギー(b)

I 5 4　頻出度★★☆　Check □□□

IEA の資料による 2018 年の一次エネルギー供給量に関する次の記述の，□に入る国名の組合せとして，最も適切なものはどれか．

各国の 1 人当たりの一次エネルギー供給量（以下，「1 人当たり供給量」と略称）を石油換算トンで表す．1 石油換算トンは約 42 GJ（ギガジュール）に相当する．世界平均の 1 人当たり供給量は 1.9 トンである．中国の 1 人当たり供給量は，世界平均をやや上回り，2.3 トンである．［ア］の 1 人当たり供給量は，6 トン以上である．［イ］の 1 人当たり供給量は，5 トンから 6 トンの間にある．［ウ］の 1 人当たり供給量は，3 トンから 4 トンの間にある．

	ア	イ	ウ
①	アメリカ及びカナダ	ドイツ及び日本	韓国及びロシア
②	アメリカ及びカナダ	韓国及びロシア	ドイツ及び日本
③	ドイツ及び日本	アメリカ及びカナダ	韓国及びロシア
④	韓国及びロシア	ドイツ及び日本	アメリカ及びカナダ
⑤	韓国及びロシア	アメリカ及びカナダ	ドイツ及び日本

解説　IEA の「World Energy Balances」によると，2018 年の各国の 1 人当たりの一次エネルギー供給量（以下，1人当たり供給量）は，石炭換算トンで表すと，

カ ナ ダ：8.0 トン　　アメリカ：6.8 トン
韓　　国：5.5 トン　　ロ シ ア：5.3 トン
ド イ ツ：3.6 トン　　日　　本：3.4 トン

世界平均：1.9 トン　　中　　国：1.9 トン

である．**アメリカおよびカナダ**の 1 人当たり供給量は 6 トン以上である．**韓国およびロシア**の 1 人当たり供給量は 5 トンから 6 トンの間にある．**ドイツおよび日本**の 1 人当たり供給量は，3 トンから 4 トンの間にある．

よって，国名の組合せとして，最も適切なものは②である．

解答　②

Brushup　3.1.5(2)エネルギー(a)

I 55　頻出度★★★　Check □□□

次の(ア)～(オ)の，社会に大きな影響を与えた科学技術の成果を，年代の古い順から並べたものとして，最も適切なものはどれか．

(ア)　フリッツ・ハーバーによるアンモニアの工業的合成の基礎の確立
(イ)　オットー・ハーンによる原子核分裂の発見
(ウ)　アレクサンダー・グラハム・ベルによる電話の発明
(エ)　ハインリッヒ・ルドルフ・ヘルツによる電磁波の存在の実験的な確認
(オ)　ジェームズ・ワットによる蒸気機関の改良

①　ア―オ―ウ―エ―イ
②　ウ―エ―オ―イ―ア
③　ウ―オ―ア―エ―イ
④　オ―ウ―エ―ア―イ
⑤　オ―エ―ウ―イ―ア

解説

(ア)　1906 年
(イ)　1938 年
(ウ)　1876 年
(エ)　1888 年
(オ)　1769 年

よって，年代の古い順から並べると，(オ)―(ウ)―(エ)―(ア)―(イ)なので，最も適切なものは④である．

解答　④

Brushup　3.1.5(3)技術史(a)

I 56　頻出度★★★　Check □□□

日本の科学技術基本計画は，1995 年に制定された科学技術基本法（現，科学技術・イノベーション基本法）に基づいて一定期間ごとに策定され，日本の科学技術政策を方向づけてきた．次の(ア)～(オ)は，科学技術基本計画の第１期から第５期までのそれぞれの期の特徴的な施策を１つずつ選んで順不同で記したものである．これらを第１期から第５期までの年代の古い順から並べたものとして，最も適切なものはどれか．

(ア) ヒトに関するクローン技術や遺伝子組換え食品等を例として，科学技術が及ぼす「倫理的・法的・社会的課題」への責任ある取組の推進が明示された．

(イ) 「社会のための，社会の中の科学技術」という観点に立つことの必要性が明示され，科学技術と社会との双方向のコミュニケーションを確立していくための条件整備などが図られた．

(ウ) 「ポストドクター等１万人支援計画」が推進された．

(エ) 世界に先駆けた「超スマート社会」の実現に向けた取組が「Society 5.0」として推進された．

(オ) 目指すべき国の姿として，東日本大震災からの復興と再生が掲げられた．

① イ―ア―ウ―エ―オ
② イ―ウ―ア―オ―エ
③ ウ―ア―イ―エ―オ
④ ウ―イ―ア―オ―エ
⑤ ウ―イ―エ―ア―オ

解説

(ア) 第３期．科学技術の急速な発展により，ヒトに関するクローン技術等の生命倫理問題，遺伝子組換え食品に対する不安，個人情報の悪用に対する懸念，実験データの捏造等の研究者の倫理問題など，科学技術は法や倫理を含む社会的な側面に大きな影響を与えるようになってきていることを例として，科学技術が及ぼす倫理的・法的・社会的課題への責任ある取組みの推進が明示された．

(イ) 第２期．「社会のための，社会の中の科学技術」という観点から，科学技術と社会との双方向のコミュニケーションを図るための条件の整備などが掲げられ，研究者，技術者，ジャーナリストに加えて，人文・社会科学の専門家も，双方向のコミュニケーションを図るため，重要な役割を担うようになった．

(ウ) 第１期．「ポストドクター等１万人支援計画」が推進された．

(エ) 第５期．自ら大きな変化を起こし，大変革時代を先導していくため，非連続なイノベーションを生み出す研究開発と，新しい価値やサービスが次々と創出される「超スマート社会」を世界に先駆けて実現するための仕組みが

「Society 5.0」として推進された．

(オ) 第4期．基本方針として，東日本大震災からの復興，再生を遂げ，将来にわたる持続的な成長と社会の発展に向けた科学技術イノベーションを戦略的に推進することが掲げられた．

よって，第1期から第5期まで年代の古い順から並べると，(ウ)—(イ)—(ア)—(オ)—(エ)となるので，最も適切なものは④である．

解答 ④

Brushup 3.1.5(3)技術史(b)

2020年度

1群 設計・計画に関するもの（全6問題から3問題を選択解答）

I 1 1 頻出度★★★ Check■■■

ユニバーサルデザインに関する次の記述について，［　　］に入る語句の組合せとして最も適切なものはどれか.

北欧発の考え方である，障害者と健常者が一緒に生活できる社会を目指す［ア］，及び，米国発のバリアフリーという考え方の広がりを受けて，ロナルド・メイス（通称ロン・メイス）により1980年代に提唱された考え方が，ユニバーサルデザインである．ユニバーサルデザインは，特別な設計やデザインの変更を行うことなく，可能な限りすべての人が利用できうるよう製品や［イ］を設計することを意味する．ユニバーサルデザインの7つの原則は，(1)誰でもが公平に利用できる，(2)柔軟性がある，(3)シンプルかつ［ウ］な利用が可能，(4)必要な情報がすぐにわかる，(5)［エ］しても危険が起こらない，(6)小さな力でも利用できる，(7)じゅうぶんな大きさや広さが確保されている，である.

	ア	イ	ウ	エ
①	カスタマイゼーション	環境	直感的	ミス
②	ノーマライゼーション	制度	直感的	長時間利用
③	ノーマライゼーション	環境	直感的	ミス
④	カスタマイゼーション	制度	論理的	長時間利用
⑤	ノーマライゼーション	環境	論理的	長時間利用

解説 ノーマライゼーションは，障害者と健常者が一緒に生活し活動できる社会を目指す社会理念の一つである．また，バリアフリーは，高齢者や障害者が生活をするうえで障壁となるものを排除しようという考え方である.

これらを受けてロナルド・メイスが提唱したユニバーサルデザインは，文化・言語・国籍や年齢・性別・能力などの違いにかかわらず，できるだけ多くの人が利用できることを目指した製品や環境などの設計を意味する考え方である．アは**ノーマライゼーション**，イは**環境**が適切である.

また，ユニバーサルデザインの七つの原則は次のとおりである.

・誰でもが公平に利用できる（Equitable use）
・柔軟性がある（Flexibility in use）
・シンプルかつ直感的な利用が可能（Simple and intuitive）

・必要な情報がすぐにわかる（Perceptible information）
・ミスしても危険が起こらない（Tolerance for error）
・小さな力でも利用できる（Low physical effort）
・じゅうぶんな大きさや広さが確保されている（Size and space for approach and use）

ウは**直感的**，エは**ミス**が適切である．

よって，空白に入る語句の組合せとして適切なのは③である．

解答　③

Brushup　3.1.1（1）設計理論(d)

I 1 2　頻出度★☆☆　Check □□□

ある材料に生ずる応力 S [MPa] とその材料の強度 R [MPa] を確率変数として，$Z = R - S$ が 0 を下回る確率 Pr（$Z < 0$）が一定値以下となるように設計する．応力 S は平均 μ_S，標準偏差 σ_S の正規分布に，強度 R は平均 μ_R 標準偏差 σ_R の正規分布に従い，互いに独立な確率変数とみなせるとする．$\mu_S : \sigma_S : \mu_R : \sigma_R$ の比として(ア)から(エ)の 4 ケースを考えるとき，Pr（$Z < 0$）を小さい順に並べたものとして最も適切なものはどれか．

	μ_S	σ_S	μ_R	σ_R
(ア)	10	$2\sqrt{2}$	14	1
(イ)	10	1	13	$2\sqrt{2}$
(ウ)	9	1	12	$\sqrt{3}$
(エ)	11	1	12	1

① ウ→イ→エ→ア　② ア→ウ→イ→エ
③ ア→イ→ウ→エ　④ ウ→ア→イ→エ
⑤ ア→ウ→エ→イ

解説　平均 μ，標準偏差 σ の正規分布の確率密度関数は，平均 μ を中央とする左右対称な山状になり，標準偏差 σ が大きいほど左右に広がり，高さは低くなる．ある材料に生じる応力 S と材料の強度 R は互いに独立な確率変数とみなせるので，横軸に応力または強度 [MPa] を取ると次図のようになる．$Z = R - S < 0$，つまり $R < S$ のときに，この材料は破壊してしまう．

厳密には，標準正規分布表を用いて二つの正規分布曲線を描き，$R < S$ となる部分の面積を求めなければならないが，正規分布曲線の性質より，R の正規分布曲線の 1σ 区間の左端 $A = \mu_R - \sigma_R$ が，S の正規分布曲線の 1σ 区間の右端 $B = \mu_S + \sigma_S$ よりも左にあって，$A - B$ が小さいほど $R < S$ となる確率が高いと考えることができる．なお，正規分布では 1σ 区間，2σ 区間，3σ 区間に入る

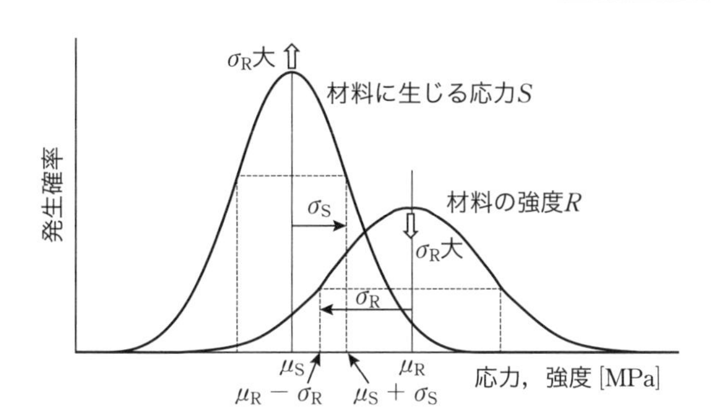

確率がそれぞれ 68.3 %，95.4 %，99.7 % であるので，$\sigma = \sqrt{2}$ は 2σ 区間，$\sigma = 2\sqrt{2}$ は 3σ 区間に近い確率になる．

下表より，$A - B$が小さい順に並べると，(ウ) < (ア) < (イ) < (エ)になる．

ケース	σ_R，σ_S	$\mu_R - \mu_R$	$A = \mu_R - \sigma_R$	$B = \mu_S + \sigma_S$	$A - B$
(ア)	$\sigma_R = 1$，$\sigma_S = 2\sqrt{2}$	$14 - 10 = 4$	$14 - 1 = 13$	$10 + 2\sqrt{2} \fallingdotseq 12.83$	$+0.17$
(イ)	$\sigma_R = 2\sqrt{2}$，$\sigma_S = 1$	$13 - 10 = 3$	$13 - 2\sqrt{2} \fallingdotseq 10.17$	$10 + 1 = 11$	-0.83
(ウ)	$\sigma_R = \sqrt{3}$，$\sigma_S = 1$	$12 - 9 = 3$	$12 - \sqrt{3} \fallingdotseq 10.27$	$9 + 1 = 10$	$+0.27$
(エ)	$\sigma_R = 1$，$\sigma_S = 1$	$12 - 11 = 1$	$12 - 1 = 11$	$11 + 1 = 12$	-1.00

(エ)は平均の差が小さく，標準偏差も 1 で同じなので$A - B$が負になり一番重なりが大きい．(イ)は平均の差は 3 と大きくなるが，Rの標準偏差が大きいため$A - B$が負になり，強度の小さい領域がだらだらと広がり重なりが大きくなる．(ア)は平均の差が 4 と最も大きいので，Sの標準偏差が大きく応力の大きい領域がだらだらと広がっているが重なりは(イ)よりも小さい．(ウ)は平均の差が 3 と大きく，(ア)と比べるとRの標準偏差が大きいため重なりは最も小さくなる．

よって，$Pr\ (Z < 0)$ を小さい順に並べたものとして最も適切なものは④である．

解答　④

Brushup　3.1.1 (1)設計理論(c)，3.1.3 (4)力学(b)

I 1 3　頻出度★★☆　Check □□□

次の(ア)から(オ)の記述について，それぞれの正誤の組合せとして，最も適切なものはどれか．

(ア)　荷重を増大させていくと，建物は多くの部材が降伏し，荷重が上がらなくなり大きく変形します．最後は建物が倒壊してしまいます．このときの荷重が弾性荷重です．

(イ) 非常に大きな力で棒を引っ張ると，最後は引きちぎれてしまいます．これを破断と呼んでいます．破断は，引張応力度がその材料固有の固有振動数に達したために生じたものです．

(ウ) 細長い棒の両端を押すと，押している途中で，急に力とは直交する方向に変形してしまうことがあります．この現象を座屈と呼んでいます．

(エ) 太く短い棒の両端を押すと，破断強度までじわじわ縮んで，最後は圧壊します．

(オ) 建物に加わる力を荷重，また荷重を支える要素を部材あるいは構造部材と呼びます．

	ア	イ	ウ	エ	オ
①	正	正	正	誤	誤
②	誤	正	正	正	誤
③	誤	誤	正	正	正
④	正	誤	誤	正	正
⑤	正	正	誤	誤	正

解説

(ア) 誤り．弾性体に荷重を加えると，フックの法則に従い，荷重に比例して変形する．さらに荷重を増加させていくと変形量の増加の傾きは小さくなるが，荷重を取り去ると変形量は0になり，元の形状に戻る．これが弾性であるが，応力がある限度を超えると，荷重が上がらなくなって塑性変形が始まり，荷重を取り去っても変形したままの永久ひずみになる．弾性変形の限界が弾性限界，そのときの荷重が弾性荷重である．建物の部材が降伏し，大きく変形したり，建物が倒壊したりする領域は塑性変形領域あるいは破断であるので，弾性荷重の記述ではない．

(イ) 誤り．弾性体に加える荷重を増加させていくとき，弾性限度を超える点でいったん応力は低下し，平衡状態になる．この変形過程を降伏といい，降伏が始まる点を上降伏点，平衡状態の点を下降伏点という．下降伏点を超えて荷重を増大していくと，あるところで材料にくびれが生じて断面積が急激に縮小し破断する．固有振動数はある物体が自由振動するときの振動数であり，破断の原因となる引張応力とは直接関係ない．

(ウ) 正しい．「座屈」の記述として正しい．座屈が発生するときの荷重を座屈荷重，そのときの応力を座屈応力という．

(エ) 正しい．圧壊の記述として正しい．圧壊とは，地盤やコンクリートが圧縮力により壊れることをいい，圧縮破壊の意味である．

(オ) 正しい．建築物を構成する部材のうち，建物を支える骨組みとなるものである．木造建築では柱，はり，桁，土台などである．天井材，窓ガラス，照明器具，空調設備など，建物のデザインや居住性の向上などを目的に取り付けられるものは非構造部材と呼ばれる．

解答　③

Brushup　3.1.1 (1)設計理論(c)

I 14　頻出度★★★　Check ■■■

ある工場で原料 A，B を用いて，製品 1，2 を生産し販売している．下表に示すように製品 1 を 1 [kg] 生産するために原料 A，B はそれぞれ 3 [kg]，1 [kg] 必要で，製品 2 を 1 [kg] 生産するためには原料 A，B をそれぞれ 2 [kg]，3 [kg] 必要とする．原料 A，B の使用量については，1 日当たりの上限があり，それぞれ 24 [kg]，15 [kg] である．

(1) 製品 1，2 の 1 [kg] 当たりの販売利益が，各々2 [百万円/kg]，3 [百万円/kg] の時，1 日当たりの全体の利益 z [百万円] が最大となるように製品 1 並びに製品 2 の 1 日当たりの生産量 x_1 [kg]，x_2 [kg] を決定する．なお，$x_1 \geqq 0$，$x_2 \geqq 0$ とする．

表　製品の製造における原料使用量，使用条件，及び販売利益

	製品 1	製品 2	使用上限
原料 A [kg]	3	2	24
原料 B [kg]	1	3	15
利益 [百万円/kg]	2	3	

(2) 次に，製品 1 の販売利益が Δc [百万円/kg] だけ変化する，すなわち $(2+\Delta c)$[百万円/kg] となる場合を想定し，z を最大にする製品 1，2 の生産量が，(1)で決定した製品 1，2 の生産量と同一である Δc [百万円/kg] の範囲を求める．

1 日当たりの生産量 x_1 [kg] 及び x_2 [kg] の値と，Δc [百万円/kg] の範囲の組合せとして，最も適切なものはどれか．

① $x_1 = 0$,　$x_2 = 5$,　$-1 \leqq \Delta c \leqq 5/2$
② $x_1 = 6$,　$x_2 = 3$,　$\Delta c \leqq -1$, $5/2 \leqq \Delta c$
③ $x_1 = 6$,　$x_2 = 3$,　$-1 \leqq \Delta c \leqq 1$
④ $x_1 = 0$,　$x_2 = 5$,　$\Delta c \leqq -1$, $5/2 \leqq \Delta c$
⑤ $x_1 = 6$,　$x_2 = 3$,　$-1 \leqq \Delta c \leqq 5/2$

解説

(1) 工場の 1 日当たりの全体の利益 z [百万円] は，製品 1，2 の 1 日当たりの生

産量がそれぞれ x_1 [kg]，x_2 [kg]，製品 1，2 の 1 kg 当たりの販売利益がそれぞれ 2 百万円/kg，3 百万円/kg なので，

$$z = 2x_1 + 3x_2 \text{ [百万円]} \qquad \boxed{1}$$

使用可能な原材料の 1 日当たりの上限による制約条件は，次のとおりである．

$$3x_1 + 2x_2 \leqq 24 \text{ kg} \qquad \boxed{2}$$

$$x_1 + 3x_2 \leqq 15 \text{ kg} \qquad \boxed{3}$$

$$x_1 \geqq 0,\ x_2 \geqq 0 \qquad \boxed{4}$$

この関係は図のとおりであり，x_1 と x_2 はハッチングした領域内で変化できる．2式，3式による境界は，両辺を等しいとおいた直線の式であり，連立方程式を解けば交点が求まる．

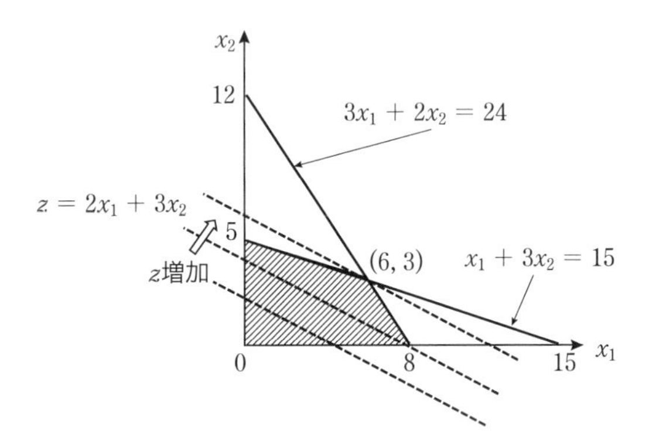

2式 × 3 − 3式 × 2 として

$$(3 \times 3 - 2 \times 1)x_1 = 3 \times 24 - 2 \times 15$$

$$\therefore \quad x_1 = \frac{42}{7} = 6 \text{ kg} \qquad \boxed{5}$$

5式を3式に代入して

$$x_2 = \frac{15 - x_1}{3} = \frac{15 - 6}{3} = 3 \text{ kg} \qquad \boxed{6}$$

つまり，交点は (6, 3) である．全体の利益 z の式は1式なので，変形して

$$x_2 = -\frac{2}{3}x_1 + \frac{1}{3}z$$

と表すと，傾きが −2/3 の直線の式で，全体の利益 z によって平行移動する．

z が最大値 z_{max} になるのは交点 (6, 3) を通るときなので，1式に $x_1 = 6$，$x_2 = 3$ を代入し，

$$z_{max} = 2 \times 6 + 3 \times 3 = 21 \text{ 百万円}$$

(2) 製品1の販売利益が Δc [百万円/kg] 変化して $(2+\Delta c)$[百万円/kg] になったときの全体の利益を z' とすると，

$$z' = (2+\Delta c)x_1 + 3x_2 \text{ [百万円]} \qquad \boxed{7}$$

題意より，生産量は(1)で決定した生産量と同じにしなければならないので，Δc が変化しても7式は交点 (6, 3) を通らなければならない．

7式を変形すると

$$x_2 = -\frac{2+\Delta c}{3}x_1 + \frac{1}{3}z' \qquad \boxed{8}$$

なので，Δc が変化すると傾きは $-\dfrac{2+\Delta c}{3}$ になる．2式，3式の制約条件から x_1 と x_2 はハッチング領域内でしか変化できないので，8式が交点 (6, 3) を通るという条件を満たすためには，Δc は傾きが2式の傾きと3式の傾きの間になる範囲で変化することができる．

2式の傾きに等しいとき：$-\dfrac{2+\Delta c}{3} = -\dfrac{3}{2}$

$\therefore \quad \Delta c = \dfrac{5}{2}$

3式の傾きに等しいとき：$-\dfrac{2+\Delta c}{3} = -\dfrac{1}{3}$

$\therefore \quad \Delta c = -1$

したがって，$\boldsymbol{-1 \leqq \Delta c \leqq \dfrac{5}{2}}$ [百万円/kg]

よって，(1) $x_1 = 6$，$x_2 = 3$，(2) $-1 \leqq \Delta c \leqq \dfrac{5}{2}$ を満たす適切な組合せは⑤である．

解答 ⑤

Brushup 3.1.1 (3)最適化問題(b)

I 15 頻出度★★☆ Check □□□

製図法に関する次の(ア)から(オ)の記述について，それぞれの正誤の組合せとして，最も適切なものはどれか．

(ア) 第三角法の場合は，平面図は正面図の上に，右側面図は正面図の右にというように，見る側と同じ側に描かれる．

(イ) 第一角法の場合は，平面図は正面図の上に，左側面図は正面図の右にというように，見る側とは反対の側に描かれる．

(ウ) 対象物内部の見えない形を図示する場合は，対象物をある箇所で切断したと仮定して，切断面の手前を取り除き，その切り口の形状を，外形線によって図示することとすれば，非常にわかりやすい図となる．このような図が想像図である．

(エ) 第三角法と第一角法では，同じ図面でも，違った対象物を表している場合があるが，用いた投影法は明記する必要がない．

(オ) 正面図とは，その対象物に対する情報量が最も多い，いわば図面の主体になるものであって，これを主投影図とする．したがって，ごく簡単なものでは，主投影図だけで充分に用が足りる．

	ア	イ	ウ	エ	オ
①	正	正	誤	誤	誤
②	誤	正	正	誤	誤
③	誤	誤	正	正	誤
④	誤	誤	誤	正	正
⑤	正	誤	誤	誤	正

解説

(ア) 正しい．第三角法は対象物の最も代表的な面を正面図とし，上から見た平面図を正面図の上，右側面図を平面図の右に配置する方法である．対象物の各面を展開したときと同じ配置に描き，見る側と同じになるので，感覚的にもわかりやすい方法である．アメリカ，日本，韓国などで使われている．

(イ) 誤り．第一角法は，対象物の平面図を正面図の下に，左側面図を正面図の右に配置する方法であり，第三角法に対して上下左右が逆になる．「平面図は正面図の上」という記述は誤りである．第一角法はヨーロッパや中国などで使われている．

(ウ) 誤り．断面図に関する記述である．対象物を切断したと仮定したときの実際の形状を示すものであり，想像図という用語は用いられない．

(エ) 誤り．第三角法と第一角法では同じ図面でも違った対象物を表している場合がある．設計者と製造者の間で第三角法か第一角法かの取違いがあると意図しない物ができてしまうので，必ず図面右下の表題欄に「第○角法」と言葉で明示するか図記号で表示して，誤読がないようにしなければならない．

(オ) 正しい．正面図は主投影図ともいう．正面図だけで形状が正しく読み取れる場合は，平面図や側面図を省略して，図面の枚数を減らす．

よって，正誤の組合せとして適切なものは⑤である．

解答 ⑤

Brushup 3.1.1 (1)設計理論(b)

I 1 6 頻出度★★★ Check ■■■

下図に示されるように，信頼度が **0.7** である ***n*** 個の要素が並列に接続され，さらに信頼度 **0.95** の **1** 個の要素が直列に接続されたシステムを考える．それぞれの要素は互いに独立であり，***n*** は **2** 以上の整数とする．システムの信頼度が **0.94** 以上となるために必要な ***n*** の最小値について，最も適切なものはどれか．

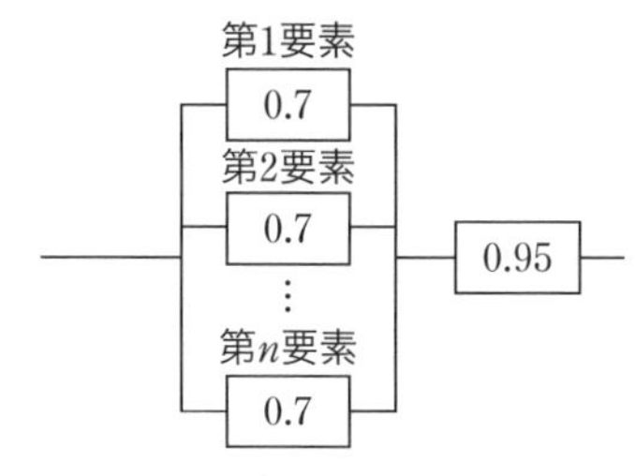

図　システム構成図と各要素の信頼度

① **2**

② **3**

③ **4**

④ **5**

⑤ ***n*** に依らずシステムの信頼度は **0.94** 未満であり，最小値は存在しない．

解説　信頼度 0.7 の要素を n 個並列接続したシステムは，n 個の要素がすべて故障したとき以外は正常に動作できるので，並列接続システム全体の信頼度 $p(n)$ は，

$$p(n) = 1 - (1 - 0.7)^n$$

この並列接続システムに信頼度 0.95 の要素を 1 個を直列接続してシステムは，n 個並列接続システムが正常かつ直列接続要素も正常であるときに正常に動作できるので，システム全体の信頼度 p_0 は次式で表すことができる．

$$p_0 = p(n) \times 0.95 = \{1 - (1 - 0.7)^n\} \times 0.95 = 0.95 \times \{1 - 0.3^n\}$$

$p_0 \geqq 0.94$ になるためには

$$0.3^n \leqq 1 - \frac{0.95}{0.94} \fallingdotseq 0.010\,64$$

n	0.3^n
1	0.3
2	0.09
3	0.027
4	0.000 81

よって，$n = 4$ であれば

$$p_0 = 0.95 \times (1 - 0.3^4) = 0.940\,325 > 0.94$$

となるので，答は③である．

解答　③

Brushup　3.1.1 (2)システム設計(c)

②群　情報・論理に関するもの（全6問題から3問題を選択解答）

Ⅰ 2 1　頻出度★★☆　Check □□□

情報の圧縮に関する次の記述のうち，最も不適切なものはどれか．

① 復号化によって元の情報を完全に復元でき，情報の欠落がない圧縮は可逆圧縮と呼ばれ，テキストデータ等の圧縮に使われることが多い．

② 復号化によって元の情報には完全には戻らず，情報の欠落を伴う圧縮は非可逆圧縮と呼ばれ，音声や映像等の圧縮に使われることが多い．

③ 静止画に対する代表的な圧縮方式として **JPEG** があり，動画に対する代表的な圧縮方式として **MPEG** がある．

④ データ圧縮では，情報源に関する知識（記号の生起確率など）が必要であり，情報源の知識が無い場合にはデータ圧縮することはできない．

⑤ 可逆圧縮には限界があり，どのような方式であっても，その限界を超えて圧縮することはできない．

解説

① 適切．可逆圧縮に関する記述である．圧縮効率は低いが，完全に復元できないと使えないテキストデータ，文書データ，プログラム，数値データなどの圧縮に利用される．

② 適切．非可逆圧縮に関する記述である．音声や映像等のデータは圧縮の過程で一部のデータが欠落しても音質や画質への影響が少なく許容できる場合が多く，またデータ量が多いので，圧縮効率が高い非可逆圧縮が適用される．

③ 適切．JPEG（Joint Photographic Experts Group）は静止画像，MPEG（Moving Picture Experts Group）は動画の代表的な圧縮方式である．静止画の圧縮にはGIF（Graphic Interchage Format），動画にはAVI（Audio Video Interlesve）やWMV9（Windows Media Video 9）も用いられる．

④ 不適切．可逆圧縮の場合は記号の生起確率の偏りなど情報源の知識を用い，圧縮効率と可逆性を考慮して適切な圧縮方式を選定するため情報源の知識は必須であるが，情報の質の低下はあまり気にせず，データ量圧縮のための非可逆圧縮を行う場合は必ずしも情報源の知識は必要ではない．

⑤ 適切．ある情報源の情報量は，それを理想的な符号化を行ったときの2元シンボル数（平均符号長）に等しい．これをシャノンの符号化定理（第1定理）という．この定理より，情報源がもつ情報量にはそれ以上符号長を小さくできない限度がある．

よって，最も不適切なものは④である．

解答　④

Brushup　3.1.2 (1)情報理論(d)

I 2 2　頻出度★★★　Check ■■■

下表に示す真理値表の演算結果と一致する，論理式$f(x, y, z)$として正しいものはどれか．ただし，変数X, Yに対して，$X+Y$は論理和，XYは論理積，$\overline{X}$は論理否定を表す．

① $f(x, y, z) = xy + z$

② $f(x, y, z) = \overline{x}y + \overline{yz}$

③ $f(x, y, z) = xy + \overline{y}z$

④ $f(x, y, z) = xy + \overline{xy}$

⑤ $f(x, y, z) = xy + \overline{x}z$

表　$f(x, y, z)$の真理値表

x	y	z	$f(x, y, z)$
0	0	0	0
0	0	1	1
0	1	0	0
0	1	1	0
1	0	0	0
1	0	1	1
1	1	0	1
1	1	1	1

解説　問題で与えられた真理値表から主加法標準形の論理式を書くと，次のようになる．

$$f(x, y, z) = \overline{x}\,\overline{y}z + x\overline{y}z + xy\overline{z} + xyz \qquad \boxed{1}$$

$\boxed{1}$式のカルノー図を描くと，下表のとおりとなり，①のグループと②のグループに分けることができる．真理値表の場合，00，01，10，11の順番に並べるが，カルノー図では，00，01，11，10の順番にする．これは，隣り合っているマスの2ビットのうちの片方が同じ，もう一方が異なるようにすることにより，隣り合ったマスの両方が1のとき，異なるビットを省いた論理式にして単純化できるようにしたものである．

①のグループ：$xy\overline{z} + xyz = xy(\overline{z} + z) = xy$　(zを省く)

②のグループ：$\overline{x}\,\overline{y}z + x\overline{y}z = (\overline{x} + x)\overline{y}z = \overline{y}z$　(xを省く)

$\therefore\ f(x, y, z) = xy + \overline{y}z$

カルノー図

xy ＼ z	0	1
0 0	0	② 1
0 1	0	0
1 1	① 1	1
1 0	0	1

よって，論理式$f(x, y, z)$として正しいものは③である．

解答　③

Brushup　3.1.2 (1)情報理論(b)

I 2 3 頻出度★★★ Check □□□

標的型攻撃に対する有効な対策として，最も不適切なものはどれか.

① メール中のオンラインストレージの URL リンクを使用したファイルの受信は，正規のサービスかどうかを確認し，メールゲートウェイで検知する.

② 標的型攻撃への対策は，複数の対策を多層的に組合せて防御する.

③ あらかじめ組織内に連絡すべき窓口を設け，利用者が標的型攻撃メールを受信した際の連絡先として周知させる.

④ あらかじめシステムや実行ポリシーで，利用者の環境で実行可能なファイルを制限しておく.

⑤ 擬似的な標的型攻撃メールを利用者に送信し，その対応を調査する訓練を定期的に実施する.

解説

① 不適切. メールゲートウェイで検知できるウイルスは，多数ユーザを対象にして問題が顕在化したものに限られ，特定のユーザをねらった悪意あるメールは検知できないと考えなければならない. オンラインストレージはインターネット上のデータ保管サービスであり，それを使用したメール中に不正なファイルが含まれていても区別することはできない.

②, ⑤ 適切. 標的型攻撃は特定の組織内の情報を狙って行われるサイバー攻撃の一種で，その組織ごとにさまざまな手立てで侵入を試みるので完全な防御は困難である. フィルタリングサービスやウイルス対策ソフトによるウイルス付メールの侵入阻止（入口対策），ウイルス感染による外部への不審な通信の遮断，サーバや Web アプリケーションからの異常な通信の早期発見(出口対策)，社員・職員への教育と擬似的な標的型攻撃メールによる教育の効果測定など多層的な組合せで防御する. 組織内で日常的にやり取りされている連絡メールや取引先とのメールを装って安心させ，攻撃を仕掛けてくることも多いので，利用者の意識を高めることは重要である.

③ 適切. 標的型攻撃を完全に防御することは困難なので，攻撃を検知してから連絡窓口を決めておき，侵入された端末等の隔離，侵入範囲の特定など，専門家を交えて組織的に対応する体制を構築しておく.

④ 適切. 利用者が実行できるソフトウェア，入手方法をあらかじめ決めておき，それ以外のファイルは利用者が勝手にダウンロードしてインストールできないように徹底しておく.

よって，最も不適切なものは，①である.

解答　①

Brushup　3.1.2 (3)情報ネットワーク(d)

I 2 4　頻出度★★★　Check □□□

補数表現に関する次の記述の，［　　］に入る補数の組合せとして，最も適切なものはどれか．

一般に，k 桁の n 進数 X について，X の n の補数は $n^k - X$，X の $n-1$ の補数は $(n^k - 1) - X$ をそれぞれ n 進数で表現したものとして定義する．よって，3 桁の 10 進数で表現した $(956)_{10}$ の（$n =$）10 の補数は，10^3 から $(956)_{10}$ を引いた $(44)_{10}$ である．さらに $(956)_{10}$ の（$n - 1 =$）9 の補数は，$10^3 - 1$ から $(956)_{10}$ を引いた $(43)_{10}$ である．

同様に，6 桁の 2 進数 $(100110)_2$ の 2 の補数は［ア］，1 の補数は［イ］である．

	ア	イ
①	$(000110)_2$	$(000101)_2$
②	$(011010)_2$	$(011001)_2$
③	$(000111)_2$	$(000110)_2$
④	$(011001)_2$	$(011010)_2$
⑤	$(011000)_2$	$(011001)_2$

解説　6 桁の 2 進数で表現した数 $(100\,110)_2$ の 2 の補数，1 の補数を求める問題である．

ア　2 の補数

$$(2^6)_{10} = (1\,000\,000)_2$$

なので，

$$(1\,000\,000)_2 - (100\,110)_2 = (011\,010)_2$$

イ　1 の補数

$$(1\,000\,000)_2 - (000\,001)_2 = (111\,111)_2$$

なので，

$$(111\,111)_2 - (100\,110)_2 = (011\,001)_2$$

アの答から，$(000\,001)_2$ を引いても 1 の補数は求まる．

$$(011\,010)_2 - (000\,001)_2 = (011\,001)_2$$

よって，2 の補数ア $(011\,010)_2$，1 の補数イ $(011\,001)_2$ の組合せとして最も適切なものは②である．

なお，元の数 $(100\,110)_2$ と 1 の補数 $(011\,001)_2$ は，各桁の 1 と 0 を入れ替えたものである．それに $(000\,001)_2$ を足せば

$$(011\,001)_2 + (000\,001)_2 = (011\,010)_2$$

として2の補数を求めることができる.

解答　②

Brushup　3.1.2 (2)数値表現と基数変換(a)

I 2 5　頻出度★☆☆　Check □□□

次の□に入る数値の組合せとして，最も適切なものはどれか.

次の図は2進数$(a_n\,a_{n-1}\cdots a_2\,a_1\,a_0)_2$を10進数$s$に変換するアルゴリズムの流れ図である. ただし，$n$は0又は正の整数であり，$a_i \in \{0, 1\}$ ($i = 0, 1, \cdots, n$) である.

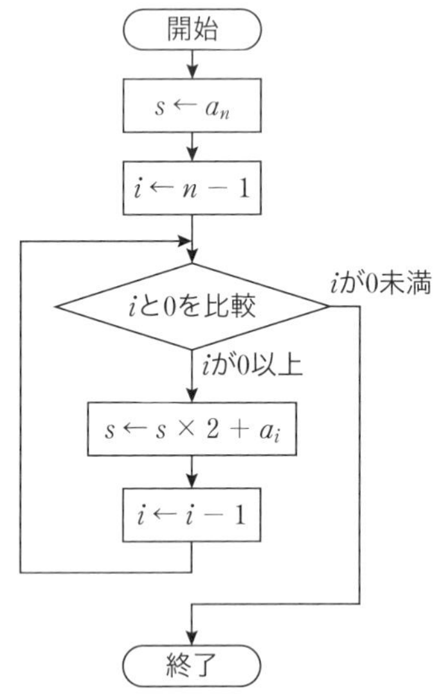

図　sを求めるアルゴリズムの流れ図

このアルゴリズムを用いて2進数$(1101)_2$を10進数に変換すると，sには初め1が代入され，その後順に3，6と更新され，最後にsには13が代入されて終了する. このようにsが更新される過程を，

$$1 \to 3 \to 6 \to 13$$

と表すことにする. 同様に，2進数$(11010101)_2$を10進数に変換すると，sは次のように更新される.

$$1 \to 3 \to 6 \to 13 \to \boxed{\text{ア}} \to \boxed{\text{イ}} \to \boxed{\text{ウ}} \to 213$$

	ア	イ	ウ
①	25	52	105

②	25	52	106
③	26	52	105
④	26	53	105
⑤	26	53	106

解説　8桁の2進数$(11\,010\,101)_2$は,

$$n = 7$$

$$a_7 = 1,\ a_6 = 1,\ a_5 = 0,\ a_4 = 1,\ a_3 = 0,\ a_2 = 1,\ a_1 = 0,\ a_0 = 1$$

である.

(1)　開始：初期値設定　$s \leftarrow a_7 = 1,\ i \leftarrow n - 1 = 7 - 1 = 6$

(2)　1回目ループ：$s \leftarrow s \times 2 + a_6 = 1 \times 2 + 1 = 3,$
$i \leftarrow i - 1 = 6 - 1 = 5$

(3)　2回目ループ：$s \leftarrow s \times 2 + a_5 = 3 \times 2 + 0 = 6,$
$i \leftarrow i - 1 = 5 - 1 = 4$

(4)　3回目ループ：$s \leftarrow s \times 2 + a_4 = 6 \times 2 + 1 = 13,$
$i \leftarrow i - 1 = 4 - 1 = 3$

(5)　4回目ループ：$s \leftarrow s \times 2 + a_3 = 13 \times 2 + 0 = 26,$
$i \leftarrow i - 1 = 3 - 1 = 2$

(6)　5回目ループ：$s \leftarrow s \times 2 + a_2 = 26 \times 2 + 1 = 53,$
$i \leftarrow i - 1 = 2 - 1 = 1$

(7)　6回目ループ：$s \leftarrow s \times 2 + a_1 = 53 \times 2 + 0 = 106,$
$i \leftarrow i - 1 = 1 - 1 = 0$

(8)　7回目ループ：$s \leftarrow s \times 2 + a_0 = 106 \times 2 + 1 = 213,$
$i \leftarrow i - 1 = 0 - 1 = -1$

(9)　$i = -1 \leqq 0$なので終了

よって，sの値は

$$1 \rightarrow 3 \rightarrow 6 \rightarrow 13 \rightarrow \mathbf{26} \rightarrow \mathbf{53} \rightarrow \mathbf{106} \rightarrow 213$$

のように更新されるので，数値の組合せとして最も適切なものは⑤である.

解答　⑤

Brushup　3.1.2 (2)数値表現と基数変換(a)

I 2 6　頻出度★☆☆　Check □□□

次の[　　]に入る数値の組合せとして，最も適切なものはどれか.

アクセス時間が50 [ns] のキャッシュメモリとアクセス時間が450 [ns] の主記憶からなる計算機システムがある．呼び出されたデータがキャッシュメモリに存在する確率をヒット率という．ヒット率が90 %のとき，このシステムの実効

アクセス時間として最も近い値は［ア］となり，主記憶だけの場合に比べて平均［イ］倍の速さで呼び出しができる.

	ア	イ
①	45 [ns]	2
②	60 [ns]	2
③	60 [ns]	5
④	90 [ns]	2
⑤	90 [ns]	5

解説 キャッシュメモリと主記憶の場合の実効アクセス時間

キャッシュメモリのアクセス時間 = アクセス時間 50 ns × ヒット率 0.9
= 45 ns　1

主記憶のアクセス時間 = アクセス時間 450 ns × (1 − ヒット率 0.9)
= 45 ns　2

システムの実効アクセス時間 = 1 + 2 = 45 + 45 = 90 ns　3

主記憶だけの場合のアクセス時間は 450 ns なので，3は平均 5 倍の速さで呼び出しができる.

よって，数値の組合せとして最も適切なものは⑤である.

解答 ⑤

Brushup 3.1.2 (2)数値表現と基数変換(c)

3群 解析に関するもの（全 6 問題から 3 問題を選択解答）

I 3 1 頻出度★★★ Check □□□

3 次元直交座標系 (x, y, z) におけるベクトル $\boldsymbol{V} = (V_x, V_y, V_z) = (x, x^2y + yz^2, z^3)$ の点 (1, 3, 2) での発散 $\mathrm{div}\ \boldsymbol{V} = \dfrac{\partial V_x}{\partial x} + \dfrac{\partial V_y}{\partial y} + \dfrac{\partial V_z}{\partial z}$ として，最も適切なものはどれか.

① (−12, 0, 6)　② 18　③ 24　④ (1, 15, 8)
⑤ (1, 5, 12)

解説 ベクトル $V = (V_x, V_y, V_z) = (x, x^2y + yz^2, z^3)$ なので，

$$\frac{\partial V_x}{\partial x} = \frac{\partial x}{\partial x} = 1, \quad \frac{\partial V_y}{\partial y} = \frac{\partial}{\partial y}(x^2y + yz^2) = x^2 + z^2,$$

$$\frac{\partial V_z}{\partial z} = \frac{\partial}{\partial z}(z^3) = 3z^2$$

点 (1, 3, 2) での発散 div V は

$$\mathrm{div}\ \boldsymbol{V}\big|_{x=1,\,y=3,\,z=2} = \frac{\partial V_x}{\partial x} + \frac{\partial V_y}{\partial y} + \frac{\partial V_z}{\partial z}\bigg|_{x=1,\,y=3,\,z=2}$$
$$= 1 + (x^2 + z^2) + 3z^2\big|_{x=1,\,y=3,\,z=2}$$
$$= 1 + x^2 + 4z^2\big|_{x=1,\,y=3,\,z=2}$$
$$= 1 + 1^2 + 4 \times 2^2 = 18$$

よって，最も適切なものは②である．発散 div $\boldsymbol{V}$ はスカラ量であり，ベクトル量ではない．

解答　②

Brushup　3.1.3 (2)ベクトル解析(e)

I 3 2　頻出度★★★　Check □□□

関数 $f(x, y) = x^2 + 2xy + 3y^2$ の (1, 1) における最急勾配の大きさ $\|\mathrm{grad}\,f\|$ として，最も適切なものはどれか．なお，勾配 grad f は $\mathrm{grad}\,f = \left(\frac{\partial f}{\partial x}, \frac{\partial f}{\partial y}\right)$ である．

①　6　　②　(4, 8)　　③　12　　④　$4\sqrt{5}$　　⑤　$\sqrt{2}$

解説　関数 $f(x, y) = x^2 + 2xy + 3y^2$ より，

勾配　$\mathrm{grad}\,f = \left(\frac{\partial f}{\partial x}, \frac{\partial f}{\partial y}\right) = (2x + 2y, 2x + 6y)$

点 (1, 1) においては，

$\mathrm{grad}\,f = (2 \times 1 + 2 \times 1, 2 \times 1 + 6 \times 1) = (4, 8)$

最急勾配の大きさ $\|\mathrm{grad}\,f\| = \sqrt{4^2 + 8^2} = \sqrt{80} = 4\sqrt{5}$

よって，最も適切なものは④である．

解答　④

Brushup　3.1.3 (2)ベクトル解析(d)

I 3 3　頻出度★★☆　Check □□□

数値解析の誤差に関する次の記述のうち，最も適切なものはどれか．

①　有限要素法において，要素分割を細かくすると，一般に近似誤差は大きくなる．

②　数値計算の誤差は，対象となる物理現象の法則で定まるので，計算アルゴリズムを改良しても誤差は減少しない．

③　浮動小数点演算において，近接する 2 数の引き算では，有効桁数が失われる桁落ち誤差を生じることがある．

④　テイラー級数展開に基づき，微分方程式を差分方程式に置き換えると

きの近似誤差は，格子幅によらずほぼ一定値となる．

⑤　非線形現象を線形方程式で近似しても，線形方程式の数値計算法が数学的に厳密であれば，得られる結果には数値誤差はないとみなせる．

解説

①　不適切．要素分割を細かくすると，一般に近似誤差は小さくなる．

②　不適切．対象となる物理現象，形状に応じて要素の分割方法，要素の次元，計算刻みを変更すると誤差を減少できる場合がある．

③　適切．浮動小数点演算では，小数点以下の数を有効桁数の 2 進数で表現するため，近接する 2 数を引き算すると桁落ちが生じる．このほかに，小数点以下を 10 進数から 2 進数に変換するときに生じる無限小数に伴う丸め誤差，絶対値が大きな数と絶対値が小さな数とで足し算や引き算を行ったときに絶対値が小さな数字が反映されない情報落ちなどがある．

④　不適切．微分方程式を差分方程式に置き換えたときの近似誤差は格子幅を細かくしたほうが小さくなる．

⑤　不適切．非線形現象を線形方程式で近似する場合はある状態の近傍だけに限って非線形現象を線形現象に置き換えて計算するものなので，いくら線形方程式を厳密に計算しても近似誤差は残る．

よって，最も適切な記述は③である．

解答　③

Brushup　3.1.3 (3)数値解析(a)

I 3 4　頻出度★★★　Check □□□

有限要素法において三角形要素の剛性マトリクスを求める際，面積座標がしばしば用いられる．下図に示す△ABC の内部（辺上も含む）の任意の点 P の面積座標は，

$$\left(\frac{S_A}{S}, \frac{S_B}{S}, \frac{S_C}{S}\right)$$

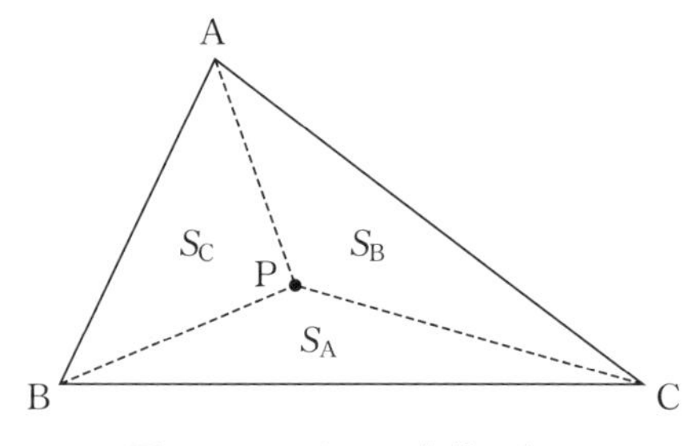

図　△ABC とその内部の点 P

で表されるものとする．ここで，S，S_A，S_B，S_C はそれぞれ，△ABC，△PBC，△PCA，△PAB の面積である．△ABC の三辺の長さの比が，AB：BC：CA ＝ 3：4：5 であるとき，△ABC の内心と外心の面積座標の組合せとして，最も適切なものはどれか．

	内心の面積座標	外心の面積座標
①	$\left(\frac{1}{4}, \frac{1}{5}, \frac{1}{3}\right)$	$\left(\frac{1}{2}, 0, \frac{1}{2}\right)$
②	$\left(\frac{1}{4}, \frac{1}{5}, \frac{1}{3}\right)$	$\left(\frac{1}{3}, \frac{1}{3}, \frac{1}{3}\right)$
③	$\left(\frac{1}{3}, \frac{1}{3}, \frac{1}{3}\right)$	$\left(\frac{1}{2}, 0, \frac{1}{2}\right)$
④	$\left(\frac{1}{3}, \frac{5}{12}, \frac{1}{4}\right)$	$\left(\frac{1}{2}, 0, \frac{1}{2}\right)$
⑤	$\left(\frac{1}{3}, \frac{5}{12}, \frac{1}{4}\right)$	$\left(\frac{1}{3}, \frac{1}{3}, \frac{1}{3}\right)$

解説 題意より，△ABC は三辺の長さの比が AB：BC：CA ＝ 3：4：5 なので，∠B が直角，辺 CA が斜辺となる直角三角形である．面積座標 $\left(\frac{S_A}{S}, \frac{S_B}{S}, \frac{S_C}{S}\right)$ は S_A，S_B，S_C と S の比で定義され，△ABC と相似な三角形では同じ座標になるので，AB ＝ 3，BC ＝ 4，CA ＝ 5 として計算を進めることにすると

△ABC の面積

$$S = \frac{1}{2} \times 3 \times 4 = 6$$

(1) 内心の面積座標

点 P が△ABC の内心，つまり内接円の中心であるとき，内接円の半径 r は

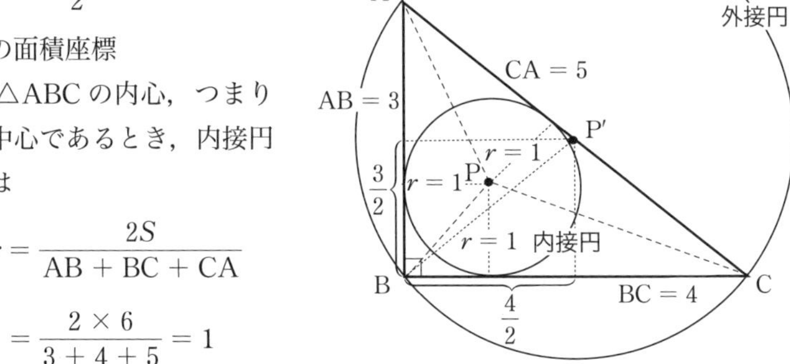

$$r = \frac{2S}{AB + BC + CA}$$

$$= \frac{2 \times 6}{3 + 4 + 5} = 1$$

である．半径 r は△PBC，△PCA，△PBC の底辺をそれぞれ BC ＝ 4，CA ＝ 5，AB ＝ 3 とすると，高さはいずれも半径 $r = 1$ である．

△PBC の面積 $S_A = \frac{1}{2} \times 4 \times 1 = 2$

$$\triangle\text{PCA の面積}\quad S_B = \frac{1}{2}\times 5\times 1 = \frac{5}{2}$$

$$\triangle\text{PBC の面積}\quad S_C = \frac{1}{2}\times 3\times 1 = \frac{3}{2}$$

したがって，内心の面積座標は

$$\left(\frac{S_A}{S}, \frac{S_B}{S}, \frac{S_C}{S}\right) = \left(\frac{2}{6}, \frac{\frac{5}{2}}{6}, \frac{\frac{3}{2}}{6}\right) = \left(\mathbf{\frac{1}{3}}, \mathbf{\frac{5}{12}}, \mathbf{\frac{1}{4}}\right)$$

⑵　外心の面積座標

点P′が△ABCの外心，つまり外接円の中心であるとき，点P′は辺CAの中点である．また，点Bは外接円上にある．

$$\triangle\text{P}'\text{BC の面積}\quad S_A' = \frac{1}{2}\times 4\times \frac{3}{2} = 3$$

$$\triangle\text{P}'\text{CA の面積}\quad S_B' = 0$$

$$\triangle\text{P}'\text{BC の面積}\quad S_C' = \frac{1}{2}\times 3\times \frac{4}{2} = 3$$

したがって，内心の面積座標は

$$\left(\frac{S_A'}{S}, \frac{S_B'}{S}, \frac{S_C'}{S}\right) = \left(\frac{3}{6}, \frac{0}{6}, \frac{3}{6}\right) = \left(\mathbf{\frac{1}{2}}, \mathbf{0}, \mathbf{\frac{1}{2}}\right)$$

よって，△ABCの内心と外心の面積座標の組合せとして，最も適切なものは④である．

解答　④

Brushup　3.1.3 (4)力学(b)

I 35　頻出度★★★　Check□□□

下図に示すように，1つの質点がばねで固定端に結合されているばね質点系A，B，Cがある．図中のばねのばね定数 ***k*** はすべて同じであり，質点の質量 ***m*** はすべて同じである．ばね質点系Aは質点が水平に単振動する系，Bは斜め45度に単振動する系，Cは垂直に単振動する系である．ばね質点系A，B，C

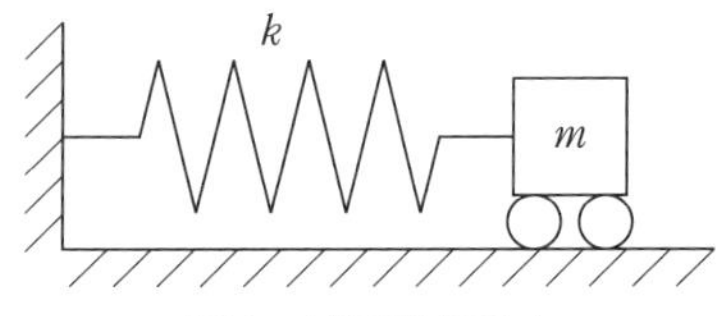

図1　ばね質点系A

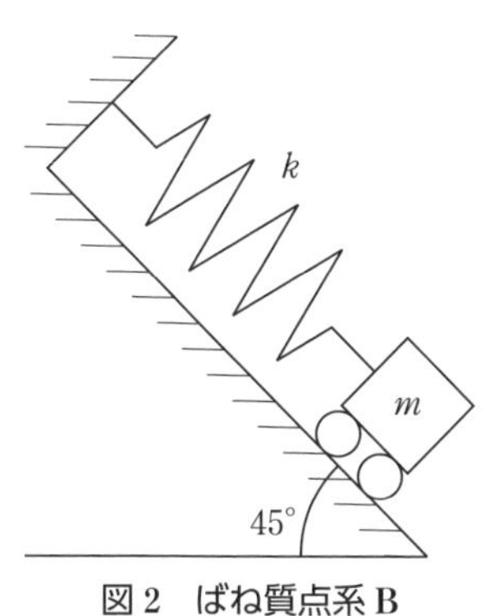

図 2　ばね質点系 B

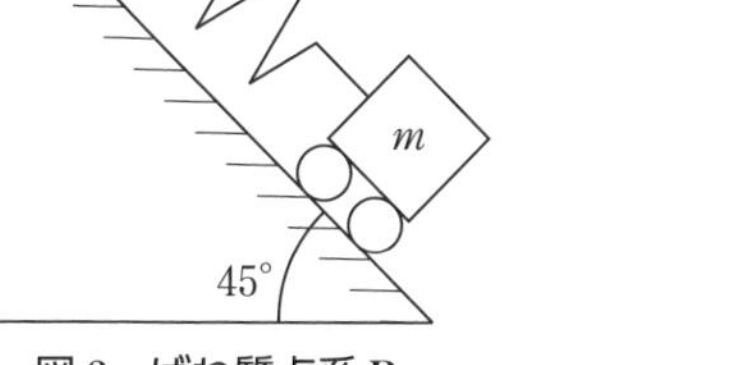

図 3　ばね質点系 C

の固有振動数を f_A, f_B, f_C としたとき，これらの大小関係として，最も適切なものはどれか．ただし，質点に摩擦は作用しないものとし，ばねの質量については考慮しないものとする．

①　$f_A = f_B = f_C$　　②　$f_A > f_B > f_C$　　③　$f_A < f_B < f_C$

④　$f_A = f_C > f_B$　　⑤　$f_A = f_C < f_B$

解説

(1)　ばね質点系 A の場合

水平方向右向きに x 軸をとり，ばねが平衡している状態の位置を $x = 0$ とする．質点に対する重力は x 軸と直角方向に作用するので x 軸方向の位置，運動には影響しない．

したがって，ばね定数が k，質点の質量が m のときの運動方程式は，

$$m\frac{\mathrm{d}^2x}{\mathrm{d}t^2} - kx = 0 \qquad \boxed{1}$$

となり，単振動の固有振動数 f_A は

$$f_A = \frac{1}{2\pi}\sqrt{\frac{k}{m}} \qquad \boxed{2}$$

(2)　ばね質点系 B の場合

斜面に沿って下向きに x 軸をとり，ばね力と質量 m の質点に対する重力 mg の x 軸方向成分 $mg\sin 45° = \dfrac{mg}{\sqrt{2}}$ とが平衡している状態の位置を $x = 0$ とすると，運動方程式は，$\boxed{1}$式と同じである．したがって，単振動の固有振動数 f_B は

$$f_B = \frac{1}{2\pi}\sqrt{\frac{k}{m}}$$

⑶　ばね質点系Cの場合

この場合もばね質点系Bの斜面の角度が90°になったことに相当するので，運動方程式は1式と同じである．したがって，単振動の固有振動数f_Cは

$$f_C = \frac{1}{2\pi}\sqrt{\frac{k}{m}}$$

よって，固有振動数は$f_A = f_B = f_C$なので，大小関係として最も適切なものは①である．

解答　①

Brushup　3.1.3 (4)力学(a)

I 3 6　頻出度★☆☆　Check □□□

下図に示すように，円管の中を水が左から右へ流れている．点a，点bにおける圧力，流速及び管の断面積をそれぞれp_a，v_a，A_a及びp_b，v_b，A_bとする．流速v_bを表す式として最も適切なものはどれか．ただしρは水の密度で，水は非圧縮の完全流体とし，粘性によるエネルギー損失はないものとする．

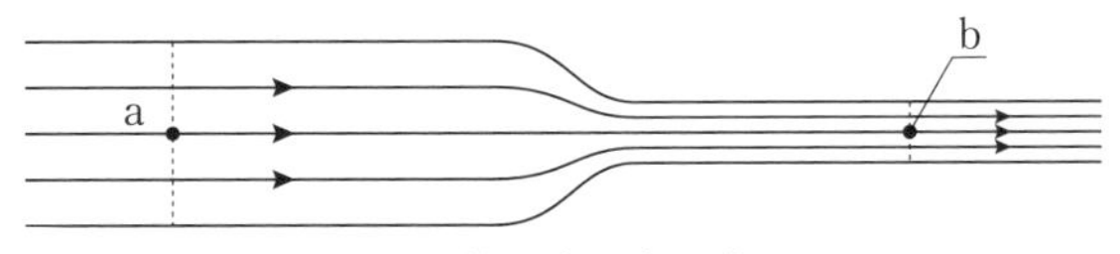

図　円管の中の水の流れ

① $v_b = \frac{A_b}{A_a}\sqrt{\frac{p_b - p_a}{\rho}}$　　② $v_b = \frac{A_a}{A_b}\sqrt{\frac{p_a - p_b}{\rho}}$

③ $v_b = \frac{1}{\sqrt{1 - \frac{A_b}{A_a}}}\sqrt{\frac{2(p_b - p_a)}{\rho}}$　　④ $v_b = \frac{1}{\sqrt{1 - \frac{A_b}{A_a}}}\sqrt{\frac{2(p_a - p_b)}{\rho}}$

⑤ $v_b = \frac{1}{\sqrt{1 - \left(\frac{A_b}{A_a}\right)^2}}\sqrt{\frac{2(p_a - p_b)}{\rho}}$

解説　水は非圧縮の完全流体とするので，連続の式から，円管の中の点aと点bにおける水の流速，円管の断面積の間には次の関係式が成り立つ．

$$A_a v_a = A_b v_b$$

$$\therefore\quad v_a = \frac{A_b}{A_a} v_b \qquad \boxed{1}$$

設問図のように，円管の中の水は左から右へ流れており，点aと点bの位置水頭hは同じである．また，粘性によるエネルギー損失はないものとするの

で，ベルヌーイの定理より，点aと点bの位置水頭，速度水頭および圧力水頭の和は等しい．

$$h+\frac{v_a{}^2}{2g}+\frac{p_a}{\rho g}=h+\frac{v_b{}^2}{2g}+\frac{p_b}{\rho g}$$

$$\therefore\quad v_b{}^2-v_a{}^2=\frac{2\times(p_a-p_b)}{\rho}\qquad \boxed{2}$$

$\boxed{1}$式を$\boxed{2}$式に代入すると

$$v_b{}^2-\left(\frac{A_b}{A_a}v_b\right)^2=\left\{1-\left(\frac{A_b}{A_a}\right)^2\right\}v_b{}^2=\frac{2\times(p_a-p_b)}{\rho}$$

$$\therefore\quad v_b=\frac{1}{\sqrt{1-\left(\frac{A_b}{A_a}\right)^2}}\sqrt{\frac{2\times(p_a-p_b)}{\rho}}$$

よって，流速 v_b を表す式として，最も適切なものは⑤である．

解答　⑤

Brushup　3.1.3 (4)力学(c)

4群　材料・化学・バイオに関するもの（全6問題から3問題を選択解答）

I 4 1　頻出度★★☆　Check ■■■

次の有機化合物のうち，同じ質量の化合物を完全燃焼させたとき，二酸化炭素の生成量が最大となるものはどれか．ただし，分子式右側の（　）内の数値は，その化合物の分子量である．

① メタン CH_4（16）
② エチレン C_2H_4（28）
③ エタン C_2H_6（30）
④ メタノール CH_4O（32）
⑤ エタノール C_2H_6O（46）

解説　各有機化合物の燃焼反応式より，有機化合物1 mol当たりで生成される二酸化炭素 CO_2 のモル数がわかる．これを有機化合物の分子量，つまり1 mol当たりのグラム数で割れば，有機化合物1 g当たりで生成される二酸化炭素のモル数が算出できる．

よって，二酸化炭素の生成量が最大となるものは②**エチレン**である．

有機化合物の種類	分子量	燃焼反応式	化合物 1 g 当たりで生成される CO_2 モル数
① メタン CH_4	16	$CH_4 + 2O_2 \rightarrow CO_2 + 2H_2O$	$\frac{1}{16}$
② エチレン C_2H_4	28	$C_2H_4 + 3O_2 \rightarrow 2CO_2 + 2H_2O$	$\frac{2}{28} = \frac{1}{14}$
③ エタン C_2H_6	30	$2C_2H_6 + 7O_2 \rightarrow 4CO_2 + 6H_2O$	$\frac{4}{2 \times 30} = \frac{1}{15}$
④ メタノール CH_4O	32	$2CH_4O + 3O_2 \rightarrow 2CO_2 + 4H_2O$	$\frac{2}{2 \times 32} = \frac{1}{32}$
⑤ エタノール C_2H_6O	46	$C_2H_6O + 3O_2 \rightarrow 2CO_2 + 3H_2O$	$\frac{2}{46} = \frac{1}{23}$

解答 ②

Brushup 3.1.4 (2)化学(a), (b), (c)

I 4 2 頻出度★☆☆ Check □□□

下記 **a**〜**d** の反応は，代表的な有機化学反応である付加，脱離，置換，転位の 4 種類の反応のうちいずれかに分類される．置換反応 2 つの組合せとして最も適切なものはどれか．

a $CH_3CH_2CH_2OH + HBr \longrightarrow CH_3CH_2CH_2Br + H_2O$

b $C_6H_5-CH(OH)-CH_3 \xrightarrow{酸触媒} C_6H_5-CH=CH_2 + H_2O$

c $CH_3CH_2CH=CH_2 + HBr \longrightarrow CH_3CH_2CHBrCH_3$

d $C_6H_5-C(=O)-OH + CH_3OH \xrightarrow{酸触媒} C_6H_5-C(=O)-OCH_3 + H_2O$

① **(a, b)**　② **(a, c)**　③ **(a, d)**　④ **(b, c)**
⑤ **(b, d)**

解説

a 置換反応：プロパノール $CH_3CH_2CH_2OH$ 中のヒドロキシ基 $-OH$ が臭化水素 HBr 中の $-Br$ と置き換わり，$CH_3CH_2CH_2Br$ と H_2O になっている．

b 脱離反応：ベンゼン環の官能基から H_2O が離脱している．

c　付加反応：プロピレン CH_3CH_2CH と CH_2 の二重結合が切断され，臭化水素 HBr の臭素 Br と水素 H が付加されている．

d　置換反応：官能基のカルボキシ基 $-COOH$ から OH が，メタノール CH_3OH のヒドロキシ基 $-OH$ から H が取れて縮合し $-COO$ になり，メタノールのメチル基 $-CH_3$ が置き換わる反応である．取れた OH と H から水 H_2O が生成される．

よって，置換反応二つの組合せは(a，d)なので，最も適切なものは③である．

解答　③

Brushup　3.1.4 (2)化学(i)

I 4 3　頻出度★★☆　Check □□□

鉄，銅，アルミニウムの密度，電気抵抗率，融点について，次の(ア)～(オ)の大小関係の組合せとして，最も適切なものはどれか．ただし，密度及び電気抵抗率は 20 [°C] での値，融点は 1 気圧での値で比較するものとする．

(ア)：鉄　＞　銅　＞　アルミニウム
(イ)：鉄　＞　アルミニウム　＞　銅
(ウ)：銅　＞　鉄　＞　アルミニウム
(エ)：銅　＞　アルミニウム　＞　鉄
(オ)：アルミニウム　＞　鉄　＞　銅

	密度	電気抵抗率	融点
①	(ア)	(ウ)	(オ)
②	(ア)	(エ)	(オ)
③	(イ)	(エ)	(ア)
④	(ウ)	(イ)	(ア)
⑤	(ウ)	(イ)	(オ)

解説　鉄，銅，アルミニウムの密度，電気抵抗率および融点は，次表のとおりである．

金属材料の種類	密度 [g/cm³]	電気抵抗率 [nΩ·m]	融点 [°C]
鉄	7.87	96.1	1 538
銅	8.94	16.8	1 085
アルミニウム	2.70	28.2	660

密度：(ウ)　銅＞鉄＞アルミニウム
電気抵抗率：(イ)　鉄＞アルミニウム＞銅
融点：(ア)　鉄＞銅＞アルミニウム

よって，大小関係の組合せとして最も適切なものは④である．

解答　④

Brushup　3.1.4（1）材料特性(a)

I 4 4　頻出度★★☆　Check ■■■

アルミニウムの結晶構造に関する次の記述の，[　　]に入る数値や数式の組合せとして，最も適切なものはどれか．

アルミニウムの結晶は，室温・大気圧下において面心立方構造を持っている．その一つの単位胞は[ア]個の原子を含み，配位数が[イ]である．単位胞となる立方体の一辺の長さをa [cm]，アルミニウム原子の半径をR [cm]とすると，[ウ]の関係が成り立つ．

	ア	イ	ウ
①	2	12	$a=\dfrac{4R}{\sqrt{3}}$
②	2	8	$a=\dfrac{4R}{\sqrt{3}}$
③	4	12	$a=\dfrac{4R}{\sqrt{3}}$
④	4	8	$a=2\sqrt{2}R$
⑤	4	12	$a=2\sqrt{2}R$

解説　面心立方構造とは，右図のように，立方体（正六面体）の八つの頂点（●）と六つの面心（面の中心◎）に，合わせて14個の原子が配置される構造をいう．その最小単位を単位胞といい，単位胞の並進操作を繰り返してできる集合体が結晶である．

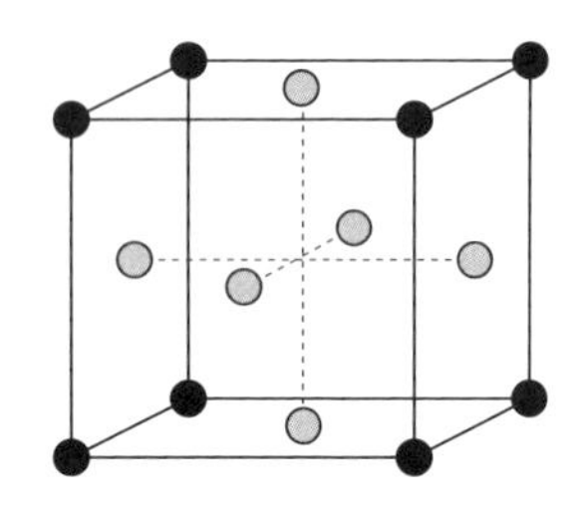

(ア)　一つの単位胞に含まれる原子の数n

球体をなす原子は隣接する単位胞とも体積を共有する．

立方体の頂点に配置された8個の原子は，それぞれ8個（3次元なので2^3個）の単位胞が共有するので，

$$8\times\frac{1}{8}=1\text{個}$$

面心に配置された6個の原子は，それぞれ2個の単位胞が共有するので，

$$6\times\frac{1}{2}=3\text{個}$$

∴　原子の数　$n = 1 + 3 = 4$ 個

(イ)　配位数

配位数は，結晶中の注目する原子に最も近い原子の数である．2個の単位胞を並べて，面心の原子（●）に注目すると，12個の原子（●）があるので，配位数は12である．

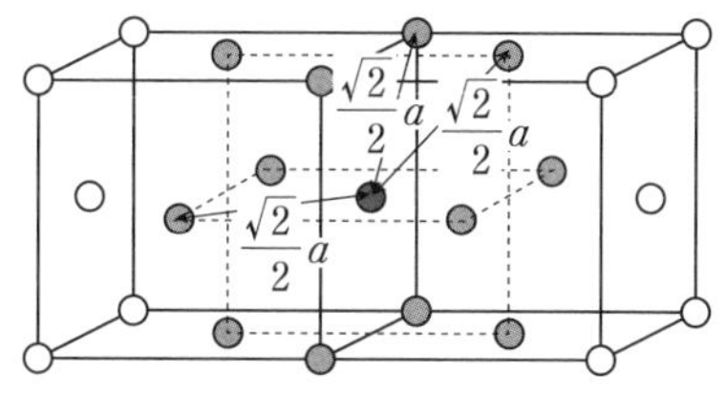

(ウ)　立方体の一辺の長さ a [cm] とアルミニウム原子半径 R [cm] との関係式

立方体の一辺の長さが a [cm] であるとき，対角線の長さは $\sqrt{2}a$ [cm] である．面心立方構造のアルミニウムの原子は最稠密充填構造なので，この対角線上に3個隙間なく並び，隣接する原子間の距離は $\frac{\sqrt{2}}{2}a$ [cm] になる．

アルミニウム原子の半径が R [cm] のとき，隣接する原子間の距離は $2R$ [cm] なので，

$$\frac{\sqrt{2}}{2}a = 2R$$

$$\therefore \quad a = 2\sqrt{2}R$$

よって，アが4，イが12，ウが $a = 2\sqrt{2}R$ の組合せとして，最も適切なものは⑤である．

解答　⑤

Brushup　3.1.4 (2)化学(e)

I 4 5　頻出度★★☆　Check □□□

アルコール酵母菌のグルコース（$C_6H_{12}O_6$）を基質とした好気呼吸とエタノール発酵は次の化学反応式で表される．

好気呼吸　$C_6H_{12}O_6 + 6O_2 + 6H_2O \rightarrow 6CO_2 + 12H_2O$

エタノール発酵　$C_6H_{12}O_6 \rightarrow 2C_2H_5OH + 2CO_2$

いま，アルコール酵母菌に基質としてグルコースを与えたところ，酸素を2モル吸収した．好気呼吸で消費されたグルコースとエタノール発酵で消費されたグルコースのモル比が1：6であった際の，二酸化炭素発生量として最も適切なものはどれか．

①　3モル　　②　4モル　　③　6モル

④　8モル　　⑤　12モル

解説　好気呼吸の化学反応式は

$$C_6H_{12}O_6 + 6O_2 + 6H_2O \rightarrow 6CO_2 + 12H_2O$$

なので，酸素（O_2）を 6 mol 吸収するとき，グリコース（$C_6H_{12}O_6$）が 1 mol 消費され，二酸化炭素（CO_2）が 6 mol 発生する．

題意より，好気呼吸で吸収した酸素は 2 mol なので，

$$\text{グリコース消費量}：1 \times \frac{2}{6} = \frac{1}{3}\text{モル}$$

$$\text{二酸化炭素発生量}：6 \times \frac{2}{6} = 2\text{モル}$$

次に，エタノール発酵の化学反応式は

$$C_6H_{12}O_6 \rightarrow 2C_2H_5OH + 2CO_2$$

なので，グリコース（$C_6H_{12}O_6$）が 1 mol 消費されると，二酸化炭素（CO_2）が 2 mol 発生する．

題意より，好気呼吸で消費されたグリコースと，エタノール発酵で消費されたグリコースのモル比は 1：6 なので，好気呼吸で消費されたグリコースが 1/3 モルのとき，

$$\text{グリコースの消費量}：\frac{1}{3} \times 6 = 2\text{ mol}$$

$$\text{二酸化炭素発生量}：2 \times 2 = 4\text{ mol}$$

好気呼吸とエタノール発酵の両方を合計した二酸化炭素発生量は，2 + 4 = 6 mol となる．

よって，最も適切なものは③である．

解答　③

Brushup　3.1.4 (2)化学(a)，(b)，(c)

I 4 6　頻出度★★★　Check □□□

PCR（ポリメラーゼ連鎖反応）法は，細胞や血液サンプルから DNA を高感度で増幅することができるため，遺伝子診断や微生物検査，動物や植物の系統調査等に用いられている．PCR 法は通常，(1) DNA の熱変性，(2)プライマーのアニーリング，(3)伸長反応の 3 段階からなっている．PCR 法に関する記述のうち，最も適切なものはどれか．

① DNA の熱変性では，2 本鎖 DNA の共有結合を切断して 1 本鎖 DNA に解離させるために加熱を行う．

② アニーリング温度を上げすぎると，1 本鎖 DNA に対するプライマーの非特異的なアニーリングが起こりやすくなる．

③ 伸長反応の時間は増幅したい配列の長さによって変える必要があり，増幅したい配列が長くなるにつれて伸長反応時間は短くする．

④ 耐熱性の高い**DNA**ポリメラーゼが，**PCR**法に適している．

⑤ **PCR**法により増幅した**DNA**には，プライマーの塩基配列は含まれない．

解説 PCR（Polymerrase Chain Reaction，ポリメラーゼ連鎖反応）法は，熱変性，アニーリングおよび伸長の三つのステップによりDNA配列上の特定領域のみを迅速かつ簡便に増幅できる方法である．1サイクルで特定領域のDNAが2倍に増幅できる．PCR法は新型コロナウイルス感染症（COVID-19）の検査法として一般に知られるようになった．

① 不適切．2本鎖DNAは，相補的な配列をもつ2本のポリヌクレオチド鎖（1本鎖DNA）から突き出したA-T（Aはアデニン，Tはチミン），G-C（Gはグアニン，Cはシトシン）という2種類の塩基が水素結合（－NHとNまたは－NHとOの間の結合）により特異的な塩基対を形成したものである．水素結合は静電接合によるものなので，熱エネルギーを加えて水素結合を解き，1本鎖DNAにするのが熱変性であり，2本鎖DNAの共有結合を切断するものではない．

② 不適切．プライマーは増幅したい領域の両端に相補的な配列をもつ1本鎖の短い合成DNAである．あらかじめプライマーを入れておいた反応液の中に，熱変性で1本鎖にしたDNAを入れ，徐々に温度を下げていくと，短くて濃度の濃いプライマーが元のDNA同士で再結合するよりも早く結合する．この操作をアニーリング（annealing，焼きなまし）という．プライマーにはForwardプライマーとReverseプライマーがあり，熱変性で分離した相補的な1本鎖DNAと結合し，それぞれの下流方向に向けての伸長反応の起点となる．アニーリングは温度が低くなると，完全に相補的ではない配列と結合する非特異的なアニーリングになり，標的としたDNA配列以外の配列も増幅されてしまう．一方，温度を上げるとアニーリングの効率が低下するので，特異性と効率の両方を考慮して，増幅したい配列ごとに，最適な温度とする必要がある．

③ 不適切．DNAポリメラーゼはDNAを複製させるための酵素である．アニーリング後に再び温度を上げると，2本のDNA鎖にDNAポリメラーゼが作用し，プライマーを起点として，それぞれの下流方向にDNA鎖が1塩基ずつ伸びていく．これが伸長反応である．DNAポリメラーゼによる合成反応の速度は一定である．増幅したい配列が長くなるにつれて伸長反応時間も長くなるので，記述は逆である．

④ 適切．通常，熱変性では95℃程度，アニーリングでは55～65℃程度，伸長では72℃程度である．熱変性のときは90℃を超える高温になるので，

耐熱性 DNA ポリメラーゼが使用される．PCR には，温泉などに生息する細菌由来の耐熱性 DNA ポリメラーゼが使用されている．

⑤ 不適切．プライマーは伸長反応の起点となるものなので，プライマーの塩基配列は含まれている．

よって，最も適切なものは④である．

解答 ④

Brushup 3.1.4 (3)バイオテクノロジー(c)

⑤群 環境・エネルギー・技術に関するもの（全6問題から3問題を選択解答）

Ⅰ51 頻出度★☆☆ Check ■■■

プラスチックごみ及びその資源循環に関する(ア)～(オ)の記述について，それぞれの正誤の組合せとして，最も適切なものはどれか．

(ア) 近年，マイクロプラスチックによる海洋生態系への影響が懸念されており，世界的な課題となっているが，マイクロプラスチックとは一般に 5 mm 以下の微細なプラスチック類のことを指している．

(イ) 海洋プラスチックごみは世界中において発生しているが，特に先進国から発生しているものが多いと言われている．

(ウ) 中国が廃プラスチック等の輸入禁止措置を行う直前の 2017 年において，日本国内で約 900 万トンの廃プラスチックが排出されそのうち約 250 万トンがリサイクルされているが，海外に輸出され海外でリサイクルされたものは 250 万トンの半数以下であった．

(エ) 2019 年 6 月に政府により策定された「プラスチック資源循環戦略」においては，基本的な対応の方向性を「3R ＋ Renewable」として，プラスチック利用の削減，再使用，再生利用の他に，紙やバイオマスプラスチックなどの再生可能資源による代替を，その方向性に含めている．

(オ) 陸域で発生したごみが河川等を通じて海域に流出されることから，陸域での不法投棄やポイ捨て撲滅の徹底や清掃活動の推進などもプラスチックごみによる海洋汚染防止において重要な対策となる．

	ア	イ	ウ	エ	オ
①	正	正	誤	正	誤
②	正	誤	誤	正	正
③	正	正	正	誤	誤
④	誤	誤	正	正	正
⑤	誤	正	誤	誤	正

解説

(ア) 正しい．マイクロプラスチックは5 mm以下の微細なプラスチック粒子のことをいう．分解されないため，小さく軽いマイクロプラスチックは海流に乗って世界中の海に拡散され，海洋生物だけではなく人体にも悪影響を及ぼす可能性がある．

(イ) 誤り．「海洋ごみをめぐる最近の動向」（平成30年9月，環境省）によると，陸上から海洋に流出したプラスチックごみ発生量（2010年推計）は，1位 中国132～353万t/年，2位 インドネシア48～129万t/年，3位 フィリピン28～75万t/年，4位 ベトナム28～73万t/年となっているので，特に先進国から発生しているものが多いというのは誤りである．

(ウ) 誤り．「2017年プラスチック製品の生産・廃棄・再資源化・処理処分の状況」（2018年12月，一般社団法人 プラスチック循環利用協会）によると，日本国内の廃プラスチック排出量は903万t，マテリアルリサイクルは211万t（23 %），マテリアルリサイクルの利用先として輸出が129万t（211万tの61.1 %）である．リサイクルが約250万tは多すぎ，海外に輸出されリサイクルされたものは半数以上である．

(エ) 正しい．「プラスチック資源循環戦略」（令和元年5月1日，環境省）に，基本原則を「3R ＋ Renewable」とすることが明記されている．

(オ) 正しい．「海洋プラスチックごみ対策アクションプラン」（令和元年5月31日，海洋プラスチックごみ対策の推進に関する関係閣僚会議）の「2. 新たな汚染を生み出さない世界の実現を目指した我が国としてのアクション」において，廃棄物処理制度によるプラスチックごみの回収・適正処理をこれまで以上に徹底・ポイ捨て・不法投棄および非意図的な海洋流出防止の推進，それでもなお環境中に排出されたごみについては，まず陸域での回収に取り組むポイ捨て・不法投棄されたごみの回収などのプランが示されている．

よって，正誤の組合せとして最も適切なものは②である．

解答 ②

Brushup 3.1.5 (1)環境 e.

I 5 2 頻出度★☆☆ Check □□□

生物多様性の保全に関する次の記述のうち，最も不適切なものはどれか．

① 生物多様性の保全及び持続可能な利用に悪影響を及ぼすおそれのある遺伝子組換え生物の移送，取扱い，利用の手続等について，国際的な枠組みに関する議定書が採択されている．

② 移入種（外来種）は在来の生物種や生態系に様々な影響を及ぼし，な

かには在来種の駆逐を招くような重大な影響を与えるものもある.

③ 移入種問題は，生物多様性の保全上，最も重要な課題の1つとされているが，我が国では動物愛護の観点から，移入種の駆除の対策は禁止されている.

④ 生物多様性条約は，1992年にリオデジャネイロで開催された国連環境開発会議において署名のため開放され，所定の要件を満たしたことから，翌年，発効した.

⑤ 生物多様性条約の目的は，生物の多様性の保全，その構成要素の持続可能な利用及び遺伝資源の利用から生ずる利益の公正かつ衡平な配分を実現することである.

解説

① 適切.「生物の多様性に関する条約のバイオセーフティに関するカルタヘナ議定書（略称：カルタヘナ議定書)」が2000年に採択，2003年に締結された.

② 適切.「生物多様性国家政略2012-2020　～豊かな自然共生社会の実現に向けたロードマップ～」(平成24年9月28日閣議決定）では，生物多様性の危機の構造を，開発など人間活動による危機，自然に対する働きかけの縮小による危機，外来種など人間により持ち込まれたものによる危機，および地球温暖化や海洋酸性化など地球環境の変化による危機の四つに分類している.

③ 不適切. 2004年に公布された「特定外来生物による生態系等に係る被害の防止に関する法律（外来生物法)」第11条（主務大臣等による防除）第1項において,「特定外来生物による被害がすでに生じている場合又は生じるおそれがある場合で，必要であると判断された場合は，特定外来生物の防除を行う」と定められている.

④ 適切.「生物多様性条約」の発効に至る経緯に関する記述である.

⑤ 適切. 生物多様性条約第1条目的で次のように規定している.

この条約は，生物の多様性の保全，その構成要素の持続可能な利用及び遺伝資源の利用から生ずる利益の公正かつ衡平な配分をこの条約の関係規定に従って実現することを目的とする.

よって，最も不適切なものは，③である.

解答 ③

Brushup 3.1.5 (1)環境(f)

I 5 3 頻出度★★★ Check □□□

日本のエネルギー消費に関する次の記述のうち，最も不適切なものはどれか．

① 日本全体の最終エネルギー消費は2005年度をピークに減少傾向になり，2011年度からは東日本大震災以降の節電意識の高まりなどによってさらに減少が進んだ．

② 産業部門と業務他部門全体のエネルギー消費は，第一次石油ショック以降，経済成長する中でも製造業を中心に省エネルギー化が進んだことから同程度の水準で推移している．

③ 1単位の国内総生産（GDP）を産出するために必要な一次エネルギー消費量の推移を見ると，日本は世界平均を大きく下回る水準を維持している．

④ 家庭部門のエネルギー消費は，東日本大震災以降も，生活の利便性・快適性を追求する国民のライフスタイルの変化や世帯数の増加等を受け，継続的に増加している．

⑤ 運輸部門（旅客部門）のエネルギー消費は2002年度をピークに減少傾向に転じたが，これは自動車の燃費が改善したことに加え，軽自動車やハイブリッド自動車など低燃費な自動車のシェアが高まったことが大きく影響している．

解説 「エネルギー白書2020」からの出題である．

①，②，③適切．

第1章 国内エネルギー動向 第1節 エネルギー需給の概要

1. エネルギー消費の動向

2000年代半ば以降は再び原油価格が上昇したこともあり，2005年度をピークに最終エネルギー消費は減少傾向になった．2011年度からは東日本大震災以降の節電意識の高まりなどによってさらに減少が進んだ．

部門別にエネルギー消費の動向を見ると，1973年度から2018年度までの伸びは，企業・事業所他部門が1.0倍（産業部門20.8倍，業務他部門2.1倍），家庭部門が1.9倍，運輸部門が1.7倍となった．企業・事業所他部門では第一次石油ショック以降，経済成長する中でも製造業を中心に省エネルギー化が進んだことから同程度の水準で推移している．

なお，企業・事業所他部門とは，産業部門（製造業，農林水産鉱業建設業）と業務他部門（第三次産業）の合計である．

2. 海外との比較

1単位の国内総生産（GDP）を産出するために必要なエネルギー消費量の推

移を見ると，日本は世界平均を大きく下回る水準を維持している．

④　不適切．⑤　適切

第1章　国内エネルギー動向　第2節 部門別エネルギー消費の動向

2. 家庭部門のエネルギー消費の動向

「家庭部門のエネルギー消費は，生活の利便性・快適性を追求する国民のライフスタイルの変化，世帯数増加などの社会構造変化の影響を受け，個人消費の伸びとともに，著しく増加した．その後，トップランナー制度などによる省エネルギー技術の普及と国民の環境保護意識の高揚に伴って，家庭部門のエネルギー消費量はほぼ横ばいとなった．東日本大震災以降は国民の節電など省エネルギー意識の高まりにより，個人消費や世帯数の増加に反して低下を続けた．」2005年度～2010年度は横ばい，東日本大震災以降は低下である．

3. 運輸部門のエネルギー消費の動向

旅客部門のエネルギー消費量は，2002年度をピークに減少傾向に転じた．2018年度にはピーク期に比べて22％縮小した．これには，自動車の燃費が改善したことに加え，軽自動車やハイブリッド自動車など低燃費な自動車のシェアが高まったことが大きく影響している．

よって，最も不適切なものは④である．

解答　④

Brushup　3.1.5 (2)エネルギー(a)

I 5 4　頻出度★★☆　Check □□□

エネルギー情勢に関する次の記述の，[　　]に入る数値又は語句の組合せとして，最も適切なものはどれか．

日本の電源別発電電力量（一般電気事業用）のうち，原子力の占める割合は2010年度時点で[ア]％程度であった．しかし，福島第一原子力発電所の事故などの影響で，原子力に代わり天然ガスの利用が増えた．現代の天然ガス火力発電は，ガスタービン技術を取り入れた[イ]サイクルの実用化などにより発電効率が高い．天然ガスは，米国において，非在来型資源のひとつである[ウ]ガスの生産が2005年以降顕著に拡大しており，日本も既に米国から[ウ]ガス由来の液化天然ガス（LNG）の輸入を始めている．

	ア	イ	ウ
①	30	コンバインド	シェール
②	20	コンバインド	シェール
③	20	再熱再生	シェール

④　30　　　コンバインド　　　タイトサンド
⑤　30　　　再熱再生　　　　　タイトサンド

解説

(ア)　30.「エネルギー白書 2010」の「第 2 部エネルギー動向　第 1 章 国内エネルギー動向 第 4 節 二次エネルギーの動向」によると，発電電力量（一般電気事業用）で見た場合，2010 年度の電源構成は，原子力 30.8 %，石炭火力 23.8 %，LNG 火力 27.2 %，石油等火力 8.3 %，水力 8.7 % と見込まれていた.

(イ)　コンバインド．現在の天然ガス火力発電は，ガスタービンサイクルと蒸気タービンサイクルを組み合わせたコンバインドサイクルである．燃焼ガスのもっているエネルギーを，高温域はガスタービンで，低温域は蒸気タービンで有効に利用することにより熱効率の向上を図ったサイクルである．再熱再生サイクルは，高圧蒸気タービンで利用した蒸気をボイラに戻して再び過熱蒸気にして低圧蒸気タービンで利用する再熱サイクルと，低圧蒸気タービンの膨張段途中から抽気して給水加熱に利用する再生サイクルを組み合わせて蒸気タービンサイクルの熱効率向上を図るものであるが限界があった.

「エネルギー白書 2010」では，次のような記載がある.

「火力発電所の熱効率は年々上昇して，1951 年の 9 電力発足当時の約 19 %（9 電力平均）から現在は約 41 %（10 電力平均）となっており，最新鋭の 1 500 ℃ 級コンバインドサイクル発電では約 52 %（高位発熱量基準）の熱効率を達成した.」さらに，現在では，1 600 ℃ 級サイクルまで実用化され，熱効率約 55 %（高位発熱量基準）が達成されている.

(ウ)　シェール.「エネルギー白書 2015」の「第 1 部 エネルギーを巡る状況と主な対策　第 1 章 「シェール革命」と世界のエネルギー事情の変化　第 1 節 米国の「シェール革命」による変化」の記載がまとまっている．非在来型資源とは，次世代の資源として豊富な埋蔵量が確認されているものの，精製コストが大，掘削に高い技術が必要である 2000 年頃までほとんど開発が進んでいなかった資源である．シェール（Shale）とは，頁(けつ)岩という泥が固まった岩石のうち，薄片状に剥がれやすい性質をもつ岩石である．頁岩からなるシェール層の石油分やガス分は外部に移動する他シェール層の岩石の隙間に残る．シェール層の比較的浅い部分の石油混じりの資源，さらに深い部分では熱分解が進んだガスがあり，これがシェールオイル，シェールガスとして利用できる.

「米国において，従来は経済的に掘削が困難と考えられていた地下 2 000 m より深くに位置するシェール層の開発が 2006 年以降進められ，シェールガスの生産が本格化していくことに伴い，米国の天然ガス輸入量は減少し，国内価格も低下していった．これが，いわゆる「シェール革命」であり，エネルギー分野における21世紀最大の変革であるとともに，世界のエネルギー事情や関連する政治状況にまで大きなインパクトを及ぼしている．」

よって，最も適切な組合せは，①である．

解答　①

Brushup　3.1.5 (2)エネルギー(a)

I 5 5　頻出度★★☆　Check □□□

日本の工業化は明治維新を経て大きく進展していった．この明治維新から第二次世界大戦に至るまでの日本の産業技術の発展に関する次の記述のうち，最も不適切なものはどれか．

① 江戸時代に成熟していた手工業的な産業が，明治維新によって開かれた新市場において，西洋技術を取り入れながら独自の発展を生み出していった．

② 西洋の先進国で標準化段階に達した技術一式が輸入され，低賃金の労働力によって価格競争力の高い製品が生産された．

③ 日本工学会に代表される技術系学協会は，欧米諸国とは異なり大学などの高学歴出身者たちによって組織された．

④ 工場での労働条件を改善しながら国際競争力を強化するために，テイラーの科学的管理法が注目され，その際に統計的品質管理の方法が導入された．

⑤ 工業化の進展にともない，技術官僚たちは行政における技術者の地位向上運動を展開した．

解説

① 適切．手工業的な織物業，陶磁器業などの産業は江戸時代にすでに成熟期を迎えていたが，明治時代になると，それを基盤に，新しい市場で西洋技術を取り入れた発展を遂げ，文明開化をけん引した．

② 適切．先進国の産業革命で発展した技術の移入・国産化による工業生産と安い労働力により価格競争力のある製品が生み出された．

③ 適切．日本工学会は1879年，工部大学校（東京大学工学部の前身）の第1期卒業生により創設された．

④ 不適切．テイラーの科学的管理法は，工場労働者の主観的な経験や技能の上に成り立っていた作業を客観的・科学的に管理することにより労働の能率を向上させ，雇用主の低い労務費負担と労働者の高い賃金を同時に実現する

手法である．日本にも導入されたが，統計的品質管理手法ではない．

⑤ 適切．1918年に設立された技術者の地位向上の上で工業行政，工業経営，工業教育の改革を目指す官界，民間，学界の指導的技術者の集まりである「工政会」，1920年に設立された工政会に結集する技術者たちから教えを受けた次世代に属する土木系青年技術者の集まりである「日本工人倶楽部」がある．

よって，最も不適切な記述は④である．

解答 ④

Brushup 3.1.5 (3)技術史(a)

I 5 6 頻出度★★★ Check ■■■

次の(ア)～(オ)の科学史・技術史上の著名な業績を，古い順から並べたものとして，最も適切なものはどれか．

(ア) マリー及びピエール・キュリーによるラジウム及びポロニウムの発見
(イ) ジェンナーによる種痘法の開発
(ウ) ブラッテン，バーディーン，ショックレーによるトランジスタの発明
(エ) メンデレーエフによる元素の周期律の発表
(オ) ド・フォレストによる三極真空管の発明

① イ―エ―ア―オ―ウ
② イ―エ―オ―ウ―ア
③ イ―オ―エ―ア―ウ
④ エ―イ―オ―ア―ウ
⑤ エ―オ―イ―ア―ウ

解説

(ア) 1898年．マリーおよびピエール・キュリー夫妻は，ウラン鉱石からポロニウムを，放射線の測定と分光学的測定からラジウムを，いずれも1898年に発見した．

(イ) 1796年．種痘法は，イギリスの医師ジェンナーが1796年に種痘法を開発，1798年に発表，19世紀初頭までにその効果が実証され天然痘の予防法が確立された．

(ウ) 1948年．米国のベル研究所のブラッテン，バーディーン，ショックレーの3人の連名で1948年に発表された．

(エ) 1869年．ロシアの化学者メンデレーエフは，1869年にロシア化学学会で「元素の性質と原子量の関係」と題した論文を発表した．周期表には空欄があり新元素の存在を予言していたが，1875年にガリウム，1879年にスカンジ

ウム，1886年にゲルマニウムが発見され高く評価されるようになった.

(オ) 1906年. リード・ド・フォレストは，1906年に三極真空管の特許を取得し，1907年には二極管のカソードとアノードの間に第三の電極であるグリッドを挿入したオーディオン管と呼ばれる真空管（世界最初の三極管）の特許を出願，翌年米国特許として発効した.

よって，これらの業績を古い順から並べると，イ（1976年）-エ（1869年）-ア（1898年）-オ（1906年）-ウ（1948年）となるので，最も適切なものは①である.

解答 ①

Brushup 3.1.5 (3)技術史(a)

2019 年度(再)

1群　設計・計画に関するもの（全 6 問題から 3 問題を選択解答）

I 1 1　頻出度★☆☆　Check □□□

次の各文章における□の中の記号として，最も適切なものはどれか．

1)　n 個の非負の実数 $a_1, a_2, \cdots, a_n$ に関して

$$\sqrt[n]{a_1 a_2 \cdots a_n} \boxed{\text{ア}} \frac{a_1 + a_2 + \cdots + a_n}{n}$$

の関係が成り立つ．

2)　$0 < \theta \leqq \pi/2$ において

$$\frac{\sin\theta}{\theta} \boxed{\text{イ}} \frac{2}{\pi}$$

の関係が成り立つ．

3)　ある実数区間 R で微分可能な連続関数 $f(x)$ が定義され，$f(x)$ の x での 2 階微分 $f''(x)$ につき，$f''(x) > 0$ であるものとする．このとき実数区間 R に属する異なる 2 点 x_1, x_2 について

$$f\left(\frac{x_1 + x_2}{2}\right) \boxed{\text{ウ}} \frac{f(x_1) + f(x_2)}{2}$$

の関係が成り立つ．

	ア	イ	ウ
①	≦	＝	＝
②	≦	≧	＝
③	＝	≦	＜
④	＜	＝	≧
⑤	≦	≧	＜

解説

1)　n 個の非負の実数 $a_1, a_2, \cdots, a_n$ の相乗平均 $\sqrt[n]{a_1 a_2 \cdots a_n}$ と相加平均 $\dfrac{a_1 + a_2 + \cdots + a_n}{n}$ の間には

$$\sqrt[n]{a_1 a_2 \cdots a_n} \leqq \frac{a_1 + a_2 + \cdots + a_n}{n}$$

の関係があるので，アの答は≦である．

2)　$f_1(\theta) = \sin\theta$，$f_2(\theta) = \dfrac{2}{\pi}\theta = \dfrac{\theta}{\pi/2}$ とすると

$$f_1(0) = f_2(0) = 0,\ f_1\left(\frac{\pi}{2}\right) = f_2\left(\frac{\pi}{2}\right) = 1 \qquad \boxed{1}$$

なので，$0 < \theta \leqq 2/\pi$ の両端で $f_1(\theta) = f_2(\theta)$ である．

また，この θ の範囲では次の傾向を示す．

$\dfrac{\mathrm{d}f_1(\theta)}{\mathrm{d}\theta} = \cos\theta \geqq 0$，$\dfrac{\mathrm{d}^2 f_1(\theta)}{\mathrm{d}\theta^2} = -\sin\theta < 0$ なので，$f_1(\theta)$ は θ の増加とともに増加し上に凸　$\boxed{2}$

$\dfrac{\mathrm{d}f_2(\theta)}{\mathrm{d}\theta} = \dfrac{2}{\pi}$ なので，$f_2(\theta)$ は θ の増加とともに直線上に増加　$\boxed{3}$

$\boxed{1}$式および$\boxed{2}$，$\boxed{3}$より，$0 < \theta \leqq 2/\pi$ の範囲において

$$f_1(\theta) = \sin\theta \geqq f_2(\theta) = \frac{\theta}{\pi/2}$$

したがって，$\dfrac{\sin\theta}{\theta} \geqq \dfrac{2}{\pi}$ となり，イの答は≧である．

3)　関数 $f(x)$ は実数区間 R で微分可能な連続関数である．また，x での2階微分 $f''(x) > 0$ なので下に凸な関数である．1階微分 $f'(x)$ は正の場合と負の場合があるので，$f'(x) > 0$ なる関数を $f(x) = f_1(x)$，$f'(x) < 0$ なる関数を $f(x) = f_2(x)$ として，グラフを描くと次図のようになる．いずれの場合も次の関係が成り立っている．ウの答は＜である．

$$f\left(\frac{x_1 + x_2}{2}\right) < \frac{f(x_1) + f(x_2)}{2}$$

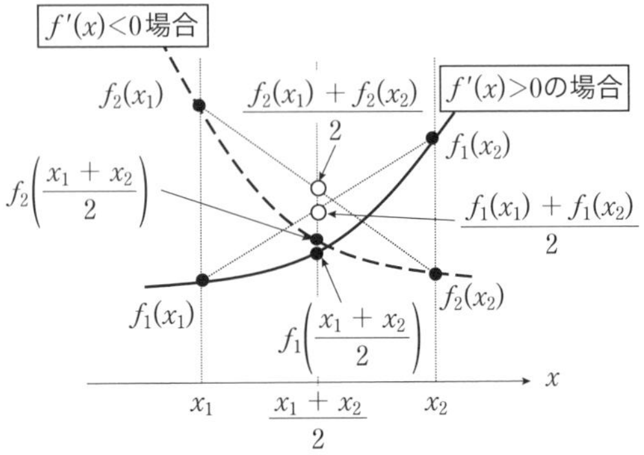

$f'(x)<0$場合
$f_2(x_1)$
$\dfrac{f_2(x_1) + f_2(x_2)}{2}$
$f'(x)>0$の場合
$f_1(x_2)$
$f_2\left(\dfrac{x_1 + x_2}{2}\right)$
$\dfrac{f_1(x_1) + f_1(x_2)}{2}$
$f_2(x_2)$
$f_1(x_1)$
$f_1\left(\dfrac{x_1 + x_2}{2}\right)$
x
x_1　$\dfrac{x_1 + x_2}{2}$　x_2

よって，⑤の組合せが適切である．

解答　⑤

I-1-2 頻出度★★☆ Check □□□

計画・設計の問題では，合理的な案を選択するために，最適化の手法が用いられることがある．これについて述べた次の文章の［　　］に入る用語の組合せとして，最も適切なものはどれか．ただし，以下の文中で，「案」を記述するための変数を設計変数と呼ぶこととする．

最適化問題の中で，目的関数や制約条件がすべて設計変数の線形関数で表現されている問題を線形計画問題といい，［ア］などの解法が知られている．設計変数，目的関数，制約条件の設定は必ずしも固定的なものでなく，主問題に対して［イ］が定義できる場合，制約条件と設計変数の関係を逆にして与えることができる．

また，最適化に基づく意思決定問題で，目的関数はただ一つとは限らない．複数の主体（利害関係者など）の目的関数が異なる場合に，これらを並列させることもあるし，また例えばリスクの制約のもとで，利益の最大化を目的関数にする問題を，あらためて利益の最大化とリスクの最小化を並列させる問題としてとらえなおすことなどもできる．こういう問題を多目的最適化という．この問題では，設計変数を変化させたときに，ある目的関数は改良できても，他の目的関数は悪化する結果になることがある．こういう対立状況を［ウ］と呼び，この状況下にある解集合（どの方向に変化させても，すべての目的関数を同時に改善させることができない設計変数の領域）のことを［エ］という．

	ア	イ	ウ	エ
①	シンプレックス法	逆問題	トレードオン	パレート解
②	シンプレックス法	逆問題	トレードオフ	アクティブ解
③	シンプレックス法	双対問題	トレードオフ	パレート解
④	コンプレックス法	逆問題	トレードオン	アクティブ解
⑤	コンプレックス法	双対問題	トレードオン	パレート解

解説 最適化問題（Optimization Problem）は，与えられた制約条件の下である目的関数を最小化あるいは最大化する問題である．最適化問題には，一次式または一次不等式の制約条件と一次式の目的関数を扱う線形計画問題，制約条件や目的関数に整数を扱える整数計画問題，および制約条件と目的関数に二次式などの非線形式を含む非線形計画問題がある．本問は，線形計画問題に関する出題である．

線形計画問題の解法には，シンプレックス法（単体法），内点法，カーマーカー法がある．シンプレックス法は最適解が多面体（内部が実行可能解の存在領域）の頂点に現れることを利用し，多面体の頂点の一つから出発して多面体の辺をたどり目的関数を最適化していく方法である．内点法は内点（多面体内部の点）の一つから出発し，暫定解が改善する内点への移動を繰り返して最適解に近づける方法である．カーマーカー法は内点法の一種である．

本問は，目的関数や制約条件がすべて設計変数の線形関数で表現されている問題なので，アとして適切な解法は**シンプレックス法**である．

主問題を

目的関数：$\boldsymbol{c}^T\boldsymbol{x} \rightarrow$ 最小

制約条件：$A\boldsymbol{x} = \boldsymbol{b}$（等式），　$\boldsymbol{x} \geqq \boldsymbol{0}$（不等式）

とするとき，最小化問題を最大化問題に入れ替え，制約条件と設計変数の関係を逆にした問題

目的関数：$\boldsymbol{b}^T\boldsymbol{y} \rightarrow$最大

制約条件：$A^T\boldsymbol{y} \leqq \boldsymbol{c}$（不等式）

を双対問題と呼ぶ．イは**双対問題**が適切である．主問題と双対問題の間には，「主問題と双対問題のいずれか一方が最適解をもつならば，もう一方も最適解をもち，主問題の最小値と双対問題の最大値は一致する」という双対定理が成り立つ．

目的関数が複数存在する最適化問題を多目的最適化問題と呼ぶ．多目的最適化問題を各目的関数に適当な重みを設定して一つの目的関数を有する最適化問題に置き換えたときにどの目的関数も同時に最適化することを完全最適化と呼ぶが，ある目的関数を改良しようとするとき，他の目的関数が悪化する結果になることがある．このような対立関係をトレードオフと呼ぶ．この状況下にある解集合をパレート解と呼び，その中に必ず完全最適化が存在する保証はないので，パレート解の中から最も最適と思われるパレート最適解を求めることになる．ウは**トレードオフ**，エは**パレート解**が適切である．

よって，用語の組合せとして適切なのは③である．

解答　③

Brushup　3.1.1 (3)最適化問題(a)，(b)

I 1 3　頻出度★★☆　Check □□□

下図は，システム信頼性解析の一つであるFTA（Fault Tree Analysis）図である．図で，記号aはAND機能を表し，その下流（下側）の事象が同時に生じた場合に上流（上側）の事象が発現することを意味し，記号bはOR機能を表し，下流の事象のいずれかが生じた場合に上流の事象が発現することを意味する．事象Aが発現する確率に最も近い値はどれか．図中の最下段の枠内の数値は，最も下流で生じる事象の発現確率を表す．なお，記号の下流側の事象

の発生はそれぞれ独立事象とする.

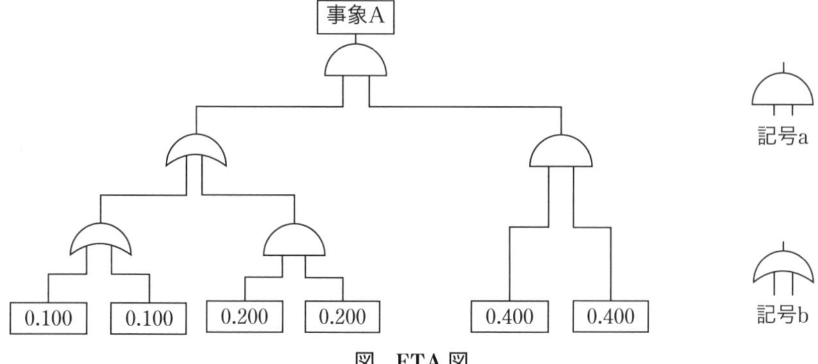

図 FTA図

① **0.036**　② **0.038**　③ **0.233**

④ **0.641**　⑤ **0.804**

解説 発現確率がそれぞれ p_{E1}, p_{E2} の二つの独立事象 E_1, E_2 が下流にあるとき,

・AND機能（記号a）の上流で事象が発現する確率：

事象 E_1 と E_2 が同時に発現する確率なので, $p_{E1}p_{E2}$ である.

・OR機能（記号b）の上流で事象が発現する確率：

事象 E_1 が発現しても事象 E_2 も発現しても上流で事象が発現するので, 全体から事象 E_1 が発現せずかつ事象 E_2 も発現しない確率を引けばよいので, $1-(1-p_{E1})(1-p_{E2})$ である.

したがって, 下図のFTA図に示した各部での事象の発現確率 p_1, p_2, p_3, p_4 は, 次の値になる.

$$p_1 = 1-(1-0.100)\times(1-0.100) = 0.190$$

$$p_2 = 0.200\times0.200 = 0.040$$

$$p_3 = 1-(1-p_1)\times(1-p_2) = 1-(1-0.190)\times(1-0.04)$$
$$= 0.222\,4$$

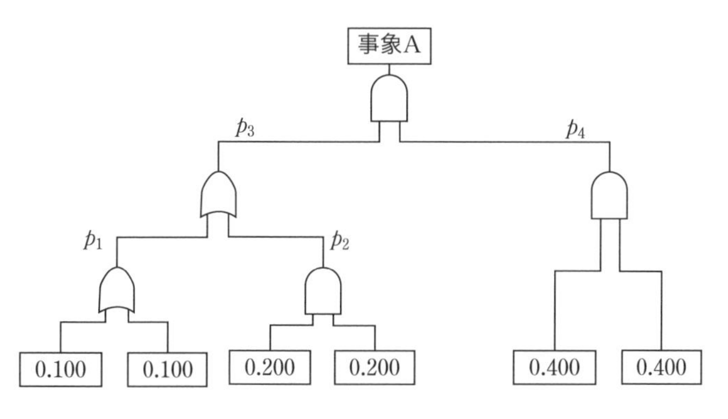

$p_4 = 0.400 \times 0.400 = 0.160$

よって，事象 A が発現する確率は

$p_3 p_4 = 0.222\,4 \times 0.160 \fallingdotseq 0.035\,58$

であり，①の **0.036** が最も近い．

解答　①

Brushup　3.1.1（2）システム設計（d）

I14　頻出度★★★　Check □□□

大規模プロジェクトの工程管理の方法の一つであるPERTに関する次の(ア)～(エ)の記述について，それぞれの正誤の組合せとして，最も適切なものはどれか．

(ア)　PERTでは，プロジェクトを構成する作業の先行関係を表現するのに，矢線と結合点（ノード）とからなるアローダイヤグラムを用い，これに基づいて作業工程を計画・管理する．

(イ)　アローダイヤグラムにて，結合点（ノード）i，結合点（ノード）j間の矢線で表される作業ijを考える．なお，矢線の始点をi，終点をjとする．このとき，jの最遅結合点時刻とiの最早結合点時刻の時間差が，作業ijの所要時間と等しい場合，この作業はクリティカルな作業となる．

(ウ)　プロジェクト全体の工期を遅延させないためには，クリティカルパス上の作業は，遅延が許されない．

(エ)　プロジェクト全体の工期の短縮のためには，余裕のあるクリティカルでない作業を短縮することが必要になる．

	ア	イ	ウ	エ
①	誤	正	正	誤
②	正	正	正	誤
③	正	誤	誤	誤
④	誤	誤	誤	正
⑤	誤	正	正	正

解説　PERT（Program Evaluation and Review Technique）は，プロジェクトの工程管理を定量的・科学的に行う手法の一つである．各工程の先行関係や工程の所要日数を図示するために用いられるのがPERT図である．

(ア)　正しい．アローダイヤグラムは，最もよく用いられるPERT図である．プロジェクトを構成する工程（結合点，ノード）を並べ，直接先行関係がある工程間を矢印で結んだ図である．結合点iから結合点jを結ぶ矢印に作業名と所要日数（時間）を書き添える．下図のアローダイヤグラムの場合，結合点1がスタート，結合点4がゴールである．工程を完了するには，結合点1→結合点2→結合点3→結合点4をたどる経路と，結合点2は経由せずに結合点1→結合点3→結合点4をたどる経路がある．それぞれの矢印を進むにはその作業を終える必要があるので，各矢印の所要日数を加算すると，全体工程を完了するのに必要な日数が求まる．また，結合点に複数の矢印が入る場合は，そのすべてが完了しないと次の作業には進めないので，例えば，作業Dに着手するには作業Bと作業Cの両方を完了している必要がある．

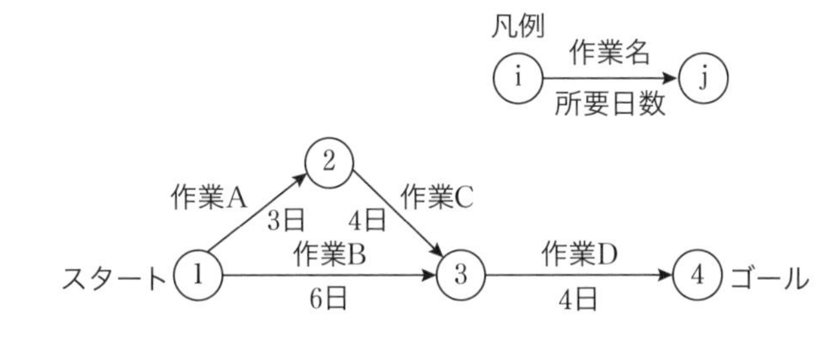

(イ)，(ウ) 正しい．クリティカルパスは日程に最も余裕がない経路をいい，何らかの要因でこれが遅れると全体工程に遅延が生じます．結合点jの最早結合点時刻は次の作業に最も早く着手できる時刻，最遅結合点時刻は次の作業に遅くとも着手しなければならない時刻をいうので，jの最遅結合点時刻とiの最早結合点時刻の差が作業ijの所要時間と等しければ作業ijに遅れが許容できないクリティカルパスである．

(エ) 誤り．全体工程の工期はクリティカルパスで決まるので，クリティカルでない作業を短縮しても全体工程の工期は変わらない．

よって，適切な組合せは②である．

解答 ②

Brushup 3.1.1 (4)品質管理(a)

I-1-5 頻出度★★★ Check □□□

ある工業製品の安全率を x とする（ただし $x \geqq 1$）．この製品の期待損失額は，製品に損傷が生じる確率とその際の経済的な損失額の積として求められ，それぞれ損傷が生じる確率は $1/(1+4x)$，経済的な損失額は90億円である．一方，この製品を造るための材料費やその調達を含む製造コストは，$10x$ 億円となる．この場合に製造にかかる総コスト（期待損失額と製造コストの合計）を最小にする安全率 x として，最も適切なものはどれか．

① 1.00　② 1.25　③ 1.50　④ 1.75　⑤ 2.00

解説 期待損失額 L は，製品に損傷が生じる確率とその際の経済的な損失額の積である.

$$L = \frac{1}{1 + 4x} \times 90\,[億円]$$

製造コスト P, 製造にかかる総コスト C は

$$P = 10x\,[億円]$$

$$C = L + P = \frac{1}{1 + 4x} \times 90 + 10x\,[億円]$$

総コスト C が最小となるのは,

$$\frac{\mathrm{d}C}{\mathrm{d}x} = -\frac{4}{(1 + 4x)^2} \times 90 + 10 = -\frac{360}{(1 + 4x)^2} + 10 = 0$$

$\dfrac{\mathrm{d}^2C}{\mathrm{d}x^2} = \dfrac{2 \times 360 \times 4}{(1 + 4x)^3} > 0$ より

$$x = \frac{\sqrt{\dfrac{360}{10}} - 1}{4} = \mathbf{1.25}$$

のときに総コストは最小になる. よって, ②が適切である.

解答 ②

Brushup 3.1.1 (3)最適化問題(b)

I 16 頻出度★★☆ Check □□□

保全に関する次の記述の[ ]に入る語句の組合せとして, 最も適切なものはどれか.

設備や機械など主にハードウェアからなる対象（以下, アイテムと記す）について, それを使用及び運用可能状態に維持し, 又は故障, 欠点などを修復するための処置及び活動を保全と呼ぶ. 保全は, アイテムの劣化の影響を緩和し, かつ, 故障の発生確率を低減するために, 規定の間隔や基準に従って前もって実行する[ア]保全と, フォールトの検出後にアイテムを要求通りの実行状態に修復させるために行う[イ]保全とに大別される. また, [ア]保全は定められた[ウ]に従って行う[ウ]保全と, アイテムの物理的状態の評価に基づいて行う状態基準保全とに分けられる. さらに, [ウ]保全には予定の時間間隔で行う[エ]保全, アイテムが予定の累積動作時間に達したときに行う[オ]保全がある.

	ア	イ	ウ	エ	オ
①	予防	事後	劣化基準	状態監視	経時
②	状態監視	経時	時間計画	定期	予防

③	状態監視	事後	劣化基準	定期	経時
④	定期	経時	時間計画	状態監視	事後
⑤	予防	事後	時間計画	定期	経時

解説 保全に関する用語は，「JIS Z 8115 ディペンダビリティ（総合信頼性）用語（Grossary of terms used in dipendability）」や,「JIS Z 8141 生産管理用語」に定められている．用語や表現は少し異なるが, 予防保全と事後保全に大別される．

(a) 予防保全：アイテムの劣化の影響を緩和し，かつ，故障の発生確率を低減するために行う保全（JIS Z 8141 では，故障に至る前に寿命を推定して，故障を未然に防止する方式の保全と定義）．

- 時間計画保全（計画保全）；規定した時間計画に従って実行される保全をいい，予定の時間間隔で行う定期保全（JIS Z 8141 では，従来の故障記録，保全記録の評価から周期を決め，周期ごとに行う保全方式と定義．時間基準保全ともいう）と，アイテムが予定の累積動作時間に達したときに行う経時保全（JIS Z 8141 では，設備の劣化傾向を設備診断技術などによって管理し，故障に至る前の最適な時期に最善の対策を行う予防保全の方法を予知保全，状態基準保全と定義）がある．
- 状態基準保全（状態監視保全）；物理的状態の評価に基づく予防保全．

(b) 事後保全：フォールト検出後，アイテムを要求どおりの実行状態に修復させるために行う保全（JIS Z 8141 では，設備に故障が発見された段階で，その故障を取り除く方式の保全）．機器や部品等の性能低下に対処する通常事後保全と，突発的故障に対して緊急処置を行う緊急保全がある．

また，設備，部品などについて，計画・設計段階から過去の保全実績または情報を用いて不良や故障に関する事項を予知・予測し，これらを排除するための対策を織り込む活動のことを保全予防，故障が起こりにくい設備への改善または性能向上を目的とした保全活動のことを改良保全と呼んでいる．

以上から，アからオの空白に入る適切な語句は，アが**予防**，イが**事後**，ウが**時間計画**，エが**定期**，オが**経時**であり，⑤の組合せが適切である．

解答 ⑤

Brushup 3.1.1 (4)品質管理(c)

2群 情報・論理に関するもの（全6問題から3問題を選択解答）

I-2-1 頻出度★☆☆ Check □□□

情報セキュリティ対策に関する記述として，最も適切なものはどれか．

① パスワードを設定する場合は，パスワードを忘れないように，単純で

短いものを選ぶのが望ましい.

② パソコンのパフォーマンスを落とさないようにするため，ウィルス対策ソフトウェアはインストールしなくて良い.

③ 実在の企業名から送られてきたメールの場合は，フィッシングの可能性は低いため，信用して添付ファイルを開いて構わない.

④ インターネットにおいて様々なサービスを利用するため，ポートはできるだけ開いた状態にし，使わないポートでも閉じる必要はない.

⑤ システムに関連したファイルの改ざん等を行うウィルスも存在するため，ウィルスに感染した場合にはウィルス対策ソフトウェアでは完全な修復が困難な場合がある.

解説

① 不適切. 安全なパスワードの要件は，名前などの個人情報からは推測できないこと，英単語などをそのまま使用していないこと，アルファベットの大文字・小文字と数字が混在していること，適切な長さの文字列であること，類推しやすい並び方やその安易な組合せではないことなどである. アルファベットや数字などの組合せを変化させたパスワードで侵入を試みる総当たり攻撃に対しては，パスワードが短いと侵入されやすい.

② 不適切. ウイルス対策ソフトウェアは，日々新しくなる悪意のあるウィルスから攻撃に対処するため，頻繁に更新されている. パソコンのパフォーマンスが落ちるからといってウイルス対策ソフトウェアをインストールしないと，ウィルスの攻撃を受けてデータ流出やシステムダウンのリスクが高まる.

③ 不適切. 悪意があるメールには，実在の企業名をかたって安心させて添付ファイルを開かせるものがあるので不用意に開いてはならない.

④ 不適切. ポートを常時開いたままにしておくと，外部とウイルスが潜んだプログラムとの間で通信が行われ，データ流出やシステムダウンになるリスクが高まる. サービスを利用するときだけポートを開いて外部とつなぎ，それ以外は閉じておくほうがよい.

⑤ 適切. ウイルス対策ソフトウェアはウイルスの侵入を防ぎ，感染させないためのものである. ウイルスに感染した場合あるいは感染したと思われる場合は，すでにシステムは正常に機能せず，ほかのパソコン，メモリなどに感染を拡大されるおそれがあるので，ただちにほかとの接続をすべて切り離し，感染範囲を特定してから対応する必要がある.

よって，⑤が適切である.

解答 ⑤

Brushup 3.1.2 (3)情報ネットワーク(d)

I 2 2 頻出度★☆☆ Check □□□

自然数 a, b に対して，その最大公約数を記号 $\gcd(a, b)$ で表す．ここでは，ユークリッド互除法と行列の計算によって，$ax + by = \gcd(a, b)$ を満たす整数 x, y を計算するアルゴリズムを，$a = 108$, $b = 57$ の例を使って説明する．まず，ユークリッド互除法で割り算を繰り返し，次の式(1)〜(4)を得る．

$$108 \div 57 = 1 \quad 余り\ 51 \qquad (1)$$

$$57 \div 51 = 1 \quad 余り\ 6 \qquad (2)$$

$$51 \div 6 = 8 \quad 余り\ 3 \qquad (3)$$

$$6 \div 3 = 2 \quad 余り\ 0 \qquad (4)$$

したがって，$\gcd(108, 57) =$ [ア] である．

式(1)(2)は行列を使って，$\begin{pmatrix} 57 \\ 51 \end{pmatrix} = \begin{pmatrix} 0 & 1 \\ 1 & -1 \end{pmatrix} \begin{pmatrix} 108 \\ 57 \end{pmatrix}$

式(2)(3)は行列を使って，$\begin{pmatrix} 51 \\ 6 \end{pmatrix} = \begin{pmatrix} 0 & 1 \\ 1 & -1 \end{pmatrix} \begin{pmatrix} 57 \\ 51 \end{pmatrix}$

式(3)(4)は行列を使って，$\begin{pmatrix} 6 \\ 3 \end{pmatrix} = \begin{pmatrix} 0 & 1 \\ 1 & -8 \end{pmatrix} \begin{pmatrix} 51 \\ 6 \end{pmatrix}$ と書けるので，

$$A = \begin{pmatrix} 0 & 1 \\ 1 & -8 \end{pmatrix} \begin{pmatrix} 0 & 1 \\ 1 & -1 \end{pmatrix} \begin{pmatrix} 0 & 1 \\ 1 & -1 \end{pmatrix} = \begin{pmatrix} -1 & 2 \\ x & y \end{pmatrix}$$ と置くと，

$x =$ [イ], $y =$ [ウ] であり，$108 \times$ [イ] $+ 57 \times$ [ウ] $=$ [ア] を満たす．

[ア]〜[ウ] に入る最も適切な値の組合せはどれか．

	ア	イ	ウ
①	6	−1	2
②	6	1	−2
③	6	1	2
④	3	9	−17
⑤	3	−10	19

解説 二つの自然数の最大公約数については，次の関係が成り立つ．

「二つの自然数 a, b $(a > b)$ について a を b で割ったときの商を q，余りを r とすると，a と b の最大公約数は，b と r の最大公約数に等しい」

この関係を利用して，割り算

- a を b で割ったときの商を q_1，余りを r_1 とする．
- b を r_1 で割ったときの商を q_2，余りを r_2 とする．
- r_1 を r_2 で割ったときの商を q_3，余りを r_3 とする．
- ……

を余りが 0 になるまで繰り返す．n 回目で余りが 0 になったとすると，q_n が a と b の最大公約数 $\gcd(a, b)$ になる．これがユークリッドの互除法である．

本問では $a = 108$，$b = 57$ の場合を取りあげて，(1)〜(4)の割り算を繰り返し，(4)で余りが 0 になっているので，$\gcd(108, 57) = 3$ である．アの答は 3 である．

また，(1) → (2)，(2) → (3)，(3) → (4)の手順は，設問で与えられたように，

$$\text{行列形式}\quad \begin{bmatrix} \text{割る数} \\ \text{余り} \end{bmatrix} = \begin{bmatrix} 0 & 1 \\ 1 & -\text{商} \end{bmatrix} \begin{bmatrix} \text{割られる数} \\ \text{割る数} \end{bmatrix}$$

で書くことができる．この 3 段階の操作をまとめると，

$$\begin{bmatrix} 6 \\ 3 \end{bmatrix} = \begin{bmatrix} 0 & 1 \\ 1 & -8 \end{bmatrix} \begin{bmatrix} 51 \\ 6 \end{bmatrix} = \begin{bmatrix} 0 & 1 \\ 1 & -8 \end{bmatrix} \begin{bmatrix} 0 & 1 \\ 1 & -1 \end{bmatrix} \begin{bmatrix} 57 \\ 51 \end{bmatrix}$$

$$= \begin{bmatrix} 0 & 1 \\ 1 & -8 \end{bmatrix} \begin{bmatrix} 0 & 1 \\ 1 & -1 \end{bmatrix} \begin{bmatrix} 0 & 1 \\ 1 & -1 \end{bmatrix} \begin{bmatrix} 108 \\ 57 \end{bmatrix} = \begin{bmatrix} -1 & 2 \\ 9 & -17 \end{bmatrix} \begin{bmatrix} 108 \\ 57 \end{bmatrix}$$

となる．(4)の操作が終わったときの第 2 行が $\gcd(108, 57) = 3$ に相当する部分である．

$$A = \begin{bmatrix} 0 & 1 \\ 1 & -8 \end{bmatrix} \begin{bmatrix} 0 & 1 \\ 1 & -1 \end{bmatrix} \begin{bmatrix} 0 & 1 \\ 1 & -1 \end{bmatrix} = \begin{bmatrix} -1 & 2 \\ 9 & -17 \end{bmatrix}$$

なので，$x = 9$，$y = -17$ である．イ，ウの答はそれぞれ **9**，**−17** である．

$$ax + by = 108 \times 9 + 57 \times (-17) = 3 = \gcd(108, 57)$$

よって，適切な組合せは④である．

解答　④

Brushup　3.1.2 (2)数値表現と基数変換(c)

I 23　頻出度★★☆　Check □□□

B（バイト）は，データの大きさや記憶装置の容量を表す情報量の単位である．1 KB（キロバイト）は，10 進数を基礎とした記法では 10^3 B（= 1 000 B），2 進数を基礎とした記法では 2^{10} B（= 1 024 B）の情報量を表し，この二つの記法が混在して使われている．10 進数を基礎とした記法で容量が 720 KB（キロバイト）と表されるフロッピーディスク（記録媒体）の容量を，2 進数を基礎とした記法で表すと，

$$720 \times \left(\frac{1\,000}{1\,024}\right) \fallingdotseq 720 \times 0.976\,5 \fallingdotseq 703.1$$

より，概算値で 703 KB（キロバイト）となる．

1 TB（テラバイト）も，10 進数を基礎とした記法では 10^{12} B（= $1\,000^4$ B），2 進数を基礎とした記法では 2^{40} B（= $1\,024^4$ B）の情報量を表し，この二つの

記法が混在して使われている．10 進数を基礎とした記法で容量が 2 TB（テラバイト）と表されるハードディスクの容量を，2 進数を基礎とした記法で表したとき，最も適切なものはどれか．

① **1.6 TB**　② **1.8 TB**　③ **2.0 TB**
④ **2.2 TB**　⑤ **2.4 TB**

解説 設問より，1 TB の情報量は

10 進数を基礎とした記法による表記：10^{12} B

2 進数を基礎とした記法による表記：2^{40} B

なので，10 進数を基礎とした記法による容量 2 TB のハードディスクの容量を，2 進数を基礎とした記法による容量に換算すると，

$$2 \times \frac{10^{12}}{2^{40}} = 2 \times \frac{1\,000^4}{1\,024^4} = \frac{2}{1.024^4} \fallingdotseq \mathbf{1.82\ TB}$$

よって，②の 1.8 TB が最も適切である．

解答　②

Brushup 3.1.2 (2)数値表現と基数変換(a)

I 2 4　頻出度★★☆　Check □□□

計算機内部では，数は 0 と 1 の組合せで表される．絶対値が 2^{-126} 以上 2^{128} 未満の実数を，符号部 1 文字，指数部 8 文字，仮数部 23 文字の合計 32 文字の 0，1 から成る単精度浮動小数表現として，以下の手続き(1)～(4)によって変換する．

(1) 実数を，$0 \leqq x < 1$ である x を用いて $\pm 2^{\alpha} \times (1 + x)$ の形に変形する．

(2) 符号部 1 文字を，符号が正（+）のとき 0，負（−）のとき 1 と定める．

(3) 指数部 8 文字を，$\alpha + 127$ の値を 2 進数に直した文字列で定める．

(4) 仮数部 23 文字を，x の値を 2 進数に直したときの 0，1 の列を小数点以下順に並べたもので定める．

例えば，−6.5 を表現すると，$-6.5 = -2^2 \times (1 + 0.625)$ であり，

符号部は，符号が負（−）なので 1，

指数部は，$2 + 127 = 129 = (10000001)_2$ より 10000001，

仮数部は，$0.625 = \dfrac{1}{2} + \dfrac{1}{2^3} = (0.101)_2$ より 10100000000000000000000 である．

実数 13.0 をこの方式で表現したとき，最も適切なものはどれか．

	符号部	指数部	仮数部
①	1	10000010	10100000000000000000000
②	1	10000001	10010000000000000000000
③	0	10000001	10010000000000000000000

④	0	10000001	10100000000000000000000
⑤	0	10000010	10100000000000000000000

解説 問題で示された手順に沿って，実数13.0を単精度浮動小数点表現に変換する．

(1) 実数 $13.0 = 2^3 \times (1 + 0.625)$

(2) 符号部1文字は，符号が正（+）なので**0**である．

(3) 指数部8文字は，

$$\alpha + 127 = 3 + 127 = 130 = 128 + 2 = 2^7 + 2^1 = (1000\,0010)_2$$

なので，**1000 0010**である．

(4) 仮数部23文字は，問題で例示された

$$0.625 = \frac{1}{2} + \frac{1}{2^3} = (0.101)_2$$

の関係を用いて，**101 0000 0000 0000 0000 0000**である．

よって，⑤の組合せによる表現が適切である．

解答 ⑤

Brushup 3.1.2 (2)数値表現と基数変換(b)

I 25 頻出度★★★ Check □□□

100万件のデータを有するデータベースにおいて検索を行ったところ，結果として次のデータ件数を得た．

・「情報」という語を含む　65万件

・「情報」という語と「論理」という語の両方を含む　55万件

「論理」という語を含まないデータ件数を $\boldsymbol{k}$ とするとき，$\boldsymbol{k}$ がとりうる値の範囲を表す式として最も適切なものはどれか．

① 10万 $\leqq \boldsymbol{k} \leqq$ 45万

② 10万 $\leqq \boldsymbol{k} \leqq$ 55万

③ 10万 $\leqq \boldsymbol{k} \leqq$ 65万

④ 45万 $\leqq \boldsymbol{k} \leqq$ 65万

⑤ 45万 $\leqq \boldsymbol{k} \leqq$ 90万

解説 題意より，データベースの全体集合 T のデータ件数 $T = 100$ 万件，「情報」という語を含む集合 A のデータ件数 $A = 65$ 万件，「情報」という語と「論理」という語の両方を含む集合 B のデータ件数 $B = 55$ 万件である．

集合 B がすべて集合 A に含まれるケースでは，「情報」という語を含み「論理」という語を含まない集合のデータ件数は，次図より

$$A - B = 65 - 55 = 10 \text{万件}$$

である．このとき，「論理」という語を含まない集合のデータ件数は最大であり，全体集合のデータ件数 $T=100$ 万件から，集合 B のデータ件数 $B=55$ 万件を除いた

$$T-B=100-55=45\ \text{万件}$$

また，「論理」という語を含む集合のデータ件数は，最大でも全体集合のデータ件数 $T=100$ 万件から，上記 10 万件を除いたものでなければならないので，「論理」という語を含まない集合のデータ件数の最小は 10 万件である．

よって，①の **10 万 ≦ *k* ≦ 45 万**が最も適切である．

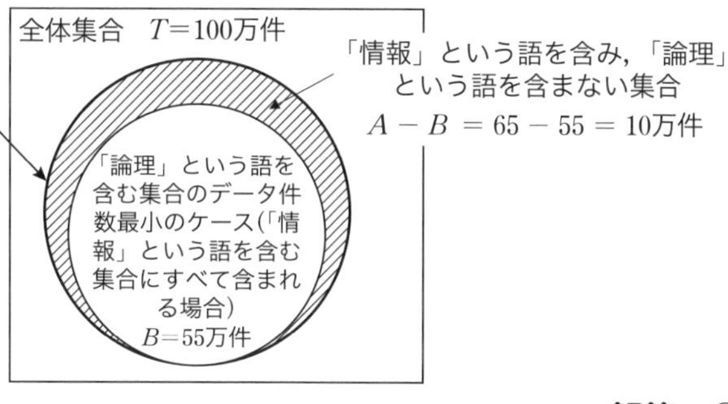

解答　①

Brushup　3.1.2 (1)情報理論(a)，(b)

I 2 6　頻出度★★★　Check □□□

集合 A を $A=\{a, b, c, d\}$，集合 B を $B=\{\alpha, \beta\}$，集合 C を $C=\{0, 1\}$ とする．集合 A と集合 B の直積集合 $A \times B$ から集合 C への写像 $\mathrm{f}: A \times B \to C$ の総数はどれか．

①　32　　②　64　　③　128　　④　256　　⑤　512

解説　直積集合 $A \times B$ は，

$$A \times B=\{a\alpha, b\alpha, c\alpha, d\alpha, a\beta, b\beta, c\beta, d\beta\}$$

なので，8 個の元をもつ．集合 $C=\{0, 1\}$ は 2 個の元をもつので，写像 $\mathrm{f}: A \times B \to C$ の総数は

$$2^8=256\ \text{個}$$

である．よって，答えは④である．

解答　④

Brushup　3.1.2 (1)情報理論(a)

3群　解析に関するもの（全6問題から3問題を選択解答）

I 3 1　頻出度★★☆　Check □□□

関数 $f(x)$ とその導関数 $f'(x)$ が，次の関係式を満たすとする．

$$f'(x) = 1 + \{f(x)\}^2$$

$f(0) = 1$ のとき，$f(x)$ の $x = 0$ における2階微分係数 $f''(0)$ と3階微分係数 $f'''(0)$ の組合せとして適切なものはどれか．

① $f''(0) = 2,\quad f'''(0) = 4$
② $f''(0) = 2,\quad f'''(0) = 6$
③ $f''(0) = 2,\quad f'''(0) = 8$
④ $f''(0) = 4,\quad f'''(0) = 12$
⑤ $f''(0) = 4,\quad f'''(0) = 16$

解説　$f'(x) = \dfrac{\mathrm{d}f(x)}{\mathrm{d}x} = 1 + \{f(x)\}^2$ より，

$$f''(x) = \frac{\mathrm{d}f'(x)}{\mathrm{d}x} = \frac{\mathrm{d}}{\mathrm{d}x}[1 + \{f(x)\}^2] = 2f(x) \cdot f'(x)$$

$$f'''(x) = \frac{\mathrm{d}f''(x)}{\mathrm{d}x} = \frac{\mathrm{d}}{\mathrm{d}x}[2f(x) \cdot f'(x)] = 2\{f'(x)\}^2 + 2f(x) \cdot f''(x)$$

題意より，$f(0) = 1$ なので

$$f'(0) = 1 + \{f(0)\}^2 = 1 + 1^2 = 2$$
$$f''(0) = 2f(0) \cdot f'(0) = 2 \times 1 \times 2 = 4$$
$$f'''(0) = 2\{f'(0)\}^2 + 2f(0) \cdot f''(0) = 2 \times 2^2 + 2 \times 1 \times 4 = 16$$

よって，適切な組合せは⑤である．

解答　⑤

Brushup　3.1.3 (1)微分・積分(a)

I 3 2　頻出度★★☆　Check □□□

座標 (x, y, z) で表される3次元直交座標系に，点 A(6, 5, 4) 及び平面 S：$x + 2y - z = 0$ がある．点 A を通り平面 S に垂直な直線と平面 S との交点 B の座標はどれか．

① (1, 1, 3)　② (4, 1, 6)　③ (3, 2, 7)
④ (2, 1, 4)　⑤ (5, 3, 5)

解説　式 $x + 2y - z = 0$ を満足する平面 S の法線ベクトル $\vec{n}$ は，$(1, 2, -1)$ である．

点 A(6, 5, 4) を通り平面 S に垂直な直線と平面 S との交点 B の座標を (u, v, w) とすると，点 A から交点 B へのベクトル $\vec{m}$ は

$$\vec{m} = (u, v, w) - (6, 5, 4) = (u - 6, v - 5, w - 4)$$

ベクトル $\vec{m}$ とベクトル $\vec{n}$ は平行なので，媒介変数 t を用いると

$$u - 6 = 1 \times t = t, v - 5 = 2t, w - 4 = -t$$

$$\therefore \quad u = t + 6, v = 2t + 5, w = -t + 4 \qquad \boxed{1}$$

の関係を満たさなければならない．

また，同時に交点 $B(u, v, w)$ は平面 S の式を満足しなければならないので，

$$u + 2v - w = (t + 6) + 2 \times (2t + 5) - (-t + 4) = 6t + 12 = 0$$

$$\therefore \quad t = -2 \qquad \boxed{2}$$

$\boxed{2}$式を$\boxed{1}$式に代入して

$$u = -2 + 6 = 4, \quad v = 2 \times (-2) + 5 = 1, \quad w = -(-2) + 4 = 6$$

よって，交点 B の座標は **(4, 1, 6)** であり，②が正しい．

解答　②

Brushup　3.1.3 (2)ベクトル解析(a)

I 3 3　頻出度★★☆　Check □□□

数値解析の精度を向上する方法として，最も不適切なものはどれか．

① 有限要素解析において，できるだけゆがんだ要素ができないように要素分割を行った．

② 有限要素解析において，高次要素を用いて要素分割を行った．

③ 有限要素解析において，解の変化が大きい領域の要素分割を細かくした．

④ 丸め誤差を小さくするために，計算機の浮動小数点演算を単精度から倍精度に変更した．

⑤ **Newton** 法などの反復計算において，反復回数が多いので収束判定条件を緩和した．

解説

① 適切．有限要素法では，要素分割する場合に，三角形や四辺形の形状がつぶれていると解析精度が低下するので，部分的に分割方法を修正したり分割を細かくしたりする．

② 適切．有限要素法において，高次要素とは節点と節点の間に中間節点を入れることをいう．一次要素よりも中間節点を入れた二次要素のほうが解析精度は高くなる．

③ 適切．有限要素法では分割した要素の領域内での方程式を比較的単純で共

通な補間関数で近似するため，解の変化が大きい領域では要素分割を細かくして解析精度が低下しないようにする必要がある．

④　適切．計算機の浮動小数点演算を単精度から倍精度に変更すれば丸め誤差は小さくなる．

⑤　不適切．Newton 法などの反復計算において，反復回数が多いからといって収束判定条件を緩和すると，得られた解の精度は低下してしまう．

よって，⑤が不適切である．

解答　⑤

Brushup　3.1.3 (3)数値解析(a)

I 3 4　頻出度★☆☆　Check □□□

シンプソンの 1/3 数値積分公式（2 次のニュートン・コーツの閉公式）を用いて次の定積分を計算した結果として，最も近い値はどれか．

$$S=\int_{-1}^{1}\frac{1}{x+3}\,\mathrm{d}x$$

ただし，シンプソンの 1/3 数値積分公式における重み係数は，区間の両端で 1/3，区間の中点で 4/3 である．

①　**0.653**　　②　**0.663**　　③　**0.673**　　④　**0.683**

⑤　**0.693**

解説　シンプソンの 1/3 数値積分公式は，関数 $f(x)$ が三次以下のときに，積分値 $\int_a^b f(x)\mathrm{d}x$ を近似計算する公式である．閉区間 $[a, b]$ の左端，中点，右端の 3 点の $f(x)$ の値 $f(a)$，$f\left(\frac{a+b}{2}\right)$，$f(b)$ を用い，$h=\frac{b-a}{2}$ とすると

$$S=\int_a^b f(x)\mathrm{d}x=h\left\{\frac{1}{3}f(a)+\frac{4}{3}f\left(\frac{a+b}{2}\right)+\frac{1}{3}f(b)\right\}$$

$$=\frac{h}{3}\left\{f(a)+4f\left(\frac{a+b}{2}\right)+f(b)\right\}$$

である．設問のただし書きで与えられた重み係数（区間の両端で 1/3，区間の中点で 4/3）は，上式の係数のことである．

$$h=\frac{b-a}{2}=\frac{1-(-1)}{2}=1$$

$$f(a)=f(-1)=\frac{1}{-1+3}=\frac{1}{2}$$

$$f\left(\frac{a+b}{2}\right)=f\left(\frac{-1+1}{2}\right)=f(0)=\frac{1}{0+3}=\frac{1}{3}$$

$$f(b)=f(1)=\frac{1}{1+3}=\frac{1}{4}$$

$$S=\int_{-1}^{1}\frac{1}{x+3}\,\mathrm{d}x=\frac{1}{3}\left(\frac{1}{2}+4\times\frac{1}{3}+\frac{1}{4}\right)=\frac{25}{36}\fallingdotseq 0.694$$

よって，最も近い値は⑤の**0.693**である．

解答　⑤

Brushup　3.1.3 (3)数値解析(b)

I 3 5　頻出度★★★　Check □□□

固有振動数及び固有振動モードに関する次の記述のうち，最も適切なものはどれか．

① 弾性変形する構造体の固有振動数は，構造体の材質のみによって定まる．

② 管路の気柱振動の固有振動数は両端の境界条件に依存しない．

③ 単振り子の固有振動数は，おもりの質量の平方根に反比例する．

④ 熱伝導の微分方程式は時間に関する2階微分を含まないので，固有振動数による自由振動は発生しない．

⑤ 平板の弾性変形については，常に固有振動モードが1つだけ存在する．

解説

① 不適切．弾性変形する構造体の固有振動数は，質量とばね定数により定まるので，構造体の材質だけではなく形状の影響を受ける．

② 不適切．気柱は，筒の内部にある空気である．気柱振動の固有振動数 f_m は，筒の長さを L，空気中の音速を V とするとき，m 倍固有振動数 f_m は，開管では $f_m=\dfrac{mV}{2L}$，閉管では $f_m=\dfrac{mV}{4L}$ となり，境界条件に依存する．

③ 不適切．単振り子の固有角周波数 ω は，糸の長さを l，重力の加速度を g とすると，$\omega=\sqrt{g/l}$ なので，糸の長さ l の平方根に反比例する．おもりの質量は無関係である．

④ 適切．棒の密度を ρ，比熱を C_{p}，熱伝導率を λ，棒内で単位時間・単位体積当たりに発生する熱量を q，時間を t，位置 x における温度を T とすると，熱伝導方程式は次式の偏微分方程式で表される．

$$\rho C_{\mathrm{p}}\frac{\partial T}{\partial t}=\lambda\frac{\partial^2 T}{\partial x^2}+q$$

この偏微分方程式は，位置 x に関しては2階微分方程式であるが，時間 t に関しては1階微分方程式であるので，固有振動数による自由振動は発生しない．

⑤　不適切．平板の弾性変形は2方向の振動モードが組み合わさって現れるので，多数の固有振動モードが存在する．

よって，最も適切なものは④である．

解答　④

Brushup　3.1.3 (4)力学(a)

I 36　頻出度★☆☆　Check ■■■

下図に示すように，遠方で y 方向に応力 σ (>0) を受け，軸の長さ a と b の楕円孔 $(a>b)$ を有する無限平板がある．楕円孔の縁（点A）での応力状態 $(\sigma_x, \sigma_y, \tau_{xy})$ として適切なものは，次のうちどれか．

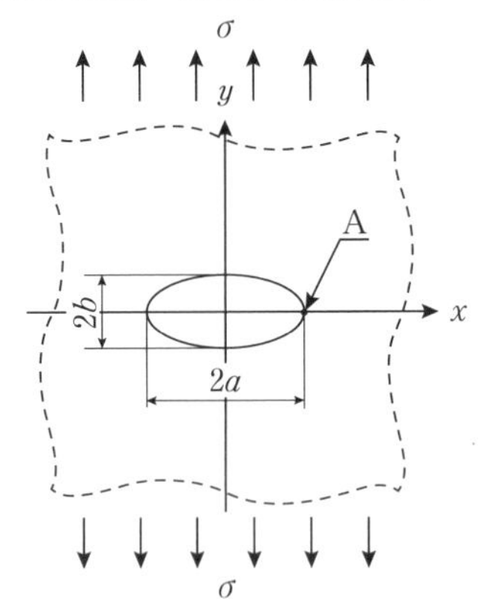

図　楕円孔を有する無限平板が応力を受けている状態

①　$\sigma_x = 0,\ \sigma_y < 3\sigma,\ \tau_{xy} = 0$

②　$\sigma_x = 0,\ \sigma_y > 3\sigma,\ \tau_{xy} = 0$

③　$\sigma_x = 0,\ \sigma_y > 3\sigma,\ \tau_{xy} > 0$

④　$\sigma_x > 0,\ \sigma_y < 3\sigma,\ \tau_{xy} = 0$

⑤　$\sigma_x > 0,\ \sigma_y > 3\sigma,\ \tau_{xy} = 0$

解説　楕円孔 $(a>b)$ を有する無限平板を遠方で y 方向に引っ張っても楕円孔の境界表面の荷重は0なので，境界と垂直な x 方向の応力 σ_x およびせん断応力 τ_{xy} は0である．

また，y 方向の応力 σ_y については，設問図のように，楕円孔から十分離れたところでは無限平板の幅全体で荷重を受けるので，一様な応力 σ (>0) が生じる．

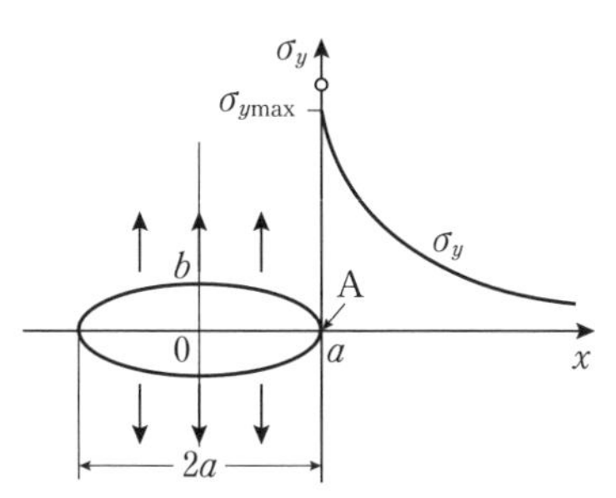

楕円孔の中心を通る x 方向の断面を考えるとき，x 方向に十分離れたところでは $\sigma_y = \sigma$ であるが，楕円孔の縁近くでは，楕円孔の部分を除いた平板で荷重を受けることになるので図のように点 A に応力が集中して最大値 $\sigma_{y\max}$ になる．

長軸の長さ $2a$，短軸の長さ $2b$ の楕円孔 $\left(\dfrac{x^2}{a^2}+\dfrac{y^2}{b^2}=1\right)$ の縁（点 A）での曲率半径 ρ は $\dfrac{1}{\rho}=\dfrac{a}{b^2}$ なので $\sigma_{y\max}$ は次式で近似される．

$$\sigma_{y\max}=\sigma\left(1+2\sqrt{\frac{a}{\rho}}\right)=\sigma\left(1+2\sqrt{a\times\frac{a}{b^2}}\right)=\sigma\left(1+\frac{2a}{b}\right)$$

この場合は，$a>b$ なので，

$$\sigma_{y\max}>3\sigma$$

の関係がある．

よって，$\boldsymbol{\sigma_x=0}$，$\boldsymbol{\sigma_y>3\sigma}$，$\boldsymbol{\tau_{xy}=0}$ の組合せである②が適切である．

解答　②

Brushup　3.1.3（4)力学(b)

4群　材料・化学・バイオに関するもの（全6問題から3問題を選択解答）

I 4 1　頻出度★☆☆　Check ■■■

次の化合物のうち，極性であるものはどれか．

① 二酸化炭素
② ジエチルエーテル
③ メタン
④ 三フッ化ホウ素
⑤ 四塩化炭素

解説　分子，またはイオン結合はもちろん共有結合の場合において内部の電荷分布に偏りがあるとき極性があるといい，それぞれ極性分子，極性結合と呼ぶ．また，極性分子からなる物質を極性化合物と呼ぶ．これに対して，電荷の偏りがない分子を無極性分子，結合を無極性結合，無極性分子からなる物質を無極性化合物と呼ぶ．

① 無極性．二酸化炭素 CO_2 の分子は O = C = O の直線型で，炭素原子を中

心に左右対称な位置に酸素原子が配置され二重結合した構造なので，分子全体では無極性である．

② 極性．ジエチルエーテル $C_4H_{10}O$ は，二つのエチル基 C_2H_5 が酸素原子を中心に結合した分子である．エチル基はエタンから水素を１個除去した構造であり，

```
   H   H       H   H
   |   |       |   |
H—C—C—O—C—C—H
   |   |       |   |
   H   H       H   H
```

エーテル結合 C—O—C の部分は直線ではなく，結合角 110° の折れ線型構造になるので，電荷の偏りを左右で完全に打ち消すことができず，わずかに極性がある．

③ 無極性．メタン CH_4 の分子は正４面体の中心に炭素原子，頂点に水素原子４個が配置された構造なので，炭素原子と個々の水素原子の結合では電気陰性度の違いにより電荷は炭素よりとなるが，分子全体での偏りはない．

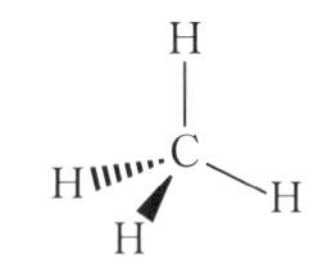

④ 無極性．三ふっ化ほう素 BF_3 の分子は正三角形の中心にほう素原子，頂点にふっ素原子３個が配置された平面構造なので，分子全体での偏りはない．

```
    F
    |
    B
   / \
  F   F
```

⑤ 無極性．四塩化炭素 CCl_4 の分子も正４面体の中心に炭素原子，頂点に塩素原子４個が配置された構造なので，炭素原子と個々の塩素原子の結合では電気陰性度の違いにより電荷は炭素よりとなるが，分子全体での偏りはない．

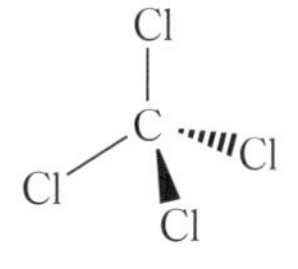

よって，極性であるのは②の**ジエチルエーテル**である．

解答 ②

Brushup 3.1.4 (2)化学(f)

I 4 2 頻出度★☆☆ Check □□□

次の物質 a～c を，酸としての強さ（酸性度）の強い順に左から並べたとして，最も適切なものはどれか．

a フェノール， b 酢酸， c 塩酸

① a－b－c

② b－a－c

③ c－b－a

④ b－c－a

⑤ c－a－b

解説 酢酸は弱酸の一つであるが，フェノールは酢酸よりもさらに弱い酸性である．

塩酸は強酸性である.

したがって，酸性度の強い順に左から並べると，

c　塩酸 → b　酢酸 → a　フェノール

の順になる．よって，③の順序が適切である.

解答　③

Brushup　3.1.4 (2)化学(i)

I 4 3　頻出度★☆☆　Check □□□

標準反応エントロピー ($\Delta_r S^{\ominus}$) と標準反応エンタルピー ($\Delta_r H^{\ominus}$) を組合せると，標準反応ギブズエネルギー ($\Delta_r G^{\ominus}$) は,

$$\Delta_r G^{\ominus} = \boxed{ア} - \boxed{イ}$$

で得ることができる．□に入る文字式の組合せとして，最も適切なものはどれか．ただし，Tは絶対温度である.

	ア	イ
①	$\Delta_r H^{\ominus}$	$\Delta_r S^{\ominus}$
②	$\Delta_r H^{\ominus}$	$T \times \Delta_r S^{\ominus}$
③	$\Delta_r H^{\ominus}$	$T^2 \times \Delta_r S^{\ominus}$
④	$T \times \Delta_r H^{\ominus}$	$\Delta_r S^{\ominus}$
⑤	$T^2 \times \Delta_r H^{\ominus}$	$\Delta_r S^{\ominus}$

解説　ある系の標準反応ギブズエネルギー$\Delta_r G^{\ominus}$と，標準反応エンタルピー$\Delta_r H^{\ominus}$，標準反応エントロピー$\Delta_r S^{\ominus}$，絶対温度Tとの間には次の関係式が成り立つ．Δ_rは反応に伴う各量の変化分，$\ominus$は標準状態の値であることを意味する.

$$\Delta_r G^{\ominus} = \Delta_r H^{\ominus} - T \times \Delta_r S^{\ominus}$$

$\Delta_r H^{\ominus}$はある系の保有する全エネルギー，$\Delta_r S^{\ominus}$はある系内の微視的な構造や配置の規則性を示し絶対温度Tを乗じると熱エネルギーになる．また，$\Delta_r G^{\ominus}$はその系が定圧下で変化したときに外部になすことができる仕事を熱エネルギーに換算したものである.

上式は，エネルギーの保存則を表す

$$\Delta_r H^{\ominus} = \Delta_r G^{\ominus} + T \times \Delta_r S^{\ominus}$$

の右辺第2項を左辺に移行して，標準反応ギブズエネルギー$\Delta_r G^{\ominus}$を求める式に直したものである.

よって，②が最も適切である.

解答　②

Brushup　3.1.4 (2)化学(g)

I 4 4　頻出度★★☆　Check □□□

下記の部品及び材料とそれらに含まれる主な元素の組合せとして，最も適切なものはどれか．

	リチウムイオン二次電池正極材	光ファイバー	ジュラルミン	永久磁石
①	Co	Si	Cu	Zn
②	C	Zn	Fe	Cu
③	C	Zn	Fe	Si
④	Co	Si	Cu	Fe
⑤	Co	Cu	Si	Fe

解説

(1)　リチウムイオン二次電池正極材：リチウム遷移金属複合酸化物であるコバルト酸リチウム $LiCoO_2$ が用いられる．コバルトCoは希少元素で高価であるため，マンガンMn，ニッケルNi，りん酸鉄 $FePO_4$ などを使うものが開発されている．コバルト**Co**は用いられるが炭素Cは用いられない．

(2)　光ファイバ：遠距離通信用光ファイバは石英ガラスが用いられ，主成分はシリコン**Si**である．亜鉛Znや銅Cuは用いられない．

(3)　ジュラルミン：アルミニウムAl，銅Cu，マグネシウムMgなどによるアルミニウム合金の一種である．銅**Cu**は主成分であるが，鉄Feやシリコン Siは用いられない．

(4)　永久磁石：アルニコ磁石，フェライト磁石，ネオジム磁石などがあり，鉄**Fe**，コバルトCo，ニッケルNiが主成分として用いられる．フェライトは，酸化鉄を主成分とするセラミックスの総称である．亜鉛Zn，銅Cu，シリコンSiは用いられていない．

よって，コバルトCo，シリコンSi，銅Cu，鉄Feの組合せである④が適切である．

解答　④

Brushup　3.1.4 (1)材料特性(g)，(j)～(l)

I 4 5　頻出度★★★　Check □□□

タンパク質を構成するアミノ酸は20種類あるが，アミノ酸1個に対してDNAを構成する塩基3つが1組となって1つのコドンを形成して対応し，コドンの並び方，すなわちDNA塩基の並び方がアミノ酸の並び方を規定することにより，遺伝子がタンパク質の構造と機能を決定する．しかしながら，DNA

の塩基は4種類あることから，可能なコドンは$4 \times 4 \times 4 = 64$通りとなり，アミノ酸の数20をはるかに上回る．この一見して矛盾しているような現象の説明として，最も適切なものはどれか．

① コドン塩基配列の1つめの塩基は，タンパク質の合成の際にはほとんどの場合，遺伝情報としての意味をもたない．

② 生物の進化に伴い，1種類のアミノ酸に対して1種類のコドンが対応するように，$64 - 20 = 44$のコドンはタンパク質合成の鋳型に使われる遺伝子には存在しなくなった．

③ $64 - 20 = 44$のコドンのほとんどは20種類のアミノ酸に振分けられ，1種類のアミノ酸に対していくつものコドンが存在する．

④ 64のコドンは，DNAからRNAが合成される過程において配列が変化し，1種類のアミノ酸に対して1種類のコドンに収束する．

⑤ 基本となるアミノ酸は20種類であるが，生体内では種々の修飾体が存在するので，$64 - 20 = 44$のコドンがそれらの修飾体に使われる．

解説

① 不適切．アミノ酸の遺伝子情報は，コドンを形成する三つの塩基の組合せによって決まる．一つめの塩基は意味をもたないという記述は誤りである．

② 不適切．1種類のアミノ酸に対して複数のコドンが存在する場合があるので，1種類のコドンが対応するという記述は誤りである．

③ 適切．

④ 不適切．DNAからRNAに転写される過程では塩基としてチミンの代わりにウラシルが用いられるが，DNAの配列は変化しない．また，1種類にアミノ酸に対して複数のコドンが含まれるので記述は誤りである．

⑤ 不適切．りん酸化や糖鎖付加などの修飾は20種類のアミノ酸からタンパク質が合成された後に受けるものである．コドンは合成されたタンパク質を構成するアミノ酸を修飾するものではないので記述は誤りである．

よって，現象の記述として最も適切なものは③である．

解答 ③

Brushup 3.1.4 (3)バイオテクノロジー(a)，(c)

I-4-6 頻出度★★★ Check □□□

組換えDNA技術の進歩はバイオテクノロジーを革命的に変化させ，ある生物のゲノムから目的のDNA断片を取り出して，このDNAを複製し，塩基配列を決め，別の生物に導入して機能させることを可能にした．組換えDNA技術に関する次の記述のうち，最も適切なものはどれか．

① 組換え**DNA**技術により，大腸菌によるインスリン合成に成功したのは**1990**年代後半である．

② ポリメラーゼ連鎖反応（**PCR**）では，ポリメラーゼが新たに合成した全**DNA**分子が次回の複製の鋳型となるため，**30**回の反復増幅過程によって最初の鋳型二本鎖**DNA**は**30**倍に複製される．

③ ある遺伝子の翻訳領域が，**1**つの組織から調製したゲノムライブラリーには存在するのに，その同じ組織からつくった**cDNA**ライブラリーには存在しない場合がある．

④ **6**塩基の配列を識別する制限酵素**EcoRI**でゲノム**DNA**を切断すると，生じる**DNA**断片は正確に4^6塩基対の長さになる．

⑤ **DNA**の断片はゲル電気泳動によって陰極に向かって移動し，大きさにしたがって分離される．

解説

① 不適切．ウルリッヒが，組換えDNA技術により，大腸菌によるヒトインスリンの合成に成功したのは1979年末である．1990年代後半ではなく，1970年代後半なので記述は誤りである．

② 不適切．1回のポリメラーゼ連鎖反応（PCR）で，特定の塩基配列が複製され，1分子の二本鎖DNAが2倍の2分子の二本鎖DNAに増幅されるので，この反応を30回繰り返すと，2^{30}倍に増幅される．30倍という記述は誤りである．

③ 適切．一つの組織の遺伝子の翻訳領域には元のゲノム上のすべての遺伝子が転写されているのではなく一部の遺伝子が翻訳されたメッセンジャーRNAになる．したがって，これを逆転写して合成されるcDNAライブラリーには翻訳された遺伝子の翻訳領域しか含まれないので，ゲノムライブラリーに存在する遺伝子の翻訳領域が，cDNAライブラリーには存在しないことがある．

④ 不適切．制限酵素EcoRIは，6塩基の配列を識別してゲノムDNAを切断する酵素であるが，DNA断片の長さは必ず同じにはならないので記述は誤りである．

⑤ 不適切．DNA断片は負の電荷をもっているので，ゲル電気泳動によって，陰極ではなく，陽極に向かって移動するので，記述は誤りである．

よって，適切な記述は③である．

解答 ③

Brushup 3.1.4 (3)バイオテクノロジー(c)

5群 環境・エネルギー・技術に関するもの(全6問題から3問題を選択解答)

I 5 1 頻出度★☆☆ Check □□□

気候変動に関する次の記述の, [　] に入る語句の組合せとして, 最も適切なものはどれか.

気候変動の影響に対処するには, 温室効果ガスの排出の抑制等を図る「[ア]」に取り組むことが当然必要ですが, 既に現れている影響や中長期的に避けられない影響による被害を回避・軽減する「[イ]」もまた不可欠なものです. 気候変動による影響は様々な分野・領域に及ぶため関係者が多く, さらに気候変動の影響が地域ごとに異なることから, [イ]策を講じるに当たっては, 関係者間の連携, 施策の分野横断的な視点及び地域特性に応じた取組が必要です. 気候変動の影響によって気象災害リスクが増加するとの予測があり, こうした気象災害へ対処していくことも「[イ]」ですが, その手法には様々なものがあり, [ウ]を活用した防災・減災 (Eco-DRR) もそのひとつです. 具体的には, 遊水効果を持つ湿原の保全・再生や, 多様で健全な森林の整備による森林の国土保全機能の維持などが挙げられます. これは[イ]の取組であると同時に, [エ]の保全にも資する取組でもあります. [イ]策を講じるに当たっては, 複数の効果をもたらすよう施策を推進することが重要とされています.

(環境省「令和元年版 環境・循環型社会・生物多様性白書」より抜粋)

	ア	イ	ウ	エ
①	緩和	適応	生態系	生物多様性
②	削減	対応	生態系	地域資源
③	緩和	適応	地域人材	地域資源
④	緩和	対応	生態系	生物多様性
⑤	削減	対応	地域人材	地域資源

解説 問題文は,「令和元年度 環境・循環型社会・生物多様性白書」の第1部「総合的な施策等に関する報告」の「はじめに」からの抜粋である.

ア. 緩和. イ. 適応.

気候変動の影響に対処する方法には, 緩和と適応がある. 温室効果ガスの排出の抑制等を図るのが**緩和**, すでに現れている影響や中長期的に避けられない影響による被害を回避・軽減するのが**適応**である.

ウ. 生態系. エ. 生物多様性.

気象災害への対処法の一つに Eco-DRR (Ecosystem-based diaster risk)

がある．生態系と生態系サービスを維持することで，危険な自然現象に対する緩衝帯・緩衝材として用いるとともに，食糧や水の供給などの機能により，人間や地域社会の自然災害への対応を支えるという考え方である．また，同時に，安全で豊かな地域社会の構築のため，自然の攪乱(かく)を許容し，本来の自然の変動性を回復させ，「生物多様性国家戦略 2012-2020」が掲げる「100 年計画」の実現につなげる取組みである．

よって，語句の組合せとして適切なものは①である．

解答　①

Brushup　3.1.5 (1)環境(a)，(f)

I 5 2　頻出度★☆☆　Check □□□

廃棄物処理・リサイクルに関する我が国の法律及び国際条約に関する次の記述のうち，最も適切なものはどれか．

① 家電リサイクル法（特定家庭用機器再商品化法）では，エアコン，テレビ，洗濯機，冷蔵庫など一般家庭や事務所から排出された家電製品について，小売業者に消費者からの引取り及び引き取った廃家電の製造者等への引渡しを義務付けている．

② バーゼル条約（有害廃棄物の国境を越える移動及びその処分の規制に関するバーゼル条約）は，開発途上国から先進国へ有害廃棄物が輸出され，環境汚染を引き起こした事件を契機に採択されたものであるが，リサイクルが目的であれば，国境を越えて有害廃棄物を取引することは規制されてはいない．

③ 容器包装リサイクル法（容器包装に係る分別収集及び再商品化の促進等に関する法律）では，**PET** ボトル，スチール缶，アルミ缶の 3 品目のみについて，リサイクル（分別収集及び再商品化）のためのすべての費用を，商品を販売した事業者が負担することを義務付けている．

④ 建設リサイクル法（建設工事に係る資材の再資源化等に関する法律）では，特定建設資材を用いた建築物等に係る解体工事又はその施工に特定建設資材を使用する新築工事等の建設工事のすべてに対して，その発注者に対し，分別解体等及び再資源化等を行うことを義務付けている．

⑤ 循環型社会形成推進基本法は，焼却するごみの量を減らすことを目的にしており，**3R** の中でもリサイクルを最優先とする社会の構築を目指した法律である．

解説

① 適切．家電リサイクル法施行令第 1 条により，特定家庭用機器は次の家電

4品目が定められている.

・ユニット形エアコンディショナ（ウインド形エアコンディショナーまたは室内ユニットが壁掛け形もしくは床置き形であるセパレート形エアコンディショナに限る.）
・テレビジョン受信機のうちでブラウン管式，液晶式（電源として一次電池または蓄電池を使用しないものに限り，建築物に組み込むことができるように設計したものを除く.），プラズマ式のもの
・電気冷蔵庫および電気冷凍庫
・電気洗濯機および衣類乾燥機

② 不適切．バーゼル条約の規制対象になると，輸出に先立ち事前通告・輸入国からの同意取得が必要である．しかし，相手国の同意があれば輸出可能で完全な輸出禁止措置ではないため，先進国からリサイクル資源として発展途上国に輸出された廃プラスチックが，輸入国におけるリサイクルの過程で不適切に処理され，海洋汚染など環境汚染を引き起こす問題が顕在化した．このため，2019年のCOP14において廃プラスチックを新たに条約の規制対象に網羅的に追加する条約附属書改正が決議され，2021年1月から運用を開始されている.

③ 不適切．容器包装リサイクル法の対象品目は，金属製容器包装（アルミ缶，スチール缶），ガラス製容器包装（無色ガラスびん，茶色ガラスびん，その他の色のガラスびん），紙製容器包装（飲料用紙パック，段ボール製容器，紙製容器包装（段ボール，紙パック以外）），プラスチック製容器包装（PETボトル，プラスチック製容器包装（PETボトル以外））に分類されている．PETボトル，アルミ缶，スチール缶の3品目以外もリサイクル法の対象である．また，アルミ缶，スチール缶，紙パック，段ボールは，すでに市場経済の中で有価で取引されており，円滑なリサイクルが進んでいるので，特定事業者による再商品化義務の対象にはなっていない.

④ 不適切．建設リサイクル法の対象となる工事は，特定建設資材（コンクリート，コンクリートと鉄から成る建設資材，木材，アスファルト・コンクリート）が使われている構造物であって，工事の種類（建築物の解体工事，新築・増築工事，修繕・模様替等工事，土木工事等）に応じ，床面積，請負代金が所定の基準以上の工事である.

⑤ 不適切．循環型社会とは，製品等が廃棄物等となることが抑制され，ならびに製品等が循環資源となった場合においてはこれについて適正に循環的な利用が行われることが促進され，および循環的な利用が行われない循環資源については適正な処分が確保され，もって天然資源の消費を抑制し，環境へ

の負荷ができる限り低減される社会である．

循環型社会形成促進基本法では，第5条（原材料，製品等が廃棄物等となることの抑制）で，原材料，製品等ができるだけ廃棄物にならないようにリデュース（低減）することを求めている．そのうえで，第7条（循環資源の循環的な利用及び処分の基本原則）において，発生した廃棄物の利用，処理の優先順位をリユース（再使用），リサイクル（再生利用），熱回収，処分とするように定めている．リサイクルを最優先は誤りである．

よって，最も適切なものは①である．

解答　①

Brushup　3.1.5（1)環境(e)

I 5 3　頻出度★☆☆　Check □□□

（A）原油，（B）輸入一般炭，（C）輸入 LNG（液化天然ガス），（D）廃材（絶乾）を単位質量当たりの標準発熱量が大きい順に並べたとして，最も適切なものはどれか．ただし，標準発熱量は資源エネルギー庁エネルギー源別標準発熱量表による．

① A ＞ B ＞ C ＞ D
② B ＞ A ＞ D ＞ C
③ C ＞ A ＞ B ＞ D
④ C ＞ B ＞ D ＞ A
⑤ D ＞ C ＞ B ＞ A

解説　2020年1月に改訂された「資源エネルギー庁エネルギー源別標準発熱量表」によると，2018年度標準発熱量は次表のとおりである．

表　2018年度標準発熱量（総発熱量）　2020年1月改訂

A　原　油	38.26 MJ/L（比重 0.85 として 45.01 MJ/kg）
B　輸入一般炭	26.08 MJ/kg
C　輸入 LNG（液化天然ガス）	54.70 MJ/kg
D　廃材（絶乾）	17.06 MJ/kg

よって，大きい順に並べると

C　輸入 LNG 54.70 ＞ A　原油 38.26 ＞ B　輸入一般炭 26.08 ＞ D　廃材 17.06

となり，③が適切である．

解答　③

Brushup　3.1.5（2)エネルギー(a)

I 54 頻出度★★☆ Check □□□

政府の総合エネルギー統計（2017年度）において，我が国の一次エネルギー供給量に占める再生可能エネルギー（水力及び未活用エネルギーを含む）の比率として最も適切なものはどれか．ただし，未活用エネルギーには，廃棄物発電，廃タイヤ直接利用，廃プラスチック直接利用の「廃棄物エネルギー回収」，RDF（Refuse Derived Fuel），廃棄物ガス，再生油，RPF（Refuse Paper & Plastic Fuel）の「廃棄物燃料製品」，廃熱利用熱供給，産業蒸気回収，産業電力回収の「廃棄エネルギー直接利用」が含まれる．

① 44％　② 22％　③ 11％　④ 2％　⑤ 0.5％

解説 政府の総合エネルギー統計（2017年度）によると，エネルギー源別一次エネルギー国内供給の比率は次表のとおりである．

再生可能エネルギー（水力，未活用エネルギーを含む）は，11.2％なので，③の11％が適切である．

なお，参考のために，表には2020年度（速報値）比率も併記しており13.4％である．二酸化炭素排出量実質ゼロを目指し，再生可能エネルギーの導入拡大が推進されているので，年々増加している．最新の「総合エネルギー統計」（実績），「長期エネルギー需給見通し」（目標）により，概数を把握しておくようにしよう．

エネルギー源	2017年度	（参考）2020年度（速報値）
石油	39.0％	36.41％
石炭	25.1％	24.6％
天然ガス・都市ガス	23.4％	23.8％
原子力	1.4％	1.8％
水力	3.6％	3.7％
再生可能エネルギー（水力を除く）	4.7％	6.7％
未活用エネルギー	2.9％	3.0％
再生可能エネルギー（水力，未活用エネルギーを含む）	**11.2％**	13.4％

解答 ③

Brushup 3.1.5 (2)エネルギー(b)

I 55 頻出度★★☆ Check □□□

次の(ア)～(オ)の科学史及び技術史上の著名な業績を，年代の古い順に左から並べたとして，最も適切なものはどれか．

(ア) ジェームズ・ワットによるワット式蒸気機関の発明
(イ) チャールズ・ダーウィン，アルフレッド・ラッセル・ウォレスによる進化の自然選択説の発表
(ウ) 福井謙一によるフロンティア軌道理論の発表
(エ) 周期彗星（ハレー彗星）の発見
(オ) アルベルト・アインシュタインによる一般相対性理論の発表

① アーイーエーウーオ
② エーアーイーウーオ
③ アーエーオーイーウ
④ エーアーイーオーウ
⑤ アーイーエーオーウ

解説

(ア) 1769年．ワット式蒸気機関は，18世紀初頭にイギリスのニューコメンが発明した蒸気機関を1769年にワットが改良したものである．

(イ) 1859年．ダーウィンは1831〜1836年に実施された軍艦ビーグル号による南米海域の測量調査に乗船したときの経験から生物の種は時間とともに変化するという発想を得て，進化の自然選択説に行きついた．一方，ウォーレスはアマゾン川とマレー諸島の広範囲実地探査からインドネシアの動物の分布を二つの地域に分けるウォレス線を特定し，自然選択の原理を発見した．1958年にウォーレスはダーウィンと同じ自然選択説を主張する論文を送ってダーウィンの説の公表を促し，生物学協会であるロンドンのリネン協会で両者の論文が発表され，翌年の1859年に「種の起源」が発表された．

(ウ) 1952年．化学結合に関与し分子をつくりあげている電子はすべて分子中に広がる軌道を占めており，その軌道のうちで最もエネルギーが高い軌道を最高被占軌道（HOMO）と呼び，空軌道のうちでエネルギーが最も低い軌道を最低空軌道（LUMO）と呼ぶ．フロンティア軌道理論は，HOMOまたはLUMOがその分子の化学反応性を支配していることから，HOMOまたはLUMOに基づいて化学反応を統一的に説明する理論である．1952年に福井謙一氏によって提唱された．

(エ) 1758年．エドモンド・ハレーは，1607年と1682年に観測された大彗星の軌道を計算した結果，軌道が非常によく似ていること，さらに遡って1531年の大彗星も似た軌道を通っていることから1682年の彗星は76年ごとに太陽に近づいて明るく輝く天体であると結論付け，1758年に地球へ再び大接近すると予想した．ハレー本人は再び彗星を見ることはできなかったが，1758年にドイツ人により観測された．

(オ) 1915〜1916年．アインシュタインは，1905年の特殊相対性理論に続き，それを発展させた一般相対性理論の論文を1915年から1916年にかけて発表した．

よって，これらの業績を年代の古い順に左から並べると，

エ—ア—イ—オ—ウ

となり，④の順番が適切である．

解答　④

Brushup　3.1.5 (3)技術史(a)

I 5 6　頻出度★★☆　Check □□□

科学技術とリスクの関わりについての次の記述のうち，最も不適切なものはどれか．

① リスク評価は，リスクの大きさを科学的に評価する作業であり，その結果とともに技術的可能性や費用対効果などを考慮してリスク管理が行われる．

② リスクコミュニケーションとは，リスクに関する，個人，機関，集団間での情報及び意見の相互交換である．

③ リスクコミュニケーションでは，科学的に評価されたリスクと人が認識するリスクの間に隔たりはないことを前提としている．

④ レギュラトリーサイエンスは，科学技術の成果を支える信頼性と波及効果を予測及び評価し，リスクに対して科学的な根拠を与えるものである．

⑤ レギュラトリーサイエンスは，リスク管理に関わる法や規制の社会的合意の形成を支援することを目的としており，科学技術と社会の調和を実現する上で重要である．

解説

① 適切．リスク評価は，リスクアセスメントを構成するリスク特定，リスク分析，リスク評価のプロセスのうちの一つで，リスクが受容可能かを決定するためにリスク分析の結果をリスク基準と比較するプロセスである．

② 適切．リスクコミュニケーションは，社会を取り巻くリスクに関する正確な情報および意見を，行政，専門家，企業，市民などのステークホルダーである関係主体間で共有し，相互に意思疎通を図る合意形成の一つである．

③ 不適切．専門家が科学的に評価したリスクと，専門家以外の人のリスクに対する認識は異なることを前提に意思疎通することで初めて正確な情報，意見が共有できる．

④，⑤　適切．レギュラトリーサイエンス（regulatory science）は，科学技術の成果を人と社会に役立てることを目的に，根拠に基づく的確な予測，評価，判断を行い，科学技術の成果を人と社会との調和の上で最も望ましい姿に調整するための科学である．日本では，第4次科学技術基本計画のライフイノベーションの推進のなかで，国によるレギュラトリーサイエンスの充実・強化が盛り込まれた．

よって，最も不適切なものは③である．

解答　③

Brushup　3.1.5 (3)技術史(b)

2019 年度

1 群　設計・計画に関するもの（全 6 問題から 3 問題を選択解答）

I-1-1　頻出度★★☆　Check ■■■

最適化問題に関する次の(ア)から(エ)の記述について，それぞれの正誤の組合せとして，最も適切なものはどれか．

(ア) 線形計画問題とは，目的関数が実数の決定変数の線形式として表現できる数理計画問題であり，制約条件が線形式であるか否かは問わない．

(イ) 決定変数が 2 変数の線形計画問題の解法として，図解法を適用することができる．この方法は 2 つの決定変数からなる直交する座標軸上に，制約条件により示される（実行）可能領域，及び目的関数の等高線を描き，最適解を図解的に求める方法である．

(ウ) 制約条件付きの非線形計画問題のうち凸計画問題については，任意の局所的最適解が大域的最適解になるといった性質を持つ．

(エ) 決定変数が離散的な整数値である最適化問題を整数計画問題という．整数計画問題では最適解を求めることが難しい問題も多く，問題の規模が大きい場合は遺伝的アルゴリズムなどのヒューリスティックな方法により近似解を求めることがある．

	ア	イ	ウ	エ
①	正	正	誤	誤
②	正	誤	正	誤
③	誤	正	誤	正
④	誤	誤	正	正
⑤	誤	正	正	正

解説　最適化問題は，与えられた制約条件の下に目的関数の最小値あるいは最大値と，その最小値あるいは最大値を与える変数を求める問題で数理計画問題とも呼ばれる．最適化問題には，線形計画問題，非線形計画問題，整数計画問題（組合せ最適化問題ともいう）などがある．

(ア) 誤り．線形計画問題は，目的関数が線形関数（一次関数）で，制約条件が線形関数の等式あるいは不等式で記述できる問題をいう．制約条件が線形関数ではない問題は線形計画問題とは呼ばないので誤りである．

(イ) 正しい．決定変数が 2 変数の線形計画問題の図解法は，二つの決定変数からなる直交座標軸上に，すべての制約条件を満たす直線を境界とする実行可能領域と，これに目的関数の等高線（目的関数が一定になる二つの決定変数の軌跡）を重ねて描き，等高線が実行可能領域と接する点から目的関数の最小値または最大値を求める方法である．直感的にわかりやすい方法としてよく用いられる．

(ウ) 正しい．凸計画問題は，最小化すべき目的関数が凸関数であり，さらに制約条件（実行可能領域）が凸集合である数理計画問題をいい，線形計画問題，凸二次計画問題あるいは二次錐計画問題などがある．凸計画問題は，局所的最適解が大域的最適解でもある性質をもち，一般の最適化問題よりも簡単に最適化が可能である．

(エ) 正しい．整数計画問題は，決定変数が離散的な整数値である最適化問題をいい，最適解を求めるのが難しい問題である．遺伝的アルゴリズムとは，生物の進化の仕組みを模して問題の近似解を探索するアルゴリズムである．

解答 ⑤

Brushup 3.1.1 (3)最適化問題(a)

I 1 2 頻出度★★★ Check □□□

ある問屋が取り扱っている製品Aの在庫管理の問題を考える．製品Aの1年間の総需要はd[単位]と分かっており，需要は時間的に一定，すなわち，製品Aの在庫量は一定量ずつ減少していく．この問屋は在庫量がゼロになった時点で発注し，1回当たりの発注量q[単位]（ただし$q \leqq d$）が時間遅れなく即座に納入されると仮定する．このとき，年間の発注回数はd/q[回]，平均在庫量は$q/2$[単位]となる．1回当たりの発注費用は発注量q[単位]には無関係でk[円]，製品Aの平均在庫量1単位当たりの年間在庫維持費用（倉庫費用，保険料，保守費用，税金，利息など）をh[円/単位]とする．

年間総費用$C(q)$[円]は1回当たりの発注量q[単位]の関数で，年間総発注費用と年間在庫維持費用の和で表すものとする．このとき年間総費用$C(q)$[円]を最小とする発注量を求める．なお，製品Aの購入費は需要d[単位]には比例するが，1回当たりの発注量q[単位]とは関係がないので，ここでは無視する．

$k = 20\,000$[円]，$d = 1\,350$[単位]，$h = 15\,000$[円/単位]とするとき，年間総費用を最小とする1回当たりの発注量q[単位]として最も適切なものはどれか．

① 50単位　② 60単位　③ 70単位　④ 80単位

⑤ 90単位

解説 題意より，製品Aの1年間の総需要はd[単位]，1回当たりの発注量はq[単位]，1回当たりの発注費用はk[円]なので，

年間総発注費用 $k \times \dfrac{d}{q}$ [円]

また，この問屋は在庫量が0になった時点で発注し，1回当たりの発注量 q [単位] が時間遅れなく即座に納入されるので，平均在庫量は $q/2$ [単位] である．平均在庫量1単位当たりの年間在庫維持費用は h [円/単位] なので，

年間在庫維持費用 $h \times \dfrac{q}{2}$ [円]

$$\therefore \quad 年間総費用\ C(q) = k \times \frac{d}{q} + h \times \frac{q}{2}$$

$$= \frac{20\,000 \times 1\,350}{q} + 15\,000 \times \frac{q}{2}$$

$$= \frac{20\,000 \times 1\,350}{q} + 7\,500q\ [円]$$

$$\frac{\mathrm{d}C(q)}{\mathrm{d}q} = -\frac{20\,000 \times 1\,350}{q^2} + 7\,500 = 0 \quad より$$

$$q = \sqrt{\frac{20\,000 \times 1\,350}{7\,500}} = 60\ (負は不適)$$

$$\left.\frac{\mathrm{d}^2C(q)}{\mathrm{d}q^2}\right|_{q=60} = \left.\frac{2 \times 20\,000 \times 1\,350}{q^3}\right|_{q=60} = 250 > 0$$ なので，$q = 60$ **単位**で $C(q)$ は最小になる．

解答 ②

Brushup 3.1.1 (3)最適化問題(b)

I 1 3 頻出度★★★ Check □□□

設計者が製作図を作成する際の基本事項に関する次の(ア)～(オ)の記述について，それぞれの正誤の組合せとして，最も適切なものはどれか．

(ア) 工業製品の高度化，精密化に伴い，製品の各部品にも高い精度や互換性が要求されてきた．そのため最近は，形状の幾何学的な公差の指示が不要となってきている．

(イ) 寸法記入は製作工程上に便利であるようにするとともに，作業現場で計算しなくても寸法が求められるようにする．

(ウ) 限界ゲージとは，できあがった品物が図面に指示された公差内にあるかどうかを検査するゲージのことをいう．

(エ) 図面は投影法において第二角法あるいは第三角法で描かれる．

(オ) 図面の細目事項は，表題欄，部品欄，あるいは図面明細表に記入される．

	ア	イ	ウ	エ	オ
①	誤	誤	誤	正	正
②	誤	正	正	正	誤
③	正	誤	正	誤	正
④	正	正	誤	正	誤
⑤	誤	正	正	誤	正

解説 機械や機械部品などの図面には，計画図，詳細図，組立図，製作図がある．

計画図は，製品の核心となる重要な機構や仕組みなどを記載した図面である．詳細図は，計画図を元に具体的に細かな形状を決定して図面化したもので，製品のすべての形状が表現されていなければならない．組立図は，詳細図を元に製品を組み立てた状態を表現し，どの部品がどこに組み込まれているかを示す図面である．製作図は加工者が加工の際に参照する図面で，製作図のみで加工できるように配慮する．

設計者が製作図を作成する際の基本事項に関する記述の正誤は，次のとおりである．

(ア) 誤り．工業製品の高度化，精密化に伴い，製品の各部品にも高い精度や互換性が要求される．環境温度等で形状が変化するものもあるので，設計者の意図，技術的内容を伝える形状の幾何学的な公差の指示の記載は重要である．

(イ) 正しい．製図における寸法記入は製作工程でも検査工程でも便利で齟齬（そご）がないようにするのが基本である．作業現場で加工者が計算しなくても寸法がわかるようにする．

(ウ) 正しい．限界ゲージは，被検査物に許容し得る最大寸法と最小寸法をもつ1対のゲージであり，加工された被検査物が所定の公差内に仕上げられているかどうかを簡単に検査できる．限界ゲージには，外側寸法を検査する軸用と内側寸法を検査する穴用があり，それぞれに通り側と止り側とがある．軸用の通り側ゲージは最大寸法以内であることを確認するもので，被検査物はこれを通り抜けることができなければならない．止り側ゲージは最小寸法以上であることを確認するもので，被検査物はこれを通ることは許されない．

(エ) 誤り．投影法は，対象物を図面という1枚の平面上に表現するため，投影面の前に対象物を置き，これに光を当て，その投影面に映る物体の影で表すものである．投影法には第一角法から第四角法まであるが，図のように，二つの投影面を直交させて第一角ゾーンから第四角ゾーンに分け，第三角ゾーンに対象物を置いて，直交する平面に投影して図面を描く方法を第三角法，第一角ゾーンに対象物を置いて，直交する平面に投影して図面を描く方法を第一角法という．ヨーロッパ，中国などでは第一角法，日本やアメリカでは第三角法が用いられ，JISの製図法においても第三角法を用いることと規定している．

第二角ゾーン
第一角ゾーン
平面図
正面図
対象物
側面図
第三角ゾーン
第四角ゾーン

(オ)　正しい．図面の左下隅に表題欄，組立図等については部品欄，図面明細表に記載する．

解答　⑤

Brushup　3.1.1（1）設計理論(b)

I14　頻出度★★★　Check□□□

材料の強度に関する次の記述の，[　　]に入る語句の組合せとして，最も適切なものはどれか．

下図に示すように，真直ぐな細い針金を水平面に垂直に固定し，上端に圧縮荷重が加えられた場合を考える．荷重がきわめて[ア]ならば針金は真直ぐな形のまま純圧縮を受けるが，荷重がある限界値を[イ]と真直ぐな変形様式は不安定となり，[ウ]形式の変形を生じ，横にたわみはじめる．この種の現象は[エ]と呼ばれる．

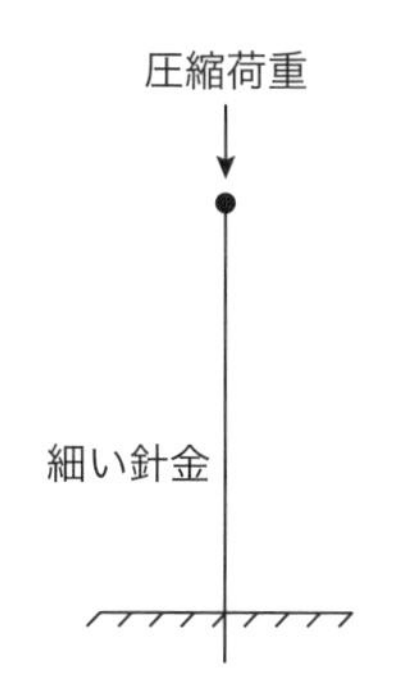

図　上端に圧縮荷重を加えた場合の水平面に垂直に固定した細い針金

	ア	イ	ウ	エ
①	小	下回る	ねじれ	座屈
②	大	下回る	ねじれ	共振
③	小	越す	ねじれ	共振
④	大	越す	曲げ	共振
⑤	小	越す	曲げ	座屈

解説 座屈は，構造物に加える圧縮荷重を次第に増加していったとき，ある荷重で急に変形の模様が変化し，大きなたわみを生じる現象をいう．座屈現象の発生は構造の剛性および形状に依存し，材料の強度以下で起こることもある．材料，断面形状，圧縮荷重の条件が同じであっても，短柱では座屈を起こさず，長柱のみに発生する．座屈現象を引き起こす圧縮荷重をその構造の座屈荷重という．

座屈現象は構造の不安定現象の一つであり，圧縮荷重が座屈荷重より大きく座屈が発生すると，構造物の倒壊などの安定な状態に移り，元には戻らない．

したがって，本問の問題文の空白ア～エに入る適切な語句は次のとおりである．

真直ぐな細い針金を水平面に垂直に固定し，上端に圧縮荷重が加えられた場合を考えると，荷重が極めて，**小**ならば針金は真直ぐな形のまま純圧縮を受けるが，荷重がある限界値を**越す**と真直ぐな変形様式は不安定となり，**曲げ**形式の変形を生じ，横にたわみはじめる．この種の現象は，**座屈**と呼ばれる．

解答 ⑤

Brushup 3.1.1 (1)設計理論(c)

I 15 頻出度★★★ Check □□□

ある銀行に1台のATMがあり，このATMを利用するために到着する利用者の数は1時間当たり平均40人のポアソン分布に従う．また，このATMでの1人当たりの処理に要する時間は平均40秒の指数分布に従う．このとき，利用者がATMに並んでから処理が終了するまで系内に滞在する時間の平均値として最も近い値はどれか．

トラフィック密度（利用率）＝到着率÷サービス率

平均系内列長＝トラフィック密度÷(1－トラフィック密度)

平均系内滞在時間＝平均系内列長÷到着率

① 68秒　② 72秒　③ 85秒

④ 90秒　⑤ 100秒

解説 本問では，ATMを利用するために到着する利用者の数をポアソン分布，

ATMの1人当たりの処理時間は指数分布に従うものとしている．

コイントスの表裏のように結果が2とおりしかない独立した事象の分布を二項分布と呼ぶが，ATMを利用するために到着する利用者の数のように，離散的な事象の発生確率が非常に小さく，試行回数が大きい場合にはポアソン分布が近似として用いられる．

また，指数分布は連続確率分布の一種で，事象が連続して独立に一定の発生率で起こる過程に従う事象の時間間隔の分布を表し，期待値（平均），分散，標準偏差，累積分布関数などを用いて解析するものである．本問の場合は，利用者がATMを利用している時間の分布である．

サービス率μは，単位時間に1台のATMがサービスできる処理人数をいい，題意より，このATMの1人当たりの処理時間は平均40秒の指数分布に従うので，

$$\text{サービス率（1時間当たりの平均処理人数）}\mu = \frac{1}{40}\ \text{人/s}$$

また，このATMを利用するために到着する利用者の数は1時間当たり平均40人のポアソン分布に従うので，

$$\text{到着率}\lambda = 40\ \text{人/h} = \frac{40}{3\,600}\ \text{人/s} = \frac{1}{90}\ \text{人/s}$$

$$\text{トラフィック密度（利用率）}\rho = \frac{\lambda}{\mu} = \frac{1/90}{1/40} = \frac{4}{9}$$

平均系内列長Lは，利用者がATM前の行列に並び始めてから自分の番が来るまでATM前に並んでいる人数である．

$$L = \frac{\rho}{1-\rho} = \frac{\frac{4}{9}}{1-\frac{4}{9}} = \frac{4}{5}$$

$$\text{平均系内滞在時間}\ T = \frac{L}{\lambda} = \frac{\frac{4}{5}}{\frac{1}{90}} = \mathbf{72\ s}$$

解答　②

Brushup　3.1.1 (2)システム設計(a)

I 16　頻出度★☆☆　Check □□□

次の(ア)～(ウ)の説明が対応する語句の組合せとして，最も適切なものはどれか．

(ア) ある一変数関数 $f(x)$ が $x=0$ の近傍において何回でも微分可能であり，適当な条件の下で以下の式

$$f(x)=\sum_{k=0}^{\infty}\frac{f^{(k)}(0)}{k!}x^k$$

が与えられる．

(イ) ネイピア数（自然対数の底）を e，円周率を π，虚数単位（−1 の平方根）を i とする．このとき

$$\mathrm{e}^{\mathrm{i}\pi}+1=0$$

の関係が与えられる．

(ウ) 関数 $f(x)$ と $g(x)$ が，c を端点とする開区間において微分可能で $\lim_{x\to c}f(x)=\lim_{x\to c}g(x)=0$　あるいは $\lim_{x\to c}f(x)=\lim_{x\to c}g(x)=\infty$ のいずれかが満たされるとする．このとき，$f(x)$，$g(x)$ の 1 階微分を $f'(x)$，$g'(x)$ として，$g'(x)\neq 0$ の場合に，$\lim_{x\to c}\frac{f'(x)}{g'(x)}=L$ が存在すれば，$\lim_{x\to c}\frac{f(x)}{g(x)}=L$ である．

	ア	イ	ウ
①	ロピタルの定理	オイラーの等式	フーリエ級数
②	マクローリン展開	フーリエ級数	オイラーの等式
③	マクローリン展開	オイラーの等式	ロピタルの定理
④	フーリエ級数	ロピタルの定理	マクローリン展開
⑤	フーリエ級数	マクローリン展開	ロピタルの定理

解説

(ア) 問題の式を，次式の多項式の形に書き直すと，見慣れた形になってわかりやすい．

$$f(x)=\sum_{k=0}^{\infty}\frac{f^{(k)}(0)}{k!}x^k$$

$$=f(0)+f'(0)\cdot x+\frac{f''(0)}{2}x^2+\frac{f^{(3)}(0)}{3!}x^3+\frac{f^{(4)}(0)}{4!}x^4+\cdots$$

これは**マクローリン展開**である．

(イ) ネイピア数（自然対数の底）を e，円周率を π，虚数単位を $\mathrm{i}=\sqrt{-1}$ とすると，オイラーの公式 $\mathrm{e}^{\mathrm{i}\theta}=\cos\theta+\mathrm{i}\sin\theta$ に $\theta=\pi$ を代入した関係式であり，

$$\mathrm{e}^{\mathrm{i}\pi}=\cos\pi+\mathrm{i}\sin\pi=-1+\mathrm{i}0=-1$$

$$\therefore\quad \mathrm{e}^{\mathrm{i}\pi}+1=0$$

これを**オイラーの等式**と呼んでいる．

(ウ) 問題で説明している定理はロピタルの定理で，微分積分学において不定形の極限を微分を用いて求めるのに用いられる．$\lim_{x \to c} f(x) = \lim_{x \to c} g(x) = 0$ または $\lim_{x \to c} f(x) = \lim_{x \to c} g(x) = \infty$ のとき，$\lim_{x \to c} \frac{f(x)}{g(x)} = \frac{0}{0}$ または $\lim_{x \to c} \frac{f(x)}{g(x)} = \frac{\infty}{\infty}$ の不定形の分数になるが，**ロピタルの定理**を用いれば，

$$\lim_{x \to c} \frac{f(x)}{g(x)} = \lim_{x \to c} \frac{f'(x)}{g'(x)} = L$$

なので，分母，分子を微分して簡略化あるいは非不定形にして分数の極限値を簡単に求めることができる可能性がある．

解答　③

Brushup　3.1.1（1）設計理論(a)

②群　情報・論理に関するもの（全6問題から3問題を選択解答）

I 2 1　頻出度★★★　Check □□□

基数変換に関する次の記述の，[　　]に入る表記の組合せとして，最も適切なものはどれか．

私たちの日常生活では主に10進数で数を表現するが，コンピュータで数を表現する場合，「0」と「1」の数字で表す2進数や，「0」から「9」までの数字と「A」から「F」までの英字を使って表す16進数などが用いられる．10進数，2進数，16進数は相互に変換できる．例えば10進数の15.75は，2進数では$(1111.11)_2$，16進数では$(F.C)_{16}$である．同様に10進数の11.5を2進数で表すと[ア]，16進数で表すと[イ]である．

	ア	イ
①	$(1011.1)_2$	$(B.8)_{16}$
②	$(1011.0)_2$	$(C.8)_{16}$
③	$(1011.1)_2$	$(B.5)_{16}$
④	$(1011.0)_2$	$(B.8)_{16}$
⑤	$(1011.1)_2$	$(C.5)_{16}$

解説　10進数の11.5は，整数の11と小数点以下の0.5に分けて基数変換する．

整数の11は，2^nの多項式の形に変形するので，11を2で割って5余り1，5を2で割って2余り1，2を2で割って1余り0と余りが0となるまで2で割る計算を繰り返すと，

$$11 = 5 \times 2 + 1 = (2 \times 2 + 1) \times 2 + 1$$

$$= \{(1 \times 2 + 0) \times 2 + 1\} \times 2 + 1$$
$$= 1 \times 2^3 + 0 \times 2^2 + 1 \times 2^1 + 1 \times 2^0$$

となるので，

$$11 = (1011)_2$$

小数点以下の 0.5 については，0.5 を 2 倍すると 1 になるので

$$0.5 = 1 \times 2^{-1} = (0.1)_2$$
$$\therefore \quad 11.5 = (1011)_2 + (0.1)_2 = \mathbf{(1011.1)_2}$$

10 進数を 16 進数に変換する場合も，同様の手順で 2 を 16 に代え，整数 11 と小数点以下 0.5 に分けて基数変換する．整数 11 は

$11 = (B)_{16}$　(10 進数の 0～9 が 0～9，10～15 が A, B, C, D, E, F)

小数点以下の 0.5 は 16 倍すると 8 になるので，

$$0.5 = 8 \times 16^{-1} = (0.8)_{16}$$
$$\therefore \quad 11.5 = (B)_{16} + (0.8)_{16} = \mathbf{(B.8)_{16}}$$

解答　①

Brushup　3.1.2 (2)数値表現とアルゴリズム(a)

I 22　頻出度★★★　Check ■■■

二分探索木とは，各頂点に 1 つのキーが置かれた二分木であり，任意の頂点 v について次の条件を満たす．

(1)　v の左部分木の頂点に置かれた全てのキーが，v のキーより小さい．

(2)　v の右部分木の頂点に置かれた全てのキーが，v のキーより大きい．

以下では空の二分探索木に，8, 12, 5, 3, 10, 7, 6 の順に相異なるキーを登録する場合を考える．最初のキー8 は二分探索木の根に登録する．次のキー12 は根の 8 より大きいので右部分木の頂点に登録する．次のキー5 は根の 8 より小さいので左部分木の頂点に登録する．続くキー3 は根の 8 より小さいので左部分木の頂点 5 に分岐して大小を比較する．比較するとキー3 は 5 よりも小さいので，頂点 5 の左部分木の頂点に登録する．以降同様に全てのキーを登録すると下図に示す二分探索木を得る．

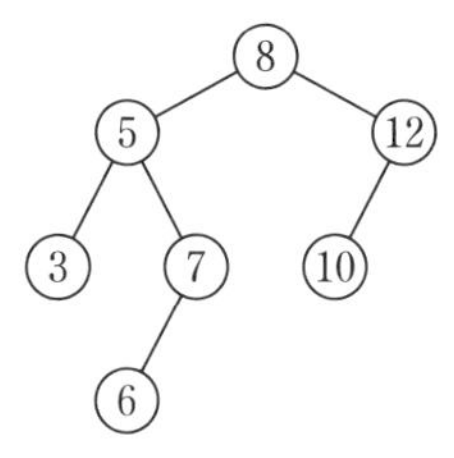

図　二分探索木

キーの集合が同じであっても，登録するキーの順番によって二分探索木が変わることもある．下図と同じ二分探索木を与えるキーの順番として，最も適切なものはどれか．

① 8，5，7，12，3，10，6
② 8，5，7，10，3，12，6
③ 8，5，6，12，3，10，7
④ 8，5，3，10，7，12，6
⑤ 8，5，3，12，6，10，7

解説 ①～⑤の登録するキーの順番をみると，最初のキー8と次のキー5は同じである．設問図の二分探索（さく）木において，8は二分探索木の根に登録され，5は左部分木の頂点に登録されているので，ここまでは適切である．

3番めのキーは7，6，3の3とおりである．7は左部分木の頂点5よりも大きいので，頂点5の右部分木の頂点に登録する．3は左部分木の頂点5よりも小さいので，頂点5の左部分木の頂点に登録する．6は左部分木の頂点5よりも大きいので，頂点5の右部分木の頂点に登録されるべきであるが，設問図では頂点7の左部分木の頂点に登録されているので不適切である．よって，ここまで①，②，④および⑤は適切である．

4番めのキーは，12と10の2とおりである．12は根の8より大きいので，右部分木の頂点に登録するので設問図と同じであるが，10のキーが先にくると右部分木の頂点に登録しなければならないので不適切である．ここまでの登録で適切なのは，①と⑤である．

①の残りのキーは，3，10，6の順番なので，3は左部分木の頂点5の左部分木の頂点に登録，10は右部分木12の左部分木の頂点に登録，6は頂点の左部分木の頂点に登録することになり，同じ二分探索木を与えるキーの順番である．

⑤の残りのキーは6，10，7の順番であるが，6は左部分木の頂点5の右部分木の頂点に登録するので，設問図とは異なる二分探索木を与える．

解答 ①

Brushup 3.1.2 (2)数値表現とアルゴリズム(c)

I 2 3 頻出度★☆☆ Check □□□

表1は，文書A～文書F中に含まれる単語とその単語の発生回数を示す．ここでは問題を簡単にするため，各文書には単語1，単語2，単語3の3種類の単語のみが出現するものとする．各文書の特性を，出現する単語の発生回数を要素とするベクトルで表現する．文書Aの特性を表すベクトルは$\vec{A} = (7, 3, 2)$となる．また，ベクトル$\vec{A}$のノルムは，$\left\|\vec{A}\right\|_2 = \sqrt{7^2 + 3^2 + 2^2} = \sqrt{62}$と計算で

きる.

2つの文書Xと文書Y間の距離を（式1）により算出すると定義する. 2つの文書の類似度が高ければ, 距離の値は0に近づく. 文書Aに最も類似する文書はどれか.

表1　文書と単語の発生回数

	文書A	文書B	文書C	文書D	文書E	文書F
単語1	7	2	70	21	1	7
単語2	3	3	3	9	2	30
単語3	2	0	2	6	3	20

$$\text{文書Xと文書Yの距離} = 1 - \frac{\vec{X}\cdot\vec{Y}}{\|\vec{X}\|_2\|\vec{Y}\|_2} \qquad \text{（式1）}$$

（式1）において, $\vec{X}=(x_1, x_2, x_3)$, $\vec{Y}=(y_1, y_2, y_3)$ であれば,

$$\vec{X}\cdot\vec{Y} = x_1\cdot y_1 + x_2\cdot y_2 + x_3\cdot y_3,\quad \|\vec{X}\|_2 = \sqrt{x_1^2 + x_2^2 + x_3^2},$$

$$\|\vec{Y}\|_2 = \sqrt{y_1^2 + y_2^2 + y_3^2}$$

① 文書B　② 文書C　③ 文書D
④ 文書E　⑤ 文書F

解説　文書A〜Fの特性を表すベクトルおよびベクトル$\vec{A}$のノルム$\|\vec{A}\|_2$は, それぞれ次のとおりである.

$\vec{A}=(7, 3, 2)$　$\vec{B}=(2, 3, 0)$　$\vec{C}=(70, 3, 2)$　$\vec{D}=(21, 9, 6)$
$\vec{E}=(1, 2, 3)$　$\vec{F}=(7, 30, 20)$　$\|\vec{A}\|_2=\sqrt{62}$

設問で与えられた式に沿って, 文書$\vec{A}$と文書$\vec{B}$〜$\vec{F}$との距離を求めると次表のようになる. 文書Aに最も類似する文書は**D**である.

表　文書$\vec{A}$と文書$\vec{B}$〜$\vec{F}$との距離

文書	各文書のノルム	文書$\vec{A}$との積	文書$\vec{A}$との距離
$\vec{B}$	$\sqrt{2^2+3^2+0^2}=\sqrt{13}$	$7\times2+3\times3+2\times0=23$	$1-\dfrac{23}{\sqrt{62}\times\sqrt{13}}\fallingdotseq 0.1899$
$\vec{C}$	$\sqrt{70^2+3^2+2^2}=\sqrt{4913}$	$7\times70+3\times3+2\times2=503$	$1-\dfrac{503}{\sqrt{62}\times\sqrt{4913}}\fallingdotseq 0.0886$
$\vec{D}$	$\sqrt{21^2+9^2+6^2}=\sqrt{558}$	$7\times21+3\times9+2\times6=186$	$1-\dfrac{186}{\sqrt{62}\times\sqrt{558}}=0$
$\vec{E}$	$\sqrt{1^2+2^2+3^2}=\sqrt{14}$	$7\times1+3\times2+2\times3=19$	$1-\dfrac{19}{\sqrt{62}\times\sqrt{14}}\fallingdotseq 0.3551$
$\vec{F}$	$\sqrt{7^2+30^2+20^2}=\sqrt{1349}$	$7\times7+3\times30+2\times20=179$	$1-\dfrac{179}{\sqrt{62}\times\sqrt{1349}}\fallingdotseq 0.3811$

解答　③

Brushup　3.1.3 (2)ベクトル解析(c)

I24 頻出度★★★ Check ■■■

次の表現形式で表現することができる数値として，最も不適切なものはどれか．

数値 ::= 整数 | 小数 | 整数　小数
小数 ::= 小数点　数字列
整数 ::= 数字列 | 符号　数字列
数字列 ::= 数字 | 数字列　数字
符号 ::= + | −
小数点 ::= .
数字 ::= 0 | 1 | 2 | 3 | 4 | 5 | 6 | 7 | 8 | 9

ただし，上記表現形式において，::= は定義を表し，| は OR を示す．

① −19.1　② .52　③ −.37　④ 4.35　⑤ −125

解説

① 適切．「−19」は符号（−）と数字列（19）から構成されるので「整数」，「.1」は小数点（.）と数字列（1）から構成されるので「小数」である．「−19.1」は，「整数　小数」の組合せなので「数値」として定義されている．

② 適切．「.52」は小数点（.）と数字列（52）から構成されるので「小数」であり，「小数」は「数値」として定義されている．

③ 不適切．「.37」は小数点（.）と数字列（37）から構成されるので「小数」であるが，符号と小数の組合せは「数値」として定義されていない．「整数」も「数字列」または「符号　数字列」の組合せなので，符号と小数点の組合せは「数値」として定義されていない．

④ 適切．「4」は「数字」，「数字列」であり，「整数」である．「.35」は小数点（.）と数字列（35）から構成されるので「小数」である．「4.35」は，「整数　小数」の組合せなので「数値」として定義されている．

⑤ 適切．「−125」は符号（−）と数字列（125）から構成されるので「整数」である．「整数」は「数値」として定義されている．

解答　③

Brushup　3.1.2 (2)数値表現とアルゴリズム(c)

I25 頻出度★☆☆ Check ■■■

次の記述の，[　　]に入る値の組合せとして，最も適切なものはどれか．

同じ長さの 2 つのビット列に対して，対応する位置のビットが異なっている箇所の数をそれらのハミング距離と呼ぶ．ビット列「0101011」と「0110000」

のハミング距離は，表1のように考えると4であり，ビット列「1110001」と「0001110」のハミング距離は［ ア ］である．4ビットの情報ビット列「X1　X2　X3　X4」に対して，「X5　X6　X7」を $X5 = X2 + X3 + X4 \bmod 2$，$X6 = X1 + X3 + X4 \bmod 2$，$X7 = X1 + X2 + X4 \bmod 2$（mod 2は整数を2で割った余りを表す）と置き，これらを付加したビット列「X1　X2　X3　X4　X5　X6　X7」を考えると，任意の2つのビット列のハミング距離が3以上であることが知られている．このビット列「X1　X2　X3　X4　X5　X6　X7」を送信し通信を行ったときに，通信過程で高々1ビットしか通信の誤りが起こらないという仮定の下で，受信ビット列が「0100110」であったとき，表2のように考えると「1100110」が送信ビット列であることがわかる．同じ仮定の下で，受信ビット列が「1001010」であったとき，送信ビット列は［ イ ］であることがわかる．

表1　ハミング距離の計算

1つめのビット列	0	1	0	1	0	1	1
2つめのビット列	0	1	1	0	0	0	0
異なるビット位置と個数計算			1	2		3	4

表2　受信ビット列が「0100110」の場合

受信ビット列の正誤	送信ビット列								X1, X2, X3, X4に対応する付加ビット列		
	X1	X2	X3	X4	X5	X6	X7	⇒	X2 + X3 + X4 mod 2	X1 + X3 + X4 mod 2	X1 + X2 + X4 mod 2
全て正しい	0	1	0	0	1	1	0		1	0	1
X1のみ誤り	1	1	0	0	同上			一致	1	1	0
X2のみ誤り	0	0	0	0	同上				0	0	0
X3のみ誤り	0	1	1	0	同上				0	1	1
X4のみ誤り	0	1	0	1	同上				0	1	0
X5のみ誤り	0	1	0	0	0	1	0		1	0	1
X6のみ誤り	同上				1	0	0		同上		
X7のみ誤り	同上				1	1	1		同上		

	ア	イ
①	5	「1001010」
②	5	「0001010」
③	5	「1101010」
④	7	「1001010」
⑤	7	「1011010」

解説

ア　表1と同じ手順により，二つのビット列「1110001」,「0001110」のハミング距離の計算を行うと第1表のようになる．対応する位置のすべてのビットが異なるので，ハミング距離は**7**である．

第1表　ハミング距離の計算

一つめのビット列	1	1	1	0	0	0	1
二つめのビット列	0	0	0	1	1	1	0
異なるビット位置と個数計算	1	2	3	4	5	6	7

イ 「通信過程における通信の誤りは高々1ビットしか起こらない」という仮定に基づいた表2と同じ手順で受信ビット列が「1001010」であったときの送信ビットを求めると，第2表のようになる．7ビットの送信ビット列のうちの網掛けした送信ビットが誤りと仮定している．X3のみが誤りと仮定すると，受信したビット列内の付加ビットX5, X6, X7と，X1, X2, X3, X4に対する付加ビット列が一致しているので，送信ビット列は誤りでビットX3を0から1に訂正した「**1011010**」であることがわかる．

第2表　受信ビット列が「1001010」の場合

受信ビット列の正誤(仮定)	送信ビット列(仮定した誤りビットを訂正)								X1, X2, X3, X4に対する付加ビット列		
	X1	X2	X3	X4	X5	X6	X7	⇒	X2 + X3 + X4 mod2	X1 + X3 + X4 mod2	X1 + X2 + X4 mod2
すべて正しい	1	0	0	1	0	1	0		1	0	0
X1のみ誤り	0	0	0	1	同上				1	1	1
X2のみ誤り	1	1	0	1	同上				0	0	1
X3のみ誤り	1	0	1	1	同上			一致	0	1	0
X4のみ誤り	1	0	0	0	同上				0	1	1
X5のみ誤り	1	0	0	1	1	1	0		1	0	0
X6のみ誤り	同上				0	0	0		同上		
X7のみ誤り	同上				0	1	1		同上		

解答　⑤

Brushup　3.1.2 (3)情報ネットワーク(g)

I 26　頻出度★☆☆　Check□□□

スタックとは，次に取り出されるデータ要素が最も新しく記憶されたものであるようなデータ構造で，後入れ先出しとも呼ばれている．スタックに対する基本操作を次のように定義する．

・「**PUSH** n」　スタックに整数データ n を挿入する．

・「POP」 スタックから整数データを取り出す．

空のスタックに対し，次の操作を行った．

PUSH 1，PUSH 2，PUSH 3，PUSH 4，POP，POP，PUSH 5，POP，POP

このとき，最後に取り出される整数データとして，最も適切なものはどれか．

① **1**　　② **2**　　③ **3**　　④ **4**　　⑤ **5**

解説 スタックは後入れ先出し（LIFO：Last-In First-Out）のデータ構造である．「PUSH n」でデータ n を順番にスタックに積み重ねて挿入し，「POP」でスタックから最後に挿入したデータから順に取り出す．

問題文の操作の順番に沿ったスタック内のデータ推移と取り出されるデータは次表のとおりである．最後に取り出される整数データは **2** である．

表　スタック内のデータ推移と取り出されるデータ

操　作	スタック	取り出されるデータ
PUSH 1	 1	―
PUSH 2	 2 1	―
PUSH 3	 3 2 1	―
PUSH 4	4 3 2 1	―
POP	 3 2 1	4
POP	 2 1	3

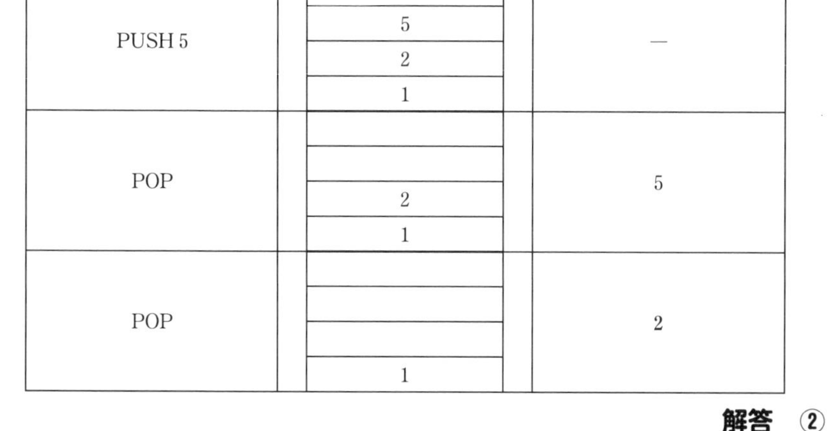

命令	スタック	出力
PUSH 5	 5 2 1	—
POP	 2 1	5
POP	 1	2

解答　②

Brushup　3.1.2 (2)数値表現とアルゴリズム(c)

3群　解析に関するもの（全6問題から3問題を選択解答）

I-3-1　頻出度★★★　Check □□□

3次元直交座標系 (x, y, z) におけるベクトル

$$\boldsymbol{V} = (V_x, V_y, V_z) = (\sin(x + y + z), \cos(x + y + z), z)$$

の $(x, y, z) = (2\pi, 0, 0)$ における発散　$\mathrm{div}\ \boldsymbol{V} = \dfrac{\partial V_x}{\partial x} + \dfrac{\partial V_y}{\partial y} + \dfrac{\partial V_z}{\partial z}$ の値として，最も適切なものはどれか．

①　-2　　②　-1　　③　0　　④　1　　⑤　2

解説

$$\frac{\partial V_x}{\partial x} = \frac{\partial}{\partial x}\{\sin(x + y + z)\} = \cos(x + y + z)$$

$$\frac{\partial V_y}{\partial y} = \frac{\partial}{\partial y}\{\cos(x + y + z)\} = -\sin(x + y + z)$$

$$\frac{\partial V_z}{\partial z} = \frac{\partial}{\partial z}(z) = 1$$

$$\mathrm{div}\ \boldsymbol{V} = \frac{\partial V_x}{\partial x} + \frac{\partial V_y}{\partial y} + \frac{\partial V_z}{\partial z} = \cos(x + y + z) - \sin(x + y + z) + 1$$

したがって，$(x, y, z) = (2\pi, 0, 0)$ における発散 $\mathrm{div}\ \boldsymbol{V}$ の値は

$$\mathrm{div}\ \boldsymbol{V}|_{x=2\pi,\, y=0,\, z=0} = \cos(2\pi + 0 + 0) - \sin(2\pi + 0 + 0) + 1 = 2$$

解答　⑤

Brushup 3.1.3 (2)ベクトル解析(e)

I 3 2 頻出度★☆☆ Check ■■■

座標 (x, y) と変数 r, s の間には，次の関係があるとする．

$$x = g(r, s)$$
$$y = h(r, s)$$

このとき，関数 $z = f(x, y)$ の x, y による偏微分と r, s による偏微分は，次式によって関連付けられる．

$$\begin{bmatrix} \dfrac{\partial z}{\partial r} \\ \dfrac{\partial z}{\partial s} \end{bmatrix} = [J] \begin{bmatrix} \dfrac{\partial z}{\partial x} \\ \dfrac{\partial z}{\partial y} \end{bmatrix}$$

ここに $[J]$ はヤコビ行列と呼ばれる 2 行 2 列の行列である．$[J]$ の行列式として，最も適切なものはどれか．

① $\dfrac{\partial x}{\partial r}\dfrac{\partial x}{\partial s} + \dfrac{\partial y}{\partial r}\dfrac{\partial y}{\partial s}$　　② $\dfrac{\partial x}{\partial r}\dfrac{\partial x}{\partial s} - \dfrac{\partial y}{\partial r}\dfrac{\partial y}{\partial s}$

③ $\dfrac{\partial y}{\partial r}\dfrac{\partial y}{\partial s} - \dfrac{\partial x}{\partial r}\dfrac{\partial x}{\partial s}$　　④ $\dfrac{\partial x}{\partial r}\dfrac{\partial y}{\partial s} + \dfrac{\partial y}{\partial r}\dfrac{\partial x}{\partial s}$

⑤ $\dfrac{\partial x}{\partial r}\dfrac{\partial y}{\partial s} - \dfrac{\partial y}{\partial r}\dfrac{\partial x}{\partial s}$

解説 関数 $z = f(x, y)$ を変数 r，s で偏微分すると，

$$\frac{\partial z}{\partial r} = \frac{\partial z}{\partial x}\frac{\partial x}{\partial r} + \frac{\partial z}{\partial y}\frac{\partial y}{\partial r} \qquad \boxed{1}$$

$$\frac{\partial z}{\partial s} = \frac{\partial z}{\partial x}\frac{\partial x}{\partial s} + \frac{\partial z}{\partial y}\frac{\partial y}{\partial s} \qquad \boxed{2}$$

$\boxed{1}$式，$\boxed{2}$式を行列の形で書くと，

$$\begin{bmatrix} \dfrac{\partial z}{\partial r} \\ \dfrac{\partial z}{\partial s} \end{bmatrix} = \begin{bmatrix} \dfrac{\partial x}{\partial r} & \dfrac{\partial y}{\partial r} \\ \dfrac{\partial x}{\partial s} & \dfrac{\partial y}{\partial s} \end{bmatrix} \begin{bmatrix} \dfrac{\partial z}{\partial x} \\ \dfrac{\partial z}{\partial y} \end{bmatrix} = [J] \begin{bmatrix} \dfrac{\partial z}{\partial x} \\ \dfrac{\partial z}{\partial y} \end{bmatrix}$$

$$\therefore \quad |J| = \begin{vmatrix} \dfrac{\partial x}{\partial r} & \dfrac{\partial y}{\partial r} \\ \dfrac{\partial x}{\partial s} & \dfrac{\partial y}{\partial s} \end{vmatrix} = \frac{\partial x}{\partial r}\frac{\partial y}{\partial s} - \frac{\partial y}{\partial r}\frac{\partial x}{\partial s}$$

解答 ⑤

Brushup 3.1.3 (1)微分・積分(a), (2)ベクトル解析(a)

I 3 3 頻出度★☆☆ Check □□□

物体が粘性のある流体中を低速で落下運動するとき，物体はその速度に比例する抵抗力を受けるとする．そのとき，物体の速度を v，物体の質量を m，重力加速度を g，抵抗力の比例定数を k，時間を t とすると，次の方程式が得られる．

$$m\frac{dv}{dt} = mg - kv$$

ただし m，g，k は正の定数である．物体の初速度がどんな値でも，十分時間が経つと一定の速度に近づく．この速度として最も適切なものはどれか．

① $\dfrac{mg}{k}$　② $\dfrac{2mg}{k}$　③ $\dfrac{\sqrt{mg}}{k}$　④ $\sqrt{\dfrac{mg}{k}}$　⑤ $\sqrt{\dfrac{2mg}{k}}$

解説 題意より，物体が粘性のある流体中を低速で落下運動するときの運動方程式は，次式のとおりである．

$$m\frac{dv}{dt} = mg - kv$$

物体の初速度がどんな値でも，落下し始めてから十分に時間が経つと，一定の速度に近づくので，

$$m\frac{dv}{dt} = m \times 0 = mg - kv$$

$$\therefore \quad v = \frac{mg}{k}$$

解答 ①

Brushup 3.1.3 (4)力学(a)

I 3 4 頻出度★★★ Check □□□

ヤング率 E，ポアソン比 ν の等方性線形弾性体がある．直交座標系において，この弾性体に働く垂直応力の 3 成分を σ_{xx}，σ_{yy}，σ_{zz} とし，それによって生じる垂直ひずみの 3 成分を ε_{xx}，ε_{yy}，ε_{zz} とする．いかなる組合せの垂直応力が働いてもこの弾性体の体積が変化しないとすると，この弾性体のポアソン比 ν として，最も適切な値はどれか．

ただし，ひずみは微小であり，体積変化を表す体積ひずみ ε は，3 成分の垂直ひずみの和（$\varepsilon_{xx} + \varepsilon_{yy} + \varepsilon_{zz}$）として与えられるものとする．また，例えば垂直応力 σ_{xx} によって生じる垂直ひずみは，$\varepsilon_{xx} = \sigma_{xx}/E$，$\varepsilon_{yy} = \varepsilon_{zz} = -\nu\sigma_{xx}/E$

で与えられるものとする.

① 1/6　　② 1/4　　③ 1/3　　④ 1/2　　⑤ 1

解説 題意より，弾性体に垂直応力の3成分 σ_{xx}，σ_{yy}，σ_{zz} がそれぞれ働いたときに生じる垂直ひずみの3成分 ε_{xx}，ε_{yy}，ε_{zz} は，ヤング率 E，ポアソン比 ν を用いて次式で表される.

垂直応力 σ_{xx} による垂直ひずみ：$\varepsilon_{xx} = \dfrac{\sigma_{xx}}{E}$，$\varepsilon_{yy} = \varepsilon_{zz} = -\dfrac{\nu\sigma_{xx}}{E}$

垂直応力 σ_{yy} による垂直ひずみ：$\varepsilon_{yy} = \dfrac{\sigma_{yy}}{E}$，$\varepsilon_{xx} = \varepsilon_{zz} = -\dfrac{\nu\sigma_{yy}}{E}$

垂直応力 σ_{zz} による垂直ひずみ：$\varepsilon_{zz} = \dfrac{\sigma_{zz}}{E}$，$\varepsilon_{xx} = \varepsilon_{yy} = -\dfrac{\nu\sigma_{zz}}{E}$

したがって，垂直応力の3成分 σ_{xx}，σ_{yy}，σ_{zz} が同時に働いたときは，

$$\varepsilon_{xx} = \frac{\sigma_{xx} - \nu(\sigma_{yy} + \sigma_{zz})}{E},\quad \varepsilon_{yy} = \frac{\sigma_{yy} - \nu(\sigma_{zz} + \sigma_{xx})}{E},$$

$$\varepsilon_{zz} = \frac{\sigma_{zz} - \nu(\sigma_{xx} + \sigma_{yy})}{E}$$

垂直応力によるひずみは微小であり，体積ひずみ ε は3成分の垂直ひずみ ε_{xx}，ε_{yy}，ε_{zz} の和（$\varepsilon_{xx} + \varepsilon_{yy} + \varepsilon_{zz}$）として与えられる.

また，いかなる組合せの垂直応力が働いてもこの弾性体の体積は変化しないので，$\varepsilon = 0$ である.

$$\begin{aligned}\varepsilon &= \varepsilon_{xx} + \varepsilon_{yy} + \varepsilon_{zz}\\ &= \frac{\sigma_{xx} - \nu(\sigma_{yy} + \sigma_{zz})}{E} + \frac{\sigma_{yy} - \nu(\sigma_{zz} + \sigma_{xx})}{E} + \frac{\sigma_{zz} - \nu(\sigma_{xx} + \sigma_{yy})}{E}\\ &= \frac{\sigma_{xx} + \sigma_{yy} + \sigma_{zz} - 2\nu(\sigma_{xx} + \sigma_{yy} + \sigma_{zz})}{E} = 0\end{aligned}$$

$$\therefore\quad \nu = \frac{1}{2}$$

解答 ④

Brushup 3.1.3 (4)力学(b)

I 3 5　頻出度★★★　Check □□□

下図に示すように，左端を固定された長さ l，断面積 A の棒が右端に荷重 P を受けている．この棒のヤング率を E としたとき，棒全体に蓄えられるひずみエネルギーはどのように表示されるか．次のうち，最も適切なものはどれか．

P

l

図　荷重を受けている棒

① $\boldsymbol{Pl}$　② $\boldsymbol{\dfrac{Pl}{E}}$　③ $\boldsymbol{\dfrac{Pl^2}{A}}$　④ $\boldsymbol{\dfrac{P^2l}{2EA}}$　⑤ $\boldsymbol{\dfrac{P^2}{2EA^2}}$

解説　棒の長さが l, 断面積が A, この棒のヤング率が E なので，棒の右端に荷重 P を受けて長さが m だけ伸びたとすると，

$$\text{垂直応力}\quad \sigma = \frac{P}{A}$$

$$\text{垂直ひずみ}\ \varepsilon = \frac{m}{l} = \frac{\sigma}{E}$$

$$\therefore\quad P = \frac{EA}{l}m$$

棒の右端に荷重 P を加えて $\mathrm{d}m$ だけ伸ばしたときに，荷重 P が棒にした仕事 $\mathrm{d}W$ は，

$$\mathrm{d}W = P\mathrm{d}m$$

この仕事が棒に蓄えられるので，長さが m_0 伸びたときに棒全体に蓄えられているひずみエネルギー W は，

$$W = \int_0^{m_0}\mathrm{d}W = \int_0^{m_0}P\mathrm{d}m = \int_0^{m_0}\frac{EA}{l}m\mathrm{d}m = \frac{EA}{2l}{m_0}^2$$

ここで，$m_0 = Pl/EA$ なる関係があるので，

$$W = \frac{EA}{2l}\left(\frac{Pl}{EA}\right)^2 = \boldsymbol{\frac{P^2l}{2EA}}$$

解答　④

Brushup　3.1.3 (4)力学(b)

I 36　頻出度★★★　Check ■■■

下図に示すように長さ $\boldsymbol{l}$, 質量 $\boldsymbol{M}$ の一様な細長い棒の一端を支点とする剛体振り子がある．重力加速度を $\boldsymbol{g}$, 振り子の角度を $\boldsymbol{\theta}$, 支点周りの剛体の慣性モーメントを $\boldsymbol{I}$ とする．剛体振り子が微小振動するときの運動方程式は

$$\boldsymbol{I\frac{\mathrm{d}^2\theta}{\mathrm{d}t^2} = -Mg\frac{l}{2}\theta}$$

となる．これより角振動数は

$$\omega = \sqrt{\frac{Mgl}{2I}}$$

となる．この剛体振り子の周期として，最も適切なものはどれか．

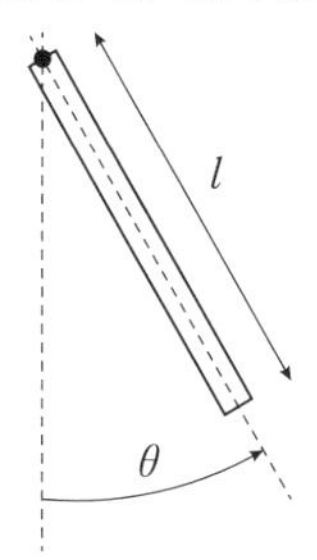

図　剛体振り子

① $2\pi\sqrt{\dfrac{l}{g}}$　　② $2\pi\sqrt{\dfrac{3l}{2g}}$　　③ $2\pi\sqrt{\dfrac{2l}{3g}}$

④ $2\pi\sqrt{\dfrac{2g}{3l}}$　　⑤ $2\pi\sqrt{\dfrac{3g}{2l}}$

解説　題意より，剛体振り子の角振動数 ω，周期 T は

$$\omega=\sqrt{\frac{Mgl}{2I}}$$

$$T = \frac{2\pi}{\omega} = \frac{2\pi}{\sqrt{\dfrac{Mgl}{2I}}} = 2\pi\sqrt{\frac{2I}{Mgl}} \qquad \boxed{1}$$

ここで，長さ l，質量 M の一様な細長い棒の一端を支点とする剛体振り子の慣性モーメント I は，支点からの距離が x から $x + \mathrm{d}x$ までの部分の質量が $(M/l)\mathrm{d}x$ なので，

$$I = \int_0^l \left(\frac{M}{l}\mathrm{d}x\right)x^2 = \frac{M}{l}\int_0^l x^2\mathrm{d}x = \frac{M}{l}\left[\frac{x^3}{3}\right]_0^l = \frac{1}{3}Ml^2 \qquad \boxed{2}$$

$\boxed{1}$式に$\boxed{2}$式を代入して，

$$T = 2\pi\sqrt{\frac{2 \times \dfrac{1}{3}Ml^2}{Mgl}} = 2\pi\sqrt{\frac{2l}{3g}}$$

解答　③

Brushup　3.1.3 (1)力学(a)

4群　材料・化学・バイオに関するもの（全6問題から3問題を選択解答）

I 4 1　頻出度★☆☆　Check ■■■

ハロゲンに関する次の(ア)～(エ)の記述について，正しいものの組合せとして，最も適切なものはどれか．

(ア)　ハロゲン化水素の水溶液の酸としての強さは，強いものからHF，HCl，HBr，HIの順である．

(イ)　ハロゲン原子の電気陰性度は，大きいものからF，Cl，Br，Iの順である．

(ウ)　ハロゲン化水素の沸点は，高いものからHF，HCl，HBr，HIの順である．

(エ)　ハロゲン分子の酸化力は，強いものからF_2，Cl_2，Br_2，I_2の順である．

①　ア，イ　　②　ア，ウ　　③　イ，ウ

④　イ，エ　　⑤　ウ，エ

解説　ハロゲン元素は，周期律表の第17族に属する元素の総称であり，ふっ素(F)，塩素(Cl)，臭素(Br)，よう素(I)，アスタチン(At)，テネシン(Ts)がある．

(ア)　誤り．ハロゲン化水素の水溶液は，原子番号の小さいものほど酸化作用が強い．ハロゲン元素は7個の価電子をもつため，安定した電子配置になるために，1個の電子を受け取り，1価の陰イオンになりやすい．原子番号が小さいほど，原子核と最外殻電子との距離が小さいので，酸化作用が強くなる．強いものから，HI，HBr，HCl，HFの順になるので誤りである．

(イ)　正しい．電気陰性度は，分子内の原子が電子を引き寄せる強さの相対的な尺度である．

(ア)の解説と同じ理由により，電気陰性度は大きいものからF，Cl，Br，Iの順である．

(ウ)　誤り．一般に，沸点は分子量が大きくなるほど分子間力が大きくなり高くなる傾向があるが，ハロゲン化水素の場合はそうならずに，HF(19.4℃)，HI(−35.4℃)，HBr(−66.72℃)，HCl(−85.05℃)の順になる．

(エ)　正しい．ハロゲン分子の酸化力は電気陰性度の順番と同じであり，F_2，Cl_2，Br_2，I_2の順である．

解答　④

Brushup　3.1.4 (2)化学(a)，(b)，(d)，(f)，(i)

I 4 2　頻出度★★☆　Check□□□

同位体に関する次の(ア)～(オ)の記述について，それぞれの正誤の組合せとして，最も適切なものはどれか．

(ア)　陽子の数は等しいが，電子の数は異なる．
(イ)　質量数が異なるので，化学的性質も異なる．
(ウ)　原子核中に含まれる中性子の数が異なる．
(エ)　放射線を出す同位体は，医療，遺跡の年代測定などに利用されている．
(オ)　放射線を出す同位体は，放射線を出して別の原子に変わるものがある．

	ア	イ	ウ	エ	オ
①	正	正	誤	誤	誤
②	正	正	正	正	誤
③	誤	誤	正	誤	誤
④	誤	正	誤	正	正
⑤	誤	誤	正	正	正

解説　原子は，陽子・中性子から成る原子核と電子から構成され，元素の性質は，陽子の数を原子番号，陽子と中性子の数の和を質量数という．陽子の数と電子の数は等しく，電気的には中性である．同位体は，原子番号が同じで，中性子の数が異なる原子である．

(ア)　誤り．どの原子も，陽子の数と電子の数は等しい．同位体は陽子の数が等しいので，電子の数も等しい．

(イ)　誤り．同位体は，陽子の数は等しく中性子の数は異なるので質量数が異なるが，化学的性質は類似していることが多く，化学的性質の差を利用した分離は難しい．

(ウ)　正しい．陽子の数は同じで，中性子の数が異なるのが同位体である．

(エ)　正しい．放射線を出す同位体を放射性同位体と呼ぶ．γ 線を利用した癌治療，^{14}C を用いた遺跡などの年代測定に利用されている．

(オ)　正しい．放射性同位体は，U や Pu など α 線や γ 線などを出しながら原子核が崩壊して別の原子になる物質がある．

解答　⑤

Brushup　3.1.4 (1)材料特性(f)

I 4 3　頻出度★★☆　Check□□□

質量分率がアルミニウム 95.5 [%]，銅 4.50 [%] の合金組成を物質量分率で示す場合，アルミニウムの物質量分率 [%] 及び銅の物質量分率 [%] の組合せとして，最も適切なものはどれか．ただし，アルミニウム及び銅の原子量は，27.0及び63.5である．

	アルミニウム	銅
①	**95.0**	**4.96**
②	**96.0**	**3.96**
③	**97.0**	**2.96**
④	**98.0**	**1.96**
⑤	**99.0**	**0.96**

解説　質量分率がアルミニウム95.5 %，銅4.50 %なので，合金の質量を100 gとすると，アルミニウムの質量は95.5 g，銅の質量は4.50 gである．

物質量は，国際単位系の7番目の基本量として定められた物質の量を表す物理量の一つである．物質の物質を構成する要素粒子の個数をアボガドロ定数（約 $6.022 \times 10^{23}\ \mathrm{mol^{-1}}$）で割ったものに等しい．

アルミニウム，銅の原子量は27.0および63.5なので，

$$\text{アルミニウムの物質量}\quad \frac{95.5}{27.0}\,\mathrm{mol}$$

$$\text{銅の物質量}\quad \frac{4.50}{63.5}\,\mathrm{mol}$$

$$\therefore\ \text{アルミニウムの物質量分率} = \frac{\text{アルミニウムの物質量}}{\text{アルミニウムの物質量} + \text{銅の物質量}}$$

$$= \frac{95.5/27.0}{95.5/27.0 + 4.50/63.5} \fallingdotseq 0.980\,3$$

$$\fallingdotseq \mathbf{98.0\ \%}$$

$$\text{銅の物質量分率} = \frac{\text{銅の物質量}}{\text{アルミニウムの物質量} + \text{銅の物質量}}$$

$$= \frac{4.50/63.5}{95.5/27.0 + 4.50/63.5} \fallingdotseq 1.964 \fallingdotseq \mathbf{1.96\ \%}$$

解答　④

Brushup　3.1.4 (2)化学(a)，(b)

I 4 4　頻出度★☆☆　Check □□□

物質に関する次の記述のうち，最も適切なものはどれか．

① 炭酸ナトリウムはハーバー・ボッシュ法により製造され，ガラスの原料として使われている．

② 黄リンは淡黄色の固体で毒性が少ないが，空気中では自然発火するの

で水中に保管する.

③ 酸化チタン（Ⅳ）の中には光触媒としてのはたらきを顕著に示すものがあり，抗菌剤や防汚剤として使われている.

④ グラファイトは炭素の同素体の1つで，きわめて硬い結晶であり，電気伝導性は悪い.

⑤ 鉛は鉛蓄電池の正極，酸化鉛（Ⅱ）はガラスの原料として使われている.

解説 各種無機材料の性質や用途について正誤を問う問題である.

① 誤り．炭酸ナトリウムの製造法は，ソルベー法（アンモニアソーダ法）である．原料として炭酸カルシウム（石灰石），食塩，アンモニア，水を用いる電気分解によらない製法である．ハーバー・ボッシュ法はアンモニアの製造法である．炭酸ナトリウムがガラスの原料である点は正しい.

② 誤り．リンには赤りん，紫りん，黒りんなどの同素体が存在する．同素体は，同一かつ単一の元素から構成される物質のうちで物理的，化学的性質が異なるものをいい，原子間の結合様式の違いや結晶内原子配列の違いなどによるものである．硫黄，炭素，酸素，りんなどの同素体がある．りんの同素体のほとんどは無毒で安定であるが，黄りんは強い毒性をもつので誤りである．また，不安定で発火点が約60℃と低く空気中では自然発火しやすいため水中に保管するのは正しい.

③ 正しい．酸化チタンは主に顔料として用いられ，光触媒としての作用をもつので抗菌剤や防汚剤として使われている.

④ 誤り．グラファイトは黒鉛とも呼ばれる炭素の同素体の一つである．グラファイトはきわめて柔らかい結晶で電気伝導はよく，鉛筆の芯やブラシなどに用いられる．きわめて硬い結晶で導電性をもたないのは，同じ炭素の同素体であるダイヤモンドの記述である.

⑤ 誤り．鉛蓄電池の正極に用いるのは鉛ではなく二酸化鉛である．鉛は負極に用いられるので誤りである．酸化鉛（Ⅱ）（一酸化鉛）はクリスタル・ガラスの原料として使われている.

解答 ③

Brushup 3.1.4 (1)材料特性(e)，(h)，(j)，(m)

I 4 5 頻出度★★★ Check ■■■

DNA の変性に関する次の記述の，［　　］に入る語句の組合せとして，最も適切なものはどれか.

DNA 二重らせんの2本の鎖は，相補的塩基対間の［ア］によって形成されているが，熱や強アルカリで処理をすると，変性して一本鎖になる．しかし，それぞれの鎖の基本構造を形成している［イ］間の［ウ］は壊れない．**DNA** 分子の半分が変性する温度を融解温度といい，グアニンと［エ］の含量が多いほど高くなる．熱変性した **DNA** をゆっくり冷却すると，再び二重らせん構造に戻る．

	ア	イ	ウ	エ
①	ジスルフィド結合	グルコース	水素結合	ウラシル
②	ジスルフィド結合	ヌクレオチド	ホスホジエステル結合	シトシン
③	水素結合	グルコース	ジスルフィド結合	ウラシル
④	水素結合	ヌクレオチド	ホスホジエステル結合	シトシン
⑤	ホスホジエステル結合	ヌクレオチド	ジスルフィド結合	シトシン

解説 「遺伝子」の本体である DNA に関する基礎事項を問う問題である．

DNA 分子は，アデニン，チミン，グアニン，シトシンの 4 種類の塩基をもつヌクレオチドがホスホジエステル結合によって鎖状に結合して並んだ高分子であり，その順序で遺伝子情報を記録している．アデニンとチミン，グアニンとシトシンとが相補的塩基対となり，これらの間の水素結合によって 2 本の鎖による DNA 二重らせん構造が形成される．アに入る語句は**水素結合**である．

DNA 二重らせん構造は，熱や強アルカリで処理をすると，変性して 1 本鎖になるが，それぞれの鎖を形成するヌクレオチド間のホスホジエステル結合は壊れない．イに入る語句は**ヌクレオチド**，ウに入る語句は**ホスホジエステル結合**が適切である．

DNA 分子の半分が変性する温度が融解温度である．アデニンとチミンの水素結合は 2 本，グアニンとシトシンの水素結合は 3 本なので，グアニンとシトシンの水素結合のほうが強い．このため，グアニンとシトシンの含量が多いほど，相補的塩基対間の水素結合を切るためのエネルギーがたくさん必要になるので，融解温度は高くなる．エに入る語句は**シトシン**が適切である．

解答 ④

Brushup 3.1.4 (3)バイオテクノロジー(c)

I 4 6 頻出度★★★ Check □□□

タンパク質に関する次の記述の，［　］に入る語句の組合せとして，最も適切なものはどれか．

タンパク質を構成するアミノ酸は［ア］種類あり，アミノ酸の性質は，［イ］の構造や物理化学的性質によって決まる．タンパク質に含まれるそれぞれのアミノ酸は，隣接するアミノ酸と［ウ］をしている．タンパク質には，等電点と呼ばれる正味の電荷が 0 となる pH があるが，タンパク質が等電点よりも高い pH の水溶液中に存在すると，タンパク質は［エ］に帯電する．

	ア	イ	ウ	エ
①	15	側鎖	ペプチド結合	正
②	15	アミノ基	エステル結合	負
③	20	側鎖	ペプチド結合	負
④	20	側鎖	エステル結合	正
⑤	20	アミノ基	ペプチド結合	正

解説

ア　タンパク質を構成するアミノ酸は 20 種類ある．

イ　アミノ酸は，四つの単結合をもつことができる炭素にカルボキシ基，アミノ基および水素が一つずつ単結合する共通構造をもつ．20 種類のアミノ酸は残りのもう一つにそれぞれ異なる側鎖が単結合したものであり，**側鎖**の構造や物理化学的性質の違いによってそれぞれのアミノ酸の性質が決まる．

ウ　タンパク質に含まれるアミノ酸は隣接するアミノ酸のカルボキシ基とアミノ基の**ペプチド結合**によって重合している．

エ　タンパク質の電荷はタンパク質分子のアミノ酸側鎖の荷電状態で決まり，水溶液の pH により変化する．正味の電荷が 0 となる pH を等電点と呼び，タンパク質に固有の値をもつ．タンパク質が等電点より高い pH のアルカリ性水溶液中に存在するとき，タンパク質は**負**に帯電して水溶液全体の電荷を 0 にする．

解答　③

Brushup　3.1.4 (3)バイオテクノロジー(a)

5群　環境・エネルギー・技術に関するもの（全6問題から3問題を選択解答）

I 5 1　頻出度★☆☆　Check □□□

大気汚染に関する次の記述の，［　　］に入る語句の組合せとして，最も適切なものはどれか．

我が国では，1960 年代から 1980 年代にかけて工場から大量の［ア］等が排出され，工業地帯など工場が集中する地域を中心として著しい大気汚染が発生しました．その対策として，大気汚染防止法の制定（1968 年），大気環境基準の設定（1969 年より順次），大気汚染物質の排出規制，全国的な大気汚染モニタリングの実施等の結果，［ア］と一酸化炭素による汚染は大幅に改善されました．

1970年代後半からは大都市地域を中心とした都市・生活型の大気汚染が問題となりました．その発生源は，工場・事業場のほか年々増加していた自動車であり，特にディーゼル車から排出される［イ］や［ウ］の対策が重要な課題となり，より一層の対策の実施や国民の理解と協力が求められました．

現在においても，［イ］や炭化水素が反応を起こして発生する［エ］の環境基準達成率は低いレベルとなっており，対策が求められています．

	ア	イ	ウ	エ
①	硫黄酸化物	光化学オキシダント	浮遊粒子状物質	二酸化炭素
②	窒素酸化物	光化学オキシダント	二酸化炭素	浮遊粒子状物質
③	硫黄酸化物	窒素酸化物	浮遊粒子状物質	光化学オキシダント
④	窒素酸化物	硫黄酸化物	二酸化炭素	光化学オキシダント
⑤	硫黄酸化物	窒素酸化物	浮遊粒子状物質	二酸化炭素

解説 大気汚染問題と対応に関する知識を問う問題である．

ア 1960年代～1980年代にかけ，工場から大量の**硫黄酸化物**が排出され，工場が集中する地域で著しい大気汚染が発生した．大気汚染防止法の制定，大気環境基準の設定，大気汚染物質の排出規制，モニタリングなど総括的な対策が推進され，硫黄酸化物や一酸化炭素による汚染は大幅に改善された．

イ，ウ 燃料を気体として燃焼させるガソリンエンジン車と異なり，ディーゼルエンジン車では，予混合燃焼期間中の高い燃焼温度により大気中の窒素と燃料が結合して発生する**窒素酸化物**（NO_x）や酸素量が少なくなった拡散燃焼期間中や後燃え期間中の燃え残りとして発生する**浮遊粒子状物質**（PM）という有害物質の問題がある．

エ **光化学オキシダント**は，窒素酸化物や炭化水素が太陽からの紫外線を受けて光化学反応を起こして発生する物質の総称である．環境基準が決められている六つの大気汚染物質の中で，光化学オキシダントの達成率はほぼ0である．

解答 ③

Brushup 3.1.5 (1)環境(a)

I 5 2 頻出度★★☆ Check □□□

環境保全，環境管理に関する次の記述のうち，最も不適切なものはどれか．

① 我が国が提案し実施している二国間オフセット・クレジット制度とは，途上国への優れた低炭素技術等の普及や対策実施を通じ，実現した温室効果ガスの排出削減・吸収への我が国の貢献を定量的に評価し，我が国の削減目標の達成に活用する制度である．

② 地球温暖化防止に向けた対策は大きく緩和策と適応策に分けられるが，適応策は地球温暖化の原因となる温室効果ガスの排出を削減して地球温暖化の進行を食い止め，大気中の温室効果ガス濃度を安定させる対策のことをいう．

③ カーボンフットプリントとは，食品や日用品等について，原料調達から製造・流通・販売・使用・廃棄の全過程を通じて排出される温室効果ガス量を二酸化炭素に換算し，「見える化」したものである．

④ 製品に関するライフサイクルアセスメントとは，資源の採取から製造・使用・廃棄・輸送など全ての段階を通して環境影響を定量的，客観的に評価する手法をいう．

⑤ 環境基本法に基づく環境基準とは，大気の汚染，水質の汚濁，土壌の汚染及び騒音に係る環境上の条件について，それぞれ，人の健康を保護し，及び生活環境を保全する上で維持されることが望ましい基準をいう．

解説 環境保全，環境管理に関する用語の知識を問う問題である．

① 正しい．わが国が提案し実施している二酸化炭素の排出削減・吸収を推進する仕組みである．例えば，わが国が開発途上国に対して優れた省エネ技術や環境保護技術を提供した場合，それによって削減された分を日本の削減量に組み込める．

② 誤り．地球温暖化防止に向けた対策には緩和策と適応策があることは正しいが，温室効果ガスの排出を削減して地球温暖化の進行を食い止め，大気中の温室効果ガス濃度を安定させる対策は緩和策なので誤りである．

③ 正しい．カーボンフットプリント（CFP）は，直訳すると「炭素の足跡」である．原料調達から製造・流通・販売・使用・廃棄のライフサイクル全過程を通じて排出される温室効果ガス量を二酸化炭素に換算して「見える化」する環境改善ツールの一つである．

④ 正しい．ライフサイクルアセスメントは製品やサービスがもたらす環境への影響を評価するため，資源の採取から製造・使用・廃棄・輸送などすべての段階を通して環境影響を定量的，客観的に評価する手法である．よく似た用語で「環境アセスメント」というと，環境評価，環境影響評価と，それを基に最良の案を選択し，さらにその実施段階で，予測・評価どおりになっているかどうかを監視し，そうでない場合には見直し，是正するという各段階からなる手続である．

⑤ 正しい．環境基本法第16条の環境基準の規定である．

解答 ②

Brushup 3.1.5 (1)環境(a)

I 5 3 頻出度★★★ Check□□□

2015年7月に経済産業省が決定した「長期エネルギー需給見通し」に関する次の記述のうち，最も不適切なものはどれか.

① 2030年度の電源構成に関して，総発電電力量に占める原子力発電の比率は20-22％程度である.

② 2030年度の電源構成に関して，総発電電力量に占める再生可能エネルギーの比率は22-24％程度である.

③ 2030年度の電源構成に関して，総発電電力量に占める石油火力発電の比率は25-27％程度である.

④ 徹底的な省エネルギーを進めることにより，大幅なエネルギー効率の改善を見込む．これにより，2013年度に比べて2030年度の最終エネルギー消費量の低下を見込む.

⑤ エネルギーの安定供給に関連して，2030年度のエネルギー自給率は，東日本大震災前を上回る水準（25％程度）を目指す．ただし，再生可能エネルギー及び原子力発電を，それぞれ国産エネルギー及び準国産エネルギーとして，エネルギー自給率に含める.

解説 「長期エネルギー需給見通し」は，安全性（Safety）を前提としたうえで，エネルギーの安定供給（Energy Security）を第一とし，経済効率性の向上（Economic Efficiency）による低コストでのエネルギー供給を実現し，同時に，環境への適合（Environment）を図るというエネルギー基本計画におけるエネルギー政策の基本的視点から，将来のエネルギー需給構造の見通しを示したものである.

①，② 正しい．③ 誤り．徹底した省エネルギー（節電）の推進，再生可能エネルギーの最大限の導入，火力発電の効率化等を進めつつ，原発依存度を可能な限り低減することが基本方針である．2030年度の電源構成に関して，総発電電力量に占める原子力発電，再生可能エネルギー，石油火力発電の比率は，図のように，それぞれ20～22％程度，22～24％程度，3％程度となっているので③の25～27％程度は誤りである.

④，⑤ 正しい．経済成長等によるエネルギー需要の増加を見込む中，産業部門，業務部門，家庭部門，運輸部門において，技術的にも可能で現実的な省エネルギー対策として考えられ得る限りのものを積み上げた徹底した省エネルギーの推進による石油危機後並みの大幅なエネルギー効率の改善を見込み，最終エネルギー消費で5 030万kL程度の省エネルギーを目指している．これによって，2030年度のエネルギー需要を326百万kL程度と見込み，東

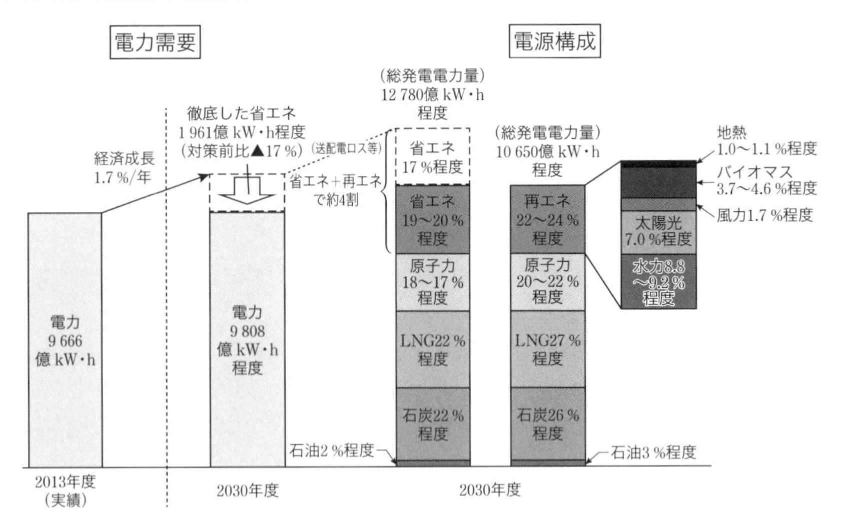

図　2030 年度の電源構成の見通し（「長期エネルギー需給見通し」（平成 27 年 7 月，経済産業省）より引用）

日本大震災後大きく低下したわが国のエネルギー自給率を，大震災前を上回る 24.3 %程度に改善し，また，エネルギー起源 CO_2 排出量を 2013 年度総排出量比 21.9 %減とすることを目指している．

解答　③

Brushup　3.1.5 (2)エネルギー(b)

I 5 4　頻出度★★☆　Check □□□

総合エネルギー統計によれば，2017 年度の我が国における一次エネルギー国内供給は 20 095 PJ であり，その内訳は，石炭 5 044 PJ，石油 7 831 PJ，天然ガス・都市ガス 4 696 PJ，原子力 279 PJ，水力 710 PJ，再生可能エネルギー（水力を除く）938 PJ，未活用エネルギー596 PJ である．ただし，石油の非エネルギー利用分の約 1 600 PJ を含む．2017 年度の我が国のエネルギー起源二酸化炭素（CO_2）排出量に最も近い値はどれか．ただし，エネルギー起源二酸化炭素（CO_2）排出量は，燃料の燃焼で発生・排出される CO_2 であり，非エネルギー利用由来分を含めない．炭素排出係数は，石炭 24 t-C/TJ，石油 19 t-C/TJ，天然ガス・都市ガス 14 t-C/TJ とする．t-C は炭素換算トン（C の原子量 12），t-CO_2 は CO_2 換算トン（CO_2 の分子量 44）である．P（ペタ）は 10 の 15 乗，T（テラ）は 10 の 12 乗，M（メガ）は 10 の 6 乗の接頭辞である．

① 100 Mt-CO_2　② 300 Mt-CO_2　③ 500 Mt-CO_2
④ 1 100 Mt-CO_2　⑤ 1 600 Mt-CO_2

解説 問題で与えられた2017年度のわが国における一次エネルギーの国内供給による燃料発熱量と炭素排出量をまとめると次表のようになる.

2017年度一次エネルギー国内供給の内訳

分類	燃料発熱量 [PJ]	炭素排出係数 [t-C/TJ]
石炭	5 044	24
石油	エネルギー利用分 7 831 − 1 600 = 6 231 非エネルギー利用分　1 600	19
天然ガス・都市ガス	4 696	14
原子力	279	—
水力	710	—
再生可能エネルギー（水力を除く）	938	—
未活用エネルギー	596	—

エネルギー起源二酸化炭素（CO_2）排出量は，燃料の燃焼で発生・排出されるCO_2であり，非エネルギー利用由来分を含めないので，上表の石炭，非エネルギー利用分を除く石油および天然ガス・都市ガスについて考えればよい.

$$\text{エネルギー起源}\ CO_2\ \text{排出量}\ [\text{t-}CO_2] = \{\text{燃料発熱量}\ [\text{PJ}] \times \text{炭素排出係数}\ [\text{t-C/TJ}] \times 10^3\}\ [\text{t-C}] \times \frac{44}{12}\ [\text{t-}CO_2/\text{t-C}]$$

$$\text{石炭}：(5\,044 \times 24 \times 10^3) \times \frac{44}{12} \fallingdotseq 443.87 \times 10^6\ \text{t-}CO_2 \fallingdotseq 443.87\ \text{Mt-}CO_2$$

$$\text{石油}：(6\,231 \times 19 \times 10^3) \times \frac{44}{12} \fallingdotseq 434.09 \times 10^6\ \text{t-}CO_2 \fallingdotseq 434.09\ \text{Mt-}CO_2$$

$$\text{天然ガス・都市ガス}：(4\,696 \times 14 \times 10^3) \times \frac{44}{12} \fallingdotseq 241.06 \times 10^6\ \text{t-}CO_2 \fallingdotseq 241.06\ \text{Mt-}CO_2$$

$$\therefore\ 443.87 + 434.09 + 241.06 \fallingdotseq 1\,119\ \text{Mt-}CO_2$$

したがって，解答群の中から最も近い値である④ **1 100 Mt-CO_2** を選択する.

解答　④

Brushup　3.1.5 (2)エネルギー(a)

I 5 5　頻出度★★☆　Check ■■■

科学と技術の関わりは多様であり，科学的な発見の刺激により技術的な応用がもたらされることもあれば，革新的な技術が科学的な発見を可能にすることもある．こうした関係についての次の記述のうち，最も不適切なものはどれか．

① 原子核分裂が発見されたのちに原子力発電の利用が始まった．

② ウイルスが発見されたのちに種痘が始まった．

③ 望遠鏡が発明されたのちに土星の環が確認された．

④ 量子力学が誕生したのちにトランジスターが発明された．

⑤ 電磁波の存在が確認されたのちにレーダーが開発された．

解説

① 適切．原子核分裂は，ドイツの化学者・物理学者であるオットー・ハーンが放射線の研究を行うなかで1938年に発見した．原子力発電所での利用は，1951年のソビエト連邦が最初である．

② 不適切．ウイルスは，1892年に，ロシアのドミトリー・イワノフスキーがタバコモザイク病の液体を細菌濾（ろ）過器に通したろ液でも感染性をもつことから発見した．種痘は1796年に，イギリスのエドワード・ジェンナーがウイルスの存在を知らずに天然痘のワクチンとして考案したので，ウイルスの発見より先である．

③ 適切．望遠鏡は，1608年にオランダで発明された．イタリアのガリレオ・ガリレイはその望遠鏡を用いて，1610年に土星の環を観測している．

④ 適切．量子力学は陰極線の発見（1838年，マイケル・ファラデー），黒体放射問題の提起（1859年，グスタフ・キルヒホフ），エネルギー準位が離散的であるとする仮説（1877年，ルートヴィッヒ・ボルツマン），光電効果の発見（1887年，ハインリヒ・ヘルツ）などさまざまな科学的発見に端を発し，1900年，マックス・プランクが光電効果に着目して量子仮説を提案，1905年にはアインシュタインが「光の量子論」というタイトルの論文を発表し，量子力学の研究が始まった．トランジスタは，この理論を基に1947年にベル研究所で発明された．

⑤ 適切．電磁波は，1888年にドイツのハインリヒ・ヘルツが存在を確認した．レーダが開発されたのは1930年代である．

解答 ②

Brushup 3.1.5 (2)技術史(a)

I 5 6 頻出度★★☆ Check ■■■

特許法と知的財産基本法に関する次の記述のうち，最も不適切なものはどれか．

① 特許法において，発明とは，自然法則を利用した技術的思想の創作のうち高度のものをいう．

② 特許法は，発明の保護と利用を図ることで，発明を奨励し，産業の発達に寄与することを目的とする法律である．

③ 知的財産基本法において，知的財産には，商標，商号その他事業活動に用いられる商品又は役務を表示するものも含まれる．

④ 知的財産基本法は，知的財産の創造，保護及び活用に関し，基本理念及びその実現を図るために基本となる事項を定めたものである．

⑤ 知的財産基本法によれば，国は，知的財産の創造，保護及び活用に関する施策を策定し，実施する責務を有しない．

解説

① 適切．特許法第2条の発明の定義である．

② 適切．特許法第1条に，この法律の目的を次のように定めている．

この法律は，発明の保護及び利用を図ることにより，発明を奨励し，もつて産業の発達に寄与することを目的とする．

③ 適切．知的財産基本法第2条の知的財産の定義である．

④ 適切．知的財産基本法は，第1条で，この法律の目的を次のように定めている．

この法律は，内外の社会経済情勢の変化に伴い，我が国産業の国際競争力の強化を図ることの必要性が増大している状況にかんがみ，新たな知的財産の創造及びその効果的な活用による付加価値の創出を基軸とする活力ある経済社会を実現するため，知的財産の創造，保護及び活用に関し，基本理念及びその実現を図るために基本となる事項を定め，国，地方公共団体，大学等及び事業者の責務を明らかにし，並びに知的財産の創造，保護及び活用に関する推進計画の作成について定めるとともに，知的財産戦略本部を設置することにより，知的財産の創造，保護及び活用に関する施策を集中的かつ計画的に推進することを目的とする．

⑤ 不適切．知的財産基本法は，第5条で，国の責務を次のように定めている．

国は，前2条に規定する知的財産の創造，保護及び活用に関する基本理念（以下「基本理念」という．）にのっとり，知的財産の創造，保護及び活用に関する施策を策定し，及び実施する責務を有する．

第6条には地方公共団体の責務，第7条には大学等の責務等，第8条には事業者の責務を定め，第9条に「国は，国，地方公共団体，大学等及び事業者が相互に連携を図りながら協力することにより，知的財産の創造，保護及び活用の効果的な実施が図られることにかんがみ，これらの者の間の連携の強化に必要な施策を講ずるものとする」と定めている．

解答　⑤

Brushup　3.2.5 (1)知的財産権制度(知的財産基本法)(a)～(c)

2018 年度

1群　設計・計画に関するもの（全 6 問題から 3 問題を選択解答）

I-1-1　頻出度★★★　Check □□□

下図に示される左端から右端に情報を伝達するシステムの設計を考える．図中の数値及び記号 X（$X > 0$）は，構成する各要素の信頼度を示す．また，要素が並列につながっている部分は，少なくともどちらか一方が正常であれば，その部分は正常に作動する．ここで，図中のように，同じ信頼度 X を持つ要素を配置することによって，システム A 全体の信頼度とシステム B 全体の信頼度が同等であるという．このとき，図中のシステム A 全体の信頼度及びシステム B 全体の信頼度として，最も近い値はどれか．

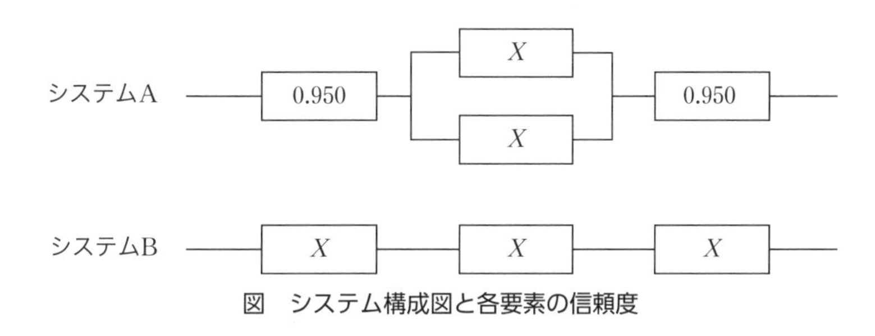

図　システム構成図と各要素の信頼度

① **0.835**　② **0.857**　③ **0.901**　④ **0.945**
⑤ **0.966**

解説　信頼度 X の要素が正常に作動しない確率は $1 - X$ である．

この要素が二つ並列につながっているとき，同時に正常に作動しなくなる確率は $(1 - X)^2$ なので，少なくともいずれか一方が正常に作動する確率は，$1 - (1 - X)^2$ で表される．

また，要素が直列につながっているときの信頼度は，各要素の信頼度（システム A 全体の信頼度 P_A，システム B 全体の信頼度 P_B）の積で求められる．

$$P_A = 0.950 \times \{1 - (1 - X)^2\} \times 0.950 = -0.902\,5X^2 + 1.805X$$

$$P_B = X^3$$

したがって，$P_A = P_B$ となるためには

$$-0.902\,5X^2 + 1.805X = X^3$$

$$X(X^2 + 0.902\,5X - 1.805) = 0$$

$$\therefore \quad X = 0,\ \frac{-0.902\,5 \pm \sqrt{0.902\,5^2 + 4 \times 1 \times 1.805}}{2}$$

$$\fallingdotseq 0,\ 0.966\,01,\ -1.868\,51$$

このうち，$X = 0,\ X \fallingdotseq -1.868\,51$ は不適なので，$X \fallingdotseq 0.966\,01$ である．

よって，システム全体の信頼度は，

$$P_{\mathrm{A}} = P_{\mathrm{B}} = X^3 \fallingdotseq 0.966\,01^3 \fallingdotseq \mathbf{0.901}$$

解答　③

Brushup　3.1.1 (2)システム設計(b)

I 1 2　頻出度★★☆　Check □□□

設計開発プロジェクトのアローダイアグラムが下図のように作成された．ただし，図中の矢印のうち，実線は要素作業を表し，実線に添えた **p** や **a1** などは要素作業名を意味し，同じく数値はその要素作業の作業日数を表す．また，破線はダミー作業を表し，○内の数字は状態番号を意味する．このとき，設計開発プロジェクトの遂行において，工期を遅れさせないために，特に重点的に進捗状況管理を行うべき要素作業群として，最も適切なものはどれか．

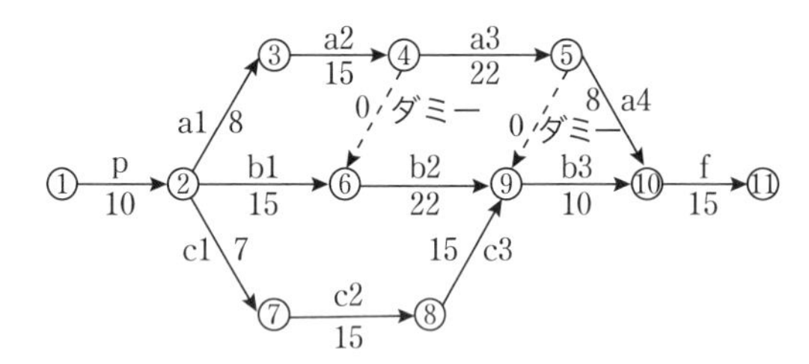

図　アローダイアグラム（arrow diagram：矢線図）

① **(p，a1，a2，a3，b2，b3，f)**

② **(p，c1，c2，c3，b3，f)**

③ **(p，b1，b2，b3，f)**

④ **(p，a1，a2，b2，b3，f)**

⑤ **(p，a1，a2，a3，a4，f)**

解説　設計開発プロジェクト①→⑪を遂行するための五つの作業要素群(ア)〜(オ)があって，それぞれの作業日数は次のとおりである．

(ア)　p → a1 → a2 → a3 → a4 → f：10 + 8 + 15 + 22 + 8 + 15 = 78 日

(イ)　p → a1 → a2 → ダミー → b2 → b3 → f：

10 + 8 + 15 + 0 + 22 + 10 + 15 = 80 日

(ウ)　p → a1 → a2 → a3 → ダミー → b3 → f：

10 + 8 + 15 + 22 + 0 + 10 + 15 = 80 日

(エ) p → b1 → b2 → b3 → f：10 + 15 + 22 + 10 + 15 = 72 日

(オ) p → c1 → c2 → c3 → b3 → f：10 + 7 + 15 + 15 + 10 + 15 = 72 日

クリティカルパス（最も時間がかかる要素作業群）は，作業日数が80日かかる(イ)と(ウ)である．この2とおりのパスに含まれる作業要素は，p, a1, a2, a3, b2, b3, f なので，特に重点的に進捗状況管理を行うべき作業要素群は，①の **(p, a1, a2, a3, b2, b3, f)** である．

解答　①

Brushup　3.1.1 (4)品質管理(a)

I 1 3　頻出度★★★　Check ■■■

人に優しい設計に関する次の(ア)～(ウ)の記述について，それぞれの正誤の組合せとして，最も適切なものはどれか．

(ア) バリアフリーデザインとは，障害者，高齢者等の社会生活に焦点を当て，物理的な障壁のみを除去するデザインという考え方である．

(イ) ユニバーサルデザインとは，施設や製品等について新しい障壁が生じないよう，誰にとっても利用しやすく設計するという考え方である．

(ウ) 建築家ロン・メイスが提唱したバリアフリーデザインの7原則は次のとおりである．誰もが公平に利用できる，利用における自由度が高い，使い方が簡単で分かりやすい，情報が理解しやすい，ミスをしても安全である，身体的に省力で済む，近づいたり使用する際に適切な広さの空間がある．

	ア	イ	ウ
①	正	正	誤
②	誤	正	誤
③	誤	誤	正
④	正	誤	誤
⑤	正	正	正

解説　人に優しい設計に関する正誤問題です．

(ア) 誤り．バリアフリーデザインでは，障壁を「物理的障壁」と「社会的障壁」に分けて,「物理的障壁」だけではなく「社会的障壁」も除去するという考え方である．

(イ) 正しい．ユニバーサルデザインは，特定の誰かのための特別なデザインではなく，どんな人でも使えるようなデザインが最初からされているデザインなので記述は正しい．特定の誰かのための特別なデザインがバリアフリーデザインである．

(ウ) 誤り．ユニバーサルデザインの7原則に関する記述である．バリアフリーの7原則ではないので誤りである．

よって，正誤の組合せとして，最も適切なものは②である．

解答 ②

Brushup 3.1.1 (1)設計理論(d)

I 1 4 頻出度★★★ Check □□□

ある工場で原料A，Bを用いて，製品1，2を生産し販売している．製品1，2は共通の製造ラインで生産されており，2つを同時に生産することはできない．下表に示すように製品1を1 kg生産するために原料A，Bはそれぞれ2 kg，1 kg必要で，製品2を1 kg生産するためには原料A，Bをそれぞれ1 kg，3 kg必要とする．また，製品1，2を1 kgずつ生産するために，生産ラインを1時間ずつ稼働させる必要がある．原料A，Bの使用量，及び，生産ラインの稼働時間については，1日当たりの上限があり，それぞれ12 kg，15 kg，7時間である．製品1，2の販売から得られる利益が，それぞれ300万円/kg，200万円/kgのとき，全体の利益が最大となるように製品1，2の生産量を決定したい．1日当たりの最大の利益として，最も適切な値はどれか．

表　製品の製造における原料の制約と生産ラインの稼働時間及び販売利益

	製品1	製品2	使用上限
原料A [kg]	2	1	12
原料B [kg]	1	3	15
ライン稼働時間 [時間]	1	1	7
利益 [万円/kg]	300	200	

① 1 980万円　② 1 900万円　③ 1 000万円
④ 1 800万円　⑤ 1 700万円

解説 製品1，2の生産量をそれぞれx [kg] (>0)，y [kg] (>0) とすると，

目的関数：1日当たりの全体利益 $P = 300x + 200y \to \max$ [1]

制約条件：原料Aの使用量 $2x + y \leqq 12$ kg [2]

原料Bの使用量 $x + 3y \leqq 15$ kg [3]

生産ラインの稼働時間 $x + y \leqq 7$ h [4]

制約条件[2]式～[4]式は一次不等式なので，解は図のように，[2]式～[4]式の上限である両辺が等しいとした一次等式を表す3本の直線と，x軸，y軸で囲まれた範囲（x軸，y軸上は除く）に存在する．

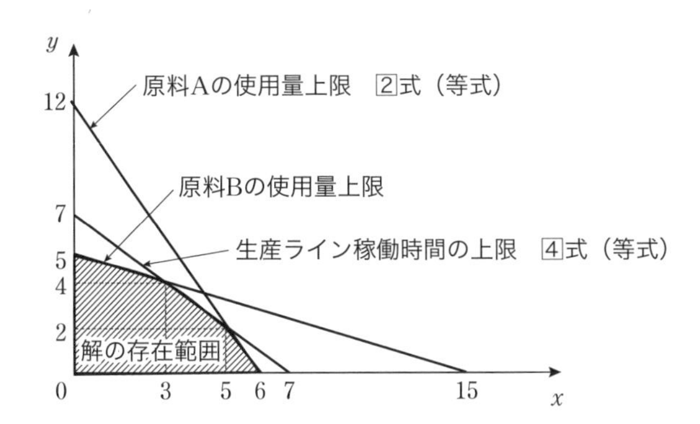

目的関数1式の全体利益 P は，x が大きいほど大きくなるので，この存在範囲の頂点のうち，2式と4式の等式を連立一次方程式として解いた交点が1日当たりの全体利益最大の点である．

2式（等式）の両辺から4式（等式）の両辺を引くと，

$$x = 5\,\mathrm{kg}$$

4式（等式）に代入すると，

$$x + y = 7 - x = 7 - 5 = 2\,\mathrm{kg}$$

1日当たりの全体利益の最大値

$$P_{\max} = 300 \times 5 + 200 \times 2 = \mathbf{1\,900}\ \textbf{万円}$$

よって，1日当たりの全体利益の最大値として，最も適切なものは②である．

解答　②

Brushup　3.1.1 (3)最適化問題(b)

I 1 5　頻出度★★★　Check □□□

ある製品1台の製造工程において検査を X 回実施すると，製品に不具合が発生する確率は，$1/(X+2)^2$ になると推定されるものとする．1回の検査に要する費用が30万円であり，不具合の発生による損害が3 240万円と推定されるとすると，総費用を最小とする検査回数として，最も適切なものはどれか．

①　2回　　②　3回　　③　4回　　④　5回　　⑤　6回

解説　期待損失額 L は，製品に不具合が発生する確率と不具合の発生による損害の積である．

ある製品1台の製造工程において，検査を X 回実施するとき，製品に不具合が発生する確率は $\dfrac{1}{(X+2)^2}$ となるので，

期待損失額 $L = \dfrac{1}{(X+2)^2} \times 3\,240$ [万円]

検査費用 $30X$ [万円]

したがって，製品 1 台当たりの総費用 C は，

$$C = L + 30X = \frac{1}{(X+2)^2} \times 3\,240 + 30X \text{ [万円]}$$

総費用 C が極値となるのは，

$$\frac{\mathrm{d}C}{\mathrm{d}x} = -\frac{2}{(X+2)^3} \times 3\,240 + 30 = -\frac{6\,480}{(X+2)^3} + 30 = 0$$

$$\therefore \quad X = \sqrt[3]{\frac{6\,480}{30}} - 2 = 6 - 2 = 4$$

また，C の 2 階導関数は $\dfrac{\mathrm{d}^2C}{\mathrm{d}x^2} = \dfrac{3 \times 6\,480}{(X+2)^4} > 0$ なので，C は $X = 4$ のとき最小である．

よって，総費用を最小とする検査回数として，最も適切なものは③である．

解答　③

Brushup　3.1.1 (3)最適化問題(b)

I 1 6　頻出度★★★　Check ■■■

製造物責任法に関する次の記述の，［　　］に入る語句の組合せとして，最も適切なものはどれか．

製造物責任法は，［ア］の［イ］により人の生命，身体又は財産に係る被害が生じた場合における製造業者等の損害賠償の責任について定めることにより，［ウ］の保護を図り，もって国民生活の安定向上と国民経済の健全な発展に寄与することを目的とする．

製造物責任法において［ア］とは，製造又は加工された動産をいう．また，［イ］とは，当該製造物の特性，その通常予見される使用形態，その製造業者等が当該製造物を引き渡した時期その他の当該製造物に係る事情を考慮して，当該製造物が通常有すべき［エ］を欠いていることをいう．

	ア	イ	ウ	エ
①	製造物	故障	被害者	機能性
②	設計物	欠陥	製造者	安全性
③	設計物	破損	被害者	信頼性
④	製造物	欠陥	被害者	安全性
⑤	製造物	破損	製造者	機能性

解説 製造物責任法（以下，PL法）の目的と定義に関する穴埋め問題である．

1段落目は，PL法第1条（目的）である．

『この法律は，**製造物**の**欠陥**により人の生命，身体又は財産に係る被害が生じた場合における製造業者等の損害賠償の責任について定めることにより，**被害者**の保護を図り，もって国民生活の安定向上と国民経済の健全な発展に寄与することを目的とする．』

2段落目は，第2条（定義）の第1項である．

『この法律において**製造物**とは，製造又は加工された動産をいう．また，**欠陥**とは，当該製造物の特性，その通常予見される使用形態，その製造業者等が当該製造物を引き渡した時期その他の当該製造物に係る事情を考慮して，当該製造物が通常有すべき**安全性**を欠いていることをいう．』

「製造又は加工された**動産**」，「通常**予見**される**使用形態**」，「その**製造業者等**が当該製造物を引き渡した時期……」なども穴埋めの対象キーワードになる．

よって，語句の組合せとして，最も適切なものは④である．

解答　④

Brushup　3.2.7 (1)製造物責任法(a)，(b)

2群　情報・論理に関するもの（全6問題から3問題を選択解答）

I 2 1　頻出度★★★　Check ■■■

情報セキュリティに関する次の記述のうち，最も不適切なものはどれか．

① 外部からの不正アクセスや，個人情報の漏えいを防ぐために，ファイアウォール機能を利用することが望ましい．

② インターネットにおいて個人情報をやりとりする際には，SSL/TLS通信のように，暗号化された通信であるかを確認して利用することが望ましい．

③ ネットワーク接続機能を備えたIoT機器で常時使用しないものは，ネットワーク経由でのサイバー攻撃を防ぐために，使用終了後に電源をオフにすることが望ましい．

④ 複数のサービスでパスワードが必要な場合には，パスワードを忘れないように，同じパスワードを利用することが望ましい．

⑤ 無線LANへの接続では，アクセスポイントは自動的に接続される場合があるので，意図しないアクセスポイントに接続されていないことを確認することが望ましい．

解説

① 適切．ファイアウオール（防火壁）は，内部と外部のネットワークの境界に設置され，一定のルールを基に内外の通信を監視し，外部の攻撃から内部を保護するためのソフトウェアや機器，システムなどをいう．外部ネットワークと接続する機器でファイアウオール機能を利用することは，外部からの不正アクセスや，個人情報の漏えいを防ぐために有効である．

② 適切．SSL（Secure Socket Layer）は，1990年代の初めにNetscape Communications社が開発したインターネット上でデータを暗号化して送受信する方法である．TLS（Transport Layer Security）は，SSLの脆弱性に対処するために根本から設計され標準化されたものである．現在はTLSに置き換わり，SSLの部分は大抵省略されているが，SSL/TLSと呼ばれている．インターネットにおいて個人情報をやりとりする場合は，盗聴や改ざん，なりすましを防ぐため，SSL/TLS通信のように暗号化された通信であるかを確認して利用することが望ましい．

③ 適切．ネットワーク接続機能を備えたIoT機器でも，電源をオフにしておけばネットワーク経由でのサイバー攻撃を受ける心配はなくなる．ネットワーク接続機能に十分な防護機能をもたせることが必要であるが万全ではなく，防護を破る新たな手段でサイバー攻撃を仕掛けてくることがあるので，極力リスクを減らすために，使用終了後に電源をオフにすることは望ましい対応である．

④ 不適切．複数のサービスで同じパスワードを利用すると情報漏えいリスクを高めるので，別々のパスワードを利用するのが望ましい．

⑤ 適切．無線LANへの接続では，設定によって過去にアクセスしたことがあるアクセスポイントや，指定したアクセスポイントに自動的に接続される．意図しないアクセスポイントに接続された場合には，情報漏えいのリスクがあるので，接続されていないことを確認することが望ましい．

よって，最も不適切なものは④である．

解答 ④

Brushup 3.1.2 (3)情報ネットワーク(d)

I 2 2 頻出度★☆☆ Check □□□

下図は，人や荷物を垂直に移動させる装置であるエレベータの挙動の一部に関する状態遷移図である．図のように，エレベータには，「停止中」，「上昇中」，「下降中」の3つの状態がある．利用者が所望する階を「目的階」とする．「現在階」には現在エレベータが存在している階数が設定される．エレベータの内部には，階数を表すボタンが複数個あるとする.「停止中」状態で，利用者が所望の階数のボタンを押下すると，エレベータは，「停止中」,「上昇中」,「下降中」のいずれかの状態になる.「上昇中」,「下降中」の状態は，「現在階」をそれぞれ1つずつ増加又は減少させる. 最終的にエレベータは,「目的階」に到着する. ここでは，簡単のため，エレベータの扉の開閉の状態，扉の開閉のためのボタン押下の動作，エレベータが目的階へ「上昇中」又は「下降中」に別の階から呼び出される動作，エレベータの故障の状態など，ここで挙げた状態遷移以外は考えないこととする. 図中の状態遷移の「現在階」と「目的階」の条件において，(a),(b),(c),(d),(e)に入る記述として，最も適切な組合せはどれか.

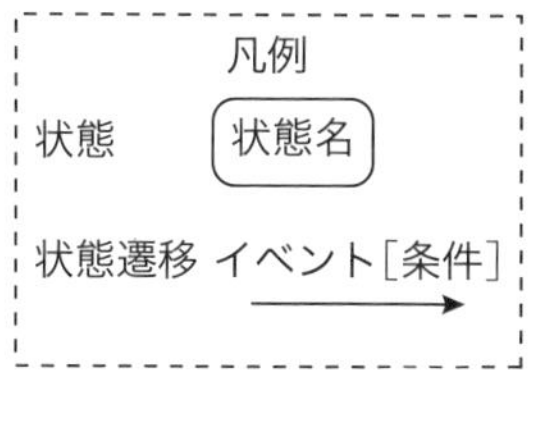

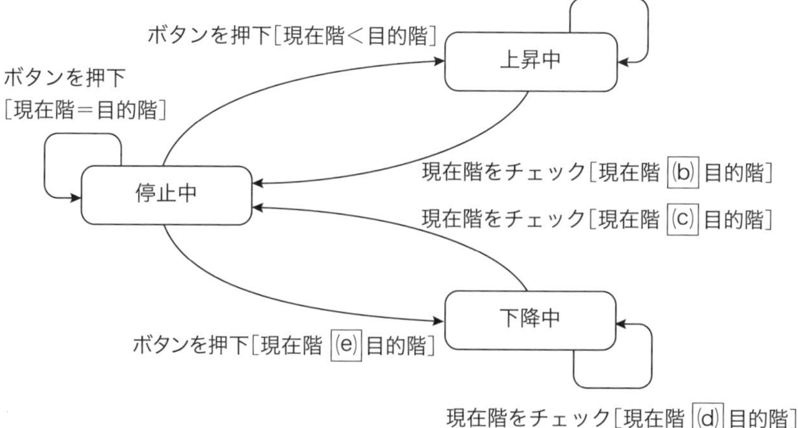

図　エレベータの状態遷移図

	a	b	c	d	e
①	＝	＝	＝	＝	＝
②	＝	＞	＜	＝	＝
③	＜	＝	＝	＞	＞
④	＝	＜	＞	＝	＝
⑤	＞	＝	＝	＜	＞

解説

(a)　<　「上昇中」の状態で現在階をチェックして，そのまま「上昇中」の状態とする遷移の条件である．現在階よりも目的階がさらに上にあって，上昇し続ける状態なので，“現在階 < 目的階”である．

(b)　=　「上昇中」の状態で現在階をチェックして，「停止中」の状態に遷移する条件である．上昇を終えて目的階に到着している状態なので，“現在階 = 目的階”である．

(c)　=　(b)とは逆に，「下降中」の状態で現在階をチェックして，「停止中」の状態に遷移する条件である．下降を終えて目的階に到着している状態なので，“現在階 = 目的階”である．

(d)　>　(a)とは逆に，「下降中」の状態で現在階をチェックして，そのまま「下降中」の状態とする遷移の条件である．現在階よりも目的階がさらに下にあって，下降し続ける状態なので，“現在階 > 目的階”である．

(e)　>　「停止中」の状態から，下降のためボタンを押して「下降中」の状態に遷移する条件である．「下降中」に遷移するためには，現在階よりも目的階が下でなければならないので，“現在階 > 目的階”である．

よって，(a)～(e)に記述する記号の組合せとして，最も適切なものは③である．

解答　③

Brushup　3.1.1 (2)システム設計(f)

I 2 3　頻出度★★☆　Check□□□

補数表現に関する次の記述の，［　］に入る補数の組合せとして，最も適切なものはどれか．

一般に，k 桁の n 進数 X について，X の n の補数は $n^k - X$，X の $n-1$ の補数は $(n^k - 1) - X$ をそれぞれ n 進数で表現したものとして定義する．よって，3 桁の 10 進数で表現した 956 の $(n =)10$ の補数は，10^3 から 956 を引いた $10^3 - 956 = 1\,000 - 956 = 44$ である．さらに 956 の $(n - 1 = 10 - 1 =)9$ の補数は，$10^3 - 1$ から 956 を引いた $(10^3 - 1) - 956 = 1\,000 - 1 - 956 = 43$ である．同様に，5 桁の 2 進数 $(01011)_2$ の $(n =)2$ の補数は［ア］，$(n - 1 = 2 - 1 =)1$ の補数は［イ］である．

	ア	イ
①	$(11011)_2$	$(10100)_2$
②	$(10101)_2$	$(11011)_2$
③	$(10101)_2$	$(10100)_2$
④	$(10100)_2$	$(10101)_2$

⑤ $(11011)_2$　　$(11011)_2$

解説 5桁の2進数 $(01\,011)_2$ の2の補数，1の補数を求める問題である．

ア　2の補数

$$(2^5)_{10} = (100\,000)_2$$

なので，

$$(100\,000)_2 - (01\,011)_2 = \mathbf{(10\,101)_2}$$

イ　1の補数

$$(100\,000)_2 - (000\,001)_2 = (11\,111)_2$$

なので，

$$(11\,111)_2 - (01\,011)_2 = \mathbf{(10\,100)_2}$$

アの答から，$(100\,110)_2$ を引いても1の補数は求まる．

$$(10\,101)_2 - (00\,001)_2 = (10\ \ 100)_2$$

よって，2の補数ア $(10\,101)_2$，1の補数イ $(10\,100)_2$ の組合せとして最も適切なものは③である．

なお，元の数 $(01\,011)_2$ と1の補数 $(10\,100)_2$ は，各桁の1と0を入れ替えたものである．それに $(000\,001)_2$ を足せば

$$(10\,100)_2 + (000\,001)_2 = (10\,101)_2$$

として2の補数を求めることができる．

解答　③

Brushup　3.1.2 (2)数値表現とアルゴリズム(a)

I 14　頻出度★★★　Check □□□

次の論理式と等価な論理式はどれか．

$$X = \overline{\overline{A} \cdot \overline{B} + A \cdot B}$$

ただし，論理式中の＋は論理和，・は論理積，$\overline{X}$ はXの否定を表す．また，2変数の論理和の否定は各変数の否定の論理積に等しく，2変数の論理積の否定は各変数の否定の論理和に等しい．

① $X = (A + B) \cdot \overline{(A + B)}$

② $X = (A + B) \cdot (\overline{A} \cdot \overline{B})$

③ $X = (A \cdot B) \cdot (\overline{A} \cdot \overline{B})$

④ $X = (A \cdot B) \cdot \overline{(A \cdot B)}$

⑤ $X = (A + B) \cdot \overline{(A \cdot B)}$

解説 ド・モルガンの法則

$$\overline{P + Q} = \overline{P} \cdot \overline{Q}, \qquad \overline{P \cdot Q} = \overline{P} + \overline{Q}$$

を用いると，

$$X = \overline{\overline{A}\cdot\overline{B} + A\cdot B} = \overline{(\overline{A}\cdot\overline{B})}\cdot\overline{(A\cdot B)} = (\overline{\overline{A}} + \overline{\overline{B}})\cdot\overline{(A\cdot B)}$$

ここで，$\overline{\overline{A}} = A$, $\overline{\overline{B}} = B$ なので，

$$\mathbf{X = (A + B)\cdot\overline{(A\cdot B)}}$$

よって，等価な論理式は⑤である．

解答　⑤

Brushup　3.1.2 (1)情報理論(a)

I 25　頻出度★★★　Check□□□

数式を $a + b$ のように，オペランド（演算の対象となるもの，ここでは 1 文字のアルファベットで表される文字のみを考える.）の間に演算子（ここでは +，−，×，÷の 4 つの 2 項演算子のみを考える.）を書く書き方を中間記法と呼ぶ．これを $ab +$ のように，オペランドの後に演算子を置く書き方を後置記法若しくは逆ポーランド記法と呼ぶ．中間記法で，$(a + b) \times (c + d)$ と書かれる式を下記の図のように数式を表す 2 分木で表現し，木の根（root）からその周囲を反時計回りに回る順路（下図では▲の方向）を考え，順路が節点の右側を上昇（下図では↑で表現）して通過するときの節点の並び $ab + cd + \times$ はこの式の後置記法となっている．後置記法で書かれた式は，先の式のように「a と b を足し，c と d を足し，それらを掛ける」というように式の先頭から読むことによって意味が通じることが多いことや，かっこが不要なため，コンピュータの世界ではよく使われる．中間記法で $a \times b + c \div d$ と書かれた式を後置記法に変換したとき，最も適切なものはどれか．

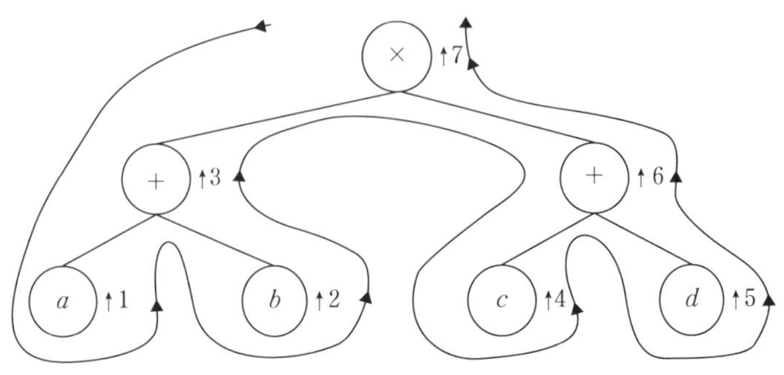

図　式 $(a + b) \times (c + d)$ の 2 分木と後置記法への変換

① $ab \times cd \div +$　② $ab \times c \div d +$　③ $abc \times \div d +$
④ $abc + d \div \times$　⑤ $abcd \times \div +$

解説　中間記法で $a \times b + c \div d$ と書かれた式の計算順序は，

(1) a と b を掛け，(2) c を d で割り，(3)それらを足す

である．この式を後置記法で表現すると

(1) $ab \times$, (2) $cd \div$, (3) $ab \times cd \div +$

よって，最も適切なものは①である．

解答 ①

Brushup 3.1.2 (2)数値表現とアルゴリズム(c)

I 26 頻出度★★★ Check □□□

900個の元をもつ全体集合 U に含まれる集合 A, B, C がある．集合 A, B, C 等の元の個数は次のとおりである．

A の元 300個

B の元 180個

C の元 128個

$A \cap B$ の元 60個

$A \cap C$ の元 43個

$B \cap C$ の元 26個

$A \cap B \cap C$ の元 9個

このとき，集合 $\overline{A \cup B \cup C}$ の元の個数はどれか．ただし，$\overline{X}$ は集合 X の補集合とする．

① 385個 ② 412個 ③ 420個

④ 480個 ⑤ 488個

解説 集合 $A \cup B \cup C$ は，集合 A，集合 B および集合 C の和集合である．集合 $\overline{A \cup B \cup C}$ は集合 $A \cup B \cup C$ の補集合なので，全体集合 U の内で集合 $A \cup B \cup C$ 以外の部分の集合である．

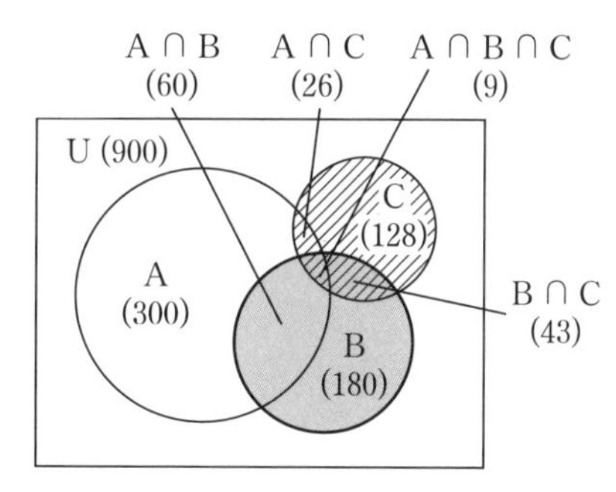

集合 A，集合 B，集合 C の元の個数は，それぞれ300個，180個，128個なので

集合 A，集合 B，集合 C の元の個数の和

$$N_{A+B+C} = 300 + 180 + 128 = 608 \text{個}$$

この個数から，集合 A，集合 B，集合 C の間で重複する部分集合 $A \cap B$，集合 $A \cap C$ および集合 $B \cap C$ の元の個数の和 $(60 + 43 + 26)$ 個を引くと，集合 $A \cap B \cap C$ の部分の元の個数9個は引き過ぎなので

集合 $A \cup B \cup C$ の元の個数 $608 - (60 + 43 + 26 - 9) = 488$ 個

$\therefore$ 集合 $\overline{A \cup B \cup C}$ の元の個数 $900 - 488 =$ **412個**

よって，集合 $\overline{A \cup B \cup C}$ の元の個数として，最も適切なものは②である．

解答　②

Brushup 3.1.2 (1)情報理論(a)

3群　解析に関するもの（全6問題から3問題を選択解答）

I 3 1　頻出度★★☆　Check ■■■

一次関数 $f(x) = ax + b$ について定積分 $\int_{-1}^{1} f(x)\mathrm{d}x$ の計算式として，最も不適切なものはどれか．

① $\frac{1}{4}f(-1) + f(0) + \frac{1}{4}f(1)$

② $\frac{1}{2}f(-1) + f(0) + \frac{1}{2}f(1)$

③ $\frac{1}{3}f(-1) + \frac{4}{3}f(0) + \frac{1}{3}f(1)$

④ $f(-1) + f(1)$

⑤ $2f(0)$

解説　一次関数　$f(x) = ax + b$ の定積分 $\int_{-1}^{1} f(x)\mathrm{d}x$ を求めると

$$\int_{-1}^{1} f(x)\mathrm{d}x = \int_{-1}^{1} (ax + b)\mathrm{d}x = \left[\frac{1}{2}ax^2 + bx\right]_{-1}^{1} = 2b$$

①　不適切．

$$\frac{1}{4}f(-1) + f(0) + \frac{1}{4}f(1) = \frac{1}{4} \times (-a + b) + b + \frac{1}{4} \times (a + b)$$

$$= \frac{3}{2}b \neq 2b$$

②　適切．

$$\frac{1}{2}f(-1) + f(0) + \frac{1}{2}f(1) = \frac{1}{2} \times (-a + b) + b + \frac{1}{2} \times (a + b) = 2b$$

③　適切．

$$\frac{1}{3}f(-1) + \frac{4}{3}f(0) + \frac{1}{3}f(1) = \frac{1}{3} \times (-a + b) + \frac{4}{3} \times b + \frac{1}{3} \times (a + b)$$

$$= 2b$$

④　適切．

$$f(-1) + f(1) = (-a + b) + (a + b) = 2b$$

⑤ 適切.

$$2f(0) = 2b$$

よって，$\int_{-1}^{1} f(x)\mathrm{d}x$ の計算式として，最も不適切なものは①である．

解答 ①

Brushup 3.1.3 (1)微分・積分(b)

I 3 2 頻出度★★★ Check ■■■

x-y 平面において $\boldsymbol{v} = (u, v) = (-x^2 + 2xy, 2xy - y^2)$ のとき，$(x, y) = (1, 2)$ における $\mathrm{div}\,\boldsymbol{v} = \dfrac{\partial u}{\partial x} + \dfrac{\partial v}{\partial y}$ の値と $\mathrm{rot}\,\boldsymbol{v} = \dfrac{\partial v}{\partial x} - \dfrac{\partial u}{\partial y}$ の値の組合せとして，最も適切なものはどれか．

① $\mathrm{div}\,\boldsymbol{v} = 2,\ \mathrm{rot}\,\boldsymbol{v} = -4$

② $\mathrm{div}\,\boldsymbol{v} = 0,\ \mathrm{rot}\,\boldsymbol{v} = -2$

③ $\mathrm{div}\,\boldsymbol{v} = -2,\ \mathrm{rot}\,\boldsymbol{v} = 0$

④ $\mathrm{div}\,\boldsymbol{v} = 0,\ \mathrm{rot}\,\boldsymbol{v} = 2$

⑤ $\mathrm{div}\,\boldsymbol{v} = 2,\ \mathrm{rot}\,\boldsymbol{v} = 4$

解説 題意より，$u = -x^2 + 2xy$，$v = 2xy - y^2$ なので，$(x, y) = (1, 2)$ において

$$\left.\frac{\partial u}{\partial x}\right|_{x=1,\,y=2} = \frac{\partial}{\partial x}(-x^2 + 2xy)\Big|_{x=1,\,y=2} = (-2x + 2y)\Big|_{x=1,\,y=2}$$

$$= -2 \times 1 + 2 \times 2 = 2$$

$$\left.\frac{\partial u}{\partial y}\right|_{x=1,\,y=2} = \frac{\partial}{\partial y}(-x^2 + 2xy)\Big|_{x=1,\,y=2} = (2x)\Big|_{x=1,\,y=2} = 2 \times 1 = 2$$

$$\left.\frac{\partial v}{\partial x}\right|_{x=1,\,y=2} = \frac{\partial}{\partial x}(2xy - y^2)\Big|_{x=1,\,y=2} = (2y)\Big|_{x=1,\,y=2} = 2 \times 2 = 4$$

$$\left.\frac{\partial v}{\partial y}\right|_{x=1,\,y=2} = \frac{\partial}{\partial y}(2xy - y^2)\Big|_{x=1,\,y=2} = (2x - 2y)\Big|_{x=1,\,y=2}$$

$$= 2 \times 1 - 2 \times 2 = -2$$

$$\therefore\quad \mathrm{div}\,\boldsymbol{v}\big|_{x=1,\,y=2} = \left.\left(\frac{\partial u}{\partial x} + \frac{\partial v}{\partial y}\right)\right|_{x=1,\,y=2} = \left.\frac{\partial u}{\partial x}\right|_{x=1,\,y=2} + \left.\frac{\partial v}{\partial y}\right|_{x=1,\,y=2}$$

$$= 2 + (-2) = 0$$

$$\mathrm{rot}\,\boldsymbol{v}\big|_{x=1,\,y=2} = \left.\left(\frac{\partial v}{\partial x} - \frac{\partial u}{\partial y}\right)\right|_{x=1,\,y=2} = \left.\frac{\partial v}{\partial x}\right|_{x=1,\,y=2} - \left.\frac{\partial u}{\partial y}\right|_{x=1,\,y=2}$$

$$= 4 - 2 = 2$$

よって，$(x, y) = (1, 2)$ における div $\boldsymbol{v}$ の値 0 と，rot $\boldsymbol{v}$ の値 2 の組合せとして，最も適切なものは④である．

解答　④

Brushup　3.1.3 (2)ベクトル解析(e)，(f)

I 3 3　頻出度★☆☆　Check □□□

行列 $A = \begin{pmatrix} 1 & 0 & 0 \\ a & 1 & 0 \\ b & c & 1 \end{pmatrix}$ の逆行列として，最も適切なものはどれか．

① $\begin{pmatrix} 1 & 0 & 0 \\ a & 1 & 0 \\ ac-b & c & 1 \end{pmatrix}$　② $\begin{pmatrix} 1 & 0 & 0 \\ -a & 1 & 0 \\ ac-b & -c & 1 \end{pmatrix}$

③ $\begin{pmatrix} 1 & 0 & 0 \\ 1-a & 1 & 0 \\ ac-b & 1-c & 1 \end{pmatrix}$　④ $\begin{pmatrix} 1 & 0 & 0 \\ -a & 1 & 0 \\ ac+b & -c & 1 \end{pmatrix}$

⑤ $\begin{pmatrix} 1 & 0 & 0 \\ a & 1 & 0 \\ ac+b & c & 1 \end{pmatrix}$

解説　行列 $A = \begin{pmatrix} 1 & 0 & 0 \\ a & 1 & 0 \\ b & c & 1 \end{pmatrix}$ の余因子 A_{ij} $(i, j = 1, 2, 3)$ は，行列式 $|A| = \begin{vmatrix} 1 & 0 & 0 \\ a & 1 & 0 \\ b & c & 1 \end{vmatrix}$ の i 行，j 列の要素を取り去った小行列式 Δ_{ij} に $(-1)^{i+j}$ を乗じた

$$A_{ij} = (-1)^{i+j}\Delta_{ij}$$

で定義される．

$$A_{11} = (-1)^{1+1}\begin{vmatrix} 1 & 0 \\ c & 1 \end{vmatrix} = 1,\ A_{12} = (-1)^{1+2}\begin{vmatrix} a & 0 \\ b & 1 \end{vmatrix} = -a$$

$$A_{13} = (-1)^{1+3}\begin{vmatrix} a & 1 \\ b & c \end{vmatrix} = ac - b,\ A_{21} = (-1)^{2+1}\begin{vmatrix} 0 & 0 \\ c & 1 \end{vmatrix} = 0$$

$$A_{22} = (-1)^{2+2}\begin{vmatrix} 1 & 0 \\ b & 1 \end{vmatrix} = 1,\ A_{23} = (-1)^{2+3}\begin{vmatrix} 1 & 0 \\ b & c \end{vmatrix} = -c$$

$$A_{31} = (-1)^{3+1}\begin{vmatrix} 0 & 0 \\ 1 & 0 \end{vmatrix} = 0,\ A_{32} = (-1)^{3+2}\begin{vmatrix} 1 & 0 \\ a & 0 \end{vmatrix} = 0$$

$$A_{33} = (-1)^{3+3}\begin{vmatrix}1 & 0\\ a & 1\end{vmatrix} = 1$$

余因子を用いると，逆行列は次式で求めることができる．

$$\therefore \begin{pmatrix}1 & 0 & 0\\ a & 1 & 0\\ b & c & 1\end{pmatrix}^{-1} = \frac{1}{\begin{vmatrix}1 & 0 & 0\\ a & 1 & 0\\ b & c & 1\end{vmatrix}}\begin{pmatrix}A_{11} & A_{21} & A_{31}\\ A_{12} & A_{22} & A_{32}\\ A_{13} & A_{23} & A_{33}\end{pmatrix}$$

$$= \frac{1}{1}\begin{pmatrix}1 & 0 & 0\\ -a & 1 & 0\\ ac-b & -c & 1\end{pmatrix} = \begin{pmatrix}\mathbf{1} & \mathbf{0} & \mathbf{0}\\ \boldsymbol{-a} & \mathbf{1} & \mathbf{0}\\ \boldsymbol{ac-b} & \boldsymbol{-c} & \mathbf{1}\end{pmatrix}$$

また，行列の次元が大きい場合は，掃き出し法によるのが便利である．逆行列 A^{-1} の定義より，単位行列を E とすると，行列 A に左からその逆行列 A^{-1} を乗じると単位行列 E になる．

$$A^{-1}A = E$$

この式から，行列 A に左から何らかの行列を乗じて単位行列 E に変形できたとすると，左から乗じた行列が逆行列 A^{-1} そのものである．$A^{-1}E = A^{-1}$ なので，行列 A に乗じるのと同じ計算を単位行列 E にも施せば，自動的に逆行列を求めることができる．

『行列 A に左から何らかの行列を乗じて単位行列 E に変形する』操作は，①第 i 行を k 倍する，②第 j 行に第 i 行を足すという基本変形を複数回繰り返し，対角項を 1，非対角項を 0 にしていく操作である．対角項が $\alpha \neq 1$ の場合は，$k = 1/\alpha$ 倍すれば 1 にできる．非対角項を 0 にするには，①と②を組み合わせて，第 j 行に第 i 行を k 倍して足す（k を $-k$ にすれば，第 j 行から第 i 行の k 倍を引く）操作により，ちょうど 0 になるように k の値を選ぶ．

行列 A の右に同じ次元の単位行列 E を配置した行列を $(A\ E)$ とする．

$$(A\ E) = \begin{pmatrix}1 & 0 & 0 & 1 & 0 & 0\\ a & 1 & 0 & 0 & 1 & 0\\ b & c & 1 & 0 & 0 & 1\end{pmatrix}$$

1 行目はすでに対角項が 1，非対角項が 0 なので，そのまま単位行列の要素になっており，変形の必要はないので第 2 行目から始める．

第 2 行から第 1 行の a 倍を引き，第 3 行から第 1 行の b 倍を引く．

$$\begin{pmatrix}1 & 0 & 0 & 1 & 0 & 0\\ a-a & 1-0 & 0-0 & 0-a & 1-0 & 0-0\\ b-b & c-0 & 1-0 & 0-b & 0-0 & 1-0\end{pmatrix}$$

$$= \begin{pmatrix} 1 & 0 & 0 & 1 & 0 & 0 \\ 0 & 1 & 0 & -a & 1 & 0 \\ 0 & c & 1 & -b & 0 & 1 \end{pmatrix}$$

第3行から第2行の c 倍を引く.

$$\begin{pmatrix} 1 & 0 & 0 & 1 & 0 & 0 \\ 0 & 1 & 0 & -a & 1 & 0 \\ 0 & c-c & 1-0 & -b-c\times(-a) & 0-c\times 1 & 1-0 \end{pmatrix}$$

$$= \begin{pmatrix} 1 & 0 & 0 & \mathbf{1} & \mathbf{0} & \mathbf{0} \\ 0 & 1 & 0 & \boldsymbol{-a} & \mathbf{1} & \mathbf{0} \\ 0 & 0 & 1 & \boldsymbol{ac-b} & \boldsymbol{-c} & \mathbf{1} \end{pmatrix}$$

以上の操作により，左の行列 A は単位行列 E に，右の単位行列 E は逆行列 A^{-1} に変形でき，余因子により求めた結果と一致した.

よって，行列 A の逆行列 A^{-1} として，最も適切なものは②である.

解答　②

Brushup　3.1.3 (2)ベクトル解析(b)

I 34　頻出度★☆☆　Check □□□

下図は，ニュートン・ラフソン法（ニュートン法）を用いて非線形方程式

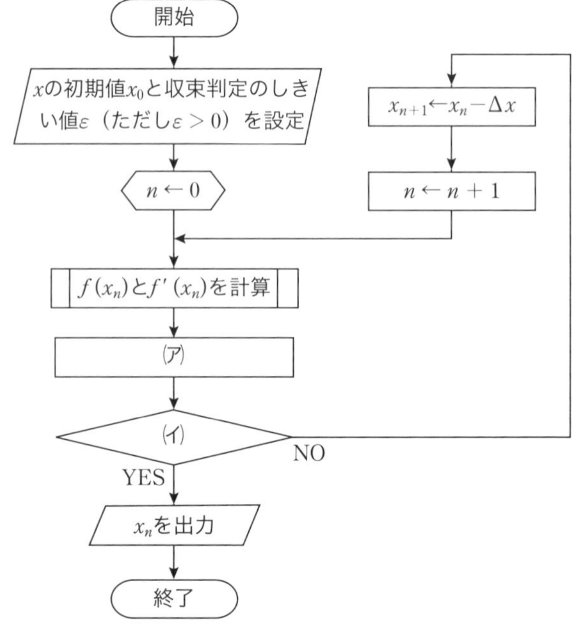

図　ニュートン・ラフソン法のフローチャート

$f(x)=0$の近似解を得るためのフローチャートを示している．図中の(ア)及び(イ)に入れる処理の組合せとして，最も適切なものはどれか．

	ア 	イ
①	$\boldsymbol{\Delta x} \leftarrow f(x_n)\cdot f'(x_n)$	$\lvert\boldsymbol{\Delta x}\rvert<\varepsilon$
②	$\boldsymbol{\Delta x} \leftarrow f(x_n)/f'(x_n)$	$\lvert\boldsymbol{\Delta x}\rvert<\varepsilon$
③	$\boldsymbol{\Delta x} \leftarrow f'(x_n)/f(x_n)$	$\lvert\boldsymbol{\Delta x}\rvert<\varepsilon$
④	$\boldsymbol{\Delta x} \leftarrow f(x_n)\cdot f'(x_n)$	$\lvert\boldsymbol{\Delta x}\rvert>\varepsilon$
⑤	$\boldsymbol{\Delta x} \leftarrow f(x_n)/f'(x_n)$	$\lvert\boldsymbol{\Delta x}\rvert>\varepsilon$

解説　ニュートン・ラフソン法は，非線形方程式$f(x)=0$を近似解を繰り返し計算により求める数値解析手法である．

ニュートン・ラフソン法の手順を問題のフローチャートと対応させながら考えてみよう．

① xの初期値x_0，収束判定のしきい値$\varepsilon(>0)$を設定する．

② 計算回数nを初期値0に設定する．

③ （以下，繰返し計算）x_nにおける関数$f(x_n)$とその微分（接線の傾き）$f'(x_n)$を計算する．

$f(x_0)$
接線の傾き
$f'(x_n)$
$f(x_n)$
Δx
x_s
x_{n+1}
x_n
x_0

④ $\Delta x=\dfrac{f(x_n)}{f'(x_n)}$を計算する．

$x=x_n$では$f(x)=f(x_n)\neq 0$である．関数$f(x)$を$x=x_n$付近で傾き一定の直線で近似すれば，$f(x_n)$の分だけ$f(x)$が小さくなるようにxを修正すればより解に近づくことになる．この修正量をΔxとすると，

$$f'(x_n)\Delta x=f(x_n)\quad \text{より，修正量}\ \Delta x=\frac{f(x_n)}{f'(x_n)}\ \text{である．}$$

⑤ Δxがしきい値εより小さければ，収束していると判断して終了しxを出力する．

Δxがしきい値εより大きければ未収束と判断して，

$$x_{n+1}=x_n-\Delta x=x_n-\frac{f(x_n)}{f'(x_n)},\quad n=n+1$$

とし，③に戻って繰り返し計算を行う．

よって，(ア)は$\boldsymbol{\Delta x}\leftarrow\dfrac{f(x_n)}{f'(x_n)}$，(イ)は$\lvert\boldsymbol{\Delta x}\rvert<\varepsilon$であり，組合せとして最も適切

なものは②である．

解答　②

Brushup　3.1.3 (3)数値解析(b)

I 3 5　頻出度★★★　Check □□□

下図に示すように，重力場中で質量 m の質点がバネにつり下げられている系を考える．ここで，バネの上端は固定されており，バネ定数は $k(>0)$，重力の加速度は g，質点の変位は u とする．次の記述のうち最も不適切なものはどれか．

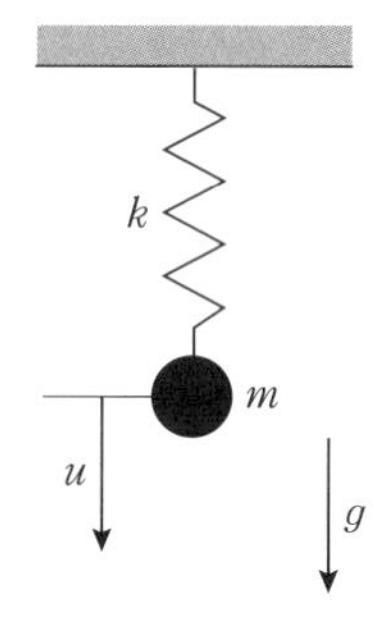

図　重力場中で質点がバネにつり下げられている系

① 質点に作用する力の釣合い方程式は，$ku = mg$ と表すことができる．

② 全ポテンシャルエネルギー（= 内部ポテンシャルエネルギー + 外力のポテンシャルエネルギー）Π_P は，$\Pi_P = \frac{1}{2}ku^2 - mgu$ と表すことができる．

③ 質点の釣合い位置において，全ポテンシャルエネルギー Π_P は最大となる．

④ 質点に作用する力の釣合い方程式は，全ポテンシャルエネルギー Π_P の停留条件，$\frac{\mathrm{d}\Pi_P}{\mathrm{d}u} = 0$ から求めることができる．

⑤ 全ポテンシャルエネルギー Π_P の極値問題として静力学問題を取り扱うことが，有限要素法の固体力学解析の基礎となっている．

解説

① 適切．質点に作用するばねによる弾性力（上方向の力）f は，フックの法則に従い，ばね定数を k，変位を u とすると，$f = ku$ である．また，質点に作用する重力（下方向の力）f は，質点の質量を m，重力の加速度を g とすると，ニュートンの運動の法則により，$f = mg$ である．

$\therefore$　釣合い方程式　$ku = mg$

② 適切．質点の変位が x であるとき，ばねの弾性力と重力によって質点に作用する合成力（上方向を正）$f(x)$ は，

$$f(x) = kx - mg$$

この力 $f(x)$ に逆らって，変位が u になるまで動かすのに必要なエネルギーが全ポテンシャルエネルギー Π_P なので，

$$\Pi_P = \int_0^u f(x)\mathrm{d}x = \int_0^u (kx - mg)\mathrm{d}x = \left[\frac{1}{2}kx^2 - mgx\right]_0^u$$

$$= \frac{1}{2}ku^2 - mgu$$

③ 不適切，④ 適切．$\dfrac{\mathrm{d}\Pi_P}{\mathrm{d}u} = ku - mg$ を 0 とおくと，

$$ku = mg$$

つまり，釣合い方程式 $ku = mg$ が成り立つ $u = mg/k$ の位置で全ポテンシャルエネルギーは極値をもつ．また，題意より，$k > 0$ なので，

$$\frac{\mathrm{d}^2\Pi_P}{\mathrm{d}u^2} = \frac{\mathrm{d}(ku - mg)}{\mathrm{d}u} = k > 0$$

である．したがって，釣合い位置における全ポテンシャルエネルギー Π_P は，最大値ではなくて最小値 $\Pi_{P,\,\mathrm{min}}$ になる．

$$\Pi_{P,\,\mathrm{min}} = \Pi_P\big|_{mg=ku} = \frac{1}{2}ku^2 - (ku)u = -\frac{1}{2}ku^2$$

⑤ 適切．前述のように，全ポテンシャルエネルギー Π_P の極値問題を解くことにより，釣合い方程式を求めることができる．静力学問題は全ポテンシャルエネルギーが最小となる状態を論じる力学である．静力学が固体力学解析に用いる有限要素法の基礎となっている．

以上より，最も不適切なものは③である．

解答　③

Brushup　3.1.3 (4)力学(a)

I 3 6　頻出度★★★　Check □□□

長さ 2 m，断面積 100 mm^2 の弾性体からなる棒の上端を固定し，下端を 4 kN の力で下方に引っ張ったとき，この棒に生じる伸びの値はどれか．ただし，この弾性体のヤング率は 200 GPa とする．なお，自重による影響は考慮しないものとする．

①　0.004 mm　　②　0.04 mm　　③　0.4 mm

④　4 mm　　⑤　40 mm

解説　ヤング率 E, 断面積 A, 長さ L の弾性体からなる棒の上端を固定し，下端を力 F で引っ張ったときの伸びを δ とすると，ひずみ ε および応力 σ は

$$\varepsilon = \frac{\delta}{L} \quad \boxed{1}$$

$$\sigma = \frac{F}{A} \quad \boxed{2}$$

弾性体ではフックの法則が成り立つので，

$$\varepsilon = \frac{\sigma}{E} \quad \boxed{3}$$

$\boxed{1}$式と$\boxed{3}$式より，

$$\delta = \varepsilon L = \frac{\sigma}{E} L \quad \boxed{4}$$

$\boxed{4}$式に$\boxed{2}$式を代入すると，

$$\delta = \frac{F/A}{E} L = \frac{FL}{EA} = \frac{4 \times 10^3 \times 2}{200 \times 10^9 \times 100 \times 10^{-6}} = 4 \times 10^{-4}\ \mathrm{m}$$

$$= \mathbf{0.4\ mm}$$

よって，伸びの値として正しいのは③である．

解答　③

Brushup　3.1.3 (4)力学(b)

4群　材料・化学・バイオに関するもの（全6問題から3問題を選択解答）

I 4 1　頻出度★★☆　Check ■■■

次に示した物質の物質量 [mol] の中で，最も小さいものはどれか．ただし，(　) の中の数字は直前の物質の原子量，分子量又は式量である．

①　0 °C, 1.013×10^5 [Pa] の標準状態で 14 [L] の窒素（28）

②　10 % 塩化ナトリウム水溶液 200 [g] に含まれている塩化ナトリウム（58.5）

③　3.0×10^{23} 個の水分子（18）

④　64 [g] の銅（63.6）を空気中で加熱したときに消費される酸素（32）

⑤　4.0 [g] のメタン（16）を完全燃焼した際に生成する二酸化炭素（44）

解説

①　標準状態で気体の窒素の体積は，22.4 L/mol である．

$$\therefore\ \frac{14}{22.4} = 0.625\ \text{mol}$$

② 10 %塩化ナトリウム水溶液 200 g 中に含まれる塩化ナトリウムは，

$$200\ \text{g} \times 0.1 = 20\ \text{g}$$

である．塩化ナトリウムの分子量は 58.5 なので，58.5 g/mol である．

$$\therefore\ \frac{20}{58.5} \fallingdotseq 0.342\ \text{mol}$$

③ 水 1 mol 中に含まれる分子の数は，アボガドロ定数 $6.022\,140\,76 \times 10^{23}$ 個に等しい．水の分子量は 18 なので，1 mol は 18 g である．

$$\therefore\ \frac{3.0 \times 10^{23}}{6.022\,140\,76 \times 10^{23}} \fallingdotseq 0.498\ \text{mol}$$

④ 銅 Cu の燃焼反応式は，$Cu + \frac{1}{2}O_2 \rightarrow CuO$ なので，1 mol の銅の燃焼に消費される酸素は 1/2 mol である．銅は 63.6 g/mol なので，64 g の銅の燃焼に消費される酸素は，

$$\frac{1}{2} \times \frac{64}{63.6} \fallingdotseq 0.503\ \text{mol}$$

⑤ メタン CH_4 の燃焼反応式は，$CH_4 + 2O_2 \rightarrow CO_2 + 2H_2O$ なので，1 mol のメタンを完全燃焼させたときに発生する二酸化炭素 CO_2 は 1 mol である．メタンは 16 g/mol なので，4.0 g のメタンの燃焼に消費される酸素は，

$$1 \times \frac{4.0}{16} = 0.250\ \text{mol}$$

よって，①～⑤の物質の分子量のうちで，最も小さいものは⑤である．

解答 ⑤

Brushup 3.1.4 (2)化学(a)

I 4 2 頻出度★★☆ Check □□□

次の記述のうち，最も不適切なものはどれか．ただし，いずれも常温・常圧下であるものとする．

① 酢酸は弱酸であり，炭酸の酸性度はそれより弱く，フェノールは炭酸より弱酸である．

② 水酸化ナトリウム，水酸化カリウム，水酸化カルシウム，水酸化バリウムは水に溶けて強塩基性を示す．

③ 炭酸カルシウムに希塩酸を加えると，二酸化炭素を発生する．

④ 塩化アンモニウムと水酸化カルシウムの混合物を加熱すると，アンモ

ニアを発生する.

⑤　塩酸及び酢酸の **0.1 [mol/L]** 水溶液は同一の **pH** を示す.

解説

①　適切. 強酸は完全にイオン化する酸, 弱酸は完全にはイオン化せず一部が分子の状態で残る酸である. 酢酸, 炭酸, フェノールは, いずれも弱酸である. pH は, 酢酸 > 炭酸 > フェノールの順である.

②　適切. 水溶液中において最も著しい強塩基性を示すのはアルカリ金属およびテトラアルキルアンモニウムの水酸化物であり, 水酸化リチウム, 水酸化ナトリウム, 水酸化カリウム, 水酸化カルシウムなどがある. 次に強塩基性を示す化合物としてアルカリ土類金属などの水酸化物があり, 水酸化バリウムが該当するので, いずれも水に溶けて強塩基性を示す.

③　適切. 炭酸カルシウム $CaCO_3$ に希塩酸 HCl を加えると, 塩化カルシウム $CaCl_2$ と水 H_2O と二酸化炭素 CO_2 が発生する. 化学反応式は次のとおりである.

$$CaCO_3 + 2HCl \rightarrow CaCl_2 + H_2O + CO_2$$

④　適切. 塩化アンモニウム NH_4Cl（固体）と水酸化カルシウム $Ca(OH)_2$（固体）の混合物を加熱すると, 塩化カルシウム $CaCl_2$ と水 H_2O とアンモニア NH_3 が発生する. 化学反応式は次のとおりである.

$$2NH_4Cl + Ca(OH)_2 \rightarrow CaCl_2 + 2NH_3 + 2H_2O$$

⑤　不適切. 酸の溶液の pH は, リットル当たりのモル数 [mol/L] で表した水素イオン濃度 H^+ [mol/L] の対数を取り, それに負の符号を付けた値で定義される.

$$pH = -\log H^+$$

塩酸水溶液, 酢酸水溶液はいずれも 0.1 mol/L の水溶液なので, 含まれる塩酸, 酢酸のモル数は等しいが, 塩酸は強酸, 酢酸は弱酸なので水素イオン濃度は異なり, pH は同じ値ではない. 塩酸の pH 値は 0.1, 酢酸の pH 値は 2.8 である.

よって, ①～⑤の記述のうち, 最も不適切なものは⑤である.

解答　⑤

Brushup　3.1.4 (2)化学(i)

I 4 3　頻出度★☆☆　Check □□□

金属材料の腐食に関する次の記述のうち, 最も適切なものはどれか.

①　腐食とは, 力学的作用によって表面が逐次減量する現象である.

②　腐食は, 局所的に生じることはなく, 全体で均一に生じる.

③　アルミニウムは表面に酸化物皮膜を形成することで不働態化する．

④　耐食性のよいステンレス鋼は，鉄にニッケルを5％以上含有させた合金鋼と定義される．

⑤　腐食の速度は，材料の使用環境温度には依存しない．

解説

①　不適切．腐食とは，化学的作用によって金属イオンが酸化物に置き換わり表面が逐次減量する現象であり，力学的作用によるものではない．

②　不適切．腐食は化学反応の起こりやすいところから進むので，全体で均一ではなく，局所的である．

③　適切．不働態とは金属表面の腐食作用に抵抗する酸化皮膜を生じた状態である．アルミニウム Al のほかにも，鉄 Fe，ニッケル Ni，クロム Cr，コバルト Co などが不働態化しやすい．

④　不適切．ステンレス鋼は，鉄に一定量以上のクロムを含ませた腐食に対する耐性をもつ合金鋼である．規格は，クロム含有量が10.5％（質量パーセント濃度）以上，炭素含有量が1.2％以下の鋼をステンレス鋼と定義されている．

⑤　不適切．腐食の速度は材料の使用環境温度により変化する．

よって，①〜⑤の記述のうち，最も適切なものは③である．

解答　③

Brushup　3.1.4（1）材料特性(b)

I 4 4　頻出度★★☆　Check □□□

金属の変形や破壊に関する次の(A)〜(D)の記述の，［　　］に入る語句の組合せとして，最も適切なものはどれか．

(A)　金属の塑性は，［ア］が存在するために原子の移動が比較的容易で，また，移動後も結合が切れないことによるものである．

(B)　結晶粒径が［イ］なるほど，金属の降伏応力は大きくなる．

(C)　多くの金属は室温下では変形が進むにつれて格子欠陥が増加し，［ウ］する．

(D)　疲労破壊とは，［エ］によって引き起こされる破壊のことである．

	ア	イ	ウ	エ
①	自由電子	小さく	加工軟化	繰返し負荷
②	自由電子	小さく	加工硬化	繰返し負荷
③	自由電子	大きく	加工軟化	経年腐食
④	同位体	大きく	加工硬化	経年腐食

⑤　同位体　　　小さく　　　加工軟化　　　繰返し負荷

解説

(A)　自由電子．物体に，弾性限度を超える力を加えると力を取り去っても変形が残る．この性質を塑性，この場合の変形を塑性変形という．金属は**自由電子**が存在するため，外力を受けたときの原子の移動が比較的容易で，また，移動後も結合が切れないので，金属特有の塑性が生まれる．

(B)　小さく．金属は結晶が多数集まった多結晶材料である．結晶粒径が**小さく**なるほど結晶が密に配列できるようになるので密度が高くなり，転位が抑制され降伏応力は大きくなる．

(C)　加工硬化．加工硬化は，金属を一度塑性変形させ，その後に同じ向きの力を加えると，降伏点が上昇し，次の塑性変形を起こすのに必要な力が増すことをいう．多くの金属では塑性変形による転位など格子欠陥が結晶中に蓄積され，それによって引き続く転位の滑り運動が阻害されるため，室温下でも生じる．これに対して，加工軟化は，塑性変形に要する応力が塑性ひずみとともに低下することをいい，焼なましされた金属材料のほとんどは室温で**加工硬化**特性を示すが，高温では変形中に生じる回復や再結晶により加工軟化することがある．加工軟化は室温下では生じない．

(D)　繰返し負荷．疲労破壊は，小さい応力であっても**繰返し負荷**がかかると，亀裂が徐々に進展し，負荷能力を失う現象である．負荷条件および金属材料の種類に依存する．

よって，ア～エに入る語句の組合せとして，最も適切なものは②である．

解答　②

Brushup　3.1.1 (1)設計理論(c)，3.1.4 (1)材料特性(c)

I 4 5　頻出度★☆☆　Check ■■■

生物の元素組成は地球表面に存在する非生物の元素組成とは著しく異なっている．すなわち，地殻に存在する約100種類の元素のうち，生物を構成するのはごくわずかな元素である．細胞の化学組成に関する次の記述のうち，最も不適切なものはどれか．

①　水は細菌細胞の重量の約70％を占める．

②　細胞を構成する総原子数の99％を主要4元素（水素，酸素，窒素，炭素）が占める．

③　生物を構成する元素の組成比はすべての生物でよく似ており，生物体中の総原子数の60％以上が水素原子である．

④　細胞内の主な有機小分子は，糖，アミノ酸，脂肪酸，ヌクレオチドで

ある.

⑤　核酸は動物細胞を構成する有機化合物の中で最も重量比が大きい.

解説

①　適切. 細菌細胞の重量組成は, 多いものから, 水が約70％, タンパク質が15％である.

②　適切. 細胞は約17種類の元素が含まれる. このうち, 酸素, 炭素, 水素および窒素を主要4元素といい, 細胞を構成する総原子数の99％を占めている.

③　適切. 生物を構成する元素の組成比は, 動物（人間）, 植物, 細菌などすべての生物で似通っている. 生物体の総原子数の60％以上が水素, 次いで25％が酸素である. 重量比でいうと, 酸素の原子量が16, 水素の原子量は1なので, 酸素が最も多くなる.

④　適切. 細胞内の有機小分子のほとんどは, 糖, アミノ酸, 脂肪酸, ヌクレオチドに属している. ヌクレオチドは, 核酸（DNA, RNA）を構成する基本単位である.

⑤　不適切. 動物細胞を構成する有機化合物のなかで最も重量比が大きいのはタンパク質である. 水も含めた重量比率は, タンパク質が15％, 核酸（炭水化物, その他含む）が2％である.

よって, ①～⑤の記述のうち, 最も不適切なものは⑤である.

解答　⑤

Brushup　3.1.4 (3)バイオテクノロジー(c)

I 4 6　頻出度★★★　Check ■■■

タンパク質の性質に関する次の記述のうち, 最も適切なものはどれか.

①　タンパク質は, 20種類のαアミノ酸がペプチド結合という非共有結合によって結合した高分子である.

②　タンパク質を構成するアミノ酸はほとんどがD体である.

③　タンパク質の一次構造は遺伝子によって決定される.

④　タンパク質の高次構造の維持には, アミノ酸の側鎖同士の静電的結合, 水素結合, ジスルフィド結合などの非共有結合が重要である.

⑤　フェニルアラニン, ロイシン, バリン, トリプトファンなどの非極性アミノ酸の側鎖はタンパク質の表面に分布していることが多い.

解説

①　不適切. タンパク質は20種類のαアミノ酸がペプチド結合で結合した高分子であるが, ペプチド結合はα-アミノ酸同士が脱水縮合して形成される

「共有結合」であり，「非共有結合」ではないので不適切である．

② 不適切．アミノ酸は，その分子内にアミノ基（$-NH_2$）とカルボキシ基（$-COOH$）をもつ化合物の総称である．アミノ酸には，右手と左手のように，互いに鏡に映すと同一になる2種類の構造のものが存在し，「L体」（左型）と「D体」（右型）と呼んでいる．タンパク質を構成するアミノ酸はほとんどがL体なので，記述は不適切である．

③ 適切．天然に見られるタンパク質の構造には，一次，二次，三次，および四次がある．その内の一次構造はすべての構造の基本単位となるアミノ酸配列を含み，遺伝子によって決定される．線状でタンパク質のポリペプチド鎖を形成するものである．二次構造は，一次構造のアミノ酸配列が，アミノ酸同士の水素結合によってらせん状，またはジグザグ型に折りたたまれた構造であり，αヘリックスまたはβシートの2種類がある．三次構造は二次構造のαヘリックスまたはβシートが一本につながった立体構造である．1本のアミノ酸鎖である一次構造～三次構造のものをポリペプチドと呼ぶ．四次構造は，三次構造をとるポリペプチドがいくつか結合したものである．

④ 不適切．タンパク質の高次構造の維持に，アミノ酸の側鎖同士の静電的結合，水素結合およびジスルフィド結合が重要という記述は適切であるが，静電的結合，水素結合は非共有結合であるのに対し，ジスルフィド結合は共有結合なので，不適切である．

⑤ 不適切．非極性アミノ酸は疎水性アミノ酸，極性アミノ酸は親水性アミノ酸である．疎水性アミノ酸はタンパク質の中心で発生するのに対して，親水性アミノ酸はタンパク質の表面に分布していることが多いので，記述は不適切である．

よって，①～⑤の記述のうち，最も適切なものは③である．

解答 ③

Brushup 3.1.4 (3)バイオテクノロジー(b)

5群 環境・エネルギー・技術に関するもの（全6問題から3問題を選択解答）

I 5 1 頻出度★★★ Check ■■■

「持続可能な開発目標（SDGs）」に関する次の記述のうち，最も不適切なものはどれか．

① 「ミレニアム開発目標（MDGs）」の課題を踏まえ，2015年9月に国連で採択された「持続可能な開発のための2030アジェンダ」の中核となるものである．

② 今後，経済発展が進む途上国を対象として持続可能な開発に関する目標を定めたものであり，環境，経済，社会の三側面統合の概念が明確に打ち出されている.

③ 17のゴールと各ゴールに設定された169のターゲットから構成されており，「ミレニアム開発目標（MDGs）」と比べると，水，持続可能な生産と消費，気候変動，海洋，生態系・森林など，環境問題に直接関係するゴールが増えている.

④ 目標達成のために，多種多様な関係主体が連携・協力する「マルチステークホルダー・パートナーシップ」を促進することが明記されている.

⑤ 日本では，内閣に「持続可能な開発目標（SDGs）推進本部」が設置され，2016年12月に「持続可能な開発目標（SDGs）実施指針」が決定されている.

解説

① 適切.「持続可能な開発目標（SDGs）」は，2001年に策定された「ミレニアム開発目標（MDGs）」の後継として，2015年9月の国連サミットで採択された「持続可能な開発のための2030アジェンダ」記載の2030年までに持続可能でよりよい世界を目指す国際目標である.

② 不適切. 発展途上国を対象としたものではなく，先進国を含めてすべての国が取り組む普遍的な目標である.

③ 適切. MDGsの残された課題（例：保健，教育）や新たに顕在化した課題（例：環境，格差拡大）に対応すべく，新たに17ゴール・169ターゲットからなる持続可能な開発目標（SDGs）が策定された.

④ 適切. ゴール17「パートナーシップで目標を達成しよう」において，「マルチステークホルダー・パートナーシップ」を促進することが記載されている.

【マルチステークホルダー・パートナーシップ】

17.16 すべての国々，特に開発途上国での持続可能な開発目標の達成を支援すべく，知識，専門的知見，技術及び資金源を動員，共有するマルチステークホルダー・パートナーシップによって補完しつつ，持続可能な開発のためのグローバル・パートナーシップを強化する.

17.17 さまざまなパートナーシップの経験や資源戦略を基にした，効果的な公的，官民，市民社会のパートナーシップを奨励・推進する.

⑤ 適切. 日本では「持続可能な開発目標（SDGs）推進本部」が設置され，SDGsに国を挙げて取り組んでいる.

よって，①～⑤の記述のうち，最も不適切なものは②である.

解答 ②

Brushup 3.2.6（1）地球環境（b）

I 5 2 頻出度★☆☆ Check □□□

事業者が行う環境に関連する活動に関する次の記述のうち，最も適切なものはどれか．

① グリーン購入とは，製品の原材料や事業活動に必要な資材を購入する際に，バイオマス（木材などの生物資源）から作られたものを優先的に購入することをいう．

② 環境報告書とは，大気汚染物質や水質汚濁物質を発生させる一定規模以上の装置の設置状況を，事業者が毎年地方自治体に届け出る報告書をいう．

③ 環境会計とは，事業活動における環境保全のためのコストやそれによって得られた効果を金額や物量で表す仕組みをいう．

④ 環境監査とは，事業活動において環境保全のために投資した経費が，税法上適切に処理されているかどうかについて，公認会計士が監査することをいう．

⑤ ライフサイクルアセスメントとは，企業の生産設備の周期的な更新の機会をとらえて，その設備の環境への影響の評価を行うことをいう．

解説

① 不適切．グリーン購入とは，「製品やサービスを購入する前に必要性を熟考し，環境負荷ができるだけ小さいものを優先して購入すること」である．バイオマスからつくられたものを優先的に購入することではないので不適切である．

② 不適切．環境報告書は，「環境配慮促進法」に基づき，企業などの事業者が，経営責任者の緒言，環境保全に関する方針・目標・計画，環境マネジメントに関する状況，環境負荷の低減に向けた取組みの状況等について取りまとめ，社会に公表するものであり，地方自治体に届け出る必要はないので不適切である．

③ 適切．環境会計とは，事業活動における環境保全のためのコストや効果を定量的に測定して伝える仕組みである．環境省が勧奨する環境会計では，環境保全のためのコストと効果を対比して示す様式になっている．環境保全コストには，事業活動と環境負荷との関係から主たる事業活動，管理活動，研究開発活動，社会活動，その他のコストに分類して集計する．効果には，事業活動により抑制・回避できた環境負荷を示す環境保全効果と，事業収益へ

の貢献度を示す環境保全対策に伴う経済効果の合計である．

④　不適切．環境監査は，企業などが自主的に環境管理体制を内部者または外部者が点検することであり，公認会計士が行うものではないので不適切である．

⑤　不適切．ライフサイクルアセスメントは，ある製品・サービスのライフサイクル全体（資源採取―原料生産―製品生産―流通・消費―廃棄・リサイクル）またはその特定段階における環境負荷を定量的に評価する手法である．企業が生産設備の更新の機会に合わせて行うものではないので不適切である．

よって，①～⑤の記述のうち，最も適切なものは③である．

解答　③

Brushup　3.1.5 (1)環境(a)

I 5 3　頻出度★★☆　Check □□□

石油情勢に関する次の記述の，［　　］に入る数値又は語句の組合せとして，最も適切なものはどれか．

日本で消費されている原油はそのほとんどを輸入に頼っているが，財務省貿易統計によれば輸入原油の中東地域への依存度（数量ベース）は 2017 年で約［ア］%と高く，その大半は同地域における地政学的リスクが大きい［イ］海峡を経由して運ばれている．また，同年における最大の輸入相手国は［ウ］である．石油及び石油製品の輸入金額が，日本の総輸入金額に占める割合は，2017 年には約［エ］%である．

	ア	イ	ウ	エ
①	67	マラッカ	クウェート	12
②	67	ホルムズ	サウジアラビア	32
③	87	ホルムズ	サウジアラビア	12
④	87	マラッカ	クウェート	32
⑤	87	ホルムズ	クウェート	12

解説　「2017 年財務省貿易統計」によると，輸入原油の中東地域への依存度は 87.3 %である．国別にみると，サウジアラビアが 39 %，UAE が 25 %なので，最大の輸入相手国はサウジアラビアである．中東地域からの原油輸入の大半はホルムズ海峡経由である．また，石油および石油製品の輸入金額 8 兆 7 000 億円，日本の総輸入金額 75 兆 4 000 億円に対しては 11.5 %である（「エネルギー白書 2018」でみても，資源エネルギー庁「総合エネルギー統計」によるものであるが，2016 年度の中東依存度は 87.2 %である）．

したがって，問題の空白を埋めると，次のようになる．

日本で消費されている原油はそのほとんどを輸入に頼っているが，財務省貿易統計によれば輸入原油の中東地域への依存度（数量ベース）は2017年で約87％と高く，その大半は同地域における地政学的リスクが大きい**ホルムズ**海峡を経由して運ばれている．

また，同年における最大の輸入相手国は，**サウジアラビア**である．

石油および石油製品の輸入金額が，日本の総輸入金額に占める割合は，2017年には約**12**％である．

よって，ア～エに入る数値または語句の組合せとして，最も適切なものは③である．

解答　③

Brushup　3.1.5 (2)エネルギー(a)

I 5 4　頻出度★☆☆　Check □□□

我が国を対象とする，これからのエネルギー利用に関する次の記述のうち，最も不適切なものはどれか．

① 電力の利用効率を高めたり，需給バランスを取ったりして，電力を安定供給するための新しい電力送配電網のことをスマートグリッドという．スマートグリッドの構築は，再生可能エネルギーを大量導入するために不可欠なインフラの1つである．

② スマートコミュニティとは，ICT（情報通信技術）や蓄電池などの技術を活用したエネルギーマネジメントシステムを通じて，分散型エネルギーシステムにおけるエネルギー需給を総合的に管理・制御する社会システムのことである．

③ スマートハウスとは，省エネ家電や太陽光発電，燃料電池，蓄電池などのエネルギー機器を組合せて利用する家のことをいう．

④ スマートメーターは，家庭のエネルギー管理システムであり，家庭用蓄電池や次世代自動車といった「蓄電機器」と，太陽光発電，家庭用燃料電池などの「創エネルギー機器」の需給バランスを最適な状態に制御する．

⑤ スマートグリッド，スマートコミュニティ，スマートハウス，スマートメーターなどで用いられる「スマート」は「かしこい」の意である．

解説

① 適切．スマートグリッドは，電力の流れを供給・需要の両側から制御し，最適化できる次世代電力送配電網である．太陽光発電や風力発電など再生可能エネルギー電源の出力は不確実で変動が大きいため，従来送配電網では周

波数調整力が低下し，導入量も制約されるので，再生可能エネルギーを最大限に利用し，電力を安定に効率的に供給するためにはスマートグリッドの実現が不可欠である.

②，③　適切. スマートコミュニティ，スマートハウスの記述として適切である.

④　不適切. 家庭のエネルギー管理システムであるHEMSに関する記述なので不適切である. スマートメータは，従来のアナログ式電力量計とは異なり，ディジタルで電力量（kW·h）を測定しデータを遠隔地に送ることができる. また，短時間ごとのデータ蓄積・送信などが可能になるため，利用傾向の分析，多様な料金制度などへの応用が可能となる.

⑤　適切. スマートは「賢い」を表しており，記述は適切である.

よって，最も不適切なものは④である.

解答　④

Brushup　3.1.5（2)エネルギー(c)

I 55　頻出度★★★　Check □□□

次の(ア)～(オ)の，社会に大きな影響を与えた科学技術の成果を，年代の古い順から並べたものとして，最も適切なものはどれか.

(ア)　フリッツ・ハーバーによるアンモニアの工業的合成の基礎の確立
(イ)　オットー・ハーンによる原子核分裂の発見
(ウ)　アレクサンダー・グラハム・ベルによる電話の発明
(エ)　ハインリッヒ・R・ヘルツによる電磁波の存在の実験的な確認
(オ)　ジェームズ・ワットによる蒸気機関の改良

①　ウ － エ － オ － イ － ア
②　ウ － オ － ア － エ － イ
③　オ － ウ － エ － ア － イ
④　オ － エ － ウ － イ － ア
⑤　ア － オ － ウ － エ － イ

解説

(ア)　1906年. ドイツのフリッツ・ハーバーがハーバー法によるアンモニアの工業的合成法を開発した.

(イ)　1938年. ドイツのオットー・ハーンが原子核分裂を発見した.

(ウ)　1876年. アレクサンダー・グラハム・ベルの特許は，1876年3月3日に米国特許商標庁によって認可され，同3月7日に公告，その3日後には電話の実験を成功させた.

(エ) 1888年．ドイツのハインリッヒ・R・ヘルツは電磁波の存在を実験的に実証した．

(オ) 1769年．ワットはニューコメンの蒸気機関の効率の悪さに目をつけ，復水器で蒸気を冷やすことでシリンダーを高温に保って効率を向上させた．さらに，負圧だけでなく正圧を利用し，往復運動を回転運動に変換するなどの改良も行っている．

よって，古い順から並べると，**オ→ウ→エ→ア→イ**となるので，最も適切なものは③である．

解答　③

Brushup　3.1.5 (3)技術史(a)

I 5 6　頻出度★★☆　Check ■■■

技術者を含むプロフェッション（専門職業）やプロフェッショナル（専門職業人）の倫理や責任に関する次の記述のうち，最も不適切なものはどれか．

① プロフェッショナルは自らの専門知識と業務にかかわる事柄について，一般人よりも高い基準を満たすよう期待されている．

② 倫理規範はプロフェッションによって異なる場合がある．

③ プロフェッショナルには，自らの能力を超える仕事を引き受けてはならないことが道徳的に義務付けられている．

④ プロフェッショナルの行動規範は変化する．

⑤ プロフェッショナルは，職務規定の中に規定がない事柄については責任を負わなくてよい．

解説　「技術士法第4章　技術士等の義務」，「技術士倫理要綱」および「技術士プロフェッション宣言」などを基に判断する．

① 適切．プロフェッショナルは，その専門分野の専門知識と業務にかかわる事柄について，一般人より高い基準の技術をもつことを求められているので，高度な専門技術者にふさわしい知識と能力をもち，技術進歩に応じてたえずこれを向上させるように努める責務がある．

② 適切．倫理規範は，倫理規範とは，それぞれの職務上守らなければならない行動基準なので，プロフェッション（専門職業）によって異なる場合がある．

③ 適切．技術者は，高度な専門技術者にふさわしい知識と能力をもち，技術進歩に応じてたえずこれを向上させ，自らの技術に対して責任をもつ必要があるので，自らの能力の及ぶ範囲の仕事に携わり，それを超える仕事には責任をもてないので引き受けてはならない．

④　適切．プロフェッショナルの行動規範は，社会や技術の変化に伴い変化する．常に，社会や最新技術の動向に注意を払い，現在の行動規範のままでいいかどうかを考える必要がある．

⑤　不適切．プロフェッショナルは，職務規程のなかに規定がない事項についても，技術者倫理に則り，責任を負わなければならない．

よって，①～⑤の記述のうち，最も適切なものは⑤である．

解答　⑤

Brushup　3.2.2 技術士法第４章，3.2.3 倫理規程，倫理綱領等

2017 年度

1群　設計・計画に関するもの（全6問題から3問題を選択解答）

I-1-1　頻出度★★★　Check□□□

ある銀行に1台のATMがあり，このATMの1人当たりの処理時間は平均40秒の指数分布に従う．また，このATMを利用するために到着する利用者の数は1時間当たり平均60人のポアソン分布に従う．このとき，利用者がATMに並んでから処理が終了するまでの時間の平均値はどれか．

平均系内列長 ＝ 利用率 ÷ (1 － 利用率)
平均系内滞在時間 ＝ 平均系内列長 ÷ 到着率
利用率 ＝ 到着率 ÷ サービス率

① 60秒　② 75秒　③ 90秒　④ 105秒
⑤ 120秒

解説　指数分布は連続確率分布の一種で，事象が連続して独立に一定の発生率で起こる過程に従う事象の時間間隔の分布を表し，期待値（平均），分散，標準偏差，累積分布関数などを用いて解析する．

題意より，ある銀行に1台のATMがあり，このATMの1人当たりの処理時間は平均40秒の指数分布に従うので，

$$サービス率（1時間当たりの平均処理人数）\mu = \frac{3\,600}{40} = 90\ 人/h$$

また，ポアソン分布は，発生確率が非常に小さく，試行回数が大きい場合の2項分布の近似として用いられる分布である．題意より，このATMを利用するために到着する利用者の数は1時間当たり平均60人のポアソン分布に従うので，

$$到着率（1時間当たりの平均到着人数）\lambda = 60\ 人/h$$

$$ATMの利用率\ \rho = \frac{\lambda}{\mu} = \frac{60}{90} = \frac{2}{3}$$

$$平均系内列長\ L = \frac{\rho}{1-\rho} = \frac{\frac{2}{3}}{1-\frac{2}{3}} = 2\ 人$$

平均系内滞在時間 $T = \dfrac{L}{\lambda} = \dfrac{2}{60} = \dfrac{1}{30}\,\mathrm{h} = \mathbf{120\,s}$

解答 ⑤

Brushup 3.1.1 (2)システム設計(a)

I 1 2 頻出度★☆☆ Check ■■■

次の(ア)～(ウ)に記述された安全係数を大きい順に並べる場合，最も適切なものはどれか．

(ア) 航空機やロケットの構造強度の評価に用いる安全係数

(イ) クレーンの玉掛けに用いるワイヤロープの安全係数

(ウ) 人間が摂取する薬品に対する安全係数

① (ア)＞(イ)＞(ウ)

② (イ)＞(ウ)＞(ア)

③ (ウ)＞(ア)＞(イ)

④ (ア)＞(ウ)＞(イ)

⑤ (ウ)＞(イ)＞(ア)

解説 航空機やロケットは機体が比較的重く，過大な安全係数を設定すると経済性悪化に直結する．このため，構造強度の評価に用いる安全係数は1.15～1.25と低く設定し，その代わりに品質管理を徹底し，整備に多くの時間をかけることで対処している．

クレーンの玉掛けに用いるワイヤロープの安全係数は，「クレーン等安全規則」第213条（玉掛け用ワイヤロープの安全係数）に次のように規定されている．

・事業者は，クレーン，移動式クレーン又はデリックの玉掛用具であるワイヤロープの安全係数については，6以上でなければ使用してはならない．

・前項の安全係数は，ワイヤロープの切断荷重の値を，当該ワイヤロープにかかる荷重の最大の値で除した値とする．

人間が摂取する薬品は，人体実験が倫理上の理由により行えないため動物実験の結果を人間に当てはめることによる種による誤差（種差）が10倍程度，また，高齢者や乳幼児のような弱者と健康体の間でも個体差による感受性の開きが10倍程度あるので，100倍等の特に厳しい安全係数が設定されている．

したがって，安全係数を大きい順に並べると，**(ウ)＞(イ)＞(ア)**である．

解答 ⑤

Brushup 3.1.1 (1)設計理論(c)

I-1-3 頻出度★★☆ Check■■■

工場の災害対策として設備投資をする際に，恒久対策を行うか，状況対応的対策を行うかの最適案を判断するために，図に示すデシジョンツリーを用いる．決定ノードは□，機会ノードは○，端末ノードは△で表している．端末ノードには損失額が記載されている．また括弧書きで記載された値は，その「状態」や「結果」が生じる確率である．

状況対応的対策を選んだ場合は，災害の状態 **S1**，**S2**，**S3** がそれぞれ記載された確率で生起することが予想される．状態 **S1** と **S2** においては，対応策として代替案 **A1** 若しくは **A2** を選択する必要がある．代替案 **A1** を選んだ場合には，結果 **R1** と **R2** が記載された確率で起こり，それぞれ損失額が異なる．期待総損失額を小さくする判断として，最も適切なものはどれか．

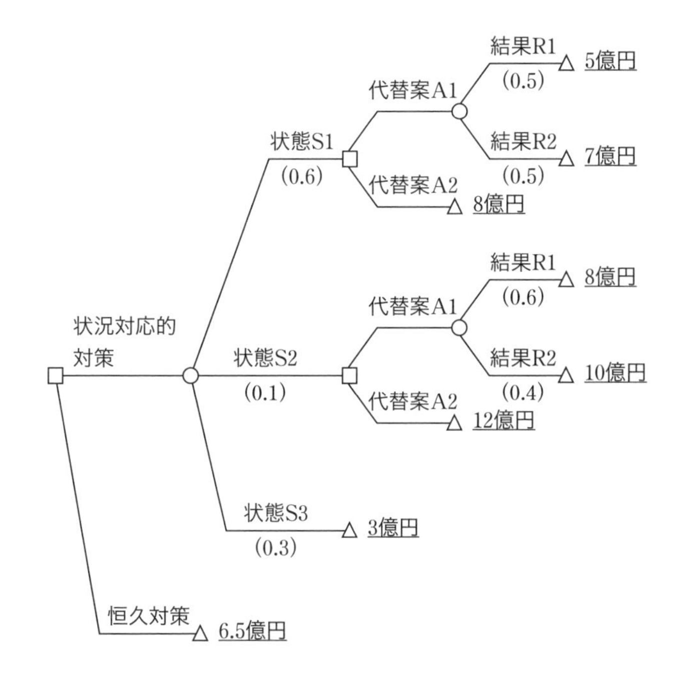

① 状況対応的対策の期待総損失額は **4.5** 億円となり，状況対応的対策を採択する．

② 状況対応的対策の期待総損失額は **5.4** 億円となり，状況対応的対策を採択する．

③ 状況対応的対策の期待総損失額は **5.7** 億円となり，状況対応的対策を採択する．

④　状況対応的対策の期待総損失額は 6.6 億円となり，恒久対策を採択する.

⑤　状況対応的対策の期待総損失額は 6.9 億円となり，恒久対策を採択する.

解説　デシジョンツリーを用いて，損失額が最小になる対策を求める問題である.

(1)　状況対応的対策の期待総損失額

(a)　状態 S1 対策に関わる損失額

代替案 A1：5 億円 × 0.5 + 7 億円 × 0.5 = 6.0 億円

代替案 A2：8.0 億円

なので，代替案 A1 のほうが損失額が少ない.

(b)　状態 S2 対策に関わる損失額

代替案 A1：8 億円 × 0.6 + 10 億円 × 0.4 = 8.8 億円

代替案 A2：12.0 億円

なので，代替案 A1 のほうが損失額が少ない.

(c)　状態 S3 対策に関わる損失額：3.0 億円

(d)　状況対応的対策を取ったときの期待総損失額

(状態 S1)6.0 億円 × 0.6(= 3.6 億円)
+ (状態 S2)8.8 億円 × 0.1(= 0.88 億円)
+ (状態 S3)3.0 億円 × 0.3(= 0.9 億円) = 5.38 億円

(2)　恒久対策の期待総損失額：6.5 億円

(3)　以上より，期待総損失額を小さくする判断としては，

②　状況対応的対策の期待総損失額は 5.4 億円となり，状況対応的対策を採択する.

が適切である.

解答　②

Brushup　3.1.1 (2)システム設計(e)

I 1 4　頻出度★★★　Check■■■

材料の機械的特性に関する次の記述の，[　　]に入る語句の組合せとして，最も適切なものはどれか.

材料の機械的特性を調べるために引張試験を行う．特性を荷重と[ア]の線図で示す．材料に加える荷重を増加させると[ア]は一般的に増加する．荷重を取り除いたとき，完全に復元する性質を[イ]といい，き裂を生じたり分離はしないが，復元しない性質を[ウ]という．さらに荷重を増加させると，荷重は最大値をとり，材料はやがて破断する．この荷重の最大値は材料の強さを

表す重要な値である．これを応力で示し［ エ ］と呼ぶ．

	ア	イ	ウ	エ
①	ひずみ	弾性	延性	疲労限
②	伸び	塑性	弾性	引張強さ
③	伸び	弾性	延性	疲労限
④	ひずみ	延性	塑性	破断強さ
⑤	伸び	弾性	塑性	引張強さ

解説 材料の弾性変形，塑性変形，破断に関する特性についての基本問題である．

材料の特性を荷重と**伸び**の線図で表すと，材料に加える荷重を増加させ**伸び**は一般的に増加する．この関係がフックの法則である．荷重を取り除いたときに，完全に復元する性質を**弾性**といい，弾性変形の限界が弾性限界，そのときの荷重を弾性荷重と呼ぶ．弾性限度を超えると，き裂を生じたり分離はしないが，荷重を取り去っても変形したまま復元しないようになる．この性質を**塑性**という．

さらに荷重を増加させると，弾性限度を超える点でいったん応力は低下し，平衡状態になる．この変形過程を降伏といい，降伏が始まる点が上降伏点，平衡状態の点が下降伏点である．荷重は上降伏点で最大値をとる．下降伏点を超えて荷重を増大していくと，あるところで材料にくびれが生じて断面積が急激に縮小し破断する．この荷重の最大値は材料の強さを示す重要な値である．これを応力で示したものが**引張強さ**である．

よって，最も適切なものは⑤である．

解答 ⑤

Brushup 3.1.1 (1)設計理論(c)

I 15 頻出度★★★ Check □□□

設計者が製作図を作成する際の基本事項を次の(ア)～(オ)に示す．それぞれの正誤の組合せとして，最も適切なものはどれか．

(ア) 工業製品の高度化，精密化に伴い，製品の各部品にも高い精度や互換性が要求されてきた．そのため最近は，形状の幾何学的な公差の指示が不要となってきている．

(イ) 寸法記入は製作工程上に便利であるようにするとともに，作業現場で計算しなくても寸法が求められるようにする．

(ウ) 車輪と車軸のように，穴と軸とが相はまり合うような機械の部品の寸法公差を指示する際に「はめあい方式」がよく用いられる．

(エ) 図面は投影法において第二角法あるいは第三角法で描かれる．

(オ) 図面には表題欄，部品欄，あるいは図面明細表が記入される．

	ア	イ	ウ	エ	オ
①	誤	正	正	誤	正
②	誤	正	正	正	誤
③	正	誤	正	誤	正
④	正	正	誤	正	誤
⑤	誤	誤	誤	正	正

解説

(ア) 誤り．工業製品の高度化，精密化に伴い，製品の各部品にも高い精度や互換性が要求される．環境温度等で形状が変化するものもあるので，設計者の意図，技術的内容を伝える形状の幾何学的な公差の指示の記載は重要である．

(イ) 正しい．製図における寸法記入は製作工程でも検査工程でも便利で齟齬（そご）がないようにするのが基本である．作業現場で加工者が計算しなくても寸法が分かるようにする．

(ウ) 正しい．はめあい方式は，単純形状の部品に用いる公差および寸法差の方式で，円形断面の円筒加工物やキー溝などの平行二平面をもつ加工物に用いられ，すきまばめ，しまりばめ，中間ばめがある．

(エ) 誤り．投影法は，対象物を図面という1枚の平面上に表現するため，投影面の前に対象物を置き，これに光を当て，その投影面に映る物体の影で表すものである．投影法には第一角法から第四角法まであるが，図のように，二つの投影面を直交させて第一角ゾーンから第四角ゾーンに分け，第三角ゾーンに対象物をおいて，直交する平面に投影して図面を描く方法を第三角法，第一角ゾーンに対象物をおいて，直交する平面に投影して図面を描く方法を第一角法という．ヨーロッパ，中国などでは第一角法，日本やアメリカでは第三角法が用いられ，JIS の製図法においても第三角法を用いることと規定している．

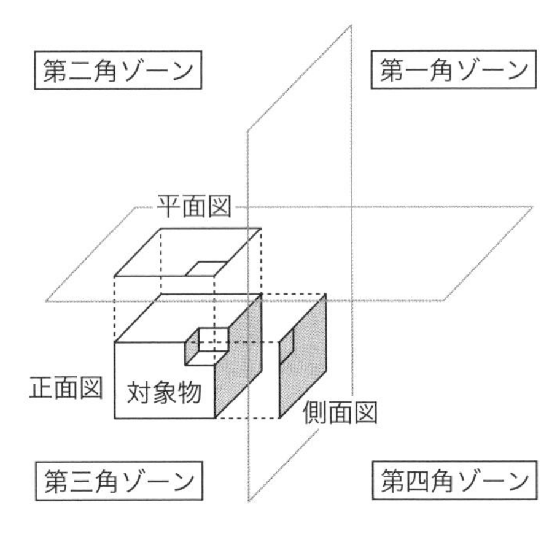

(オ) 正しい．図面の左下隅に表題欄，組立図等については部品欄，図面明細表に記載する．

よって，正誤の組合せとして，最も適切なものは①である．

解答　①

Brushup　3.1.1 (1)設計理論(b)

I 1 6　頻出度★☆☆　Check □□□

構造物の耐力 R と作用荷重 S は材料強度のばらつきや荷重の変動などにより，確率変数として表される．いま，R と S の確率密度関数 $f_R(r)$，$f_S(s)$ が次のように与えられたとき，構造物の破壊確率として，最も近い値はどれか．

ただし，破壊確率は，$Pr[R<S]$ で与えられるものとする．

$$f_R(r)=\begin{cases}0.2 & (18\leqq r\leqq 23)\\ 0 & (\text{その他})\end{cases},\qquad f_S(s)=\begin{cases}0.1 & (10\leqq s\leqq 20)\\ 0 & (\text{その他})\end{cases}$$

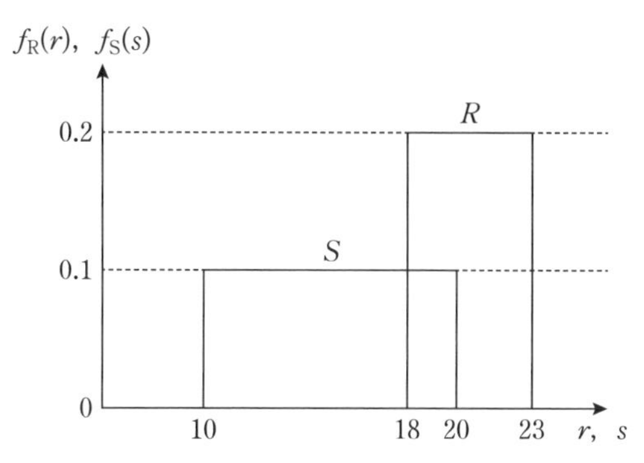

①　**0.02**　　②　**0.04**　　③　**0.08**　　④　**0.1**　　⑤　**0.2**

解説　この構造物の耐力 R の確率密度関数 $f_R(r)$ は $18\leqq r\leqq 23$ で 0.2，それ以外の範囲では 0 である．また，作用荷重 S の確率密度関数 $f_S(s)$ は $10\leqq r\leqq 20$ で 0.1，それ以外の範囲では 0 である．

この構造物は，耐力 $R<$ 作用荷重 S のときに破壊されるので，問題のグラフの耐力 R と作用荷重 S が重なる $18\leqq r$，$s\leqq 20$ の範囲を考えればよい．

耐力 $R=$ 作用荷重 $S=x$ となり，この構造物が破壊される限界となる確率 Pr は，各確率密度関数 $f_R(r)$，$f_S(s)$ の積 $f_R(r)f_S(s)$ に r，$s=x$ を代入した値となる．

$$f_R(x)f_S(x)=0.2\times 0.1=0.02$$

$$\therefore\quad Pr[R<S]=\int_{18}^{20}f_R(x)f_S(x)\mathrm{d}x=\int_{18}^{20}0.02\mathrm{d}x=0.02\times(20-18)$$

$$=0.04$$

よって，構造物の破壊確率として最も近い値は②の 0.04 である．

解答　②

Brushup　3.1.1 (1)設計理論(c)，3.1.3 (4)力学(b)

②群　情報・論理に関するもの（全6問題から3問題を選択解答）

I 2 1　頻出度★★★　Check □□□

情報セキュリティを確保する上で，最も不適切なものはどれか．

① 添付ファイル付きのメールの場合，差出人のメールアドレスが知り合いのものであれば，直ちに添付ファイルを開いてもよい．

② 各クライアントとサーバにウィルス対策ソフトを導入する．

③ OSやアプリケーションの脆弱性に対するセキュリティ更新情報を定期的に確認し，最新のセキュリティパッチをあてる．

④ パスワードは定期的に変更し，過去に使用したものは流用しない．

⑤ 出所の不明なプログラムやUSBメモリを使用しない．

解説

① 不適切．標的型攻撃メールの中には，普段やり取りしている人に成りすまして添付ファイル付きメールを送りつけてくる場合がある．少しでも違和感がある場合は差出人に確認するなどして直ちに添付ファイルを開いたりしない．

② 適切．情報の漏えい元を限定することはできないので，外部との接続があって漏えいの可能性があるクライアントとサーバにはそれぞれウイルス対策ソフトを導入する．

③ 適切．ウイルスは時々刻々と変異しており，OSやアプリケーションの脆弱性は日々新たに発見されては対策が講じられている．このため，セキュリティ更新情報を定期的に確認し，最新のセキュリティパッチを当てて最新の対策を享受できるようにする必要がある．

④ 適切．パスワードは氏名や誕生日などから容易に推定できないようなものにするとともに，いったん流出してしまうと別のサービスにログインされたりするので，定期的に変更し，過去に使用したものは使用しないようにする．

⑤ 適切．出所の不明なプログラムやUSBメモリはウイルスに感染している可能性がある．インストールできるプログラムを制限したり，USBメモリは厳重に管理し，接続するパソコンを限定したりする．

よって，最も不適切なものは①である．

解答　①

Brushup　3.1.2（3）情報ネットワーク（d）

I 22 頻出度★★☆ Check ■■■

計算機内部では，数は0と1の組合せで表される．絶対値が2^{-126}以上2^{128}未満の実数を，符号部1文字，指数部8文字，仮数部23文字の合計32文字の0，1からなる単精度浮動小数表現として，次の手続き1～4によって変換する．

1. 実数を $\pm 2^a \times (1+x)$，$0 \leqq x < 1$ 形に変形する．
2. 符号部1文字は符号が正（+）のとき0，負（−）のとき1とする．
3. 指数部8文字は $a + 127$ の値を2進数に直した文字列とする．
4. 仮数部23文字は x の値を2進数に直したとき，小数点以下に表れる23文字分の0，1からなる文字列とする．

例えば，$-6.5 = -2^2 \times (1 + 0.625)$ なので，符号部は符号が負（−）より1，
指数部は $2 + 127 = 129 = (10000001)_2$ より10000001，

仮数部は $0.625 = \dfrac{1}{2} + \dfrac{1}{2^3} = (0.101)_2$ より10100000000000000000000である．

したがって，実数 −6.5は，

符号部1，指数部10000001，仮数部10100000000000000000000

と表現される．

実数13.0をこの方式で表現したとき，最も適切なものはどれか．

	符号部	指数部	仮数部
①	1	10000001	10010000000000000000000
②	1	10000010	10100000000000000000000
③	0	10000001	10010000000000000000000
④	0	10000010	10100000000000000000000
⑤	0	10000001	10100000000000000000000

解説 $13.0 = 2^3 \times (1 + 0.625)$ なので，

符号部：符号が正（+）なので0

指数部：$3 + 127 = 130 = 1 \times 2^7 + 1 \times 2^1 = (10\,000\,010)_2$

仮数部：$0.625 = 2^{-1} + 2^{-3} = (101\,000\,000\,000\,000\,000\,000\,00)_2$

よって，実数13.0を単精度浮動点表現するときの符号部，指数部，仮数部の組合せとして最も適切なものは④である．

解答 ④

Brushup 3.1.2 (2)数値表現とアルゴリズム(b)

I 2 3 頻出度★☆☆ Check □□□

2以上の自然数で1とそれ自身以外に約数を持たない数を素数と呼ぶ．Nを4以上の自然数とする．2以上$\sqrt{N}$以下の全ての自然数でNが割り切れないとき，Nは素数であり，そうでないとき，Nは素数でない．

例えば，$N = 11$の場合，$11 \div 2 = 5$余り1，$11 \div 3 = 3$余り2となり，

2以上$\sqrt{11} \fallingdotseq 3.317$以下の全ての自然数で割り切れないので11は素数である．このアルゴリズムを次のような流れ図で表した．流れ図中の(ア)，(イ)に入る記述として，最も適切なものはどれか．

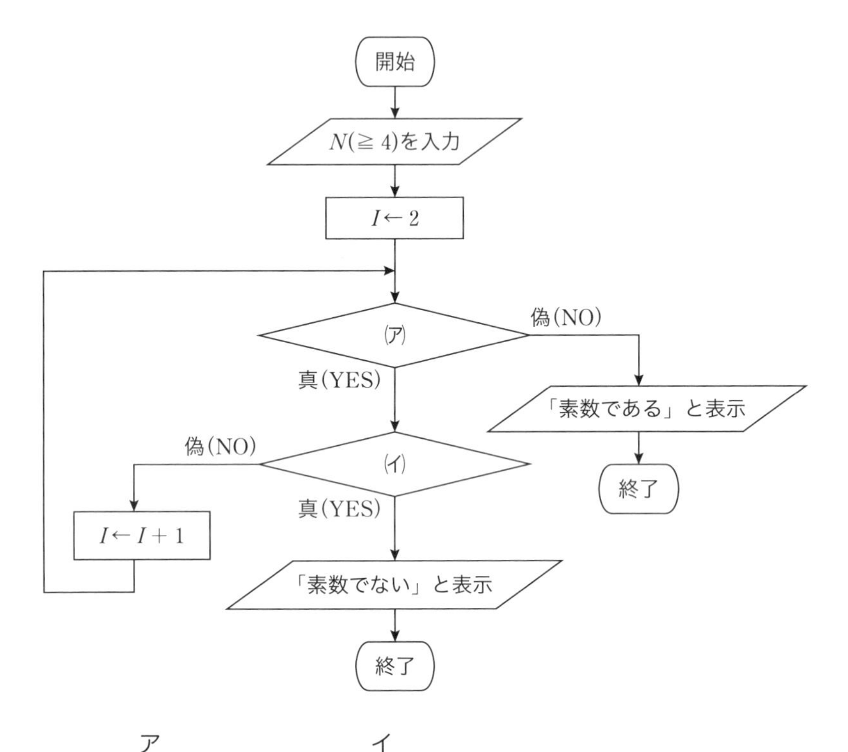

	ア	イ
①	$I \geqq \sqrt{N}$	IがNで割り切れる．
②	$I \geqq \sqrt{N}$	NがIで割り切れない．
③	$I \geqq \sqrt{N}$	NがIで割り切れる．
④	$I \leqq \sqrt{N}$	NがIで割り切れない．
⑤	$I \leqq \sqrt{N}$	NがIで割り切れる．

解説 題意より，自然数N(≧4)は，2以上$\sqrt{N}$以下のすべての自然数で割り切れないときに素数である．

したがって，ある自然数 N ($\geqq 4$) が与えられたとき，$I=2$ から始めて I を1ずつ条件 $I \leqq \sqrt{N}$ が成立する範囲で増やしながら，N が I で割り切れるかどうかの判定を繰り返し，割り切れたら N は「素数でない」と判定する．条件 $I \leqq \sqrt{N}$ が成立しない，つまり $I > \sqrt{N}$ になったときは，「2 以上 $\sqrt{N}$ 以下の全ての自然数で割り切れない」という条件を満たすので，N は「素数である」と判定することができる．これが問題のフローチャートである．

(ア) $I \leqq \sqrt{N}$

条件 $I \leqq \sqrt{N}$ が成立しない，つまり $I > \sqrt{N}$ になったことを判定するプロセスである．ここで，$I \leqq \sqrt{N}$ が偽（NO）と判定されれば，それ以前の処理により「2 以上 $\sqrt{N}$ 以下のすべての自然数で割り切れない」という素数としての条件を満たすことになるので，「素数である」と表示し，終了する．

(イ) N が I で割り切れる

2 以上 $\sqrt{N}$ 以下の自然数 I について，「N が I で割り切れる」かどうかを判定し，真のとき「素数ではない」と表示し，終了する．

よって，(ア)，(イ)に入る記述の組合せとして，最も適切なものは⑤である．

解答 ⑤

Brushup 3.1.2 (2)数値表現とアルゴリズム(c)

I 2 4 頻出度★★☆ Check ■■■

西暦年号がうるう年か否かの判定は次の(ア)～(ウ)の条件によって決定する．うるう年か否かの判定を表現している決定表として，最も適切なものはどれか．

(ア) 西暦年号が 4 で割り切れない年はうるう年でない．

(イ) 西暦年号が 100 で割り切れて 400 で割り切れない年はうるう年でない．

(ウ) (ア)，(イ)以外のとき，うるう年である．

なお，決定表の条件部での“Y”は条件が真，“N”は条件が偽であることを表し，“—”は条件の真偽に関係ない又は論理的に起こりえないことを表す．動作部での“X”は条件が全て満たされたときその行で指定した動作の実行を表し，“—”は動作を実行しないことを表す．

①

条件部	西暦年号が 4 で割り切れる	N	Y	Y	Y
	西暦年号が 100 で割り切れる	—	N	Y	Y
	西暦年号が 400 で割り切れる	—	—	N	Y
動作部	うるう年と判定する	—	X	X	X
	うるう年でないと判定する	X	—	—	—

②

条件部	西暦年号が 4 で割り切れる	N	Y	Y	Y
	西暦年号が 100 で割り切れる	—	N	Y	Y
	西暦年号が 400 で割り切れる	—	—	N	Y
動作部	うるう年と判定する	—	—	X	X
	うるう年でないと判定する	X	X	—	—

③

条件部	西暦年号が 4 で割り切れる	N	Y	Y	Y
	西暦年号が 100 で割り切れる	—	N	Y	Y
	西暦年号が 400 で割り切れる	—	—	N	Y
動作部	うるう年と判定する	—	X	—	X
	うるう年でないと判定する	X	—	X	—

④

条件部	西暦年号が 4 で割り切れる	N	Y	Y	Y
	西暦年号が 100 で割り切れる	—	N	Y	Y
	西暦年号が 400 で割り切れる	—	—	N	Y
動作部	うるう年と判定する	—	X	—	—
	うるう年でないと判定する	X	—	X	X

⑤

条件部	西暦年号が 4 で割り切れる	N	Y	Y	Y
	西暦年号が 100 で割り切れる	—	N	Y	Y
	西暦年号が 400 で割り切れる	—	—	N	Y
動作部	うるう年と判定する	—	—	—	X
	うるう年でないと判定する	X	X	X	—

解説

(ア) 『西暦年号が 4 で割り切れない（「西暦年号が 4 で割り切れる」が “N”）年は，動作部の「うるう年ではないと判定する」を “X” とする』というものである．①～⑤の決定表は，この条件にすべて合致している．

(イ) 『「西暦年号が 100 で割り切れる」が “Y”，かつ西暦年号が 400 で割り切れない（「西暦年号が 400 で割り切れる」が “N”）の年は，動作部の「うるう年ではないと判定する」を “X” とする』というものである．③～⑤の決定表はこの条件に合致しているが，①，②の決定表は “—” となっており “X” とすべきなので誤りである．

(ウ) 『(ア)，(イ)以外のとき，動作部の「うるう年と判定する」を “X” とする』というものである．(ア)と(イ)に関して適正な③～⑤の決定表についてみると，④および⑤は動作部の「うるう年でないと判定する」が “X”，「うるう年と判定する」が “—” となっているので誤りである．③の決定表は正しい．

問題と解答
基礎
2023
2022
2021
2020
2019(再)
2019
2018
2017

よって，(ア)〜(ウ)の3条件を満たす決定表として，適切なものは③である．

解答　③

Brushup　3.1.2 (1)情報理論(c)

I 25　頻出度★★★　Check □□□

次の式で表現できる数値列として，最も適切なものはどれか．

＜数値列＞::＝01｜0＜数値列＞1

ただし，上記式において，::＝は定義を表し，｜はORを示す．

①　111110　　②　111000　　③　101010

④　000111　　⑤　000001

解説　問題の＜数値列＞の定義は，＜数値列＞::＝01｜0＜数値列＞1なので，表現できるのは01または0＜数値列＞1である．

①〜③　先頭の数値が“1”なので不適切である．

④　先頭と末尾の数値が“0”と“1”なので，0＜数値列＞1の形に当たり，その間の“0011”が＜数値列＞であればよい．“0011”は，“01”という＜数値列＞を先頭の“0”と末尾の“1”で囲んだものなので＜数値列＞である．

⑤　先頭と末尾の“0”と“1”に囲まれる“0000”は＜数値列＞ではない．

よって，数値列として，適切なものは④である．

解答　④

Brushup　3.1.2 (2)数値表現とアルゴリズム(c)

I 26　頻出度★★☆　Check □□□

10 000命令のプログラムをクロック周波数2.0 [GHz]のCPUで実行する．下表は，各命令の個数と，CPI（命令当たりの平均クロックサイクル数）を示している．このプログラムのCPU実行時間に最も近い値はどれか．

命令	個数	CPI
転送命令	3 500	6
算術演算命令	5 000	5
条件分岐命令	1 500	4

①　260ナノ秒　　②　26マイクロ秒　　③　260マイクロ秒

④　26ミリ秒　　⑤　260ミリ秒

解説　クロック周波数$f = 2.0 \times 10^6$ Hzなので，

$$1\text{クロックに要する時間}\ t = \frac{1}{f} = \frac{1}{2.0 \times 10^9} = 5 \times 10^{-10}\ \text{s}$$

適性
2023
2022
2021
2020
2019(再)
2019
2018
2017

各命令の実行時間は，1クロックに要する時間t × CPI × 命令の個数なので，

転送命令の実行時間：$5 \times 10^{-10} \times 6 \times 3\,500 = 10.5 \times 10^{-6}$ s
$= 10.5$ μs

算術演算命令の実行時間：$5 \times 10^{-10} \times 5 \times 5\,000 = 12.5 \times 10^{-6}$ s
$= 12.5$ μs

条件分岐命令の実行時間：$5 \times 10^{-10} \times 4 \times 1\,500 = 3.0 \times 10^{-6}$ s
$= 3.0$ μs

∴　$10.5 + 12.5 + 3.0 =$ **26 μs**

解答　②

Brushup　3.1.2 (2)数値表現とアルゴリズム(c)

③群　解析に関するもの（全6問題から3問題を選択解答）

Ⅰ 3 1　頻出度★☆☆　Check □□□

導関数 $\dfrac{d^2u}{dx^2}$ の点 x_i における差分表現として，最も適切なものはどれか．ただし，添え字 i は格子点を表すインデックス，格子幅を h とする．

① $\dfrac{u_{i+1} - u_i}{h}$　② $\dfrac{u_{i+1} + u_i}{h}$　③ $\dfrac{u_{i+1} - 2u_i + u_{i-1}}{2h}$

④ $\dfrac{u_{i+1} + 2u_i + u_{i-1}}{h^2}$　⑤ $\dfrac{u_{i+1} - 2u_i + u_{i-1}}{h^2}$

解説　関数 u の導関数（1階微分）$\dfrac{du}{dx}$ を，格子点 i と格子点 $i+1$ との間の変化分 $u_{i+1} - u_i$ により差分表現すると

$$\frac{u_{i+1} - u_i}{h}$$

になる．この関係を基に，導関数 $\dfrac{d^2u}{dx^2}$ を考えると，格子点 i を中心に，格子点 i と格子点 $i+1$ との間の1階微分の差分表現における差分表現 $\dfrac{u_{i+1} - u_i}{h}$ と，その一つ手前の格子点 $i-1$ と格子点 i との間の前進差分表現 $\dfrac{u_i - u_{i-1}}{h}$ を用い，

$$\frac{\dfrac{u_{i+1} - u_i}{h} - \dfrac{u_i - u_{i-1}}{h}}{h} = \frac{u_{i+1} - 2u_i + u_{i-1}}{h^2}$$

あるいは，重要ポイントで解説したテイラー展開で2乗までの項を考慮した近似式を用いても同じ結果が得られる．

よって，導関数 $\dfrac{d^2u}{dx^2}$ の差分表現として，最も適切なものは⑤である．

解答　⑤

Brushup　3.1.3 (3)数値解析(b)

I 3 2　頻出度★★☆　Check □□□

ベクトル $\boldsymbol{A}$ とベクトル $\boldsymbol{B}$ がある．$\boldsymbol{A}$ を $\boldsymbol{B}$ に平行なベクトル $\boldsymbol{P}$ と $\boldsymbol{B}$ に垂直なベクトル $\boldsymbol{Q}$ に分解する．すなわち $\boldsymbol{A} = \boldsymbol{P} + \boldsymbol{Q}$ と分解する．$\boldsymbol{A} = (6, 5, 4)$，$\boldsymbol{B} = (1, 2, -1)$ とするとき，$\boldsymbol{Q}$ として，最も適切なものはどれか．

①　(1, 1, 3)　　②　(2, 1, 4)　　③　(3, 2, 7)

④　(4, 1, 6)　　⑤　(5, −1, 3)

解説　ベクトル $\boldsymbol{A}$ をベクトル $\boldsymbol{B}$ に平行なベクトル $\boldsymbol{P}$ と垂直なベクトル $\boldsymbol{Q}$ に分解すると，

$$\boldsymbol{A} = \boldsymbol{P} + \boldsymbol{Q}$$

であるが，ベクトル $\boldsymbol{P}$ は，k を任意のスカラ量とすると

$$\boldsymbol{P} = k\boldsymbol{B} = k \times (1, 2, -1) = (k, 2k, -k)$$

と表すことができるので，

$$\boldsymbol{Q} = \boldsymbol{A} - \boldsymbol{P} = (6, 5, 4) - (k, 2k, -k) = (6-k, 5-2k, 4+k)$$

一方，ベクトル $\boldsymbol{Q}$ はベクトル $\boldsymbol{B}$ と垂直なので，内積は0である．

$$\begin{aligned}\boldsymbol{Q}\cdot\boldsymbol{B} &= (6-k, 5-2k, 4+k)\cdot(1, 2, -1)\\ &= (6-k)\times 1 + (5-2k)\times 2 + (4+k)\times(-1)\\ &= 12 - 6k = 0\end{aligned}$$

$$k = 2$$

$$\therefore \quad \boldsymbol{Q} = (6-2, 5-2\times 2, 4+2) = \mathbf{(4, 1, 6)}$$

よって，ベクトル $\boldsymbol{Q}$ として，最も適切なものは④である．

解答　④

Brushup　3.1.3 (2)ベクトル解析(c)

I 3 3　頻出度★★★　Check □□□

材料が線形弾性体であることを仮定した構造物の応力分布を，有限要素法により解析するときの要素分割に関する次の記述のうち，最も不適切なものはどれか．

①　応力の変化が大きい部分に対しては，要素分割を細かくするべきであ

る.

② 応力の変化が小さい部分に対しては，応力自体の大小にかかわらず要素分割の影響は小さい.

③ 要素分割の影響を見るため，複数の要素分割によって解析を行い，結果を比較することが望ましい.

④ 粗い要素分割で解析した場合には常に変形は小さくなり応力は高めになるので，応力評価に関しては安全側である.

⑤ ある荷重に対して有効性が確認された要素分割でも，他の荷重に対しては有効とは限らない.

解説

① 適切. 応力の変化が大きい部分は，各要素の部分を線形近似することによる精度が低下するので，細かく分割すべきである.

② 適切. 要素分割の影響は応力自体の大小ではあまり差異はない. 応力が大きくても変化が少ないところは，要素分割を粗くして計算時間の短縮を図るとよい.

③ 適切. 応力が局所的に高くなるかどうかは事前に予測できない場合もあるので，まずは粗い複数の方法で要素分割して計算を行い，応力の分布を粗く把握した後に，応力が集中して変化が大きいところは要素分割を見直すとよい.

④ 不適切. 粗い要素分割で解析した場合は，応力が低めになる場合もあり，必ずしも安全側になるとはいえない.

⑤ 適切. 非線形現象の解析なので，荷重が変化すれば最適な要素分割も変化する場合があるので，解析条件によって有効な要素分割に設定する必要がある.

よって，要素分割に関する記述のうち，最も不適切なものは④である.

解答 ④

Brushup 3.1.3 (3)数値解析(c)

I 3 4 頻出度★☆☆ Check □□□

長さが L，抵抗が r の導線を複数本接続して，下図に示すような 3 種類の回路(a)，(b)，(c)を作製した. (a)，(b)，(c)の各回路における AB 間の合成抵抗の大きさをそれぞれ R_a，R_b，R_c とするとき，R_a，R_b，R_c の大小関係として，最も適切なものはどれか. ただし，導線の接合点で付加的な抵抗は存在しないものとする.

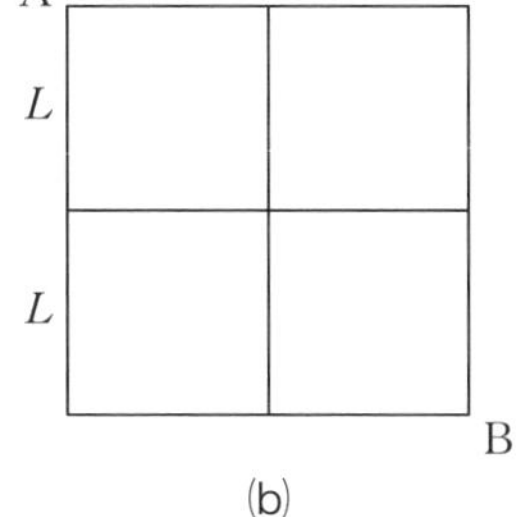
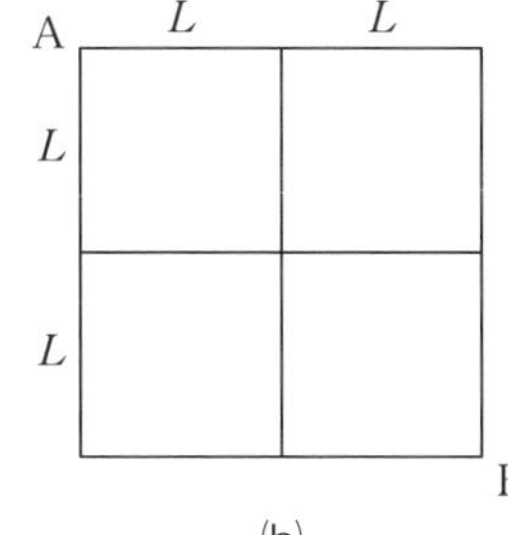

(a)　　(b)　　(c)

① $R_a < R_b < R_c$　　② $R_a < R_c < R_b$　　③ $R_c < R_a < R_b$

④ $R_c < R_b < R_a$　　⑤ $R_b < R_a < R_c$

解説

(a)　ブリッジの平衡条件を満足しており中央の導線には電流は流れないので，取り去ってもAB間の合成抵抗は変わらない．

したがって，AB間は2本の抵抗rの直列回路2組が並列接続された回路と考えることができる．直列回路の合成抵抗は$r+r$，それを2組並列接続すると合成抵抗は1/2倍になるので

$$R_a = \frac{r+r}{2} = r$$

(b)　端子AB間に電圧Vを印加したときに，端子Aから流入する電流をIとすると，回路の対称性から各部の電流分布は図のようになる．

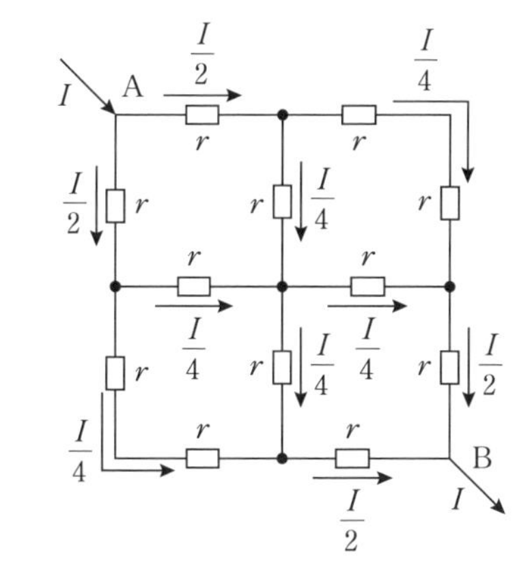

$$V = r \times \frac{I}{2} + r \times \frac{I}{4} + r \times \frac{I}{4}$$

$$+ r \times \frac{I}{2} = \frac{3rI}{2}$$

$$\therefore \quad R_b = \frac{V}{I} = \frac{\frac{3rI}{2}}{I} = 1.5r$$

(c)　この回路の場合も，回路の対称性に着目して電流I_1とI_2を仮定し，閉回路にキルヒホッフの電圧則を適用すると，

$$rI_1 + r(I_1 - I_2) - 2rI_2 = 0$$

$$I_1 = \frac{3}{2} I_2$$

また，$I = I_1 + I_2$なので，

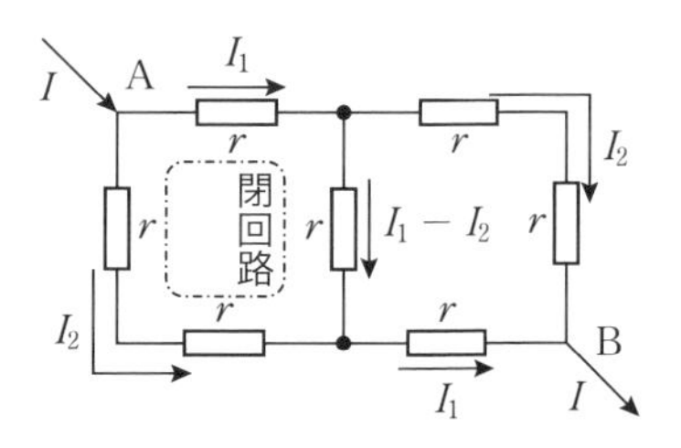

$$I_1 = \frac{3}{5}I,\ \ I_2 = \frac{2}{5}I$$

$$V = rI_1 + 2rI_2 = \frac{3}{5}rI + \frac{4}{5}rI$$

$$= \frac{7}{5}rI$$

$$\therefore \quad R_c = \frac{V}{I} = \frac{7}{5}r = 1.4r$$

よって，$R_a\,(= r) < R_c\,(= 1.4r) < R_b\,(= 1.5r)$ の関係になるので，最も適切なものは②である．

解答　②

I 3 5　頻出度★★☆　Check ■■■

両端にヒンジを有する 2 つの棒部材 AC と BC があり，点 C において鉛直下向きの荷重 P を受けている．棒部材 AC の長さは L である．棒部材 AC と BC の断面積はそれぞれ A_1 と A_2 であり，縦弾性係数（ヤング係数）はともに E である．棒部材 AC と BC に生じる部材軸方向の伸びをそれぞれ δ_1 と δ_2 とするとき，その比（δ_1/δ_2）として，最も適切なものはどれか．なお，棒部材の伸びは微小とみなしてよい．

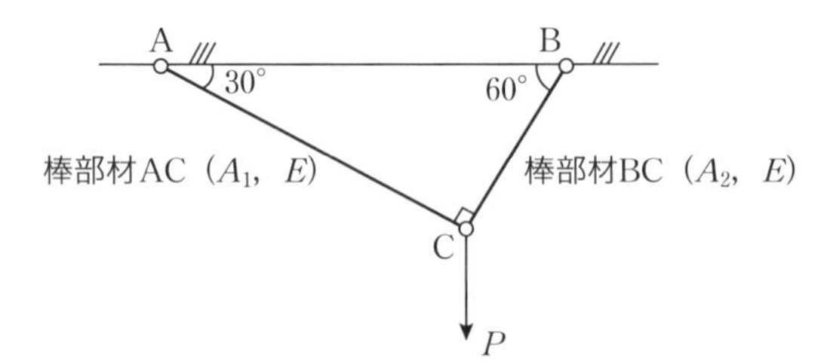

① $\dfrac{\delta_1}{\delta_2} = \dfrac{A_1}{A_2}$　② $\dfrac{\delta_1}{\delta_2} = \dfrac{\sqrt{3}A_1}{2A_2}$　③ $\dfrac{\delta_1}{\delta_2} = \dfrac{A_2}{A_1}$

④ $\dfrac{\delta_1}{\delta_2} = \dfrac{\sqrt{3}A_2}{2A_1}$　⑤ $\dfrac{\delta_1}{\delta_2} = \dfrac{\sqrt{3}A_2}{A_1}$

解説　棒部材の伸びは微小なので弾性限度以内であり，フックの法則が成り立つので，応力を σ，伸びを δ，元の長さを l，ヤング率を E とすると，次式が成り立つ．

$$\sigma = E\frac{\delta}{l}$$

部材 AC については，引張荷重が $P\cos 60° = \frac{1}{2}P$，断面積が A_1，元の長さが $l = L$，伸びが $\delta = \delta_1$ なので，

$$\frac{\frac{1}{2}P}{A_1} = E\frac{\delta_1}{L}$$

$$\therefore \quad \delta_1 = \frac{PL}{2A_1E}$$

部材 BC については，引張荷重が $P\sin 60° = \frac{\sqrt{3}}{2}P$，断面積が A_2，元の長さが $l = \frac{L}{\sqrt{3}}$，伸びが $\delta = \delta_2$ なので，

$$\frac{\frac{\sqrt{3}}{2}P}{A_2} = E\frac{\delta_2}{\frac{L}{\sqrt{3}}}$$

$$\therefore \quad \delta_2 = \frac{PL}{2A_2E}$$

$$\therefore \quad \frac{\delta_1}{\delta_2} = \frac{\frac{PL}{2A_1E}}{\frac{PL}{2A_2E}} = \frac{A_2}{A_1}$$

よって，δ_1/δ_2 として，最も適切なものは③である．

解答　③

Brushup　3.1.3 (4)力学(b)

I 3 6　頻出度★★☆　Check □□□

下図に示す，長さが同じで同一の断面積 $4d^2$ を有し，断面形状が異なる 3 つの単純支持のはり(a)，(b)，(c)の xy 平面内の曲げ振動について考える．これらのはりのうち，最も小さい 1 次固有振動数を有するものとして，最も適切なものはどれか．ただし，はりは同一の等方性線形弾性体からなり，はりの断面は平面を保ち，断面形状は変わらず，また，はりに生じるせん断変形は無視する．

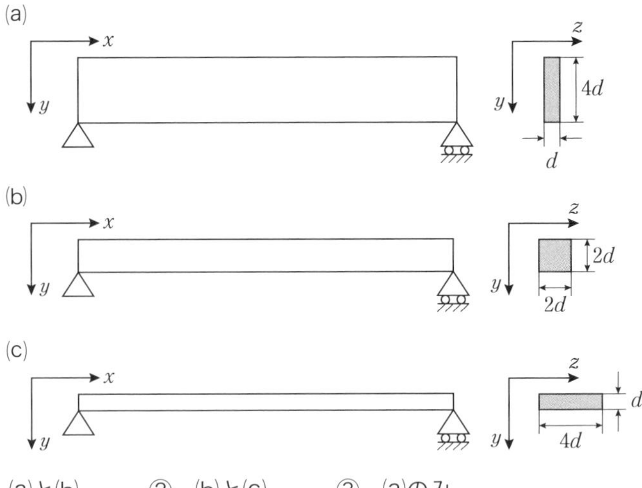

① (a)と(b)　② (b)と(c)　③ (a)のみ

④ (b)のみ　⑤ (c)のみ

解説　単純支持のはりの一次固有振動数は，はりの断面二次モーメントIの平方根に比例する．

幅b，高さhの長方形断面の断面二次モーメントIは，次式で求めることができる．

$$I=\frac{bh^3}{12}$$

(a)　$b=d$，$h=4d$なので，

$$I=\frac{d\,(4d)^3}{12}=\frac{16d^4}{3}$$

(b)　$b=2d$，$h=2d$なので，

$$I=\frac{2d\,(2d)^3}{12}=\frac{4d^4}{3}$$

(c)　$b=4d$，$h=d$なので，

$$I=\frac{4d\times d^3}{12}=\frac{d^4}{3}$$

よって，断面二次モーメントの大小関係は，(c)$<$(b)$<$(a)なので，一次固有振動数も大小関係も同様となり，最も小さい一次固有振動数を有するものとして，最も適切なものは⑤である．

解答　⑤

Brushup　3.1.3 (4)力学(b)

4群 材料・化学・バイオに関するもの（全6問題から3問題を選択解答）

I 4 1 頻出度★☆☆ Check□□□

ある金属イオン水溶液に水酸化ナトリウム水溶液を添加すると沈殿物を生じ，さらに水酸化ナトリウム水溶液を添加すると溶解した．この金属イオン種として，最も適切なものはどれか．

① Ag^{+} イオン ② Fe^{3+} イオン ③ Mg^{2+} イオン
④ Al^{3+} イオン ⑤ Cu^{2+} イオン

解説 酸とも塩基とも反応する金属を両性金属という．一般に，多くの金属イオン水溶液は水酸化ナトリウム水溶液を加えてアルカリ性にすることにより，少量でも沈殿物（水酸化物）を生じ，その金属イオンを取り除くことができる．

しかし，両性金属イオン水溶液の場合は，少量の水酸化ナトリウム水溶液を加えて沈殿物を生じることは同じであるが，さらに水酸化ナトリウム水溶液を加えてアルカリ性を強めると，ヒドロキシ基（水の分子 H_2O から水素原子 1 個が解離して生じた極めて弱い酸性の有機官能基）と錯イオンを形成し，沈殿が再び溶解する．両性金属に属するのは，Al，Zn，Sn，Pb である．

よって，この金属イオン種として，最も適切なものは④の Al^{3+} である．

解答 ④

Brushup 3.1.4 (2)化学(i)

I 4 2 頻出度★☆☆ Check□□□

0.10 [mol] の **NaCl**，$C_6H_{12}O_6$（ブドウ糖），$CaCl_2$ をそれぞれ **1.0** [kg] の純水に溶かし，3 種類の **0.10** [mol/kg] 水溶液を作製した．これらの水溶液の沸点に関する次の記述のうち，最も適切なものはどれか．

① 3 種類の水溶液の沸点はいずれも 100 [°C] よりも低い．
② 3 種類の水溶液の沸点はいずれも 100 [°C] よりも高く，同じ値である．
③ 0.10 [mol/kg] の NaCl 水溶液の沸点が最も低い．
④ 0.10 [mol/kg] の $C_6H_{12}O_6$（ブドウ糖）水溶液の沸点が最も高い．
⑤ 0.10 [mol/kg] の $CaCl_2$ 水溶液の沸点が最も高い．

解説 溶媒に溶質を加えて溶液を作製したとき，溶液の蒸気圧降下が起こり，沸点が上昇することを沸点上昇という．溶液の沸騰は溶液の蒸気圧が大気圧と等しくなったときに起こるので，溶液の蒸気圧が低下すると同じ温度では大気圧より低くなるので沸騰せず，さらに温度が高くなったときに沸騰が起こるので沸点は上昇する．

沸点上昇度ΔTは，溶質の種類にかかわらず，溶質の質量モル濃度nに比例する．

$$\Delta T = K_b \cdot n$$（K_b：モル沸点上昇と呼ばれる比例定数）

なお，この式は，溶質が解離および会合（結合）していないという仮定の下に成り立つので，溶質がイオンに解離する場合は解離した状態でのモル数を考える．

① 不適切．純水に溶質を溶かすと沸点上昇が起こるので，沸点はいずれも純水の沸点 100 ℃よりも高くなる．

② 不適切．3 種類の水溶液の沸点がいずれも 100 ℃より高くなる点は適切であるが，NaCl，$CaCl_2$ は水溶液中で解離するのに対し，$C_6H_{12}O_6$（ブドウ糖）は解離しないので，同じ 0.10 mol を溶かした場合でも沸点上昇度は異なるので，同じ値にはならない．

③，④ 不適切．⑤ 適切．

・0.10 mol の $C_6H_{12}O_6$（ブドウ糖）は，解離しないので 0.10 mol のままである．

・0.10 mol の NaCl は，イオン化すると $NaCl \rightarrow Na^{+} + Cl^{-}$ になるので，$0.10 \times 2 = 0.20$ mol になる．

・0.10 mol の $CaCl_2$ は，イオン化すると $CaCl_2 \rightarrow Ca^{2+} + 2Cl^{-}$ になるので，$0.10 \times 3 = 0.30$ mol になる．

よって，沸点の低いほうから，

$C_6H_{12}O_6$（ブドウ糖）水溶液 ＜ NaCl 水溶液 ＜ $CaCl_2$ 水溶液

の順になる．「NaCl 水溶液の沸点が最も低い」，「$C_6H_{12}O_6$（ブドウ糖）水溶液の沸点が最も高い」は不適切，「$CaCl_2$ 水溶液の沸点が最も高い」は適切である．

よって，最も適切なものは⑤である．

解答 ⑤

Brushup 3.1.4 (2)化学(i)

I 4 3 頻出度★★☆ Check □□□

材料の結晶構造に関する次の記述の，[　　]に入る語句の組合せとして，最も適切なものはどれか．

結晶は，単位構造の並進操作によって空間全体を埋めつくした構造を持っている．室温・大気圧下において，単体物質の結晶構造は，Fe や Na では[ア]構造，Al や Cu では[イ]構造，Ti や Zn では[ウ]構造である．単位構造の中に属している原子の数は，[ア]構造では[エ]個，[イ]構造では 4 個，

ウ 構造では2個である.

	ア	イ	ウ	エ
①	六方最密充填	面心立方	体心立方	3
②	面心立方	六方最密充填	体心立方	4
③	面心立方	体心立方	六方最密充填	2
④	体心立方	面心立方	六方最密充填	2
⑤	体心立方	六方最密充填	面心立方	4

解説 金属の結晶構造には，面心立方構造，六方最密充填(てん)構造，体心立方構造の3種類がある.

・体心立方構造：Fe（鉄），Na（ナトリウム）等のアルカリ金属

単位構造の中に属している原子の数：頂点8個 $\times \frac{1}{8}$ ＋ 体心1個 ＝ 2個

・面心立方構造：Al（アルミニウム），Cu（銅），Au（金），Ag（銀）

単位構造の中に属している原子の数：頂点8個 $\times \frac{1}{8}$ ＋ 面心6個 $\times \frac{1}{2}$

＝ 4個

・六方最密充填構造：Ti（チタン），Zn（亜鉛），Mg（マグネシウム）

単位構造（六角柱の1/3）の中に属している原子の数：

$$\left(頂点12個 \times \frac{1}{6} + 上下面心2個 \times \frac{1}{2} + 内部3個\right) \times \frac{1}{3} = 2個$$

体心立方構造

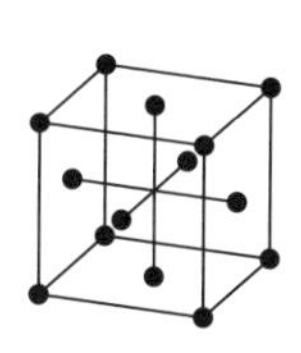
面心立方構造

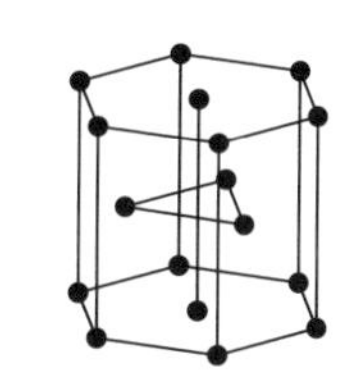
六方最密充填構造

よって，アは**体心立方**，イは**面心立方**，ウは**六方最密充填**，エは2になるので，最も適切なものは④である.

解答 ④

Brushup 3.1.4 (2)化学(e)

I 4 4 頻出度★★☆ Check □□□

下記の部品及び材料とそれらに含まれる主な元素の組合せとして，最も適切なものはどれか.

	乾電池負極材	光ファイバー	ジュラルミン	永久磁石
①	Zn	Si	Cu	Fe
②	Zn	Cu	Si	Fe
③	Fe	Si	Cu	Zn
④	Si	Zn	Fe	Cu
⑤	Si	Zn	Fe	Si

解説

・乾電池負極材：マンガン乾電池は負極材に Zn の金属シート，アルカリマンガン乾電池は負極材に粉末の Zn を合剤にしたものが用いられている.

・光ファイバ：二酸化けい素 SiO_2 の結晶である石英ガラスが用いられている.

・ジュラルミン：アルミニウム Al と銅 Cu，マグネシウム Mg などの合金である.

・永久磁石：鉄 Fe，アルミニウム Al，ニッケル Ni，コバルト Co が用いられている.

よって，選択肢①～⑤の各材料について，○×で判定すると次表のとおりであり，最も適切なものは①である.

選択肢	乾電池負極材	光ファイバ	ジュラルミン	永久磁石	判定
①	Zn：○	Si：○	Cu：○	Fe：○	適切
②	Zn：○	Cu：×	Si：×	Fe：○	不適切
③	Fe：×	Si：○	Cu：○	Zn：×	不適切
④	Si：×	Zn：×	Fe：×	Cu：×	不適切
⑤	Si：×	Zn：×	Fe：×	Si：×	不適切

解答　①

Brushup　3.1.4 (1)材料特性(g)，(j)～(l)

I 4 5　頻出度★★★　Check □□□

アミノ酸に関する次の記述の，[　　]に入る語句の組合せとして，最も適切なものはどれか.

一部の特殊なものを除き，天然のタンパク質を加水分解して得られるアミノ酸は[ア]種類である．アミノ酸の α―炭素原子には，アミノ基と[イ]，そしてアミノ酸の種類によって異なる側鎖（R 基）が結合している．R 基に脂肪族炭化水素鎖や芳香族炭化水素鎖を持つロイシンやフェニルアラニンは[ウ]性アミノ酸である．グリシン以外のアミノ酸には光学異性体が存在するが，天然に主に存在するものは[エ]である.

	ア	イ	ウ	エ
①	20	カルボキシ基	疎水	L体
②	20	ヒドロキシ基	疎水	D体
③	30	カルボキシ基	親水	L体
④	30	カルボキシ基	疎水	D体
⑤	30	ヒドロキシ基	親水	L体

解説

ア　20：タンパク質は，20種類存在するL-アミノ酸が多数連結してできた高分子化合物である．

イ　カルボキシ基：アミノ酸のα-炭素原子は，アミノ基と**カルボキシ基**が結合したものである．

ウ　疎水：アミノ酸は側鎖（R基）の極性により分類され，ロイシンやフェニルアラニンは**疎水**性アミノ酸に該当する．

エ　L体：グリシンを除くアミノ酸には光学異性体が存在する．一方をL体，もう一方をD体と呼ぶ．天然に存在するものはほとんどは**L体**である．

よって，アからエに入る語句の組合せとして，最も適切なものは①である．

解答　①

Brushup　3.1.4 (3)バイオテクノロジー(a)

I 4 6　頻出度★★★　Check ■■■

遺伝子組換え技術の開発はバイオテクノロジーを革命的に変化させ，ゲノムから目的の遺伝子を取り出して，直接DNA分子の構造を解析することを可能にした．遺伝子組換え技術に関する次の記述のうち，最も適切なものはどれか．

① ポリメラーゼ連鎖反応（PCR）では，一連の反応を繰り返すたびに二本鎖DNAを熱によって変性させなければならないので，熱に安定なDNAポリメラーゼを利用する．

② 遺伝子組換え技術により，大腸菌によるインスリン合成に成功したのは1990年代後半である．

③ DNAの断片はゲル電気泳動によって陰極に向かって移動し，大きさにしたがって分離される．

④ 6塩基の配列を識別する制限酵素EcoRIでゲノムDNAを切断すると，生じるDNA断片は正確に4^6塩基対の長さになる．

⑤ ヒトのゲノムライブラリーの全てのクローンは，肝臓のRNAから作製したcDNAライブラリーの中に見いだされる．

解説

① 適切．ポリメラーゼ連鎖反応（PCR）では，DNA の熱変性，プライマリーのアニーリング，伸長反応の三つの過程を繰り返して，DNA 分子を増幅する．熱変性の過程では温度が 90 ℃以上になるので，高温でも活性を失わない耐熱性ポリメラーゼが使用される．

② 不適切．遺伝子組換え技術により大腸菌によるインスリン合成に成功したのは 1990 年代後半ではなく，1979 年である．

③ 不適切．DNA の断片を構成するリン酸基は負電荷を帯びているので，ゲル電気泳動により，陰極ではなく陽極に向かって移動する．

④ 不適切．6 塩基の配列を識別する制限酵素 EcoRI でゲノム DNA を切断すると，一定の塩基対の長さになるが，ゲノム DNA 断片の長さが一定になるわけではない．

⑤ 不適切．ヒトのゲノムライブラリーのすべてのクローンは，肝臓の RNA からだけではなく，肝臓以外の RNA から作製した cDNA ライブラリーの中からも見出される．

よって，最も適切な記述は①である．

解答 ①

Brushup 3.1.4 (3)バイオテクノロジー(c)

5群 環境・エネルギー・技術に関するもの（全6問題から3問題を選択解答）

I 5 1 頻出度★★☆ Check □□□

環境管理に関する次の A～D の記述について，それぞれの正誤の組合せとして，最も適切なものはどれか．

A ある製品に関する資源の採取から製造，使用，廃棄，輸送など全ての段階を通して環境影響を定量的かつ客観的に評価する手法をライフサイクルアセスメントという．

B 公害防止のために必要な対策をとったり，汚された環境を元に戻したりするための費用は，汚染物質を出している者が負担すべきという考え方を汚染者負担原則という．

C 生産者が製品の生産・使用段階だけでなく，廃棄・リサイクル段階まで責任を負うという考え方を拡大生産者責任という．

D 事業活動において環境保全のために投資した経費が，税法上適切に処理されているかどうかについて，公認会計士が監査することを環境監査という．

	A	B	C	D
①	正	正	正	誤
②	誤	誤	誤	正
③	誤	正	正	誤
④	正	正	誤	正
⑤	正	誤	誤	誤

解説

A　正しい．ライフサイクルアセスメントは，JIS Q 14040：2010「環境マネジメント-ライフサイクルアセスメント-原則及び枠組み」において，『製品システムのライフサイクルの全体を通したインプット，アウトプット及び潜在的な環境影響のまとめ，並びに評価．』と定義されている．

B　正しい．汚染者負担原則（Polluter-Pays Principle，略してPPP）は，1972年に経済協力開発機構（OECD）が提唱し，世界各国で環境政策における責任分担の考え方の基礎となったものである．

C　正しい．拡大生産者責任とは，生産者が，自ら生産した製品が使用され，廃棄物となった後まで一定の責任を負うとする考え方であり，記述は正しい．

D　誤り．環境の側面から実施する経営管理の方法の一つで，企業や組織が自ら定めた環境管理計画がISO規格に適っているかどうかを独自に点検することをいう．税法上の監査ではなく，また公認会計士が監査するものでもない．

よって，正誤の組合せとして，最も適切なものは①である．

解答　①

Brushup　3.1.5（1)環境(a)

I 5 2　頻出度★★☆　Check ■■■

国連気候変動枠組条約第21回締約国会議（COP21）で採択されたパリ協定についての次の記述のうち，最も不適切なものはどれか．

① 温室効果ガスの排出削減目標を5年ごとに提出・更新することを義務付けることで，気候変動に対する適応策を積極的に推し進めることとした．

② 産業革命前からの地球の平均気温上昇を2 [℃] より十分下方に抑えるとともに，1.5 [℃] に抑える努力を追求することとした．

③ 各国より提供された温室効果ガスの排出削減目標の実施・達成に関する情報について，専門家レビューを実施することとした．

④ 我が国が提案した二国間オフセット・クレジット制度（JCM）を含む市場メカニズムの活用が位置づけられた．

⑤　途上国における森林減少及び森林劣化による温室効果ガス排出量を減少させる取組等について，実施及び支援するための行動をとることが奨励された．

解説

①　不適切．温室効果ガスの排出削減目標を5年ごとに提出・更新することは努力目標であって，達成しなければならない義務ではない．

②　適切．【協定の目的等】（第2条および第3条）で，世界共通の長期目標として，産業革命前からの世界の平均気温上昇を「2度未満」に抑えることに加えて，COP21では平均気温上昇「1.5度未満」に抑える努力を通教することに言及した．

③　適切．【行動と支援の透明性】（第13条）の次の規定が盛り込まれた．

・提出された情報は，専門家による検討（レビュー）を受ける．開発途上締約国であってその能力に照らして支援が必要な国においては，専門家による検討には，能力開発の必要性の特定の支援が含まれる．各締約国は，第9条（資金）に基づく努力に関する進捗及び「貢献」の実施と達成について，促進的かつ多国間の検討に参加する．

④　適切．【市場メカニズム等】（第6条）で，二国間クレジット制度（JCM）を含む市場メカニズムの活用が位置づけられた．また，日本は，二国間クレジット制度を駆使し，途上国の負担を下げながら，画期的な低炭素技術を普及させていくことを宣言した．

⑤　適切．【吸収源（森林等）】（第5条）で，森林等の吸収源の保全・強化の重要性や途上国の森林減少・劣化からの排出を抑制する仕組みが盛り込まれた．開発途上締約国の森林減少及び劣化等による排出量を減少させる取組のため，条約に基づく既存の枠組みを実施及び支援するための措置をとることが推奨されている．

よって，最も不適切なものは，①である．

解答　①

Brushup　3.1.5 (1)環境　a.，3.2.6 (1)地球環境(a)

I 5 3　頻出度★☆☆　Check□□□

天然ガスは，日本まで輸送する際に容積を少なくするため，液化天然ガス（LNG，Liquefied Natural Gas）の形で運ばれている．0 [°C]，1気圧の天然ガスを液化すると体積は何分の1になるか，次のうち最も近い値はどれか．なお，天然ガスは全てメタン（CH_4）で構成される理想気体とし，LNGの密度は温度によらず425 [kg/m^3] で一定とする．

① 1/1 200　② 1/1 000　③ 1/800
④ 1/600　⑤ 1/400

解説 メタン CH_4 の分子量は，炭素Cの原子量が12，水素Hの原子量が1なので，

$$12 + 1 \times 4 = 16$$

なので，メタン1 kmolの質量は16 kgである．

題意より，天然ガスはすべてメタンで構成される理想気体で，その密度は温度によらず425 kg/m^{3}で一定なので，天然ガス1 kmolの体積は，16/425 m^{3}である．

一方，標準状態（0 ℃，1気圧）における天然ガス（メタン）の体積は，

$$22.4\ \text{kL/kmol} = 22.4\ \text{m}^3\text{/kmol}$$

なので，

$$\frac{\dfrac{16}{425}}{22.4} = \frac{1}{22.4 \times \dfrac{425}{16}} = \frac{1}{595}$$

よって，天然ガスを液化すると体積は1/595になり，最も近い値は④の1/600である．

解答 ④

Brushup 3.1.4 (2)化学(a)，(b)

I 5 4　頻出度★★☆　Check □□□

我が国の近年の家庭のエネルギー消費に関する次の記述のうち，最も不適切なものはどれか．

① 全国総和の年間エネルギー消費量を用途別に見ると，約3割が給湯用のエネルギーである．

② 全国総和の年間エネルギー消費量を用途別に見ると，冷房のエネルギー消費量は暖房のエネルギー消費量の約10倍である．

③ 全国総和の年間エネルギー消費量をエネルギー種別に見ると，約5割が電気である．

④ 電気冷蔵庫，テレビ，エアコンなどの電気製品は，エネルギーの使用の合理化等に関する法律（省エネ法）に基づく「トップランナー制度」の対象になっており，エネルギー消費効率の基準値が設定されている．

⑤ 全国総和の年間電力消費量のうち，約5 %が待機時消費電力として失われている．

解説

① 適切，② 不適切．「エネルギー白書2017」によれば，全国総和の年間エネルギー消費に占める家庭部門の比率は13.8 %で，用途別にみると，動力・照明他37.3 %，給湯28.9 %，暖房22.4 %，ちゅう房9.3 %，冷房2.2 %であった．

①の約3割が給湯用という記述は適切である．冷房は暖房の約1/10倍なので②の記述は不適切である．

③ 適切．「エネルギー白書2017」によれば，家庭部門におけるエネルギー源別消費は，電気51.4 %，都市ガス21.5 %，LPガス10.7 %，灯油15.6 %の順である．約5割りが電気という記述は適切である．

④ 適切．省エネ法に基づくトップランナー制度の対象機器は29機器（特定熱損失防止建築材料である断熱材，サッシ，複層ガラスを加えると32品目）であり，電気冷蔵庫，テレビ，エアコンなどの家電機器や自動車等が含まれる．

⑤ 適切．「エネルギー白書2017」によれば，家庭の年間電力消費量のうち，約5 %が待機時消費電力として消費されている．

よって，最も不適切なものは②である．

解答 ②

Brushup 3.1.5 (2)エネルギー(a)

I 5 5 頻出度★★☆ Check □□□

18世紀後半からイギリスで産業革命を引き起こす原動力となり，現代工業化社会の基盤を形成したのは，自動織機や蒸気機関などの新技術だった．これらの技術発展に関する次の記述のうち，最も不適切なものはどれか．

① 一見革命的に見える新技術も，多くは既存の技術をもとにして改良を積み重ねることで達成されたものである．

② 新技術の開発は，ヨーロッパ各地の大学研究者が主導したものが多く，産学協同の格好の例といえる．

③ 新技術の発展により，手工業的な作業場は機械で重装備された大工場に置き換えられていった．

④ 新技術のアイデアには，からくり人形や自動人形などの娯楽製品から転用されたものもある．

⑤ 新技術は生産効率を高めたが，反面で安い労働力を求める産業資本が成長し，長時間労働や児童労働などが社会問題化した．

解説

① 適切．ワットの蒸気機関はニューコメンが実用化していた蒸気機関を改

良，自動織機の技術は，織機の一部分である杼（横糸を通す道具にたて糸を通すもの）を改良した飛び杼から始まるなど，既存技術に改良を重ねて発展したものである．

② 不適切．産業革命は，大学研究者ではなく，産業資本家と結びついて発展した．

③ 適切．産業革命のうちの動力革命により，それまで手工業的な作業場であったものが，都市に大規模な工場を建設して機械により生産を行う工場制機械工業に置き換えられた．

④ 適切．紀元前2世紀頃，アレクサンドリアの技術者ヘロンにより水力や火力を利用した機械仕掛けの自動人形劇が考案されていた．14世紀以降には，時計塔に組み込まれた人形や動物などが機械仕掛けで動いて時を告げるものが使われていた．これらの技術は，産業革命初期の機械技術の発展はからくりの機構が，より精密でかつ安価に利用できるようにした．

⑤ 適切．産業革命の流れとともに工業の中で産業資本家層とその工場で働く労働者層との分化が進み，労働者の長時間労働，低賃金，児童労働などの問題も深刻化した．

よって，最も不適切なものは②である．

解答 ②

Brushup 3.1.5 (3)技術史(a)

I 5 6 頻出度★★★ Check □□□

科学史・技術史上著名な業績に関する次の記述のうち，最も不適切なものはどれか．

① アレッサンドロ・ボルタは，異種の金属と湿った紙で電堆（電池）を作り定常電流を実現した．

② アレクサンダー・フレミングは，溶菌酵素のリゾチームと抗生物質のペニシリンを発見した．

③ ヴィルヘルム・レントゲンは，陰極線の実験を行う過程で未知の放射線を発見しX線と名付けた．

④ グレゴール・メンデルは，エンドウマメの種子の色などの性質に注目し植物の遺伝の法則性を発見した．

⑤ トマス・エジソンは，交流電圧を用いて荷電粒子を加速するサイクロトロンを発明した．

解説

① 適切．アレッサンドロ・ボルタは，食塩水に浸した紙を使い，それを2種

類の金属で挟むことで電流が流れることを発見した．その後の「ボルタの電堆」の発明につながる．

② 適切．アレクサンダー・フレミングは，1919年に殺菌作用をもつ酵素であるリゾチームを，1928年には抗生物質であるペニシリンを発見した．

③ 適切．ヴィルヘルム・レントゲンは，1895年に陰極線の実験を行う過程で未知の放射線を発見し，これをX線と名付けた．

④ 適切．グレゴール・メンデルは，エンドウマメの種子の色などの性質に注目した植物の遺伝の法則性を発見し，1865年に分離の法則，独立の法則，優性の法則の三つからなるメンデルの法則を発表した．

⑤ 不適切．サイクロトロンは，アーネスト・ローレンスが1932年に考案したイオン加速器の一種である．トマス・エジソンが考案したものではない．

よって，最も不適切なものは⑤である．

解答 ⑤

Brushup 3.1.5 (3)技術史(a)

5. 適性科目の問題と解答

2023年度

II 次の15問題を解答せよ.（解答欄に1つだけマークすること.）

II 1 頻出度★★★ Check □□□

技術士法第4章（技術士等の義務）の規定において技術士等に求められている義務・責務に関わる(ア)～(エ)の説明について，正しいものは○，誤っているものは×として，適切な組合せはどれか.

(ア) 業務遂行の過程で与えられる情報や知見は，発注者や雇用主の財産であり，技術士等は守秘の義務を負っているが，依頼者からの情報を基に独自で調査して得られた情報はその限りではない.

(イ) 情報の意図的隠蔽は社会との良好な関係を損なうことを認識し，たとえその情報が自分自身や所属する組織に不利であっても公開に努める必要がある.

(ウ) 公衆の安全を確保するうえで必要不可欠と判断した情報については，所属する組織にその情報を速やかに公開するように働きかける．それでも事態が改善されない場合においては守秘義務を優先する.

(エ) 技術士等の判断が依頼者に覆された場合，依頼者の主張が安全性に対し懸念を生じる可能性があるときでも，予想される可能性について発言する必要はない.

	ア	イ	ウ	エ
①	○	×	○	×
②	○	○	×	×
③	×	○	×	×
④	×	×	○	○
⑤	×	×	○	×

解説 技術士法第4章技術士等の義務に関する出題である.

(ア) × 独自で調査して得られた情報であっても，発注者や雇用主の財産である業務遂行の過程で与えられた情報や知見を基にしたものであれば秘密保持義務を負う.

(イ) ○ 公益の確保は，自分自身や所属する組織の利益よりも優先される．自分自身や所属する組織にとって不利な情報であっても，公益優先で公開に努める必要がある．

(ウ) × 公衆の安全を確保するうえで必要不可欠と判断した情報であるのならば，所属する組織に公開を働きかけても事態が改善されないときは，外部の組織，権限のある行政機関などに公益通報することも考慮に入れて最善を尽くすべきである．

(エ) × 依頼者の主張が安全性に対し懸念を生じる可能性があるのならば，予想される可能性について，専門的な見地から依頼者に対して丁寧に説明するか，あるいは安全性を確保できる代替案を提示するなどするべきである．

よって，組合せとして最も適切なものは③である．

解答 ③

Brushup 3.2.2 技術士法第４章

II 2 頻出度★☆☆ Check ■■■

企業や組織は，保有する営業情報や技術情報を用いて他社との差別化を図り，競争力を向上させている．これらの情報の中には，秘密とすることでその価値を発揮するものも存在し，企業活動が複雑化する中，秘密情報の漏洩経路も多様化しており，情報漏洩を未然に防ぐための対策が企業に求められている．

情報漏洩対策に関する次の記述のうち，不適切なものはどれか．

① 社内規定等において，秘密情報の分類ごとに，アクセス権の設定に関するルールを明確にしたうえで，当該ルールに基づき，適切にアクセス権の範囲を設定する．

② 社内の規定に基づいて，秘密情報が記録された媒体等（書類，書類を綴じたファイル，USB メモリ，電子メール等）に，自社の秘密情報であることが分かるように表示する．

③ 秘密情報を取り扱う作業については，複数人での作業を避け，可能な限り単独作業で実施する．

④ 電子化された秘密情報について，印刷，コピー&ペースト，ドラッグ&ドロップ，USB メモリへの書込みができない設定としたり，コピーガード付きの USB メモリや CD-R 等に保存する．

⑤ 従業員同士で互いの業務態度が目に入ったり，背後から上司等の目につきやすくするような座席配置としたり，秘密情報が記録された資料が保管された書棚等が従業員等からの死角とならないようにレイアウトを工夫する．

解説

① 適切．秘密情報の分類とアクセス権の設定ルールをあらかじめ規定しておき実行すれば，個体差なしに管理できる．設定ルールの是正も容易である．

② 適切．秘密情報が記録された媒体等に規定に基づいて秘密情報である旨の表示をすることは，作業者に注意喚起することになるので適切である．

③ 不適切．秘密情報を取扱う作業を単独作業で実施すると不正行為の温床になりやすく判断ミスも起こりやすいので不適切である．必ず複数人での作業とすることにより，相互牽(けん)制による不正行為の抑止と作業ミス防止を図るべきである．

④ 適切．電子化された秘密情報について，紙媒体に印刷して持ち出したり，別の記録媒体にコピーして持ち出したり送ったりさせない対策として有効である．

⑤ 適切．座席配置のように自然な形で従業員同士，上司等の目による相互牽(けん)制が働くようにしておくことは適切である．秘密情報が記録された資料が勝手に持ち出されたりしないように，保管場所が従業員等からの死角とならないようにするのも適切である．電子データの暗号化や閲覧可能なPCの制限は，秘密情報が記録された電子データが外部に流出した場合や，社内システムへの部外者の無断接続・閲覧した場合の情報漏洩(えい)防止対策として適切である．

したがって，不適切なものは③である．

解答 ③

Brushup 3.1.2(3)情報ネットワーク(c)，(d)

II 3 頻出度★★★ Check □□□

国民生活の安全・安心を損なう不祥事は，事業者内部からの通報をきっかけに明らかになることも少なくない．こうした不祥事による国民への被害拡大を防止するために通報する行為は，正当な行為として事業者による解雇等の不利益な取扱いから保護されるべきものである．公益通報者保護法は，このような観点から，通報者がどこへどのような内容の通報を行えば保護されるのかという制度的なルールを明確にしたものである．2022年に改正された公益通報者保護法では，事業者に対し通報の受付や調査などを担当する従業員を指定する義務，事業者内部の公益通報に適切に対応する体制を整備する義務等が新たに規定されている．

公益通報者保護法に関する次の記述のうち，不適切なものはどれか．

① 通報の対象となる法律は，すべての法律が対象ではなく，「国民の生命，

身体，財産その他の利益の保護に関わる法律」として公益通報者保護法や政令で定められている．

② 公務員は，国家公務員法，地方公務員法が適用されるため，通報の主体の適用範囲からは除外されている．

③ 公益通報者が労働者の場合，公益通報をしたことを理由として事業者が公益通報者に対して行った解雇は無効となり，不利益な取り扱いをすることも禁止されている．

④ 不利益な取扱いとは，降格，減給，自宅待機命令，給与上の差別，退職の強要，専ら雑務に従事させること，退職金の減額・没収等が該当する．

⑤ 事業者は，公益通報によって損害を受けたことを理由として，公益通報者に対して賠償を請求することはできない．

解説

① 適切．公益通報者保護法第2条（定義）第3項より，「通報対象事実」は，国民の生命，身体，財産その他の利益の保護に関わる法律として別表に掲げる法律であり，すべての法律を対象とするものではない．

② 不適切．公益通報者保護法第7条で「一般職の国家公務員等に対する取扱い」により，公務員にも適用される．

③ 適切．公益通報者保護法第3条（解雇の無効）により，労働者である公益通報者が公益通報をしたことを理由として事業者が行った解雇は無効となる．また，第5条（不利益取扱いの禁止）により，事業者は，その使用し，又は使用していた公益通報者が公益通報をしたことを理由として，当該公益通報者に対し不利益な取扱いをすることも禁止されている．

④，⑤ 適切．「消費者庁公益通報者保護制度Q&A集」より，不利益な取扱いの内容としては，公益通報者保護法第3条～第7条の規定を含め，次のようなものが例示されている．

- 労働者たる地位の得喪に関すること（解雇，退職願の提出の強要，労働契約の終了・更新拒否，本採用・再採用の拒否，休職等）
- 人事上の取扱いに関すること（降格，不利益な配転・出向・転籍・長期出張等の命令，昇進・昇格における不利益な取扱い，懲戒処分等）
- 経済待遇上の取扱いに関すること（減給その他給与・一時金・退職金等における不利益な取扱い，損害賠償請求等）
- 精神上・生活上の取扱いに関すること（事実上の嫌がらせ等）

よって，最も不適切なものは②である．

解答 ②

Brushup 4.2.6(3)労働環境(f)

II 4 頻出度★★★ Check■■■

ものづくりに携わる技術者にとって，知的財産を理解することは非常に大事なことである．知的財産の特徴の1つとして，「もの」とは異なり「財産的価値を有する情報」であることが挙げられる．これらの情報は，容易に模倣されるという特質を持っており，しかも利用されることにより消費されるということがないため，多くの者が同時に利用することができる．こうしたことから知的財産権制度は，創作者の権利を保護するため，元来自由利用できる情報を，社会が必要とする限度で自由を制限する制度ということができる．

次の(ア)～(オ)のうち，知的財産権における産業財産権に含まれるものを○，含まれないものを×として，適切な組合せはどれか．

(ア) 特許権（発明の保護）

(イ) 実用新案権（物品の形状等の考案の保護）

(ウ) 意匠権（物品のデザインの保護）

(エ) 商標権（商品・サービスに使用するマークの保護）

(オ) 著作権（文芸，学術，美術，音楽，プログラム等の精神的作品の保護）

	ア	イ	ウ	エ	オ
①	○	○	○	○	○
②	○	○	○	○	×
③	○	○	○	×	○
④	○	○	×	○	○
⑤	○	×	○	○	○

解説 産業財産権制度は，新しい技術，新しいデザイン，ネーミングなどについて独占権を与え，模倣防止のために保護し，研究開発へのインセンティブを付与したり，取引上の信用を維持することによって，産業の発展をはかることを目的にした制度である．

知的財産権には，創作意欲を促進するための知的創造物についての権利と，信用の維持のための営業上の標識についての権利がある．前者には特許権（特許権法），実用新案権（実用新案法），意匠権（意匠法），著作権（著作権法），回路配置利用権（半導体集積回路の回路配置に関する法律），育成者権（種苗法），営業秘密（不正競争防止法）がある．また，後者には，商標権（商標法），商号（商法），商品等表示（不正競争防止法），地理的表示（特定農林水産物等の名称の保護に関する法律，酒税の保全及び酒類業組合等に関する法律）がある．

これら知的財産権のうち，産業財産権と呼ばれるのは，(ア)特許権，(イ)実用新案権，(ウ)意匠権および(エ)商標権の四つで特許庁が所管している．(オ)著作権は，著作権法に基づく知的財産権の一つであるが，回路配置利用権（半導体集積回路の回路配置に関する法律），育成者権（種苗法），営業秘密（不正競争防止法），商号（商法），商品等表示（不正競争防止法），地理的表示（特定農林水産物等の名称の保護に関する法律，酒税の保全及び酒類業組合等に関する法律）と同様，産業財産権には含まれない．

したがって，(ア)○，(イ)○，(ウ)○，(エ)○，(オ)×なので，適切な組合せは②である．

解答　②

Brushup　3.2.5(1)知的財産権制度(知的財産基本法)(a)，(b)

II 5　頻出度★☆☆　Check ■■■

技術の高度化，統合化や経済社会のグローバル化等に伴い，技術者に求められる資質能力はますます高度化，多様化し，国際的な同等性を備えることも重要になっている．技術者が業務を履行するために，技術ごとの専門的な業務の性格・内容，業務上の立場は様々であるものの，（遅くとも）35 歳程度の技術者が，技術士資格の取得を通じて，実務経験に基づく専門的学識及び高等の専門的応用能力を有し，かつ，豊かな創造性を持って複合的な問題を明確にして解決できる技術者（技術士）として活躍することが期待される．2021 年 6 月に IEA（International Engineering Alliance；国際エンジニアリング連合）により「GA&PC の改訂（第 4 版）」が行われ，国際連合による持続可能な開発目標（SDGs）や多様性，包摂性等，より複雑性を増す世界の動向への対応や，データ・情報技術，新興技術の活用やイノベーションへの対応等が新たに盛り込まれた．

「GA&PC の改訂（第 4 版）」を踏まえ，「技術士に求められる資質能力（コンピテンシー）」（令和 5 年 1 月　文部科学省科学技術・学術審議会　技術士分科会）に挙げられているキーワードのうち誤ったものの数はどれか．

※ GA&PC；「修了生としての知識・能力と専門職としてのコンピテンシー」

※ GA；Graduate Attributes，PC；Professional Competencies

(ア)　専門的学識

(イ)　問題解決

(ウ)　マネジメント

(エ)　評価

(オ)　コミュニケーション

(カ)　リーダーシップ

(キ)　技術者倫理

(ク)　継続研さん

① 0　② 1　③ 2　④ 3　⑤ 4

解説 技術士制度においては，IEA の GA & PC も踏まえ，技術士試験や CPD（継続研さん）制度の見直し等を通じ，わが国の技術士が国際的にも通用し活躍できる資格となるよう不断の制度改革が進められている．

「GA & PC の改訂（第４版）」を踏まえて，「技術士に求められる資質能力（コンピテンシー）」（令和５年１月）のキーワードでは「継続研さん」が追加された．

(ア) 専門的学識

・技術士が専門とする技術分野（技術部門）の業務に必要な，技術部門全般にわたる専門知識および選択科目に関する専門知識を理解し応用すること．

・技術士の業務に必要な，わが国固有の法令等の制度および社会・自然条件等に関する専門知識を理解し応用すること．

(イ) 問題解決

・業務遂行上直面する複合的な問題に対して，これらの内容を明確にし，調査し，これらの背景に潜在する問題発生要因や制約要因を抽出し分析すること．

・複合的な問題に関して，相反する要求事項（必要性，機能性，技術的実現性，安全性，経済性等），それらによって及ぼされる影響の重要度を考慮したうえで，複数の選択肢を提起し，これらを踏まえた解決策を合理的に提案し，または改善すること．

(ウ) マネジメント

・業務の計画・実行・検証・是正（変更）等の過程において，品質，コスト，納期および生産性とリスク対応に関する要求事項，または成果物（製品，システム，施設，プロジェクト，サービス等）に係る要求事項の特性（必要性，機能性，技術的実現性，安全性，経済性等）を満たすことを目的として，人員・設備・金銭・情報等の資源を配分すること．

(エ) 評価

・業務遂行上の各段階における結果，最終的に得られる成果やその波及効果を評価し，次段階や別の業務の改善に資すること．

(オ) コミュニケーション

・業務履行上，口頭や文書等の方法を通じて，雇用者，上司や同僚，クライアントやユーザー等多様な関係者との間で，明確かつ効果的な意思疎通を行うこと．

・海外における業務に携わる際は，一定の語学力による業務上必要な意思疎通に加え，現地の社会的文化的多様性を理解し関係者との間で可能な限り協調すること.

(カ) リーダーシップ

・業務遂行にあたり，明確なデザインと現場感覚をもち，多様な関係者の利害等を調整し取りまとめることに努めること.

・海外における業務に携わる際は，多様な価値観や能力を有する現地関係者とともに，プロジェクト等の事業や業務の遂行に努めること.

(キ) 技術者倫理

・業務遂行にあたり，公衆の安全，健康および福利を最優先に考慮したうえで，社会，文化および環境に対する影響を予見し，地球環境の保全等，次世代に渡る社会の持続性の確保に努め，技術士としての使命，社会的地位および職責を自覚し，倫理的に行動すること.

・業務履行上，関係法令等の制度が求めている事項を遵守すること.

・業務履行上行う決定に際して，自らの業務および責任の範囲を明確にし，これらの責任を負うこと.

(ク) 継続研さん

・CPD 活動を行い，コンピテンシーを維持・向上させ，新しい技術とともに絶えず変化し続ける仕事の性質に適応する能力を高めること.

したがって，(ア)〜(ク)はすべてキーワードなので，誤ったものの数は0である.

解答　①

Brushup　3.2.3(5)技術士に求められる資質能力(コンピテンシー)についてのキーワード(a)〜(g)

II 6　頻出度★★☆　Check □□□

製造物責任法（PL 法）は，製造物の欠陥により人の生命，身体又は財産に係る被害が生じた場合における製造業者等の損害賠償の責任について定めることにより，被害者の保護を図り，もって国民生活の安定向上と国民経済の健全な発展に寄与することを目的とする.

次の(ア)〜(オ)の PL 法に関する記述について，正しいものは○，誤っているものは×として，適切な組合せはどれか.

(ア) PL 法における「製造物」の要件では，不動産は対象ではない. 従って，エスカレータは，不動産に付合して独立した動産でなくなることから，設置された不動産の一部として，いかなる場合も適用されない.

(イ) ソフトウェア自体は無体物であり，PL 法の「製造物」には当たらない. ただし，ソフトウェアを組み込んだ製造物が事故を起こした場合，そのソフトウェアの不具合が当該製造物の欠陥と解されることがあり，損害との因果関係があれば適用される.

(ウ) 原子炉の運転等により生じた原子力損害については「原子力損害の賠償に関する法律」が適用され，PL 法の規定は適用されない.

(エ) 「修理」,「修繕」,「整備」は，基本的にある動産に本来存在する性質の回復や維持を行うことと考えられ，PL 法で規定される責任の対象にならない.

(オ) PL 法は，国際的に統一された共通の規定内容であるので，海外への製品輸出や，現地生産の場合は，我が国の PL 法に基づけばよい.

	ア	イ	ウ	エ	オ
①	○	×	○	○	×
②	○	○	×	×	○
③	×	○	○	○	×
④	×	×	○	○	×
⑤	×	×	×	×	○

解説

(ア) × 製造物責任法（PL 法）第 2 条第 1 項において，「この法律において「製造物」とは，製造又は加工された動産をいう.」と定義されているので，土地，建物などの不動産は責任の対象とならない. エスカレータは引き渡された時点で不動産の一部になるが，エスカレータそのものに欠陥があり，引き渡された時点でその欠陥が存在したものであるならば責任の対象になる.

(イ) ○ ソフトウェアは無体物なので PL 法の対象とはならないが，ソフトウェアが組み込まれ一体として機能する機械等の動産は製造物なので対象になる. ソフトウェアの不具合と損害との間の因果関係が立証されれば責任の対象となる.

(ウ) ○ 「原子力損害の賠償に関する法律」第 4 条第 3 項に次のように定められている.

原子炉の運転等により生じた原子力損害については，商法，船舶の所有者等の責任の制限に関する法律並びに製造物責任法の規定は適用しない.

(エ) ○ 「修理」,「修繕」,「整備」は動産の本来存在する性質の回復や維持を目的としたものである.「製造」と「加工」は責任の対象になるが,「修理」,「修繕」,「整備」は責任の対象とはならない.

(オ) × PL 法は国内法なので，製造物を輸出する場合は輸出先の法令に従わなければならない.

よって，適切な組合せは③である.

解答 ③

Brushup 3.2.7(1)製造物責任法(PL 法)(a)～(c)

II 7　頻出度★☆☆　Check □□□

日本学術会議は，科学者が，社会の信頼と負託を得て，主体的かつ自律的に科学研究を進め，科学の健全な発達を促すため，平成18年10月に，すべての学術分野に共通する基本的な規範である声明「科学者の行動規範について」を決定，公表した．その後，データのねつ造や論文盗用といった研究活動における不正行為の事案が発生したことや，東日本大震災を契機として科学者の責任の問題がクローズアップされたこと，デュアルユース問題について議論が行われたことから，平成25年1月，同声明の改訂が行われた．

次の「科学者の行動規範」に関する(ア)～(エ)の記述について，正しいものは○，誤っているものは×として適切な組合せはどれか．

(ア)　科学者は，研究成果を論文などで公表することで，各自が果たした役割に応じて功績の認知を得るとともに責任を負わなければならない．研究・調査データの記録保存や厳正な取扱いを徹底し，ねつ造，改ざん，盗用などの不正行為を為さず，また加担しない．

(イ)　科学者は，社会と科学者コミュニティとのより良い相互理解のために，市民との対話と交流に積極的に参加する．また，社会の様々な課題の解決と福祉の実現を図るために，政策立案・決定者に対して政策形成に有効な科学的助言の提供に努める．その際，科学者の合意に基づく助言を目指し，意見の相違が存在するときは科学者コミュニティ内での多数決により統一見解を決めてから助言を行う．

(ウ)　科学者は，公共の福祉に資することを目的として研究活動を行い，客観的で科学的な根拠に基づく公正な助言を行う．その際，科学者の発言が世論及び政策形成に対して与える影響の重大さと責任を自覚し，権威を濫用しない．また，科学的助言の質の確保に最大限努め，同時に科学的知見に係る不確実性及び見解の多様性について明確に説明する．

(エ)　科学者は，政策立案・決定者に対して科学的助言を行う際には，科学的知見が政策形成の過程において十分に尊重されるべきものであるが，政策決定の唯一の判断根拠ではないことを認識する．科学者コミュニティの助言とは異なる政策決定が為された場合，必要に応じて政策立案・決定者に社会への説明を要請する．

	ア	イ	ウ	エ
①	×	○	○	○
②	○	×	○	○
③	○	○	×	○

④ ○ ○ ○ ×
⑤ ○ ○ ○ ○

解説

(ア) ○ 「科学者の行動規範」7の（研究活動）の文言である.

科学者は，自らの研究の立案・計画・申請・実施・報告などの過程において，本規範の趣旨に沿って誠実に行動する．科学者は研究成果を論文などで公表することで，各自が果たした役割に応じて功績の認知を得るとともに責任を負わなければならない．研究・調査データの記録保存や厳正な取扱いを徹底し，ねつ造，改ざん，盗用などの不正行為をなさず，また加担しない.

(イ) × 「科学者の行動規範」11の（社会との対話）の文言である.

科学者は，社会と科学者コミュニティとのより良い相互理解のために，市民との対話と交流に積極的に参加する．また，社会のさまざまな課題の解決と福祉の実現を図るために，政策立案・決定者に対して政策形成に有効な科学的助言の提供に努める．その際，科学者の合意に基づく助言を目指し，意見の相違が存在するときはこれをわかりやすく説明する.

問題の記述では「科学者コミュニティ内での多数決により統一見解を決めてから助言を行う」となっているが，無理に多数決で統一見解を決定しようとすると政策立案・決定者の選択肢を狭めてしまうので，優劣がある複数の課題解決策がある場合は，それぞれをわかりやすく説明し，科学者と政策立案・決定者との対話を通して合意形成を目指すべきである.

(ウ) ○ 「科学者の行動規範」12の（科学的助言）の文言である.

科学者は，公共の福祉に資することを目的として研究活動を行い，客観的で科学的な根拠に基づく公正な助言を行う．その際，科学者の発言が世論および政策形成に対して与える影響の重大さと責任を自覚し，権威を濫用しない．また，科学的助言の質の確保に最大限努め，同時に科学的知見に係る不確実性および見解の多様性について明確に説明する.

(エ) ○ 「科学者の行動規範」13の（政策立案・決定者に対する科学的助言）の文言である.

科学者は，政策立案・決定者に対して科学的助言を行う際には，科学的知見が政策形成の過程において十分に尊重されるべきものであるが，政策決定の唯一の判断根拠ではないことを認識する．科学者コミュニティの助言とは異なる政策決定がなされた場合，必要に応じて政策立案・決定者に社会への説明を要請する.

よって，適切な組合せは②である.

解答 ②

Brushup　3.2.3(4)「声明 科学者の行動規範―改訂版―」(a)，(b)

II 8　頻出度★★☆　Check □□□

JIS Q 31000：2019「リスクマネジメント―指針」は，ISO 31000：2018 を基に作成された規格である．この規格は，リスクのマネジメントを行い，意思を決定し，目的の設定及び達成を行い，並びにパフォーマンスの改善のために，組織における価値を創造し，保護する人々が使用するためのものである．リスクマネジメントは，規格に記載された原則，枠組み及びプロセスに基づいて行われる．図1は，リスクマネジメントプロセスを表したものであり，リスクアセスメントを中心とした活動の体系が示されている．

図1の□に入る語句の組合せとして，適切なものはどれか．

図1　リスクマネジメントプロセス

	ア	イ	ウ	エ
①	分析	評価	対応	管理
②	特定	分析	評価	対応
③	特定	評価	対応	管理
④	分析	特定	評価	対応
⑤	分析	評価	特定	管理

解説　本問の図1は，JIS Q 31000:2019「リスクマネジメント－指針」の「図4－プロセス」である．

・リスク**特定**：現況に即した，適切で最新の情報を用いて，組織の目的の達成を助けるまたは妨害する可能性のあるリスクを発見し，認識し，記述することである．

・リスク**分析**：不確かさ，リスク源，結果，起こりやすさ，事象，シナリオ，管理策および管理策の有効性の詳細な検討を行い，必要に応じてリスクのレベルを含め，リスクの性質および特徴を理解することである．

・リスク**評価**：決定（さらなる活動は行わない，リスク対応の選択肢を検討する，リスクをより深く理解するためにさらなる分析に着手する，既存の管理策を維持する，目的を再考する）を裏付けることである．どこに追加の行為をとるかを決定するために，リスク分析の結果と確立されたリスク基準との比較を含む．

・リスク**対応**：リスクに対処するための選択肢を選定し，実施することである．リスク対応には，次の事項の反復的プロセスが含まれる．

– リスク対応の選択肢の策定および選定

– リスク対応の計画および実施

– その対応の有効性の評価

– 残留リスクが許容可能かどうかの判断

– 許容できない場合は，さらなる対応の実施

よって，語句の組合せとして適切なものは②である．

解答　②

Brushup　4.2.6(3)労働環境(c)

II 9　頻出度★★☆　Check □□□

技術者にとって，過去の「失敗事例」は貴重な情報であり，対岸の火事とせず，他山の石として，自らの業務に活かすことは重要である．

次の事故・事件に関する記述のうち，事実と異なっているものはどれか．

① 2000年，大手乳業企業の低脂肪乳による集団食中毒事件；

原因は，脱脂粉乳工場での停電復旧後の不適切な処置であった．初期の一部消費者からの苦情に対し，全消費者への速やかな情報開示がされず，結果として製品回収が遅れ被害が拡大した．組織として経営トップの危機管理の甘さがあり，経営トップの責任体制，リーダーシップの欠如などが指摘された．

② 2004年，六本木高層商業ビルでの回転ドアの事故；

原因は，人（事故は幼児）の挟まれに対する安全制御装置（検知と非常停止）の不適切な設計とその運用管理の不備であった．設計段階において，高層ビルに適した機能追加やデザイン性を優先し，海外オリジナルの軽量設計を軽視して制御安全に頼る設計としていたことなどが指摘された．

③　2005年，JR西日本福知山線の列車の脱線転覆事故；
　原因は，自動列車停止装置（ATS）が未設置の急カーブ侵入部において，制限速度を大きく超え，ブレーキが遅れたことであった．組織全体で安全を確保する仕組みが構築できていなかった背景として，会社全体で安全最優先の風土が構築できておらず，特に経営層において安全最優先の認識と行動が不十分であったことが指摘された．

④　2006年，東京都の都営アパートにおける海外メーカ社製のエレベータ事故；
　原因は，保守点検整備を実施した会社が原設計や保守ノウハウを十分に理解していなかったことであった．その結果ゴンドラのケーブルが破断し落下したものである．

⑤　2012年，中央自動車道笹子トンネルの天井崩落事故；
　原因は，トンネル給排気ダクト用天井のアンカーボルト部の劣化脱落である．建設当時の設計，施工に関する技術不足があり，またその後の保守点検（維持管理）も不十分であった．この事故は，日本国内全体の社会インフラの老朽化と適切な維持管理に対する本格的な取組の契機となった．

解説

①　2000年，大手乳業企業の低脂肪乳による集団食中毒事件：正しい記述である．
②　2004年，六本木高層商業ビルでの回転ドアの事故：正しい記述である．
③　2005年，JR西日本福知山線の列車の脱線転覆事故：正しい記述である．
④　2006年，東京都の都営アパートにおける海外メーカ社製のエレベータ事故：シンドラー社製のエレベータが扉開のまま急上昇し，降りようとした男子高校生がエレベータの床と12階の天井に挟まれ窒息死した事故である．この事故はブレーキ部品の異常な摩耗に起因するとされるが，異常摩耗が発生したのは事故とある程度近接した日時と考えられるので，事故機を最後に点検した2年前の時点で異常摩耗が発生していたとは認められないと認定され，刑事責任はなしとされた．保守点検業務を実施した会社が原設計や保守ノウハウを十分理解していなかったことであるとはいえない．
⑤　2012年，中央自動車道笹子トンネルの天井崩落事故：正しい記述である．

　よって，①～⑤の事故・事件に関する記述のうち，事実と異なっているものは④である．

解答　④

Brushup　3.2.4 事例・判例

II10 頻出度★★★ Check □□□

平成23年3月に発生した東日本大震災によって，我が国の企業・組織は，巨大な津波や強い地震動による深刻な被害を受け，電力，燃料等の不足に直面した．また，経済活動への影響は，サプライチェーンを介して，国内のみならず，海外の企業にまで及んだ．我々は，この甚大な災害の教訓も踏まえ，今後発生が懸念されている大災害に立ち向かわなければならない．我が国の企業・組織は，国内外における大災害のあらゆる可能性を直視し，より厳しい事態を想定すべきであり，それらを踏まえ，不断の努力により，甚大な災害による被害にも有効な事業計画（BCP；Business Continuity Plan）や事業継続マネジメント（BCM；Business Continuity Management）に関する戦略を見いだし，対策を実施し，取組の改善を続けていくべきである．

「事業継続ガイドライン―あらゆる危機的事象を乗り越えるための戦略と対応―（令和3年4月）内閣府」に記載されているBCP，BCMに関する次の(ア)～(エ)の記述について，正しいものを○，誤ったものを×として，適切な組合せはどれか．

(ア) BCPが有効に機能するためには，経営者の適切なリーダーシップが求められる．

(イ) 想定する発生事象（インシデント）により企業・組織が被害を受けた場合は，平常時とは異なる状況なので，法令や条例による規制その他の規定は遵守する必要はない．

(ウ) 企業・組織の事業内容や業務体制，内外の環境は常に変化しているので，経営者が率先して，BCMの定期的及び必要な時期での見直しと，継続的な改善を実施することが必要である．

(エ) 事業継続には，地域の復旧が前提になる場合も多いことも考慮し，地域の救援・復旧にできる限り積極的に取り組む経営判断が望まれる．

	ア	イ	ウ	エ
①	○	○	○	○
②	×	○	○	○
③	○	×	○	○
④	○	○	×	○
⑤	○	○	○	×

解説

(ア) ○ BCPは危機的事象の対応計画と定義されている．被災後に，重要業務の目標復旧時間，目標復旧レベルを実現するために実施する戦略・対策，あるいはその選択肢，対応体制，対応手順等が含まれる．BCPは特定の発生事象（インシデント）による被害想定を前提にするものの，被害の様相が異なっても可能な限り柔軟さももつように策定する．さらに，予測を超えた事態が発生した場合には，策定したBCPにおける個々の対応に固執せず，それらを踏まえ，臨機応変に判断していくことが必要となるので，BCPが有効に機能するためには経営者の適切なリーダーシップが求められる．ガイドライン1.4 経営者に求められる事項においては，BCPの取組みを行うことは企業・組織の経営者の責任として認識し，平常時も有事にもリーダーシップを発揮し，率先して，特に行うべき事項が示されている．

(イ) ×　ガイドライン4.2.5 法規制等への対応より，想定する発生事象（インシデント）により企業・組織が被害を受けたとしても，法令や条例による規制その他の規定は遵守する必要がある．しかし，これらの規制等は基本的には平常時を想定している場合が多く，被災時の事業継続において，完全な遵守が難しい場合や，早急な事業復旧を図るためにこれら規制の緩和が望まれる場合もあり得るので，このような懸念がある場合は，必要に応じて，平常時から他企業・業界と連携し，関係する政府・自治体の機関に要請して，緊急時の緩和措置等について検討しておく．また，長期間にわたる災害時には法規制が制定・施行される場合がありうること，(法規制を待たず,) 発災中も情報収集しBCP発動タイミングも含め柔軟に対応する．

(ウ) ○　経営者は，自社の経営理念（存在意義など）やビジョン（将来の絵姿）を踏まえ，経営と連関のとれたBCMの基本方針の策定，経営資源の割り当て，戦略策定，BCP等の計画策定，対策等の実施，見直し・改善などについて的確に判断して実行させることが求められている．ガイドライン5.1.4の見直し・改善の実施計画において，BCMの点検，経営者による見直し，継続的改善等を確実に行っていくため，「見直し・改善の実施計画」を策定し，体制，スケジュール，手順を定め，それに基づき見直し，改善，着実に実施していくこととしている．定期的に実施すべき点検や見直しもあれば，必要に応じて随時行うべき見直しもある．なお，この計画は，経営者による見直しや継続的改善を含むものであるため，経営者が了承した企業・組織全体の経営計画の中に含めるべきものである．

(エ) ○　ガイドライン4.3 地域との共生と貢献より，緊急時における企業・組織の対応として，自社の事業継続の観点からも地域社会との連携が重要である．重要な顧客や従業員の多くは地域の人々である場合も多く，また，復旧には資材や機械の搬入や工事の騒音・振動など，周辺地域の理解・協力を得なければ実施できない事柄も多いので，地域社会との共生に配慮する必要がある．また，地域社会に迷惑をかけないよう平常時から地域のさまざまな主体との密な連携をとって必要な施策を講じておくとともに，地域を構成する一員として，地域への積極的な貢献が望まれる．

よって，組合せとして最も適切なものは③である．

解答 ③

Brushup 3.2.6(2)生活環境(c)

II 11 頻出度★☆☆ Check □□□

技術者の行動が倫理的かどうかを吟味するためのツールとして様々なエシックス・テストがある．

代表的なエシックス・テストに関する次の記述の，［　　］に入る語句の組合せとして，適切なものはどれか．

［ア］テスト：自分が今行おうとしている行為を，もしみんながやったらどうなるかを考えてみる．その場合に，明らかに社会が成り立たないと考えられ，矛盾が起こると予想されるならば，それは倫理的に不適切な行為であると考えられる．

［イ］テスト：もし自分が今行おうとしている行為によって直接影響を受ける立場であっても，同じ意思決定をするかどうかを考えてみる．「自分の嫌だということは人にもするな」という黄金律に基づくため，「黄金律テスト」とも呼ばれる．

［ウ］テスト：自分がしばしばこの選択肢を選んだら，どう見られるだろうかを考えてみる．

［エ］テスト：その行動をとったことが新聞などで報道されたらどうなるか考えてみる．

［専門家］テスト：その行動をとることは専門家からどのように評価されるか，倫理綱領などを参考に考えてみる．

	ア	イ	ウ	エ
①	普遍化可能性	危害	世評	美徳
②	普遍化可能性	可逆性	美徳	世評
③	普遍化可能性	可逆性	世評	常識
④	常識	普遍化可能性	美徳	世評
⑤	常識	危害	世評	普遍化可能性

解説 エシックス・テストは，研究倫理に関する教育や研究の現場で，倫理的な問題が生じた場合に，その問題が倫理的に正しいかどうかを判断するための方法論の一つである．

問題の ア ～ エ に記述された代表的なエシックス・テストは，それぞれ次のように呼ばれている．

・**普遍化可能性**テスト（普遍化可能テストとも呼ばれる）
・**可逆性**テスト（黄金律テストとも呼ばれる）
・**美徳**テスト（徳テストとも呼ばれる）
・**世評**テスト（公開テスト，世間体テストとも呼ばれる）
・専門家テスト

これ以外には危害テストがある．危害テストは，結果としてその行為がどのような危害を及ぼすか，あるいは及ぼさないかを考えてみるテストである．

したがって，語句の組合せとして適切なものは②である．

解答　②

Brushup　3.2.7(1)製造物責任法(PL法)(a)～(c)

II 12　頻出度★★★　Check □□□

我が国をはじめとする主要国では，武器や軍事転用可能な貨物・技術が，我が国及び国際社会の安全性を脅かす国家やテロリスト等，懸念活動を行うおそれのある者に渡ることを防ぐため，先進国を中心とした国際的な枠組み（国際輸出管理レジーム）を作り，国際社会と協調して輸出等の管理を行っている．我が国においては，この安全保障の観点に立った貿易管理の取組を，外国為替及び外国貿易法（外為法）に基づき実施している．

安全保障貿易に関する次の記述のうち，不適切なものはどれか．

① リスト規制とは，武器並びに大量破壊兵器及び通常兵器の開発等に用いられるおそれの高いものを法令等でリスト化して，そのリストに該当する貨物や技術を輸出や提供する場合には，経済産業大臣の許可が必要となる制度である．

② キャッチオール規制とは，リスト規制に該当しない貨物や技術であっても，大量破壊兵器等や通常兵器の開発等に用いられるおそれのある場合には，経済産業大臣の許可が必要となる制度である．

③ 外為法における「技術」とは，貨物の設計，製造又は使用に必要な特定の情報をいい，この情報は，技術データ又は技術支援の形態で提供され，許可が必要な取引の対象となる技術は，外国為替令別表にて定められている．

④ 技術提供の場が日本国内であれば，国内非居住者に技術提供する場合でも，提供する技術が外国為替令別表で規定されているかを確認する必要はない．

⑤ 国際特許の出願をするために外国の特許事務所に出願内容の技術情報を提供する場合，出願をするための必要最小限の技術提供であれば，許可申請は

不要である.

解説

① 適切. リスト規制の対象技術は，輸出貿易管理令（施行令）別表第1の第一号～第十五号に，該当する特定の種類の貨物・技術の大枠が規定されており，そのリストに該当する貨物や技術を輸出もしくは提供する場合，外国為替および外国貿易法第48条（輸出の許可等）第1項に基づき，経済産業大臣の許可が必要となる.

② 適切. キャッチオール規制は，リスト規制の補完的輸出規制である. リスト規制品以外のものを取り扱う場合であっても，輸出しようとする貨物や提供しようとする技術が，大量破壊兵器等の開発，製造，使用または貯蔵もしくは通常兵器の開発，製造または使用に用いられるおそれがあることを輸出者が知った場合，または経済産業大臣から，許可申請をすべき旨の通知（インフォーム通知）を受けた場合には，輸出または提供にあたって経済産業大臣の許可が必要となる. キャッチオール規制は，大量破壊兵器キャッチオールと通常兵器キャッチオールの2種類からなり，客観要件とインフォーム要件の二つの要件により規制され，どちらかの要件に該当する場合には許可申請が必要となる.

③ 適切.「外国為替及び外国貿易法第25条第1項第一号の規定に基づき許可を要する技術を提供する取引について」1. 役務取引許可の対象の (3) 用語の解釈により，次のように解釈することとなっている.

ア 技術とは，貨物の設計，製造又は使用に必要な特定の情報をいう. この情報は，技術データ又は技術支援の形態により提供される.

④ 不適切. リスト規制やキャッチオール規制は，貨物の輸出先，技術の提供先を規制するものである. 技術提供の場が日本国内か海外に関わらず，国内非居住者に技術提供する場合は提供する技術が外国為替令別表で規定されているかを確認しなければならない. 海外からの研究者の受け入れに伴う技術の提供も該当する.

⑤ 適切. 貿易外省令第9条第2項第十一号により，工業所有権の出願をするための必要最小限の技術提供であれば，許可申請は不要である.

よって，不適切な記述は④である.

解答 ④

Brushup 3.2.6(6)安全貿易管理(輸出管理)

II 13 頻出度★☆☆ Check □□□

「国民の安全・安心の確保」「持続可能な地域社会の形成」「経済成長の実現」

の役割を担うインフラの機能を，将来にわたって適切に発揮させる必要があり，メンテナンスサイクルの核となる個別施設計画の充実化やメンテナンス体制の確保など，インフラメンテナンスの取組を着実に推進するために，平成 26 年に「国土交通省インフラ長寿命化計画（行動計画）」が策定された．令和 3 年 6 月に今後の取組の方向性を示す第二期の行動計画が策定されており，この中で「個別施設計画の策定・充実」「点検・診断／修繕・更新等」「基準類等の充実」といった具体的な 7 つの取組が示されている．

この 7 つの取組のうち，残り 4 つに含まれないものはどれか．

① 予算管理

② 体制の構築

③ 新技術の開発・導入

④ 情報基盤の整備と活用

⑤ 技術継承の取組

解説 「国土交通省インフラ長寿命化計画（行動計画）令和 3 年度〜令和 7 年度（第二期）」（令和 3 年 6 月 18 日国土交通省）においては，次の 7 項目の具体的取組みが示されている．

1. 個別施設計画の策定・推進（問題文）
2. 点検・診断／修繕・更新等（問題文）
3. 予算管理（①）
4. 体制の構築（②）
5. 新技術の開発・導入（③）
6. 情報基盤の整備と活用（④）
7. 基準類等の整備（問題文）

よって，⑤の技術継承の取組は含まれていない．

解答　⑤

Brushup 3.2.4 事例・判例

II 14　頻出度★★★　Check □□□

技術者にとって製品の安全確保は重要な使命の 1 つであり，この安全確保に関しては国際安全規格ガイド【ISO/IEC Guide51-2014（JIS Z 8051-2015）】がある．この「安全」とは，絶対安全を意味するものではなく，「リスク」（危害の発生確率及びその危害の度合いの組合せ）という数量概念を用いて，許容不可能な「リスク」がないことをもって，「安全」と規定している．

次の記述のうち，不適切なものはどれか．

① 「安全」を達成するためには，リスクアセスメント及びリスク低減の反復

プロセスが必須である．許容可能と評価された最終的な「残留リスク」については，その妥当性を確認し，その内容については文書化する必要がある．

② リスク低減とリスク評価の考え方として，「ALARP」の原理がある．この原理では，あらゆるリスクは合理的に実行可能な限り軽減するか，又は合理的に実行可能な最低の水準まで軽減することが要求される．

③ 「ALARP」の適用に当たっては，当該リスクについてリスク軽減を更に行うことが実際的に不可能な場合，又はリスク軽減費用が製品原価として当初計画した事業予算に収まらない場合にだけ，そのリスクは許容可能である．

④ 設計段階のリスク低減方策はスリーステップメソッドと呼ばれる．そのうちのステップ1は「本質的安全設計」であり，リスク低減のプロセスにおける，最初で，かつ最も重要なプロセスである．

⑤ 警告は，製品そのもの及び／又はそのこん包に表示し，明白で，読みやすく，容易に消えなく，かつ理解しやすいもので，簡潔で明確に分かりやすい文章とすることが望ましい．

解説

① 適切．国際安全規格ガイド「ISO/IEC Guide51−2014（JIS Z 8051：2015）安全側面－規格への導入方針」に沿ったリスクアセスメントの手順である．

② 適切．③ 不適切．「ALARP」の原理は，あらゆるリスクは合理的に実行可能な限り軽減するか，または合理的に実行可能な最低の水準まで軽減することを要求するもので，リスク軽減措置によって得られるメリットに比較して，リスク軽減費用が膨大で合理性を欠く場合はそれ以上の軽減対策は講じなくてもよいというものである．②の記述は適切であるが，③のように，リスク軽減費用を製品原価として当初計画した事業予算を上限として判断すると，許容できないリスクが残留する場合もある．必要ならば事業予算を見直して，許容できるレベルまで残留リスクを軽減しなければならないので，記述は不適切である．

④ 適切．設計段階のリスク低減方策は，次のスリーステップメソッドで実施する．ステップ1で可能な限り，リスクを除去するか軽減する．

ステップ1：本質的安全設計

ステップ2：ガードおよび保護装置（工学的対策．安全防護策および付加防護方策）

ステップ3：最終使用者のための使用上の情報

⑤ 適切．ISO/IEC Guide51−2014（JIS Z 8051：2015）の7.規格における安全側面の7.4.2.3 警告では，警告は，次によって規定することが望ましいとしている．

– 明白で，読みやすく，容易に消えなく，かつ，理解しやすいもの．

– 製品またはシステムが使われる国／国々の公用語で書く．ただし，特別な技術分野に関連した特定の言語が適切な場合を除く．

– 簡潔で明確にわかりやすい文章とする．

警告は，一般的なまたは特定の警告文を含むことができる．製品安全の標識およびラベルは，関連する法的な要求事項および規格に適合していることが望ましく，すべての使用を意図するすべての国において，最終使用者にわかりやすいものであることが望ましいとしている．

警告の内容は，警告を無視した場合の，製品のハザード，ハザードによってもたらされる危害，およびその結果について記載することが望ましいとしている．

よって，不適切な記述は③である．

解答　③

Brushup　4.2.6(3)労働環境(b)，(c)

II15　頻出度★★★　Check □□□

環境基本法は，環境の保全について，基本理念を定め，並びに国，地方公共団体，事業者及び国民の責務を明らかにするとともに，環境の保全に関する施策の基本となる事項を定めることにより，環境の保全に関する施策を総合的かつ計画的に推進し，もって現在及び将来の国民の健康で文化的な生活の確保に寄与するとともに人類の福祉に貢献することを目的としている．

環境基本法第二条において「公害とは，環境の保全上の支障のうち，事業活動その他の人の活動に伴って生ずる相当範囲にわたる7つの項目（典型7公害）によって，人の健康又は生活環境に係る被害が生ずることをいう」と定義されている．

上記の典型7公害として「大気の汚染」，「水質の汚濁」，「土壌の汚染」などが記載されているが，次のうち，残りの典型7公害として規定されていないものはどれか．

① 騒音

② 地盤の沈下

③ 廃棄物投棄

④ 悪臭

⑤ 振動

解説　環境基本法第2条（定義）第3項において，公害とは，「環境の保全上の支障のうち，事業活動その他の人の活動に伴って生ずる相当範囲にわたる大気の汚染，水質の汚濁，土壌の汚染，騒音，振動，地盤の沈下及び悪臭によって，人の健康又は生活環境に係る被害が生ずることをいう」と定義されている．

この「大気の汚染」，「水質の汚濁」，「土壌の汚染」，「騒音」，「振動」，「地盤の沈下」および「悪臭」の七つの項目を典型７公害と呼んでいる．

問題文中には，「大気の汚染」，「水質の汚濁」，「土壌の汚染」の三つが記載されているので，残りの典型7公害として規定されているのは，①から⑤のうち，①「騒音」，⑤「振動」，②「地盤の沈下」および④「悪臭」の四つである．

したがって，③の廃棄物投棄は規定されていない．

解答　③

Brushup　3.1.5(1)環境(a)～(d)

5. 適性科目の問題と解答

2022年度

II 次の15問題を解答せよ．(解答欄に1つだけマークすること．)

II 1 頻出度★★★ Check□□□

技術士及び技術士補は，技術士法第4章（技術士等の義務）の規定の遵守を求められている．次に掲げる記述について，第4章の規定に照らして，正しいものは○，誤っているものは×として，適切な組合せはどれか．

(ア) 技術士等の秘密保持義務は，所属する組織の業務についてであり，退職後においてまでその制約を受けるものではない．

(イ) 技術は日々変化，進歩している．技術士は，名称表示している専門技術業務領域について能力開発することによって，業務領域を拡大することができる．

(ウ) 技術士等は，顧客から受けた業務を誠実に実施する義務を負っている．顧客の指示が如何なるものであっても，指示通りに実施しなければならない．

(エ) 技術士は，その業務に関して技術士の名称を表示するときは，その登録を受けた技術部門を明示してするものとし，登録を受けていない技術部門を表示してはならない．

(オ) 技術士等は，その業務を行うに当たっては，公共の安全，環境の保全その他の公益を害することのないよう努めなければならないが，顧客の利益を害する場合は守秘義務を優先する必要がある．

(カ) 企業に所属している技術士補は，顧客がその専門分野の能力を認めた場合は，技術士補の名称を表示して技術士に代わって主体的に業務を行ってよい．

(キ) 技術士は，その登録を受けた技術部門に関しては，十分な知識及び技能を有しているので，その登録部門以外に関する知識及び技能の水準を重点的に向上させるよう努めなければならない．

	ア	イ	ウ	エ	オ	カ	キ
①	×	○	×	×	○	×	○
②	×	×	×	○	×	○	×

③	○	×	○	×	○	×	○
④	×	○	×	○	×	×	×
⑤	○	×	×	○	×	○	×

解説 技術士法第4章　技術士等の義務に関する出題である．

(ア)　×　技術士等の秘密保持義務は，所属していた組織の業務について負うものである．その組織を退職した後であっても，所属していたときの業務で得た情報に関しては秘密保持義務がある．

(イ)　○　第47条の2に定められた技術士の資質向上の責務である．

(ウ)　×　技術士等は顧客から受けた業務を誠実に実施する義務はあるが，同時に，公益確保の責務も果たさなければならない．顧客の指示が公益に反するものであった場合は，指示どおりに実施するのではなく，その旨を顧客に伝え，公益を害さない代替案を提案するなど合意形成に努めるべきである．

(エ)　○　第46条に定められた技術士の名称表示の場合の義務である．

(オ)　×　顧客の利益よりも公益の確保が優先される．公益の安全，環境の保全その他の公益を害するおそれがある場合は，顧客の利益を害する情報であっても，専門的な見地から丁寧に顧客に説明をしたうえで情報を開示するべきである．

(カ)　×　第47条（技術士補の業務の制限等）に，「技術士補は，第2条第1項に規定する業務について技術士を補助する場合を除くほか，技術士補の名称を表示して当該業務を行つてはならない」と定められている．顧客がその専門分野能力を認めた場合でも，技術士の補助ではなく，技術士に代わって主体的に業務を行ってはならない．

(キ)　×　第47条の2（技術士の資質向上の責務）により，技術士等は登録部門以外よりも登録を受けた技術部門を優先にして，さらに資質向上を図っていく責務がある．技術は常に進歩し，変遷しているので，十分な知識および技能は有しているとはいえない．

よって，(ア)～(キ)の記述について，○×の組合せとして最も適切なものは④である．

解答　④

Brushup　3.2.2 技術士法第4章

II 2　頻出度★☆☆　Check □□□

PDCAサイクルとは，組織における業務や管理活動などを進める際の，基本的な考え方を簡潔に表現したものであり，国内外において広く浸透している．PDCAサイクルは，P，D，C，Aの4つの段階で構成されており，この活動を継続的に実施していくことを,「PDCA サイクルを回す」という. 文部科学省(研究及び開発に関する評価指針(最終改定)平成 29 年 4 月)では,「PDCA サイクルを回す」という考え方を一般的な日本語にも言い換えているが, 次の記述のうち, 適切なものはどれか.

① 計画→点検→実施→処置→計画(以降, 繰り返す)
② 計画→点検→処置→実施→計画(以降, 繰り返す)
③ 計画→実施→処置→点検→計画(以降, 繰り返す)
④ 計画→実施→点検→処置→計画(以降, 繰り返す)
⑤ 計画→処置→点検→実施→計画(以降, 繰り返す)

解説 「文部科学省における研究及び開発に関する評価指針(平成 14 年 6 月 20 日(最終改定 平成 29 年 4 月 1 日)」では,「本指針における用語・略称等について」で(19)【PDCA サイクル】を次のように定めている.

計画(Plan), 実施(Do), 点検(Check), 処置(Act)のサイクルを確実かつ継続的に回すことによって, プロセスのレベルアップを図るという考え方. 一般的には, 実施は実行, 点検は評価, 処置は改善とも呼ばれている.

よって, 最も適切なものは④である.

解答 ④

Brushup 3.1.1(4)品質管理(b)

II 3 頻出度★★★ Check □□□

近年, 世界中で環境破壊, 貧困など様々な社会的問題が深刻化している. また, 情報ネットワークの発達によって, 個々の組織の活動が社会に与える影響はますます大きく, そして広がるようになってきている. このため社会を構成するあらゆる組織に対して, 社会的に責任ある行動がより強く求められている. ISO 26000 には社会的責任の 7 つの原則として「人権の尊重」,「国際行動規範の尊重」,「倫理的な行動」他 4 つが記載されている.

次のうち, その 4 つに該当しないものはどれか.

① 透明性
② 法の支配の尊重
③ 技術の継承
④ 説明責任
⑤ ステークホルダーの利害の尊重

解説 七つの原則は,「人権の尊重」,「国際行動規範の尊重」,「倫理的な行動」のほかに,「④説明責任」,「①透明性」,「⑤ステークホルダーの利害の尊重」および「②法の支配の尊重」である.「③技術の継承」は含まれていない.

よって，該当しないものは③である．

解答　③

Brushup　3.2.7(2)組織の社会的責任の７つの原則

II 4　頻出度★☆☆　Check □□□

我が国では社会課題に対して科学技術・イノベーションの力で立ち向かうために「Society5.0」というコンセプトを打ち出している．「Society5.0」に関する次の記述の，[　　]に入る語句の組合せとして，適切なものはどれか．

Society5.0とは，我が国が目指すべき未来社会として，第5期科学技術基本計画（平成28年1月閣議決定）において，我が国が提唱したコンセプトである．

Society5.0は，[ア]社会（Society1.0），[イ]社会（Society2.0），工業社会（Society3.0），情報社会（Society4.0）に続く社会であり，具体的には，「サイバー空間（仮想空間）とフィジカル空間（現実空間）を高度に融合させたシステムにより，経済発展と[ウ]的課題の解決を両立する[エ]中心の社会」と定義されている．

我が国がSociety5.0として目指す社会は，ICTの浸透によって人々の生活をあらゆる面でより良い方向に変化させるデジタルトランスフォーメーションにより，「直面する脅威や先の見えない不確実な状況に対し，[オ]性・強靭性を備え，国民の安全と安心を確保するとともに，一人ひとりが多様な幸せ（well-being）を実現できる社会」である．

	ア	イ	ウ	エ	オ
①	狩猟	農耕	社会	人間	持続可能
②	農耕	狩猟	社会	人間	持続可能
③	狩猟	農耕	社会	人間	即応
④	農耕	狩猟	技術	自然	即応
⑤	狩猟	農耕	技術	自然	即応

解説　Society5.0は，**狩猟**社会（Society1.0），**農耕**社会（Society2.0），工業社会（Society3.0），情報社会（Society4.0）に続く社会であり，具体的には，「サイバー空間（仮想空間）とフィジカル空間（現実空間）を高度に融合させたシステムにより，経済発展と**社会**的課題の解決を両立する**人間**中心の社会」と定義されている．

わが国がSociety5.0として目指す社会は，ICTの浸透によって人々の生活をあらゆる面でより良い方向に変化させるデジタルトランスフォーメーションにより，「直面する脅威や先の見えない不確実な状況に対し，**持続可能**性・強靭性を備え，国民の安全と安心を確保するとともに，一人ひとりが多様な幸せ

(well-being) を実現できる社会」である.

よって，(ア)～(オ)の語句の組合せとして，最も適切なものは①である.

解答　①

Brushup 3.1.5(3)技術史(b)

II 5 頻出度★★★ Check □□□

職場のパワーハラスメントやセクシュアルハラスメント等の様々なハラスメントは，働く人が能力を十分に発揮することの妨げになることはもちろん，個人としての尊厳や人格を不当に傷つける等の人権に関わる許されない行為である．また，企業等にとっても，職場秩序の乱れや業務への支障が生じたり，貴重な人材の損失につながり，社会的評価にも悪影響を与えかねない大きな問題である．職場のハラスメントに関する次の記述のうち，適切なものの数はどれか.

(ア) ハラスメントの行為者としては，事業主，上司，同僚，部下に限らず，取引先，顧客，患者及び教育機関における教員・学生等がなり得る.

(イ) ハラスメントであるか否かについては，相手から意思表示があるかないかにより決定される.

(ウ) 職場の同僚の前で，上司が部下の失敗に対し，「ばか」，「のろま」などの言葉を用いて大声で叱責する行為は，本人はもとより職場全体のハラスメントとなり得る.

(エ) 職場で不満を感じたりする指示や注意・指導があったとしても，客観的にみて，これらが業務の適切な範囲で行われている場合には，ハラスメントに当たらない.

(オ) 上司が，長時間労働をしている妊婦に対して，「妊婦には長時間労働は負担が大きいだろうから，業務分担の見直しを行い，あなたの残業量を減らそうと思うがどうか」と配慮する行為はハラスメントに該当する.

(カ) 部下の性的指向（人の恋愛・性愛がいずれの性別を対象にするかをいう）または，性自認（性別に関する自己意識）を話題に挙げて上司が指導する行為は，ハラスメントになり得る.

(キ) 職場のハラスメントにおいて，「優越的な関係」とは職務上の地位などの「人間関係による優位性」を対象とし，「専門知識による優位性」は含まれない.

①　1　　②　2　　③　3　　④　4　　⑤　5

解説

(ア) 適切．(カ) 適切．セクハラについては，他社の労働者等の社外の者が行為者の場合についても雇用管理上の措置義務の対象であり，自社の労働者が他社の労働者等からセクハラを受けた場合には，必要に応じて他社に事実関係の確認や再発防止への協力を求めることも雇用管理上の措置に含まれる．

このため，セクハラの行為者になり得るのは，労働者を雇用する雇用主や上司，同僚に限らず，取引先等の他の事業主またはその雇用する労働者，顧客，患者またはその家族，学校における生徒等である．セクハラには異性に対するものだけではなく同性に対するものも含まれる．また，被害を受ける者の性的指向や性自認にかかわらず，「性的な言動」であればセクハラに該当するので，性的指向や性自認を話題に挙げて上司が指導する行為はセクハラである．

(イ) 不適切．ハラスメントであるかどうかについて，相手からいつも意思表示があるとは限らない．ハラスメントを受けた者が，職場の人間関係等を考え，拒否することができないこともある．

(ウ) 適切．職場におけるパワハラは，職場において行われる①優越的な関係を背景とした言動であって，②業務上必要かつ相当な範囲を超えたものにより，③労働者の就業環境が害されるものであり，①から③までの三つの要素をすべて満たすものをいう．職場の同僚の前で，上司が部下の失敗に対し，「ばか」，「のろま」などの言葉を用いて大声で叱責する行為は『精神的な攻撃』に分類されるパワハラである．

(エ) 適切．職場で不満を感じたりする指示や注意・指導があったとしても，これらが業務の適正な範囲で行われている場合には，職場におけるハラスメントには該当しない．例えば，労働者を育成するために現状よりも少し高いレベルの業務を任せる，業務の繁忙期に業務上の必要性から当該業務の担当者に通常時よりも一定程度多い業務の処理を任せる，労働者の能力に応じて一定程度業務内容や業務量を軽減するなどは職場におけるハラスメントには該当しない．

(オ) 不適切．「妊娠，出産，育児休業等に関するハラスメント」とは，職場において行われる，上司・同僚からの言動（妊娠・出産したこと，育児休業等の利用に関する言動）により，妊娠・出産した女性労働者や育児休業等を申出・取得した男女労働者の就業環境が害されることである．ただし，制度等の利用を希望する労働者に対して，業務分担や安全配慮等の観点から，客観的にみて業務上の必要性に基づき変更の依頼や相談をすることは，強要しない場合に限りハラスメントに該当しない．このケースのように，上司が長時間労働をしている妊婦に対して負担を減らすために業務分担の見直しを相談する行為は，妊婦本人がこれまでどおり勤務を続けたいという意欲がある場合であってもハラスメントには該当しない．

㈭　不適切．職場内のパワハラの3要素の一つである「職場内の優位性」とは，その業務を遂行するに当たり，その言動を受ける労働者が行為者に対して抵抗または拒絶することができない蓋(がい)然性が高い関係を背景とするものである．「職務上の地位」という人間関係の優位性のほかに，同僚または部下であっても業務上必要な専門知識や豊富な経験を有する者の言動でその協力を得なければ業務の円滑な遂行を行うことが困難であるもの，同僚または部下からの集団による行為でこれに抵抗または拒絶することが困難であるものなども含まれる．

よって，記述が適切なものの数は四つなので，正解は④である．

解答　④

Brushup　3.2.6(3)労働環境(c)，(g)

II 6　頻出度★★★　Check ■■■

技術者にとって安全の確保は重要な使命の1つである．この安全とは，絶対安全を意味するものではなく，リスク（危害の発生確率及びその危害の度合いの組合せ）という数量概念を用いて，許容不可能なリスクがないことをもって，安全と規定している．この安全を達成するためには，リスクアセスメント及びリスク低減の反復プロセスが必要である．安全の確保に関する次の記述のうち，不適切なものはどれか．

① リスク低減反復プロセスでは，評価したリスクが許容可能なレベルとなるまで反復し，その許容可能と評価した最終的な「残留リスク」については，妥当性を確認し文書化する．

② リスク低減とリスク評価に関して，「ALARP」の原理がある．「ALARP」とは，「合理的に実行可能な最低の」を意味する．

③ 「ALARP」が適用されるリスク水準領域において，評価するリスクについては，合理的に実行可能な限り低減するか，又は合理的に実行可能な最低の水準まで低減することが要求される．

④ 「ALARP」の適用に当たっては，当該リスクについてリスク低減をさらに行うことが実際的に不可能な場合，又は費用に比べて改善効果が甚だしく不釣合いな場合だけ，そのリスクは許容可能となる．

⑤ リスク低減方策のうち，設計段階においては，本質的安全設計，ガード及び保護装置，最終使用者のための使用上の情報の3方策があるが，これらの方策には優先順位はない．

解説

① 適切．リスク低減反復プロセスでは，評価したリスクが許容可能ではない

場合は保護対策を検討し，再度リスクアセスメントを実施する．許容可能なレベルとなるまで反復し，その許容可能と評価した最終的な「残留リスク」については，妥当性を確認し文書化する．

② 適切．③ 適切．④ 適切．「ALARP」の原理の「ALARP」とは，「合理的に実行可能な最低の」を意味する．③のように合理的に実行可能な限り低減するか，合理的に実行可能な最低の水準まで低減することが要求されるが，④はどこまで実行するかの判断基準の説明である．実際的に実行が不可能な場合や，費用対改善効果が甚だしく不釣合いな場合のように，合理性を欠く場合は許容可能になる．

⑤ 不適切．リスク低減方策の実効には優先順位があり，本質的安全設計，ガードおよび保護装置，最終使用者のための使用上の情報の順番である．優先順位がないという記述は誤りである．

よって，不適切な記述は⑤である．

解答 ⑤

Brushup 3.2.6(3)労働環境(c)

II 7 頻出度★★★ Check □□□

倫理問題への対処法としての功利主義と個人尊重主義とは，ときに対立することがある．次の記述の，[ ]に入る語句の組合せとして，適切なものはどれか．

倫理問題への対処法としての「功利主義」とは，19 世紀のイギリスの哲学者であるベンサムやミルらが主張した倫理学説で，「最大多数の[ア]」を原理とする．倫理問題で選択肢がいくつかあるとき，そのどれが最大多数の[ア]につながるかで優劣を判断する．しかしこの種の功利主義のもとでは，特定個人への不利益が生じたり，[イ]が制限されたりすることがある．一方，「個人尊重主義」の立場からは，[イ]はできる限り尊重すべきである．功利主義においては，特定の個人に犠牲を強いることになった場合には，個人尊重主義と対立することになる．功利主義のもとでの犠牲が個人にとって許容できるものかどうか．その確認の方法として，「黄金律」テストがある．黄金律とは，「[ウ]」あるいは「自分の望まないことを人にするな」という教えである．自分がされた場合には憤慨するようなことを，他人にはしていないかチェックする「黄金律」テストの結果，自分としては損害を許容できないとの結論に達したならば，他の行動を考える倫理的必要性が高いとされる．また，重要なのは，たとえ「黄金律」テストで自分でも許容できる範囲であると判断された場合でも，次のステップとして「相手の価値観においてはどうだろうか」と考えることである．権利にもレベルがあり，生活を維持する権利は生活を改善する権利に優先する．この場合の生活の維持とは，盗まれない権利，だまされない権利などまでを含むものである．また，安全，［エ］に関する権利は最優先されなければならない．

	ア	イ	ウ	エ
①	最大幸福	多数派の権利	自分の望むことを人にせよ	身分
②	最大利潤	個人の権利	人が望むことを自分にせよ	健康
③	最大幸福	個人の権利	自分の望むことを人にせよ	健康
④	最大利潤	多数派の権利	人が望むことを自分にせよ	健康
⑤	最大幸福	個人の権利	人が望むことを自分にせよ	身分

解説 「功利主義」は「最大多数の**最大幸福**」を原理とし，倫理問題で選択肢がいくつかあるとき，そのどれが最大多数の最大幸福につながるかで優劣を判断する．

特定個人への不利益が生じたり，**個人の権利**が制限されたりすることがある．

「個人尊重主義」は，個人の権利をできる限り尊重すべきとする主義なので，功利主義によると特定の個人に犠牲を強いることになった場合に対立する．

このときに，犠牲が個人にとって許容できるものかどうかを確認する方法として，「黄金律」テストがある．黄金律とは，「**自分の望むことを人にせよ**」あるいは「自分の望まないことを人にするな」という教えである．「黄金律」テストは自分の価値観による判断なので，次のステップとして相手の価値観で考えること，また，重要なのは，たとえ「黄金律」テストで自分でも許容できる範囲であると判断された場合でも，次のステップとして「相手の価値観においてはどうだろうか」と考えることである．ただし，権利にもレベルがあり，生活を維持する権利は生活を改善する権利に優先し，安全，**健康**に関する権利は最優先されなければならない．

よって，最も適切な組合せは③である．

解答 ③

Brushup 3.2.1(1)規範倫理学の三つの立場，(3)技術者倫理の用語

II 8 頻出度★★★ Check □□□

安全保障貿易管理とは，我が国を含む国際的な平和及び安全の維持を目的として，武器や軍事転用可能な技術や貨物が，我が国及び国際的な平和と安全を脅かすおそれのある国家やテロリスト等，懸念活動を行うおそれのある者に渡ることを防ぐための技術の提供や貨物の輸出の管理を行うことである．先進国が有する高度な技術や貨物が，大量破壊兵器等（核兵器・化学兵器・生物兵器・ミサイル）を開発等（開発・製造・使用又は貯蔵）している国等に渡るこ

と，また通常兵器が過剰に蓄積されることなどの国際的な脅威を未然に防ぐために，先進国を中心とした枠組みを作って，安全保障貿易管理を推進している．

安全保障貿易管理は，大量破壊兵器等や通常兵器に係る「国際輸出管理レジーム」での合意を受けて，我が国を含む国際社会が一体となって，管理に取り組んでいるものであり，我が国では外国為替及び外国貿易法（外為法）等に基づき規制が行われている．安全保障貿易管理に関する次の記述のうち，適切なものの数はどれか．

(ア) 自社の営業担当者は，これまで取引のない A 社（海外）から製品の大口の引き合いを受けた．A 社からすぐに製品の評価をしたいので，少量のサンプルを納入して欲しいと言われた．当該製品は国内では容易に入手が可能なものであるため，規制はないと判断し，商機を逃すまいと急いで A 社に向けて評価用サンプルを輸出した．

(イ) 自社は商社として，メーカーの製品を海外へ輸出している．メーカーから該非判定書を入手しているが，メーカーを信用しているため，自社では判定書の内容を確認していない．また，製品に関する法令改正を確認せず，5 年前に入手した該非判定書を使い回している．

(ウ) 自社は従来，自動車用の部品（非該当）を生産し，海外へも販売を行っていた．あるとき，昔から取引のある A 社から，B 社（海外）もその部品の購入意向があることを聞いた．自社では，信頼していた A 社からの紹介ということもあり，すぐに取引を開始した．

(エ) 自社では，リスト規制品の場合，営業担当者は該非判定の結果及び取引審査の結果を出荷部門へ連絡し，出荷指示をしている．出荷部門では該非判定・取引審査の完了を確認し，さらに，輸出・提供するものと審査したものとの同一性や，輸出許可の取得の有無を確認して出荷を行った．

① 0　② 1　③ 2　④ 3　⑤ 4

解説

(ア) 不適切．国内では容易に入手が可能な製品であっても武器や軍事転用可能な技術である場合があるので，規制対象リストに該当するかどうか該非判定書に基づき判断する．また，これまでに取引がない会社なので，取引相手として問題ないかどうかを調査したうえで判断しなければならない．

(イ) 不適切．メーカーの製品を海外へ輸出する商社として，メーカーからの該非判定書を自社でも判定書の内容を確認しなければならない．また，該非判定書は最新の法令を反映して判断できるものでなければならず，常に法令改正の動向を把握し，遅滞なく帳票類等必要な見直しを行わなければならない．

(ウ) 不適切．A 社は昔から取引があって信用できると思われるが，A 社からの情報とはいえ，B社（海外）と取引する場合は，自社にてB社が取引先として妥当かどうかを調査して判断する必要がある．

(エ) 適切．営業部門と出荷部門が，それぞれの役割に基づいて確認を実施し，相互チェックする機能も働いているので適切である．

よって，適切なものは(エ)だけなので，正解は②である．

解答 ②

Brushup 3.2.5(6)安全保障貿易管理（輸出管理）

II 9 頻出度★★☆ Check □□□

知的財産を理解することは，ものづくりに携わる技術者にとって非常に大事なことである．知的財産の特徴の1つとして「財産的価値を有する情報」であることが挙げられる．情報は，容易に模倣されるという特質を持っており，しかも利用されることにより消費されるということがないため，多くの者が同時に利用することができる．こうしたことから知的財産権制度は，創作者の権利を保護するため，元来自由利用できる情報を，社会が必要とする限度で自由を制限する制度ということができる．

次の(ア)～(オ)のうち，知的財産権のなかの知的創作物についての権利等に含まれるものを○，含まれないものを×として，正しい組合せはどれか．

(ア) 特許権（特許法）
(イ) 実用新案権（実用新案法）
(ウ) 意匠権（意匠法）
(エ) 著作権（著作権法）
(オ) 営業秘密（不正競争防止法）

	ア	イ	ウ	エ	オ
①	○	×	○	○	○
②	○	○	×	○	○
③	○	○	○	×	○
④	○	○	○	○	×
⑤	○	○	○	○	○

解説 産業財産権制度は，新しい技術，新しいデザイン，ネーミングなどについて独占権を与え，模倣防止のために保護し，研究開発へのインセンティブを付与したり，取引上の信用を維持することによって，産業の発展を図ることを目的にした制度である．

知的財産権には，創作意欲を促進するための知的創造物についての権利と，信用の維持のための営業上の標識についての権利がある．

本問は前者の知的創造物についての権利の問題であり，(ア)〜(オ)はすべて○である.

(ア)特許権（特許権法），(イ)実用新案権（実用新案法），(ウ)意匠権（意匠法），(エ)著作権（著作権法），回路配置利用権（半導体集積回路の回路配線に関する法律），育成者権（種苗法），(オ)営業秘密（不正競争防止法）

よって，○×の組合せとして，最も適切なものは⑤である.

なお，後者には，商標権（商標法），商号（商法），商品等表示（不正競争防止法），地理的表示（特定農林水産物の名称の保護に関する法律，酒税の保全及び酒類業組合等に関する法律）がある.

解答 ⑤

Brushup 3.2.5(1)知的財産権制度（知的財産基本法）(a)，(b)

II 10 頻出度★★★ Check □□□

循環型社会形成推進基本法は，環境基本法の基本理念にのっとり，循環型社会の形成について基本原則を定めている．この法律は，循環型社会の形成に関する施策を総合的かつ計画的に推進し，現在及び将来の国民の健康で文化的な生活の確保に寄与することを目的としている．次の(ア)〜(エ)の記述について，正しいものは○，誤っているものは×として，適切な組合せはどれか.

(ア) 「循環型社会」とは，廃棄物等の発生抑制，循環資源の循環的な利用及び適正な処分が確保されることによって，天然資源の消費を抑制し，環境への負荷ができる限り低減される社会をいう.

(イ) 「循環的な利用」とは，再使用，再生利用及び熱回収をいう.

(ウ) 「再生利用」とは，循環資源を製品としてそのまま使用すること，並びに循環資源の全部又は一部を部品その他製品の一部として使用することをいう.

(エ) 廃棄物等の処理の優先順位は，[1] 発生抑制，[2] 再生利用，[3] 再使用，[4] 熱回収，[5] 適正処分である.

	ア	イ	ウ	エ
①	○	○	○	○
②	×	○	×	○
③	○	×	○	×
④	○	○	×	×
⑤	○	×	○	○

解説 「循環型社会形成推進基本法」第2条と，第5条〜第7条に関する出題である.

(ア) ○ 「循環型社会」とは，「製品等が廃棄物等となることが抑制され，並びに製品等が循環資源となった場合においてはこれについて適正に循環的な利用が行われることが促進され，及び循環的な利用が行われない循環資源については適正な処分が確保され，もって天然資源の消費を抑制し，環境への負荷ができる限り低減される社会」である．

ここで，処分とは，廃棄物（ごみ，粗大ごみ，燃え殻，汚泥，ふん尿，廃油，廃酸，廃アルカリ，動物の死体その他の汚物または不要物であって，固形状または液状のものとしての処分である．

(イ) ○ 循環的な利用とは，「再使用，再生利用及び熱回収」である．

(ウ) × 再生利用とは，「循環資源の全部又は一部を原材料として利用すること」である．「循環資源を製品としてそのまま使用すること（修理を行ってこれを使用することを含む），並びに循環資源の全部又は一部を部品その他製品の一部として使用すること」は，再使用という．

(エ) × 第5条で（原材料，製品等が廃棄物等となることの抑制），第6条で（循環資源の循環的な利用及び処分）について規定されている．そのうえで，第7条に（循環資源の循環的な利用及び処分の基本原則）で，廃棄物等の処理の優先順位を発生抑制，再使用，再生利用，熱回収，適正処分と定めている．問題文は再使用と再生利用の順が逆になっている．

よって，最も適切な組合せは④である．

解答 ④

Brushup 3.1.5(1)環境(a)～(e)

II 11 頻出度★★★ Check ■■■

製造物責任法（PL法）は，製造物の欠陥により人の生命，身体又は財産に係る被害が生じた場合における製造業者等の損害賠償の責任について定めることにより，被害者の保護を図り，もって国民生活の安定向上と国民経済の健全な発展に寄与することを目的とする．次の(ア)～(ク)のうち，「PL法としての損害賠償責任」には該当しないものの数はどれか．なお，いずれの事例も時効期限内とする．

(ア) 家電量販店にて購入した冷蔵庫について，製造時に組み込まれた電源装置の欠陥により，発火して住宅に損害が及んだ場合．

(イ) 建設会社が造成した土地付き建売住宅地の住宅について，不適切な基礎工事により，地盤が陥没して住居の一部が損壊した場合．

(ウ) 雑居ビルに設置されたエスカレータ設備について，工場製造時の欠陥により，入居者が転倒して怪我をした場合．

(エ) 電力会社の電力系統について，発生した変動（周波数）により，一部の工場設備が停止して製造中の製品が損傷を受けた場合．

(オ) 産業用ロボット製造会社が製作販売した作業ロボットについて，製造時に組み込まれた制御用専用ソフトウエアの欠陥により，アームが暴走して工場作業者が怪我をした場合.

(カ) 大学ベンチャー企業が国内のある湾で自然養殖し，一般家庭へ直接出荷販売した活魚について，養殖場のある湾内に発生した菌の汚染により，集団食中毒が発生した場合.

(キ) 輸入業者が輸入したイタリア産の生ハムについて，イタリアでの加工処理設備の欠陥により，消費者の健康に害を及ぼした場合.

(ク) マンションの管理組合が保守点検を発注したエレベータについて，その保守専門業者の作業ミスによる不具合により，その作業終了後の住民使用開始時に住民が死亡した場合.

① 1　② 2　③ 3　④ 4　⑤ 5

解説 製造物責任（PL）法は，第2条に次の用語を定義している.

・製造物：製造または加工された動産．なお，民法第86条により，「不動産」は土地およびその定着物（建物）をいい，それ以外の物が「動産」である．現金・商品・家財などの財産，土地に付着していても定着物でない物（仮植中の樹木や庭石など），建物の構成部分とされないもの（障子，ふすまなど）も動産とみなされる.

・欠陥：当該製造物の特性，その通常予見される使用形態，その製造業者等が当該製造物を引き渡した時期その他の当該製造物に係る事情を考慮して，当該製造物が通常有すべき安全性を欠いていること.

また，第3条で製造物責任の範囲，第4条で免責事由を定めている.

第3条（製造物責任） 製造業者等は，その製造，加工，輸入又は前条第3項第2号若しくは第三号の氏名等の表示をした製造物であって，その引き渡したものの欠陥により他人の生命，身体又は財産を侵害したときは，これによって生じた損害を賠償する責めに任ずる．ただし，その損害が当該製造物についてのみ生じたときは，この限りでない.

したがって，設問の(ア)～(ク)が製造物責任法上の損害賠償の責任に該当するかどうかは次のように判断される.

(ア) 該当する．製造時に冷蔵庫に組み込まれた電源装置の欠陥により，発火して住宅に損害を及ぼしている.

(イ) 該当しない．建物は不動産である.

(ウ) 該当する．工場製造時のエスカレータ設備の欠陥により入居者が転倒し，怪我をしたのだから該当する.

(エ) 該当しない．電気・電磁波等のような無形エネルギー，コンピュータのソフトウェア，情報等は製造物には該当しない．

(オ) 該当する．ソフトウェアだけであれば製造物に該当しないが，それが組み込まれたことで機能を実現している作業用ロボットは製造物である．そのソフトウェアの欠陥によるロボットのアームが暴走して工場作業者が怪我をしたのだから，製造物責任に該当する．

(カ) 該当しない．未加工の自然産物である農畜産物，水産物，狩猟物等は製造物に含まれない．

(キ) 該当する．生ハムはイタリアで加工処理設備により製造された製造物なので，消費者の健康に害を及ぼした場合は該当する．

(ク) 該当しない．住民の死亡はエレベータそのものではなく，保守点検の作業ミスによるものである．製造物の欠陥によるものではないので該当しない．

したがって，該当しないものの数は4なので，正解は④である．

解答 ④

Brushup 3.2.7(1)製造物責任法（PL法）(a)～(c)

II 12 頻出度★☆☆ Check □□□

公正な取引を行うことは，技術者にとって重要な責務である．私的独占の禁止及び公正取引の確保に関する法律（独占禁止法）では，公正かつ自由な競争を促進するため，私的独占，不当な取引制限，不公正な取引方法などを禁止している．また，金融商品取引法では，株や証券などの不公正取引行為を禁止している．公正な取引に関する次の(ア)～(エ)の記述のうち，正しいものは○，誤っているものは×として，適切な組合せはどれか．

(ア) 国や地方公共団体などの公共工事や物品の公共調達に関する入札の際，入札に参加する事業者たちが事前に相談して，受注事業者や受注金額などを決めてしまう行為は，インサイダー取引として禁止されている．

(イ) 相場を意図的・人為的に変動させ，その相場があたかも自然の需給によって形成されたかのように他人に認識させ，その相場の変動を利用して自己の利益を図ろうとする行為は，相場操縦取引として禁止されている．

(ウ) 事業者又は業界団体の構成事業者が相互に連絡を取り合い，本来各事業者が自主的に決めるべき商品の価格や販売・生産数量などを共同で取り決め，競争を制限する行為は，談合として禁止されている．

(エ) 上場会社の関係者等がその職務や地位により知り得た，投資者の投資判断に重大な影響を与える未公表の会社情報を利用して自社株等を売買する行為は，カルテルとして禁止されている．

	ア	イ	ウ	エ
①	○	×	○	○
②	○	○	○	×
③	×	○	×	○
④	○	×	×	○
⑤	×	○	×	×

解説

(ア) × 「インサイダー取引」ではなく「入札談合」の説明である．

(イ) ○ 正しい．

(ウ) × 「談合」ではなく「カルテル」の説明である．

(エ) × 「カルテル」ではなく「インサイダー取引」の説明である．

よって，適切な組合せは⑤である．

解答 ⑤

II 13 頻出度★★★ Check □□□

情報通信技術が発達した社会においては，企業や組織が適切な情報セキュリティ対策をとることは当然の責務である．2020年は新型コロナウイルス感染症に関連した攻撃や，急速に普及したテレワークやオンライン会議環境の脆弱性を突く攻撃が世界的に問題となった．また，2017年に大きな被害をもたらしたランサムウェアが，企業・組織を標的に「恐喝」を行う新たな攻撃となり観測された．情報セキュリティマネジメントとは，組織が情報を適切に管理し，機密を守るための包括的枠組みを示すもので，情報資産を扱う際の基本方針やそれに基づいた具体的な計画などトータルなリスクマネジメント体系を示すものである．情報セキュリティに関する次の(ア)～(オ)の記述について，正しいものは○，誤っているものは×として，適切な組合せはどれか．

(ア) 情報セキュリティマネジメントでは，組織が保護すべき情報資産について，情報の機密性，完全性，可用性を維持することが求められている．

(イ) 情報の可用性とは，保有する情報が正確であり，情報が破壊，改ざん又は消去されていない情報を確保することである．

(ウ) 情報セキュリティポリシーとは，情報管理に関して組織が規定する組織の方針や行動指針をまとめたものであり，PDCAサイクルを止めることなく実施し，ネットワーク等の情報セキュリティ監査や日常のモニタリング等で有効性を確認することが必要である．

(エ) 情報セキュリティは人の問題でもあり，組織幹部を含めた全員にセキュリティ教育を実施して遵守を徹底させることが重要であり，浸透具合をチェックすることも必要である．

(オ) 情報セキュリティに関わる事故やトラブルが発生した場合には，セキュリティポリシーに記載されている対応方法に則して，適切かつ迅速な初動処理を行い，事故の分析，復旧作業，再発防止策を実施する．必要な項目があれば，セキュリティポリシーの改定や見直しを行う．

	ア	イ	ウ	エ	オ
①	×	○	○	×	○
②	×	×	○	○	○
③	○	×	○	○	○
④	○	○	×	○	×
⑤	○	○	×	○	○

解説

(ア) ○ 機密性(confidentiality)，完全性(integrity)および可用性(availability)は，重要な情報の改ざんや消失，物理的な破損を防ぎ，安全に情報を取り扱うために意識すべき三つの要素であり，頭文字からCIAと呼ばれる．

これに加え，情報へのアクションが「誰の行為か」を確認できるようにする真正性（Authenticity)，システムが確実に目的の動作をするための信頼性(Reliability)，企業組織や個人などの動きを追跡する責任追跡性(Accountability)，情報が後から否定されない状況をつくる否認防止（non-repudiation）が求められる．

(イ) × 情報の可用性とは，情報へのアクセスを許可された者が必要なときに問題なく情報を見たり操作したりできることである．保有する情報が正確であり，情報が破壊，改ざんまたは消去されていない情報を確保するのは完全性である．

(ウ) ○ 情報セキュリティポリシーとは，情報管理に関して組織が規定する組織の方針や行動指針を明文化した文書である．企業・組織が保有している情報資産や事業環境を念頭に，適切かつ組織的に情報セキュリティ対策を講じることで，情報資産を保護することができる．適用範囲を設定して，情報資産を守るための基本方針，組織的な情報セキュリティへの対応体制，対策基準，実施手順などについて記載する．PDCAサイクルを止めることなく実施し，ネットワーク等の情報セキュリティ監査や日常のモニタリング等で有効性を確認し，適宜見直していくことが必要である．

(エ) ○ 情報セキュリティ対策上の脅威は，人的脅威，技術的脅威，物理的脅威がある．人のミスや悪意ある行動で被害や影響が発生し，拡大することもあるので，組織幹部を含めた全員にセキュリティ教育を実施して遵守を徹底させることが重要である．

(オ) ○ セキュリティポリシーには，対応体制，実施手順等が記載されている．情報セキュリティに関わる事故やトラブルが発生した場合には，それにのっとった対応を適切かつ迅速に初動処理で行うことが必要である．被害を局限しつつ早く復旧するとともに，再発防止策の実施やセキュリティポリシーの改定や見直しを行う．

よって，○×の組合せとして適切なのは③である．

解答 ③

Brushup 3.1.2(3)情報ネットワーク

II 14 頻出度★★★ Check □□□

SDGs（Sustainable Development Goals：持続可能な開発目標）とは，持続可能で多様性と包摂性のある社会の実現のため，2015年9月の国連サミットで全会一致で採択された国際目標である．次の(ア)～(キ)の記述のうち，SDGsの説明として正しいものは○，誤っているものは×として，適切な組合せはどれか．

(ア) SDGsは，先進国だけが実行する目標である．

(イ) SDGsは，前身であるミレニアム開発目標（MDGs）を基にして，ミレニアム開発目標が達成できなかったものを全うすることを目指している．

(ウ) SDGsは，経済，社会及び環境の三側面を調和させることを目指している．

(エ) SDGsは，「誰一人取り残さない」ことを目指している．

(オ) SDGsでは，すべての人々の人権を実現し，ジェンダー平等とすべての女性と女児のエンパワーメントを達成することが目指されている．

(カ) SDGsは，すべてのステークホルダーが，協同的なパートナーシップの下で実行する．

(キ) SDGsでは，気候変動対策等，環境問題に特化して取組が行われている．

	ア	イ	ウ	エ	オ	カ	キ
①	×	×	○	○	○	○	○
②	×	○	×	○	×	○	×
③	×	○	○	○	○	○	×
④	○	×	○	×	○	×	○
⑤	×	○	○	○	○	×	×

解説

(ア) ×．(エ)，(カ) ○ SDGsは，政府・国連に加え，あらゆる企業・団体・組織，そして個人などに至るさまざまな活動をサポートするための民間団体である.「地球上の誰一人として取り残さない」ことを理念とし，人類，地球およびそれらの繁栄のために設定された行動計画である．先進国だけが実行する目標ではない．

(イ) ○ 前身であるMDGsの8ゴール・21ターゲットの目標をSDGsに取り込んで17ゴール・21ターゲットとしている．MDGsで達成できなかったものも全うすることを目指している．

(ウ) ○ SDGsの17目標は，社会・経済・環境の3分野と，各分野と横断的に関わる枠組みに分け，これらを調和させるように設定されている．

(オ) ○ SDGsでは，17ゴールのうち，特に人権（自由権・平等権・社会権）関係として，次の七つの目標を掲げている．

貧困をなくそう，すべての人に健康と福祉，質の高い教育をみんなに，ジェンダー平等を実現しよう，働きがいも経済成長も，人や国の不平等をなくそう，平和と公正をすべての人に

「ジェンダー平等を実現しよう」のなかに，「ジェンダー平等を達成し，すべての女性および女児のエンパワーメントを行う」がある．

(キ) × 環境問題に特化して取り組んでいるわけではない．

よって，(ア)と(キ)の記述が誤りで，それ以外は正しいので，最も適切な組合せは③である．

解答 ③

Brushup 3.2.6(1)地球環境(a)，(b)

II 15 頻出度★★☆ Check □□□

CPD（Continuing Professional Development）は，技術者が自らの技術力や研究能力向上のために自分の能力を継続的に磨く活動を指し，継続教育，継続学習，継続研鑽などを意味する．CPDに関する次の(ア)～(エ)の記述について，正しいものは○，誤っているものは×として，適切な組合せはどれか．

(ア) CPDへの適切な取組を促すため，それぞれの学協会は積極的な支援を行うとともに，質や量のチェックシステムを導入して，資格継続に制約を課している場合がある．

(イ) 技術士のCPD活動の形態区分には，参加型（講演会，企業内研修，学協会活動），発信型（論文・報告文，講師・技術指導，図書執筆，技術協力），実務型（資格取得，業務成果），自己学習型（多様な自己学習）がある．

(ウ) 技術者はCPDへの取組を記録し，その内容について証明可能な状態にしておく必要があるとされているので，記録や内容の証明がないものは実施の事実があったとしてもCPDとして有効と認められない場合がある．

(エ) 技術提供サービスを行うコンサルティング企業に勤務し，日常の業務として自身の技術分野に相当する業務を遂行しているのであれば，それ自体がCPDの要件をすべて満足している．

	ア	イ	ウ	エ
①	○	○	○	○
②	×	○	×	○
③	○	×	○	○
④	○	×	○	×
⑤	○	○	○	×

解説 「技術士　CPD　ガイドライン」

(ア) ○　個々の技術士のCPD活動は，各技術士が自身の生涯を通じたキャリア形成を見据えて，自らの意思で主体的に業務履行上必要な知識を深め，技術を修得するものであるが，学会によってはCPD単位取得を資格更新の要件としている場合もある．

例：土木学会認定土木技術者資格．資格認定証の有効期間内に250単位以上

(イ) ○　技術士のCPD活動の形態は10の形態項目に分けることができ，それを四つの形態にまとめている．参加型（講演会，企業内研修，学協会活動），発信型（論文・報告文，講師・技術指導，図書執筆，技術協力），実務型（資格取得，業務成果），自己学習型（多様な自己学習）の四つの形態で，（　）内が形態項目である．技術士は，CPD活動を実施するにあたって，どの形態区分・形態項目の活動がどのような資質区分・資質項目の資質能力の維持・向上を図ることができるかを考えつつ，専門的学識だけではなく一般共通資質を含めた幅広い資質の修得に取組む必要がある．

(ウ) ○　記録や内容の証明がないものは実施の事実があったとしてもCPDとして有効と認められない場合がある．CPD登録制度は実績を公的に証明するものになるので，活用することが望ましい．

(エ) ×　諸外国の多くの基準ではコンサルタント業務における現在の知識を適用した通常の作業は職場での学習活動として主張できない．わが国の主要な学協会でもCPDとして認めていないので，国際同等性および相互承認の観点からもCPDの要件からは除外している．

よって，(エ)のみ誤っているので，最も適切な組合せは⑤である．

解答　⑤

Brushup　3.2.3(3)「技術士CPD（継続研鑽）ガイドライン」(a)，(b)

2021 年度

II　次の 15 問題を解答せよ．(解答欄に 1 つだけマークすること．)

II 1　頻出度★★★　Check ■■■

技術士法第 4 章に規定されている，技術士等が求められている義務・責務に関わる次の(ア)～(キ)の記述のうち，あきらかに不適切なものの数を選べ．

なお，技術士等とは，技術士及び技術士補を指す．

(ア)　技術士等は，その業務に関して知り得た情報を顧客の許可なく第三者に提供してはならない．

(イ)　技術士等の秘密保持義務は，所属する組織の業務についてであり，退職後においてまでその制約を受けるものではない．

(ウ)　技術士等は，顧客から受けた業務を誠実に実施する義務を負っている．顧客の指示が如何なるものであっても，指示通り実施しなければならない．

(エ)　技術士等は，その業務を行うに当たっては，公共の安全，環境の保全その他の公益を害することのないよう努めなければならないが，顧客の利益を害する場合は守秘義務を優先する必要がある．

(オ)　技術士は，その業務に関して技術士の名称を表示するときは，その登録を受けた技術部門を明示するものとし，登録を受けていない技術部門を表示してはならないが，技術士を補助する技術士補の技術部門表示は，その限りではない．

(カ)　企業に所属している技術士補は，顧客がその専門分野能力を認めた場合は，技術士補の名称を表示して技術士に代わって主体的に業務を行ってよい．

(キ)　技術は日々変化，進歩している．技術士は，常に，その業務に関して有する知識及び技能の水準を向上させ，名称表示している専門技術業務領域の能力開発に努めなければならない．

①　7　　②　6　　③　5　　④　4　　⑤　3

解説　技術士法第 4 章 技術士等の義務に関する出題である．

(ア)　適切．第 45 条の技術士等の秘密保持義務である．

(イ)　不適切．技術士等の秘密保持義務は，所属していた組織の業務について負うものである．その組織を退職した後であっても，所属していたときの業務で得た情報に関しては秘密保持義務がある．

(ウ) 不適切．技術士等は顧客から受けた業務を誠実に実施する義務はあるが，同時に，公益確保の責務も果たさなければならない．顧客の指示が公益に反するものであった場合は，指示どおりに実施するのではなく，その旨を顧客に伝え，公益を害しない代替案を提案するなど合意形成に努めるべきである．

(エ) 不適切．顧客の利益よりも公益の確保が優先される．公益の安全，環境の保全その他の公益を害するおそれがある場合は，顧客の利益を害する情報であっても，専門的な見地から丁寧に顧客に説明をしたうえで情報を開示するべきである．

(オ) 不適切．第47条第2項により，技術士補の名称の表示についても技術士と同じ規定が準用される．

(カ) 不適切．（技術士補の業務の制限等）第47条に，「技術士補は，第2条第1項に規定する業務について技術士を補助する場合を除くほか，技術士補の名称を表示して当該業務を行ってはならない」と定められている．顧客がその専門分野能力を認めた場合でも，技術士の補助ではなく，技術士に代わって主体的に業務を行ってはならない．

(キ) 適切．第47条の2に定められた技術士の資質向上の責務である．

よって，(ア)～(キ)の記述のうち，あきらかに不適切なものの数は③の5である．

解答 ③

Brushup 3.2.2 技術士法第4章

II 2 頻出度★☆☆ Check □□□

「公衆の安全，健康，及び福利を最優先すること」は，技術者倫理で最も大切なことである．ここに示す「公衆」は，技術業の業務によって危険を受けうるが，技術者倫理における1つの考え方として，「公衆」は，「 ア である」というものがある．

次の記述のうち，「 ア 」に入るものとして，最も適切なものはどれか．

① 国家や社会を形成している一般の人々
② 背景などを異にする多数の組織されていない人々
③ 専門職としての技術業についていない人々
④ よく知らされたうえでの同意を与えることができない人々
⑤ 広い地域に散在しながらメディアを通じて世論を形成する人々

解説 技術者倫理において，公衆とは，技術業のサービスによる結果について自由なまたはよく知らされたうえでの同意を与える立場になく，影響される人々のことをいう．つまり公衆は，専門家に比べてある程度の無知，無力などの特性を有する．

よって，最も適切なものは④である．

解答　④

Brushup　3.2.1(3)技術者倫理の用語(a)

II 3　頻出度★★★　Check □□□

科学技術に携わる者が自らの職務内容について，そのことを知ろうとする者に対して，わかりやすく説明する責任を説明責任（accountability）と呼ぶ．説明を行う者は，説明を求める相手に対して十分な情報を提供するとともに，説明を受ける者が理解しやすい説明を心がけることが重要である．以下に示す説明責任に関する(ア)～(エ)の記述のうち，正しいものを○，誤ったものを×として，最も適切な組合せはどれか．

(ア)　技術者は，説明責任を遂行するに当たり，説明を行う側が努力する一方で，説明を受ける側もそれを受け入れるために相応に努力することが重要である．

(イ)　技術者は，自らが関わる業務において，利益相反の可能性がある場合には，説明責任と公正さを重視して，雇用者や依頼者に対し，利益相反に関連する情報を開示する．

(ウ)　公正で責任ある研究活動を推進するうえで，どの研究領域であっても共有されるべき「価値」があり，その価値の1つに「研究実施における説明責任」がある．

(エ)　技術者は，時として守秘義務と説明責任のはざまにおかれることがあり，守秘義務を果たしつつ説明責任を果たすことが求められる．

	ア	イ	ウ	エ
①	○	○	○	○
②	×	○	○	○
③	○	×	○	○
④	○	○	×	○
⑤	○	○	○	×

解説

(ア)　○　説明を受ける側は公衆である．公衆はよく知らされたうえで同意するために，十分に知る権利を有するが，技術者側からの説明を受ける側として，それを受け入れるための相応の努力がなければ理解することができない．

(イ)　○　利益相反とは複数の当事者の利益が競合あるいは相反することである．説明責任と公平さを考えると，利益がある方，あるいは不利益になる方を優先するわけにはいかないので，雇用者や依頼者に利益相反に関連する情報を提供し，それを理解したうえでの判断を仰ぐ必要がある．

(ウ)　○　科学技術の研究は，その成果が不確実でリスクが大きく投資回収までの期間が長いことから，国は一定の政策資源を投入して推進している．その原資は税金である以上，国費を活用した科学技術研究に携わる者は常に公正に研究を行い説明責任を果たす義務がある．

(エ)　○　守秘義務と説明責任は表裏をなす面がある．説明責任を果たす場合にその情報の入手先の承諾を得ることなく他人に漏らしてはならないので注意を要する．

よって，○×の組合せとして，最も適切なものは①である．

解答　①

Brushup　3.2.2 技術士法第４章，3.2.3(2)技術士倫理綱領，3.2.3(4)「声明 科学者の行動規範-改訂版-」(b)

II 4　頻出度★☆☆　Check □□□

安全保障貿易管理（輸出管理）は，先進国が保有する高度な貨物や技術が，大量破壊兵器等の開発や製造等に関与している懸念国やテロリスト等の懸念組織に渡ることを未然に防ぐため，国際的な枠組みの下，各国が協調して実施している．近年，安全保障環境は一層深刻になるとともに，人的交流の拡大や事業の国際化の進展等により，従来にも増して安全保障貿易管理の重要性が高まっている．大企業や大学，研究機関のみならず，中小企業も例外ではなく，業として輸出等を行う者は，法令を遵守し適切に輸出管理を行わなければならない．輸出管理を適切に実施することにより，法令違反の未然防止はもとより，懸念取引等に巻き込まれるリスクも低減する．

輸出管理に関する次の記述のうち，最も適切なものはどれか．

①　α大学の大学院生は，ドローンの輸出に関して学内手続をせずに，発送した．

②　α大学の大学院生は，ロボットのデモンストレーションを実施するためにA国β大学に輸出しようとするロボットに，リスト規制に該当する角速度・加速度センサーが内蔵されているため，学内手続の申請を行いセンサーが主要な要素になっていないことを確認した．その結果，規制に該当しないものと判断されたので，輸出を行った．

③　α大学の大学院生は，学会発表及びB国γ研究所と共同研究の可能性を探るための非公開の情報を用いた情報交換を実施することを目的とした外国出張の申請書を作成した．申請書の業務内容欄には「学会発表及び研究概要打合せ」と記載した．研究概要打合せは，輸出管理上の判定

欄に「公知」と記載した.

④　α大学の大学院生は，C国において地質調査を実施する計画を立てており，「赤外線カメラ」をハンドキャリーする予定としていた．この大学院生は，過去に学会発表でC国に渡航した経験があるので，直前に海外渡航申請の提出をした.

⑤　α大学の大学院生は，自作した測定装置は大学の輸出管理の対象にならないと考え，輸出管理手続をせずに海外に持ち出すことにした.

解説

①　不適切．ドローンはリスト規制の4．ミサイルの（1の2）無人航空機に該当するので，輸出に関して学内手続きが必要である.

②　適切．A国β大学に輸出しようとするロボットにリスト規制に該当する角速度・加速度センサが内蔵されていたため，学内手続きの申請を行い，センサが主要な要素になっておらず規制に該当しないものと判断された後に輸出している.

③　不適切．海外出張の目的の一つとして，B国γ研究所との共同研究の可能性を探るための非公開の情報を用いた情報交換の実施があるにも関わらず，申請書には単なる研究概要打合せとし，しかも「公知」と記載して，慎重な審査の対象とならないようにしている.

④　不適切．赤外線カメラは機種によって輸出管理の対象になるので，リードタイムを確保して海外渡航申請をするべきである.

⑤　不適切．自作の測定装置であっても，使用している部品や機器によっては輸出管理の対象になることがあるので，輸出管理手続きを実施しなければならない.

よって，輸出管理に関する記述のうち，最も適切なものは②である.

解答　②

Brushup　3.2.5(6)安全保障貿易管理（輸出管理）

II 5　頻出度★★★　Check □□□

SDGs（Sustainable Development Goals：持続可能な開発目標）とは，2030年の世界の姿を表した目標の集まりであり，貧困に終止符を打ち，地球を保護し，すべての人が平和と豊かさを享受できるようにすることを目指す普遍的な行動を呼びかけている．SDGsは2015年に国連本部で開催された「持続可能な開発サミット」で採択された17の目標と169のターゲットから構成され，それらには「経済に関すること」「社会に関すること」「環境に関すること」などが含まれる．また，SDGsは発展途上国のみならず，先進国自身が取り組むユニバーサル（普遍的）なものであり，我が国も積極的に取り組んでいる．国連で定めるSDGsに関する次の(ア)～(エ)の記述のうち，正しいものを○，誤ったものを×として，最も適切な組合せはどれか．

(ア) SDGsは，政府・国連に加えて，企業・自治体・個人など誰もが参加できる枠組みになっており，地球上の「誰一人取り残さない（leave no one behind）」ことを誓っている．

(イ) SDGsには，法的拘束力があり，処罰の対象となることがある．

(ウ) SDGsは，深刻化する気候変動や，貧富の格差の広がり，紛争や難民・避難民の増加など，このままでは美しい地球を子・孫・ひ孫の代につないでいけないという危機感から生まれた．

(エ) SDGsの達成には，目指すべき社会の姿から振り返って現在すべきことを考える「バックキャスト（Backcast）」ではなく，現状をベースとして実現可能性を踏まえた積み上げを行う「フォーキャスト（Forecast）」の考え方が重要とされている．

	ア	イ	ウ	エ
①	○	×	○	○
②	○	○	○	×
③	×	○	×	○
④	○	×	○	×
⑤	×	×	○	○

解説

(ア) ○　SDGsは，政府・国連に加え，あらゆる企業・団体・組織，そして個人などに至るさまざまな活動をサポートするための民間団体である．「地球上の誰一人として取り残さない」ことを理念とし，人類，地球およびそれらの繁栄のために設定された行動計画である．

(イ) ×　SDGsには法的拘束力はないので処罰の対象にもならないが，各国は17の目標の達成に当事者意識をもって取り組み，そのための国内枠組を確立することが期待されている．SDGsの実施と成否は，各国が独自に策定する持続可能な開発関連の政策，計画，プログラムにかかっている．

(ウ) ○　SDGsは，気候変動，貧富の格差の広がり，紛争とそれに伴う難民や避難民の増加など，このままではもう地球はもたない，そんな危機感からSDGsが生まれた．

(エ) ×　変化を生み出していこうとするとき，現状からどんな改善ができるかを考えて，改善策をつみあげていく考え方がフォーキャスティング，未来の姿から逆算して現在の施策を考える発想がバックキャスティングである．

SDGsはバックキャスティングの考え方を重要視し，具体的なやり方はわからないが2030年にはこういう状態を目指そうとする相当にチャレンジングな目標が設定されている．

よって，最も適切な組合せは④である．

解答　④

Brushup　3.2.6(1)地球環境(a)

II 6　頻出度★★★　Check □□□

AIに関する研究開発や利活用は今後飛躍的に発展することが期待されており，AIに対する信頼を醸成するための議論が国際的に実施されている．我が国では，政府において，「AI-Readyな社会」への変革を推進する観点から，2018年5月より，政府統一のAI社会原則に関する検討を開始し，2019年3月に「人間中心のAI社会原則」が策定・公表された．また，開発者及び事業者において，基本理念及びAI社会原則を踏まえたAI利活用の原則が作成・公表された．

以下に示す(ア)〜(コ)の記述のうち，AIの利活用者が留意すべき原則にあきらかに該当しないものの数を選べ．

(ア)　適正利用の原則　　(イ)　適正学習の原則
(ウ)　連携の原則　　(エ)　安全の原則
(オ)　セキュリティの原則　　(カ)　プライバシーの原則
(キ)　尊厳・自律の原則　　(ク)　公平性の原則
(ケ)　透明性の原則　　(コ)　アカウンタビリティの原則

①　0　　②　1　　③　2　　④　3　　⑤　4

解説　「人間中心のAI社会原則」(2019年3月）に沿って，策定された「AI利活用ガイドライン」では，AIの利用者が留意すべき事項を次の10の原則に整理している．

①　適正利用の原則：利用者は，人間とAIシステムとの間および利用者間における適切な役割分担のもと，適正な範囲および方法でAIシステムまたはAIサービスを利用するよう努める．

②　適正学習の原則：利用者およびデータ提供者は，AIシステムの学習等に用いるデータの質に留意する．

③　連携の原則：AIサービスプロバイダ，ビジネス利用者およびデータ提供者は，AIシステムまたはAIサービス相互間の連携に留意する．また，利用者は，AIシステムがネットワーク化することによってリスクが惹起・増幅される可能性があることに留意する．

④ 安全の原則：利用者は，AI システムまたは AI サービスの利活用により，アクチュエータ等を通じて，利用者および第三者の生命・身体・財産に危害を及ぼすことがないよう配慮する．

⑤ セキュリティの原則：利用者およびデータ提供者は，AI システムまたは AI サービスのセキュリティに留意する．

⑥ プライバシーの原則：利用者およびデータ提供者は，AI システムまたは AI サービスの利活用において，他者または自己のプライバシーが侵害されないよう配慮する．

⑦ 尊厳・自律の原則：利用者は，AI システムまたは AI サービスの利活用において，人間の尊厳と個人の自律を尊重する．

⑧ 公平性の原則：AI サービスプロバイダ，ビジネス利用者およびデータ提供者は，AI システムまたは AI サービスの判断にバイアスが含まれる可能性があることに留意し，また，AI システムまたは AI サービスの判断によって個人が不当に差別されないよう配慮する．

⑨ 透明性の原則：AI サービスプロバイダおよびビジネス利用者は，AI システムまたは AI サービスの入出力等の検証可能性および判断結果の説明可能性に留意する．

⑩ アカウンタビリティの原則：利用者は，ステークホルダに対しアカウンタビリティを果たすよう努める．

(ア)～(コ)の記述は①～⑩と同じなので，AI 利活用者が留意すべき原則にあきらかに該当しないものの数は①の 0 である．

解答 ①

Brushup 3.2.5(4)AI 利用者が留意すべき 10 の原則(a)～(i)

II 7 頻出度★★★ Check □□□

近年，企業の情報漏洩が社会問題化している．営業秘密等の漏えいは，企業にとって社会的な信用低下や顧客への損害賠償等，甚大な損失を被るリスクがある．例えば，2012 年に提訴された，新日鐵住金において変圧器用の電磁鋼板の製造プロセス及び製造設備の設計図等が外国ライバル企業へ漏えいした事案では，賠償請求・差止め請求がなされたなど，基幹技術など企業情報の漏えい事案が多発している．また，サイバー空間での窃取，拡散など漏えい態様も多様化しており，抑止力向上と処罰範囲の整備が必要となっている．

営業秘密に関する次の(ア)～(エ)の記述のうち，正しいものは○，誤っているものは×として，最も適切な組合せはどれか．

(ア) 顧客名簿や新規事業計画書は，企業の研究・開発や営業活動の過程で生み出されたものなので営業秘密である.

(イ) 有害物質の垂れ流し，脱税等の反社会的な活動についての情報は，法が保護すべき正当な事業活動ではなく，有用性があるとはいえないため，営業秘密に該当しない.

(ウ) 刊行物に記載された情報や特許として公開されたものは，営業秘密に該当しない.

(エ) 「営業秘密」として法律により保護を受けるための要件の1つは，秘密として管理されていることである.

	ア	イ	ウ	エ
①	○	○	○	×
②	○	○	×	○
③	○	×	○	○
④	×	○	○	○
⑤	○	○	○	○

解説 不正競争防止法第2条第6項の規定により，「営業秘密」とは，秘密として管理されている生産方法，販売方法その他の事業活動に有用な技術上または営業上の情報であって，公然と知られていないもの，つまり，営業秘密は，秘密管理性，有用性，非公知性の3要件をすべて満足するものである.

(ア) ○ 顧客名簿は顧客ニーズの調査，研究・開発の成果を基にした価格，販売戦略の策定など営業活動の過程で生み出されたものなので営業秘密に該当する．新規事業計画書も，生産方法，販売方法その他の事業活動等，その企業が事業活動によって利益を得ていくための有用な技術上または営業上の情報である．当然，競合する他企業には知られたくない秘密情報が多数含まれているので営業秘密に該当する.

(イ) ○ 有害物質の垂れ流し，反社会的な活動に関する情報は，公序良俗に反する内容の情報であり，事業活動に有用な技術上または営業上の情報とはいえないので，営業秘密には該当しない.

(ウ) ○ 刊行物に記載された情報や特許として公開されたものは公知なので，営業秘密に該当しない.

(エ) ○ 秘密管理性は，営業秘密としての要件の一つである.

よって，最も適切な組合せは⑤である.

解答 ⑤

Brushup 3.2.5(3)営業秘密の範囲（不当競争防止法）

II 8 頻出度★★★ Check ■■■

我が国の製造物責任（PL）法には，製造物責任の対象となる「製造物」について定められている．

次の(ア)～(エ)の記述のうち，正しいものは○，誤っているものは×として，最も適切な組合せはどれか．

(ア) 土地，建物などの不動産は責任の対象とならない．ただし，エスカレータなどの動産は引き渡された時点で不動産の一部となるが，引き渡された時点で存在した欠陥が原因であった場合は責任の対象となる．

(イ) ソフトウェア自体は無体物であり，責任の対象とならない．ただし，ソフトウェアを組み込んだ製造物による事故が発生した場合，ソフトウェアの不具合と損害との間に因果関係が認められる場合は責任の対象となる．

(ウ) 再生品とは，劣化，破損等により修理等では使用困難な状態となった製造物について当該製造物の一部を利用して形成されたものであり責任の対象となる．この場合，最後に再生品を製造又は加工した者が全ての責任を負う．

(エ) 「修理」，「修繕」，「整備」は，基本的にある動産に本来存在する性質の回復や維持を行うことと考えられ，責任の対象とならない．

	ア	イ	ウ	エ
①	○	×	○	○
②	×	○	○	×
③	○	○	×	○
④	○	×	○	×
⑤	×	○	×	○

解説

(ア) ○ 製造物責任法（PL法）第2条第1項において，「この法律において『製造物』とは，製造又は加工された動産をいう．」と定義されているので，土地，建物などの不動産は責任の対象とならない．エスカレータは引き渡された時点で不動産の一部になるが，エスカレータそのものに欠陥があり，引き渡された時点でその欠陥が存在したものであるならば責任の対象になる．

(イ) ○ ソフトウェアは無体物なのでPL法の対象とはならないが，ソフトウェアが組み込まれ一体として機能する機械等の動産は製造物なので対象になる．ソフトウェアの不具合と損害との間の因果関係が立証されれば責任の対象となる．

(ウ) × 再生品も製造物責任の対象になる．劣化・破損等で修理等では使用困難になった製造物の一部を利用して形成された再生品は，最後に再生に利用した一部の性能，劣化状況も考慮して設計，製造または加工した者が責任を負うことになるが，利用した一部に欠陥が存在し，それが原因で損害が発生した場合については元の製造者の責任になる場合がある．

(エ)　○　「修理」，「修繕」，「整備」は動産の本来存在する性質の回復や維持を目的としたものである．「製造」と「加工」は責任の対象になるが，「修理」，「修繕」，「整備」は責任の対象とはならない．

よって，最も適切な組合せは③である．

解答　③

Brushup　3.2.7(1)製造物責任法（PL 法）(a)～(c)

II 9　頻出度★★☆　Check □□□

ダイバーシティ（Diversity）とは，一般に多様性，あるいは，企業で人種・国籍・性・年齢を問わずに人材を活用することを意味する．また，ダイバーシティ経営とは「多様な人材を活かし，その能力が最大限発揮できる機会を提供することで，イノベーションを生み出し，価値創造につなげている経営」と定義されている．「能力」には，多様な人材それぞれの持つ潜在的な能力や特性なども含んでいる．「イノベーションを生み出し，価値創造につなげている経営」とは，組織内の個々の人材がその特性を活かし，生き生きと働くことのできる環境を整えることによって，自由な発想が生まれ，生産性を向上し，自社の競争力強化につながる，といった一連の流れを生み出しうる経営のことである．

「多様な人材」に関する次の(ア)～(コ)の記述のうち，あきらかに不適切なものの数を選べ．

(ア)　性別　　(イ)　年齢　　(ウ)　人種
(エ)　国籍　　(オ)　障がいの有無　　(カ)　性的指向
(キ)　宗教・信条　　(ク)　価値観　　(ケ)　職歴や経験
(コ)　働き方

①　0　　②　1　　③　2　　④　3　　⑤　4

解説

ダイバーシティ経営において「多様な人材」は，「性別，年齢，人種や国籍，障がいの有無，性的指向，宗教・心条，価値観等の多様性だけでなく，キャリアや経験，働き方等に関する多様性も含む」と定義されている．

よって，(ア)～(コ)の記述はいずれも適切なので，あきらかに不適切なものの数は①の 0 である．

解答　①

Brushup　3.2.6(3)労働環境(a)

II10　頻出度★★★　Check□□□

多くの国際安全規格は，ISO／IEC Guide51（JIS Z 8051）に示された「規格に安全側面（安全に関する規定）を導入するためのガイドライン」に基づいて作成されている．この Guide51 には「設計段階で取られるリスク低減の方策」として以下が提示されている．

・「ステップ1」：本質的安全設計
・「ステップ2」：ガード及び保護装置
・「ステップ3」：使用上の情報（警告，取扱説明書など）

次の(ア)～(カ)の記述のうち，このガイドラインが推奨する行動として，あきらかに誤っているものの数を選べ．

(ア)　ある商業ビルのメインエントランスに設置する回転ドアを設計する際に，施工主の要求仕様である「重厚感のある意匠」を優先して，リスク低減に有効な「軽量設計」は採用せずに，インターロックによる制御安全機能，及び警告表示でリスク軽減を達成させた．

(イ)　建設作業用重機の本質的安全設計案が，リスクアセスメントの検討結果，リスク低減策として的確と評価された．しかし，僅かに計画予算を超えたことから，ALARP の考え方を導入し，その設計案の一部を採用しないで，代わりに保護装置の追加，及び警告表示と取扱説明書を充実させた．

(ウ)　ある海外工場から充電式掃除機を他国へ輸出したが，「警告」の表示は，明白で，読みやすく，容易で消えなく，かつ，理解しやすいものとした．また，その表記は，製造国の公用語だけでなく，輸出であることから国際的にも判るように，英語も併記した．

(エ)　介護ロボットを製造販売したが，「警告」には，警告を無視した場合の，製品のハザード，そのハザードによってもたらされる危害，及びその結果について判りやすく記載した．

(オ)　ドラム式洗濯乾燥機を製造販売したが，「取扱説明書」には，使用者が適切な意思決定ができるように，必要な情報をわかり易く記載した．また，万一の製品の誤使用を回避する方法も記載した．

(カ)　エレベータを製造販売したが「取扱説明書」に推奨されるメンテナンス方法について記載した．ここで，メンテナンスの実施は納入先の顧客（使用者）が主体で行う場合もあるため，その作業者の訓練又は個人用保護具の必要性についても記載した．

① 1　　② 2　　③ 3　　④ 4　　⑤ 5

解説

(ア) 誤り．リスク低減に有効な「軽量設計」はステップ1の本質的安全設計である．それを採用せず，インタロックによる制御安全設計（ステップ2 ガードおよび保護装置），警報表示（ステップ3 使用上の情報）でリスク軽減を行っている．

(イ) 誤り．ALARPの原則は，リスクは合理的に実行可能な限りできるだけ低くしなければならないというものである．本質的安全設計によるとわずかに計画予算を超えるからといってステップ2，ステップ3での代替策を採用するのではなく，本質的安全設計によることの利益が計画予算の超過に対して極度に釣り合わないのかどうかを評価して判断すべきである．

(ウ) 正しい．JIS Z 8051：2015では，警告は次によることが望ましいと規定されている．

- 明白で，読みやすく，容易で消えなく，かつ，理解しやすいもの．
- 製品又はシステムが使われる国／国々の公用語で書く．ただし，特別な技術分野に関連した特定の言語が適切な場合を除く．
- 簡潔で明確に分かりやすい文章とする．

(エ) 正しい．JIS Z 8051：2015では，「警告の内容は，警告を無視した場合の，製品のハザード，ハザードによってもたらされる危害，及びその結果について記載することが望ましい．効果的な警告は，製品のハザードに適したシグナル用語（例 “危険”，“警告”，“注意”），安全警報標識，書体の大きさ，及び色の組合せによって，注意を喚起する．必要に応じて，規格は警告を記載する場所を規定し，及び容易に消えないための要求事項（例 省略）を含んでいることが望ましい」と規定されている．

(オ) 誤り．JIS Z 8051：2015では，取扱説明書の内容について次のように規定している．

「製品の最終使用者に対し，除去することができず，低減することもできなかった製品のハザードによって引き起こされる危害を避け，適切な意思決定ができる手段を提供し，かつ，製品の誤使用を回避する指示を提供することが望ましい．また，取扱説明書には製品を誤使用した場合（例 漂白剤を誤飲した場合）の救済措置を示すのがよい．製品の使用上の指示を勘違いして混同しないよう，製品のハザードについての説明と警告とは別々に記載することが望ましい．」

誤使用の回避は指示として，単なる説明とは区別し情報提供しなければならない．

(カ) 正しい．JIS Z 8051：2015では，取扱説明書について次のように規定している．

「規格は，提供する指示及び情報が製品又はシステムを操作するための必要条件を網羅していることを，明示することが望ましい．製品の場合，取扱説明書は，必要に応じて適切に，組立て，使用，清掃，メンテナンス，解体，及び破壊又は廃棄について明示していることが望ましい．」

この場合は，メンテナンスの実施を納入先の顧客が行うので，その作業者の訓練または個人用保護具の必要性についても記載しており，適切である．

よって，(ア)～(カ)の記述のうち，(ア)，(イ)および(オ)はあきらかに誤りなので，誤っているものの数は③の3である．

解答 ③

Brushup 3.2.6(3)労働環境(c)

II 11 頻出度★★★ Check □□□

再生可能エネルギーは，現時点では安定供給面，コスト面で様々な課題があるが，エネルギー安全保障にも寄与できる有望かつ多様で，長期を展望した環境負荷の低減を見据えつつ活用していく重要な低炭素の国産エネルギー源である．また，2016年のパリ協定では，世界の平均気温上昇を産業革命以前に比べて2 ℃より十分低く保ち，1.5 ℃に抑える努力をすること，そのためにできるかぎり早く世界の温室効果ガス排出量をピークアウトし，21世紀後半には，温室効果ガス排出量と（森林などによる）吸収量のバランスをとることなどが合意された．再生可能エネルギーは温室効果ガスを排出しないことから，パリ協定の実現に貢献可能である．

再生可能エネルギーに関する次の(ア)～(オ)の記述のうち，正しいものは○，誤っているものは×として，最も適切な組合せはどれか．

(ア) 石炭は，古代原生林が主原料であり，燃焼により排出される炭酸ガスは，樹木に吸収され，これらの樹木から再び石炭が作られるので，再生可能エネルギーの1つである．

(イ) 空気熱は，ヒートポンプを利用することにより温熱供給や冷熱供給が可能な，再生可能エネルギーの1つである．

(ウ) 水素燃料は，クリーンなエネルギーであるが，天然にはほとんど存在していないため，水や化石燃料などの各種原料から製造しなければならず，再生可能エネルギーではない．

(エ) 月の引力によって周期的に生じる潮汐の運動エネルギーを取り出して発電する潮汐発電は，再生可能エネルギーの1つである．

(オ) バイオガスは，生ゴミや家畜の糞尿を微生物などにより分解して製造される生物資源の1つであるが，再生可能エネルギーではない．

	ア	イ	ウ	エ	オ
①	○	○	○	○	○
②	○	×	○	×	○
③	×	○	○	○	×
④	×	○	×	○	×
⑤	×	×	×	×	○

解説 再生可能エネルギー源は，太陽光，風力その他非化石エネルギー源のうち，エネルギー源として永続的に利用することができると認められるものである．太陽光・風力・水力・地熱・太陽熱・大気中の熱その他の自然界に存在する熱・バイオマスである．

(ア) × 石炭は化石エネルギー源である．

(イ) ○ 空気熱（大気中の熱）は再生可能エネルギー源である．

(ウ) ○ 水素燃料は，天然にほとんど存在しておらず水や化石燃料などから製造しなければならないので，再生可能エネルギー源ではない．

(エ) ○ 潮汐は，月が地球に及ぼす引力と地球が月と地球の共通の重心の周りを回転することで生じる遠心力により，約半日の周期でゆっくりと上下に変化する海面の水位（潮位）の昇降現象である．この潮汐の運動エネルギーを取り出して発電するのが潮汐発電であり，再生可能エネルギー源の一つである．

(オ) × バイオガスは再生可能エネルギーの一つである．

よって，正誤の組合せとして，最も適切なものは③である．

解答 ③

Brushup 4.2.5(1)環境(a)

II 12 頻出度★★★ Check □□□

技術者にとって労働者の安全衛生を確保することは重要な使命の1つである．労働安全衛生法は「職場における労働者の安全と健康を確保」するとともに，「快適な職場環境を形成」する目的で制定されたものである．次に示す安全と衛生に関する(ア)～(キ)の記述のうち，適切なものの数を選べ．

(ア) 総合的かつ計画的な安全衛生対策を推進するためには，目的達成の手段方法として「労働災害防止のための危害防止基準の確立」「責任体制の明確化」「自主的活動の促進の措置」などがある．

(イ) 労働災害の原因は，設備，原材料，環境などの「不安全な状態」と，労働者の「不安全な行動」に分けることができ，災害防止には不安全な状態・不安全な行動を無くす対策を講じることが重要である．

(ウ) ハインリッヒの法則では，「人間が起こした330件の災害のうち，1件の重い災害があったとすると，29回の軽傷，傷害のない事故を300回起こしている」とされる．29の軽傷の要因を無くすことで重い災害を無くすことができる．

(エ) ヒヤリハット活動は，作業中に「ヒヤっとした」「ハッとした」危険有害情報を活用する災害防止活動である．情報は，朝礼などの機会に報告するようにし，「情報提供者を責めない」職場ルールでの実施が基本となる．

(オ) 安全の4S活動は，職場の安全と労働者の健康を守り，そして生産性の向上を目指す活動として，整理（Seiri），整頓（Seiton），清掃（Seisou），しつけ（Shituke）がある．

(カ) 安全データシート（SDS：Safety Data Sheet）は，化学物質の危険有害性情報を記載した文書のことであり，化学物質及び化学物質を含む製品の使用者は，危険有害性を把握し，リスクアセスメントを実施し，労働者へ周知しなければならない．

(キ) 労働衛生の健康管理とは，労働者の健康状態を把握し管理することで，事業者には健康診断の実施が義務づけられている．一定規模以上の事業者は，健康診断の結果を行政機関へ提出しなければならない．

① 3　② 4　③ 5　④ 6　⑤ 7

解説

(ア) 適切．労働安全衛生法第1条（目的）に定められたとおりである．危害防止基準の確立は第4章（労働者の危険又は健康障害を防止するための措置）を中心とした安全基準や衛生（健康障害防止）基準，責任体制の明確化は第3章（安全衛生管理体制）に定められている．自主的活動の促進の措置は法令順守というより，それが労働者の安全と健康を確保するうえで必要なので対策を講ずるという意味合いになる．

(イ) 適切．労働災害の直接的原因は「不安全行動」と「不安全状態」であり，両方が重なることで災害のほとんどが発生しているが，どちらか一方でも発生しているので，両方をなくす対策を講じることが重要である．

(ウ) 不適切．ハインリッヒの法則に関する記述は正しいが，重い災害を無くすには29件の軽傷の要因をなくすだけではなく，災害のない300件の要因もなくすようにしなければならない．

(エ) 適切．ヒヤリハット活動は，事故には至らなかった事象や行動（ヒヤリとした経験，ハッとした経験等）を把握することで，職場内に潜む危険に対する事前の対策と危険の認識を深めることで，重大な事故を未然に防ぐ活動である．ヒヤリハットを集めることが前提になるので，情報提供者を責めずに感謝するくらいの風土を醸成することが大事である．

(オ) 不適切．4Sは，整理（Seiri），整頓（Seiton），清掃（Seiso）および清潔（Seiketsu）である．4Sにしつけ（Shitsuke）を加えた活動は，5S活動として普及している．

(カ) 適切．安全データシート（SDS）は，化学物質および化学物質を含む混合物を譲渡または提供する際に，その化学物質の物理化学的性質や危険性・有害性および取扱いに関する情報を記載した文書である．「化学物質等の危険性又は有害性等の表示又は通知等の促進に関する指針」第5条に「事業者は，化学物質等を労働者に取り扱わせるときは，安全データシートを，常時作業場の見やすい場所に掲示し，又は備え付ける等の方法により労働者に周知するものとする」と定められている．

(キ) 適切．健康管理は，作業環境管理，作業管理とともに労働衛生の3管理の一つである．健康管理は，労働者個人個人の健康の状態を健康診断により直接チェックし，健康の異常を早期に発見したり，その進行や増悪を防止したり，さらには，元の健康状態に回復するための医学的および労務管理的な措置をすることを目的としており，労働安全衛生法第7章「健康の保持増進のための措置」に事業者に対する健康診断の実施の義務などについて定めている．

よって，(ア)～(キ)の記述のうち，適切なものの数は③の5である．

解答　③

Brushup　4.2.5(1)環境(a)，(b)

II 13　頻出度★★★　Check □□□

産業財産権制度は，新しい技術，新しいデザイン，ネーミングなどについて独占権を与え，模倣防止のための保護，研究開発へのインセンティブを付与し，取引上の信用を維持することによって，産業の発展を図ることを目的にしている．これらの権利は，特許庁に出願し，登録することによって，一定期間，独占的に実施（使用）することができる．

従来型の経営資源である人・物・金を活用して利益を確保する手法に加え，産業財産権を最大限に活用して利益を確保する手法について熟知することは，今や経営者及び技術者にとって必須の事項といえる．

産業財産権の取得は，利益を確保するための手段であって目的ではなく，取得後どのように活用して利益を確保するかを，研究開発時や出願時などのあらゆる節目で十分に考えておくことが重要である.

次の知的財産権のうち,「産業財産権」に含まれないものはどれか.

① 特許権
② 実用新案権
③ 回路配置利用権
④ 意匠権
⑤ 商標権

解説 知的財産権には,創作意欲を促進するための知的創造物についての権利と,信用の維持のための営業上の標識についての権利がある.前者には特許権(特許権法),実用新案権(実用新案法),意匠権(意匠法),著作権(著作権法),回路配置利用権(半導体集積回路の回路配線に関する法律),育成者権(種苗法),営業秘密(不正競争防止法)がある.また,後者には,商標権(商標法),商号(商法),商品等表示(不正競争防止法),地理的表示(特定農林水産物の名称の保護に関する法律,酒税の保全及び酒類業組合等に関する法律)がある.

これら知的財産権のうち,産業財産権と呼ばれるのは,特許権,実用新案権,意匠権および商標権の四つで特許庁が所管している.

回路配置利用権は産業財産権には含まれないので,③が正しい.

解答 ③

Brushup 3.2.5(1)知的財産権制度(知的財産基本法)(a),(b)

II 14 頻出度★★☆ Check □□□

個人情報の保護に関する法律(以下,個人情報保護法と呼ぶ)は,利用者や消費者が安心できるように,企業や団体に個人情報をきちんと大切に扱ってもらったうえで,有効に活用できるよう共通のルールを定めた法律である.

個人情報保護法に基づき,個人情報の取り扱いに関する次の(ア)~(エ)の記述のうち,正しいものは○,誤っているものは×として,最も適切な組合せはどれか.

(ア) 学習塾で,生徒同士のトラブルが発生し,生徒Aが生徒Bにケガをさせてしまった.生徒Aの保護者は生徒Bとその保護者に謝罪するため,生徒Bの連絡先を教えて欲しいと学習塾に尋ねてきた.学習塾では,「謝罪したい」という理由を踏まえ,生徒名簿に記載されている生徒Bとその保護者の氏名,住所,電話番号を伝えた.

(イ) クレジットカード会社に対し,カードホルダーから「請求に誤りがあるようなので確認して欲しい」との照会があり,クレジット会社が調査を行った結果，処理を誤った加盟店があることが判明した．クレジットカード会社は，当該加盟店に対し，直接カードホルダーに請求を誤った経緯等を説明するよう依頼するため，カードホルダーの連絡先を伝えた．

(ウ) 小売店を営んでおり，人手不足のためアルバイトを募集していたが，なかなか人が集まらなかった．そのため，店のポイントプログラムに登録している顧客をアルバイトに勧誘しようと思い，事前にその顧客の同意を得ることなく，登録された電話番号に電話をかけた．

(エ) 顧客の氏名，連絡先，購入履歴等を顧客リストとして作成し，新商品やセールの案内に活用しているが，複数の顧客にイベントの案内を電子メールで知らせる際に，CC（Carbon Copy）に顧客のメールアドレスを入力し，一斉送信した．

	ア	イ	ウ	エ
①	○	×	×	×
②	×	○	×	×
③	×	×	○	×
④	×	×	×	○
⑤	×	×	×	×

解説

(ア) × 原則的にはあらかじめ本人の同意をとってからでなければ情報を提供することはできない．例外的に，本人の同意なしに提供できるのは次の場合である．

- 法令に基づくもの
- 人の生命，身体または財産の保護に必要であり，かつ本人の同意を得ることが困難な場合
- 公衆衛生・児童の健全な育成に特に必要であり，かつ，本人の同意を得ることが困難な場合
- 国の機関等へ協力する必要があり，かつ本人の同意を得るとその遂行に支障を及ぼすおそれがある場合

(イ) × カードホルダーがクレジット会社に連絡先を提供しているのは決済処理を目的としたものである．加盟店の処理が誤っていたのなら加盟店は処理を訂正し，クレジット会社がカードホルダーに説明を行うべきである．

(ウ) × 顧客がポイントプログラムに登録しているのはその小売店から物品を購入するなどした場合に特典を得るためである．目的外の使用はしてはならない．

(エ) × 複数の顧客に電子メールを一斉送信する際に，CC を使うと，顧客は

自分以外の顧客のメールアドレスも知ることになる.

よって，(ア)～(エ)の記述はすべて×なので，最も適切な組合せは⑤である.

解答 ⑤

Brushup 3.2.5(2)個人情報の保護(b)

II 15 頻出度★★☆ Check □□□

リスクアセスメントは，職場の潜在的な危険性又は有害性を見つけ出し，これを除去，低減するための手法である．労働安全衛生マネジメントシステムに関する指針では，「危険性又は有害性等の調査及びその結果に基づき講ずる措置」の実施，いわゆるリスクアセスメント等の実施が明記されているが，2006年4月1日以降，その実施が労働安全衛生法第28条の2により努力義務化された．なお，化学物質については，2016年6月1日にリスクアセスメントの実施が義務化された.

リスクアセスメント導入による効果に関する次の(ア)～(オ)の記述のうち，正しいものは○，間違っているものは×として，最も適切な組合せはどれか.

(ア) 職場のリスクが明確になる

(イ) リスクに対する認識を共有できる

(ウ) 安全対策の合理的な優先順位が決定できる

(エ) 残留リスクに対して「リスクの発生要因」の理由が明確になる

(オ) 専門家が分析することにより「危険」に対する度合いが明確になる

	ア	イ	ウ	エ	オ
①	○	○	○	○	○
②	○	○	○	○	×
③	○	○	○	×	×
④	○	○	×	×	×
⑤	×	×	×	×	×

解説 「リスクアセスメント担当者養成研修」(一般社団法人日本労働安全衛生コンサルタント会）によると，リスクアセスメントの目的と効果は次のとおりである.

(1) リスクアセスメントの目的：職場のみんなが参加して，職場にある危険の芽（リスク）とそれに対する対策の実情を知って，災害に至るおそれのあるリスクを事前にできるだけ取り除いて，労働災害が生じないような快適な職場にする.

(2) リスクアセスメントの効果［(ア)～(オ)の記述に対応］

(ア) ○ 職場のリスクが明確になる.

⑷　○　職場のリスクに対する認識を，管理者を含め職場全体で共有できる．

⑸　○　安全衛生対策について，合理的な方法で優先順位を決めることができる．

⑹　×　残されたリスクについて「守るべき決め事」の理由が明確になる．「リスクの発生要因」の理由は明確にならない．

⑺　×　職場全員が参加することにより「安全」に対する感受性が高まる．専門家が分析することによる「危険」に対する度合いは明確にならない．

よって，⑴～⑺の記述の正誤について，最も適切な組合せは③である．

解答　③

Brushup　4.2.6(3)労働環境(c)

2020 年度

II 1 頻出度★★★ Check □□□

次に掲げる技術士法第四章において，［ア］～［キ］に入る語句の組合せとして，最も適切なものはどれか．

《技術士法第四章　技術士等の義務》

（信用失墜行為の禁止）

第44条　技術士又は技術士補は，技術士若しくは技術士補の信用を傷つけ，又は技術士及び技術士補全体の不名誉となるような行為をしてはならない．

（技術士等の秘密保持［ア］）

第45条　技術士又は技術士補は，正当の理由がなく，その業務に関して知り得た秘密を漏らし，又は盗用してはならない．技術士又は技術士補でなくなった後においても，同様とする．

（技術士等の［イ］確保の［ウ］）

第45条の2　技術士又は技術士補は，その業務を行うに当たっては，公共の安全，環境の保全その他の［イ］を害することのないよう努めなければならない．

（技術士の名称表示の場合の［ア］）

第46条　技術士は，その業務に関して技術士の名称を表示するときは，その登録を受けた［エ］を明示してするものとし，登録を受けていない［エ］を表示してはならない．

（技術士補の業務の［オ］等）

第47条　技術士補は，第2条第1項に規定する業務について技術士を補助する場合を除くほか，技術士補の名称を表示して当該業務を行ってはならない．

2　前条の規定は，技術士補がその補助する技術士の業務に関してする技術士補の名称の表示について［カ］する．

（技術士の［キ］向上の［ウ］）

第47条の2　技術士は，常に，その業務に関して有する知識及び技能の水準を向上させ，その他その［キ］の向上を図るよう努めなければならない．

	ア	イ	ウ	エ	オ	カ	キ
①	義務	公益	責務	技術部門	制限	準用	能力
②	責務	安全	義務	専門部門	制約	適用	能力
③	義務	公益	責務	技術部門	制約	適用	資質

④　責務　安全　義務　専門部門　制約　準用　資質

⑤　義務　公益　責務　技術部門　制限　準用　資質

解説　技術士法の第44条は信用失墜行為の禁止，第45条は技術士等の秘密保持**義務**，第45条の2は技術士等の**公益**確保の**責務**，第46条は技術士の名称表示の場合の**義務**，第47条は技術士補の業務の**制限**等，第47条の2は技術士の**資質**向上の**責務**が定められている．

具体的には第46条に，「技術士は，その業務に関して技術士の名称を表示するときは，その登録を受けた**技術部門**を明示してするものとし，登録を受けていない**技術部門**を表示してはならない．」と定められている．

また，第47条第2項に，「前条（第46条（技術士等の名称表示の場合の義務）の規定は，技術士補がその補助する技術士の業務に関してする技術士補の名称の表示について**準用**する」と定められている．

第47条の2には，技術士の**資質**向上の**責務**について，「技術士は，常に，その業務に関して有する知識及び技能の水準を向上させ，その他その**資質**の向上を図るよう努めなければならない．」と定められている．

よって，語句の組合せとして，最も適切なものは⑤である．

解答　⑤

Brushup　3.2.2 技術士法第4章

II 2　頻出度★★★　Check□□□

さまざまな理工系学協会は，会員や学協会自身の倫理観の向上を目指して，倫理規程，倫理綱領を定め，公開しており，技術者の倫理的意思決定を行う上で参考になる．それらを踏まえた次の記述のうち，最も不適切なものはどれか．

①　技術者は，製品，技術および知的生産物に関して，その品質，信頼性，安全性，および環境保全に対する責任を有する．また，職務遂行においては常に公衆の安全，健康，福祉を最優先させる．

②　技術者は，研究・調査データの記録保存や厳正な取扱いを徹底し，ねつ造，改ざん，盗用などの不正行為をなさず，加担しない．ただし，顧客から要求があった場合は，要求に沿った多少のデータ修正を行ってもよい．

③　技術者は，人種，性，年齢，地位，所属，思想・宗教などによって個人を差別せず，個人の人権と人格を尊重する．

④　技術者は，不正行為を防止する公正なる環境の整備・維持も重要な責務であることを自覚し，技術者コミュニティおよび自らの所属組織の職務・研究環境を改善する取り組みに積極的に参加する．

⑤　技術者は，自己の専門知識と経験を生かして，将来を担う技術者・研究者の指導・育成に努める．

解説　「日本機械学会倫理規定」からの出題である．倫理規定，倫理規程，倫理要綱はそれぞれの組織で定められ，すべてを知っていることはできないが，基本とする考え方は共通するものがあるので，技術士法や技術士倫理要綱などから判断できるようにしておく必要がある．

①　適切．「1．技術者としての社会的責任」の規定である．技術士法「第45条の2　技術士等の公益確保の責務」，ならびに技術士倫理要綱「1．公衆の利益の優先および5．公正かつ誠実な職務の履行」に合致しており適切である．

②　不適切．「3．公正な活動」後半の「研究・調査データの記録保存や厳正な取扱いを徹底し，ねつ造，改ざん，盗用などの不正行為をなさず，加担しない．また科学技術に関わる問題に対して，特定の権威・組織・利益によらない中立的・客観的な立場から討議し，責任をもって結論を導き，実行する．」より，改ざんは行ってはならない．技術士法「第44条 信頼失墜行為の禁止」ならびに技術士倫理要綱「4．真実性の確保」，「7．信用の保持」，「9．法規の順守等」からも後半は不適切である．技術的に再評価してデータはそのままで許容できる方法を再提案するか，そうではない場合は顧客に丁寧に説明し理解を得るようにすべきである．

③　適切．「8．公平性の確保」の規定である．技術士倫理要綱「5．公正かつ誠実な職務の履行」にも合致しており適切である．

④　適切．「11．職務環境の整備」の規定である．

⑤　適切．「12．教育と啓発」の規定である．技術士法「第47条の2　技術士の資質向上の責務」，ならびに技術士倫理要綱「10．継続研鑽」にも合致しており適切である．

よって，最も不適切なものは②である．

解答　②

Brushup　3.2.3(2)技術士倫理綱領，(3)技術士プロフェッション宣言，(4)「声明　科学者の行動規範−改訂版−」

II 3　頻出度★★☆　Check ■■■

科学研究と産業が密接に連携する今日の社会において，科学者は複数の役割を担う状況が生まれている．このような背景のなか，科学者・研究者が外部との利益関係等によって，公的研究に必要な公正かつ適正な判断が損なわれる，または損なわれるのではないかと第三者から見なされかねない事態を利益相反(Conflict of Interest：COI）という．法律で判断できないグレーゾーンに属する問題が多いことから，研究活動において利益相反が問われる場合が少なくない．実際に弊害が生じていなくても，弊害が生じているかのごとく見られることも含まれるため，指摘を受けた場合に的確に説明できるよう，研究者及び所属機関は適切な対応を行う必要がある．以下に示すCOIに関する(ア)～(エ)の記述のうち，正しいものは○，誤っているものは×として，最も適切な組合せはどれか．

(ア) 公的資金を用いた研究開発の技術指導を目的にA教授はZ社と有償での兼業を行っている．A教授の所属する大学からの兼業許可では，毎週水曜日が兼業の活動日とされているが，毎週土曜日にZ社で開催される技術会議に出席する必要が生じた．そこでA教授は所属する大学のCOI委員会にこのことを相談した．

(イ) B教授は自らの研究と非常に近い競争関係にある論文の査読を依頼された．しかし，その論文の内容に対して公正かつ正当な評価を行えるかに不安があり，その論文の査読を辞退した．

(ウ) C教授は公的資金によりY社が開発した技術の性能試験及び，その評価に携わった．その後Y社から自社の株購入の勧めがあり，少額の未公開株を購入した．取引はC教授の配偶者名義で行ったため，所属する大学のCOI委員会への相談は省略した．

(エ) D教授は自らの研究成果をもとに，D教授の所属する大学から兼業許可を得て研究成果活用型のベンチャー企業を設立した．公的資金で購入したD教授が管理する研究室の設備を，そのベンチャー企業が無償で使用する必要が生じた．そこでD教授は事前に所属する大学のCOI委員会にこのことを相談した．

	ア	イ	ウ	エ
①	○	○	○	○
②	○	○	○	×
③	○	○	×	○
④	○	×	○	○
⑤	×	○	○	○

解説 利益相反の管理については，厚生労働省の「厚生労働科学研究における利益相反（Conflict of Interest：COI）の管理に関する指針」が参考になる．

(ア) ○ 土曜日は兼業の活動日ではないので，所属する大学のCOI委員会に相談するのは正しい．

(イ) ○ 自らの研究と非常に近い競争関係にある論文の査読は，私益が入り，公正かつ正当な評価を行えない可能性があるため，辞退するのは正しい判断である.

(ウ)　×　「厚生労働科学研究における利益相反の管理に関する指針」の『3 本指針の対象となる「機関」および「研究者」』において,「研究者と生計を一にする配偶者及び一親等の者（両親及び子ども）についても，厚生労働科学研究におけるCOIが想定される経済的な利益関係がある場合には，COI委員会等における検討の対象としなければならない.」と明記されているので不適切である.

(エ)　○　外部の設備を使用する場合は，一般的には有償である．公的資金で購入したD教授の研究室の設備をベンチャー企業に無償で使用させることは，ベンチャー企業への便益供与に当たる可能性があるので，大学のCOI委員会に相談するのは正しい.

よって，○×の組合せとして，最も適切なものは③である.

解答　③

Brushup　3.2.3(6)研究活動における利益相反の管理，不正行為への対応(a)

II 4　頻出度★★★　Check □□□

近年，企業の情報漏洩に関する問題が社会的現象となっている．営業秘密等の漏洩は企業にとって社会的な信用低下や顧客への損害賠償等，甚大な損失を被るリスクがある．例えば，石油精製業等を営む会社のポリカーボネート樹脂プラントの設計図面等を，その従業員を通じて競合企業が不正に取得し，さらに中国企業に不正開示した事案では，その図面の廃棄請求，損害賠償請求等が認められる（知財高裁　平成23.9.27）など，基幹技術など企業情報の漏えい事案が多発している．また，サイバー空間での窃取，拡散など漏えい態様も多様化しており，抑止力向上と処罰範囲の整備が必要となっている.

営業秘密に関する次の(ア)～(エ)の記述について，正しいものは○，誤っているものは×として，最も適切な組合せはどれか.

(ア)　顧客名簿や新規事業計画書は，企業の研究・開発や営業活動の過程で生み出されたものなので営業秘密である.

(イ)　製造ノウハウやそれとともに製造過程で発生する有害物質の河川への垂れ流しといった情報は，社外に漏洩してはならない営業秘密である.

(ウ)　刊行物に記載された情報や特許として公開されたものは，営業秘密に該当しない.

(エ)　技術やノウハウ等の情報が「営業秘密」として不正競争防止法で保護されるためには，(1)秘密として管理されていること，(2)有用な営業上又は技術上の情報であること，(3)公然と知られていないこと，の3つの要件のどれか1つに当てはまれば良い.

	ア	イ	ウ	エ
①	○	○	×	×
②	○	×	○	×
③	×	×	○	○
④	×	○	×	○
⑤	○	×	○	○

解説 不正競争防止法第2条第6項により，営業秘密は秘密として管理されている生産方法，販売方法その他の事業活動に有用な技術上又は営業上の情報であって，公然と知られていないもの（秘密管理性，有用性，非公知性の3要件をすべて満足するもの）と定義されている.

(ア) ○ 顧客名簿や新規事業計画書は，事業活動に有用な営業上の情報なので，公然と知られていないものであれば営業秘密である.

(イ) × 製造ノウハウは事業活動に有用な技術上の情報なので営業秘密であるが，製造過程で発生する有害物質の河川への垂れ流しは，製造そのものを継続してもいいかどうかの判断にかかわる情報である．公表することにより営業上不利になる情報であるが，速やかに外部に公表すべきである.

(ウ) ○ 刊行物に記載された情報や特許として公開されたものは公知なので，営業秘密ではない.

(エ) × 秘密管理性，有用性，非公知性の三つの要件すべてに当てはまらなければ営業秘密にはならない．どれか一つに当てはまっても営業秘密にはならない.

よって，正誤の組合せとして，最も適切なものは②である.

解答 ②

Brushup 3.2.5(3)営業秘密の範囲（不当競争防止法）

II 5 頻出度★★★ Check ■■■

ものづくりに携わる技術者にとって，知的財産を理解することは非常に大事なことである．知的財産の特徴の一つとして，「もの」とは異なり「財産的価値を有する情報」であることが挙げられる．情報は，容易に模倣されるという特質をもっており，しかも利用されることにより消費されるということがないため，多くの者が同時に利用することができる．こうしたことから知的財産権制度は，創作者の権利を保護するため，元来自由利用できる情報を，社会が必要とする限度で自由を制限する制度ということができる.

以下に示す(ア)～(コ)の知的財産権のうち，産業財産権に含まれないものの数はどれか.

(ア) 特許権（発明の保護）
(イ) 実用新案権（物品の形状等の考案の保護）
(ウ) 意匠権（物品のデザインの保護）
(エ) 著作権（文芸，学術等の作品の保護）
(オ) 回路配置利用権（半導体集積回路の回路配置利用の保護）
(カ) 育成者権（植物の新品種の保護）
(キ) 営業秘密（ノウハウや顧客リストの盗用など不正競争行為を規制）
(ク) 商標権（商品・サービスで使用するマークの保護）
(ケ) 商号（商号の保護）
(コ) 商品等表示（不正競争防止法）

① 4　② 5　③ 6　④ 7　⑤ 8

解説 知的財産権のうち，特許権，実用新案権，意匠権および商標権の四つが産業財産権である．よって，(ア)特許権，(イ)実用新案権，(ウ)意匠権および(ク)商標権が産業財産権に含まれ，それ以外の(エ)著作権，(オ)回路配置利用権，(カ)育成者権，(キ)営業秘密，(ケ)商号および(コ)商品等表示の六つは産業財産権に含まれないので，答は③である．

解答 ③

Brushup 3.2.5(1)知的財産権制度（知的財産基本法）(a)，(b)

II 6 頻出度★★★ Check □□□

我が国の「製造物責任法（PL法）」に関する次の記述のうち，最も不適切なものはどれか.

① この法律は，製造物の欠陥により人の生命，身体又は財産に係る被害が生じた場合における製造業者等の損害賠償の責任について定めることにより，被害者の保護を図り，もって国民生活の安定向上と国民経済の健全な発展に寄与することを目的としている.

② この法律において，製造物の欠陥に起因する損害についての賠償責任を製造業者等に対して追及するためには，製造業者等の故意あるいは過失の有無は関係なく，その欠陥と損害の間に相当因果関係が存在することを証明する必要がある.

③ この法律には「開発危険の抗弁」という免責事由に関する条項がある．これにより，当該製造物を引き渡した時点における科学・技術知識の水準で，欠陥があることを認識することが不可能であったことを製造事業者等が証明できれば免責される.

④ この法律に特段の定めがない製造物の欠陥による製造業者等の損害賠償の責任については，民法の規定が適用される．

⑤ この法律は，国際的に統一された共通の規定内容であるので，海外に製品を輸出，現地生産等の際には我が国の**PL**法の規定に基づけばよい．

解説

① 適切．製造物責任（PL）法第1条（目的）で定められた目的である．

② 適切．PL法第3条（製造物責任）は，製造業者等が負う製造物責任の責任根拠を定めたものであり，故意または過失を責任要件とする不法行為（民法第709条）の特則として，欠陥を責任要件とする損害賠償責任の規定である．「PL法の逐条解説（消費者庁)」によれば，製造業者等が責任を負うこととされる具体的な要件としては，当該製造業者等が製造物を自ら引き渡したこと，欠陥の存在，他人の生命，身体又は財産の侵害，損害の発生（拡大損害が発生していない場合の製造物自体の損害を除く），欠陥と損害との間の因果関係を明らかにすることが求められる．

③ 適切．PL法第4条（免責事由）第1項に，「前条の場合において，製造業者等は，次の各号に掲げる事項を証明したときは，同条に規定する賠償の責めに任じない．」と定めている．

④ 適切．PL法第6条「民法の適用」に，「製造物の欠陥による製造業者等の損害賠償の責任については，この法律の規定によるほか，民法（明治29年法律第89号）の規定による．」と定めている．逐条解説では，PL法が過失責任主義に基づく民法の不法行為責任制度に加えて，新たに欠陥を責任原因とする不法行為責任制度である製造物責任制度を導入するものであって，民法の不法行為責任制度の特則となるものであり，PL法に特段の定めがない事項については，民法の規定が適用されることが明記されている．

⑤ 不適切．PL法は国内法である．対象国にPL法と同様の法律がある場合はそれにも従わなければならない．

よって，最も不適切なものは⑤である．

解答 ⑤

Brushup 3.2.7(1)製造物責任法（PL法）(a)～(c)

II 7 頻出度★★☆ Check□□□

製品安全性に関する国際安全規格ガイド【**ISO／IEC Guide51（JIS Z 8051)**】の重要な指針として「リスクアセスメント」があるが，**2014**年（**JIS**は**2015**年）の改訂で，そのプロセス全体におけるリスク低減に焦点が当てられ，詳細化された．その下図中の(ア)～(エ)に入る語句の組合せとして，最も適切なものはどれか.

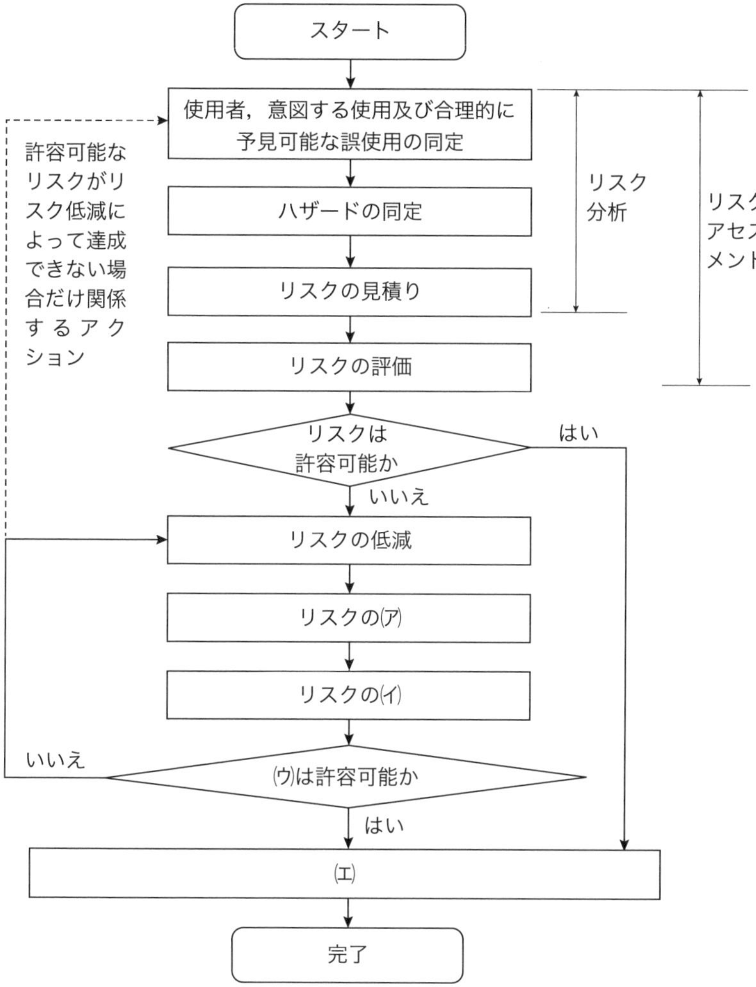

	ア	イ	ウ	エ
①	見積り	評価	発生リスク	妥当性確認及び文書化
②	同定	評価	発生リスク	合理性確認及び記録化
③	見積り	検証	残留リスク	妥当性確認及び記録化
④	見積り	評価	残留リスク	妥当性確認及び文書化
⑤	同定	検証	発生リスク	合理性確認及び文書化

解説 問題のフローチャートは，製品安全性に関する国際安全規格ガイド｛ISO/IEC Guide51（JIS Z 8051)｝の「リスクアセスメントおよびリスク低減の反復

プロセス」に示されたものである．リスク分析（使用者，意図する使用および合理的に予見可能な誤使用の同定→ハザードの同定→リスクの見積もり）→リスク評価という一連のリスクアセスメントを行った後，「リスクは許容可能か」の判定をし，「いいえ」となった場合はリスク低減の反復プロセスに入る．

リスク低減プロセスは，「リスク低減」のための追加対策を行った後，「リスクの**見積り**」，「リスクの**評価**」を行い，残留リスクに対して「**残留リスク**は許容可能か」の判定を行い「いいえ」となった場合はもう一度「リスク低減」に戻って対策を強化する．最初の「リスクは許容可能か」の判定，あるいはリスク低減プロセスを反復した後の「残存リスクが許容可能か」の判定で「はい」となった場合は，「**妥当性確認及び文書化**」に進み，完了となる．

よって，空白に入る語句の組合せとして，最も適切なものは④である．

解答　④

Brushup　4.2.6(3)労働環境(c)

II 8　頻出度★★☆　Check □□□

労働災害の実に 9 割以上の原因が，ヒューマンエラーにあると言われている．意図しないミスが大きな事故につながるので，現在では様々な研究と対策が進んでいる．

ヒューマンエラーの原因を知るためには，エラーに至った過程を辿る必要がある．もし仮にここで，ヒューマンエラーはなぜ起こるのかを知ったとしても，すべての状況に当てはまるとは限らない．だからこそ，人はどのような過程においてエラーを起こすのか，それを知る必要がある．

エラーの原因はさまざまあるが，しかし，エラーの原因を知れば知るほど，実はヒューマンエラーは「事故の原因ではなく結果」なのだということを知ることになる．

次の(ア)～(シ)の記述のうち，ヒューマンエラーに該当しないものの数はどれか．

(ア)　無知・未経験・不慣れ　　(イ)　危険軽視・慣れ
(ウ)　不注意　　(エ)　連絡不足
(オ)　集団欠陥　　(カ)　近道・省略行動
(キ)　場面行動本能　　(ク)　パニック
(ケ)　錯覚　　(コ)　高齢者の心身機能低下
(サ)　疲労　　(シ)　単調作業による意識低下

①　0　　②　1　　③　2　　④　3　　⑤　4

解説　ヒューマンエラーは，JIS Z 8115 において「意図しない結果を生じる人間の行為」と定義されている．ヒューマンエラーの要因は，(ア)～(シ)に記述された

12 種類に分類される．ヒューマンエラーに該当しないものの数は 0 なので，①である．

解答　①

Brushup　4.2.6(3)労働環境(a)

II 9　頻出度★★★　Check ■■■

企業は，災害や事故で被害を受けても，重要業務が中断しないこと，中断しても可能な限り短い期間で再開することが望まれている．事業継続は企業自らにとっても，重要業務中断に伴う顧客の他社への流出，マーケットシェアの低下，企業評価の低下などから企業を守る経営レベルの戦略的課題と位置づけられる．事業継続を追求する計画を「事業継続計画（BCP：Business Continuity Plan)」と呼ぶ．以下に示す BCP に関する(ア)～(エ)の記述のうち，正しいものは○，誤っているものを×として，最も適切な組合せはどれか．

(ア)　事業継続の取組みが必要なビジネスリスクには，大きく分けて，突発的に被害が発生するもの（地震，水害，テロなど）と段階的かつ長期間に渡り被害が継続するもの（感染症，水不足，電力不足など）があり，事業継続の対策は，この双方のリスクによって違ってくる．

(イ)　我が国の企業は，地震等の自然災害の経験を踏まえ，事業所の耐震化，予想被害からの復旧計画策定などの対策を進めてきており，BCP についても，中小企業を含めてほぼ全ての企業が策定している．

(ウ)　災害により何らかの被害が発生したときは，災害前の様に業務を行うことは困難となるため，すぐに着手できる業務から優先順位をつけて継続するよう検討する．

(エ)　情報システムは事業を支える重要なインフラとなっている．必要な情報のバックアップを取得し，同じ災害で同時に被災しない場所に保存する．特に重要な業務を支える情報システムについては，バックアップシステムの整備が必要となる．

	ア	イ	ウ	エ
①	×	○	×	○
②	×	×	○	○
③	○	×	×	○
④	○	○	×	×
⑤	×	○	○	×

解説

(ア)　○　内閣府 Web サイトの防災ページ（URL：http://www.bousai.go.jp/

kyoiku/kigyou/keizoku/sk.html）では，突発的に被害が発生するリスク（地震，水害，テロなど）と，段階的かつ長期間にわたり被害が継続するリスク（新型インフルエンザを含む感染症，水不足，電力不足など）とでは事業継続の対策が違ってくることから各省庁による事業継続計画ガイドラインを踏まえて，個別リスクに関するガイドライン等を分けて例示している．

(イ) × 内閣府が実施した「平成29年度企業の事業継続及び防災の取組に関する実態調査」では，BCPの策定状況は大企業の6割強，中堅企業の3割強が策定済み，策定中を含めると，大企業は8割強，中堅企業は5割強である．中小企業を含めてほぼすべての企業が策定しているという記述は不適切である．

(ウ) × すぐ着手できる業務から優先順位を付けるのではなく，事業継続あるいは早期事業再開に影響が大きい業務について優先順位をつけ，限られた資源を配分するべきである．

(エ) ○ 現在の企業活動において，情報システムはなくては成り立たないものである．事業継続に必要な情報のバックアップを取得し，同時に被災しないようにするとともに，バックアップ情報を必要な箇所から取り出せるように通信システムにも配慮しておくべきである．

よって，(ア)～(エ)の記述の正誤の組合せとして，最も適切なものは③である．

解答 ③

Brushup 3.2.6(2)生活環境(c)

II10 頻出度★★★ Check □□□

近年，地球温暖化に代表される地球環境問題の抑止の観点から，省エネルギー技術や化石燃料に頼らない，エネルギーの多様化推進に対する関心が高まっている．例えば，各種機械やプラントなどのエネルギー効率の向上を図り，そこから排出される廃熱を回生することによって，化石燃料の化学エネルギー消費量を減らし，温室効果ガスの削減が行われている．とりわけ，環境負荷が小さい再生可能エネルギーの導入が注目されているが，現在のところ，急速な普及に至っていない．さまざまな課題を抱える地球規模でのエネルギー資源の解決には，主として「エネルギーの安定供給（Energy Security）」，「環境への適合（Environment）」，「経済効率性（Economic Efficiency）」の3Eの調和が大切である．

エネルギーに関する次の(ア)～(エ)の記述について，正しいものは○，誤っているものは×として，最も適切な組合せはどれか．

(ア) 再生可能エネルギーとは，化石燃料以外のエネルギー源のうち永続的に利用することができるものを利用したエネルギーであり，代表的な再生可能エネルギー源としては太陽光，風力，水力，地熱，バイオマスなどが挙げられる．

(イ) スマートシティやスマートコミュニティにおいて，地域全体のエネルギー需給を最適化する管理システムを，「地域エネルギー管理システム（CEMS：Community Energy Management System）」という．

(ウ) コージェネレーション（Cogeneration）とは，熱と電気（または動力）を同時に供給するシステムをいう．

(エ) ネット・ゼロ・エネルギー・ハウス（ZEH）は，高効率機器を導入すること等を通じて大幅に省エネを実現した上で，再生可能エネルギーにより，年間の消費エネルギー量を正味でゼロとすることを目指す住宅をいう．

	ア	イ	ウ	エ
①	○	○	○	○
②	×	○	○	○
③	○	×	○	○
④	○	○	×	○
⑤	○	○	○	×

解説

(ア) ○ 「電気事業者による再生可能エネルギー電気の調達に関する特別措置法」（再エネ法）において，「再生可能エネルギー源」とは，太陽光，風力，水力，地熱，バイオマス（動植物に由来する有機物であってエネルギー源として利用することができるもの（原油，石油ガス，可燃性天然ガスおよび石炭ならびにこれらから製造される製品を除く．）などと定義されている．

(イ) ○ エネルギー管理システム（EMS）には，家庭内のHEMS，ビル内のBEMS，工場内のFEMS，ビル群のアグリゲータサービスなどがある．それをまとめた地域エネルギー管理システムがCEMSである．

(ウ) ○ コージェネレーションシステムは，天然ガス・石油・LPガス等を燃料としてエンジン，タービン，燃料電池等で発電し，その際に生じる廃熱を回収し蒸気や温水として工場や地域の熱源，冷暖房・給湯などに利用するシステムで，熱電併給システムとも呼ばれる．

(エ) ○ ZEH（ネット・ゼロ・エネルギー・ハウス）のネット（Net）は「正味で」という意味であり，「断熱性能等を大幅に向上させるとともに，高効率な設備システムの導入により，室内環境の質を維持しつつ大幅な省エネルギーを実現した上で，再生可能エネルギーを導入することにより，年間の一次エネルギー消費量の収支がゼロとすることを目指した住宅」である．2018

年7月に閣議決定された「第5次エネルギー基本計画」では「2020年までにハウスメーカ等が新築する注文戸建住宅の半数以上で，2030年までに新築住宅の平均でZEH（ネット・ゼロ・エネルギー・ハウス）の実現を目指す.」としている.

よって，(ア)～(エ)の記述はすべて正しいので，最も適切な組合せは①である.

解答　①

Brushup　4.2.5(1)環境(a)

II 11　頻出度★★★　Check ■■■

近年，我が国は急速な高齢化が進み，多くの高齢者が快適な社会生活を送るための対応が求められている．また，東京オリンピック・パラリンピックや大阪万博などの国際的なイベントが開催される予定があり，世界各国から多くの人々が日本を訪れることが予想される．これらの現状や今後の予定を考慮すると年齢，国籍，性別及び障害の有無などにとらわれず，快適に社会生活を送るための環境整備は重要である．その取組の一つとして，高齢者や障害者を対象としたバリアフリー化は活発に進められているが，バリアフリーは特別な対策であるため汎用性が低くなるので過剰な投資となることや，特別な対策を行うことで利用者に対する特別な意識が生まれる可能性があるなどの問題が指摘されている．バリアフリーの発想とは異なり，国籍，年齢，性別及び障害の有無などに関係なく全ての人が分け隔てなく使用できることを設計段階で考慮するユニバーサルデザインという考え方がある．ユニバーサルデザインは，1980年代に建築家でもあるノースカロライナ州立大学のロナルド・メイス教授により提唱され，我が国でも「ユニバーサルデザイン2020行動計画」をはじめ，交通設備をはじめとする社会インフラや，多くの生活用品にその考え方が取り入れられている.

以下の(ア)～(キ)に示す原則のうち，その主旨の異なるものの数はどれか.

(ア)　公平な利用（誰にでも公平に利用できること）

(イ)　利用における柔軟性（使う上での自由度が高いこと）

(ウ)　単純で直感に訴える利用法（簡単に直感的にわかる使用法となっていること）

(エ)　認知できる情報（必要な情報がすぐ理解できること）

(オ)　エラーに対する寛大さ（うっかりミスや危険につながらないデザインであること）

(カ)　少ない身体的努力（無理な姿勢や強い力なしに楽に使用できること）

(キ)　接近や利用のためのサイズと空間（接近して使えるような寸法・空間と

なっている)

① 0　② 1　③ 2　④ 3　⑤ 4

解説 ユニバーサルデザインの七つの原則に対し，(ア)～(キ)の記述とそれぞれの主旨の対応関係は次のとおりである．

- 誰でもが公平に利用できる（Equitable use）：(ア)
- 柔軟性がある（Flexibility in use）：(イ)
- シンプルかつ直感的な利用が可能（Simple and intuitive）：(ウ)
- 必要な情報がすぐにわかる（Perceptible information）：(エ)
- ミスしても危険が起こらない（Tolerance for error）：(オ)
- 小さな力でも利用できる（Low physical effort）：(カ)
- 十分な大きさや広さが確保されている（Size and space for approach and use）：(キ)

よって，主旨の異なるものの数は0であり，①が正しい．

解答 ①

Brushup 3.1.1(1)設計理論(d)

II 12 頻出度★★☆ Check □□□

「製品安全に関する事業者の社会的責任」は，ISO 26000（社会的責任に関する手引き）2.18にて，以下のとおり，企業を含む組織の社会的責任が定義されている．

組織の決定および活動が社会および環境に及ぼす影響に対して次のような透明かつ倫理的な行動を通じて組織が担う責任として，

―健康および社会の繁栄を含む持続可能な発展に貢献する

―ステークホルダー（利害関係者）の期待に配慮する

―関連法令を遵守し，国際行動規範と整合している

―その組織全体に統合され，その組織の関係の中で実践される

製品安全に関する社会的責任とは，製品の安全・安心を確保するための取組を実施し，さまざまなステークホルダー（利害関係者）の期待に応えることを指す．

以下に示す(ア)～(キ)の取組のうち，不適切なものの数はどれか．

(ア) 法令等を遵守した上でさらにリスクの低減を図ること

(イ) 消費者の期待を踏まえて製品安全基準を設定すること

(ウ) 製造物責任を負わないことに終始するのみならず製品事故の防止に努めること

(エ) 消費者を含むステークホルダー（利害関係者）とのコミュニケーション

を強化して信頼関係を構築すること

(オ) 将来的な社会の安全性や社会的弱者にも配慮すること

(カ) 有事の際に迅速かつ適切に行動することにより被害拡大防止を図ること

(キ) 消費者の苦情や紛争解決のために，適切かつ容易な手段を提供すること

① 0　② 1　③ 2　④ 3　⑤ 4

解説 「製品安全に関する事業者ハンドブック（2012年6月，経済産業省）」は，ISO 26000（社会的責任に関する手引き）に従い，事業者における製品安全に関する自主的な取組を促進し，より安全・安心な社会をつくることを目的として作成された．

本問は，「製品安全管理態勢の整備・維持・改善」，「1-2．経営者の責務」p.27に記載されている「表1-1 製品安全に関する事業者の社会的責任」の7項目からの出題である．

(ア)～(キ)はすべて適切な記述であり，不適切なものの数は0なので，①が正しい．

解答　①

Brushup 3.2.7(2)組織の社会的責任の7原則

II 13　頻出度★★★　Check ■■■

労働者が情報通信技術を利用して行うテレワーク（事業場外勤務）は，業務を行う場所に応じて，労働者の自宅で業務を行う在宅勤務，労働者の属するメインのオフィス以外に設けられたオフィスを利用するサテライトオフィス勤務，ノートパソコンや携帯電話等を活用して臨機応変に選択した場所で業務を行うモバイル勤務に分類がされる．

いずれも，労働者が所属する事業場での勤務に比べて，働く時間や場所を柔軟に活用することが可能であり，通勤時間の短縮及びこれに伴う精神的・身体的負担の軽減等のメリットが有る．使用者にとっても，業務効率化による生産性の向上，育児・介護等を理由とした労働者の離職の防止や，遠隔地の優秀な人材の確保，オフィスコストの削減等のメリットが有る．

しかし，労働者にとっては，「仕事と仕事以外の切り分けが難しい」や「長時間労働になり易い」などが言われている．使用者にとっては，「情報セキュリティの確保」や「労務管理の方法」など，検討すべき問題・課題も多い．

テレワークを行う場合，労働基準法の適用に関する留意点について(ア)～(エ)の記述のうち，正しいものは○，誤っているものは×として，最も適切な組合せはどれか．

(ア) 労働者がテレワークを行うことを予定している場合，使用者は，テレ

ワークを行うことが可能な勤務場所を明示することが望ましい.

(イ) 労働時間は自己管理となるため，使用者は，テレワークを行う労働者の労働時間について，把握する責務はない.

(ウ) テレワーク中，労働者が労働から離れるいわゆる中抜け時間については，自由利用が保証されている場合，休憩時間や時間単位の有給休暇として扱うことが可能である.

(エ) 通勤や出張時の移動時間中のテレワークでは，使用者の明示又は黙示の指揮命令下で行われるものは労働時間に該当する.

	ア	イ	ウ	エ
①	○	○	○	○
②	○	○	○	×
③	○	○	×	○
④	○	×	○	○
⑤	×	○	○	○

解説 「働き方改革」の一つの手段として，また，新型コロナウイルス感染症対策の一つの手段として，テレワークを行う労働者が増えている．テレワークに関しては，厚生労働省から「テレワークにおける適切な労務管理のためのガイドライン～情報通信技術を利用した事業場外勤務の適切な導入及び実施のためのガイドライン～」が発行されており，本問もそこから出題されている.

(ア) ○ 使用者は，労働契約を締結する際，労働者に対し，賃金や労働時間のほかに，就業の場所に関する事項等を明示しなければならない（労働基準法第 15 条，労働基準法施行規則第 5 条第 1 項第 1 の 3 号)．これに対して，ガイドライン「2 労働基準法の適用に関する留意点」の「2-1 労働条件の明示(p.6)」では，「労働者がテレワークを行うことを予定している場合，自宅やサテライトオフィス等，テレワークを行うことが可能である就業の場所を明示することが望ましい」としている.

(イ) × ガイドライン「2-2 労働時間制度の適用（p.7)」において，使用者は，原則として労働時間を適正に把握する等労働時間を適切に管理する責務を有していることから，各労働時間制度の留意点を踏まえたうえで，労働時間の適正な管理を行う必要があることが明記されている．使用者が労働者の労働時間を把握する責務がないというのは不適切である.

(ウ), (エ) ○ ガイドライン「2-2 労働時間制度の適用と留意点の 2-2-1 通常の労働時間制度における留意点（p.8～9)」において，テレワークに際して生じやすい事象として，中抜け時間について，「使用者が業務の指示をしないこととし，労働者が労働から離れ，自由に利用することが保障されている場合は，その開始と終了の時間を報告させる等により，休憩時間として扱い労働者のニーズに応じ始業時刻を繰り上げる，又は終業時刻を繰り下げること，あるいは休憩時間ではなく時間単位の年次有給休暇として取り扱うことが可能」としている．

また，通勤時間や出張旅行中の移動時間中のテレワークについては，「勤務時間の一部でテレワークを行う際の移動時間についてテレワークの性質上，通勤時間や出張旅行中の移動時間に情報通信機器を用いて業務を行うことが可能である．これらの時間について，使用者の明示又は黙示の指揮命令下で行われるものについては労働時間に該当する」としている．

よって，(ア)～(エ)の記述の正誤について，最も適切な組合せは④である．

解答　④

Brushup　4.2.6(3)労働環境(f)

II 14　頻出度★☆☆　Check □□□

先端技術の一つであるバイオテクノロジーにおいて，遺伝子組換え技術の生物や食品への応用研究開発及びその実用化が進んでいる．

以下の遺伝子組換え技術に関する(ア)～(エ)の記述のうち，正しいものは○，誤っているものは×として，最も適切な組合せはどれか．

(ア)　遺伝子組換え技術は，その利用により生物に新たな形質を付与することができるため，人類が抱える様々な課題を解決する有効な手段として期待されている．しかし，作出された遺伝子組換え生物等の形質次第では，野生動植物の急激な減少などを引き起こし，生物の多様性に影響を与える可能性が危惧されている．

(イ)　遺伝子組換え生物等の使用については，生物の多様性へ悪影響が及ぶことを防ぐため，国際的な枠組みが定められている．日本においても，「遺伝子組換え生物等の使用等の規制による生物の多様性の確保に関する法律」により，遺伝子組換え生物等を用いる際の規制措置を講じている．

(ウ)　安全性審査を受けていない遺伝子組換え食品等の製造・輸入・販売は，法令に基づいて禁止されている．

(エ)　遺伝子組換え食品等の安全性審査では，組換えDNA技術の応用による新たな有害成分が存在していないかなど，その安全性について，食品安全委員会の意見を聴き，総合的に審査される．

	ア	イ	ウ	エ
①	○	○	○	○
②	○	○	○	×

③ ○ ○ × ○
④ ○ × ○ ○
⑤ × ○ ○ ○

解説

(ア) ○ 作出された遺伝子組み換え生物等が野生動植物の急激な減少などを引き起こす可能性もあることから，特定区域外へ流出する場合は関係法令で生物の多様性への影響リスク評価を実施するなど厳しく規制されている.

(イ) ○ 遺伝子組換え生物等が生物の多様性の保全および持続可能な利用に及ぼす可能性のある悪影響を防止するための国際的な枠組みであるカルタヘナ議定書は2003年6月13日に発効し，わが国については2004年2月19日に発効した.

(ウ) ○ 遺伝子組換え食品等の安全性を確保するために，食品安全法に基づき，遺伝子組換え食品等を輸入・販売する際には，必ず安全性審査を受ける必要があり，審査を受けていない遺伝子組換え食品等やこれを原材料に用いた食品等の製造・輸入・販売は禁止されている.

(エ) ○ 安全性審査では，食品安全委員会の意見を聴取と，総合的な評価が行われる.

よって，(ア)～(エ)の記述はすべて適切であり，最も適切な組合せは①である.

解答 ①

Brushup 3.2.6(2)生活環境(d)

II 15 頻出度★★★ Check ■■■

内部告発は，社会や組織にとって有用なものである. すなわち，内部告発により，組織の不祥事が社会に明らかとなって是正されることによって，社会が不利益を受けることを防ぐことができる. また，このような不祥事が社会に明らかになる前に，組織内部における通報を通じて組織が情報を把握すれば，問題が大きくなる前に組織内で不祥事を是正し，組織自らが自発的に不祥事を行ったことを社会に明らかにすることができ，これにより組織の信用を守ることにも繋がる.

このように，内部告発が社会や組織にとってメリットとなるものなので，不祥事を発見した場合には，積極的に内部告発をすることが望まれる. ただし，告発の方法等については，慎重に検討する必要がある.

以下に示す(ア)～(カ)の内部告発をするにあたって，適切なものの数はどれか.

(ア) 自分の抗議が正当であることを自ら確信できるように，あらゆる努力を払う.

(イ) 「倫理ホットライン」などの組織内手段を活用する.

(ウ) 同僚の専門職が支持するように働きかける.

(エ) 自分の直属の上司に，異議を知らしめることが適当な場合はそうすべきである.

(オ) 目前にある問題をどう解決するかについて，積極的に且つ具体的に提言すべきである.

(カ) 上司が共感せず冷淡な場合は，他の理解者を探す.

① 6　② 5　③ 4　④ 3　⑤ 2

解説

(ア)，(オ) 適切．内部告発を行う場合は，不当な扱いを受けるリスクを伴う．公益通報者として保護を受けるためには，通報に不正の目的がないことはもちろんであるが，法令違反行為が生じまたはまさに生じようとしていること，通報内容が真実であると証明できることが条件になるので，自分の抗議が正当であることを自ら確信できるようにあらゆる努力をするべきである．また，内部告発を確実に成功に導くため，問題点を最も理解している内部告発者として，問題の解決策を積極的かつ具体的に提言すべきである.

(イ) 適切．直属の組織で取りあげられなかった場合は，公益通報の前に，組織内の「倫理ホットライン」などの手段を活用し，組織全体での自浄作用での是正も視野に入れて行動するのは適切である.

(ウ)，(エ)，(カ) 適切．内部告発は組織の不祥事が是正されることで，社会，組織に有用であることを目指したものであり，自分の直属の上司に異議を知らしめることで上司が是正のための行動をとって是正につながるのならばそれを優先すべきである．上司の共感が得られなかった場合でもほかの理解者や同僚の専門職が支持してくれれば状況は好転する場合もあるので，その可能性を探ることは適切である.

よって，(ア)～(カ)のいずれの記述も適切なので，適切なものの数は6であり，①が正しい.

解答 ①

Brushup 4.2.6(3)労働環境(f)

2019 年度(再)

II 1　頻出度★☆☆　Check □□□

次の技術士第一次試験適性科目に関する次の記述の，[　　]に入る語句の組合せとして，最も適切なものはどれか．

適性科目試験の目的は，法及び倫理という[ア]を遵守する適性を測ることにある．

技術士第一次試験の適性科目は，技術士法施行規則に規定されており，技術士法施行規則では「法第四章の規定の遵守に関する適性に関するものとする」と明記されている．この法第四章は，形式としては[イ]であるが，[ウ]としての性格を備えている．

	ア	イ	ウ
①	社会規範	倫理規範	法規範
②	行動規範	法規範	倫理規範
③	社会規範	法規範	倫理規範
④	行動規範	倫理規範	行動規範
⑤	社会規範	行動規範	倫理規範

解説　適性科目試験は，技術士法施行規則第 5 条により，法第 4 章の規定の遵守に関する適性を図る試験である．第 4 章（技術士等の義務）の規定は「信用失墜行為の禁止」，「秘密保持義務」，「公益確保の責務」，「名称表示の場合の義務」および「資質向上の責務」，いわゆる 3 義務 2 責務である．

規範は判断，評価，行為などの基準となるべき原則である．社会規範は，社会生活を営むうえで守らなければならないとされている基準，法律，道徳，慣習などをいう．法や倫理は社会規範に含まれ，それぞれ法規範，倫理規範という．

技術士法は形式としては法規範であるが，第 4 章の規定は技術士等の倫理規範としての性格を備えている．

よって，アは**社会規範**，イは**法規範**，ウは**倫理規範**になるので，③の組合せが適切である．

解答　③

Brushup　3.2.2 技術士法第 4 章

II 2 頻出度★★★ Check ■■■

技術士及び技術士補は，技術士法第四章（技術士等の義務）の規定の遵守を求められている．次に掲げる記述について，第四章の規定に照らして適切なものの数を選べ．

(ア) 技術士は，その登録を受けた技術部門に関しては，充分な知識及び技能を有しているので，その登録部門以外に関する知識及び技能の水準を重点的に向上させなければならない．

(イ) 技術士等は，顧客から受けた業務を誠実に実施する義務を負っている．顧客の指示が如何なるものであっても，守秘義務を優先させ，指示通りに実施しなければならない．

(ウ) 技術は日々変化，進歩している．技術士は，常に，その業務に関して有する知識及び技能の水準を向上させ，名称表示している専門技術業務領域の能力開発に努めなければならない．

(エ) 技術士等は，職務上の助言あるいは判断を下すとき，利害関係のある第三者又は組織の意見をよく聞くことが肝要であり，多少事実からの判断と差異があってもやむを得ない．

(オ) 技術士等は，その業務を行うに当たっては，公共の安全，環境の保全その他の公益を害することのないよう努めなければならないが，顧客の利益を害する場合は守秘義務を優先する必要がある．

(カ) 技術士等の秘密保持義務は，技術士又は技術士補でなくなった後においても守らなければならない．

(キ) 企業に所属している技術士補は，顧客がその専門分野能力を認めた場合は，技術士補の名称を表示して技術士に代わって主体的に業務を行ってよい．

① 0　② 1　③ 2　④ 3　⑤ 4

解説

(ア) 不適切．技術士等は，登録部門以外よりも，登録を受けた技術部門を優先にして，さらに資質向上を図っていく責務がある．

(イ) 不適切．技術士等は顧客から受けた業務を誠実に実施する義務はあるが，同時に，公益確保の責務も果たさなければならない．顧客の指示が公益に反するものであった場合は，その旨を顧客に伝え，公益を害しない代替案を提案し合意を得るよう努めるべきである．

(ウ) 適切．技術士等の資質向上の責務および名称表示の場合の義務である．

(エ) 不適切．利害関係のある第三者や組織はそれぞれの利益を優先した意見をもつことが多いので参考意見と考え，事実に基づいて判断すべきである．

(オ) 不適切．公益確保を優先すべきである．その制限の範疇で顧客に顧客の利益を最大限にする方法を提案する．

(カ) 適切．技術士，技術士補のときに受けた業務に関しては，技術士，技術士補でなくなった後も秘密保持義務がある．

(キ) 不適切．（技術士補の業務の制限）については，技術士法第 47 条第 1 項において，「技術士補は，第 2 条第 1 項に規定する業務について技術士を補助する場合を除くほか，技術士補の名称を表示して当該業務を行ってはならない．」と規定されている．顧客が認めても，技術士に代わって主体的に業務を行ってはならない．

よって，適切なものの数は二つなので，答えは③である．

解答 ③

Brushup 3.2.2 技術士法第 4 章

II 3 頻出度★★☆ Check □□□

現在，多くの企業や組織が倫理の重要性を認識するようになり，「倫理プログラム」と呼ばれる活動の一環として，倫理規程・行動規範等を作成し，それに準拠した行動をとることを求めている．(ア)～(オ)の説明に倫理規程・行動規範等制定の狙いに含まれるものは○，含まれないものは×として，最も適切な組合せはどれか．

(ア) 一般社会と集団組織との「契約」に関する明確な意思表示
(イ) 集団組織のメンバーが目指すべき理想の表明
(ウ) 倫理的な行動に関する実践的なガイドラインの提示
(エ) 集団組織の将来メンバーを教育するためのツール
(オ) 集団組織の在り方そのものを議論する機会の提供

	ア	イ	ウ	エ	オ
①	○	○	○	○	○
②	○	○	○	○	×
③	○	×	○	○	○
④	○	○	×	○	○
⑤	○	○	○	×	○

解説 倫理規程は，企業や組織の一員としての行動を規律する規程である．コンプライアンスは法令遵守であるが，倫理規程ではそれに加えて社会的常識を踏まえた自己規範を含み，環境，公害，会社資産管理，差別待遇，外部組織との関係を律するもので，行動規範の基盤になるものである．

行動規範は企業や組織のあるべき姿，価値観を示し，その一員としての取るべき行動を示したもので，制定により評価の基準が明確になって企業や組織の従業員の行動が主体的になる．

(ア) ○　一般社会と集団組織との「契約」に関する明確な意思表示なので，狙いに含まれる．

(イ) ○　企業や組織のあるべき姿や価値観を示すことで，メンバーが目指すべき理想を表明するものなので，狙いに含まれる．

(ウ) ○　行動規範は，倫理規程を基に取るべき倫理的な行動を示しているので含まれる．

(エ) ○　倫理規程，行動規範ともに将来メンバーへの教育のツールとして使うことにより，企業や組織の一員としての目指すこと，取るべき行動を浸透させ，主位的に判断し，行動できるようになるので，狙いに含まれる．

(オ) ○　企業や組織としての現在のあるべき姿，価値観に関する共通認識が示されているので，在り方そのものを議論する機会を提供し，今後のよりよい方向性を決めるのに役立つので，狙いに含まれる．

よって，すべて○（含まれる）なので，適切な組合せは①である．

解答　①

Brushup　3.2.3(1)倫理規程，行動規範(a)，(b)

II 4　頻出度★★★　Check ■■■

次に示される事例において，技術士としてふさわしい行動に関する次の(ア)～(オ)の記述について，ふさわしい行動を○，ふさわしくない行動を×として，最も適切な組合せはどれか．

構造設計技術者である技術者Aはあるオフィスビルの設計を担当し，その設計に基づいて工事は完了した．しかし，ビルの入居が終わってから，技術者Aは自分の計算の見落としに気づき，嵐などの厳しい環境の変化によってそのビルが崩壊する可能性があることを認識した．そのような事態になれば，オフィスの従業員や周辺住民など何千人もの人を危険にさらすことになる．そこで技術者Aは依頼人にその問題を報告した．

依頼人は市の担当技術者Bと相談した結果，3ヶ月程度の期間がかかる改修工事を実施することにした．工事が完了するまでの期間，嵐に対する監視通報システムと，ビルを利用するオフィスの従業員や周辺住民に対する不測の事故発生時の退避計画が作成された．技術者Aの観点から見ても，この工事を行えば構造上の不安を完全に払拭することができるし，退避計画も十分に実現可能なものであった．

しかし，依頼人は，改修工事の事実をオフィスの従業員や周辺住民に知らせることでパニックが起こることを懸念し，改修工事の事実は公表しないで，ビルに人がいない時間帯に工事を行うことを強く主張した．

(ア) 業務に関連する情報を依頼主の同意なしに開示することはできないので，技術者 A は改修工事の事実を公表しないという依頼主の主張に従った．

(イ) 公衆の安全，健康，及び福利を守ることを最優先すべきだと考え，技術者 A は依頼人の説得を試みた．

(ウ) パニックが原因で公衆の福利が損なわれることを懸念し，技術者 B は改修工事の事実を公表しないという依頼主の主張に従った．

(エ) 公衆の安全，健康，及び福利を守ることを最優先すべきだと考え，技術者 B は依頼人の説得を試みた．

(オ) オフィスの従業員や周辺住民の「知る権利」を重視し，技術者 B は依頼人の説得を試みた．

	ア	イ	ウ	エ	オ
①	×	○	×	○	○
②	○	×	○	×	○
③	○	○	×	○	×
④	×	×	○	○	○
⑤	○	○	×	×	○

解説

(ア), (ウ) × 依頼人の主張に従って事実を公表しなければ，工事が完了するまでは嵐など厳しい環境の変化によってビル崩壊の可能性があり，オフィス従業員や周辺住民などを危険にさらすことになるので公益確保の責務に反する．依頼人の説得を試みるべきである．

(イ), (エ), (オ) ○ 依頼人の説得は，公益確保の責務に沿った適切な行動である．

よって，適切な組合せは①である．

解答 ①

Brushup 3.2.2 技術士法第 4 章

II 5 頻出度★★★ Check ■■■

公益通報（警笛鳴らし（Whistle Blowing）とも呼ばれる）が許される条件に関する次の(ア)～(エ)の記述について，正しいものは○，誤っているものは×として，最も適切な組合せはどれか．

(ア) 従業員が製品のユーザーや一般大衆に深刻な被害が及ぶと認めた場合に

は，まず直属の上司にそのことを報告し，自己の道徳的懸念を伝えるべきである．

(イ) 直属の上司が，自己の懸念や訴えに対して何ら有効なことを行わなかった場合には，即座に外部に現状を知らせるべきである．

(ウ) 内部告発者は，予防原則を重視し，その企業の製品あるいは業務が，一般大衆，又はその製品のユーザーに，深刻で可能性が高い危険を引き起こすと予見される場合には，合理的で公平な第三者に確信させるだけの証拠を持っていなくとも，外部に現状を知らせなければならない．

(エ) 従業員は，外部に公表することによって必要な変化がもたらされると信じるに足るだけの十分な理由を持たねばならない．成功をおさめる可能性は，個人が負うリスクとその人に振りかかる危険に見合うものでなければならない．

	ア	イ	ウ	エ
①	×	○	×	○
②	○	×	○	×
③	○	×	×	○
④	×	×	○	○
⑤	○	○	×	×

解説

(ア) ○ 従業員が，自己の道徳的懸念を直属の上司に報告して気付きを与え改善を求めることは，企業内部での改善を促すことになるので正しい．

(イ) × 企業は，内部通報に適切に対応するための体制（窓口設定，調査，是正措置等）を整備することになっている．直属の上司が何ら有効なことを行わなかった場合でも，まず，企業内の内部通報窓口を活用し，即座に外部に通報するのは望ましくない．

(ウ) × 予防原則重視のために，内部告発者が外部に現状を知らせる義務はもたない．

(エ) ○ 公益通報は，労働者個人が公益のために通報を行うものであり，告発が成功する可能性が高いものでなければならない．内部告発者個人が負うリスクと振りかかる危険と比べて十分に見合った成功が得られるものでなければならない．

よって，最も適切な組合せは③である．

解答 ③

Brushup 4.2.6(3)労働環境(f)

II 6　頻出度★★☆　Check ■■■

日本学術会議は，科学者が，社会の信頼と負託を得て，主体的かつ自律的に科学研究を進め，科学の健全な発達を促すため，平成18年10月3日に，すべての学術分野に共通する基本的な規範である声明「科学者の行動規範について」を決定，公表した．

その後，データのねつ造や論文盗用といった研究活動における不正行為の事案が発生したことや，東日本大震災を契機として科学者の責任の問題がクローズアップされたこと，いわゆるデュアルユース問題について議論が行われたことから，平成25年1月25日，同声明の改訂が行われた．次の「科学者の行動規範」に関する㋐～㋓の記述について，正しいものは○，誤っているものは×として，最も適切な組合せはどれか．

㋐ 「科学者」とは，所属する機関に関わらず，人文・社会科学から自然科学までを包含するすべての学術分野において，新たな知識を生み出す活動，あるいは科学的な知識の利活用に従事する研究者，専門職業者を意味する．

㋑ 科学者は，常に正直，誠実に行動し，自らの専門知識・能力・技芸の維持向上に努め，科学研究によって生み出される知の正確さや正当性を科学的に示す最善の努力を払う．

㋒ 科学者は，自らの研究の成果が，科学者自身の意図に反して悪用される可能性のある場合でも，社会の発展に寄与すると判断される場合は，速やかに研究の実施，成果の公表を積極的に行うよう努める．

㋓ 科学者は，責任ある研究の実施と不正行為の防止を可能にする公正な環境の確立・維持も自らの重要な責務であることを自覚し，科学者コミュニティ及び自らの所属組織の研究環境の質的向上，並びに不正行為抑止の教育啓発に継続的に取組む．

	ア	イ	ウ	エ
①	○	○	○	○
②	×	○	○	○
③	○	×	○	○
④	○	○	×	○
⑤	○	○	○	×

解説

㋐ ○ 「科学者の行動規範」の前文に示された「科学者」の意味である．

㋑ ○ 「科学者の行動規範」2の（科学者の姿勢）の文言である．「科学者は，常に正直，誠実に（判断，）行動し，…」の（判断，）部分が抜けているが正しい．

(ウ)　×　「科学者の行動規範」6の（科学研究の利用の両義性）の文言は「科学者は，自らの研究の成果が，科学者自身の意図に反して，破壊的行為に悪用される可能性もあることを認識し，研究の実施，成果の公表にあたっては，社会に許容される適切な手段と方法を選択する．」である．研究の結果が破壊的行為に悪用される可能性がある場合は，速やかな成果の公表を積極的に行うのではなく，社会に許容される適切な手段と方法を選択して行わなければならない．

(エ)　○　「科学者の行動規範」8の（研究環境の整備及び教育啓発の徹底）の文言の一部である．8ではこの文言に続き，「また，これを達成するために社会の理解と協力が得られるよう努める．」となっている．

よって，最も適切な組合せは④である．

解答　④

Brushup　3.2.3(4)「声明　科学者の行動規範−改訂版−」(a)，(b)

II 7　頻出度★★★　Check □□□

製造物責任法（PL法）に関する次の（ア）～（オ）の記述のうち，正しいものの数はどれか．

(ア)　この法律において「製造物」とは，製造又は加工された動産であるが，不動産のうち，戸建て住宅構造の耐震規準違反については，その重要性から例外的に適用される．

(イ)　この法律において「欠陥」とは，当該製造物の特性，その通常予見される使用形態，その製造業者等が当該製造物を引き渡した時期その他の当該製造物に係る事情を考慮して，当該製造物が通常有するべき安全性を欠いていることをいう．

(ウ)　この法律で規定する損害賠償の請求権には，消費者保護を優先し，時効はない．

(エ)　原子炉の運転等により生じた原子力損害については，「原子力損害の賠償に関する法律」が適用され，この法律の規定は適用されない．

(オ)　製造物の欠陥による製造業者等の損害賠償の責任については，この法律の規定によるほか，民法の規定による．

①　1　　②　2　　③　3　　④　4　　⑤　5

解説

(ア)　誤り．製造物責任法（PL法）第2条第1項において，「この法律において『製造物』とは，製造又は加工された動産をいう．」と定義されている．この点は正しいが，土地建物は不動産なので「製造物」には該当せず，例外規定もないので誤りである．

(イ) 正しい．PL法第2条第2項の「欠陥」の定義とおりなので正しい．

(ウ) 誤り．PL法第5条（消滅時効）の第1項に消滅時効が規定されている．

第3条に規定する損害賠償の請求権は，次に掲げる場合には，時効によって消滅する．

一　被害者又はその法定代理人が損害及び賠償義務者を知った時から3年間行使しないとき．

二　その製造業者等が当該製造物を引き渡した時から10年を経過したとき．

(エ) 正しい．この世にあるものは，物理的に空間の一部を占めて有形的存在をもつ有体物と，有体物以外の無体物に分類される．民法第85条において，「物とは有体物をいう」と定義されているので，運転等の無体物は物ではなく製造物に含まれないので，PL法の規定は適用されず，「原子力損害の賠償に関する法律」が適用される．

(オ) 正しい．PL法第6条（民法の適用）において，「製造物の欠陥による製造業者等の損害賠償の責任については，この法律の規定によるほか，民法（明治29年法律第89号）の規定による．」と規定されているので正しい．

よって，正しいものの数は三つなので，答は③である．

解答　③

Brushup　3.2.7(1)製造物責任法(PL法)(a)～(c)

II 8　頻出度★★★　Check ■■■

ものづくりに携わる技術者にとって，特許法を理解することは非常に大事なことである．特許法の第1条には，「この法律は，発明の保護及び利用を図ることにより，発明を奨励し，もって産業の発達に寄与することを目的とする」とある．発明や考案は，目に見えない思想，アイディアなので，家や車のような有体物のように，目に見える形でだれかがそれを占有し，支配できるというものではない．したがって，制度により適切に保護がなされなければ，発明者は，自分の発明を他人に盗まれないように，秘密にしておこうとすることになる．しかしそれでは，発明者自身もそれを有効に利用することができないばかりでなく，他の人が同じものを発明しようとして無駄な研究，投資をすることとなってしまう．そこで，特許制度は，こういったことが起こらぬよう，発明者には一定期間，一定の条件のもとに特許権という独占的な権利を与えて発明の保護を図る一方，その発明を公開して利用を図ることにより新しい技術を人類共通の財産としていくことを定めて，これにより技術の進歩を促進し，産業の発達に寄与しようというものである.

特許の要件に関する次の(ア)～(エ)の記述について，正しいものは○，誤っているものは×として，最も適切な組合せはどれか.

(ア)「発明」とは，自然法則を利用した技術的思想の創作のうち高度なものであること

(イ) 公の秩序，善良の風俗又は公衆の衛生を害するおそれがないこと

(ウ) 産業上利用できる発明であること

(エ) 国内外の刊行物等で発表されていること

	ア	イ	ウ	エ
①	×	○	○	×
②	○	×	○	○
③	×	○	×	○
④	○	○	○	×
⑤	○	○	×	×

解説

(ア) ○ 特許法第2条（定義）第1項の「この法律で「発明」とは，自然法則を利用した技術的思想の創作のうち高度のものをいう.」のとおりなので正しい.

(イ) ○ 特許法第32条（特許を受けることができない発明）として，「公の秩序，善良の風俗又は公衆の衛生を害するおそれがある発明については，第29条の規定にかかわらず，特許を受けることができない.」と規定されているので，公の秩序，善良の風俗または公衆の衛生を害するおそれがないことが要件の一つである.

(ウ) ○，(エ) × 特許法第29条（特許の要件）第1項に次のように規定されている.

産業上利用することができる発明をした者は，次に掲げる発明を除き，その発明について特許を受けることができる.

一 特許出願前に日本国内又は外国において公然知られた発明

二 特許出願前に日本国内又は外国において公然実施をされた発明

三 特許出願前に日本国内又は外国において，頒布された刊行物に記載された発明又は電気通信回線を通じて公衆に利用可能となった発明

(ウ)の「産業上利用できる発明であること」は正しい.(エ)は特許出願前に国内外において頒布された刊行物に記載された発明は公知の技術なので発明にならない.先に出願されていないもの（先願）であることが要件なので誤りである.

よって，最も適切な組合せは④である.

解答　④

Brushup　3.2.5(1)知的財産権制度（知的財産基本法）(c)

II 9　頻出度★☆☆　Check ■■■

IoT・ビッグデータ・人工知能（AI）等の技術革新による「第4次産業革命」は我が国の生産性向上の鍵と位置付けられ，これらの技術を活用し著作物を含む大量の情報の集積・組合せ・解析により付加価値を生み出すイノベーションの創出が期待されている．

こうした状況の中，情報通信技術の進展等の時代の変化に対応した著作物の利用の円滑化を図るため，「柔軟な権利制限規定」の整備についての検討が文化審議会著作権分科会においてなされ，平成31年1月1日に，改正された著作権法が施行された．

著作権法第30条の4（著作物に表現された思想又は感情の享受を目的としない利用）では，著作物は，技術の開発等のための試験の用に供する場合，情報解析の用に供する場合，人の知覚による認識を伴うことなく電子計算機による情報処理の過程における利用等に供する場合その他の当該著作物に表現された思想又は感情を自ら享受し又は他人に享受させることを目的としない場合には，その必要と認められる限度において，利用することができるとされた．具体的な事例として，次の(ア)～(カ)のうち，上記に該当するものの数はどれか．

(ア)　人工知能の開発に関し人工知能が学習するためのデータの収集行為，人工知能の開発を行う第三者への学習用データの提供行為

(イ)　プログラムの著作物のリバース・エンジニアリング

(ウ)　美術品の複製に適したカメラやプリンターを開発するために美術品を試験的に複製する行為や複製に適した和紙を開発するために美術品を試験的に複製する行為

(エ)　日本語の表記の在り方に関する研究の過程においてある単語の送り仮名等の表記の方法の変遷を調査するために，特定の単語の表記の仕方に着目した研究の素材として著作物を複製する行為

(オ)　特定の場所を撮影した写真などの著作物から当該場所の3DCG映像を作成するために著作物を複製する行為

(カ)　書籍や資料などの全文をキーワード検索して，キーワードが用いられている書籍や資料のタイトルや著者名・作成者名などの検索結果を表示するために書籍や資料などを複製する行為

①　2　　②　3　　③　4　　④　5　　⑤　6

解説　情報通信技術の進展等の時代の変化に対応した著作物の利用の円滑化を図

るため，2019 年 1 月日改正著作権法が施行された．この改正に関し，文化庁は「デジタル化・ネットワーク化に対応した柔軟な権利制限規定に関する基本的考え方（著作権法第 30 条の 4，第 47 条の 4 および第 47 条の 5 関係）」が発行され，改正に伴う種々の疑問を解明している．本問は第 30 条の 4（著作物に表現された思想又は感情の享受を目的としない利用）に関する基本的考え方に関する出題である．

第 30 条の 4　著作物は，次に掲げる場合その他の当該著作物に表現された思想又は感情を自ら享受し又は他人に享受させることを目的としない場合には，その必要と認められる限度において，いずれの方法によるかを問わず，利用することができる．ただし，当該著作物の種類及び用途並びに当該利用の態様に照らし著作権者の利益を不当に害することとなる場合は，この限りでない．

1　著作物の録音，録画その他の利用に係る技術の開発又は実用化のための試験の用に供する場合

2　情報解析（多数の著作物その他の大量の情報から，当該情報を構成する言語，音，影像その他の要素に係る情報を抽出し，比較，分類その他の解析を行うことをいう．第 47 条の 5 第 1 項第 2 号において同じ．）の用に供する場合

3　前 2 号に掲げる場合のほか，著作物の表現についての人の知覚による認識を伴うことなく当該著作物を電子計算機による情報処理の過程における利用その他の利用（プログラムの著作物にあっては，当該著作物の電子計算機における実行を除く．）に供する場合

(ア)　該当する．人工知能の開発のための学習用データとして著作物をデータベースに記録する行為，また，収集した学習用データを第三者に提供する行為についても当該学習用データの利用が人工知能の開発という目的に限定されている限りは，「著作物に表現された思想又は感情を享受」することに向けられた利用行為ではない．

(イ)　該当する．リバース・エンジニアリングといわれるようなプログラムの調査解析目的のプログラムの著作物の利用は，プログラムの実行等によってその機能を享受することに向けられた利用行為ではない．

(ウ)　該当する．美術品の複製に適したカメラやプリンタを開発するために美術品を試験的に複製する行為や複製に適した和紙を開発するために美術品を試験的に複製する行為は，開発中の製品が求められる機能・性能を満たすものであるか否かを確認することを専らの目的として行われるものであり，当該著作物の視聴等を通じて，視聴者等の知的・精神的欲求を満たすという効用を得ることに向けられた利用行為ではない．

(エ) 該当する．日本語の表記の在り方に関する研究は，特定の技術の開発や実用化を目的としない基礎研究であるが，当該研究の過程である単語の送り仮名等の表記の方法の変遷を調査するために，特定の単語の表記の仕方に着目した研究の素材として著作物を複製する行為は，あくまで研究の素材として著作物を利用するものであり，当該著作物の視聴等を通じて，視聴者等の知的・精神的欲求を満たすという効用を得ることに向けられた利用行為ではない．

(オ) 該当する．特定の場所を撮影した写真などの著作物からその構成要素に係る情報を抽出して当該場所の3DCG映像を作成する行為は，当該著作物の視聴等を通じて，視聴者等の知的・精神的欲求を満たすという効用を得ることに向けられた利用行為ではない．

(カ) 該当する．書籍や資料などの文章中にキーワードが存在するか否かを検索する行為は，当該著作物の視聴等を通じて，視聴者等の知的・精神的欲求を満たすという効用を得ることに向けられた利用行為ではない．

よって，「著作物に表現された思想又は感情の享受を目的としない利用」に該当するものの数は六つなので，答は⑤である．

解答 ⑤

Brushup 3.2.5(1)著作権法の改正(d)

II 10 頻出度★★★ Check ■■■

文部科学省・科学技術学術審議会は，研究活動の不正行為に関する特別委員会による研究活動の不正行為に関するガイドラインをまとめ，2006年（平成18年）に公表し，2014年（平成26年）改定された．以下の記述はそのガイドラインからの引用である．

> 「研究活動とは，先人達が行った研究の諸業績を踏まえた上で，観察や実験等によって知り得た事実やデータを素材としつつ，自分自身の省察・発想・アイディア等に基づく新たな知見を創造し，知の体系を構築していく行為である．」
>
> 「不正行為とは，…（中略）…．具体的には，得られたデータや結果の捏造，改ざん，及び他者の研究成果等の盗用が，不正行為に該当する．このほか，他の学術誌等に既発表又は投稿中の論文と本質的に同じ論文を投稿する二重投稿，論文著作者が適正に公表されない不適切なオーサーシップなどが不正行為として認識されるようになってきている．」

捏造，改ざん，盗用（ひょうせつ（剽窃）ともいう）は，それぞれ英語では

Fabrication，Falsification，Plagiarism というので，研究活動の不正を FFP と略称する場合がある．FFP は研究の公正さを損なう不正行為の代表的なもので，違法であるか否かとは別次元の問題として，取組が必要である．

次の(ア)～(エ)の記述について，正しいものは○，誤っているものは×として，最も適切な組合せはどれか．

(ア) 科学的に適切な方法により正当に得られた研究成果が結果的に誤りであった場合，従来それは不正行為には当たらないと考えるのが一般的であったが，このガイドラインが出た後はそれらも不正行為とされるようになった．

(イ) 文部科学省は税金を科学研究費補助金などの公的資金に充てて科学技術の振興を図る立場なので，このような不正行為に関するガイドラインを公表したが，個人が自らの資金と努力で研究活動を行い，その成果を世の中に公表する場合には，このガイドラインの内容を考慮する必要はない．

(ウ) 同じ研究成果であっても，日本語と英語で別々の学会に論文を発表する場合には，上記ガイドラインの二重投稿には当たらない．

(エ) 研究者 A は研究者 B と共同で研究成果をまとめ，連名で英語の論文を執筆し発表した．その後 A は単独で，日本語で本を執筆することになり，当該論文の一部を翻訳して使いたいと考え，B に相談して了解を得た．

	ア	イ	ウ	エ
①	×	○	×	○
②	×	×	×	○
③	○	×	×	○
④	○	○	○	×
⑤	×	×	○	○

解説 「研究活動における不正行為への対応等に関するガイドライン」からの出題である．

(ア) × ガイドラインでも，「1 不正行為に対する基本的考え方」の「3 研究活動における不正行為」のなお書きで「科学的に適切な方法により正当に得られた研究成果が結果的に誤りであったとしても，それは不正行為には当たらない」としている．

(イ) × ガイドラインは，文部科学省の競争的資金を活用している研究活動を対象としたものであるが，それ以外の研究活動に際しても，研究における不正行為についてはこのガイドラインと同様であることから，個人が自らの資金と努力で研究活動を行い，その成果を世の中に公表する場合でもこのガイドラインに従うべきである．

(ウ)　×　言語は異なっていても同じ内容の論文であれば二重投稿に該当する．

(エ)　○　盗用とは，「他の研究者のアイディア，分析・解析方法，データ，研究結果，論文又は用語を当該研究者の了解又は適切な表示なく流用すること」である．共同で発表した論文は，執筆を分担していたとしても両者が著者としての権利を有するので，その一部を翻訳して本の執筆に使用する場合でも相手の了解を得る必要がある．

よって，最も適切な組合せは②である．

解答　②

Brushup　3.2.3(6)研究活動における利益相反の管理，不正行為への対応(b)

II 11　頻出度★★☆　Check □□□

IPCC（気候変動に関する政府間パネル）の第5次評価報告書第1作業部会報告書では「近年の地球温暖化が化石燃料の燃焼等による人間活動によってもたらされたことがほぼ断定されており，現在増え続けている地球全体の温室効果ガスの排出量の大幅かつ持続的削減が必要である」とされている．

次の温室効果ガスに関する記述について，正しいものは○，誤っているものは×として，最も適切な組合せはどれか．

(ア)　温室効果ガスとは，地球の大気に蓄積されると気候変動をもたらす物質として，京都議定書に規定された物質で，二酸化炭素（CO_2）とメタン（CH_4），亜酸化窒素（一酸化二窒素/N_2O）のみを指す．

(イ)　低炭素社会とは，化石エネルギー消費等に伴う温室効果ガスの排出を大幅に削減し，世界全体の排出量を自然界の吸収量と同等のレベルとしていくことにより，気候に悪影響を及ぼさない水準で大気中の温室効果ガス濃度を安定化させると同時に，生活の豊かさを実感できる社会をいう．

(ウ)　カーボン・オフセットとは，社会の構成員が，自らの責任と定めることが一般に合理的と認められる範囲の温室効果ガスの排出量を認識し，主体的にこれを削減する努力を行うとともに，削減が困難な部分の排出量について，他の場所で実現した温室効果ガスの排出削減・吸収量等を購入すること又は他の場所で排出削減・吸収を実現するプロジェクトや活動を実現すること等により，その排出量の全部を埋め合わせた状態をいう．

(エ)　カーボン・ニュートラルとは，社会の構成員が，自らの温室効果ガスの排出量を認識し，主体的にこれを削減する努力を行うとともに，削減が困難な部分の排出量について，他の場所で実現した温室効果ガスの排出削減・吸収量等を購入すること又は他の場所で排出削減・吸収を実現するプロジェクトや活動を実現すること等により，その排出量の全部又は一部を埋め合わせる取組みをいう.

	ア	イ	ウ	エ
①	×	○	×	×
②	×	×	○	○
③	×	○	○	○
④	○	○	×	×
⑤	○	○	○	○

解説

(ア) × 温室効果ガスとしては，二酸化炭素（CO_2），メタン（CH_4），亜酸化窒素（一酸化窒素 N_2O）のほかに，ハイドロフルオロカーボン類（HFCs），パーフルオロカーボン類（PFCs），六ふっ化硫黄（SF_6）があり，全部で6種類である.

(イ) ○ 低炭素社会の正しい説明である．脱炭素社会は二酸化炭素排出量をゼロにすることを実現した社会である.

(ウ), (エ) × カーボン・ニュートラルは削減できなかった部分の排出量の全部を埋め合わせた状態，カーボン・オフセットは全部または一部を埋め合わせる取組みをいい，説明が逆である.

よって，最も適切な組合せは①である.

解答 ①

Brushup 3.1.5(1)環境(a)，3.2.6(1)地球環境(a)

II 12 頻出度★★★ Check □□□

技術者にとって安全確保は重要な使命の一つである．2014年に国際安全規格「ISO／IEC Guide51」（JIS Z 8051：2015）が改定されたが，これは機械系や電気系の各規格に安全を導入するためのガイド（指針）を示すものである．日本においては各ISO／IEC規格のJIS化版に伴い必然的にその内容は反映されているが，規制法令である労働安全衛生法にも，その考え方が導入されている．国際安全規格の「安全」に関する次の(ア)～(オ)の記述について，不適切なものの数はどれか.

(ア) 「安全」とは，絶対安全を意味するものではなく，「リスク」（危害の発生確率及びその危害の度合いの組合せ）という数量概念を用いて，許容不可能な「リスク」がないことをもって，「安全」と規定している．この「安全」を達成するために，リスクアセスメント及びリスク低減の反復プロセスが必要である.

(イ) リスクアセスメントのプロセスでは，製品によって，危害を受けやすい状態にある消費者，その他の者を含め，製品又はシステムにとって被害を受けそうな“使用者”，及び“意図する使用及び合理的予見可能な誤使用”を同定し，さらにハザードを同定する．そのハザードから影響を受ける使用者グループへの「リスク」がどれくらい大きいか見積もり，リスクの評価をする．

(ウ) リスク低減プロセスでは，リスクアセスメントでのリスクが許容可能でない場合，リスク低減策を検討する．そして，再度，リスクを見積もり，リスクの評価を実施し，その「残留リスク」が許容可能なレベルまで反復する．許容可能と評価した最終的な「残留リスク」は妥当性を確認し文書化する．

(エ) リスク低減方策には，設計段階における方策と使用段階における方策がある．設計段階では，本質安全設計，ガード及び保護装置，最終使用者のための使用上の情報の 3 方策がある．この方策には優先順位付けはなく，本質的安全設計方策の検討を省略して，安全防護策や使用上の情報を方策として検討し採用することができる．

(オ) リスク評価の考え方として，「ALARP の原則」がある．ALARP とは，「合理的に実効可能なリスク低減方策を講じてリスクを低減する」という意味であり，リスク軽減を更に行なうことが実際的に不可能な場合，又は費用と比べて改善効果が甚だしく不釣合いな場合だけ，リスクが許容可能となる．

① 0　② 1　③ 2　④ 3　⑤ 4

解説

(ア) 適切．JIS Z 8051：2015 において，「安全（safety）は許容不可能なリスクがないこと」と定義されている．リスクは危害の発生確率およびその危害の度合いの組合せである．危害の発生確率には，ハザードへの暴露，危険事象の発生および危害の回避または制限の可能性を含むので，リスクアセスメントとリスク低減を行い，残留リスクが許容できない場合はそれを繰り返すプロセスが必要である．

(イ), (ウ) 適切．JIS Z 8051：2015 の「図 2-リスクアセスメント及びリスク低減の反復プロセス」の説明である．リスクアセスメントの部分は，被害を受けそうな“使用者”および“意図する使用および合理的予見可能な誤使用”の同定→ハザードの同定→リスクの見積もり→リスクの評価となっている．リスク低減プロセスは，リスクアセスメントでリスクを評価した結果が許容可能ではない場合に開始し，残留リスクが許容可能なレベルになるまで反復し，文書化して終わる．

(エ) 不適切．JIS Z 8051：2015の「6.3 リスク低減の6.3.5」により，リスクを低減する際の優先順位は，①本質的安全設計，②ガードおよび保護装置，③最終使用者のための使用上の情報とする．本質的安全設計は，リスク低減のプロセスにおける，最初で，かつ最も重要なステップである．これは，製品またはシステムに特有の本質的な保護方策の効果が持続されるのに対して，適切に設計されたガードおよび保護装置でさえ機能しなくなるか無効になることがあり，また使用のための情報が順守されないことは経験的に知られているからである．

そして，本質的安全設計方策だけでは合理的にハザードを除去することも，リスクを十分に低減させることもできない場合には，常にガードおよび保護装置を使用する．最終使用者のために，設計者・供給者が提供する情報はリスクの低減に有効であるが，本質的安全設計方策，ガードまたは付加的保護方策を適確に実施せずに，使用上の情報を提供するだけですませてはならない．

(オ) 適切．リスク評価は，許容可能なリスクの範囲に抑えられたかを判定するためのリスク分析に基づく手続きである．ALARP（as low as reasonably practicable）の原則は，リスクは合理的に実行可能な水準まで低減しなければならないという概念である．リスク低減方策が合理的に実行可能でなければ許容可能とすることができる．

よって，不適切なものの数は一つなので，答は②である．

解答 ②

Brushup 4.2.6(3)労働環境(c)

II 13 頻出度★☆☆ Check □□□

現在，地球規模で地球温暖化が進んでいる．気候変動に関する政府間パネル（IPCC）第5次評価報告書（AR5）によれば，将来，温室効果ガスの排出量がどのようなシナリオにおいても，21世紀末に向けて，世界の平均気温は上昇し，気候変動の影響のリスクが高くなると予測されている．国内においては，日降水量100 mm以上及び200 mm以上の日数は1901～2017年において増加している一方で，日降水量1.0 mm以上の日数は減少している．今後も比較的高水準の温室効果ガスの排出が続いた場合，短時間強雨の頻度がすべての地域で増加すると予測されている．また，経済成長に伴う人口・建物の密集，都市部への諸機能の集積や地下空間の大規模・複雑な利用等により，水害や土砂災害による人的・物的被害は大きなものとなるおそれがあり，復旧・復興に多大な費用と時間を要することとなる．水害・土砂災害から身を守るための以下(ア)～

(オ)の記述で不適切と判断されるものの数はどれか．

(ア) 水害・土砂災害から身を守るには，まず地域の災害リスクを知ることが大事である．ハザードマップは，水害・土砂災害等の自然災害による被害を予測し，その被害範囲を地図として表したもので，災害の発生が予測される範囲や被害程度，さらには避難経路，避難場所などの情報が地図上に図示されている．

(イ) 気象庁は，大雨や暴風などによって発生する災害の防止・軽減のため，気象警報・注意報や気象情報などの防災気象情報を発表している．これらの情報は，防災関係機関の活動や住民の安全確保行動の判断を支援するため，災害に結びつくような激しい現象が予想される数日前から「気象情報」を発表し，その後の危険度の高まりに応じて注意報，警報，特別警報を段階的に発表している．

(ウ) 危険が迫っていることを知ったら，適切な避難行動を取る必要がある．災害が発生し，又は発生するおそれがある場合，災害対策基本法に基づき市町村長から避難準備・高齢者等避難開始，避難勧告，避難指示（緊急）が出される．避難勧告等が発令されたら速やかに避難行動をとる必要がある．

(エ) 災害が起きてから後悔しないよう，非常用の備蓄や持ち出し品の準備，家族・親族間で災害時の安否確認方法や集合場所等の確認，保険などによる被害への備えをしっかりとしておく．

(オ) 突発的な災害では，避難勧告等の発令が間に合わないこともあり，避難勧告等が発令されなくても，危険を感じたら自分で判断して避難行動をとることが大切なことである．

① 0　② 1　③ 2　④ 3　⑤ 4

解説 内閣府は，水害・土砂災害への「備え」と「対処」に必要なノウハウをまとめたパンフレット「水害・土砂災害から家族と地域を守るには」（内閣府防災担当，平成30年5月）を作成し公表している．1.「雨」を知ろう，2.「危険」を知ろう，3.「情報」を知ろう，4.「避難の方法」を知ろう，5. 備えよう，6.「地域の計画」を知ろうと各種情報サイトの構成となっており，本出題に関するキーワードが含まれている．

(ア) 適切．『2.「危険」を知ろう』に，ハザードマップ，土砂災害警戒区域について解説されており，そのうちのハザードマップと情報内容に関する記述である．

(イ) 適切．『3.「情報」を知ろう』に，防災気象情報の種類（特別警報・警報・注意報および気象情報），情報の種別とそれぞれの役割，活用方法が解説されている．そのうちの防災気象情報全般に関する記述である．

(ウ)　適切．『4.「避難の方法」を知ろう』に解説されている，災害が発生し，または災害が発生するおそれがある場合に市町村長が出す避難準備，高齢者等避難開始，避難勧告，避難指示（緊急）の目的と取るべき行動についての記述である．

(エ)　適切．『5. 備えよう』に解説されている災害に対する備えについての記述である．

(オ)　適切．『4.「避難の方法」を知ろう』に，なお書きで解説されている突発的な災害で避難勧告等の発令が間に合わない場合の行動についての記述である．最後に大切なことは「自分で判断する」ということである．

よって，不適切な記述と判断されるものの数は0なので，答は①である．

解答　①

Brushup　3.2.6(2)生活環境(e)

II 14　頻出度★★★　Check ■■■

2015年に国連で「2030アジェンダ」が採択された．これを鑑み，日本では2016年に「持続可能な開発目標（SDGs）実施指針」が策定された．「持続可能な開発目標（SDGs）実施指針」の一部を以下に示す．［　　］に入る語句の組合せとして，最も適切なものはどれか．

地球規模で人やモノ，資本が移動するグローバル経済の下では，一国の経済危機が瞬時に他国に連鎖するのと同様，気候変動，自然災害，［ア］といった地球規模の課題もグローバルに連鎖して発生し，経済成長や社会問題にも波及して深刻な影響を及ぼす時代になってきている．

このような状況を踏まえ，2015年9月に国連で採択された持続可能な開発のための2030アジェンダ（「2030アジェンダ」）は，［イ］の開発に関する課題にとどまらず，世界全体の経済，社会及び［ウ］の三側面を，不可分のものとして調和させる統合的取組として作成された．2030アジェンダは，先進国と開発途上国が共に取り組むべき国際社会全体の普遍的な目標として採択され，その中に持続可能な開発目標（SDGs）として［エ］のゴール（目標）と169のターゲットが掲げられた．

このような認識の下，関係行政機関相互の緊密な連携を図り，SDGsの実施を総合的かつ効果的に推進するため，内閣総理大臣を本部長とし，全閣僚を構成員とするSDGs推進本部が，2016年5月20日に内閣に設置された．同日開催された推進本部第一回会合において，SDGsの実施のために我が国としての指針を策定していくことが決定された．

	ア	イ	ウ	エ
①	国際紛争	先進国	環境	15
②	感染症	先進国	教育	15
③	感染症	開発途上国	環境	17
④	国際紛争	開発途上国	教育	17
⑤	感染症	開発途上国	教育	17

解説

2016年に策定された『持続可能な開発目標（SDGs）実施指針』の「1 序文」の「(1)2030アジェンダの採択の背景と我が国にとっての意味」からの出題である．

地球規模で人やモノ，資本が移動するグローバル経済の下では，一国の経済危機が瞬時に他国に連鎖するのと同様，気候変動，自然災害，**感染症**といった地球規模の課題もグローバルに連鎖して発生し，経済成長や社会問題にも波及して深刻な影響を及ぼす時代になってきている．このような状況を踏まえ，2015年9月に国連で採択された持続可能な開発のための2030アジェンダ（「2030アジェンダ」）は，**開発途上国**の開発に関する課題にとどまらず，世界全体の経済，社会および**環境**の三側面を，不可分のものとして調和させる統合的取組として作成された．このような性質上，2030アジェンダは，先進国と開発途上国が共に取り組むべき国際社会全体の普遍的な目標として採択され，その中に持続可能な開発目標（SDGs）として**17**のゴール（目標）と169のターゲットが掲げられた．

よって，最も適切な組合せは③である．

解答　③

Brushup　3.2.6(1)地球環境(a)

II 15　頻出度★☆☆　Check □□□

人工知能（AI）の利活用は世界で急速に広がっている．日本政府もその社会的実用化に向けて，有識者を交えた議論を推進している．議論では「人工知能と人間社会について検討すべき論点」として6つの論点（倫理的，法的，経済的，教育的，社会的，研究開発的）をまとめているが，次の(ア)～(エ)の記述のうちで不適切と判断されるものの数はどれか．

(ア)　人工知能技術は，人にしかできないと思われてきた高度な思考や推論，行動を補助・代替できるようになりつつある．その一方で，人工知能技術を応用したサービス等によって人の心や行動が操作・誘導されたり，評価・順位づけされたり，感情，愛情，信条に働きかけられるとすれば，そこには不安や懸念が生じる可能性がある.

(イ) 人工知能技術の利活用によって，生産性が向上する．人と人工知能技術が協働することは人間能力の拡張とも言え，新しい価値観の基盤となる可能性がある．ただし，人によって人工知能技術や機械に関する価値観や捉え方は違うことを認識し，様々な選択肢や価値の多様性について検討することが大切である.

(ウ) 人工知能技術はビッグデータの活用でより有益となる．その利便性と個人情報保護（プライバシー）を両立し，萎縮効果を生まないための制度（法律，契約，ガイドライン）の検討が必要である.

(エ) 人工知能技術の便益を最大限に享受するには，人工知能技術に関するリテラシーに加えて，個人情報保護に関するデータの知識，デジタル機器に関するリテラシーなどがあることが望ましい．ただし，全ての人がこれらを有することは現実には難しく，いわゆる人工知能技術デバイドが出現する可能性がある.

① 0　② 1　③ 2　④ 3　⑤ 4

解説 「人工知能と人間社会に関する懇談会」報告書（平成29年3月24日）の「第4章 人工知能技術と人間社会について検討すべき論点」で取りあげられている六つの論点（倫理的論点，法的論点，経済的論点，教育的論点，社会的論点および研究開発的論点）に関する記述からの出題である.

(ア), (イ) 適切．倫理的論点に関する記述である.

(ウ) 適切．法的論点に関する記述である.

(エ) 適切．社会的論点に関する記述である.

よって，不適切と判断できるものの数は0であり，答は①である.

解答 ①

Brushup 3.2.5(5)人工知能技術と人間社会について検討すべき六つの論点

2019年度

II 1　頻出度★★★　Check □□□

技術士法第4章に関する次の記述の，[　　]に入る語句の組合せとして，最も適切なものはどれか．

（信用失墜行為の禁止）

第44条　技術士又は技術士補は，技術士若しくは技術士補の信用を傷つけ，又は技術士及び技術士補全体の不名誉となるような行為をしてはならない．

（技術士等の秘密保持[ア]）

第45条　技術士又は技術士補は，正当の理由がなく，その業務に関して知り得た秘密を漏らし，又は盗用してはならない．技術士又は技術士補でなくなった後においても，同様とする．

（技術士等の[イ]確保の[ウ]）

第45条の2　技術士又は技術士補は，その業務を行うに当たっては，公共の安全，環境の保全その他の[イ]を害することのないよう努めなければならない．

（技術士の名称表示の場合の[ア]）

第46条　技術士は，その業務に関して技術士の名称を表示するときは，その登録を受けた[エ]を明示してするものとし，登録を受けていない[エ]を表示してはならない．

（技術士補の業務の[オ]等）

第47条　技術士補は，第2条第1項に規定する業務について技術士を補助する場合を除くほか，技術士補の名称を表示して当該業務を行ってはならない．

2　前条の規定は，技術士補がその補助する技術士の業務に関してする技術士補の名称の表示について[カ]する．

（技術士の[キ]向上の[ウ]）

第47条の2　技術士は，常に，その業務に関して有する知識及び技能の水準を向上させ，その他その[キ]の向上を図るよう努めなければならない．

	ア	イ	ウ	エ	オ	カ	キ
①	義務	公益	責務	技術部門	制限	準用	能力
②	責務	安全	義務	専門部門	制約	適用	能力
③	義務	公益	責務	技術部門	制約	適用	資質
④	責務	安全	義務	専門部門	制約	準用	資質

⑤　義務　公益　責務　技術部門　制限　準用　資質

解説 技術士法の第44条は信用失墜行為の禁止，第45条は技術士等の秘密保持**義務**，第45条の2は技術士等の**公益**確保の**責務**，第46条は技術士の名称表示の場合の**義務**，第47条は技術士補の業務の**制限**等，第47条の2は技術士の**資質**向上の**責務**が規定されている．

具体的には第46条に，「技術士は，その業務に関して技術士の名称を表示するときは，その登録を受けた**技術部門**を明示してするものとし，登録を受けていない**技術部門**を表示してはならない．」と定められている．

また，第47条第2項に，「前条（第46条（技術士の名称表示の場合の義務）の規定は，技術士補がその補助する技術士の業務に関してする技術士補の名称の表示について**準用**する」と定められている．

解答　⑤

Brushup　3.2.2 技術士法第4章

II 2　頻出度★☆☆　Check □□□

平成26年3月，文部科学省科学技術・学術審議会の技術士分科会は，「技術士に求められる資質能力」について提示した．次の文章を読み，下記の問いに答えよ．

技術の高度化，統合化等に伴い，技術者に求められる資質能力はますます高度化，多様化している．

これらの者が業務を履行するために，技術ごとの専門的な業務の性格・内容，業務上の立場は様々であるものの，（遅くとも）35歳程度の技術者が，技術士資格の取得を通じて，実務経験に基づく専門的学識及び高等の専門的応用能力を有し，かつ，豊かな創造性を持って複合的な問題を明確にして解決できる技術者（技術士）として活躍することが期待される．

このたび，技術士に求められる資質能力（コンピテンシー）について，国際エンジニアリング連合（IEA）の「専門職としての知識・能力」（プロフェッショナル・コンピテンシー，PC）を踏まえながら，以下の通り，キーワードを挙げて示す．これらは，別の表現で言えば，技術士であれば最低限備えるべき資質能力である．

技術士はこれらの資質能力をもとに，今後，業務履行上必要な知見を深め，技術を修得し資質向上を図るように，十分な継続研さん（CPD）を行うことが求められる．

次の(ア)～(キ)のうち，「技術士に求められる資質能力」で挙げられているキーワードに含まれるものの数はどれか．

(ア) 専門的学識　(イ) 問題解決　(ウ) マネジメント
(エ) 評価　(オ) コミュニケーション　(カ) リーダーシップ
(キ) 技術者倫理

① 3　② 4　③ 5　④ 6　⑤ 7

解説 技術士は，技術士法第2条において，「第32条第1項の登録を受け，技術士の名称を用いて，科学技術（人文科学のみに係るものを除く）に関する高等の専門的応用能力を必要とする事項についての計画，研究，設計，分析，試験，評価又はこれらに関する指導の業務を行う者」と定義されている．

(ア)～(キ)の7個のキーワードがすべて掲げられているので，⑤の7が正解である．

解答　⑤

Brushup　3.2.3(5)技術士に求められる資質能力(コンピテンシー)についてのキーワード(a)～(g)

II 3　頻出度★★★　Check □□□

製造物責任（PL）法の目的は，その第1条に記載されており，「製造物の欠陥により人の生命，身体又は財産に係る被害が生じた場合における製造業者等の損害賠償の責任について定めることにより，被害者の保護を図り，もって国民生活の安定向上と国民経済の健全な発展に寄与する」とされている．次の(ア)～(ク)のうち，「PL法上の損害賠償責任」に該当しないものの数はどれか．

(ア) 自動車輸入業者が輸入販売した高級スポーツカーにおいて，その製造工程で造り込まれたブレーキの欠陥により，運転者及び歩行者が怪我をした場合．

(イ) 建設会社が造成した宅地において，その不適切な基礎工事により，建設された建物が損壊した場合．

(ウ) 住宅メーカーが建築販売した住宅において，それに備え付けられていた電動シャッターの製造時の欠陥により，住民が怪我をした場合．

(エ) 食品会社経営の大規模養鶏場から出荷された鶏卵において，それがサルモネラ菌におかされ，食中毒が発生した場合．

(オ) マンションの管理組合が発注したエレベータの保守点検において，その保守業者の作業ミスにより，住民が死亡した場合．

(カ) ロボット製造会社が製造販売した作業用ロボットにおいて，それに組み込まれたソフトウェアの欠陥により暴走し，工場作業者が怪我をした場合．

(キ) 電力会社の電力系統において，その変動（周波数等）により，需要家である工場の設備が故障した場合.

(ク) 大学ベンチャー企業が国内のある湾内で養殖し，出荷販売した鯛において，その養殖場で汚染した菌により食中毒が発生した場合.

① 8　② 7　③ 6　④ 5　⑤ 4

解説 製造物責任（PL）法の第2条（用語の定義），第3条（製造物責任），第4条（免責事由）より，設問の(ア)〜(ク)がPL法上の損害賠償の責任に該当するかどうかは次のように判断される.

(ア) 該当する．製造工程でつくり込まれたブレーキの欠陥は製造物の欠陥であり，その欠陥により，他人の身体を侵害している.

(イ) 該当しない．建物は不動産である.

(ウ) 該当する．電動シャッターは，住宅メーカーが建築販売した住宅に備え付けた動産である．その電動シャッターの製造時の欠陥による住民の怪我なので該当する.

(エ), (ク) 該当しない．未加工の自然産物である農畜産物，水産物，狩猟物等は製造物に含まれない．鶏卵や鯛を飲食店で加工したものは製造物になる.

(オ) 該当しない．住民の死亡はエレベータそのものではなく，保守点検の作業ミスによるものである．製造物の欠陥によるものではないので該当しない.

(カ) 該当する．ソフトウェアだけであれば製造物に該当しないが，それが組み込まれたことで機能を実現している作業用ロボットは製造物である．そのソフトウェアの欠陥によるロボットの暴走により工場作業者が怪我をしたのだから，製造物責任に該当する.

(キ) 該当しない．電気・電磁波等のような無形エネルギー，コンピュータのソフトウェア，情報等は製造物には該当しない.

したがって，該当しないものの数は五つである.

解答 ④

Brushup 3.2.7(1)製造物責任法（PL法）(a)〜(c)

II 4 頻出度★★☆ Check □□□

個人情報保護法は，高度情報通信社会の進展に伴い個人情報の利用が著しく拡大していることに鑑み，個人情報の適正な取扱に関し，基本理念及び政府による基本方針の作成その他の個人情報の保護に関する施策の基本となる事項を定め，国及び地方公共団体の責務等を明らかにするとともに，個人情報を取扱う事業者の遵守すべき義務等を定めることにより，個人情報の適正かつ効果的な活用が新たな産業の創出並びに活力ある経済社会及び豊かな国民生活の実現に資するものであることその他の個人情報の有用性に配慮しつつ，個人の権利利益を保護することを目的としている．

法では，個人情報の定義の明確化として，①指紋データや顔認識データのような，個人の身体の一部の特徴を電子計算機の用に供するために変換した文字，番号，記号その他の符号，②旅券番号や運転免許証番号のような，個人に割り当てられた文字，番号，記号その他の符号が「個人識別符号」として，「個人情報」に位置付けられる．

次に示す(ア)〜(キ)のうち，個人識別符号に含まれないものの数はどれか．

(ア) DNA を構成する塩基の配列

(イ) 顔の骨格及び皮膚の色並びに目，鼻，口その他の顔の部位の位置及び形状によって定まる容貌

(ウ) 虹彩の表面の起伏により形成される線状の模様

(エ) 発声の際の声帯の振動，声門の開閉並びに声道の形状及びその変化

(オ) 歩行の際の姿勢及び両腕の動作，歩幅その他の歩行の態様

(カ) 手のひら又は手の甲若しくは指の皮下の静脈の分岐及び端点によって定まるその静脈の形状

(キ) 指紋又は掌紋

① 0　② 1　③ 2　④ 3　⑤ 4

解説 「個人識別符号」は，個人情報保護法第2条第2項第1号および施行令第1条で規定されている．本問の(ア)〜(キ)は，すべて施行令第1条に定められたものに該当するので，個人識別符号に含まれないものの数は0である．

解答 ①

Brushup 3.2.5(2)個人情報の保護(a)

II 5 頻出度★★★ Check □□□

産業財産権制度は，新しい技術，新しいデザイン，ネーミングなどについて独占権を与え，模倣防止のために保護し，研究開発へのインセンティブを付与したり，取引上の信用を維持することによって，産業の発展を図ることを目的にしている．これらの権利は，特許庁に出願し，登録することによって，一定期間，独占的に実施（使用）することができる．

従来型の経営資源である人・物・金を活用して利益を確保する手法に加え，産業財産権を最大限に活用して利益を確保する手法について熟知することは，今や経営者及び技術者にとって必須の事項といえる．

産業財産権の取得は，利益を確保するための手段であって目的ではなく，取得後どのように活用して利益を確保するかを，研究開発時や出願時などのあら

ゆる節目で十分に考えておくことが重要である.

次の知的財産権のうち,「産業財産権」に含まれないものはどれか.

① 特許権　② 実用新案権　③ 意匠権

④ 商標権　⑤ 育成者権

解説 知的財産権には，創作意欲を促進するための知的創造物についての権利と，信用の維持のための営業上の標識についての権利がある．前者には特許権（特許権法），実用新案権（実用新案法），意匠権（意匠法），著作権（著作権法），回路配置利用権（半導体集積回路の回路配線に関する法律），育成者権（種苗法），営業秘密（不正競争防止法）がある．また，後者には，商標権（商標法），商号（商法），商品等表示（不正競争防止法），地理的表示（特定農林水産物の名称の保護に関する法律，酒税の保全及び酒類業組合等に関する法律）がある．

これら知的財産権のうち，特許権，実用新案権，意匠権および商標権の四つを産業財産権と呼び，特許庁が所管している．育成者権は産業財産権には含まれない．

解答 ⑤

Brushup 3.2.5(1)知的財産権制度（知的財産基本法）(a)，(b)

II 6 頻出度★☆☆ Check □□□

次の(ア)～(オ)の語句の説明について，最も適切な組合せはどれか.

(ア) システム安全

A）システム安全は，システムにおけるハードウェアのみに関する問題である.

B）システム安全は，環境要因，物的要因及び人的要因の総合的対策によって達成される.

(イ) 機能安全

A）機能安全とは，安全のために，主として付加的に導入された電子機器を含んだ装置が，正しく働くことによって実現される安全である.

B）機能安全とは，機械の目的のための制御システムの部分で実現する安全機能である.

(ウ) 機械の安全確保

A）機械の安全確保は，機械の製造等を行う者によって十分に行われることが原則である.

B）機械の製造等を行う者による保護方策で除去又は低減できなかった残留リスクへの対応は，全て使用者に委ねられている.

(エ) 安全工学

A）安全工学とは，製品が使用者に対する危害と，生産において作業者が受ける危害の両方に対して，人間の安全を確保したり，評価する技術である.

B）安全工学とは，原子力や航空分野に代表される大規模な事故や災害を問題視し，ヒューマンエラーを主とした分野である.

(オ) レジリエンス工学

A）レジリエンス工学は，事故の未然防止・再発防止のみに着目している.

B）レジリエンス工学は，事故の未然防止・再発防止だけでなく，回復力を高めること等にも着目している.

	ア	イ	ウ	エ	オ
①	B	A	A	A	B
②	B	B	B	B	A
③	A	A	A	B	A
④	A	B	A	A	B
⑤	B	A	A	B	A

解説

(ア) Bが適切：システム安全は，環境要因，物的要因および人的要因の総合的対策によって達成されるのでBは適切であるが，Aはハードウェアのみに関する問題ではないので不適切である.

(イ) Aが適切：機能安全は，「安全のために，主として付加的に導入された，コンピュータ等の電子機器を含んだ装置が，正しく働くことにより実現される安全であり，Aは適切である．機械の目的のための制御システム以外に付加される制御システム部分で，安全を実現する部分で実現する安全機能なのでBは不適切である.

(ウ) Aが適切：機械の安全確保は，要求安全機能の特定，要求安全度水準の決定，設計要求事項の決定とそれに基づく製造により実現される．したがって，Aの機械の製造等を行う者によって十分に行われることが原則というのは適切である．機能安全の基準に従って，要求安全度水準の設定等が適切になされているか，実際に製造された制御装置等が要求安全度水準を満たしているかについて使用者が判断することは困難なので，Bは不適切である.

(エ) Aが適切：安全工学は，工業，医学，社会生活等でシステムや教育，工具や機械装置類等による事故や災害を起こりにくくするために安全性を追求する工学の一分野であり，Aの記述は適切である．特に原子力発電，航空機，輸送機械など大きな危害を与える危険性のある大規模な事故で重要性が大きくなるが，ヒューマンエラーを主とした分野ではないのでBは不適切である．

(オ) Bが適切：工学・建築・防災等でのレジリエンスは，完全な失敗によって苦しめられることなく，損傷を吸収または回避する能力をいい，「強靭化」と訳されることもある．レジリエンス工学は，事故の未然防止・再発防止だけではなく，回復力を高めること等にも着目するので，Aは不適切，Bが適切である．

解答　①

Brushup　3.2.6(2)生活環境(a)

II 7　頻出度★☆☆　Check □□□

我が国で2017年以降，多数顕在化した品質不正問題（検査データの書き換え，不適切な検査等）に対する記述として，正しいものは○，誤っているものは×として，最も適切な組合せはどれか．

(ア) 企業不祥事や品質不正問題の原因は，それぞれの会社の業態や風土が関係するので，他の企業には，参考にならない．

(イ) 発覚した品質不正問題は，単発的に起きたものである．

(ウ) 組織の風土には，トップのリーダーシップが強く関係する．

(エ) 企業は，すでに企業倫理に関するさまざまな取組を行っている．そのため，今回のような品質不正問題は，個々の組織構成員の問題である．

(オ) 近年顕在化した品質不正問題は，1つの部門内に閉じたものだけでなく，部門ごとの責任の不明瞭さや他部門への忖度といった事例も複数見受けられた．

	ア	イ	ウ	エ	オ
①	×	○	○	×	○
②	×	×	×	×	×
③	×	○	○	○	○
④	○	○	○	○	○
⑤	×	×	○	×	○

解説

(ア) ×　原因にはそれぞれの会社の業態や風土が関係することもあるが，ほかの企業にも共通することもあるので参考になる．

(イ) ×　発覚した品質不正問題は単発的ではなく，連続かつ多発的に発生している．

(ウ) ○　品質不正問題は組織の企業風土が関係している事例が多い．企業風土にはトップのリーダーシップが強く関係するので，トップが品質不正問題に関与していくことを公約し実行していくことが重要である．

(エ)　×　品質不正問題は，企業倫理に関するさまざまな取組みを行っているにも関わらず組織的に行われている場合が多い．個々の組織構成員の問題ではなく，組織全体の問題であると考えるべきである．

(オ)　○　品質不正問題に対しては，それぞれの部門の責任を明瞭にして，それぞれの部門がその責任を果たす仕組みとし，他部門への忖度が入り込む余地をなくすようにする．

解答　⑤

Brushup　3.2.2 技術士法第４章

II 8　頻出度★☆☆　Check □□□

平成24年12月2日，中央自動車道笹子トンネル天井板落下事故が発生した．このような事故を二度と起こさないよう，国土交通省では，平成25年を「社会資本メンテナンス元年」と位置付け，取組を進めている．平成26年5月には，国土交通省が管理・所管する道路・鉄道・河川・ダム・港湾等のあらゆるインフラの維持管理・更新等を着実に推進するための中長期的な取組を明らかにする計画として，「国土交通省インフラ長寿命化計画（行動計画）」を策定した．この計画の具体的な取組の方向性に関する次の記述のうち，最も不適切なものはどれか．

①　全点検対象施設において点検・診断を実施し，その結果に基づき，必要な対策を適切な時期に，着実かつ効率的・効果的に実施するとともに，これらの取組を通じて得られた施設の状態や情報を記録し，次の点検・診断に活用するという「メンテナンスサイクル」を構築する．

②　将来にわたって持続可能なメンテナンスを実施するために，点検の頻度や内容等は全国一律とする．

③　点検・診断，修繕・更新等のメンテナンスサイクルの取組を通じて，順次，最新の劣化・損傷の状況や，過去に蓄積されていない構造諸元等の情報収集を図る．

④　メンテナンスサイクルの重要な構成要素である点検・診断については，点検等を支援するロボット等による機械化，非破壊・微破壊での検査技術，ICTを活用した変状計測等新技術による高度化，効率化に重点的に取組む．

⑤　点検・診断等の業務を実施する際に必要となる能力や技術を，国が施設分野・業務分野ごとに明確化するとともに，関連する民間資格について評価し，当該資格を必要な能力や技術を有するものとして認定する仕

組みを構築する．

解説 「インフラ長寿命化基本計画」（平成 24 年 11 月，国土交通省）は，国民の安全・安心を確保し，中長期的な維持管理・更新等に係るトータルコストの縮減や予算の平準化を図るとともに，維持管理・更新に係る産業（メンテナンス産業）の競争力を確保するための方向性を示すものとして，国や地方公共団体，その他民間企業等が管理するあらゆるインフラを対象に策定されたものである．

① 適切，② 不適切，③ 適切．メンテナンスサイクルの構築に関する記述である．メンテナンスサイクルは，点検・診断の結果に基づき，必要な対策を適切な時期に，着実かつ効率的・効果的に実施するとともに，これらの取組を通じて得られた施設の状態や対策履歴等の情報を記録し，次期点検・診断等に活用するサイクルをいう．①は適切であるが，②の点検頻度や内容を全国一律とすると，各施設の特性を考慮した点検にはならないので不適切である．③は，メンテナンスサイクルの後半の CA に相当し，最新の劣化・損傷の状況と過去に蓄積されていない情報を収集して情報基盤を整備し活用する過程なので適切である．

④ 適切．予算の制約のあるなかで，インフラの老朽化対策を進めインフラの安全性・信頼性を確保するためには，維持管理・更新等に係る費用の低減を図りつつ，目視等のこれまでの手法では確認困難であった損傷箇所等も的確に点検・診断・対処することが重要である．

このためには，ICT，センサ，ロボット，非破壊検査，補修・補強，新材料等に関する技術研究開発を進め，それらを積極活用することは適切である．

⑤ 適切．すべてのインフラにおいてメンテナンスサイクルを確実に実行するため，各施設の特性に応じて，人員・人材等を確保することが必要である．インフラの安全を確実に確保するためには，一定の技術的知見に基づき基準類を体系化するとともに，それらを正確に理解し，的確に実行することが不可欠である．さらに，今後，新技術の開発・導入に伴い，メンテナンス技術の高度化が期待され，それらを現場で的確に活用し，最大限の効果を発揮させることが重要である．このため，資格制度の充実や，外部有識者を交えた教育・研修制度を活用するなどにより，各インフラの管理者の技術力の底上げを図ることが重要である．

解答 ②

Brushup 3.2.4 事例・判例

II 9 頻出度★☆☆ Check □□□

企業や組織は，保有する営業情報や技術情報を用いて，他社との差別化を図り，競争力を向上させている．これら情報の中には秘密とすることでその価値を発揮するものも存在し，企業活動が複雑化する中，秘密情報の漏洩経路も多様化しており，情報漏洩を未然に防ぐための対策が企業に求められている．情報漏洩対策に関する次の(ア)～(カ)の記述について，不適切なものの数はどれか．

(ア) 社内規定等において，秘密情報の分類ごとに，アクセス権の設定に関するルールを明確にした上で，当該ルールに基づき，適切にアクセス権の範囲を設定する．

(イ) 秘密情報を取扱う作業については，複数人での作業を避け，可能な限り単独作業で実施する．

(ウ) 社内の規定に基づいて，秘密情報が記録された媒体等（書類，書類を綴じたファイル，USB メモリ，電子メール等）に，自社の秘密情報であることが分かるように表示する．

(エ) 従業員同士で互いの業務態度が目に入ったり，背後から上司等の目につきやすくするような座席配置としたり，秘密情報が記録された資料が保管された書棚等が従業員等からの死角とならないようにレイアウトを工夫する．

(オ) 電子データを暗号化したり，登録されたIDでログインしたPCからしか閲覧できないような設定にしておくことで，外部に秘密情報が記録された電子データを無断でメールで送信しても，閲覧ができないようにする．

(カ) 自社内の秘密情報をペーパーレスにして，アクセス権を有しない者が秘密情報に接する機会を少なくする．

① 0　② 1　③ 2　④ 3　⑤ 4

解説

(ア) 適切．秘密情報の分類とアクセス権の設定ルールをあらかじめ規定しておき実行すれば，個体差なしに管理できる．設定ルールの是正も容易である．

(イ) 不適切．秘密情報を取扱う作業を単独作業で実施すると不正行為の温床になりやすく判断ミスも起こりやすいので不適切である．必ず複数人での作業とすることにより，相互牽制による不正行為の抑止と作業ミス防止を図るべきである．

(ウ) 適切．秘密情報が記録された媒体等に規定に基づいて秘密情報である旨の表示をすることは，作業者に注意喚起することになるので適切である．

(エ) 適切．座席配置のように自然な形で従業員同士，上司等の目による相互牽制が働くようにしておくことは適切である．秘密情報が記録された資料が勝手に持ち出されたりしないように，保管場所が従業員等からの死角とならないようにするのも適切である．

(オ) 適切．電子データの暗号化や閲覧可能なPCの制限は，秘密情報が記録された電子データが外部に流出した場合や，社内システムへの部外者の無断接続・閲覧した場合の情報漏えい防止対策として適切である．

(カ) 適切．自社内の秘密情報をペーパーで保管すると，作業者による無断複写のリスクが高い．ペーパーレスにして，アクセス権を有しない者が秘密情報に接する機会を少なくするのは適切である．

したがって，不適切なものの数は一つである．

解答 ②

Brushup 3.1.2(3)情報ネットワーク(c)，(d)

II 10 頻出度★☆☆ Check □□□

専門職としての技術者は，一般公衆が得ることのできない情報に接することができる．また技術者は，一般公衆が理解できない高度で複雑な内容の情報を理解でき，それに基づいて一般公衆よりもより多くのことを予見できる．このような特権的な立場に立っているがゆえに，技術者は適正に情報を発信したり，情報を管理したりする重い責任があると言える．次の(ア)～(カ)の記述のうち，技術者の情報発信や情報管理のあり方として不適切なものの数はどれか．

(ア) 技術者Aは，飲み会の席で，現在たずさわっているプロジェクトの技術的な内容を，技術業とは無関係の仕事をしている友人に話した．

(イ) 技術者Bは納入する機器の仕様に変更があったことを知っていたが，専門知識のない顧客に説明しても理解できないと考えたため，そのことは話題にせずに機器の説明を行った．

(ウ) 顧客は「詳しい話は聞くのが面倒だから説明はしなくていいよ」と言ったが，技術者Cは納入する製品のリスクや，それによってもたらされるかもしれない不利益などの情報を丁寧に説明した．

(エ) 重要な専有情報の漏洩は，所属企業に直接的ないし間接的な不利益をもたらし，社員や株主などの関係者にもその影響が及ぶことが考えられるため，技術者Dは不要になった専有情報が保存されている記憶媒体を速やかに自宅のゴミ箱に捨てた．

(オ) 研究の際に使用するデータに含まれる個人情報が漏洩した場合には，データ提供者のプライバシーが侵害されると考えた技術者Eは，そのデータファイルに厳重にパスワードをかけ，記憶媒体に保存して，利用するとき以外は施錠可能な場所に保管した.

(カ) 顧客から現在使用中の製品について問い合わせを受けた技術者Fは，それに答えるための十分なデータを手元に持ち合わせていなかったが，顧客を待たせないよう，記憶に基づいて問い合わせに答えた.

① 2　② 3　③ 4　④ 5　⑤ 6

解説

(ア) 不適切．現在たずさわっているプロジェクトの技術的な内容は漏らすべきではないので不適切である．飲み会の席では個室であっても従業員など他人に聞かれるリスクがあり，技術業とは無関係の仕事をしている友人であっても，友人を介してその情報が他の専門技術者に漏れるリスクがある.

(イ) 不適切．顧客に専門知識がなくても，納入する機器の仕様に変更がある場合は，できるだけわかりやすく変更の内容と理由を説明し，顧客に納得して使用してもらうことが専門技術者としての責務である.

(ウ) 適切．顧客に説明不要と言われても，納入製品のリスクやそれによってもたらされるかもしれない不利益などの情報を顧客に理解していただくよう最善を尽くすべきである.

(エ) 不適切．不要になった専有情報が保存されている記憶媒体は，物理的に壊す，媒体用のシュレッダーを使用する，データ消去ツールを使用など第三者に読み出されないようにして廃棄するべきであり，自宅のゴミ箱に捨てるのは不適切である.

(オ) 適切．個人情報の管理として適切である.

(カ) 不適切．顧客を待たせないことも大事であるが，それ以上に，顧客からの問い合わせに対して記憶に基づいた曖昧な回答をするのではなく，十分なデータに基づいた自信をもてる回答をすることのほうがより大事なので不適切である.

したがって，不適切なものの数は四つである.

解答 ③

Brushup 3.1.2(3)情報ネットワーク(c)，(d)，3.2.2 技術士法第４章

II 11 頻出度★★☆ Check □□□

事業者は事業場の安全衛生水準の向上を図っていくため，個々の事業場において危険性又は有害性等の調査を実施し，その結果に基づいて労働者の危険又は健康障害を防止するための措置を講ずる必要がある．危険性又は有害性等の調査及びその結果に基づく措置に関する指針について，次の(ア)～(エ)の記述のうち，正しいものは○，誤っているものは×として，最も適切な組合せはどれか.

(ア) 事業者は，以下の時期に調査及びその結果に基づく措置を行うよう規定されている．

(1) 建設物を設置し，移転し，変更し，又は解体するとき
(2) 設備，原材料を新規に採用し，又は変更するとき
(3) 作業方法又は作業手順を新規に採用し，又は変更するとき
(4) その他，事業場におけるリスクに変化が生じ，又は生ずるおそれのあるとき

(イ) 過去に労働災害が発生した作業，危険な事象が発生した作業等，労働者の就業に係る危険性又は有害性による負傷又は疾病の発生が合理的に予見可能であるものは全て調査対象であり，平坦な通路における歩行等，明らかに軽微な負傷又は疾病しかもたらさないと予想されたものについても調査等の対象から除外してはならない．

(ウ) 事業者は，各事業場における機械設備，作業等に応じてあらかじめ定めた危険性又は有害性の分類に則して，各作業における危険性又は有害性を特定するに当たり，労働者の疲労等の危険性又は有害性への付加的影響を考慮する．

(エ) リスク評価の考え方として，「ALARPの原則」がある．ALARPは，合理的に実行可能なリスク低減措置を講じてリスクを低減することで，リスク低減措置を講じることによって得られる効果に比較して，リスク低減費用が著しく大きく，著しく合理性を欠く場合は，それ以上の低減対策を講じなくてもよいという考え方である．

	ア	イ	ウ	エ
①	○	×	×	○
②	○	×	○	○
③	○	○	×	×
④	○	○	○	×
⑤	×	×	○	○

解説

(ア) ○　問題文の「事業者は……危険性又は有害性等の調査を実施し，……講ずる」の部分は，労働安全衛生法第28条の2第1項の（事業者の行うべき調査等）の規定である．労働安全衛生規則第24条11にはそれらの調査を行う時期が規定されており，設問の(1)～(4)のとおりである．

(イ) ×　労働安全衛生法第28条の2第2項に基づき，「危険性又は有害性等の調査等に関する指針」（以下，指針）が公表されている．対象の選定については

⑴　過去に労働災害が発生した作業，危険な事象が発生した作業等，労働者の就業に係る危険性又は有害性による負傷又は疾病の発生が合理的に予見可能であるものは，調査等の対象とすること．

⑵　⑴のうち，平坦な通路における歩行等，明らかに軽微な負傷又は疾病しかもたらさないと予想されるものについては，調査等の対象から除外して差し支えないこと．

となっているので，誤りである．

(ウ)　○　指針の 8 危険性又は有害性の特定において，「事業者は，危険性又は有害性の特定に当たり，労働者の疲労等の危険性又は有害性への付加的影響を考慮するものとする」となっている．

(エ)　○　ALARP（as low as reasonably practicable）の原則は，リスクは合理的に実行可能な水準まで低減しなければならないという概念である．リスクを表すのに逆三角形のキャロットダイヤグラムが用いられる．より高いリスクを上，より低いリスクを下に置き，上から許容できない領域，ALARP 領域および広く許容される領域に分ける．ALARP の原則はすべての領域に適用され，ALARP 領域についてはリスク低減にかかる費用が得られる改善効果よりも大きい場合であっても合理的に実行可能であれば低減対策を講じなければならないが，著しく合理性を欠く場合はそれ以上の低減対策は講じなくてもよい．

よって，②の組合せが適切である．

解答　②

Brushup　4.2.6(3)労働環境(a)，(b)

II 12　頻出度★★☆　Check □□□

男女雇用機会均等法及び育児・介護休業法やハラスメントに関する次の(ア)～(オ)の記述について，正しいものは○，誤っているものは×として，最も適切な組合せはどれか．

(ア)　職場におけるセクシュアルハラスメントは，異性に対するものだけではなく，同性に対するものも該当する．

(イ)　職場のセクシュアルハラスメント対策は，事業主の努力目標である．

(ウ)　現在の法律では，産休の対象は，パート，雇用期間の定めのない正規職員に限られている．

(エ)　男女雇用機会均等法及び育児・介護休業法により，事業主は，事業主や妊娠等した労働者やその他の労働者の個々の実情に応じた措置を講じることはできない．

(オ) 産前休業も産後休業も，必ず取得しなければならない休業である．

	ア	イ	ウ	エ	オ
①	○	×	×	×	×
②	×	○	×	×	○
③	○	×	○	○	○
④	×	×	○	×	×
⑤	○	○	×	○	○

解説

(ア) ○ 「事業主が職場における性的な言動に起因する問題に関して雇用管理上講ずべき措置等についての指針」(厚生労働省告示第615号)

「(1) 職場におけるセクシュアルハラスメント」には，対価型セクシュアルハラスメントと環境型セクシュアルハラスメントがあり，同性に対するものも含まれることが明記されている．

(イ) × 男女雇用機会均等法第11条において，「事業主は，職場において行われる性的な言動に対するその雇用する労働者の対応により当該労働者がその労働条件につき不利益を受け，又は当該性的な言動により当該労働者の就業環境が害されることのないよう，当該労働者からの相談に応じ，適切に対応するために必要な体制の整備その他の雇用管理上必要な措置を講じなければならない」と規定されている．「努力目標」ではなく義務である．

(ウ) × 産休は労働基準法第65条(産前産後)において，使用者が行うべきと定められたものである．正規社員か非正規社員かの区別はない．

第65条 使用者は，6週間以内に出産する予定の女性が休業を請求した場合においては，その者を就業させてはならない．

2 使用者は，産後8週間を経過しない女性を就業させてはならない．

3 使用者は，妊娠中の女性が請求した場合においては，他の軽易な業務に転換させなければならない．

(エ) × 男女雇用機会均等法第4条に，男女雇用機会均等対策基本方針は男性労働者および女性労働者のそれぞれの労働条件，意識および就業の実態等を考慮して定められなければならないと定めているので，個々に応じた措置を講じるべきである．

(オ) × (ウ)で示した労働基準法第65条の規定より，産前休暇は出産する予定の女性が休業を請求した場合に取得，産後休暇は無条件に取得することとなっている．産前休暇は「必ず」ではない．

よって，①の組合せが適切である．

解答 ①

Brushup 4.2.6(3)労働環境(c), (d), (g)

II 13 頻出度★★★ Check ■■■

企業に策定が求められているBusiness Continuity Plan (BCP) に関する次の(ア)～(エ)の記述のうち，誤っているものの数はどれか．

(ア) BCPとは，企業が緊急事態に遭遇した場合において，事業資産の損害を最小限にとどめつつ，中核となる事業の継続あるいは早期復旧を可能とするために，平常時に行うべき活動や緊急時における事業継続のための方法，手段などを取り決めておく計画である．

(イ) BCPの対象は，自然災害のみである．

(ウ) わが国では，東日本大震災や相次ぐ自然災害を受け，現在では，大企業，中堅企業ともに，そのほぼ100％がBCPを策定している．

(エ) BCPの策定・運用により，緊急時の対応力は鍛えられるが，平常時にはメリットがない．

① 0　② 1　③ 2　④ 3　⑤ 4

解説

(ア) 正しい．BCPの正しい説明である．

(イ) 誤り．緊急事態には，自然災害以外にも大火災やテロ攻撃なども含まれる．

(ウ) 誤り．「令和元年度企業の事業継続及び防災の取組に関する実態調査」(令和2年3月内閣府防災担当) によると，BCPの策定状況は，大企業では68.4％が策定ずみ，15.0％が策定中，中堅企業では34.4％が策定ずみ，18.5％が策定中であり，大企業を中心に策定が進んできているが，ほぼ100％ではない．

(エ) 誤り．平常時も，防災に関係する融資や保険の優遇を受けられたり，経営の安定化に努める姿勢が中長期的に企業の信用を高めて業績向上に結びつくメリットがある．

よって，誤っているものの数は3なので，④が適切である．

解答 ④

Brushup 3.2.6(2)生活環境(c)

II 14 頻出度★★★ Check ■■■

組織の社会的責任 (SR：Social Responsibility) の国際規格として，2010年11月，ISO 26000「Guidance on social responsibility」が発行された．また，それに続き，2012年，ISO規格の国内版 (JIS) として，JIS Z 26000：2012 (社会的責任に関する手引き) が制定された．そこには，「社会的責任の原則」

として7項目が示されている．その7つの原則に関する次の記述のうち，最も不適切なものはどれか．

① 組織は，自らが社会，経済及び環境に与える影響について説明責任を負うべきである．

② 組織は，社会及び環境に影響を与える自らの決定及び活動に関して，透明であるべきである．

③ 組織は，倫理的に行動すべきである．

④ 組織は，法の支配の尊重という原則に従うと同時に，自国政府の意向も尊重すべきである．

⑤ 組織は，人権を尊重し，その重要性及び普遍性の両方を認識すべきである．

解説 ISO 26000（社会的責任のガイダンス規格）（JIS Z 26000「社会的責任に関する手引」）に規定された「社会的責任の七つの原則」のうち，五つの原則の説明である．

① 適切．「説明責任」の原則の説明である．

② 適切．「透明性」の原則の説明である．

③ 適切．「論理的な行動」の原則の説明である．

④ 不適切．「法の支配の尊重」の原則は，「組織は，コンプライアンスはもとより，法律を尊重すべきであるとの意識を組織全体に行き渡らす」である．法の支配とは，法の優位，特に，いかなる個人も組織も法を超越することはなく，政府も法に従わなければならないという考え方を指すので，専制的な権力の行使とは対極にある．自国政府の意向の尊重は不適切である．

⑤ 適切．「人権の尊重」の原則の説明である．

よって，最も不適切なものは④である．

解答 ④

Brushup 3.2.7(2)組織の社会的責任の七つの原則）(a)～(g)

II 15 頻出度★★★ Check □□□

SDGs（Sustainable Development Goals：持続可能な開発目標）とは，国連持続可能な開発サミットで採択された「誰一人取り残さない」持続可能で多様性と包摂性のある社会の実現のための目標である．次の(ア)～(キ)の記述のうち，SDGsの説明として正しいものの数はどれか．

(ア) SDGsは，開発途上国のための目標である．

(イ) SDGsの特徴は，普遍性，包摂性，参画型，統合性，透明性である．

(ウ) SDGsは，2030年を年限としている．

(エ) SDGsは，17の国際目標が決められている．

(オ) 日本におけるSDGsの取組は，大企業や業界団体に限られている．

(カ) SDGsでは，気候変動対策等，環境問題に特化して取組が行われている．

(キ) SDGsでは，モニタリング指標を定め，定期的にフォローアップし，評価・公表することを求めている．

① 0　　② 1　　③ 2　　④ 3　　⑤ 4

解説

(ア) 誤り． MDGsは発展途上国のための目標であったが，SDGsはすべての国のための目標である．

(イ) 正しい．SDGs実施指針（SDGs推進本部幹事会決定）では，優先課題に取り組むに当たって，日本では，普遍性，包摂性，参画型，統合性，透明性を実施のための主要原則としている．

(ウ) 正しい．SDGsは2030年までに日本の国内外において達成することを目標としている．

(エ) 正しい．(カ) 誤り．

SDGsは，〈1〉貧困をなくそう，〈2〉飢餓をゼロに，〈3〉人々に保健と福祉を，〈4〉質の高い教育をみんなに，〈5〉ジェンダー平等を実現しよう，〈6〉安全な水とトイレを世界中に，〈7〉エネルギーをみんなに，そしてクリーンに，〈8〉働きがいも経済成長も，〈9〉産業と技術革新の基礎をつくろう，〈10〉人や国の不平等をなくそう，〈11〉住み続けられるまちづくりを，〈12〉つくる責任つかう責任，〈13〉気候変動に具体的な対策を，〈14〉海の豊かさを守ろう，〈15〉陸の豊かさも守ろう，〈16〉平和と公正をすべての人に，〈17〉パートナーシップで目標を達成しようの17項目の国際目標が決められている．気候変動対策等，環境問題だけに特化して取り組まれているわけではない．

(オ) 誤り．SDGsは，大企業や業界団体だけではなく，政府，国際機関，企業，NGO，市民社会が達成主体となるものである．

(キ) 正しい．SDGsはルールベースのガバナンスではなく，目標ベースのガバナンスを求めている．国や各ステークホルダーが主体的で自由に目標に取り組み，モニタリング指標を定め，定期的にフォローアップし，それを評価・公表することを求めている．

よって，SDGsの説明として正しいのは四つなので，⑤が適切である．

解答 ⑤

Brushup 3.2.6(1)地球環境(a)

2018年度

II 1 頻出度★★★ Check ■■■

技術士法第4章に関する次の記述の，[ ]に入る語句の組合せとして，最も適切なものはどれか．

技術士法第4章　技術士等の義務

（信用失墜行為の[ア]）

第44条　技術士又は技術士補は，技術士若しくは技術士補の信用を傷つけ，又は技術士及び技術士補全体の不名誉となるような行為をしてはならない．

（技術士等の秘密保持[イ]）

第45条　技術士又は技術士補は，正当の理由がなく，その業務に関して知り得た秘密を漏らし，又は盗用してはならない．技術士又は技術士補でなくなった後においても，同様とする．

（技術士等の[ウ]確保の[エ]）

第45条の2　技術士又は技術士補は，その業務を行うに当たっては，公共の安全，環境の保全その他の[ウ]を害することのないよう努めなければならない．

（技術士の名称表示の場合の[イ]）

第46条　技術士は，その業務に関して技術士の名称を表示するときは，その登録を受けた技術部門を明示してするものとし，登録を受けていない技術部門を表示してはならない．

（技術士補の業務の[オ]等）

第47条　技術士補は，第2条第1項に規定する業務について技術士を補助する場合を除くほか，技術士補の名称を表示して当該業務を行ってはならない．

2　前条の規定は，技術士補がその補助する技術士の業務に関してする技術士補の名称の表示について準用する．

（技術士の資質向上の責務）

第47条の2　技術士は，常に，その業務に関して有する知識及び技能の水準を向上させ，その他その資質の向上を図るよう努めなければならない．

	ア	イ	ウ	エ	オ
①	制限	責務	利益	義務	制約
②	禁止	義務	公益	責務	制限
③	禁止	義務	利益	責務	制約

④　禁止　責務　利益　義務　制限
⑤　制限　責務　公益　義務　制約

解説　技術士の3義務（信用失墜行為の**禁止**，秘密保持**義務**，名称表示の場合の義務），2責務（**公益**確保の**責務**，資質向上の責務），および第47条の技術士補の業務の**制限**等を問う問題である．

よって，語句の組合せとして，最も適切なものは②である．

解答　②

Brushup　3.2.2 技術士法第4章

II 2　頻出度★★★　Check ■■■

技術士及び技術士補は，技術士法第4章（技術士等の義務）の規定の遵守を求められている．次の(ア)～(オ)の記述について，第4章の規定に照らして適切でないものの数はどれか．

(ア)　業務遂行の過程で与えられる営業機密情報は，発注者の財産であり，技術士等はその守秘義務を負っているが，当該情報を基に独自に調査して得られた情報の財産権は，この限りではない．

(イ)　企業に属している技術士等は，顧客の利益と公衆の利益が相反した場合には，所属している企業の利益を最優先に考えるべきである．

(ウ)　技術士等の秘密保持義務は，所属する組織の業務についてであり，退職後においてまでその制約を受けるものではない．

(エ)　企業に属している技術士補は，顧客がその専門分野能力を認めた場合は，技術士補の名称を表示して主体的に業務を行ってよい．

(オ)　技術士は，その登録を受けた技術部門に関しては，充分な知識及び技能を有しているので，その登録部門以外に関する知識及び技能の水準を重点的に向上させるよう努めなければならない．

①　1　②　2　③　3　④　4　⑤　5

解説

(ア)　不適切．業務遂行の過程で発注者から与えられる営業機密情報を基に調査して得られた情報は，業務に関して知り得た秘密に含まれるので，財産権は発注者にある．記述は不適切である．

(イ)　不適切．技術士等は公益確保の責務がある．顧客の利益と公益の利益が相反した場合は，公益の利益を最優先に考え，次いで顧客の利益，技術士等の所属企業の利益の順に考える必要があるので，記述は不適切である．

(ウ)　不適切．秘密保持義務は，所属していた組織の業務についてのものなので，退職後もその業務に関して知り得た秘密については制約を受ける．記述は不適切である.

(エ) 不適切. 第47条「技術士補の業務の制限等」により, 顧客がその専門分野能力を認めた場合であっても, 技術士補の名称を表示して, その業務を主体的に行なってはならないので, 記述は不適切である.

(オ) 不適切. 第47条の2「技術士の資質向上の責務」は, 登録を受けた技術部門についての自らの技術に慢心することなく, 常に有する知識および技能を向上させるように努めなければならないというものなので, 記述は不適切である. 登録部門以外の資質向上に努めることは自己研鑽として問題ない.

よって, 適切でないものの数は五つであり, 正解は⑤である.

解答 ⑤

Brushup 3.2.2 技術士法第4章

II 3 頻出度★☆☆ Check □□□

「技術士の資質向上の責務」は, 技術士法第47条2に「技術士は, 常に, その業務に関して有する知識及び技能の水準を向上させ, その他その資質の向上を図るよう努めなければならない.」と規定されているが, 海外の技術者資格に比べて明確ではなかった. このため, 資格を得た後の技術士の資質向上を図るためのCPD (Continuing Professional Development) は, 法律で責務と位置づけられた.

技術士制度の普及, 啓発を図ることを目的とし, 技術士法により明示された我が国で唯一の技術士による社団法人である公益社団法人日本技術士会が掲げる「技術士CPDガイドライン第3版 (平成29年4月発行)」において, [ ] に入る語句の組合せとして, 最も適切なものはどれか.

技術士CPDの基本

技術業務は, 新たな知見や技術を取り入れ, 常に高い水準とすべきである. また, 継続的に技術能力を開発し, これが証明されることは, 技術者の能力証明としても意義があることである.

[ア] は, 技術士個人の [イ] としての業務に関して有する知識及び技術の水準を向上させ, 資質の向上に資するものである.

従って, 何が [ア] となるかは, 個人の現在の能力レベルや置かれている [ウ] によって異なる.

[ア] の実施の [エ] については, 自己の責任において, 資質の向上に寄与したと判断できるものを [ア] の対象とし, その実施結果を [エ] し, その証しとなるものを保存しておく必要がある.

(中略)

技術士が日頃従事している業務，教職や資格指導としての講義など，それ自体は[ア]とはいえない．しかし，業務に関連して実施した「[イ]としての能力の向上」に資する調査研究活動等は，[ア]活動であるといえる．

	ア	イ	ウ	エ
①	継続学習	技術者	環境	記録
②	継続学習	専門家	環境	記載
③	継続研鑽	専門家	立場	記録
④	継続学習	技術者	環境	記載
⑤	継続研鑽	専門家	立場	記載

解説 技術業務は，新たな知見や技術を取り入れ，常に高い水準とすべきである．また，継続的に技術能力を開発し，これが証明されることは，技術者の能力証明としても意義があることである．

継続研鑽は，技術士個人の**専門家**としての業務に関して有する知識及び技術の水準を向上させ，資質の向上に資するものである．

従って，何が**継続研鑽**となるかは，個人の現在の能力レベルや置かれている**立場**によって異なる．

継続研鑽の実施の**記録**については，自己の責任において，資質の向上に寄与したと判断できるものを**継続研鑽**の対象とし，その実施結果を**記録**し，その証しとなるものを保存しておく必要がある．

技術士が日頃従事している業務，教職や資格指導としての講義など，それ自体は**継続研鑽**とはいえない．しかし，業務に関連して実施した「**専門家**としての能力の向上」に資する調査研究活動等は，**継続研鑽**活動であるといえる．

よって，(ア)〜(エ)の語句の組合せとして，最も適切なものは③である．

解答 ③

Brushup 3.2.3(3)技術士 CPD（継続研鑽）ガイドライン

II 4 頻出度★★★ Check □□□

さまざまな工学系学協会が会員や学協会自身の倫理性向上を目指し，倫理綱領や倫理規程等を制定している．それらを踏まえた次の記述のうち，最も不適切なものはどれか．

① 技術者は，倫理綱領や倫理規程等に抵触する可能性がある場合，即時，無条件に情報を公開しなければならない．

② 技術者は，知識や技能の水準を向上させるとともに資質の向上を図るために，組織内のみならず，積極的に組織外の学協会などが主催する講習会などに参加するよう努めることが望ましい．

③ 技術者は，法や規制がない場合でも，公衆に対する危険を察知したならば，それに対応する責務がある.

④ 技術者は，自らが所属する組織において，倫理にかかわる問題を自由に話し合い，行動できる組織文化の醸成に努める.

⑤ 技術者に必要な資質能力には，専門的学識能力だけでなく，倫理的行動をとるために必要な能力も含まれる.

解説

① 不適切. 倫理綱領や倫理規程等に抵触する可能性がある場合，すぐに確認して，必要に応じ是正や情報公開が必要になるが，法に抵触しているものではないので，即時，無条件に情報公開する必要はなく，記述は不適切である.

② 適切. 技術者は，自らの資質の向上を図るため，組織内のみならず，積極的に組織外の技術者との技術交流にも努めることが望ましいので，記述は適切である.

③ 適切. 技術者は，公益を最優先する責務があるので，公衆に対する危険を察知したならば，それに対応する責務がある. 記述は適切である.

④ 適切. 組織内で倫理に関わる問題を自由に話し合いすることができれば，組織の個々人が実際に倫理的判断を要する場合に遭遇したときにどう行動すべきかという組織文化の醸成が図れるので，記述は適切である.

⑤ 適切. 技術者の必要な資質能力には，専門的学識能力と倫理的行動をとるための必要な能力の両方が必要である. 記述は適切である.

よって，最も不適切なものは①である.

解答 ①

Brushup 3.2.3(1)技術士倫理綱領，(2)技術士プロフェッション宣言

II 5 頻出度★★★ Check □□□

次の記述は，日本のある工学系学会が制定した行動規範における，[前文]の一部である. ＿＿に入る語句の組合せとして，最も適切なものはどれか.

会員は，専門家としての自覚と誇りをもって，主体的に［ア］可能な社会の構築に向けた取組みを行い，国際的な平和と協調を維持して次世代，未来世代の確固たる［イ］権を確保することに努力する. また，近現代の社会が幾多の苦難を経て獲得してきた基本的人権や，産業社会の公正なる発展の原動力となった知的財産権を擁護するため，その基本理念を理解するとともに，諸権利を明文化した法令を遵守する.

会員は，自らが所属する組織が追求する利益と，社会が享受する利益との調和を図るように努め，万一双方の利益が相反する場合には，何よりも人類と社

会の［ウ］，［エ］および福祉を最優先する行動を選択するものとする．そして，広く国内外に眼を向け，学術の進歩と文化の継承，文明の発展に寄与し，［オ］な見解を持つ人々との交流を通じて，その責務を果たしていく．

	ア	イ	ウ	エ	オ
①	持続	生存	安全	健康	同様
②	持続	幸福	安定	安心	同様
③	進歩	幸福	安定	安心	同様
④	持続	生存	安全	健康	多様
⑤	進歩	幸福	安全	安心	多様

解説 アの選択肢は，「持続」と「進歩」である．「**持続**可能な社会（SDGs）の構築」は適切であるが，「進歩可能な社会の構築」はそれを目標とすることはないので不適切である．イの選択肢は，「生存」と「幸福」である．「**生存**権」は憲法第 25 条に規定される「国民が健康で文化的な最低限度の生活を営む権利」で国際的にも認められた権利である．「幸福権」については「幸福追求権」がある．憲法第 13 条に規定される「生命，自由及び幸福追求に対する国民の権利」のことである．持続可能な社会の構築に向けた取組みにより目指すものとしては「生存権」が適切である．自らが所属する組織が追求する利益と社会が享受する利益が相反する場合には，公益確保の責務を優先すべきなので，「何よりも人類と社会の**安全**，**健康**および福祉を最優先する行動を選択する」は適切である．最後のオについては，同様な見解をもつ人々との交流だけではなく，「**多様**」な見解をもつ人々と交流することによって，より広い視野で資質の向上を図るように努めていくべきである．

よって，語句の組合せとして，最も適切なものは④である．

解答　④

Brushup 3.2.3(1)倫理規程，行動規範(a)

II 6　頻出度★★★　Check □□□

ものづくりに携わる技術者にとって，知的財産を理解することは非常に大事なことである．知的財産の特徴の 1 つとして，「もの」とは異なり「財産的価値を有する情報」であることが挙げられる．情報は，容易に模倣されるという特質を持っており，しかも利用されることにより消費されるということがないため，多くの者が同時に利用することができる．こうしたことから知的財産権制度は，創作者の権利を保護するため，元来自由利用できる情報を，社会が必要とする限度で制限する制度ということができる．

次に示す㋐～㋘のうち，知的財産権に含まれないものの数はどれか．

(ア) 特許権（「発明」を保護）
(イ) 実用新案権（物品の形状等の考案を保護）
(ウ) 意匠権（物品のデザインを保護）
(エ) 著作権（文芸，学術，美術，音楽，プログラム等の精神的作品を保護）
(オ) 回路配置利用権（半導体集積回路の回路配置の利用を保護）
(カ) 育成者権（植物の新品種を保護）
(キ) 営業秘密（ノウハウや顧客リストの盗用など不正競争行為を規制）
(ク) 商標権（商品・サービスに使用するマークを保護）
(ケ) 商号（商号を保護）

① 0　② 1　③ 2　④ 3　⑤ 4

解説 「知的財産」は，三つに分類されており，それぞれに該当する知的財産権は次のとおりである．

① 発明，考案，植物の新品種，意匠，著作物その他の人間の創造的活動により生み出されるもの（発見または解明がされた自然の法則または現象であって，産業上の利用可能性があるものを含む．）
→(ア)特許権，(イ)実用新案権，(ウ)意匠権，(エ)著作権，(オ)回路配置利用権，(カ)育成者権

② 商標，商号その他事業活動に用いられる商品または役務を表示するもの
→(ク)商標権，(ケ)商号，商品等表示，地理的表示，

③ 営業秘密その他の事業活動に有用な技術上または営業上の情報
→(キ)営業秘密

(ア)〜(ケ)はすべて知的財産権に含まれ，含まれないものは0なので①となる．

解答 ①

Brushup 3.2.5(1)知的財産権制度（知的財産基本法）(a)，(b)

II 7 頻出度★★★ Check □□□

近年，企業の情報漏洩に関する問題が社会的現象となっており，営業秘密等の漏洩は企業にとって社会的な信用低下や顧客への損害賠償等，甚大な損失を被るリスクがある．営業秘密に関する次の(ア)〜(エ)の記述について，正しいものは○，誤っているものは×として，最も適切な組合せはどれか．

(ア) 営業秘密は現実に利用されていることに有用性があるため，利用されることによって，経費の節約，経営効率の改善等に役立つものであっても，現実に利用されていない情報は，営業秘密に該当しない．

(イ) 営業秘密は公然と知られていない必要があるため，刊行物に記載された情報や特許として公開されたものは，営業秘密に該当しない．

(ウ)　情報漏洩は，現職従業員や中途退職者，取引先，共同研究先等を経由した多数のルートがあり，近年，サイバー攻撃による漏洩も急増している．

(エ)　営業秘密には，設計図や製法，製造ノウハウ，顧客名簿や販売マニュアルに加え，企業の脱税や有害物質の垂れ流しといった反社会的な情報も該当する．

	ア	イ	ウ	エ
①	○	○	○	×
②	×	○	×	×
③	○	○	×	○
④	×	×	○	○
⑤	×	○	○	×

解説　不正競争防止法第 2 条第 6 項において，『「営業秘密」は，秘密として管理されている生産方法，販売方法その他の事業活動に有用な技術上又は営業上の情報であって，公然と知られていないもの（秘密管理性，有用性，非公知性の 3 要件を全て満足するもの）』と定義されている．

(ア)　×　今後利用される場合もあるので，現実に利用されているかどうかによらず，3 要件を満たせば営業秘密である．

(イ)　○　刊行物に記載された情報や特許として公開されたものは公知なので，営業秘密に該当しない．

(ウ)　○　情報漏えいは，職員，取引先など主として人を経由した多数のルートがあるが，最近はサイバー攻撃により意図せず盗み取られてしまう漏えいが急増している．

(エ)　×　反社会的な情報は，有用な技術上または営業上の情報とはいえないので，営業秘密には該当しない．

よって，正○，誤×の組合せとして，最も適切なものは⑤である．

解答　⑤

Brushup　3.2.5(3)営業秘密の範囲（不当競争防止法）

II 8　頻出度★★★　Check ■■■

2004 年，公益通報者を保護するために，公益通報者保護法が制定された．公益通報には，事業者内部に通報する内部通報と行政機関及び企業外部に通報する外部通報としての内部告発とがある．企業不祥事を告発することは，企業内のガバナンスを引き締め，消費者や社会全体の利益につながる側面を持っているが，同時に，企業の名誉・信用を失う行為として懲戒処分の対象となる側面も持っている．

公益通報者保護法に関する次の記述のうち，最も不適切なものはどれか．

① 公益通報者保護法が保護する公益通報は，不正の目的ではなく，労務提供先等について「通報対象事実」が生じ，又は生じようとする旨を，「通報先」に通報することである．

② 公益通報者保護法は，保護要件を満たして「公益通報」した通報者が，解雇その他の不利益な取扱を受けないようにする目的で制定された．

③ 公益通報者保護法が保護する対象は，公益通報した労働者で，労働者には公務員は含まれない．

④ 保護要件は，事業者内部（内部通報）に通報する場合に比較して，行政機関や事業者外部に通報する場合は，保護するための要件が厳しくなるなど，通報者が通報する通報先によって異なっている．

⑤ マスコミなどの外部に通報する場合は，通報対象事実が生じ，又は生じようとしていると信じるに足りる相当の理由があること，通報対象事実を通報することによって発生又は被害拡大が防止できることに加えて，事業者に公益通報したにもかかわらず期日内に当該通報対象事実について当該労務提供先等から調査を行う旨の通知がないこと，内部通報や行政機関への通報では危害発生や緊迫した危険を防ぐことができないなどの要件が求められる．

解説

① 適切．公益通報者保護法第2条(定義)についての記述であり，適切である．

② 適切．公益通報者保護法第１条（目的）で定められた「公益通報をしたことを理由とする公益通報者の解雇の無効等並びに公益通報に関し事業者及び行政機関がとるべき措置を定めることにより，公益通報者の保護を図ることを目的とする」に関する記述なので適切である．

③ 不適切．公益通報者保護法第7条「一般職の国家公務員等に対する取扱い」により，公務員にも適用されるので，記述は不適切である．

④ 適切．⑤適切．公益通報者保護法第３条「解雇の無効」において，公益通報者が保護されるための要件が定められている．権限を有する行政機関への通報は，通報先によって，「通報対象事実が生じ，又はまさに生じようとしていると信ずるに足りる相当の理由がある」ことを示す必要がある．マスコミなどの外部に通報する場合は，第1項第3号に追加要件が定められている．記述は適切である．

よって，最も不適切なものは③である．

解答 ③

Brushup 4.2.6(3)労働環境(f)

II 9 頻出度★★★ Check ■■■

製造物責任法は，製品の欠陥によって生命・身体又は財産に被害を被ったことを証明した場合に，被害者が製造会社などに対して損害賠償を求めることができることとした民事ルールである．製造物責任法に関する次の(ア)～(カ)の記述のうち，不適切なものの数はどれか．

(ア) 製造物責任法には，製品自体が有している特性上の欠陥のほかに，通常予見される使用形態での欠陥も含まれる．このため製品メーカーは，メーカーが意図した正常使用条件と予見可能な誤使用における安全性の確保が必要である．

(イ) 製造物責任法では，製造業者が引渡したときの科学又は技術に関する知見によっては，当該製造物に欠陥があることを認識できなかった場合でも製造物責任者として責任がある．

(ウ) 製造物の欠陥は，一般に製造業者や販売業者等の故意若しくは過失によって生じる．この法律が制定されたことによって，被害者はその故意若しくは過失を立証すれば，損害賠償を求めることができるようになり，被害者救済の道が広がった．

(エ) 製造物責任法では，テレビを使っていたところ，突然発火し，家屋に多大な損害が及んだ場合，製品の購入から10年を過ぎても，被害者は欠陥の存在を証明ができれば，製造業者等へ損害の賠償を求めることができる．

(オ) この法律は製造物に関するものであるから，製造業者がその責任を問われる．他の製造業者に製造を委託して自社の製品としている，いわゆるOEM製品とした業者も含まれる．しかし輸入業者は，この法律の対象外である．

(カ) この法律でいう「欠陥」というのは，当該製造物に関するいろいろな事情（判断要素）を総合的に考慮して，製造物が通常有すべき安全性を欠いていることをいう．このため安全性にかかわらないような品質上の不具合は，この法律の賠償責任の根拠とされる欠陥には当たらない．

① 2　② 3　③ 4　④ 5　⑤ 6

解説

(ア) 適切．製造物責任法（PL法）第2条において，「欠陥」は，「当該製造物の特性，その通常予見される使用形態，その製造業者等が当該製造物を引き渡した時期その他の当該製造物に係る事情を考慮して，当該製造物が通常有すべき安全性を欠いていること」と定義されているので，記述は適切である．

(イ) 不適切．PL法第4条の免責事由に該当し，製造業者等は賠償の責めに任じないので，記述は不適切である．

(ウ) 不適切．PL 法第 3 条（製造物責任）は，製造業者等が負う製造物責任の責任根拠を定めたものである．民法第 709 条の故意又は過失を責任要件とする不法行為の特則として，欠陥を責任要件とする損害賠償責任を規定したものである．PL 法の逐条解説によれば，製造業者等が責任を負うこととされる具体的な要件として，

- 当該製造業者等が製造物を自ら引き渡したこと
- 欠陥の存在
- 他人の生命，身体又は財産の侵害，損害の発生（拡大損害が発生していない場合の製造物自体の損害を除く）
- 欠陥と損害との間の因果関係を明らかにすること

が求められる．被害者は製造業者の故意または過失による欠陥の存在だけではなく，欠陥と損害の因果関係を立証しなければならないので，記述は不適切である．

(エ) 不適切．PL 法第 5 条「消滅時効」により，製造業者等が当該製造物を引き渡した時から 10 年を経過したとき，損害賠償の請求権は時効により消滅するので，記述は不適切である．

(オ) 不適切．PL 法第 2 条「定義」で，「製造業者等」には，輸入した業者も含まれるので，記述は不適切である．

(カ) 適切．PL 法第 2 条の「欠陥」の定義より，品質上の不具合は PL 法の対象外なので，記述は適切である．

よって，不適切なものの数は四つなので，正解は③である．

解答 ③

Brushup 3.2.7(1)製造物責任法（PL 法）(a)〜(c)

II 10 頻出度★★★ Check ■■■

2007 年 5 月，消費者保護のために，身の回りの製品に関わる重大事故情報の報告・公表制度を設けるために改正された「消費生活用製品安全法（以下，消安法という．）」が施行された．さらに，2009 年 4 月，経年劣化による重大事故を防ぐために，消安法の一部が改正された．消安法に関する次の(ア)〜(エ)の記述について，正しいものは○，誤っているものは×として，最も適切な組合せはどれか．

(ア) 消安法は，重大製品事故が発生した場合に，事故情報を社会が共有することによって，再発を防ぐ目的で制定された．重大製品事故とは，死亡，火災，一酸化炭素中毒，後遺障害，治療に要する期間が 30 日以上の重傷病

をさす.

(イ) 事故報告制度は，消安法以前は事業者の協力に基づく任意制度として実施されていた．消安法では製造・輸入事業者が，重大製品事故発生を知った日を含めて10日以内に内閣総理大臣（消費者庁長官）に報告しなければならない.

(ウ) 消費者庁は，報告受理後，一般消費者の生命や身体に重大な危害の発生及び拡大を防止するために，1週間以内に事故情報を公表する．この場合，ガス・石油機器は，製品欠陥によって生じた事故でないことが完全に明白な場合を除き，また，ガス・石油機器以外で製品起因が疑われる事故は，直ちに，事業者名，機種・型式名，事故内容等を記者発表及びウェブサイトで公表する.

(エ) 消安法で規定している「通常有すべき安全性」とは，合理的に予見可能な範囲の使用等における安全性で，絶対的な安全性をいうものではない．危険性・リスクをゼロにすることは不可能であるか著しく困難である．全ての商品に「危険性・リスク」ゼロを求めることは，新製品や役務の開発・供給を萎縮させたり，対価が高額となり，消費者の利便が損なわれることになる.

	ア	イ	ウ	エ
①	×	○	○	○
②	○	×	○	○
③	○	○	×	○
④	○	○	○	×
⑤	○	○	○	○

解説

(ア) ○　消安法制定の目的は適切である．重大製品事故に関する記述も，消安法第2条（定義）第6項より，「製品事故のうち，発生し，又は発生するおそれがある危害が重大であるものとして，当該危害の内容又は事故の態様に関し政令で定める要件に該当するもの（死亡，火災，一酸化炭素による中毒，後遺障害，治療に要する期間が30日以上の重傷病のいずれかに該当するもの）」と定義されているので適切である.

(イ) ○　事故報告・公表制度は消安法制定により設けられたもので，それまでは事業者の協力に基づく任意制度であった．消安法制定後は，第35条（内閣総理大臣への報告等）で，重大製品事故発生時は10日以内に内閣総理大臣（消費者庁）への報告が義務付けられたので，記述は適正である.

(ウ) ○　消安法第36条（内閣総理大臣による公表）に関わる記述であり，適切である．

(エ) ○ 消安法における安全性は「消費安全性」である．「消費安全性」とは，商品等または役務の特性，それらの通常予見される使用等の形態その他の商品等又は役務に係る事情を考慮して，それらの消費者による使用等が行われる時においてそれらの「通常」有すべき安全性をいう．本問は，「消費者安全法の解釈に関する考え方」（消費者庁 消費者安全課）からの出題であり，記述は適切である．

よって，(ア)〜(エ)の記述はすべて正しい○となるので，正解は⑤である．

解答 ⑤

Brushup 3.2.6(2)生活環境(b)

II 11 頻出度★★★ Check □□□

労働安全衛生法における安全並びにリスクに関する次の記述のうち，最も不適切なものはどれか．

① リスクアセスメントは，事業者自らが職場にある危険性又は有害性を特定し，災害の重篤度（危害のひどさ）と災害の発生確率に基づいて，リスクの大きさを見積もり，受け入れ可否を評価することである．

② 事業者は，職場における労働災害発生の芽を事前に摘み取るために，設備，原材料等や作業行動等に起因するリスクアセスメントを行い，その結果に基づいて，必要な措置を実施するように努めなければならない．なお，化学物質に関しては，リスクアセスメントの実施が義務化されている．

③ リスク低減措置は，リスク低減効果の高い措置を優先的に実施することが必要で，次の順序で実施することが規定されている．

(1) 危険な作業の廃止・変更等，設計や計画の段階からリスク低減対策を講じること

(2) インターロック，局所排気装置等の設置等の工学的対策

(3) 個人用保護具の使用

(4) マニュアルの整備等の管理的対策

④ リスク評価の考え方として，「ALARP の原則」がある．ALARP は，合理的に実行可能なリスク低減措置を講じてリスクを低減することで，リスク低減措置を講じることによって得られるメリットに比較して，リスク低減費用が著しく大きく合理性を欠く場合はそれ以上の低減対策を講じなくてもよいという考え方である．

⑤ リスクアセスメントの実施時期は，労働安全衛生法で次のように規定

されている.

⑴ 建築物を設置し，移転し，変更し，又は解体するとき

⑵ 設備，原材料等を新規に採用し，又は変更するとき

⑶ 作業方法又は作業手順を新規に採用し，又は変更するとき

⑷ その他危険性又は有害性等について変化が生じ，又は生じるおそれがあるとき

解説 2016年6月に改正された労働安全衛生法において，事業者には，一定の危険性・有害性が確認されている化学物質を製造し，または取り扱うすべての事業者を対象に，危険性または有害性等の調査（リスクアセスメント）を実施する義務，リスクアセスメントの結果に基づいて労働安全衛生法令の措置を講じる義務，労働者の危険または健康障害を防止するために必要な措置を講じる努力義務が課せられた.

① 適切. リスク分析，リスク評価というリスクアセスメントのフローに関する記述であり，適切である.

② 適切. 事業者が，設備，原材料等や作業行動等に起因するリスクアセスメントを行い，その結果に基づいて，必要な措置を実施するのは努力義務である. 一定の危険性・有害性が確認されている化学物質についてはリスクアセスメントを実施する義務がある. 記述は適切である.

③ 不適切. リスク低減措置を行う場合の優先順位は，設計や計画の段階における措置（本質的安全設計），工学的対策（安全防護策および付加防護方策），管理的対策（マニュアルの整備，立ち入り禁止措置，教育など使用上の情報）および個人用保護具の使用である. ⑴の設計や計画の段階における措置，⑵の工学的対策までの順位はよいが，その次は⑷管理的対策，⑶個人用保護具の使用の順とすべきであり，⑶と⑷の順序が間違っており不適切である.

④ 適切.「ALARPの原則」に関する適切な記述である.

⑤ 適切. 労働安全衛生規則 第24条の11（危険性又は有害性等の調査）で定められている危険性または有害性等の調査（リスクアセスメント）の時期に関する記述であり，適切である.

よって，最も不適切な記述は③である.

解答 ③

Brushup 4.2.6(3)労働環境(b)，(c)

II 12 頻出度★★★ Check □□□

我が国では人口減少社会の到来や少子化の進展を踏まえ，次世代の労働力を

確保するために，仕事と育児・介護の両立や多様な働き方の実現が急務となっている.

この仕事と生活の調和（ワーク・ライフ・バランス）の実現に向けて，職場で実践すべき次の(ア)～(コ)の記述のうち，不適切なものの数はどれか.

(ア) 会議の目的やゴールを明確にする．参加メンバーや開催時間を見直す．必ず結論を出す.

(イ) 事前に社内資料の作成基準を明確にして，必要以上の資料の作成を抑制する.

(ウ) キャビネットやデスクの整理整頓を行い，書類を探すための時間を削減する.

(エ) 「人に仕事がつく」スタイルを改め，業務を可能な限り標準化，マニュアル化する.

(オ) 上司は部下の仕事と労働時間を把握し，部下も仕事の進捗報告をしっかり行う.

(カ) 業務の流れを分析した上で，業務分担の適正化を図る.

(キ) 周りの人が担当している業務を知り，業務負荷が高いときに助け合える環境をつくる.

(ク) 時間管理ツールを用いてスケジュールの共有を図り，お互いの業務効率化に協力する.

(ケ) 自分の業務や職場内での議論，コミュニケーションに集中できる時間をつくる.

(コ) 研修などを開催して，効率的な仕事の進め方を共有する.

① 0　② 1　③ 2　④ 3　⑤ 4

解説

(ア) 適切．会議の目的・ゴールを明確にし，参加メンバーを選別し，決められた会議時間で必ず結論を出すようにすれば，会議の進行を早め，密度の濃い会議にできるので適切である.

(イ) 適切．事前に会議に必須となる資料と作成基準を決めておくことで，資料の作成時間が削減できるので適切である.

(ウ) 適切．業務に必要な書類をすぐ取り出せるようになり，行うべき業務に時間を使える.

(エ) 適切．業務を標準化・マニュアル化すれば，業務の習得が容易になり，業務の代替も可能になり，特定の作業者への業務の集中を避けることもできるので適切である.

(オ) 適切．上司は，それぞれの部下の業務の進捗状況と負担を把握し，部下は業務上の課題に関する助言を得て効率的に業務を進めることができるので，記述は適切である．

(カ) 適切．事前に業務の流れを分析し，適正に割り振っておけば，作業効率が向上し，業務量の偏りも少なくできるので適切である．

(キ) 適切．周りの人の担当業務を知り，業務の標準化・マニュアル化で代替できるようにしておくことで，チームとして助け合える環境をつくっておけば，業務量の偏りを減らすことができるので適切である．

(ク) 適切．互いのスケジュールを共有することで，業務の割り振りや調整が容易になるので適切である．

(ケ) 適切．それぞれの業務について議論し，コミュニケーションする時間をつくることで，お互いの業務を理解し，チームとして合理的な業務手順の調整，より効率的な業務の仕方が発見できることもあるので適切である．

(コ) 適切．研修により，ノウハウの取得，効率的な業務方法が共有でき，職場全体の業務効率が向上するので，記述は適切である．

よって，不適切なものの数は 0 なので，正解は①である．

解答　①

Brushup　4.2.6(3)労働環境(c)

II 13　頻出度★★☆　Check □□□

環境保全に関する次の記述について，正しいものは○，誤っているものは×として，最も適切な組合せはどれか．

(ア) カーボン・オフセットとは，日常生活や経済活動において避けることができない CO_2 等の温室効果ガスの排出について，まずできるだけ排出量が減るよう削減努力を行い，どうしても排出される温室効果ガスについて，排出量に見合った温室効果ガスの削減活動に投資すること等により，排出される温室効果ガスを埋め合わせるという考え方である．

(イ) 持続可能な開発とは，「環境と開発に関する世界委員会」（委員長：ブルントラント・ノルウェー首相（当時））が 1987 年に公表した報告書「Our Common Future」の中心的な考え方として取り上げた概念で，「将来の世代の欲求を満たしつつ，現在の世代の欲求も満足させるような開発」のことである．

(ウ) ゼロエミッション（Zero emission）とは，産業により排出される様々な廃棄物・副産物について，他の産業の資源などとして再活用することにより社会全体として廃棄物をゼロにしようとする考え方に基づいた，自然界に対する排出ゼロとなる社会システムのことである．

(エ) 生物濃縮とは，生物が外界から取り込んだ物質を環境中におけるよりも高い濃度に生体内に蓄積する現象のことである．特に生物が生活にそれほど必要でない元素・物質の濃縮は，生態学的にみて異常であり，環境問題となる．

	ア	イ	ウ	エ
①	×	○	○	○
②	○	×	○	○
③	○	○	×	○
④	○	○	○	×
⑤	○	○	○	○

解説

(ア) ○ カーボン・オフセットに関する正しい記述である．

(イ) ○ 「環境と開発に関する世界委員会」の報告書で取りあげられた「持続可能な開発」の概念であり，正しい記述である．

(ウ) ○ 国際連合大学が提唱した「ゼロエミッション」に関する正しい記述である．

(エ) ○ 生物濃縮に関する正しい記述である．

よって，(ア)〜(エ)がすべて正しい○となるので，最も適切な組合せは⑤である．

解答 ⑤

Brushup 3.1.5(1)環境(a)，3.2.6(1)地球環境(a)

II 14 頻出度★★☆ Check □□□

多くの事故の背景には技術者等の判断が関わっている．技術者として事故等の背景を知っておくことは重要である．事故後，技術者等の責任が刑事裁判でどのように問われたかについて，次に示す事例のうち，実際の判決と異なるものはどれか．

① 2006年，シンドラー社製のエレベーター事故が起き，男子高校生がエレベーターに挟まれて死亡した．この事故はメンテナンスの不備に起因している．裁判では，シンドラー社元社員の刑事責任はなしとされた．

② 2005年，JR福知山線の脱線事故があった．事故は電車が半径304 mのカーブに制限速度を超えるスピードで進入したために起きた．直接原因は運転手のブレーキ使用が遅れたことであるが，当該箇所に自動列車停止装置（ATS）が設置されていれば事故にはならなかったと考えられる．この事故では，JR西日本の歴代3社長は刑事責任を問われ有罪となった．

③　2004年，六本木ヒルズの自動回転ドアに6歳の男の子が頭を挟まれて死亡した．製造メーカーの営業開発部長は，顧客要求に沿って設計した自動回転ドアのリスクを十分に顧客に開示していないとして，森ビル関係者より刑事責任が重いとされた．

④　2000年，大阪で低脂肪乳を飲んだ集団食中毒事件が起き，被害者は1万3 000人を超えた．事故原因は，停電事故が起きた際に，脱脂粉乳の原料となる生乳をプラント中に高温のまま放置し，その間に黄色ブドウ球菌が増殖しエンテロトキシン**A**に汚染された脱脂粉乳を製造したためとされている．この事故では，工場関係者の刑事責任が問われ有罪となった．

⑤　2012年，中央自動車道笹子トンネルの天井板崩落事故が起き，9名が死亡した．事故前の点検で設備の劣化を見抜けなかったことについて，「中日本高速道路」と保守点検を行っていた会社の社長らの刑事責任が問われたが，「天井板の構造や点検結果を認識しておらず，事故を予見できなかった」として刑事責任はなしとされた．

解説

①　正しい．このエレベータ事故裁判において被告の1人になったシンドラー社元社員は，事故機を港区住宅公社から点検業務を受託していた時期の点検責任者（保守担当課長）である．裁判長は「異常摩耗が発生したのは，事故とある程度近接した日時だとうかがわれる」と指摘し，「事故発生は2006年，同社が事故機を最後に点検したのは2004年11月なので，その時点で異常摩耗が発生していたとは認められない」と認定して，刑事責任はなしとされた．

②　異なる．JR福知山線脱線事故は，電車が半径304 mのカーブに制限速度を超えるスピードで進入したために起きたものである．JR西日本の歴代3社長は業務上過失致死傷罪で起訴されたが，裁判長は「現場が，特に脱線事故が起こる危険性の高いカーブだと認識していたとはいえない」として予見可能性を認めず無罪とした．有罪という記述は実際の裁判とは異なる．

③　正しい．六本木ヒルズ自動回転ドア事故裁判では，「製造メーカの営業開発部長は，森タワー以外の情報も早期に入手し，危険性を十分に認識しており，ほかの2人（森ビル関係者）よりも過失は重い」，「回転ドアの危険性について十分な説明をしていない．営業上不利益となる情報でも開示すべきだった」として，森ビル関係者（禁固10月，執行猶予3年）より重い禁固1年2月，執行猶予3年が言い渡された．

④　正しい．雪印集団食中毒事件裁判では，社長と専務は事件の予見不可能として不起訴処分となったが，工場関係者は業務上過失傷害と食品衛生法違反

で執行猶予付きの禁固刑が言い渡された.

⑤　正しい. 笹子トンネル天井板崩落事故裁判では,「中日本高速道路」と保守点検を行っていた会社の社長らの刑事責任が問われたが,「天井板の構造や点検結果を認識しておらず, 事故を予見できなかった」として刑事責任はなしとされた.

よって, 実際の裁判と異なる事例は②である.

解答　②

Brushup　3.2.4 事例・判例

II 15　頻出度★☆☆　Check □□□

近年, さまざまな倫理促進の取組が, 行為者の萎縮に繋がっているとの懸念から, 行為者を鼓舞し, 動機付けるような倫理の取組が求められている. このような動きについて書かれた次の文章において, [　] に入る語句の組合せのうち, 最も適切なものはどれか.

国家公務員倫理規程は, 国家公務員が, 許認可等の相手方, 補助金等の交付を受ける者など, 国家公務員が [ア] から金銭・物品の贈与や接待を受けたりすることなどを禁止しているほか, 割り勘の場合でも [ア] と共にゴルフや旅行などを行うことを禁止しています.

しかし, このように倫理規程では公務員としてやってはいけないことを述べていますが, 人事院の公務員倫理指導の手引では, 倫理規程で示している倫理を「[イ] の公務員倫理」とし,「[ウ] の公務員倫理」として,「公務員としてやった方が望ましいこと」や「公務員として求められる姿勢や心構え」を求めています.

技術者倫理においても, 同じような分類があり, 狭義の公務員倫理として述べられているような,「～するな」という服務規律を典型とする倫理を「[エ] 倫理 (消極的倫理)」, 広義の公務員倫理として述べられている「したほうがよいことをする」を [オ] 倫理 (積極的倫理) と分けて述べることがあります. 技術者が倫理的であるためには, この 2 つの側面を認識し, 行動することが必要です.

	ア	イ	ウ	エ	オ
①	利害関係者	狭義	広義	規律	自律
②	知人	狭義	広義	予防	自律
③	知人	広義	狭義	規律	志向
④	利害関係者	狭義	広義	予防	志向
⑤	利害関係者	広義	狭義	予防	自律

解説 「国家公務員倫理規程」第3条（禁止行為）において，利害関係者から金銭，物品または不動産の贈与，金銭の貸付けまたは供応接待を受けること，利害関係者または利害関係者の負担により無償で物品または不動産の貸付けあるいは役務の提供を受けること，利害関係者から未公開株式を譲り受けること，利害関係者とともに遊技またはゴルフ，あるいは旅行をすること，利害関係者をして第三者に対しこれらの行為をさせることを禁止している．アに入る語句としては「**利害関係者**」が適切である．

また，人事院の「公務員倫理指導の手引」では，公務員倫理を，公務員としてやったほうが望ましいことといった「広義の公務員倫理」と，公務員としてやらなくてはいけないこと，やってはいけないことといった最低限の基準としての「狭義の公務員倫理」の2段階に分類している．そして，国民の信頼を確保していくためには，狭義の公務員倫理を守っているだけでは不十分であり，広義の公務員倫理を高めていくことが重要であることが示されている．イ，ウに入る語句としては，「**狭義**」，「**広義**」が適切である．

技術者倫理では，「予防倫理」と「志向倫理」の分類を用いることがある．予防倫理は倫理的問題に直面したときに誤った行動をとらないようにするための倫理である．「～するな」という服務規律を典型とする狭義の公務員倫理のような倫理である．志向倫理は，あるべき姿とは何か，より良い意思決定と実践を目指すもので，広義の公務員倫理のような「したほうがよいことをする」倫理である．予防倫理は消極的倫理，志向倫理は積極的倫理とも呼ばれ，対義的な倫理である．予防倫理は技術者を委縮させる傾向があるのに対し，志向倫理は技術者を鼓舞し，動機づけることができるので，この二つの側面を認識し，行動することが必要である．エ，オに入る語句としては，「**予防**」，「**志向**」が適切である．

よって，語句の組合せとして，最も適切なものは④である．

解答 ④

Brushup 3.2.1(3)技術者倫理の用語

2017 年度

II 1 頻出度★★★ Check ■■■

技術士法第 4 章に関する次の記述の，[　　] に入る語句の組合せとして，最も適切なものはどれか．

《技術士法第 4 章　技術士等の義務》

（信用失墜行為の禁止）

第 44 条　技術士又は技術士補は，技術士若しくは技術士補の信用を傷つけ，又は技術士及び技術士補全体の [ア] となるような行為をしてはならない．

（技術士等の秘密保持 [イ]）

第 45 条　技術士又は技術士補は，正当の理由がなく，その業務に関して知り得た秘密を漏らし，又は [ウ] してはならない．技術士又は技術士補でなくなった後においても，同様とする．

（技術士等の [エ] 確保の [オ]）

第 45 条の 2　技術士又は技術士補は，その業務を行うに当たっては，公共の安全，環境の保全その他の [エ] を害することのないよう努めなければならない．

（技術士の名称表示の場合の [イ]）

第 46 条　技術士は，その業務に関して技術士の名称を表示するときは，その登録を受けた [カ] を明示してするものとし，登録を受けていない [カ] を表示してはならない．

（技術士補の業務の制限等）

第 47 条　技術士補は，第 2 条第 1 項に規定する業務について技術士を補助する場合を除くほか，技術士補の名称を表示して当該業務を行ってはならない．

2　前条の規定は，技術士補がその補助する技術士の業務に関してする技術士補の名称の表示について準用する．

（技術士の [キ] 向上の [オ]）

第 47 条の 2　技術士は，常に，その業務に関して有する知識及び技能の水準を向上させ，その他その [キ] の向上を図るよう努めなければならない．

	ア	イ	ウ	エ	オ	カ	キ
①	不名誉	義務	盗用	安全	責務	技術部門	能力
②	信用失墜	責務	盗作	公益	義務	技術部門	資質
③	不名誉	義務	盗用	公益	責務	技術部門	資質

④　不名誉　責務　盗作　公益　義務　専門部門　資質
⑤　信用失墜　義務　盗作　安全　責務　専門部門　能力

解説　技術士法第4章技術士等の義務に関する穴埋め問題である．

第44条（信用失墜行為の禁止）　技術士又は技術士補は，技術士若しくは技術士補の信用を傷つけ，又は技術士及び技術士補全体の**不名誉**となるような行為をしてはならない．

第45条（技術士等の秘密保持**義務**）　技術士又は技術士補は，正当の理由がなく，その業務に関して知り得た秘密を漏らし，又は**盗用**してはならない．技術士又は技術士補でなくなった後においても，同様とする．

第45条の2（技術士等の**公益**確保の**責務**）　技術士又は技術士補は，その業務を行うに当たっては，公共の安全，環境の保全その他の**公益**を害することのないよう努めなければならない．

第46条（技術士の名称表示の場合の**義務**）　技術士は，その業務に関して技術士の名称を表示するときは，その登録を受けた**技術部門**を明示してするものとし，登録を受けていない技術部門を表示してはならない．

第47条の2（技術士の**資質**向上の**責務**）　技術士は，常に，その業務に関して有する知識及び技能の水準を向上させ，その他その**資質**の向上を図るよう努めなければならない．

よって，語句の組合せとして，最も適切なものは③である．

解答　③

Brushup　3.2.2 技術士法第4章

II 2　頻出度★★★　Check ■■■

技術士及び技術士補（以下「技術士等」という）は，技術士法第4章 技術士等の義務の規定の遵守を求められている．次の記述のうち，第4章の規定に照らして適切でないものの数はどれか．

(ア)　技術士等は，関与する業務が社会や環境に及ぼす影響を予測評価する努力を怠らず，公衆の安全，健康，福祉を損なう，又は環境を破壊する可能性がある場合には，自己の良心と信念に従って行動する．

(イ)　業務遂行の過程で与えられる情報や知見は，依頼者や雇用主の財産であり，技術士等は守秘の義務を負っているが，依頼者からの情報を基に独自で調査して得られた情報はその限りではない．

(ウ)　技術士は，部下が作成した企画書を承認する前に，設計，製品，システムの安全性と信頼度について，技術士として責任を持つために自らも検討しなければならない．

(エ) 依頼者の意向が技術士等の判断と異なった場合，依頼者の主張が安全性に対し懸念を生じる可能性があるときでも，技術士等は予想される可能性について指摘する必要はない.

(オ) 技術士等は，その業務において，利益相反の可能性がある場合には，説明責任を重視して，雇用者や依頼者に対し，利益相反に関連する情報を開示する.

(カ) 技術士は，自分の持つ専門分野の能力を最大限に発揮して業務を行わなくてはならない．また，専門分野外であっても，自分の判断で業務を進めることが求められている.

(キ) 技術士補は，顧客がその専門分野能力を認めた場合は，技術士に代わって主体的に業務を行い，成果を納めてよい.

① 0　　② 1　　③ 2　　④ 3　　⑤ 4

解説

(ア) 適切．公益とは社会一般のためになる公共の利益をいう．技術士等は，技術士法第45条の2により「公益確保の責務」があるので，関与する業務が社会や環境に及ぼす影響を予測評価する努力を怠らず，公益を害する可能性があることがわかったらそれを回避しようとする行動は適切である.

(イ) 不適切．技術士等は，技術士法第45条により「秘密保持義務」があるので，正当の理由がなく，その業務に関して知り得た秘密を漏らし，又は盗用してはならない．業務遂行の過程で与えられる情報や知見は，依頼者や雇用主の財産であり，技術士等は守秘の義務を負っているという記述は適切であるが，依頼者からの情報を基に独自で調査して得られた情報についても業務に関して知り得た秘密に該当し，守秘の義務を負うと考えられるので，不適切である.

(ウ) 適切．技術士法第45条の2の「公益確保の責務」は，技術士自らが直接行った業務に限らず，関わった業務すべてが対象になると考えられる．部下が作成した企画書であってもそれを承認する以上は技術士としての責務を負わなければならないので，自ら企画書の内容を検討し，変更が必要な場合は改善を指導すべきである.

(エ) 不適切．技術士法第45条の2の「公益確保の責務」により，依頼者の意向が技術士等の判断と異なった場合，依頼者の主張が安全性に対し懸念を生じる可能性があるときは，依頼者に対して予想される可能性を指摘して丁寧に説明する必要があるので記述は不適切である．そのうえで依頼者の意向をくみつつ公共の安全を害さない代替案を提示するなどして，公益確保に配慮しながら業務を遂行しなければならない.

(オ) 適切．技術士等は，その業務において，技術士倫理綱領 5.（公正かつ誠実な履行）により，公正な分析と判断に基づき，託された業務を誠実に履行しなければならない．利益相反の可能性がある場合には，まず，雇用者や依頼者にそれを認識してもらうことが必要であり，技術士等が利益相反に関連する情報の開示は誠実な行動であって適切である．さらに，技術士等は，利益相反の事態を回避するよう努める必要がある．

(カ) 不適切．技術士等は，技術士法により技術士等の信用を失墜させる行為をしてはならない．技術士の名称を表示するときは，その登録を受けた技術部門を明示し，登録を受けていない技術部門を表示してはならない．このため，技術士倫理綱領 3.（有能性の重視）では，「技術士は，自分の力量が及ぶ範囲の業務を行い，確信のない業務には携わらない」としている．専門分野外の業務を自分の判断で進めることは不適切である．

(キ) 不適切．技術士補は，技術士の行う業務について技術士を補助する者である．技術士法第 47 条の（技術士補の業務の制限等）により，顧客がその専門分野能力を認めた場合でも，技術士に代わって主体的に業務を行ってはならないので，記述は不適切である．

よって，不適切なものの数は四つなので，正解は⑤である．

解答　⑤

Brushup　3.2.2 技術士法第 4 章

II 3　頻出度★☆☆　Check □□□

あなたは，会社で材料発注の責任者をしている．作られている製品の売り上げが好調で，あなた自身もうれしく思っていた．しかしながら，予想を上回る売れ行きの結果，材料の納入が追いつかず，納期に遅れが出てしまう状況が発生した．こうした状況の中，納入業者の一人が，「一部の工程を変えることを許可してもらえるなら，材料をより早くかつ安く納入することができる」との提案をしてきた．この問題を考える上で重要な事項 4 つをどのような優先順位で考えるべきか．次の優先順位の組合せの中で最も適切なものはどれか．

優先順位

	1 番	2 番	3 番	4 番
①	納期	原価	品質	安全
②	安全	原価	品質	納期
③	安全	品質	納期	原価
④	品質	納期	安全	原価
⑤	品質	安全	原価	納期

解説 技術士として，無条件に最優先に考慮すべき事項は公益確保なので，1番目は「安全」である．

次に，残りの三つ（品質，納期，原価）について考えると，納期は納入業者との契約事項であり遵守しなければならないが納期変更による対応も選択肢としてあること，原価は会社の利益にかかわり可能な限り低減することが望ましいが会社内部のことであり，ほかの事項と比べると優先順位は低い．

これに対して，品質は，納入業者との契約の前提になるものであり，所定の機能，性能を満たし，人への危害や損傷の危険性などに対する安全性も許容可能な水準にあることを保証するものなので，納入時に必須である．

したがって，優先順位は，第1番目が安全，第2番目が品質，第3番目が納期，第4番目が原価である．

よって，優先順位の組合せとして最も適切なものは③である．

解答　③

Brushup　3.2.2 技術士法第4章

II 4　頻出度★★☆　Check □□□

職場におけるハラスメントは，労働者の個人としての尊厳を不当に傷つけるとともに，労働者の就業環境を悪化させ，能力の発揮を妨げ，また，企業にとっても，職場秩序や業務の遂行を阻害し，社会的評価に影響を与える問題である．職場のハラスメントに関する次の記述のうち，適切なものの数はどれか．

(ア)　ハラスメントであるか否かについては，相手から意思表示がある場合に限る．

(イ)　職場の同僚の前で，上司が部下の失敗に対し，「ばか」，「のろま」などの言葉を用いて大声で叱責する行為は，本人はもとより職場全体のハラスメントとなり得る．

(ウ)　職場で，受け止め方によっては不満を感じたりする指示や注意・指導があったとしても，これらが業務の適正な範囲で行われている場合には，ハラスメントには当たらない．

(エ)　ハラスメントの行為者となり得るのは，事業主，上司，同僚に限らず，取引先，顧客，患者及び教育機関における教員・学生等である．

(オ)　上司が，長時間労働をしている妊婦に対して，「妊婦には長時間労働は負担が大きいだろうから，業務分担の見直しを行い，あなたの業務量を減らそうと思うがどうか」と相談する行為はハラスメントには該当しない．

(カ)　職場のハラスメントにおいて，「職場内の優位性」とは職務上の地位などの「人間関係による優位性」を対象とし,「専門知識による優位性」は含まれない.

(キ) 部下の性的指向（人の恋愛・性愛がいずれの性別を対象にするかをいう）又は性自認（性別に関する自己意識）を話題に挙げて上司が指導する行為は，ハラスメントになり得る.

① 1　② 2　③ 3　④ 4　⑤ 5

解説

(ア) 不適切. ハラスメントであるかどうかについて，相手からいつも意思表示があるとは限らない. ハラスメントを受けた者が，職場の人間関係等を考え，拒否することができないこともあるので不適切である.

(イ) 適切. 職場におけるパワハラは，職場において行われる① 優越的な関係を背景とした言動であって，② 業務上必要かつ相当な範囲を超えたものにより，③ 労働者の就業環境が害されるものであり，①から③までの三つの要素をすべて満たすものをいう. 職場の同僚の前で，上司が部下の失敗に対し，「ばか」,「のろま」などの言葉を用いて大声で叱責する行為は『精神的な攻撃』に分類されるパワハラである.

また，2020年改正の労働施策総合推進法では第30条の2第1項に,『事業主は，優越的言動問題に対するその雇用する労働者の関心と理解を深めるとともに，当該労働者が他の労働者に対する言動に必要な注意を払うよう，研修の実施その他の必要な配慮をするほか，国の講ずる前項の措置に協力するように努めなければならない』と定めており，ハラスメントを放置していた場合には，企業も法的責任を問われることがある.

(ウ) 適切. 職場で不満を感じたりする指示や注意・指導があったとしても，これらが業務の適正な範囲で行われている場合には，職場におけるハラスメントには該当しない. 例えば，労働者を育成するために現状よりも少し高いレベルの業務を任せる，業務の繁忙期に業務上の必要性から当該業務の担当者に通常時よりも一定程度多い業務の処理を任せる，労働者の能力に応じて一定程度業務内容や業務量を軽減するなどは職場におけるハラスメントには該当しない.

(エ), (キ) 適切. セクハラについては，他社の労働者等の社外の者が行為者の場合についても雇用管理上の措置義務の対象であり，自社の労働者が他社の労働者等からセクハラを受けた場合には，必要に応じて他社に事実関係の確認や再発防止への協力を求めることも雇用管理上の措置に含まれる. このため，セクハラの行為者になり得るのは，労働者を雇用する雇用主や上司，同僚に限らず，取引先等の他の事業主またはその雇用する労働者，顧客，患者またはその家族，学校における生徒等である．セクハラには異性に対するものだけではなく同性に対するものも含まれる．また，被害を受ける者の性的指向や性自認にかかわらず，「性的な言動」であればセクハラに該当するので，性的指向や性自認を話題に挙げて上司が指導する行為はセクハラである．

(オ) 適切．「妊娠，出産，育児休業等に関するハラスメント」とは，職場において行われる，上司・同僚からの言動（妊娠・出産したこと，育児休業等の利用に関する言動）により，妊娠・出産した女性労働者や育児休業等を申出・取得した男女労働者の就業環境が害されることである．ただし，制度等の利用を希望する労働者に対して，業務分担や安全配慮等の観点から，客観的にみて業務上の必要性に基づき変更の依頼や相談をすることは，強要しない場合に限りハラスメントに該当しない．このケースのように，上司が長時間労働をしている妊婦に対して負担を減らすために業務分担の見直しを相談する行為は，妊婦本人がこれまでどおり勤務を続けたいという意欲がある場合であってもハラスメントには該当しない．

(カ) 不適切．職場内のパワハラの3要素の一つである「職場内の優位性」とは，その業務を遂行するに当たり，その言動を受ける労働者が行為者に対して抵抗または拒絶することができない蓋然性（がい）が高い関係を背景とするものである．「職務上の地位」という人間関係の優位性のほかに，同僚または部下であっても業務上必要な専門知識や豊富な経験を有する者の言動でその協力を得なければ業務の円滑な遂行を行うことが困難であるもの，同僚または部下からの集団による行為でこれに抵抗または拒絶することが困難であるものなども含まれるので記述は不適切である．

よって，適切なものの数は五つなので，正解は⑤である．

解答　⑤

Brushup　4.2.6(3)労働環境(c)，(g)

II 5　頻出度★★☆　Check □□□

我が国では平成26年11月に過労死等防止対策推進法が施行され，長時間労働対策の強化が喫緊の課題となっている．政府はこれに取組むため，「働き方の見直し」に向けた企業への働きかけ等の監督指導を推進している．労働時間，働き方に関する次の(ア)～(オ)の記述について，正しいものは○，誤っているものは×として，最も適切な組合せはどれか．

(ア) 「労働時間」とは，労働者が使用者の指揮命令下に置かれている時間のことをいう．使用者の指示であっても，業務に必要な学習等を行っていた時間は含まれない.

(イ) 「管理監督者」の立場にある労働者は，労働基準法で定める労働時間，休憩，休日の規定が適用されないことから，「管理監督者」として取り扱うことで，深夜労働や有給休暇の適用も一律に除外することができる.

(ウ) フレックスタイム制は，一定期間内の総労働時間を定めておき，労働者がその範囲内で各日の始業，終業の時刻を自らの意思で決めて働く制度をいう.

(エ) 長時間労働が発生してしまった従業員に対して適切なメンタルヘルス対策，ケアを行う体制を整えることも事業者が講ずべき措置として重要である.

(オ) 働き方改革の実施には，労働基準法の遵守にとどまらず働き方そのものの見直しが必要で，朝型勤務やテレワークの活用，年次有給休暇の取得推進の導入など，経営トップの強いリーダーシップが有効となる.

	ア	イ	ウ	エ	オ
①	○	○	○	×	○
②	○	×	×	○	○
③	×	×	○	○	○
④	×	×	○	○	×
⑤	×	○	×	○	○

解説

(ア) ×　使用者の指示により行う業務に必要な学習等の時間は，使用者の指揮命令下に置かれ，事実上参加を強制されている.「労働時間」に含まれるので記述は誤りである.

(イ) ×　管理監督者は，労働基準法で定める労働時間，休憩および休日の規定が適用されないが，深夜労働や有給休暇については適用され，一律に除外することはできないので誤りである.

(ウ) ○　フレックスタイム制に関する正しい記述である.

(エ) ○　長時間労働は脳・心臓疾患の発症との関連性が強いとされていることから，労働安全衛生法第66条の8において，事業者に，医師による該当者への面接指導を行うことを義務付けている．また，面接指導の結果を記録すること，その結果に基づく当該労働者の健康を保持するために必要な措置について医師の意見を聴くこと，必要があると認めるときは就業場所の変更・作業の転換・労働時間の短縮・深夜業の回数の減少等の措置を講ずるほか，医師の意見の衛生委員会等設定改善委員会への報告その他の適切な措置を講じることも義務付けている．面接指導の対象となる具体的な労働者の要件等は，労働安全衛生法施行規則で規定されている．記述は正しい.

(オ) ○ 働き方改革の実施には，労働基準法の遵守にとどまらず働き方そのものの見直しが必要であるため，長時間労働の削減，正規・非正規の雇用形態にかかわらない公正な待遇の確保（同一企業内における同一労働同一賃金），柔軟な働き方がしやすい環境整備（テレワーク，副業・兼業など），ダイバーシティの推進，賃金引き上げ・労働生産性向上，再就職支援・人材育成などの取組みが推進されている．記述は正しい．

よって，最も適切な組合せは，③である．

解答 ③

Brushup 4.2.6(3)労働環境(a)，(e)

II 6 頻出度★☆☆ Check ■■■

あなたの職場では，情報セキュリティーについて最大限の注意を払ったシステムを構築し，専門の担当部署を設け，日々，社内全体への教育も行っている．5月のある日，あなたに倫理に関するアンケート調査票が添付された回答依頼のメールが届いた．送信者は職場倫理を担当している外部組織名であった．メール本文によると，回答者は職員からランダムに選ばれているとのことである．だが，このアンケートは，企業倫理月間（10月）にあわせて毎年行われており，あなたは軽い違和感を持った．対応として次の記述のうち，最も適切なものはどれか．

① 社内の担当部署に報告する．

② メールに書かれているアンケート担当者に連絡する．

③ しばらく様子をみて，再度違和感を持つことがあれば社内の担当部署に報告する．

④ アンケートに回答する．

⑤ 自分の所属している部署内のメンバーに違和感を伝え様子をみる．

解説 標的型攻撃メールは，特定の組織や個人の機密情報，知的財産，アカウント情報などを盗み取ることを目的に，受信者が不審を抱かないよう，あたかも業務に関係したメールのように巧妙に偽装して送られてくるメールである．いずれか1人でも悪意あるウイルス付添付ファイルを開封したり，URLリンクにアクセスしたりすると被害が発生するおそれがある．

① 適切．③，⑤ 不適切．標的型攻撃メールは社内の多数が同時に受信している．いずれか一人でも標的型攻撃メールの添付ファイルを開封あるいはURLリンクにアクセスすると被害が発生するおそれがあるので，疑わしいと思ったときは速やかに①の社内の情報セキュリティの担当部署に報告を行い，その旨を社内全員に周知することは，被害を広げないための適切な対応

である．③は様子をみている間に，ほかのメール受信者が添付ファイルを開封したりするおそれがあるので，不適切な対応である．⑤は自分の所属部署内での注意喚起に留まるので，①と併せて実施するのはよいことであるが，⑤だけでは不十分なので不適切である．

② 不適切．メールに書かれているアンケート担当者は攻撃を仕掛けた張本人である．連絡を受けることは想定の範疇（ちゅう）でありさらなる標的型攻撃メールを受けたりするおそれがあるので，不用意に連絡を取ってはならない．不適切な対応である．

④ 不適切．アンケートに答えるときに添付ファイルをダウンロード，開封するので最も不適切な対応である．

よって，最も適切な対応は①である．

解答　①

Brushup　3.1.2(3)情報ネットワーク(a)，(c)，(d)

II 7　頻出度★☆☆　Check □□□

昨今，公共性の高い施設や設備の建設においてデータの虚偽報告など技術者倫理違反の事例が後を絶たない．特にそれが新技術・新工法である場合，技術やその検査・確認方法が複雑化し，実用に当たっては開発担当技術者だけでなく，組織内の関係者の連携はもちろん，社外の技術評価機関や発注者，関連団体にもある一定の専門能力や共通の課題認識が必要となる．関係者の対応として次の記述のうち，最も適切なものはどれか．

① 現場の技術責任者は，計画と異なる事象が繰り返し生じていることを認識し，技術開発部署の担当者に電話相談した．新技術・新工法が現場に適用された場合によくあることだと説明を受け，担当者から指示された方法でデータを日常的に修正し，発注者に提出した．

② 支店の技術責任者は，現場責任者から品質トラブルの報告があったため，社内ルールに則り対策会議を開催した．高度な専門的知識を要する内容であったため，会社の当該技術に対する高い期待感を伝え，事情を知る現場サイドで対策を考え，解決後に支店へ報告するよう指示した．

③ 対策会議に出席予定の品質担当者は，過去の経験から社内ガバナンスの甘さを問題視しており，トラブル発生時の対策フローは社内に存在するが，倫理観の欠如が組織内にあることを懸念して会議前日にトラブルを内部告発としてマスコミに伝えた．

④ 技術評価機関や関連団体は，社会からの厳しい目が関係業界全体に向けられていることを強く認識し，再発防止策として横断的に連携して類

似技術のトラブル事例やノウハウの共有，研修実施等の取組みを推進した.

⑤　公共工事の発注者は，社会的影響が大きいとしてすべての民間開発の新技術・新工法の採用を中止する決断をした．関連のすべての従来工法に対しても悪意ある巧妙な偽装の発生を前提として，抜き打ち検査などの立会検査を標準的に導入し，不正に対する抑止力を強化した.

解説

① 不適切．建設現場で得られたデータを技術開発部署の担当者から指示された方法で修正し，発注者に提出するのはデータの改ざんである．計画と異なる現象が繰り返し生じているのなら，新技術・工法を現場に適用したことにより生じたものなのかどうか，建設した設備は安全で機能や性能を満足したものなのかどうかを技術開発部署と連携して解明したうえで対処すべきなので，不適切な対応である.

② 不適切．支店の技術責任者が社内ルールに則り対策会議を開催したところまではよいが，品質に関するトラブルは高度な専門知識を要し現場で対策を考えて解決できる問題ではないので，会社全体で検討して，必要ならば社外の専門家の支援も得て解決策を見出すべきである．現場では解決が難しい問題を現場任せにすることは業務の誠実な履行とはいえず，不適切な対応である.

③ 不適切．内部告発は，他の従業員や経営陣，企業が行っている法令違反などの不正を，組織内部の人間が，上司や外部の監督庁，報道機関などに通報することである．不正を主導する上司や経営者，組織から批判されたり降格されたりするなどの不利益が生じるので，公益通報保護制度で保護されるための要件を満たしていない段階で通報するとリスクが大きすぎる．「通報対象となる事実が生じ，又はまさに生じようとしていると思料すること」が証明できなければならないので，品質管理担当者が社内ガバナンスの甘さを問題視し，倫理観欠如に懸念を抱いている段階で通報することは不適切である.

④ 適切．トラブルの再発防止は，技術評価機関や関連団体業界をあげて技術者全体で取り組むべき問題であるため，横断的に連携して類似技術のトラブル事例やノウハウの共有，研修実施等の取組みの推進は適切な対応である.

⑤ 不適切．社会的影響が大きい公共工事なので高い品質水準が求められるものであるが，データの虚偽報告など技術者倫理違反の問題は新技術・新工法の採用とは直接関連しない．技術やその検査方法が複雑になるので採用初期には品質保持や不正の抑止のため抜き打ち検査などを行うことは考えるべきであるが，すべての民間開発の新技術・新工法の採用を中止するのは過剰で

あり，技術進歩の妨げになるので不適切な対応である．

よって，最も適切な対応は④である．

解答　④

Brushup　3.2.2 技術士法第４章，3.2.6(3)労働環境(h)

II 8　頻出度★★★　Check □□□

製造物責任法（平成７年７月１日施行）は，安全で安心できる社会を築く上で大きな意義を有するものである．製造物責任法に関する次の記述のうち，最も不適切なものはどれか．

① 製造物責任法は，製造物の欠陥により人の命，身体又は財産に関わる被害が生じた場合，その製造業者などが損害賠償の責任を負うと定めた法律である．

② 製造物責任法では，損害が製品の欠陥によるものであることを被害者（消費者）が立証すればよい．なお，製造物責任法の施行以前は，民法709条によって，損害と加害の故意又は過失との因果関係を被害者（消費者）が立証する必要があった．

③ 製造物責任法では，製造物とは製造又は加工された動産をいう．

④ 製造物責任法では，製品自体が有している品質上の欠陥のほかに，通常予見される使用形態での欠陥も含まれる．このため製品メーカーは，メーカーが意図した正常使用条件と予見可能な誤使用における安全性の確保が必要である．

⑤ 製造物責任法では，製造業者が引渡したときの科学又は技術に関する知見によっては，当該製造物に欠陥があることを認識できなかった場合でも製造物責任者として責任がある．

解説

① 適切．「製造物責任法」（以下，PL法）第１条（目的）「この法律は，製造物の欠陥により人の生命，身体又は財産に係る被害が生じた場合における製造業者等の損害賠償の責任について定めることにより，被害者の保護を図り，もって国民生活の安定向上と国民経済の健全な発展に寄与することを目的とする．」と定められている．

② 適切．1995年７月にPL法が施行される以前は，民法第709条（不法行為による損害賠償）「故意又は過失によって他人の権利又は法律上保護される利益を侵害した者は，これによって生じた損害を賠償する責任を負う．」による損害賠償請求のため，消費者側は，損害と加害の故意又は過失との因果関係の立証が必要であった．PL法施行後は，第３条（製造物責任）で「製

造業者等は，その製造，加工，輸入又は……の表示をした製造物であって，その引き渡したものの欠陥により他人の生命，身体又は財産を侵害したときは，これによって生じた損害を賠償する責めに任ずる．」により，消費者は損害が製品の欠陥によることを立証すればよいことになったので，記述は適切である．

③　適切．PL 法第 2 条（定義）の「製造物」の定義なので，記述は適切である．

④　適切．PL 法第 2 条（定義）の「欠陥」は，「当該製造物の特性，その通常予見される使用形態，その製造業者等が当該製造物を引き渡した時期その他の当該製造物に係る事情を考慮して，当該製造物が通常有すべき安全性を欠いていることをいう．」と定められている．このため，製品メーカは，メーカが意図した正常使用条件はもちろんのこと，予見可能な誤使用についても安全性の確保が必要であり，記述は適切である．

⑤　不適切．PL 法第 4 条（免責事由）において，製造業者等は，「当該製造物をその製造業者等が引き渡した時における科学又は技術に関する知見によっては，当該製造物にその欠陥があることを認識することができなかったこと．」を証明したときは，賠償の責めに任じないと規定されているので，記述は不適切である．

よって，最も不適切な記述は⑤である．

解答　⑤

Brushup　3.2.7(1)製造物責任法（PL 法）(a)～(c)

II 9　頻出度★★★　Check ■■■

消費生活用製品安全法（以下，消安法）は，消費者が日常使用する製品によって起きるやけど等のケガ，死亡などの人身事故の発生を防ぎ，消費者の安全と利益を保護することを目的として制定された法律であり，製品事業者・輸入事業者からの「重大な製品事故の報告義務」，「消費者庁による事故情報の公表」，「特定の長期使用製品に対する安全点検制度」などが規定されている．消安法に関する次の記述のうち，最も不適切なものはどれか．

①　2006 年以前の消安法では，製品事故情報の収集や公表は事業者の協力に基づく「任意の制度」として実施されていたが，類似事故の迅速な再発防止措置の難しさや行政による対応の遅れなどが指摘されるようになり，2006 年に事故情報の報告・公表を義務化する改正が行われた．

②　消費生活用製品とは，消費者の生活の用に供する製品のうち，他の法律（例えば消防法の消火器など）により安全性が担保されている製品の

みを除いたすべての製品を対象としており，対象製品を限定的に列記していない．

③ 製造事業者又は輸入事業者は，重大事故の範疇かどうか不明確な場合，内容と原因の分析を最優先して整理収集すれば，法定期限を超えて報告してもよい．

④ 重大事故が報告される中，長期間の使用に伴い生じる劣化（いわゆる経年劣化）が事故原因と判断されるものが確認されたため，2007年改正で新たに「長期使用製品安全点検制度」が創設された．制度発足時は，屋内式ガス瞬間湯沸器など計9品目が「特定保守製品」として指定されたが，その後，事故率が大きく改善されたため，2021年改正で7品目が指定から外れて2品目になっている．

⑤ 「特定保守製品」の製造又は輸入を行う事業者は，保守情報の1つとして，特定保守製品への設計標準使用期間及び点検期間の設定義務がある．

法改正により改題

解説

① 適切．ガス瞬間湯沸かし器による死亡事故，石油温風機の欠陥，家庭用シュレッダによる幼児の指先切断などの重大事故が相次いだことにより，2006年（平成18年）に消安法が改正（2007年施行）され，重大製品事故が発生したことを知った製造者または輸入者は，そのことを知った日から10日以内に製品の名称，事故の内容等を主務大臣に報告しなければならなくなった．記述は適切である．

② 適切．消安法第2条により，「『消費生活用製品』とは，主として一般消費者の生活の用に供される製品（別表に掲げるものを除く．）」とされている．ほかの法律により安全性が担保されている製品を除き，対象製品を限定していないので，記述は適切である．

③ 不適切．消安法第35条により，「重大製品事故が生じたことを知ったときは，一定の期間内（10日以内）に内閣総理大臣に報告しなければならない」．重大事故の範疇（ちゅう）かどうかが不明確な場合でも，完全な情報を収集するために，事故発生の事実を消費者に知らせるのが遅れ，結果的に事故の多発を招くようなことがあってはならないので，10日以内の限られた期間の中で最大限の情報収集に努めて報告する．記述は不適切である．なお，報告後も，引き続き，当該製品事故の被害の実態調査や原因究明等を行い，新たな事実が判明した場合には可及的速やかに追加報告する．

④ 適切．「長期使用製品安全点検制度」は，製品の長期使用に伴う劣化（以下，経年劣化）が主因となる重大な事故の発生を受けて，2007年改正（2009

年施行）により新たに設けられた制度である．消安法第2条において，「特定保守製品」とは，消費生活用製品のうち，経年劣化により安全上支障が生じ，一般消費者の生命又は身体に対して特に重大な危害を及ぼすおそれが多いと認められる製品であって，使用状況等からみてその適切な保守を促進することが適当な製品である．制度発足時は，社会的に許容できない程度の事故率である1 ppmを基準として，これを超える屋内式ガス瞬間湯沸器（都市ガス用/LPガス用），屋内式ガスふろがま（都市ガス用/LPガス用），ビルトイン式食器洗機，密閉燃焼式石油温風暖房機，浴室用電気乾燥機，石油給湯器，石油ふろがまの9品目を施行令で指定していたが，経年劣化対策により事故率が大きく改善されたため2021年改正で7品目が指定から外れて，石油給湯器，石油ふろがまの2品目になっている．

⑤　適切．消安法第32条の3（点検期間等の設定）により，特定製造事業者等は，その製造または輸入に係る特定保守製品について，「設計標準使用期間」（標準的な使用条件の下で使用した場合に安全上支障がなく使用することができる標準的な期間として設計上設定される期間）と，「点検期間」（設計標準使用期間の経過に伴い必要となる経年劣化による危害の発生を防止するための点検を行うべき期間）を定めなければならない．

よって，最も不適切な記述は③である．

解答　③

Brushup　3.2.6(2)生活環境(b)

II 10　頻出度★★★　Check ■■■

ものづくりに携わる技術者にとって，知的財産を理解することは非常に大事なことである．知的財産の特徴の1つとして，「もの」とは異なり「財産的価値を有する情報」であることが挙げられる．情報は，容易に模倣されるという特質を持っており，しかも利用されることにより消費されるということがないため，多くの者が同時に利用することができる．こうしたことから知的財産権制度は，創作者の権利を保護するため，元来自由利用できる情報を，社会が必要とする限度で自由を制限する制度ということができる．

次の(ア)～(オ)のうち，知的財産権に含まれるものを○，含まれないものを×として，最も適切な組合せはどれか．

(ア)　特許権（発明の保護）

(イ)　実用新案権（物品の形状等の考案の保護）

(ウ)　意匠権（物品のデザインの保護）

(エ)　著作権（文芸，学術等の作品の保護）

(オ) 営業秘密（ノウハウや顧客リストの盗用など不正競争行為の規制）

	ア	イ	ウ	エ	オ
①	○	○	○	○	○
②	○	○	○	○	×
③	○	○	○	×	○
④	○	○	×	○	○
⑤	○	×	○	○	○

解説 知的財産基本法第2条第1項で，「知的財産」は，三つに分類されており，それぞれに該当する知的財産権は次のとおりである．

・発明，考案，植物の新品種，意匠，著作物その他の人間の創造的活動により生み出されるもの（発見または解明がされた自然の法則または現象であって，産業上の利用可能性があるものを含む．）

→(ア)特許権，(イ)実用新案権，(ウ)意匠権，(エ)著作権，回路配置利用権，育成者権

・商標，商号その他事業活動に用いられる商品または役務を表示するもの

→商標権，商号，商品等表示，地理的表示

・営業秘密その他の事業活動に有用な技術上または営業上の情報

→(オ)営業秘密

(ア)～(オ)はすべて知的財産権に含まれ○なので，最も適切な組合せは①である．

解答 ①

Brushup 3.2.5(1)知的財産権制度（知的財産基本法）(a)，(b)

II 11 頻出度★★★ Check ■■■

近年，世界中で環境破壊，貧困など様々な社会的問題が深刻化している．また，情報ネットワークの発達によって，個々の組織の活動が社会に与える影響はますます大きく，そして広がるようになってきている．このため社会を構成するあらゆる組織に対して，社会的に責任ある行動がより強く求められている．ISO26000には社会的責任の原則として「説明責任」，「透明性」，「倫理的な行動」などが記載されているが，社会的責任の原則として次の項目のうち，最も不適切なものはどれか．

① ステークホルダーの利害の尊重

② 法の支配の尊重

③ 国際行動規範の尊重

④ 人権の尊重

⑤ 技術ノウハウの尊重

解説 ISO 26000 社会的責任に関する国際規格の「第4章社会的責任の原則」で分類される七つの原則に対して，

①～④は含まれているが，⑤の技術ノウハウの尊重は含まれていないので，最も不適切なものは⑤である．

解答 ⑤

Brushup 3.2.7(2)組織の社会的責任の七つの原則）(a)～(g)

II 12 頻出度★★★ Check □□□

技術者にとって安全確保は重要な使命の1つである．2014年に国際安全規格「ISO／IEC ガイド 51」が改訂された．日本においても平成28年6月に労働安全衛生法が改正され施行された．リスクアセスメントとは，事業者自らが潜在的な危険性又は有害性を未然に除去・低減する先取り型の安全対策である．安全に関する次の記述のうち，最も不適切なものはどれか．

① 「ISO／IEC ガイド 51（2014年改訂）」は安全の基本概念を示しており，安全は「許容されないリスクのないこと（受容できないリスクのないこと）」と定義されている．

② リスクアセスメントは事故の未然防止のための科学的・体系的手法のことである．リスクアセスメントを実施することによってリスクは軽減されるが，すべてのリスクが解消できるわけではない．この残っているリスクを「残留リスク」といい，残留リスクは妥当性を確認し文書化する．

③ どこまでのリスクを許容するかは，時代や社会情勢によって変わるものではない．

④ リスク低減対策は，設計段階で可能な限り対策を講じ，人間の注意の前に機械設備側の安全化を優先する．リスク低減方策の実施は，本質安全設計，安全防護策及び付加防護方策，使用上の情報の順に優先順位がつけられている．

⑤ 人は間違えるものであり，人が間違っても安全であるように対策を施すことが求められ，どうしてもハード対策ができない場合に作業者の訓練などの人による対策を考える．

解説

① 適切．安全とは，「許容できないリスクがないこと」と定義されている．

② 適切．リスクアセスメントは，リスク分析およびリスク評価からなるすべてのプロセスをいい，事故の未然防止のための科学的・体系的手法のことである．残留リスクは，リスク低減対策を講じた後にも残っているリスクである．リスクアセスメントおよびリスク低減の反復プロセスでは，残留リスク

が許容可能なレベルに低減されたら，有効性（例えば，試験方法），リスクアセスメントの手順など妥当性を確認した後に，その結果を文書化することが求められている．

③　不適切．どこまでのリスクを許容するかは，時代や社会の情勢によって変化するものなので，記述は不適切である．

④　適切．リスク低減プロセスの最初で，かつ最も重要なステップが本質的安全設計である．製品又はシステムに特有の本質的な保護方策なので確実にリスクの低減効果が持続されるからである．本質的安全設計（設計や計画の段階における措置）だけでは低減できない場合は安全防護策および付加防護方策（工学的対策）を検討する．人間の注意に期待する対策である使用上の情報（管理的対策）はその次である．最後に個人用保護具の使用があるが，優先順位の高いほかの措置を講じてもリスクを除去・低減できなかった場合に実施する．優先順位が上位にある方策を省略し下位の方策を講じてはならない．記述は適切である．

⑤　適切．人は間違えるものであることを前提に，安全対策を施すことが求められている．記述は適切である．

解答　③

Brushup　4.2.6(3)労働環境(c)

II 13　頻出度★☆☆　Check □□□

倫理問題への対処法としての功利主義と個人尊重主義は，ときに対立することがある．次の記述の，［　　］に入る語句の組合せとして，最も適切なものはどれか．

倫理問題への対処法としての「功利主義」とは，19 世紀のイギリスの哲学者であるベンサムやミルらが主張した倫理学説で，「最大多数の最大幸福」を原理とする．倫理問題で選択肢がいくつかあるとき，そのどれが最大多数の最大幸福につながるかで優劣を判断する．しかしこの種の功利主義のもとでは，特定個人への［ア］が生じたり，個人の権利が制限されたりすることがある．一方，「個人尊重主義」の立場からは，個々人の権利はできる限り尊重すべきである．功利主義においては，特定の個人に犠牲を強いることになった場合には，個人尊重主義と対立することになる．功利主義のもとでの犠牲が個人にとって［イ］できるものかどうか．その確認の方法として，「黄金律」テストがある．黄金律とは，「自分の望むことを人にせよ」あるいは「自分の望まないことを人にするな」という教えである．自分がされた場合には憤慨するようなことを，他人にはしていないかチェックする「黄金律」テストの結果，自分と

しては損害を イ できないとの結論に達したならば，他の行動を考える倫理的必要性が高いとされる．また，重要なのは，たとえ「黄金律」テストで自分でも イ できる範囲であると判断された場合でも，次のステップとして「相手の価値観においてはどうだろうか」と考えることである．

以上のように功利主義と個人尊重主義とでは対立しうるが，権利にもレベルがあり，生活を維持する権利は生活を改善する権利に優先する．この場合の生活の維持とは，盗まれない権利，だまされない権利などまでを含むものである．また， ウ ， エ に関する権利は最優先されなければならない．

	ア	イ	ウ	エ
①	不利益	無視	安全	人格
②	不道徳	許容	環境	人格
③	不利益	許容	安全	健康
④	不道徳	無視	環境	健康
⑤	不利益	許容	環境	人格

解説 「功利主義」では「最大多数の最大幸福」を原理とし，社会の最大多数の最大幸福につながる行為（社会の幸福の総量を増大させる行為）が道徳的に正しい行為とするのに対し，「個人尊重主義」では，個々人の権利をできる限り尊重すべきと考える．

このため，「功利主義」によると，特定個人への**不利益**が生じたり，個人の権利が制限されたりする場合は，「個人尊重主義」と対立することになる．

功利主義のもとでの犠牲が個人にとって**許容**できるものかどうかを確認する方法として，「黄金律」テストがある．黄金律とは，「自分の望むことを人にせよ」あるいは「自分の望まないことを人にするな」という「功利主義」にも「個人尊重主義」にも共通する倫理的に普遍的な教えである．自分がされた場合には憤慨するようなことを，他人にはしていないかチェックする「黄金律」テストの結果，自分としては損害を許容できないとの結論に達したならば，「黄金律」に反するので他の行動を考える倫理的必要性が高いとされる．ただし，これは最初のステップとしての自分の価値観においての結論であり，許容できる範囲であると判断した場合でも，次のステップとして「相手の価値観においてはどうだろうか」と考えることが重要である．

個々人の権利にもレベルがあり，生活を維持する権利は生活を改善する権利に優先する．ここで，生活を維持する権利は，盗まれない権利，だまされない権利などまでを含むものである．また，**安全**，**健康**に関する権利は最優先されなければならない．

よって，ア〜エに入る語句の組合せとして，最も適切なものは③である．

解答　③

Brushup　3.2.1(1)規範倫理学の三つの立場，(2)人間尊重の判断基準，技術者倫理の用語

II 14　頻出度★★☆　Check □□□

「STAP細胞」論文が大きな社会問題になり，科学技術に携わる専門家の研究や学術論文投稿に対する倫理が問われた．科学技術は倫理という暗黙の約束を守ることによって，社会からの信頼を得て進めることができる．研究や研究発表・投稿に関する研究倫理に関する次の記述のうち，不適切なものの数はどれか．

(ア)　研究の自由は，科学や技術の研究者に社会から与えられた大きな権利であり，真理追究あるいは公益を目指して行われ，研究は，オリジナリティ（独創性）と正確さを追求し，結果への責任を伴う．

(イ)　研究が科学的であるためには，研究結果の客観的な確認・検証が必要である．取得データなどに関する記録は保存しておかねばならない．データの捏造（ねつぞう），改ざん，盗用は許されない．

(ウ)　研究費は，正しく善良な意図の研究に使用するもので，その使い方は公正で社会に説明できるものでなければならない．研究費は計画や申請に基づいた適正な使い方を求められ，目的外の利用や不正な操作があってはならない．

(エ)　論文の著者は，研究論文の内容について応分の貢献をした人は共著者にする必要がある．論文の著者は，論文内容の正確さや有用性，先進性などに責任を負う．共著者は，論文中の自分に関係した内容に関して責任を持てばよい．

(オ)　実験上多大な貢献をした人は，研究論文や報告書の内容や正確さを説明することが可能ではなくとも共著者になれる．

(カ)　学術研究論文では先発表優先の原則がある．著者のオリジナルな内容であることが求められる．先人の研究への敬意を払うと同時に，自分のオリジナリティを確認し主張する必要がある．そのためには新しい成果の記述だけではなく，その課題の歴史・経緯，先行研究でどこまでわかっていたのか，自分の寄与は何であるのかを明確に記述する必要がある．

(キ)　論文を含むあらゆる著作物は著作権法で保護されている．引用には，引用箇所を明示し，原著作者の名を参考文献などとして明記する．図表のコピーや引用の範囲を超えるような文章のコピーには著者の許諾を得ることが原則である．

① 0　② 1　③ 2　④ 3　⑤ 4

解説

(ア) 適切．研究者は，社会から研究の自由という大きな権利を与えられ，真理追究あるいは公益を目指して研究を行う．その代わりに，研究にはそのオリジナリティ（独創性）と正確さが求められ，研究結果の公表には責任が伴うので記述は適切である．

(イ) 適切．研究の正当性や再現性を科学的に証明するには，研修結果を取得データにより客観的に確認・検証することが必要不可欠である．データの捏（ねつ）造，改ざん，盗用は，研究者としての倫理に反する行為であるので，この記述は適切である．

(ウ) 適切．研究費は，計画や申請に基づいて適正に使用する必要がある．目的外の利用や不正な操作をしてはならないので，この記述は適切である．「研究機関における公的研究費の管理・監査のガイドライン（実施基準）」（平成19年2月15日（令和3年2月1日改正）文部科学大臣決定）の「第4節 研究費の適正な運営・管理活動」に具体的な研究費の適正な運営・管理について示されている．

(エ) 不適切．研究論文の内容について応分の貢献をした人を共著者にする必要があること，および論文の著者は論文内容の正確さや有用性，先進性などに責任を負うとの記述は適切である．しかし，共著者は論文全体の内容の責任を負う必要があるので，「論文中の自分に関係した内容に関して責任を持てばよい」との記述は不適切である．

(オ) 不適切．論文の共著者は，研究論文や報告書の内容や正確さにおいて責任を負う必要がある．実験上多大な貢献をしたとしても，共著者になるには研究論文や報告書の内容や正確さについて責任を負い，説明できなければならないので不適切な記述である．

(カ) 適切．学術研究論文では先発表優先の原則がある．著者が自分のオリジナリティを確認し主張するには，その課題の歴史・経緯，先行研究と自分の寄与との違いを明確に記述する必要があるので，記述は適切である．

(キ) 適切．論文も著作物の一つである．論文の引用箇所などの明記，図表や引用の範囲を超える文書のコピーには著者の許諾を得ることが原則であり，記述は適切である．

よって，不適切なものの数は2なので，正解は③である．

解答 ③

Brushup 3.2.3(6)研究活動における利益相反の管理，不正行為への対応(b)

II 15 頻出度★☆☆ Check ■■■

倫理的な意思決定を行うためのステップを明確に認識していることは，技術者としての道徳的自律性を保持し，よりよい解決策を見いだすためには重要である．同時に，非倫理的な行動を取るという過ちを避けるために，倫理的意思決定を妨げる要因について理解を深め，人はそのような倫理の落とし穴に陥りやすいという現実を自覚する必要がある．次の(ア)～(キ)に示す，倫理的意思決定に関る促進要因と阻害要因の対比のうち，不適切なものの数はどれか．

	促進要因	阻害要因
(ア)	利他主義	利己主義
(イ)	希望・勇気	失望・おそれ
(ウ)	正直・誠実	自己ぎまん
(エ)	知識・専門能力	無知
(オ)	公共的志向	自己中心的志向
(カ)	指示・命令に対する批判精神	指示・命令への無批判な受入れ
(キ)	依存的思考	自律的思考

① 0　② 1　③ 2　④ 3　⑤ 4

解説 倫理的意思決定を行う場合に，促進要因となるか阻害要因となるかを考える問題である．下表（　）内には出題とは別の言い方も追加している．

(ア)～(カ)の促進要因，阻害要因の組合せはいずれも適切であるが，(キ)の「依存的思考」は「集団思考」と同じで他人が意思決定しないと自分では意思決定できないので促進要因ではなく阻害要因，「自律的思考」は他人の意思決定とは独立して自分の考え方に沿って意思決定するので阻害要因ではなく促進要因であり不適切である．

選択肢	促進要因	阻害要因	適切・不適切
(ア)	利他主義	利己私欲（私利主義）	適切
(イ)	希望・勇気	失望・おそれ	適切
(ウ)	正直・誠実	自己ぎまん（自分の良心に反する行動をすること．今回だけだから，みんながやっているから）	適切
(エ)	知識・専門能力	無知	適切
(オ)	公共的志向（自己相対化）	自己中心的志向	適切
(カ)	指示・命令（権威）に対する批判精神	指示・命令（権威）への無批判な受入れ	適切
(キ)	~~依存的思考~~ →自律的思考	~~自律的思考~~ →依存的思考（集団思考）	不適切
その他	巨視的視野	微視的視野	適切

このなかで，(ア)～(カ)は，促進要因と阻害要因の組合せとして妥当である．

(キ)は，促進要因が「依存的思考」とあるが，これは意思決定を阻害する要因であるため不適切である．促進要因は「自律的思考」，阻害要因は「依存的思考」が正しい．

よって，(キ)のみが不適切となるので，正解は②である．

解答　②

Brushup　3.2.1(3)技術者倫理の用語(d)

―― 著 者 略 歴 ――

前田　隆文（まえだ　たかふみ）

1974 年　東京電力株式会社　入社（～2012 年）
1975 年　第 1 種電気主任技術者試験　合格
1980 年　東京都立大学工学部電気工学科　卒業
2008 年　技術士（電気電子部門　総合技術監理部門）第 55525 号
　　　　電気学会保護リレーシステム技術委員会　委員長（～2015 年）
2012 年　株式会社東芝　入社（～2021 年）
2015 年　電気規格調査会保護リレー装置標準化委員会　委員長（～2022 年）
2020 年　電気規格調査会理事　計測制御通信安全部会　部会長
2021 年　電気学会フェロー
2023 年　電気学会プロフェッショナル

2024年版　技術士第一次試験
基礎・適性科目過去問題集

2024年　4月 20日　　第1版第1刷発行

著　者　前（まえ）田（だ）隆（たか）文（ふみ）
発行者　田　中　聡

発 行 所
株式会社　電 気 書 院
ホームページ　https://www.denkishoin.co.jp
（振替口座　00190-5-18837）
〒101-0051　東京都千代田区神田神保町 1-3 ミヤタビル 2F
電話(03)5259-9160／FAX(03)5259-9162

印刷　中央精版印刷株式会社
Printed in Japan／ISBN 978-4-485-22055-9

- 落丁・乱丁の際は，送料弊社負担にてお取り替えいたします．
- 正誤のお問合せにつきましては，書名・版刷を明記の上，編集部宛に郵送・FAX（03-5259-9162）いただくか，当社ホームページの「お問い合わせ」をご利用ください．電話での質問はお受けできません．また，正誤以外の詳細な解説・受験指導は行っておりません．

[本書の正誤に関するお問い合せ方法は，最終ページをご覧ください]

書籍の正誤について

万一，内容に誤りと思われる箇所がございましたら，以下の方法でご確認いただきますようお願いいたします．

なお，正誤のお問合せ以外の書籍の内容に関する解説や受験指導などは**行っておりません**．このようなお問合せにつきましては，お答えいたしかねますので，予めご了承ください．

正誤表の確認方法

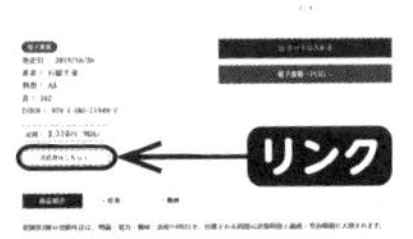

最新の正誤表は，弊社Webページに掲載しております．書籍検索で「正誤表あり」や「キーワード検索」などを用いて，書籍詳細ページをご覧ください．

正誤表があるものに関しましては，書影の下の方に正誤表をダウンロードできるリンクが表示されます．表示されないものに関しましては，正誤表がございません．

弊社Webページアドレス
https://www.denkishoin.co.jp/

正誤のお問合せ方法

正誤表がない場合，あるいは当該箇所が掲載されていない場合は，書名，版刷，発行年月日，お客様のお名前，ご連絡先を明記の上，具体的な記載場所とお問合せの内容を添えて，下記のいずれかの方法でお問合せください．

回答まで，時間がかかる場合もございますので，予めご了承ください．

郵送先　〒101-0051
東京都千代田区神田神保町1-3
ミヤタビル2F
㈱電気書院　編集部　正誤問合せ係

ファクス番号　**03-5259-9162**

弊社Webページ右上の「**お問い合わせ**」から
https://www.denkishoin.co.jp/

お電話でのお問合せは，承れません

(2022年5月現在)